国家林业局普通高等教育“十三五”规划教材

R 与 ASReml-R 统计学

林元震　主编
张卫华　郭　海　副主编

中国林业出版社

内 容 简 介

R 语言近年来成为统计分析的最受欢迎软件之一，已广泛用于生态、金融、统计、互联网、医疗和农林牧渔等行业，并涉及大数据、生物信息学以及人工智能等领域。本书主要面向农林业试验数据，系统介绍了 R 与 ASReml - R 的统计应用，全书共分 11 章，具体包括 R 语言简介、基础语法、数据创建、数据管理、基础统计、高级统计、试验设计、基础绘图、高级绘图、遗传评估和程序包开发。本书内容新颖，覆盖面广，应用性强，而且章节合理、结构清晰、行文规范，适用于林学类、植物生产类、生物科学类、草学类、医学类等专业本科生的统计分析教材，也可供相关专业的研究生和科研工作者参考使用。

图书在版编目（CIP）数据

R 与 ASReml-R 统计学/林元震主编. —北京：中国林业出版社，2016. 12
国家林业局普通高等教育“十三五”规划教材
ISBN 978-7-5038-8869-4

Ⅰ. ①R… Ⅱ. ①林… Ⅲ. ①统计分析 - 统计程序 - 高等学校 - 教材 Ⅳ. ①C819

中国版本图书馆 CIP 数据核字（2016）第 305347 号

国家林业局生态文明教材及林业高校教材建设项目

中国林业出版社·教育出版分社

策划编辑：肖基浒　**责任编辑：**高兴荣　肖基浒
电　　话：(010)83143555　**传真：**(010)83143561

出版发行　中国林业出版社(100009　北京市西城区德内大街刘海胡同 7 号)
E-mail:jiaocaipublic@163.com　电话:(010)83143500
http://lycb.forestry.gov.cn
经　　销　新华书店
印　　刷　北京昌平百善印刷厂
版　　次　2017 年 1 月第 1 版
印　　次　2017 年 1 月第 1 次印刷
开　　本　850mm × 1168mm　1/16
印　　张　38.5
字　　数　920 千字
定　　价　68.00 元

《R与ASReml-R统计学》编写人员

主　编　林元震（华南农业大学）

副主编　张卫华（广东省林业科学研究院）

　　　　　郭　海（高原圣果沙棘制品有限公司）

编　委（按姓氏笔画排序）

　　　　王　锋（广东省龙眼洞林场）

　　　　朱航勇（哈尔滨林业科学研究院）

　　　　苏　艳（华南农业大学）

　　　　吴元奇（四川农业大学）

　　　　陆钊华（中国林科院热带林业研究所）

　　　　林露湘（中科院西双版纳热带植物园）

　　　　欧阳昆唏（华南农业大学）

　　　　罗昊澍（中国农业大学）

　　　　周　玮（华南农业大学）

　　　　赵曦阳（东北林业大学）

　　　　钮世辉（北京林业大学）

　　　　骈瑞琪（华南农业大学）

Preface

I have beena SAS software user since 1992. I have used it for research as well as for teaching. Although it is great software for data manipulation and statistical analyses, I have been using R and ASReml more and more in recent years. There are several reasons for this.

First, the algorithm used by SAS procedures, such as MIXED and GLIMMIX are not efficient (slow) to analyse large-scale genetic data. They are not as flexible to fit complex variance-covariance structures in mixed models. Second, molecular data have become readily available for my research. We expect the amount of molecular data increase substantially in coming years. Companies producing SAS and SPSS have difficulty meeting the growing demand for different algorithms for large-scale genetic data. Third, SAS and some other commercially available software are typically not affordable for many individual scientists and professionals. Students and professionals are expected to use freely available software instead of paying large annual license fees.

ASReml software has become an industry standard to fit mixed models. It is very powerful and flexible. Its algorithm can solve large number of mixed models in a fraction of time what SASprocedures requires. ASReml is not a free software but the cost is not steep as SAS. I have been using ASReml for the last 15 years for research and teaching and I recommend it.

In recent years we have witnessed a growing interest in freely available software, specifically R. The software is open source. This is a great way to invite thousands of volunteers to contribute to the program. As of June 2016, R had more than seven thousand packages and this number is growing every year. The packages in R environment are sometimes developed for very specific needs, which is important for research. I have included R in my teaching in recent years. However, it has been the primary software for genetic data analyses in my research.

I have to admit that my understanding of Mandarin language is limitedto a few words. When Yuanzhen Lin asked me to write a preface, I hesitated. However, after scanning though the book, I was pleasantly surprised with the in depth coverage of R and ASRemlR. The book includes large number of screen shots of R scripts and ASReml scripts which makes it easier to follow. It looks like the scripts and output are interpreted in detail. It is obviously a product of hard work. I am sure readers will greatly benefit from using this book to improve their R and ASReml skills.

July 2016

Fikret Isik, Professor

North Carolina State University, Raleigh, US

序

从 1992 年起我就是 SAS 用户，不仅用于科研，也用于教学。虽然 SAS 是数据管理和统计分析方面的先锋软件，但近年来我逐渐使用 R 和 ASReml 软件，原因如下：

首先，SAS 模块（比如 MIXED、GLIMMIX）在处理大规模遗传数据时效率低，而且在拟合混合模型的复杂方差协方差结构时不够灵活。其次，分子数据已用到我的研究中，并且预计未来分子的数据量将大幅增加。而开发 SAS 和 SPSS 的公司难以满足针对大规模遗传数据的不同算法的不断增长需求。第三，SAS 和其他一些商业软件对许多科学家和专业人员来说，通常并不实惠。学生和专业人员更倾向于使用免费的软件，而非每年支付高额的软件使用费。

ASReml 软件已成为拟合混合模型的行业标准。ASReml 非常强大和灵活。在求解大规模的混合模型时，ASReml 的运算时间远少于 SAS 程序所需要的时间。ASReml 不是免费的软件，但其费用远低于 SAS。这 15 年的研究和教学中，我一直使用 ASReml，因此我也推荐使用 ASReml。

近年来，我们已目睹了人们对免费软件日益增长的兴趣，尤其是 R。R 是开源软件，有数千名志愿者为 R 作贡献，这是一个非常棒的方式。截至 2016 年 6 月，R 有七千多个程序包，而且每年还在增加。R 中的程序包有时是专门为一些特殊需求开发的，这对于科学研究来说非常重要。我最近几年也将 R 用到教学中，R 一直是我分析遗传数据的主要软件。

我得承认，自己对中文的理解比较有限。当林元震邀请我为此书做序时，我有点犹豫。然而浏览此书后，我对本书在 R 和 ASReml-R 方面的深入覆盖面，感到惊喜。书中含有大量 R 程序和 ASReml 程序，这便于读者学习。同时，该书对程序和程序结果做了详细的解答，可见作者颇费功夫。我相信读者通过这本书来提高 R 和 ASReml 技能时，将受益颇丰。

2016 年 7 月

菲克里特·艾斯克教授

北卡罗来纳北卡罗莱纳州立大学

附注：此序为 Isik 所写 preface 的中文版，由林元震博士翻译，如有不当之处，敬请读者批评指正。

前　言

近些年国内 R 语言会议的参加人数变化即可看出 R 语言在国内日趋热门，2012 年约为 400 人，2013 年约为 600 人，2014 年约为 1400 人，2015 年达到 4200 人，据统计 2016 年参会人员将突破 1 万人，俨然是国内规模较大的专题会议之一。R 语言会议地点也从最早的北京，到上海、深圳、广州，慢慢拓展到各省会城市。R 语言现已渗透在国内的生态、金融、统计、互联网、医疗和农林牧渔等行业，且在大数据、生物信息学以及人工智能等领域大展身手。正如笔者在《R 与 ASReml-R 统计分析教程》前言中所写的“R 语言在数据挖掘和可视化应用领域的快速崛起意味着 R 语言已经为大数据时代做好准备”，从 R 语言在国内的应用领域来看，已然得到佐证。

大约 3 年以前，笔者组织编写了农林领域第一部有关 R 与 ASReml-R 软件的“十二五”规划教材——《R 与 ASReml-R 统计分析教程》，该教材在业界内获得一定的好评。但正如 R 语言的迅猛发展一样，该教材的匹配的章节不够齐全、部分内容亟需更新，加之近年来比较热门的基因组选择，上述原因正是编写本书的动力所在。

与笔者编写的第一部农林领域教材一样，对阅读本书的读者，没有统计编程或 R 语言背景的要求，当然读者如有 R 语言基础知识将会更好地理解、掌握本书的知识点。本书结构已完全不同于《R 与 ASReml-R 统计分析教程》教材，在本书中，总共包含 11 章，且每章都附有思考题。

本书的第 1 ~ 3 章介绍 R 语言、基础语法和数据创建，让读者对 R 语言有一些直观的概念，了解 R 及其语法的特点，熟悉 R 中数据类型及其创建，这些对于后续的数据管理、统计分析以及图形绘制等操作是必需的。

第 4 章介绍了数据管理的各种操作，包括数据转换、排序、合并、重构、分段、汇总、查重以及子集提前，重点介绍了数据综合处理包 dplyr 包和 data. table 包的用法。熟练掌握数据管理的各种操作对于统计分析和图形绘制非常重要。

第 5、6 章较全面介绍了 R 的基础统计和高级统计，其中基础统计包括描述性统计、频数表分析、方差分析、协方差分析、t 检验、卡方检验、线性回归、相关分析和通径分析，高级统计包括广义线性模型、生长模型、生存分析、主成分分析、因子分析、聚类分析、判别分析、功效分析、重抽样和综合评价分析。

第 7 章专门介绍了 R 的试验设计和数据分析，设计类型包括完全随机设计、随机区组设计、平衡不完全区组设计、拉丁方设计、正交设计、裂区设计、巢式设计、析因设计、循环设计、格子设计、α 设计和条区设计，并介绍了各种设计的基本概念、R 出设计表以及数据分析的过程。

第 8 章介绍了 R 的基础绘图，包括条形图、直方图、散点图、热图、散点图矩阵等常见图形，并介绍了绘图参数的设置，以及数学公式、文本的添加。此外，还展示了交互图形的绘制。

第 9 章重点演示了 R 包 lattcie 和 ggplot2 的高级绘图，其中 lattcie 包绘图包括基础语法、单变量绘图、双变量绘图、多变量绘图以及高级绘图参数的设置，ggplot2 包绘图包括基础语法、各种图形绘制以及高级绘图参数的设置。本章节是 R 绘图优势和强大功能的展现。

第 10 章介绍了 R 包在遗传评估上的应用，重点介绍了 MCMCglmm 包和 ASReml-R 包。尤其是 ASReml-R 包，作为商业软件包，已广泛应用于农林牧渔、生态等各行业。在本章节中，特别演示了 ASReml-R 包在单性状模型、双性状模型、模型比较、阈性状模型、泊松分布型模型、协变量模型以及批量分析的基础用法，也拓展了遗传参数评估（遗传力、育种值、遗传相关与遗传增益）的各种类型，包括子代测定、无性系测定、空间分析（规则与不规则）、多地点 G×E 分析、多年份分析、多交配分析、多世代分析以及基因组选择。本章节对于动植物遗传试验的数据分析具有较重要的参考价值。

第 11 章介绍了 windows 系统下的 R 包开发，包括所需软件、函数编写及 R 包制作，并专门演示了笔者自编程序包 AAfun 的一些功能。本章的目的是让读者了解 R 包的开发流程，希望有更多的 R 读者加入到程序包的开发中，更好、更快地促进 R 在各领域中的应用。

附录部分给出了索引、网络资源，便于读者进一步查询或学习 R 语言的相关知识。与之前那部教材一样，本书继续秉着 R 开源免费的精神，将本书中所有的数据、代码和彩图存放于网盘 http：//yzhlin-asreml. ys168. com/，供读者免费下载、自由使用。

最后，笔者要衷心感谢美国北卡罗来纳州立大学的 Fikret Isik 教授，Isik 教授是国际知名的遗传统计学家，感谢他百忙之中欣然为本书作序。此外，也要特别感谢瑞典农业大学的合作导师 Harry Wu 教授以及 ASReml 的软件开发者 Arthur Gilmour，他们对于我在 R 与 ASReml-R 的学习路程上起着不可磨灭的推动作用。

本书由广东省高水平大学经费（4400—216202）资助出版，特此谢忱！

由于编者的知识水平有限，书中难免会有疏漏和不足，恳请广大读者批评指正。如对本书有任何建议或意见，请发送邮件到 yzhlinscau@ 163. com。

林元震

2016 年 6 月

目　录

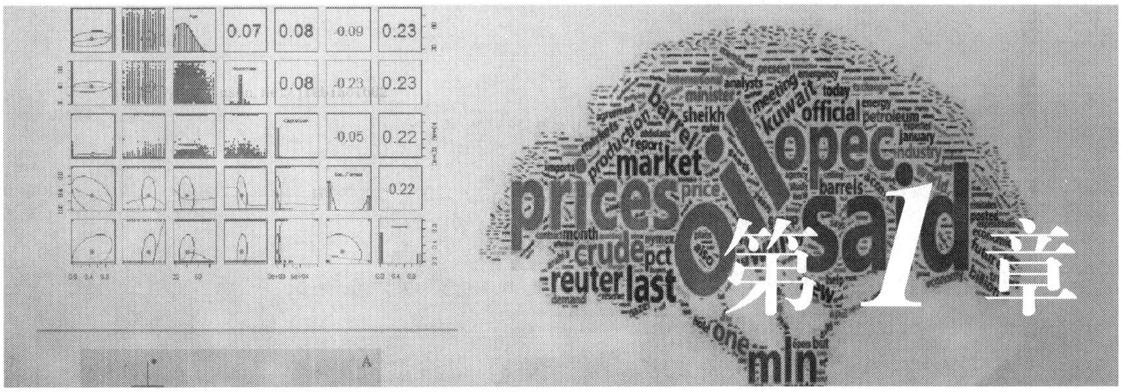

第1章 R简介

1.1　R语言

R既是软件，也是语言，在GNU协议(General Public License)下免费发行，是1995年由新西兰奥克兰大学统计系的Ross Ihaka和Robert Gentleman基于S语言基础上共同开发的一种统计软件。现在由R开发核心小组(R Development Core Team)负责维护与更新，并将全球优秀的统计应用程序包免费提供给大家使用、共享。

R是一套由数据操作、计算和图形展示功能整合而成的软件系统，包括：

①有效的数据存储和处理功能；

②一套完整的数组(特别是矩阵)计算操作模块；

③拥有完整体系的数据分析工具；

④为数据分析和显示提供强大的图形功能；

⑤一套完善、简单、有效的编程语言(包括条件、循环、自定义函数和输入输出功能等)。

1.2　R的特点

现在越来越多的人开始学习和使用R，因为R有以下几个显著的优点。

(1)免费且开源

目前市面上有许多流行的统计和制图软件，如Microsoft Excel、SAS、SPSS、MiniTab以及Original等，但这些多属商业软件，并且费用昂贵。但是R是一个免费且开源的统计分析软件，对于教学工作来说，这无疑是一个极大的优点。

(2)运算快且功能强大

R 可以作为一台高级科学计算器，不需要编译即可执行代码。

(3)操作系统依赖性低

R 可以运行于 UNIX、Linux、Windows 和 Mac 各大操作系统上。

(4)帮助功能完善

R 嵌入了一个非常实用的帮助系统——软件自带的 pdf 或 html 帮助文件可以随时通过主菜单打开浏览或打印。通过 help 命令可随时了解 R 所提供的各类函数的使用方法和例子。

(5)作图功能强大

其内嵌的作图函数能将产生的图片展示在一个独立的窗口中，并能将其保存为各种格式的图形文件(如 jpg，png，bmp，ps，pdf，tiff，metafile，svg)。

(6)统计分析能力突出

R 内嵌许多实用的统计分析函数，统计分析的结果可直接显示出来，也可保存到文件中，用于进一步的分析。此外，R 还囊括其他软件尚不可用的、先进的统计计算例程。有关统计新方法的更新速度是以周为周期的。

(7)兼容性强

许多常用的统计分析软件(如 SPSS，SAS，Stata 及 Excel)的数据文件都可读入 R，并作进一步的分析。

(8)强大的拓展与开发能力

R 是一个开发新的交互式数据分析方法非常好的工具。R 开发周期短，有大量的程序包(packages)可以使用，而且也可以编制自己的函数来扩展现有的 R 语言，或制作相对独立的统计分析包。

1.3　R 的资源

R 的核心开发与维护小组通过 R 的主页，即 R 工程网站(http：//www. r-project. org)，及时发布有关信息，包括 R 的简介、R 的更新及程序包信息、R 常用手册、已经出版的关于 R 的图书、R 通讯和会议信息等。

R 的 CRAN 社区(http：//cran. r-project. org/web/packages/)是获得软件、源代码和资源的主要场所，通过它或其镜像站点可以下载 R 的最新版本以及大量的统计程序包(packages)。截至2016 年6 月3 日，R 的最新版本为3. 3. 0，在 CRAN 社区上可使用的程序包有8506 个，而且还在不停地增加、更新。本书以 R 的 3. 2. 1 版本为基础进行介绍。

1.4 R的安装与运行

1.4.1 R软件的安装、启动与关闭

1.4.1.1 R的安装

从CRAN国内镜像(http://mirrors.xmu.edu.cn/CRAN/)下载最新的R安装程序，运行安装文件，缺省的安装目录为“C:\Program Files\R\R-x.x.x”，其中x.x.x为版本号。虽然从2.2.0版本以后可以选择中文作为基本语言，但建议还是以英文为安装语言，主要是为了避免其他扩展的程序包在中文环境下使用出现问题。本书所用的R版本为3.2.1。如R安装后因中文操作系统而显示中文，可以通过修改“C:\Program Files\R\R-3.2.1\etc”目录下的Rconsole文件，找到“## Language for messages”，另起一行添加或改写“language = en”，即可让R显示为英文。

1.4.1.2 R的启动

安装完成后点击桌面上R快捷图标就可启动R的交互式用户窗口(R-GUI)。R是按照问答的方式运行的，即读者在命令提示符“>”后键入命令并回车，R就完成一些操作。例如，输入命令：

```
>plot(rnorm(1000))
```

得到图形如图1-1所示。

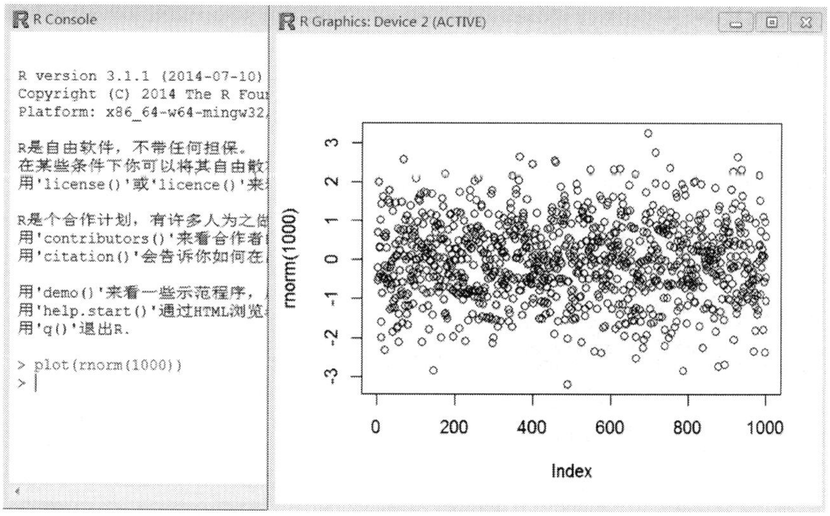

图1-1 R的启动

1.4.1.3 R的关闭

在命令行键入q()或直接关闭R-GUI窗口。退出时可选择保存工作空间，缺省文件名为R安装目录的bin子目录下的R.RData。以后可通过命令load()或通过菜单“文件”下的“载入工作空间”加载，从而继续前一次的工作。

1.4.2 R 程序包的安装与使用

1.4.2.1 R 程序包的安装

(1)菜单方式

在联网的条件下，按菜单栏【程序包】下拉选择【安装程序包】，选择所需的程序包进行实时安装。

(2)命令方式

在联网的条件下，在命令提示符后键入：

```
> install.packages ("PKname") # install.packages (c ("PKname1","PKname2", …))
```

完成程序包 PKname 的安装。

(3)本地安装

从 CRAN 社区下载需要的程序包，按菜单栏【程序包】下拉选择【从本机 zip 文件安装程序包】选定本机上的程序包(zip 文件)进行安装。

(4)脚本安装

在联网的条件下，直接运行脚本程序进行安装。例如，本书所需的所有程序包名单已列入脚本 Rpackages. install. 2nd. R 中，读者只需在 R 中打开这个脚本，选中所有代码直接运行，即可完成本书所有程序包的安装。一般来说，当我们需要安装比较多的程序包时，会选择通过脚本的方式来实现。

了解已经安装的 R 程序包，可执行如下命令：

```
> installed.packages()
```

另一个命令也可得到已安装 R 程序包的信息，如下：

```
> library()
```

1.4.2.2 R 程序包的使用

除 R 的标准程序包(如 base 包)外，新安装的程序包(如 lattice)在使用前必须先载入，如要使用 lattice，则需输入如下代码：

```
> library(lattice)
```

1.4.2.3 R 程序包的更新

对本机已安装的所有 R 程序包进行实时更新的代码如下：

```
> update.packages()
```

了解 R 程序包的更新，可执行如下命令：

```
> old.packages()
```

R 命令对大小写敏感，因此使用命令方式安装和载入程序包时应特别注意。

1.5 RStudio 的安装与运行

RStudio 是一个非常优秀的 R 语言操作界面。RStudio 与 R 语言相似，可以在各种操作系统(Windows，Mac，或者 Linux)中运行。RStudio 让 R 语言代码更直观、明了地运行。RStudio 同样是免费和开源的，可以在网站上自由下载与使用(http：//www. rstudio. com/ide/download/)。

通过 RStudio 来运行 R 程序有以下几大优点：

①可兼容多个版本的 R 软件；

②代码字体高亮，代码完整性智能识别、自动缩进；

③可直接执行 R 程序代码；

④可运行多个 R 程序；

⑤可直接浏览工作表和数据；

⑥可随意缩放绘制的图形，并且有多种输出格式；

⑦整合 R 帮助和 R 使用文档；

⑧可查看 R 命令的运行记录。

默认的 R 不支持中文时，可以通过 RStudio 来设置。点击 RStudio 主菜单【tools】【Global Options】，选择【General】，在【default text encoding】下方点击【change】，选择'GB2312'，点击确认，然后重启 RStudio 即可。

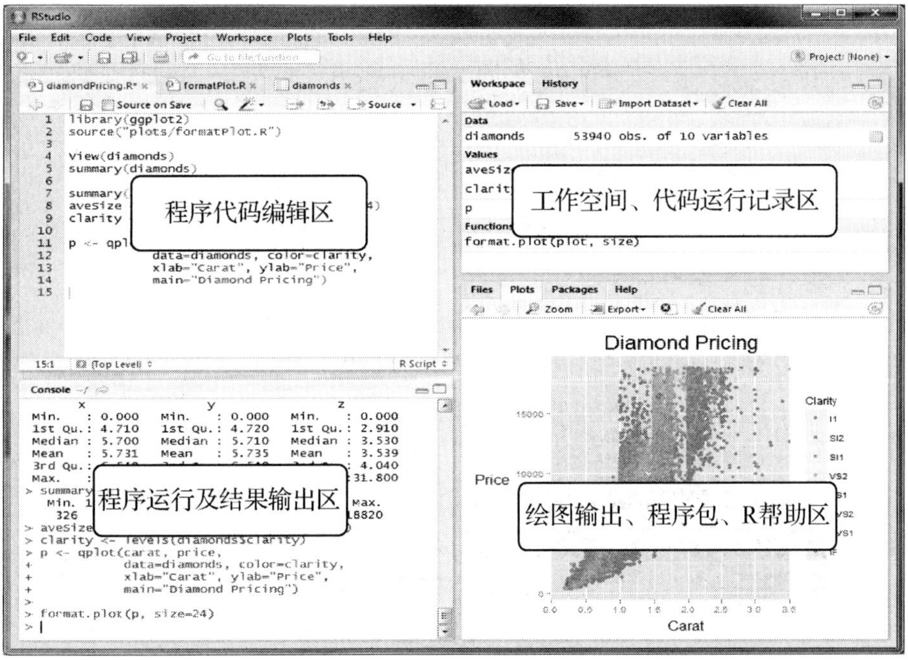

图 1-2　RStudio 主界面

RStudio 主界面总共有四个工作区域(图 1-2)：左上区是程序代码编辑区；左下区是程序运行及结果输出区；右上区是工作空间、代码运行记录区；右下区是绘图输出、程序包目录和 R 帮助区。其中，右下区有 4 个主要的功能：Files 是查看当前 workspace 下的文件；Plots 是展示 R 绘制的图形；Packages 是 R 已安装的所有程序包，并且可勾选载入内存；Help 是帮助文档。

(1)程序代码编辑区

RStudio 具有代码高亮的功能，只是高亮的颜色有点少。点击工具栏上的 File，选择 New，总共可以看到 4 种格式的文件，选择 R Script，就能建立一个 R 语言的新代码文件。如图 1-3 所示，写好代码之后，直接点击右上角的 Run 就可运行当前行，如果先用鼠标在代码上选好要运行的部分，如前面的五行，然后再点 Run，就能运行这五行代码。点击 Run 右边的按钮 Re-Run，则是重复运行上次代码。

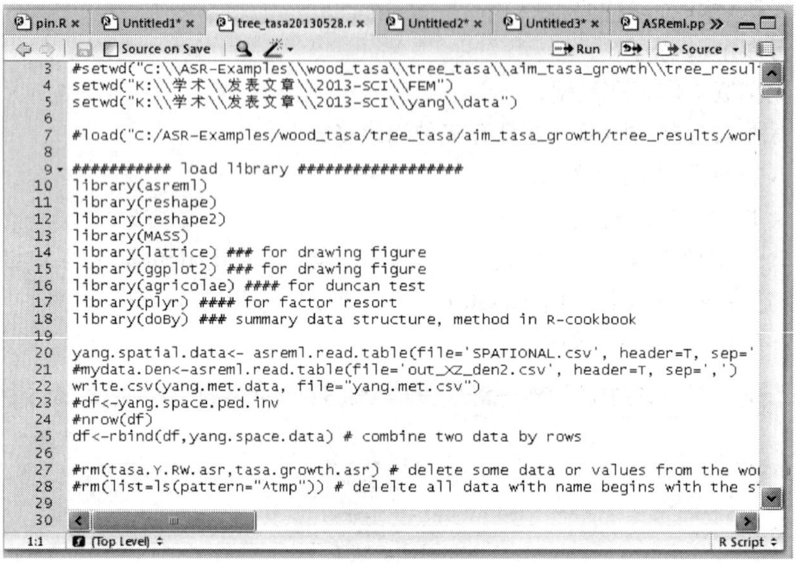

图 1-3　程序代码编辑区

(2)程序运行和结果输出区

如图 1-4 所示，该区可以看到程序包的载入、代码运行以及运行结果等。运行的代码均以蓝色字体并以”>”开头标记，而运行的结果则是黑色字体。

图 1-4　程序运行及结果输出区

(3)工作空间和代码运行记录区

点击界面工具栏 Workspace 下的最左边按钮 Load，可以切换工作区，如图1-5所示，每个工作区都会有一个隐藏文件 .RData；点击旁边的按钮 Save，可以保存当前工作区；点击按钮 import dataset 则可导入数据作为数据集；点击最右边的按钮 Clear all，可将当前工作区的 Value 和 Function 全部清除。RStudio 不会自动更新这个工作区的值，因此，建议在每次运行新代码前，应先彻底清楚工作区残留的旧数据。

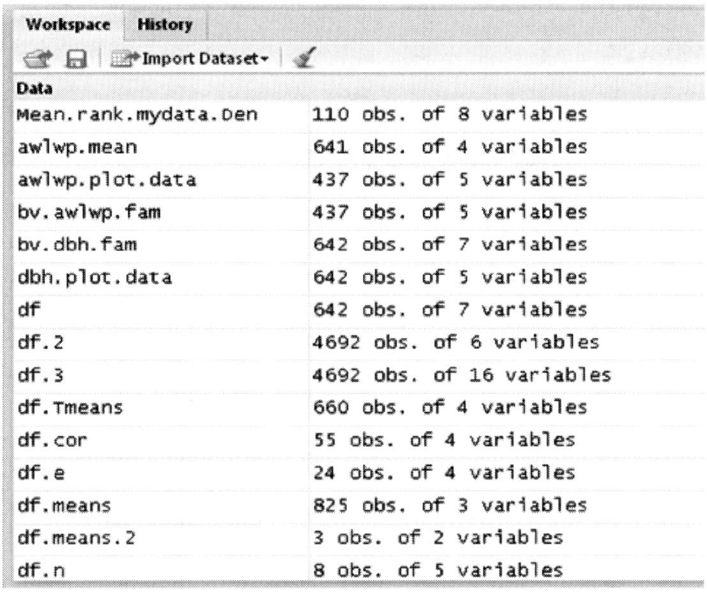

图1-5　工作空间

点击 History，则可以切换到历史记录界面，如图1-6所示：

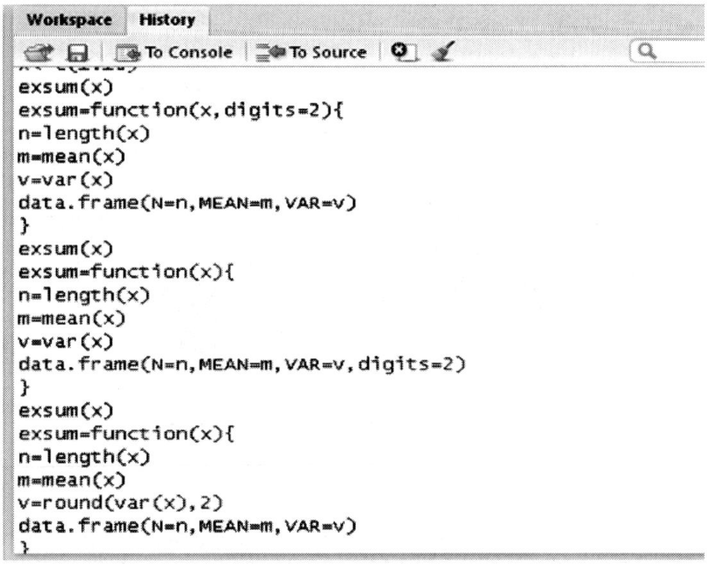

图1-6　代码运行记录区

历史运行区显示的是之前运行过的代码，可以保存下来，也可以选择一部分，然后按 To Console 或者 To Source，前者是将选择的代码送到左下区运行，后者是将代码送到左上程序代码编辑区的光标位置。最右的两个按钮，左边的是清除选中的代码部分，右边的则是清除全部代码。

(4)绘图输出、程序包目录和 R 帮助区

图 1-7 是 Files 的界面，显示工作区内的文件，按钮 New Folder 是新建文件，按钮 Delete 是删除文件，按钮 Rename 是重命名文件，完成上述操作前须先选定目标文件。按钮 More 则提供了其他功能。

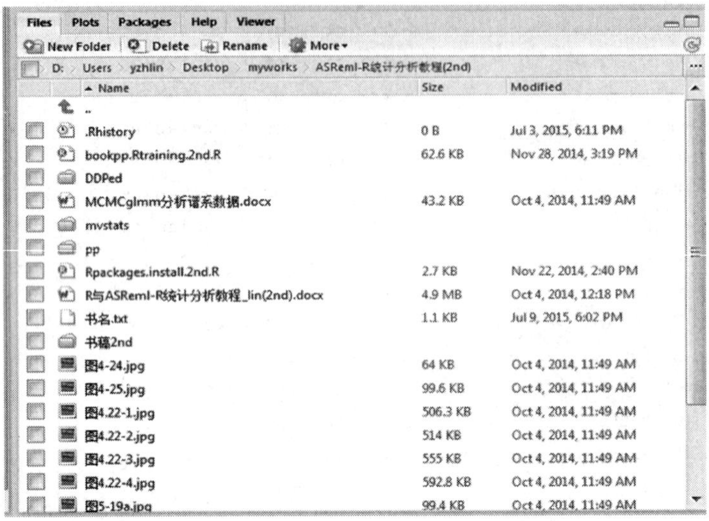

图 1-7 当前 workspace 所在的文件夹

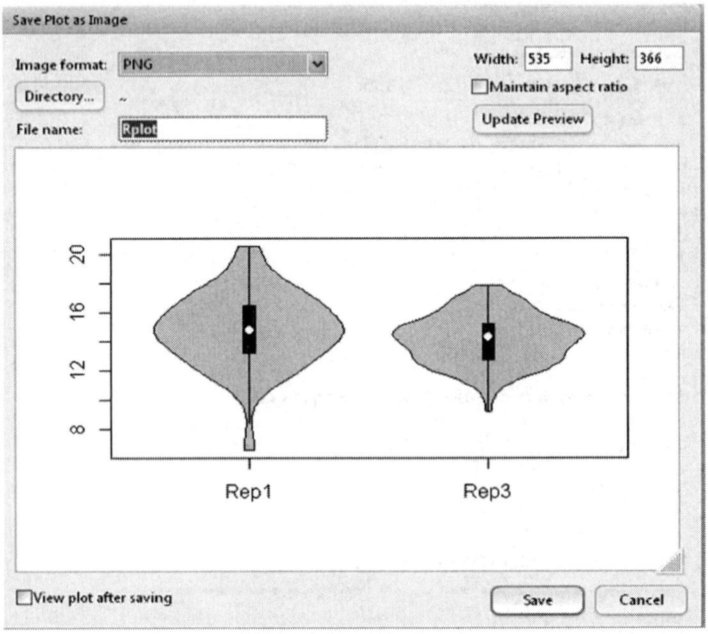

图 1-8 图形输出区

图形输出区工具栏的按钮 Zoom，可以放大图片，按钮 Export 则可将图形导出为图形格式或者 PDF 文件，也可复制到剪切板上。导出为图形的界面如图 1-8 所示，image format 处可以选择图形的格式，一般选择 png，Directory 可以选择保存的文件夹，File name 可以输入图形的名字，Width 和 Height 可以设定图形的宽高。

图 1-9 是 R 中已安装的所有程序包目录。同时，通过"install packages"就可以安装新的程序包，也可以升级各个程序包。此外，点击程序包名字的链接，可了解程序包的帮助文档或使用手册。

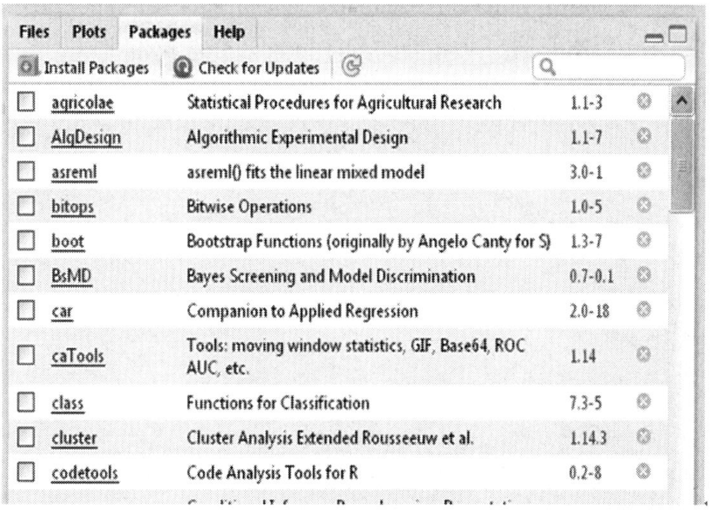

图 1-9　程序包目录区

有关 R 语言的更多介绍，请查看 R 自带的使用手册，或者浏览 R 的工程网站。在计算机联网下，可以使用 RSiteSearch( )函数搜索邮件列表、R 手册和 R 帮助页面中的关键词或短语，示范如下：

```
>RSiteSearch("lattice")
```

运行结果如图 1-10 所示：

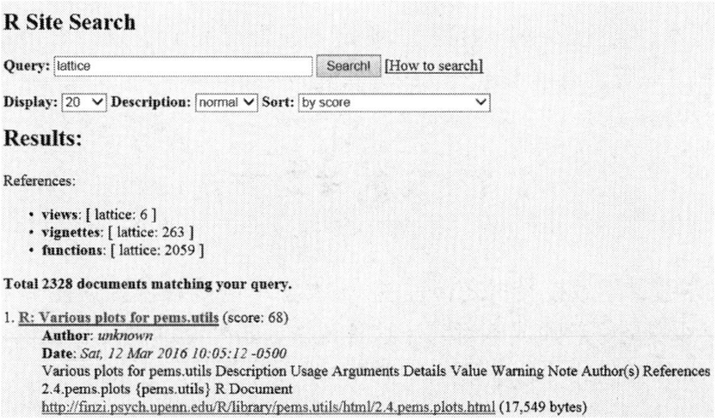

图 1-10　RsiteSearch 的检索结果

1.6　R 与 RStudio 的更新

1.6.1　R 的更新

1.6.1.1　本地安装方式

从 CRAN 国内镜像(http://mirrors.xmu.edu.cn/CRAN/)下载最新的 R 安装程序，直接运行安装文件。由于版本不同，所安装的具体目录会有差异，所以更新 R 后，默认情况下，新旧版本的 R 会同时存在。这也正是 R 的优点之一，允许多版本共同存在。升级最新版本的 R 时，往往程序包不会同步更新，有时就会出现旧程序包不能正常运行的情况。因此，建议更新 R 时，至少保留一个 R 旧版本。

1.6.1.2　脚本更新方式

目前对于 windows 系统，可以通过程序包 installr 以脚本的方式自动安装 R 新版本，并复制 R 旧版本的所有程序包。

脚本的具体代码如下：

```
#安装程序包 installr:
if(! require(installr)){ install.packages("installr");
require(installr)}
# R 更新过程:
check.for.updates.R()# 检查 R 新版本
install.R()# 下载并安装 R 新版本
copy.packages.between.libraries()# 复制 R 旧版本的程序包
```

1.6.2　RStudio 的更新

RStudio 的更新相对简单些，打开 RStudio 软件，选择菜单栏【Help】下的【Check for updates】，如有新版本，会弹出一个对话框，确定更新即可完成下载与安装过程。也可以到 RStudio 官网去下载新版，通过本地安装的方式完成更新。

1.7　R 的学习方法

中国人民大学统计学教授吴喜之曾说过：“大学不应该教学生使用商业软件，上统计学不会用 R 的老师不是好老师。”笔者对于这种说法，虽然不知道是否正确，但对于高等教育而言，使用免费开源的软件教学是一种优势与趋势。

有效学习 R 的方法如下所示：

- 熟悉语法。任何一门编程语言都有其语法，R 也不例外，语法必须学习。

• 训练思维。与其他编程语言类似，R 编程也需要严谨的逻辑思维。

• 熟能生巧。学习任何新东西，都有一个模仿过程，R 也是如此。

• 善于求助。R 拥有庞大的社区论坛和全球用户，通过求助方式学习也是提高 R 能力的有效途径之一。

• 不怕犯错。犯错是 R 学习进步的捷径。学习 R 的过程，是在不断犯错中前进的，每一次犯错然后纠错就是一次进步。

• 保持兴趣。兴趣是最好的老师，只要坚持 R 的求知欲，持之以恒，一定会有成效。

思考题

(1) R 软件主要的特点有哪些？其与 SAS，SPSS，Matlab 等软件有何区别？

(2) 试用 R 完成加、减、乘、除、乘方、开方、指数、对数等运算。

(3) 什么是程序包？安装 R 的程序包方法有哪些？如何查看已安装的程序包？如何更新程序包？如何使用程序包？

(4) 如何查看程序包的帮助文档？

(5) RStudio 的特点有哪些？

(6) 如何检索 R 软件的相关资料？

(7) 如何更新 R 与 RStudio 软件？

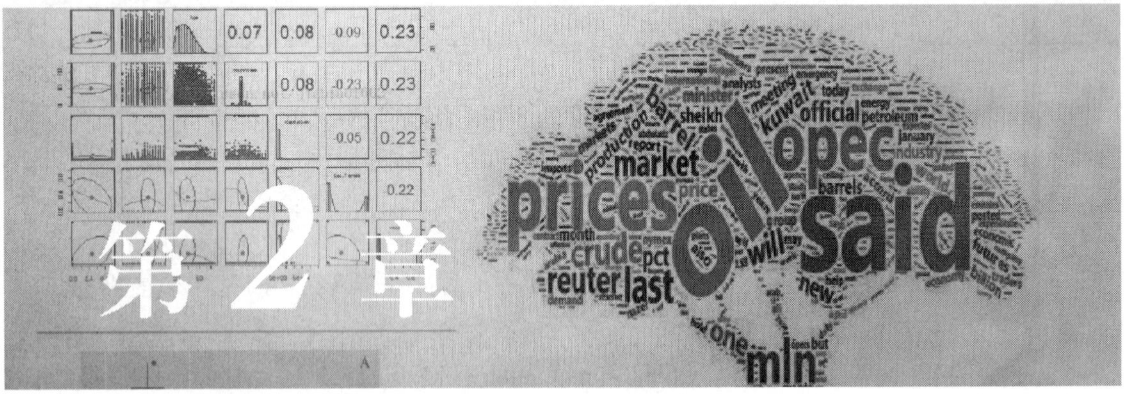

第 2 章 基础语法

学习 R 语言与学习其他编程语言类似，用 R 进行统计分析或图形绘制，只需照着示例就能使用。但要学好 R 语言与 R 高效编程，就得了解 R 的语法。本章将主要介绍 R 的一些基础语言。

2.1 对象与变量

R 代码就是操作于对象(object)，简单理解，对象就是 R 代码里的个体，可以包含向量、列表和函数等。在 R 中，将变量的名字称为符号。当一个对象赋值给某变量时，就是将该对象赋给当前环境里的一个符号。例如：

```
>x<-1
```

表示把数值 1(对象)赋给符号 x(变量)。‘<-’代表赋值符号，也可以用‘=’或‘->’。

2.1.1 变量的创建与删除

假设有一个名为 mydata 的数据框，有 2 个变量 x1 和 x2，现创建一个变量 sum 来存储 x1 和 x2 的和，另一个变量 mean 来存储平均值。代码如下：

```
mydata<-data.frame(x1=c(2, 2, 6, 4),
                   x2=c(3, 4, 2, 8))
#方法一
mydata$sum<-mydata$x1 + mydata$x2
mydata$mean<-(mydata$x1 + mydata$x2)/2
#方法二
mydata<-transform(mydata,
```

```
            sum = x1 + x2,
            mean = (x1 + x2)/2)
#变量删除
mydata $ mean <-NULL
```

2.1.2 变量的重命名

修改某个或某些变量名，采用编辑器或使用函数的方式。

方法一：调用编辑器重命名

```
fix(df)
```

方法二：使用函数 names( )重命名

```
names(df)
names(df)[2: 4] <-c("A","B","C")
```

2.2 运算符

运算符 operator 是包含一个或两个参数的无括号的函数。常用的运算符包括算术运算（加、减、乘、除）、取模运算、指数运算、整除运算以及比较运算等。常见运算符优先级见表 2-1。

表 2-1　运算符优先级

运算符 1	应用	运算符 2(接左边)	应用
({	函数和表达式	+ -	加法减法
[[[	索引	< > <= >= == !=	比较运算
:: :::	访问变量	!	非运算
$ @	序列/变量提取	& &&	且运算
^	幂运算	| ||	或运算
%any%	特殊运算符	-> ->>	向右赋值
* /	乘法除法	= <- <<-	从右向左赋值

注：运算符优先级由上向下依次降低

示例如下：

```
>1 +9 # 加法
[1] 10
>3* 8 # 乘法
[1] 24
>5%%3 # 求余数
[1] 2
>3^5%%3 # 先运行 3^5，然后再运行%%3
```

```
[1] 0
>5% /% 3 # 求整数
[1] 1
>2^3 # 幂运算
[1] 8
```

2.3　表达式

表达式 expression 是由数字、算符、数字分组符号(括号)、自由变量和约束变量等以能求得数值的有意义排列方法所得的组合。在 R 中，可以用分号、括号和花括号来组织表达式。示例如下：

```
>x =1; y =2; z =3 #3 个赋值表达式
> (x =1) # 赋值并输出结果
[1] 1
>x* (y +z)
[1] 5
>{x =1; y =2; z =3; x* (y +z)} # 返回最后一个表达式的结果
[1] 5
```

2.4　特殊值

2.4.1　缺失值

在 R 中，缺失值以符号 NA(Not Available，不可用)表示。不可能出现的值以 NaN(Not a Number，非数值)表示。函数 is. na( )可检测缺失值是否存在。

对于 R，如果数据集含有 NA，那么对数据集进行算术表达式和函数的计算，将返回 NA，多数函数都有 na. rm = T 的选项，需去除 NA 后再进行计算。示例如下：

```
>x <-c(1:3, 5, 7, NA, 9)
>x
[1]  1  2  3  5  7 NA  9
>sum(x)
[1] NA
>sum(x, na. rm =T)
[1] 27
```

比较复杂的数据集，可通过函数 oa. omit( )移除所有含有 NA 数据的行。

在决定处理 NA 数据前，先了解哪些变量有缺失值、数量有多少、以什么组合形式等信息。对于大型数据集，可以通过程序包 VIM 的 matrixplot( ) 函数把缺失值的情况可视化。以 asreml 自带的数据集 nin89 为例，分析代码如下：

```
library(asreml)
data(nin89)
library(VIM)
matrixplot(nin89)
```

生成的图形如图 2-1 所示。

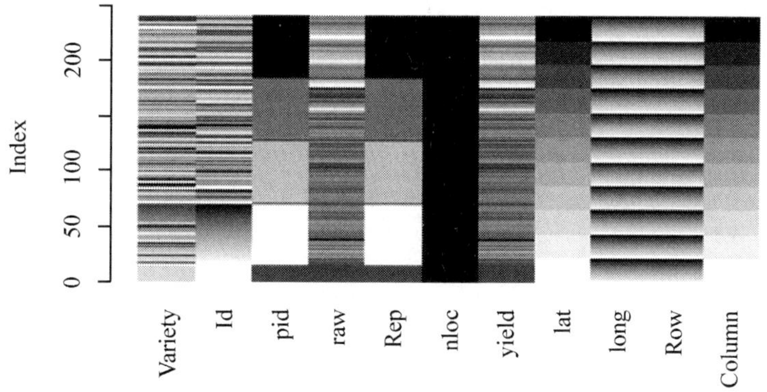

图 2-1　nin89 数据集按行展示真实值和缺失值的矩阵图

matrixplot( ) 函数对数值型数据 yield 转化到[0, 1]区间，并用灰度来表示大小：浅色表示值小，深色表示值大。缺失值默认是红色。除了 matrixplot( ) 函数外，程序包 VIM 中还有许多函数可以绘制数据缺失值的分布图形。

2.4.2　NaN

NaN(非数值，Not a number)与 NA 不同，表示一个没有意义的结果。示例如下：

```
>0/0
[1] NaN
>Inf-Inf
[1] NaN
```

2.4.3　Inf 和-Inf

Inf 和-Inf 分别表示正无穷和负无穷。当 R 计算得到一个很大的数值时，也会返回 Inf 或-Inf，示例如下：

```
>3^2016
[1] Inf
> -3^2016
[1] -Inf
>1/0
[1] Inf
```

2.4.4　NULL

NULL 表示空对象，可被用于赋给一个对象，常用于函数的参数中，表示该参数未被赋值。NULL 也可以用于删除数据框中的变量。NULL 与 NA、NaN 及 Inf 都不同。示例如下：

```
>myx =NULL
>myx
NULL
>aa =data.frame(a1 =1, a2 =2)
>aa $ a2 =NULL # 删除变量 a2
>bb =function(x, y =NULL){
+   if(is.null(y))y =0
+   return(x +y)
+ }
>bb(aa[1])# y =0
  a1
1  1
>bb(aa[1], y =1)
  a1
1  2
```

2.5　控制结构

控制语句是用来实现对程序流程的选择、循环、转向和返回等进行控制。在 R 中可分为条件语句和循环语句。

2.5.1　条件语句

2.5.1.1　if/else 语句

if/else 语句用来进行条件控制，以执行不同的语句。其使用格式如下：

```
if(conditon){expr1} else {expr2}
```

如果 condition 条件为真，则执行 expr1，否则执行 expr2。示例如下：

```
>x =1.5
>if (x > 0) cat ("x is a positive number.") else cat ("x is not positive.")
x is a positive number.
>if(x >2)cat("x >2.")else if(x >1)cat("x: 1 ~2.")else cat("x <1.")
x: 1 ~2.
```

更为复杂的 if/else 嵌套语句，格式如下：

```
if(condtion 1){
expr1
} else if(condtion 2){
expr2
        } else if(condtion 3){
expr3
            } elseexpr4
```

此外，操作符 && 和| | 经常被用于条件部分。

& 和| ，与 && 和| | 的区别在于：& 和| 按照逐个元素的方式进行计算，而 && 和| | 则对向量的第一个元素进行运算，只有在必需的时候才对第二个参数进行运算。

2.5.1.2 ifelse 语句

ifelse 语句是 if/else 结构的向量版本，其使用格式为：

```
ifelse(condition, a, b)
```

ifelse 语句的执行规则是：如果 condition 为真，则执行 a 语句；反之对应的是 b 语句。根据这个原则，函数返回一个由 a，b 中相应语句组成的向量。示例如下：

```
>x =1.5
>ifelse (x > 0, cat ("x is a positive number."), cat ("x is not positive."))
x is a positive number.
```

2.5.1.3 switch 语句

switch 语句是多分支语句，其使用格式为：

```
switch(expr, list)
```

其中 expr 是表达式，list 是列表。示例如下：

```
>x ="a"
>switch(x, a ="apple", b ="banana", p ="pine")# 运行 x =a 时的结果
[1] "apple"
>switch(1, 2* 2, mean(1:10), rnorm(5))# 运行第 1 个语句
[1]4
>switch(2, 2* 2, mean(1:10), rnorm(5))# 运行第 2 个语句
[1] 5.5
>switch(3, 2* 2, mean(1:10), rnorm(5))# 运行第 3 个语句
[1]  2.4630913 -0.8895451 -0.8181655  1.0630411  1.7398222
```

2.5.2 循环语句

2.5.2.1 for 循环

R 中最基本的循环是 for 循环，其使用格式如下：

```
for(n in x){ expr}
```

其中，n 为循环变量，x 通常是一个序列。每次循环时，n 从 x 中按顺序取值，并代入到后面的 expr 语句中进行运算。以计算 30 个 Fibonacci 数为例，代码如下：

```
>x<-c(1, 1)
>for(i in 3: 30){
+   x[i]<-x[i-1] + x[i-2]
+}
>x
 [1]      1      1      2      3      5      8     13     21     34
[10]     55     89    144    233    377    610    987   1597   2584
[19]   4181   6765  10946  17711  28657  46368  75025 121393 196418
[28] 317811 514229 832040
```

2.5.2.2 while 循环

当不能确定循环次数时，则用 while 循环语句。其使用格式如下：

```
while(condition){expr}
```

在 condition 条件为真时，执行大括号内的 expr 语句。同样以计算 30 个 Fibonacci 数为例，代码如下：

```
>x<-c(1, 1)
>i<-3
>while(i<=30){
+   x[i]<-x[i-1] + x[i-2]
+   i<-i +1
+}
>x
 [1]      1      1      2      3      5      8     13     21     34
[10]     55     89    144    233    377    610    987   1597   2584
[19]   4181   6765  10946  17711  28657  46368  75025 121393 196418
[28] 317811 514229 832040
```

2.5.2.3 repeat 循环

当不能确定循环次数时，还可用 repeat 循环语句。其使用格式如下：

```
repeat {(condition1)expr; (condition2)break }
```

在 condition1 条件为真时，执行 expr 语句，直至 condition2 条件为真时，执行 break 语句终止 repeat 循环。同样以计算 30 个 Fibonacci 数为例，代码如下：

```
>x<-c(1, 1)
>i<-3
>repeat {
+   x[i]<-x[i-1] + x[i-2]
+   i<-i +1
+   if(i>30)break
```

```
+ }
> x
 [1]      1      1      2      3      5      8     13     21     34
[10]     55     89    144    233    377    610    987   1597   2584
[19]   4181   6765  10946  17711  28657  46368  75025 121393 196418
[28] 317811 514229 832040
```

虽然循环语句看起来比较便利，但涉及计算量比较大时，一般不适用循环，而改用向量或矩阵运算，后者的运算速度要远快于循环。

2.6　自编函数

R 的突出优点之一就是用户可以自行编制函数。自编函数格式一般如下：

```
name <-function(arg_1, arg_2, …){ expr }
```

其中，expr 是一个 R 表达式(通常是表达式语句组)，并使用参数 arg_ i 来计算出一个数值，表达式的值就是函数的返回值。函数调用的形式通常都是 name(expr1，expr2，…)。

例如，编写一个程序脚本，将其命名为 exsum( )函数，并调用计算。示例如下：

```
########自编函数 exsum()   ############
exsum <-function(x){
n = length(x)
m = mean(x)
v = round(var(x), 2)
data.frame(N = n, MEAN = m, VAR = v)
}
########调用自编函数 exsum()##########
> x <-c(1:10); exsum(x)
     N  MEAN   VAR
1   10   5.5  9.17
```

思考题

(1)如何创建数据集的新变量及重命名？

(2)%%、% * %、%/% 等运算符的含义。

(3)NA 和 NaN 的含义，如何在数据框查看 NA？

(4)在 R 中，如何表示缺失值？如何查看一个数据集中的所有缺失值？如何移除数据集中的缺失值？

(5)NULL 的用途有几种？

(6)控制结构包括哪些类型？

(7)分别用 for、while 和 repeat 循环输出 Fibonacci 序列的前 18 个元素。

(8)自定义的函数采用什么函数编写？如何调用自定义的函数？

(9)编写一个函数，可以计算任何直角三角形的斜边长。

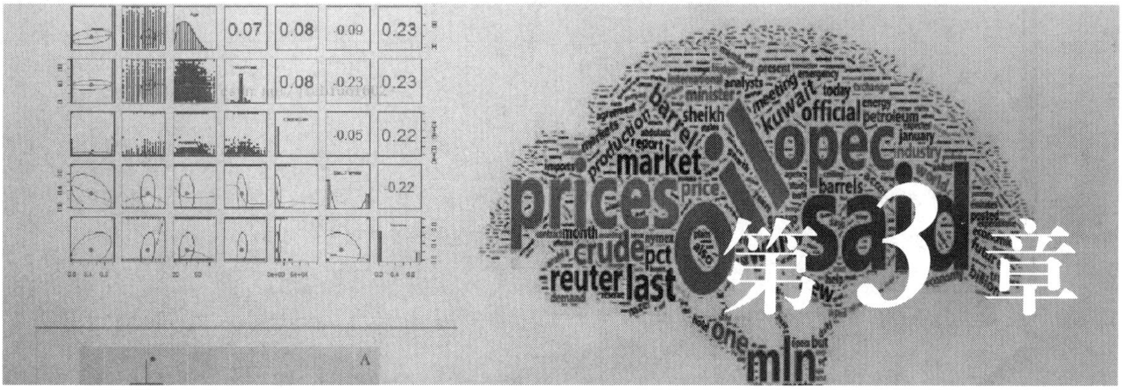

第3章 数据创建

R 与其他统计软件一样，在分析任何数据之前，首先要创建含有研究信息的数据集。

与其他语言不同，R 中没有标量，它通过使用各种类型的向量来存储数据。常用的数据类型(class)见表 3-1。

表 3-1 常用数据类型

类型	说明	类型	说明
字符(character)	字符向量	复数(complex)	复数向量
数字(numeric)	实数向量	列表(list)	对象向量
整数(integer)	整数向量	因子(factor)	标记样本
逻辑(logical)	逻辑向量		

无论是什么类型的数据，缺失数据都可用 NA(Not Available)来表示；对很大的数值则可用指数形式。

R 中的数据结构，包括向量、矩阵、数组、数据框和列表。多样化的数据结构使得 R 具有极其灵活的数据处理能力。下文将讲述如何构建各种数据结构。

3.1 数据的创建

3.1.1 向量

向量(vector)是用于存储数值型、字符型或逻辑型数据的一维数组。示例如下：

```
a <-c(1, 2, 5, 3, 6, -2, 4)  #数值型向量
b <-c("one", "two", "three")  #字符型向量
```

```
c<-c(TRUE, TRUE, TRUE, FALSE, TRUE, FALSE)  #逻辑型向量
```

注意：单个向量中的数据必须是相同的类型或模式(数值型、字符型或逻辑型)。如果向量中同时含有字符型和其他类型，将强制转换为字符型向量。

向量中元素的访问，在 R 中很方便，如下所示：

```
>a<-c(1, 2, 5, 3, 6, -2, 4)
>a[3]
[1] 5
>a[c(1, 3, 5)]
[1] 1 5 6
>a[2: 6]
[1]  2  5  3  6 -2
>a[a>3]
[1] 5 6 4
>a[-1]
[1]  2  5  3  6 -2  4
>a[-1: -3]
[1]  3  6 -2  4
>n=length(a); a[n]
[1] 4
```

当创建重复的向量时，采用函数 rep()或 seq()，示例如下：

```
>rep(2: 5, 2)#等价于 rep(2: 52, times=2)
[1] 2 3 4 5 2 3 4 5
>rep(2: 5, rep(2, 4))
[1] 2 2 3 3 4 4 5 5
>rep(2: 5, times=3, each=2)
[1] 2 2 3 3 4 4 5 5 2 2 3 3 4 4 5 5 2 2 3 3 4 4 5 5
>seq(1, 10, by=0.5)
[1]  1.0  1.5  2.0  2.5  3.0  3.5  4.0  4.5  5.0  5.5  6.0  6.5  7.0
7.5
[15] 8.0  8.5  9.0  9.5 10.0
>seq(1, 10, length=21)
[1]  1.00  1.45  1.90  2.35  2.80  3.25  3.70  4.15  4.60  5.05  5.50
[12] 5.95  6.40  6.85  7.30  7.75  8.20  8.65  9.10  9.55 10.00
>paste(c("X","Y"), 1:10, sep="")
[1] "X1"  "Y2"  "X3"  "Y4"  "X5"  "Y6"  "X7"  "Y8"  "X9"  "Y10"
>rep(factor(LETTERS[1:3]), 5)
[1] A B C A B C A B C A B C A B C
Levels: A B C
```

当生成随机的向量时，采用函数 sample()，对向量进行排序采用 sort()，添加向量值采用 append()，示例如下：

```
>set.seed(123)
>(z=sample(1:100, 10))
[1]  29  79  41  86  91  5  50  83  51  42
>order(z, decreasing=T)
[1]  5  4  8  2  9  7  10  3  1  6
>sort(z, decreasing=T)
[1]  91  86  83  79  51  50  42  41  29  5
>which.max(z)# which(z==max(z))
[1]  5
>(x=c(42, 7, 64, 9))
[1]  42  7  64  9
>(x=append(x, 97:99, after=3))
[1]  42  7  64  97  98  99  9
>(x=append(x, 99, after=0))
[1]  99  42  7  64  97  98  99  9
```

向量可进行数学运算，示例如下：

```
>x=c(42, 7, 64, 9); y<-3: 6
>(v<-2* x+y^2 -10)
[1]  83  20  143  44
>a<-c(1:5)#+10
>b<-sample(1:30, 5)
>b/a
[1]  29.000000  7.000000  6.333333  4.000000  0.600000
>b-a
[1]  28 12 16 12 -2
>b<-sample(1:30, 8)
>b/a
[1]  27.0000000  4.0000000  0.6666667  2.2500000  5.0000000  23.0000000
[7]   8.5000000  5.0000000
Warning message:
In b/a : longer object length is not a multiple of shorter object length
>b-a
[1]  26  6  -1  5  20  22  15  12
Warning message:
In b-a : longer object length is not a multiple of shorter object length
```

注意：当两个向量长度不等时，以最长的向量为准，短的向量将按最长长度依次进行相应运算，同时 R 也会给予警告信息。当然，向量也可以对其元素进行命名，示例如下：

```
>a<-c(1:5)
>a
[1]  1  2  3  4  5
>names(a)=paste("A", 1:5, sep="")
>a
A1 A2 A3 A4 A5
 1  2  3  4  5
```

3.1.2　数组

数组(array)是一个 K(K ≥ 1)维的数据表。R 中数组由函数 array()建立，其一般格式为：

```
array(vector, dim, dimnames)
```

其中，vector 是用于构建数组的向量，dim 是数组的维数向量(数值型向量)，dimnames 是由各维的名称构成的向量(字符型向量)。示例如下：

```
>dim1<-c("A1", "A2")
>dim2<-c("B1", "B2", "B3")
>dim3<-c("C1", "C2", "C3", "C4")
>z<-array(1:24, c(2, 3, 4), dimnames=list(dim1, dim2, dim3))
>z
,,C1
    B1  B2  B3
A1   1   3   5
A2   2   4   6
,,C2
    B1  B2  B3
A1   7   9  11
A2   8  10  12
,,C3
    B1  B2  B3
A1  13  15  17
A2  14  16  18
,,C4
    B1  B2  B3
A1  19  21  23
A2  20  22  24
```

数组中选取元素的方法同下述的矩阵。

3.1.3 矩阵

矩阵(matrix)是一个二维数组，在 R 中最为常用的是使用命令 matrix( )建立矩阵，其一般格式为：

```
matrix(vector, nrow, ncol, byrow, dimnames)
```

其中，vector 是用于构建矩阵的向量，nrow 是矩阵的行号，ncol 是矩阵的列号(通常省略)，byrow 为矩阵填充数据时是否按行排列(默认按列填充)，dimnames 是由矩阵行列的名称构成的向量(字符型向量)。示例如下：

```
>matrix(1:4, nrow=2, ncol=2)# matrix(1:4, nrow=2)
      [,1]  [,2]
[1,]   1     3
[2,]   2     4
>matrix(1:4, nrow=2, byrow=T)
      [,1]  [,2]
[1,]   1     2
[2,]   3     4
>diag(3)
      [,1]  [,2]  [,3]
[1,]   1     0     0
[2,]   0     1     0
[3,]   0     0     1
>diag(c(1:3))
      [,1]  [,2]  [,3]
[1,]   1     0     0
[2,]   0     2     0
[3,]   0     0     3
```

数组与矩阵的下标(index)与子集(元素)的提取同向量的下标一样，矩阵与数组的下标可以使用正整数、负整数和逻辑表达式。例如，$X[i, j]$指矩阵中第 i 行、第 j 列的元素，$X[i,]$指第 i 行的所有元素，$X[,j]$指第 j 列的所有元素。示例如下：

```
> (x<-matrix(1:6, 2, 3))
      [,1]  [,2]  [,3]
[1,]   1     3     5
[2,]   2     4     6
>x[2, 2]# 第 2 行、第 2 列的元素
[1]  4
>x[2,] ## 第 2 行的所有元素
[1]  2  4  6
>x[,2]# 第 2 列的所有元素
```

```
[1]  3  4
>x[2,,drop=F] ## 返回矩阵，与 x[2, ]不同
      [,1]  [,2]  [,3]
 [1,]    2     4     6
>x[2, 2: 3]# 第 2 行中第 2、3 列的元素
[1]  4  6
>rownames(x)=c("A1","A2")# 行名赋值
>colnames(x)=c("B1", "B2", "B3")# 列名赋值
>x
      B1   B2   B3
  A1   1    3    5
  A2   2    4    6
```

矩阵可进行数学运算，示例如下：

```
>set.seed(123)
>a1 <-sample(1:30, 12)
> (b <-matrix(a1, 3))
      [,1]  [,2]  [,3]  [,4]
 [1,]    9    24    13    10
 [2,]   23    25    21    20
 [3,]   12     2    27    30
>t(b)# 矩阵转置
      [,1]  [,2]  [,3]
 [1,]    9    23    12
 [2,]   24    25     2
 [3,]   13    21    27
 [4,]   10    20    30
> (a <-matrix(a1, 4))
      [,1]  [,2]  [,3]
 [1,]    9    25    27
 [2,]   23     2    10
 [3,]   12    13    20
 [4,]   24    21    30
>a+t(b)# 矩阵相加
      [,1]  [,2]  [,3]
 [1,]   18    48    39
 [2,]   47    27    12
 [3,]   25    34    47
 [4,]   34    41    60
```

```
> (c = b% * % a) # multiple matrix，矩阵相乘
      [,1]  [,2]  [,3]
 [1,] 1029   652  1043
 [2,] 1514  1318  1891
 [3,] 1198  1285  1784
> dim(c)
[1] 3 3
> nrow(c) # ncol(c)矩阵总行(列)数
[1] 3
> rowSums(c) #colSums(c)矩阵行(列)和
[1] 2724 4723 4267
> rowMeans(c) #colMeans(c)矩阵行(列)均值
[1] 908.000 1574.333 1422.333
> c[lower.tri(c)] # c[upper.tri(c)]矩阵下(上)三角元素
[1] 1514 1198 1285
> solve(c) # 求逆矩阵
             [,1]        [,2]         [,3]
[1,] -0.004518632  0.01017757 -0.008146216
[2,] -0.025032450  0.03369143 -0.021077160
[3,]  0.021065033 -0.03110214  0.021212622
> eigen(c) # 矩阵的特征值和特征向量
$values
[1] 3907.79472  201.05977   22.14551

$vectors
           [,1]       [,2]       [,3]
[1,] -0.3809678 -0.7290553 -0.2526715
[2,] -0.6800814 -0.1444633 -0.6918401
[3,] -0.6263807  0.6690357  0.6763981
> kronecker(b, a) # 矩阵的外乘积
     [,1] [,2] [,3] [,4] [,5] [,6] [,7] [,8] [,9] [,10] [,11] [,12]
[1,]   81  225  243  216  600  648  117  325  351    90   250   270
[2,]  207   18   90  552   48  240  299   26  130   230    20   100
[3,]  108  117  180  288  312  480  156  169  260   120   130   200
[4,]  216  189  270  576  504  720  312  273  390   240   210   300
[5,]  207  575  621  225  625  675  189  525  567   180   500   540
[6,]  529   46  230  575   50  250  483   42  210   460    40   200
[7,]  276  299  460  300  325  500  252  273  420   240   260   400
```

```
[8,]  552  483  690  600  525  750  504  441  630  480  420  600
[9,]  108  300  324   18   50   54  243  675  729  270  750  810
[10,] 276   24  120   46    4   20  621   54  270  690   60  300
[11,] 144  156  240   24   26   40  324  351  540  360  390  600
[12,] 288  252  360   48   42   60  648  567  810  720  630  900
```

3.1.4 数据框

数据框(data frame)与矩阵类似，但当数据为多种类型时，矩阵就难以创建，而数据框就是合适的选择。数据框使用函数 data. frame( )创建：

```
mydata <-data.frame(col1, col2, col3, …)
```

其中的列向量 col1，col2，col3，…可以是任何数据类型。示例如下：

```
>treeID <-paste("T", 1:4, sep='')
>age <-c(25, 34, 28, 52)
>Fam <-c("fam1", "fam2", "fam1", "fam1")
>status <-c("Poor", "Improved", "Excellent", "Poor")
>treedata <-data.frame(treeID, age, Fam, status)
>treedata
   treeID  age   Fam       status
 1   T1     25   fam1        Poor
 2   T2     34   fam2    Improved
 3   T3     28   fam1   Excellent
 4   T4     52   fam1        Poor
```

注意：每一列数据的类型必须相同，但多个类型的不同列可以组成一个数据框。

数据框中元素的访问，示例如下：

```
>treedata[,1:2]  #  第 1、2 列的所有元素，返回数据框
   treeID  age
 1   T1     25
 2   T2     34
 3   T3     28
 4   T4     52
>treedata[c("Fam", "status")] # 列名为"Fam", "status"的所有元素，返回数据框
       Fam      status
 1     fam1       Poor
 2     fam2   Improved
 3     fam1  Excellent
 4     fam1       Poor
>treedata$age  #  "$"符合用于选取一个指定的变量，返回向量
[1] 25 34 28 52
```

```
>treedata[,2] #patientdata[[2]], 返回向量
[1] 25 34 28 52
>treedata[2]#返回数据框
    age
1    25
2    34
3    28
4    52
```

对数据框的行进行命名，示例如下：

```
>row.names(treedata[2]) =treedata[,1]
>treedata[2]
   age
T1  25
T2  34
T3  28
T4  52
```

3.1.5　列表

列表(list)是 R 数据类型中最为复杂的一种数据结构。对于复杂的数据分析，有时仅有向量与数据框还不够，往往需要生成包含不同类型的对象。列表就是包含任何类型的对象，可以是若干向量、矩阵、数据框，甚至其他列表的组合。列表通过函数 list( )来创建：

```
mylist <-list(object1, object2, …)
```

其中的对象 object1，object2，…，可以是向量、矩阵、数据框或列表的任何一种结构。示例如下：

```
>g <-"A List"
>h <-c(25, 26, 18, 39)
>j <-matrix(1:10, nrow =5)
>Alist <-list(title =g, age =h, j)# 创建列表
>Alist# 输出列表
$title   # 第 1 个对象
[1] "A List"

$age  # 第 2 个对象
[1] 25 26 18 39

[[3]]  # 第 3 个对象
       [,1]   [,2]
[1,]      1      6
```

```
[2,]    2    7
[3,]    3    8
[4,]    4    9
[5,]    5   10
```

3.1.6　因子

因子(factor)是一种向量对象，它给自己的组件指定了一个离散的分类(分组)，它的组件由其他等长的向量组成。R 提供了有序因子和无序因子。即，因子就是将对象的值分成不同的组(levels)。

用函数 factor()创建一个因子，levels 按序(字母序或数值序)排列。示例如下：

```
>province<-c("四川","湖南","江苏","四川","四川","四川","湖南","江苏","湖南","江苏")
>pf<-factor(province)  #创建 province 的因子 pf
>pf
[1] 四川 湖南 江苏 四川 四川 四川 湖南 江苏 湖南 江苏
Levels: 湖南 江苏 四川
>length(pf)# 数量
[1] 10
>nlevels(pf)# 因子水平
[1] 3
```

函数 levels()用来观察因子中有多少不同的 levels。函数 tappley()依据参数一对因子各水平进行参数三指定的函数计算。而函数 ordered()创建有序因子。示例如下：

```
>score<-c(95, 86, 84, 92, 84, 79, 99, 85, 90, 90)
>smeans<-tapply(score, pf, mean)
>smeans
      四川       湖南       江苏
  91.66667   86.33333   87.50000
>tapply(score, pf, length)
  湖南  江苏  四川
    3     3     4
>ordered(province)
[1] 四川 湖南 江苏 四川 四川 四川 湖南 江苏 湖南 江苏
Levels: 湖南<江苏<四川
```

3.1.7　字符串

字符串(string)是由数字、字母、下划线组成的一串字符，主要用于编程、概念说明、函数解释及用法，常通过模式匹配来获取用户所需的内容。字符串的创建方法与字符型向量一样。

(1)字符串长度

函数 nchar()用于计算字符串的长度，示例如下：

```
>nchar(c("Moe", "Larry", "Curly"))
[1] 3 5 5
>length(c("Moe","Larry","Curly"))
[1] 3
```

上述例子中，nchar()得到字符串长度，而 length()计算向量元素的个数。

(2)字符串连接

函数 paste()用于字符串之间的连接，示例如下：

```
>paste("Everybody", "loves", "stats.", sep="-")
[1] "Everybody-loves-stats."
>paste("The square root of twice pi is approximately", sqrt(2*pi))
[1] "The square root of twice pi is approximately 2.506628274631"
>stooges<-c("Moe", "Larry", "Curly")
>paste(stooges, "loves", "stats.")
[1] "Moe loves stats."   "Larry loves stats." "Curly loves stats."
```

(3)字符串分割

函数 strsplit()用于字符串的分割，其用法为 strsplit(string, delimiter)，其中 string 为字符串，delimiter 为分隔符。示例如下：

```
>path<-"/home/mike/data/trials.csv"
>strsplit(path, "/")
[[1]]
[1] ""          "home"       "mike"       "data"       "trials.csv"
>paths<-c("/home/mike/data/trials.csv",
+          "/home/mike/data/errors.csv",
+          "/home/mike/corr/reject.doc")
>strsplit(paths, "/")
[[1]]
[1] ""          "home"       "mike"       "data"       "trials.csv"

[[2]]
[1] ""          "home"       "mike"       "data"       "errors.csv"

[[3]]
[1] ""          "home"       "mike"       "corr"       "reject.doc"
```

从示例的结果可知，strsplit()函数的返回结果为列表。

(4)字符串替换

函数 sub()和 gsub()用于字符串的替换，两者的区别是 sub()只替换符合条件的第一次，而 gsub( )则替换所有符合条件的位置。用法为 sub(old, new, string)，其中 old 为被替换字符，new 为替换字符，string 为字符串。gsub 用法( )与 sub( )一样。示例如下：

```
> s <-"Curly is the smart one. Curly is funny, too."
> sub("Curly", "Moe", s)
[1] "Moe is the smart one. Curly is funny, too."
> gsub("Curly", "Moe", s)
[1] "Moe is the smart one. Moe is funny, too."
```

(5)字符串组合

函数 outer( )用于组合字符串，用法为 outer(strings1, strings2, paste, sep = "")，其中 strings1、strings2 为字符串，paste 为连接功能，sep 为分隔符。示例如下：

```
> locations <-c("GZ", "FZ", "BJ", "SH")
> treatments <-c("T1", "T2", "T3")
> outer(locations, treatments, paste, sep = "-")
          [,1]      [,2]      [,3]
[1,]    "GZ-T1"   "GZ-T2"   "GZ-T3"
[2,]    "FZ-T1"   "FZ-T2"   "FZ-T3"
[3,]    "BJ-T1"   "BJ-T2"   "BJ-T3"
[4,]    "SH-T1"   "SH-T2"   "SH-T3"
```

(6)字符串子串提取

函数 substr( )用于组合字符串，用法为 substr(string, start, end)，其中 strings 为字符串，start 为开始位置，end 为结束位置。示例如下：

```
> substr("Statistics", 1, 4)
[1] "Stat"
> ss <-c("Monday", "Tuesday", "Sunday")
> substr(ss, 1, 3)
[1] "Mon" "Tue" "Sun"
> cities <-c("Guangzhou, GZ", "Fuzhou, FZ", "Beijing, BJ")
> substr(cities, nchar(cities) -1, nchar(cities))
[1] "GZ" "FZ" "BJ"
```

3.1.8 日期

R 中有 Date、POSIXct、POSIXlt 等来表示日期。日期通常以字符串输入 R，然后再用 as. Date( )转化为数字形式。常见的日期格式见表 3-2。

表 3-2 日期格式

格式	含义	例子
%d	数字形式的日期	11
%a	星期名缩写	Mon
%A	星期名全称	Monday
%m	数字形式的月份	1
%b	月份缩写	Jan
%B	月份全称	January
%y	两位数的年份	15
%Y	四位数的年份	2015

具体示例如下：

```
>Sys.Date()
[1] "2015-12-23"
>class(Sys.Date())
[1] "Date"
>(today<-Sys.Date())
[1] "2015-12-23"
>format(today,"%d %m %Y")
[1] "23 12 2015"
>Sys.time()
[1] "2015-12-23 21:01:28 CST"
>format(Sys.time(),"%a %b %d %X %Y")
[1] "周三 十二月 23 21:01:28 2015"
>as.Date("2010-12-31")
[1] "2010-12-31"
>as.Date("12/31/2010")
Error incharToDate(x):
  character string is not in a standard unambiguous format
>as.Date("12/31/2010",format="%m/%d/%Y")
[1] "2010-12-31"
```

对日期进行年、月、日的提取，示例如下：

```
>d<-as.Date("2015-12-23")
>p<-as.POSIXlt(d)
>p$year + 1900#年份
[1] 2015
>p$mon#月份(0=January)
[1] 11
>p$mday#所在月的天数
```

```
[1] 23
>p$wday #所在周的天数
[1] 3
>p$yday #所在年的天数
[1] 356
```

与向量类似，seq()用于生成有规律的日期，示例如下：

```
>s<-as.Date("2012-01-01")
>e<-as.Date("2012-02-01")
>seq(from=s, to=e, by=1)
[1] "2012-01-01" "2012-01-02" "2012-01-03" "2012-01-04" "2012-01-05" "2012-01-06" "2012-01-07"
[8] "2012-01-08" "2012-01-09" "2012-01-10" "2012-01-11" "2012-01-12" "2012-01-13" "2012-01-14"
[15] "2012-01-15" "2012-01-16" "2012-01-17" "2012-01-18" "2012-01-19" "2012-01-20" "2012-01-21"
[22] "2012-01-22" "2012-01-23" "2012-01-24" "2012-01-25" "2012-01-26" "2012-01-27" "2012-01-28"
[29] "2012-01-29" "2012-01-30" "2012-01-31" "2012-02-01"
>seq(from=s, by=1, length.out=3)
[1] "2012-01-01" "2012-01-02" "2012-01-03"
>seq(from=s, by="month", length.out=3)
[1] "2012-01-01" "2012-02-01" "2012-03-01"
>seq(from=s, by="3 month", length.out=3)
[1] "2012-01-01" "2012-04-01" "2012-07-01"
>seq(from=s, by="year", length.out=3)
[1] "2012-01-01" "2013-01-01" "2014-01-01"
```

3.2　对象的模式和属性

3.2.1　固有属性

对象(object)是 R 所进行操作的实体，对象可以是向量或列表等。对象的模式可以用函数 mode(object)查看，其值包括数值型(numeric)、复数型(complex)、字符型(character)、逻辑型(logical)、列表(list)、函数(function)和表达式(expression)等。

对象的另一固有属性是长度，可以用 length(object)查看。而函数 attribute(object)可以查看更深入的属性。

一般情况下，R 可以完成各种模式的转换。R 中有很多形式为 as.something()的函数，可以完成数据集从一个模式向另一个模式的转化，或者是令对象取得它当前模式不具有的某些属性。

3.2.2　属性的获取

函数 attributes(object)将给出当前对象所具有的所有非基本属性(模式和长度属于基本

属性）的一个列表。

函数 attr(object, name)被用来选取一个指定的属性。当函数 attr( )用在赋值语句左侧时，既是将对象与一种新的属性关联，也是对原有属性的更改。例如：

```
>attr(z,"dim") <-c(10, 10)# 将 z 作为一个 10×10 的矩阵看待
```

3.2.3　对象的类别

类别是对象的一个特别属性，用来指定对象在 R 语言中的风格。例如，对象类别是数据框(data. frame)时，则会以特定方式处理。

unclass( )去除对象的类别。

summary( )查看对象的基本信息(min, max, mean, etc.)

3.3　数据的输入

熟悉了解 R 中的各种数据结构后，就可导入数据到 R 中，进行数据分析。R 中导入数据的方法很灵活、多样化，从键盘、文本文件、Excel、SAS、SPSS，以及 SQL、Acess 等数据库中均可导入数据。本书推荐从 csv 文件中导入数据，csv 文件可由 Excel 创建。

3.3.1　键盘输入

R 中的函数 edit( )会自动调用一个手动输入或修改数据的文本编辑器。例如，创建一个名为 mydata 的数据框，含有三个变量：age(数值型)、gender(字符型)和 weight(数值型)。其代码如下：

```
#创建 mydata
mydata <-data.frame(age =numeric(0),
gender =character(0), weight =numeric(0))
mydata <-edit(mydata)# 输入或修改 mydata 中的数据
```

3.3.2　使用 scan( )函数

函数 scan( )中的参数较多，其中最关键的参数是 what，用来指定从文件中读出的变量模式的列表。模式可以是数值，字符或复数。函数 scan( )一个最普遍的应用是读入大矩阵。例如：

```
# D: \data\md.dat      #假设 md.dat 文件含有以下的数据
#M 65168
#M 70172
#F 54156
#F 58163
###利用 scan()函数创建数据集，并指定第 1 个是字符型变量，后 2 个是数值型
变量
```

```
mydata<-scan(file="D:\\data\\md.dat", what=list("", 0, 0))
###利用 scan()函数读取大矩阵
#读取速度快
A<-matrix(scan("matrix.dat", n=200×2000), 200, 2000, byrow=T)
#读取速度慢
A<-as.matrix(read.table("matrix.dat"))
```

3.3.3 使用 read.table()函数

函数 read.table()读入带分隔符的文件，并将其保存为一个数据框。其使用格式如下：

```
mydata<-read.table(file, header=logical_value,
                   sep="delimiter", row.names="name")
```

其中，file 是带分隔符的 ASCII 文件，header 是文件中首行是否包含变量名的逻辑值(TRUE 或 FALSE，可简写为 T 或 F)，sep 是分隔符，row.names 是可选参数，用于指定一个或多个表示行标识符的变量。

简单的读取文件示范如下：

```
mydata<-read.table(file="dbh.csv", header=T, sep=",")
```

函数 read.table()导入数据后，会将字符型变量自动转换为因子，而含有数值的默认为数值型变量。这在农林试验数据中，会造成一定的问题，如重复(Rep)是一个因子，它含有 1，2，3，…等数值。为了避免该问题的出现，建议使用 ASReml 程序包中自带的 asreml.read.table()，该函数将对词首大写字母命名的变量自动视为因子，此外的变量名以小写字母命名即可。当一个数据框中含有很多数值型的因子变量时，asreml.read.table()函数的优势就显而易见。其使用方法也很简单，与函数 read.table()相似，代码如下：

```
setwd("D:/Rdata")# 设定工作路径
library(asreml)# 须先载入 asreml 程序包
mydata<-asreml.read.table(file="dbh.csv", header=T, sep=",")
```

3.3.4 使用 read.csv()函数

函数 read.csv()读入带分隔符的文件，并将其保存为一个数据框。其使用格式如下：

```
mydata<-read.csv(file, header=logical_value, dec=".")
```

其中，file 是带分隔符(逗号)的 csv 文件，header 是文件中首行是否包含变量名的逻辑值(T 或 F)，dec 是小数点符号。

简单的读取 csv 文件示范如下：

```
mydata<-read.csv(file="dbh.csv", header=T)
```

3.3.5 导入 Excel 数据

Excel 数据导入要用到 RODBC 扩展包。首先要安装和装载 RODBC 包，然后输入数据文件的绝对路径(注意是用"/"或者"\\"，而不是"\")来定义连接，再用数据抓取命令获取所需要的标签页数据(Sheet1)。

```
library(RODBC)
channel<-odbcConnectExcel("d:/test.xls")
mydata<-sqlFetch(channel, "Sheet1")
```

将 Excel 数据导入 R 的 mydata 变量中。如果是 Excel2007 格式数据则要更换函数，具体如下：

```
channel<-odbcConnectExcel2007("d:/test.xlsx")
mydata<-sqlFetch(channel, "Sheet1")
```

3.3.6　导入 SAS 数据

函数 read.xport()读入 SAS 传输格式(XPORT)的文件，并且返回一个数据框的列表。如果系统中安装了 SAS，函数 read.ssd()可用来创建和运行已保存为 SAS 永久数据集(.ssd 或 .sas7bdat)的 SAS 脚本，随后调用 read.xport()去读取结果文件。

```
library(foreign)
mydata<-read.sas("d:/test.ssd")
```

此外，Hmisc 包有个类似的函数 sas.get()，也可以读入 SAS 脚本。

```
library(Hmisc)
data<-sas.get("D:/test.ssd")
```

3.3.7　导入 SPSS 数据

导入 SPSS 的 sav 格式数据则要用到 foreign 扩展包，加载后直接用函数 read.spss()读取 sav 文件。

```
library(foreign)
mydata<-read.spss("d:/test.sav")
```

上面的函数 read.spss()在多数情况下无法将 sav 文件中的附加信息导进来，如数据的 label，因此建议用 Hmisc 程序包的 spss.get()函数，效果较好。

```
library(Hmisc)
mydata<-spss.get("D:/test.sav")
```

3.3.8　其他方式导入

此外，还可从 Stata、netCDF、HDF5、XML 等文件中导入数据，当然需要安装对应的程序包，本书不做介绍，相关内容请参考书籍《R 语言实战》(Robert I. Kabacoff 著，高涛等译，人民邮电出版社)。

3.4　数据的存储

对于文件读取和写入，R 使用工作目录来完成。如果文件不在工作目录里，则必须给出它的路径。例如，使用命令 getwd()(获得工作目录)来找到目录，使用命令 setwd

("D：/Rdata")或 setwd("D：\\Rdata")，将当前的工作目录改变为 D：\Rdata。

R 软件中，通过函数 write. table()、write. csv()或 save()在文件中写入一个对象，一般是写成一个数据框，也可以是其他类型的对象(向量、矩阵、数组、列表等)。现以数据框 df 为例：

```
>df<-data.frame(obs=c(1, 2, 3), treat=c("A", "B", "A"), weight=c(2.3, NA, 9))
```

(1)保存为 txt 文件

```
>write.table(df, file="D:/Rdata/fg.txt", row.names=F, quote=F)
```

其中，row. names = F 表示行名不写入文件，quote = F 表示变量名不放在双引号中。

(2)保存为 csv 文件

```
>write.csv(df, file=" D: /Rdata /fg.csv", row.names=F)
```

(3)保存为 R 格式文件

```
>save(df, file=" D: /Rdata /fg.Rdata")
```

此外，要将工作空间的映像保存起来，其命令为：

```
>save.image()
```

该操作也可通过菜单栏【文件】下的【保存工作空间】来完成。

思考题

(1)R 软件中，常用的数据类型有那些?

(2)试用函数 rep()构建不同类型的重复向量。

(3)构建一个矩阵，并求其转置矩阵和逆矩阵。

(4)如何查看因子的水平?

(5)R 软件中输入数据的方式有哪些? 如何导出数据?

(6)试比较函数 read. table()和 asreml. read. table()的异同点。

(7)如何设置或更改 R 的工作路径?

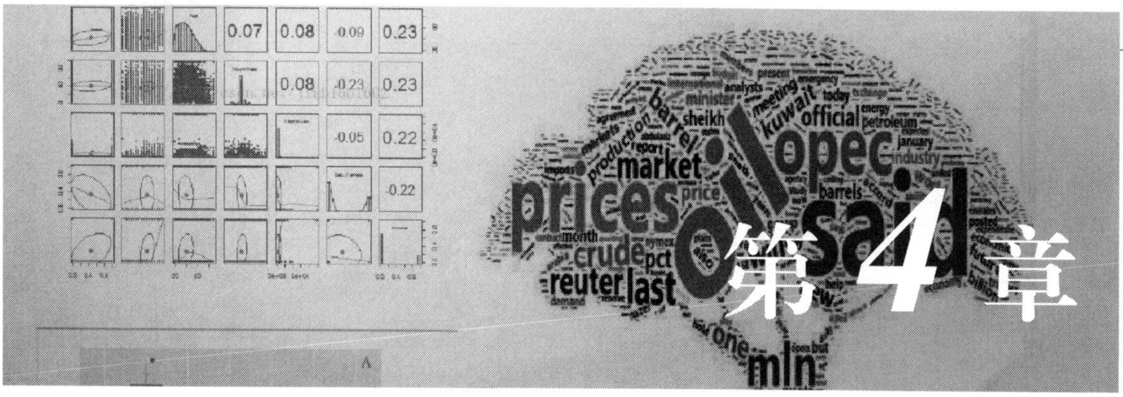

第4章 数据管理

有了数据后，一般情况下，并不能直接进行数据的分析，而是需要进行进一步的数据转换或操作。

4.1 数据转换

R 对于含有数值的变量默认为数值型变量。如农林试验中，重复(Rep)是一个因子，它含有 1，2，3，…等数值，R 会将 Rep 默认为数值型变量。需要用 as. factor( ) 函数把 Rep 的属性从数值型转为因子。

表 4-1 数据类型判断与转换函数

判 断	转 换	类 型
is. numeric( )	as. numeric( )	数值型
is. character( )	as. character( )	字符型
is. vector( )	as. vector( )	向量
is. matrix( )	as. matrix( )	矩阵
is. data. frame( )	as. data. frame( )	数据框
is. factor( )	as. factor( )	因子
is. logical( )	as. logical( )	逻辑型

表 4-1 中，is. datatype( ) 函数的返回值为 TRUE 或 FALSE，而 as. datatype( ) 函数则将对象转换为对应的类型。示例如下：

```
Rep <-c(1:6) # Rep 赋值
is.numeric(Rep) # 数值型判断：真
is.factor(Rep) # 因子判断：假
```

```
Rep <-as.factor(Rep)# 转换为因子
is.factor(Rep)# 因子判断：真
```

4.2 数据排序

有时，通过数据排序后可以获得更多的信息。现假设有数据集 df，按 Spacing、Fam、rank 先后依次排序，通过 R 自带的 order( )函数或 dplyr 程序包的 arrange( )函数排序都可实现。虽然两种方法结果一样，但使用 dplyr 程序包的 arrange( )函数，代码更为简洁。示例如下：

```
df <-data.frame(id =1:4, weight =c(20, 27, 24, 22),
                     size =c("small", "large", "medium", "large"))#创建
数据框

library(dplyr)
#按重量(weight)由小到大排序，2 种方法。
arrange(df, weight)        #dplyr 包的 arrange()函数
#df[ order(df $weight), ]    # R 自带的 order()函数

#先按尺码(size)、再按重量(weight)，由小到大排序，2 种方法。
arrange(df, size, weight)# dplyr 包的 arrange()函数
#df[ order(df $size, df $weight), ]# R 自带的 order()函数

#先按尺码(size)升序、再按重量(weight)降序排列，2 种方法。
arrange(df, size, -weight)# dplyr 包的 arrange()函数
#df[ order(df $size, -df $weight), ]# R 自带的 order()函数
```

运行结果如下：

```
>df
    id  weight    size
 1   1      20   small
 2   2      27   large
 3   3      24  medium
 4   4      22   large
>arrange(df, weight)
    id  weight    size
 1   1      20   small
 2   4      22   large
 3   3      24  medium
```

```
 4   2      27     large
>arrange(df, size, weight)
    id   weight    size
 1   4      22     large
 2   2      27     large
 3   3      24    medium
 4   1      20     small
>arrange(df, size, -weight)
    id   weight    size
 1   2      27     large
 2   4      22     large
 3   3      24    medium
 4   1      20     small
```

4.3　数据合并

有时，数据分散在多个文件中，需要合并为一个数据集，则可以通过列合并或行合并的方式。例如，有两个数据集 dataA，dataB，合并为一个数据集 total。

4.3.1　列合并

列合并，通过 merge( )函数实现。dataA，dataB 至少需要一个或多个共有变量。

#共有变量：ID

```
total<-merge(dataA, dataB, by="ID")
```

#共有变量：ID、Country

```
total<-merge(dataA, dataB, by=c("ID", "Country")
```

如果不需要一个公共索引而直接列合并两个数据框，则使用 cbind( )函数：

total<-cbind(dataA，dataB)，但 dataA 与 dataB 需含有一样的行数，且以相同顺序排序。

示例如下：

```
#创建数据框 dataA
dataA<-read.table(header=T, text='
                    famid  source
                      1      GD
                      2      FJ
                      3      GX
                      ')

#创建数据框 dataB
```

```
dataB <-read.table(header = T, text = '
                    group  famid  rating
                      1      1      6.7
                      1      2      4.5
                      1      3      3.7
                      2      2      3.3
                      2      3      4.1
                      2      1      5.2
                      ')
#合并数据框 dataA, dataB
merge(dataA, dataB, "famid")
```

运行结果如下：

```
> dataA
   famid  source
1    1      GD
2    2      FJ
3    3      GX
> dataB
   group  famid  rating
1    1      1      6.7
2    1      2      4.5
3    1      3      3.7
4    2      2      3.3
5    2      3      4.1
6    2      1      5.2
> #合并数据框 dataA, dataB
> merge(dataA, dataB, "famid")
   famid  source  group  rating
1    1      GD      1      6.7
2    1      GD      2      5.2
3    2      FJ      1      4.5
4    2      FJ      2      3.3
5    3      GX      1      3.7
6    3      GX      2      4.1
```

当 dataA、dataB 的共有变量名称不同时，按下述的命令进行合并。

```
colnames(dataA)[,1] <-c("id") # 将 dataA 的 stroyid 重命名为 id
merge(x = dataA, y = dataB, by.x = "id", by.y = "storyid")
```

4.3.2　行合并

行合并，通过 rbind( ) 函数实现，其使用格式如下：

total <-rbind(dataA, dataB)

注意：dataA 与 dataB 需含有一样的变量，但排列的顺序可以不同。如果 dataA 的变量比 dataB 多时，合并前需做以下的处理：

①删除 dataA 中的多余变量；

②或在 dataB 创建变量并将其值设为 NA。

示例如下：

```
dfA <-data.frame(Subject =c(1, 1, 2, 2),
                 Response =c("X", "X", "X", "X"))
dfB <-data.frame(Subject =c(1, 2, 3),
                 Response =c("X", "Y", "X"))
dfC <-data.frame(Subject =c(1, 2, 3),
                 Response =c("Z", "Y", "Z"))
dfA $Coder <-"A"
dfB $Coder <-"B"
dfC $Coder <-"C"

####通过行合并命令整合 dfA、dfB 和 dfC
df <-rbind(dfA, dfB, dfC)   # Stick them together
df <-df[,c(3, 1, 2)]        # Reorder the columns to look nice
```

运行结果如下：

```
>dfA
  Subject  Response  Coder
1       1         X      A
2       1         X      A
3       2         X      A
4       2         X      A
>dfB
  Subject  Response  Coder
1       1         X      B
2       2         Y      B
3       3         X      B
>dfC
  Subject  Response  Coder
1       1         Z      C
2       2         Y      C
3       3         Z      C
>df <-rbind(dfA, dfB, dfC)
>df
```

```
   Subject  Response  Coder
1        1         X      A
2        1         X      A
3        2         X      A
4        2         X      A
5        1         X      B
6        2         Y      B
7        3         X      B
8        1         Z      C
9        2         Y      C
10       3         Z      C
>df<-df[,c(3, 1, 2)]
>df
   Coder  Subject  Response
1      A        1         X
2      A        1         X
3      A        2         X
4      A        2         X
5      B        1         X
6      B        2         Y
7      B        3         X
8      C        1         Z
9      C        2         Y
10     C        3         Z
```

4.4　子集提取

4.4.1　根据位置选取子集

操作方法如下：

df[m_1,]　表示返回第 m_1 行的数据

df[c(m_1, m_2, … , m_j),]　表示返回由第 m_1，m_2，…m_j 行组成的数据框

df[,n_1]　表示返回第 n_1 列的数据

df[,c(n_1, n_2, … , n_k)]　表示返回由第 n_1，n_2，…n_k 列组成的数据框

示例如下：

```
###创建数据框
df<-read.table(header=T, text='
            subject  sex  size
               1      M     7
```

```
                    2         F        6
                    3         F        9
                    4         M        11
                    ')
###以行取子集
df[1, ]
df[c(1, 3), ]

###以列取子集
df[,1]
df[,c(1, 3)]

###以行列组合取子集
df[c(1, 3), c(1, 3)]
```

运行结果如下:

```
> ###以行取子集
> df[1, ]
  subject  sex  size
1       1    M     7
> df[c(1, 3), ]
  subject  sex  size
1       1    M     7
3       3    F     9
> ###以列取子集
> df[,1]
[1] 1 2 3 4
> df[,c(1, 3)]
  subject  size
1       1     7
2       2     6
3       3     9
4       4    11
> ###以行列组合取子集
> df[c(1, 3), c(1, 3)]
  subject  size
1       1     7
3       3     9
```

4.4.2　根据列名选取子集

操作方法如下：

df[,"$name_1$"]　　表示返回列名为 $name_1$ 的数据

df[, c("$name_1$", "$name_2$", … , "$name_k$")]表示返回由多个列(名)组成的数据框

示例如下：

```
>df[,"size"]## 返回数据，df $ size
[1]  7  6  9 11
>df[ "size"]## 返回数据框
   size
1     7
2     6
3     9
4    11
>df[,c("size","sex")]
   size  sex
1     7    M
2     6    F
3     9    F
4    11    M
```

4.4.3　使用 subset( )函数

subset( )函数是选取数据框子集最常用的方法，其操作方法如下：

subset(df, select = c($name_1$, $name_2$, … , $name_k$))返回由多个列组成的数据框

示例如下：

```
subset(df, select = subject)

subset(df, subject <3)

subset(df, subject <3, select = - subject)
## subset(df, subject <3, select = c(sex, size))结果一样

subset(df, subject <3 & sex = = "M")

subset(df, log2(size) >3)
```

运行结果如下：

```
>subset(df, select = subject)
  subject
```

```
1         1
2         2
3         3
4         4
>subset(df, subject<3)
  subject  sex  size
1        1    M     7
2        2    F     6
>subset(df, subject<3, select = -subject)
   sex  size
1    M    7
2    F    6
>subset(df, subject<3 & sex = = "M")
  subject  sex  size
1        1    M     7
>subset(df, log2(size)>3)
  subject  sex  size
3        3    F     9
4        4    M    11
```

4.4.4　使用 sample( )抽样

运用 sample( )函数对数据框进行随机抽样，示例如下：

```
df
df[sample(2)]

df[sample(2),]
```

运行结果如下：

```
>df
  subject  sex  size
1        1    M     7
2        2    F     6
3        3    F     9
4        4    M    11
>df[sample(2)]#返回列的随机抽样
      sex   subject
1       M         1
2       F         2
3       F         3
```

```
4        M         4
>df[sample(2),] #返回行的随机抽样
  subject  sex  size
2       2    F     6
1       1    M     7
```

4.5　数据重构

数据格式一般是多种多样的，很多数据需要经过整理才能进行后续有效的分析，数据变换不仅是为了改善数据的外观，也是进行一些统计分析和作图前必要的步骤。数据整合和数据汇总往往密不可分，也是 R 语言中数据处理的内容之一。

4.5.1　数据转置

使用 t( ) 函数即对一个矩阵或数据框实现行和列数据的转置。转置后，行列名将相互变换。示例如下：

```
df<-matrix(c(37,150,49,100,23,57),nr=2,
dimnames=list(c("D","UD"),
                              c("A","B","C")))
t.df<-t(df)
```

运行结果如下：

```
>df
    A   B  C
D   37  49 23
UD 150 100 57
>t.df
  D  UD
A 37 150
B 49 100
C 23  57
```

4.5.2　使用 reshape2 包

reshape2 包是由 Hardley Wickham 开发的用于数据重构和整合的程序包。reshape2 包是 reshape 包的升级版，功能更为全面和强大。其核心是两个函数：melt 和 cast(数据框是 dcast，矩阵是 acast)。melt 函数对数据集进行融合，cast 函数则对数据集进行重构。

4.5.2.1　melt 函数

melt 函数对数据进行融合，把几列数据归纳到一列数据中，即将数据由宽数据变为长数据，其可用于数据框、数组、表格和矩阵，示例如下：

```
## S3 method for class 'data.frame'
melt(data, id.vars, measure.vars,
  variable.name = "variable", ..., na.rm = FALSE, value.name = "value",
factorsAsStrings = TRUE)
```

式中，data 代表数据框，id.vars 代表保留变量名或保留列位置，measure.vars 代表需要归纳的变量，variable.name 代表归纳后的单列变量名(包含被归纳的所有变量名)，na.rm 为是否删除 NA(默认值是不删除)，value.name 为保存数值的变量名，factorsAsStrings 为因子是否转换为字符(默认值是转换)。

```
## S3 method for class 'array', 'table', 'matrix'
melt(data, varnames = names(dimnames(data)), ...,
  na.rm = FALSE, as.is = FALSE, value.name = "value")
```

式中，data 代表数组、表格或矩阵，varnames 代表维度名，na.rm 为是否删除 NA(默认不删除)，as.is 代表维度名是否转换，value.name 为保存数值的变量名。

```

library(reshape2)# v1.4.1
df <-read.csv(file = "fm.csv", header = T)
head(df)
##4.5.2.1 melt
df1 =df[, -6: -8]
head(df1)
df1La =melt(df1, id.vars =1:5)
head(df1La)

df1L =melt(df1, id.vars =1:5, variable.name = "age",
                             value.name = "height")
head(df1L)

df1L$age =sub("h","", df1L$age)
head(df1L); tail(df1L)
#str(df1L)
df1L$age =as.numeric(df1L$age)
df1L$Fam =as.factor(df1L$Fam)
str(df1L)

df1Lm =aggregate(x =df1L[,c("height")],
by =list(df1L$Fam, df1L$age), FUN =mean)
head(df1Lm)
names(df1Lm) =c("Fam","age","height")
```

```
str(df1Lm)

library(lattice)
xyplot(height ~ age, groups = Fam, type = "l", data = df1Lm)
```

运行结果如下：

```
> head(df)
  TreeID Spacing Rep   Fam Plot    dj    dm    wd h1  h2  h3  h4  h5
1  80001       3   1 70048    1 0.334 0.405 0.358 29 130 239 420 630
2  80002       3   1 70048    2 0.348 0.393 0.365 24 107 242 410 600
3  80004       3   1 70048    4 0.354 0.429 0.379 19  82 180 300 500
4  80005       3   1 70017    1 0.335 0.408 0.363 46 168 301 510 700
5  80008       3   1 70017    4 0.322 0.372 0.332 33 135 271 470 670
6  80026       3   1 70002    2 0.359 0.450 0.392 30 132 258 390 570
> head(df1)
  TreeID Spacing Rep   Fam Plot h1  h2  h3  h4  h5
1  80001       3   1 70048    1 29 130 239 420 630
2  80002       3   1 70048    2 24 107 242 410 600
3  80004       3   1 70048    4 19  82 180 300 500
4  80005       3   1 70017    1 46 168 301 510 700
5  80008       3   1 70017    4 33 135 271 470 670
6  80026       3   1 70002    2 30 132 258 390 570
> df1La = melt(df1, id.vars = 1:5)
> head(df1La)
  TreeID Spacing Rep   Fam Plot variable value
1  80001       3   1 70048    1       h1    29
2  80002       3   1 70048    2       h1    24
3  80004       3   1 70048    4       h1    19
4  80005       3   1 70017    1       h1    46
5  80008       3   1 70017    4       h1    33
6  80026       3   1 70002    2       h1    30
> head(df1L)
  TreeID Spacing Rep   Fam Plot age height
1  80001       3   1 70048    1   1     29
2  80002       3   1 70048    2   1     24
3  80004       3   1 70048    4   1     19
4  80005       3   1 70017    1   1     46
5  80008       3   1 70017    4   1     33
6  80026       3   1 70002    2   1     30
> str(df1L)
```

```
'data.frame': 4135 obs. of  7 variables:
$TreeID : int  80001 80002 80004 80005 80008 80026 80028 80033 80034 80035 ...
 $Spacing: int  3 3 3 3 3 3 3 3 3 3 ...
 $Rep: int  1 1 1 1 1 1 1 1 1 1 ...
$Fam: Factor w/ 55 levels "70001","70002", ...: 44 44 44 15 15 2 2 10 10 10 ...
 $Plot: int  1 2 4 1 4 2 4 1 2 3 ...
 $age: num  1 1 1 1 1 1 1 1 1 1 ...
 $height: int  29 24 19 46 33 30 37 32 34 28 ...
>head(df1Lm)
    Fam  age  height
1  70001  1  35.77778
2  70002  1  37.66667
3  70003  1  32.75000
4  70004  1  42.71429
5  70005  1  32.40000
6  70006  1  28.69231
>str(df1Lm)
'data.frame': 275 obs. of  3 variables:
$ Fam: Factor w/ 55 levels "70001","70002", ...: 1 2 3 4 5 6 7 8 9 10 ...
$ age: num  1 1 1 1 1 1 1 1 1 1 ...
$ height: num  35.8 37.7 32.8 42.7 32.4 ...
```

最后绘制的散点图如图4-1所示。

上述演示的melt函数是针对数据框，在本例中，以树高和树龄数据为例，将不同树龄归纳到一个树龄变量下，而后进行均值求算，最后根据均值绘制不同家系的树高与树龄的生长曲线图(图4-1)。

对于数组、矩阵和表格的融合，简单以矩阵示范如下：

```
>aa=matrix(1:6, nrow=2, dimnames=list(c("A1","A2")))
>aa
    [,1]  [,2]  [,3]
A1   1     3     5
A2   2     4     6
>aaL=melt(aa)
>aaL
   Var1  Var2  value
1   A1    1     1
2   A2    1     2
3   A1    2     3
4   A2    2     4
```

```
5   A1   3   5
6   A2   3   6
```

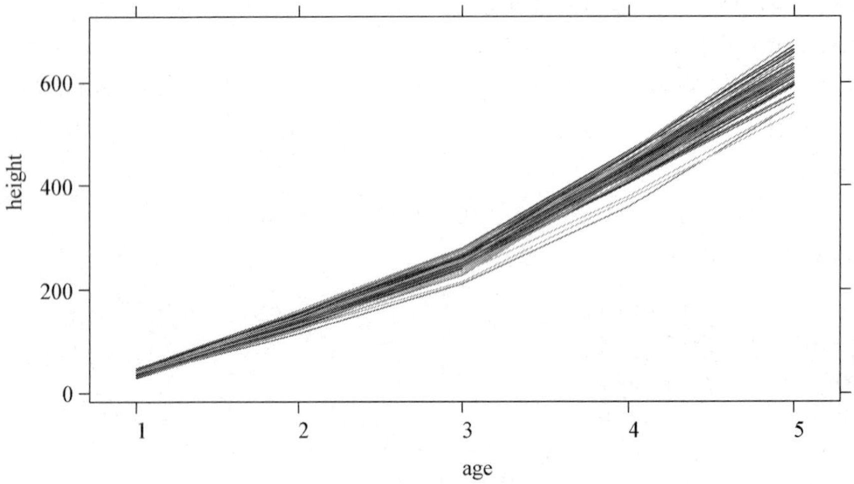

图 4-1 树高与树龄的散点图

由上述的矩阵融合结果可知，矩阵将维度名作为融合变量，矩阵值列到最后的保存值，融合的过程为，矩阵行名对应到 Var1，矩阵列名对应到 Var2，矩阵数值对应到 value，然后按列的方式完成矩阵融合。

4.5.2.2 cast 函数

cast 函数对数据集进行重构，其操作如下：

```
dcast(data, formula, fun.aggregate = NULL, ..., margins = NULL,
  subset = NULL, fill = NULL, drop = TRUE,
  value.var = guess_value(data))
acast(data, formula, fun.aggregate = NULL, ..., margins = NULL,
  subset = NULL, fill = NULL, drop = TRUE,
  value.var = guess_value(data))
```

式中，data 代表融合后的数据框，formula 为重构公式，fun. aggregate 为绘总函数，margins 为边际汇总，subset 为子集提取，fill 为缺失值表示方法(默认值为 0)，drop 为是否保留缺失值的组合，value. var 为保存数值的变量。dcast 返回数据框，acast 返回矩阵。

上述的 melt 函数，已对树高数据进行融合，可直接进行 dcast 和 acast 函数的应用，示例如下：

```
head(df1L)
options(digits = 4)
dcast(df1L, Plot ~ age, na.rm = T, mean) # average effect of Plot
dcast(df1L, Spacing ~ age, na.rm = T, mean)
dcast(df1L, Spacing ~ Plot + age, na.rm = T, mean)
acast(df1L, Spacing + Plot ~ age, na.rm = T, mean, margins = "Plot")
```

```
acast(df1L, Spacing + Plot ~ age, length, margins = "Plot")
```

运行结果如下：

```
> head(df1L)
  TreeID  Spacing  Rep   Fam   Plot  age  height
1  80001     3      1   70048   1     1     29
2  80002     3      1   70048   2     1     24
3  80004     3      1   70048   4     1     19
4  80005     3      1   70017   1     1     46
5  80008     3      1   70017   4     1     33
6  80026     3      1   70002   2     1     30
> options(digits = 4)
> dcast(df1L, Plot ~ age, na.rm = T, mean)
Using height as value column: use value.var to override.
    Plot     1      2      3      4      5
1      1  37.03  138.0  249.1  427.8  613.5
2      2  37.25  140.2  255.1  437.3  627.3
3      3  36.46  138.0  257.1  429.9  617.1
4      4  37.40  137.7  258.2  429.8  621.4
> dcast(df1L, Spacing ~ age, na.rm = T, mean)
Using height as value column: use value.var to override.
  Spacing     1      2      3      4      5
1       2  39.10  152.9  273.2  492.8  681.8
2       3  36.06  131.6  245.8  401.5  589.8
> dcast(df1L, Spacing ~ Plot + age, na.rm = T, mean)
Using height as value column: use value.var to override.
  Spacing  1_1   1_2   1_3   1_4   1_5   2_1   2_2   2_3   2_4   2_5
1       2 39.20 152.9 267.8 494.2 682.0 39.54 153.7 269.2 499.4 683.6
2       3 36.12 131.8 241.3 399.9 584.7 36.04 133.1 247.7 404.7 597.7

    3_1    3_2    3_3    3_4    3_5    4_1    4_2    4_3    4_4    4_5
1  39.44  152.6  279.4  491.2  676.3  38.30  152.4  277.1  485.9  684.5
2  35.13  131.5  247.2  402.3  590.4  36.92  129.8  248.0  399.3  587.3
> acast(df1L, Spacing + Plot ~ age , na.rm = T, mean, margins = "Plot")
Using height as value column: use value.var to override.
             1      2      3      4      5
2_1        39.20  152.9  267.8  494.2  682.0
2_2        39.54  153.7  269.2  499.4  683.6
2_3        39.44  152.6  279.4  491.2  676.3
2_4        38.30  152.4  277.1  485.9  684.5
```

```
2_ (all)       39.10    152.9    273.2    492.8    681.8
3_ 1           36.12    131.8    241.3    399.9    584.7
3_ 2           36.04    133.1    247.7    404.7    597.7
3_ 3           35.13    131.5    247.2    402.3    590.4
3_ 4           36.92    129.8    248.0    399.3    587.3
3_ (all)       36.06    131.6    245.8    401.5    589.8
>acast(df1L, Spacing + Plot ~ age,  length, margins = "Plot")
Using height as value column: use value.var to override.
                   1        2        3        4        5
2_ 1              66       66       66       66       66
2_ 2              72       72       72       72       72
2_ 3              59       59       59       59       59
2_ 4              71       71       71       71       71
2_ (all)         268      268      268      268      268
3_ 1             158      158      158      158      158
3_ 2             137      137      137      137      137
3_ 3             132      132      132      132      132
3_ 4             132      132      132      132      132
3_ (all)         559      559      559      559      559
```

4.6　数据分段

应用 cut 函数对连续型变量或连续型日期进行切割，其操作如下：

```
## Default S3 method:
cut(x, breaks, labels = NULL, include.lowest = FALSE,
right = TRUE, dig.lab = 3, ordered_ result = FALSE, ...)
```

式中，x 为连续型变量，breaks 为切割点，labels 为标签，include. lowest 为是否包括下界，right 为区间是否偏右，dig. lab 为没指定 labels 时的整数自动标签，ordered_ results 为结果是否为顺序型因子。

```
## S3 method for class 'Date', 'POSIXt'
cut(x, breaks, labels = NULL, start.on.monday = TRUE, right = FALSE, ...)
```

式中，x 为连续型时间，breaks 为切割点，labels 为标签，start. on. Monday 为切割是否从周一开始，right 为其他传递的参数。

连续型变量的切割示例如下：

```
## 4.5.3 cut
summary(df $ h5)
h5 = na.omit(df $ h5)
set.seed(123); h5a = sample(h5, 20)
```

```
cut(h5a, breaks=5)
table(cut(h5a, breaks=5))

9table(cut(h5, breaks=10))
```

运行结果如下：

```
>summary(df$h5)
   Min. 1st Qu.  Median    Mean 3rd Qu.    Max.    NA's
    340     550     620     620     690     860       3
>cut(h5a, breaks=5)
[1] (728, 790](604, 666](604, 666](728, 790](666, 728](604, 666]
[7] (480, 542](666, 728](542, 604](542, 604](604, 666](480, 542]
[13](480, 542](542, 604](542, 604](604, 666](542, 604](604, 666]
[19](480, 542](604, 666]
Levels: (480, 542](542, 604](604, 666](666, 728](728, 790]
>table(cut(h5a, breaks=5))
(480, 542](542, 604](604, 666](666, 728](728, 790]
         4          5          7          2          2
>table(cut(h5, breaks=10))
(339, 392](392, 444](444, 496](496, 548](548, 600](600, 652](652, 704]
        4         22         62        105        169        144        158
(704, 756](756, 808](808, 861]
      101         42         17
```

连续型时间的切割示例如下：

```
s<-as.Date("2012-01-01")
e<-as.Date("2012-02-01")
se=seq(from=s, to=e, by=1)
sef=cut(se, breaks="week")
table(sef)
```

运行结果如下：

```
>se
[1] "2012-01-01" "2012-01-02" "2012-01-03" "2012-01-04" "2012-01-05"
[6] "2012-01-06" "2012-01-07" "2012-01-08" "2012-01-09" "2012-01-10"
[11] "2012-01-11" "2012-01-12" "2012-01-13" "2012-01-14" "2012-01-15"
[16] "2012-01-16" "2012-01-17" "2012-01-18" "2012-01-19" "2012-01-20"
[21] "2012-01-21" "2012-01-22" "2012-01-23" "2012-01-24" "2012-01-25"
[26] "2012-01-26" "2012-01-27" "2012-01-28" "2012-01-29" "2012-01-30"
[31] "2012-01-31" "2012-02-01"
>table(sef)
```

```
sef
2011-12-26  2012-01-02  2012-01-09  2012-01-16  2012-01-23  2012-01-30
         1           7           7           7           7           3
```

4.7 数据查重

实际工作中，数据重复的情况会给数据分析带来一些影响，因此在做数据分析前，有必要进行数据查重。duplicated( )函数可用于数据的查重，其操作如下：

```
## Default S3 method:
duplicated(x, incomparables = FALSE, fromLast = FALSE, nmax = NA, ...)
```

式中，x 代表向量、数据框或数组，incomparables 代表是否进行全部查重，fromLast 代表从数据末尾开始查重，nmax 代表单一值的最大数。

查重的示范代码如下：

```
## 4.7 duplicate
dfd = rbind(df[1:20,], df[1:3,])
duplicated(dfd)
dfdu = dfd[! duplicated(dfd),]
#dfdu = unique(dfd)
duplicated(dfdu)
```

代码说明：本例将前述数据集 df 的前 20 行和前 3 行赋给 dfd，然后进行数据查重，结果如下：

```
> duplicated(dfd)
[1] FALSE FALSE FALSE FALSE FALSE FALSE FALSE FALSE FALSE FALSE FALSE
[12] FALSE FALSE FALSE FALSE FALSE FALSE FALSE FALSE FALSE TRUE TRUE
[23] TRUE
> dfdu = dfd[! duplicated(dfd),] #删除重复数据
> duplicated(dfdu)
[1] FALSE FALSE FALSE FALSE FALSE FALSE FALSE FALSE FALSE FALSE FALSE
[12] FALSE FALSE FALSE FALSE FALSE FALSE FALSE FALSE FALSE
```

由结果可知，dfd 的后 3 行数据为重复，通过！duplicated( )或 unique( )函数可以删除重复数据，然后再运行 duplicated( )显示没有存在重复数据。

当然，增加参数 fromLast = T 后，查重就从数据末尾开始，结果如下：

```
> duplicated(dfd, fromLast = T)
[1] TRUE TRUE TRUE FALSE FALSE FALSE FALSE FALSE FALSE FALSE FALSE
[12] FALSE FALSE FALSE FALSE FALSE FALSE FALSE FALSE FALSE FALSE FALSE
[23] FALSE
```

这样，前 3 行数据成为重复数据。

4.8 数据汇总

4.8.1 tapply 函数

tapply 函数常用于向量的汇总分析，也可对数据的子集进行汇总，其操作如下：

```
tapply(X, INDEX, FUN = NULL, …, simplify = TRUE)
```

式中，X 为向量，INDEX 为因子列表，FUN 为汇总函数，simplify 为返回数组(TRUE)或列表(FALSE)。

示例如下：

```
tapply(X = df $ h5, INDEX = list(df $ Spacing), FUN = mean, na.rm = T)
tapply(X = df $ h5, INDEX = list(df $ Spacing), FUN = fivenum, na.rm = T)
```

运行结果如下：

```
> tapply(X = df $ h5, INDEX = list(df $ Spacing), FUN = mean, na.rm = T)
    2     3
681.8 589.8
> tapply(X = df $ h5, INDEX = list(df $ Spacing), FUN = fivenum, na.rm = T)
$ `2`
[1] 510 640 685 720 850

$ `3`
[1] 340 520 590 660 860
```

代码说明：na.rm = T 用于删除缺失值(影响均值计算)，FUN = fivenum 表示输出最小值、下枢纽值、中位值、上枢纽值和最大值。

4.8.2 aggregate 函数

使用 aggregate()函数实现数据的整合，其使用格式如下：

```
aggregate(x, by, FUN)
```

式中，x 是数据框，by 是变量名组成的列表，FUN 是汇总函数，用以计算观测值。

具体示例如下：

```
> aggregate(x = df[, -1: -5], by = list(df $ Spacing), FUN = mean, na.rm = T)
  Group.1     dj     dm     wd    h1    h2    h3    h4    h5
1       2 0.3589 0.4663 0.3850 39.10 152.9 273.2 492.8 681.8
2       3 0.3565 0.4496 0.3797 36.06 131.6 245.8 401.5 589.8
> aggregate(x = df[, -1: -5], by = list(df $ Spacing, df $ Plot), FUN = length)
    Group.1  Group.2   dj   dm   wd   h1   h2   h3   h4   h5
```

```
1        2        1   66   66   66   66   66   66   66   66
2        3        1  158  158  158  158  158  158  158  158
3        2        2   72   72   72   72   72   72   72   72
4        3        2  137  137  137  137  137  137  137  137
5        2        3   59   59   59   59   59   59   59   59
6        3        3  132  132  132  132  132  132  132  132
7        2        4   71   71   71   71   71   71   71   71
8        3        4  132  132  132  132  132  132  132  132
```

4.9 数据综合处理

4.9.1 dplyr 包

dplyr 包是由 Hadley Wickham 和 Romain Francois 开发的，专门用于数据处理，被称为数据处理的语法。其内置的 5 个函数可以高效执行数据处理的任务，分别如下：

①select 函数：用于选取列子集；

②filter 函数：用于选取行子集；

③arrange 函数：用于数据一列或多列的排序；

④mutate 函数：用于在数据集中添加新变量；

⑤summarise 函数：用于数据汇总。

4.9.1.1 创建数据

tbl_ df( ) 、tbl_ dt( )分别用于创建数据框和表格，示例如下：

```
## 4.9.1dplyr V0.4.3
## 4.9.1.1 create database
library(dplyr)
head(iris)
iris1 <-tbl_ df(iris)
head(iris1)
```

运行结果如下：

```
>head(iris)
  Sepal.Length  Sepal.Width Petal.Length  Petal.Width  Species
1          5.1          3.5          1.4          0.2   setosa
2          4.9          3.0          1.4          0.2   setosa
3          4.7          3.2          1.3          0.2   setosa
4          4.6          3.1          1.5          0.2   setosa
5          5.0          3.6          1.4          0.2   setosa
6          5.4          3.9          1.7          0.4   setosa
```

```
>head(iris1)
Source: local data frame [6 × 5]

  Sepal.Length Sepal.Width Petal.Length Petal.Width Species
         (dbl)       (dbl)        (dbl)       (dbl)  (fctr)
1          5.1         3.5          1.4         0.2  setosa
2          4.9         3.0          1.4         0.2  setosa
3          4.7         3.2          1.3         0.2  setosa
4          4.6         3.1          1.5         0.2  setosa
5          5.0         3.6          1.4         0.2  setosa
6          5.4         3.9          1.7         0.4  setosa
```

由上述的结果可知，iris 和 iris1 看起来差异不大，但经 dplyr 包创建的数据框多了一些信息，如数据框的具体信息 6 ×5，各变量的具体类型。

4.9.1.2　选取列子集

select 函数可以用于列子集的选取，可配合函数 starts_ with( )、ends_ with( )、contains( )、matches( )筛选特定条件的列子集或直接采用变量名，示例如下：

```
## 4.9.1.2 select-col
select(iris1, starts_ with("Petal"))
select(iris1, ends_ with("Width"))
select(iris1, contains("etal"))
select(iris1, matches(".t."))
select(iris1, Petal.Length, Petal.Width)

vars <-c("Petal.Length", "Petal.Width")
select(iris1, one_ of(vars))
```

运行结果如下：

```
>select(iris1, starts_ with("Petal"))# 以"Petal"开头的变量
Source: local data frame [150 × 2]


  Petal.Length Petal.Width
         (dbl)       (dbl)
1          1.4         0.2
2          1.4         0.2
3          1.3         0.2
4          1.5         0.2
5          1.4         0.2
6          1.7         0.4
7          1.4         0.3
8          1.5         0.2
9          1.4         0.2
```

```
10            1.5          0.1
...           ...          ...
>select(iris1, ends_ with("Width"))# 以"Width"结尾的变量
Source: local data frame [150 × 2]

     Sepal.Width  Petal.Width
           (dbl)        (dbl)
1            3.5          0.2
2            3.0          0.2
3            3.2          0.2
4            3.1          0.2
5            3.6          0.2
6            3.9          0.4
7            3.4          0.3
8            3.4          0.2
9            2.9          0.2
10           3.1          0.1
...          ...          ...
>select(iris1, contains("etal"))# 含有"etal"的变量
Source: local data frame [150 × 2]

    Petal.Length  Petal.Width
           (dbl)        (dbl)
1            1.4          0.2
2            1.4          0.2
3            1.3          0.2
4            1.5          0.2
5            1.4          0.2
6            1.7          0.4
7            1.4          0.3
8            1.5          0.2
9            1.4          0.2
10           1.5          0.1
...          ...          ...
>select(iris1, matches(".t."))# 与".t."匹配的变量
Source: local data frame [150 × 4]

     Sepal.Length   Sepal.Width  Petal.Length   Petal.Width
            (dbl)         (dbl)         (dbl)         (dbl)
```

```
1          5.1        3.5        1.4        0.2
2          4.9        3.0        1.4        0.2
3          4.7        3.2        1.3        0.2
4          4.6        3.1        1.5        0.2
5          5.0        3.6        1.4        0.2
6          5.4        3.9        1.7        0.4
7          4.6        3.4        1.4        0.3
8          5.0        3.4        1.5        0.2
9          4.4        2.9        1.4        0.2
10         4.9        3.1        1.5        0.1
...        ...        ...        ...        ...
>select(iris1, Petal.Length, Petal.Width)# 双变量选择
Source: local data frame [150 × 2]

     Petal.Length   Petal.Width
            (dbl)         (dbl)
1             1.4           0.2
2             1.4           0.2
3             1.3           0.2
4             1.5           0.2
5             1.4           0.2
6             1.7           0.4
7             1.4           0.3
8             1.5           0.2
9             1.4           0.2
10            1.5           0.1
...           ...           ...
>select(iris1, one_ of(vars))# 任何一个变量
Source: local data frame [150 × 2]

     Petal.Length   Petal.Width
            (dbl)         (dbl)
1             1.4           0.2
2             1.4           0.2
3             1.3           0.2
4             1.5           0.2
5             1.4           0.2
6             1.7           0.4
7             1.4           0.3
8             1.5           0.2
```

```
9          1.4        0.2
10         1.5        0.1
…          …          …
```

由结果可知，当数据量比较大时，只展示数据的前 10 行。

4.9.1.3 选取行子集

filter 函数用于行子集的选取，配合变量的逻辑运算来筛选特定的行子集，示例如下：

```
## 4.9.1.3 filter - row
filter(iris1, Petal.Width = =.2)
filter(iris1, Petal.Length <1.4)
# Multiple criteria
filter(iris1, Petal.Length <1.4& Petal.Width = =.2)
filter(iris1, Petal.Length <1.4 | Petal.Width = =.2)
```

运行结果如下：

```
>filter(iris1, Petal.Width = =.2)
Source: local data frame [29 × 5]

    Sepal.Length  Sepal.Width  Petal.Length   Petal.Width   Species
           (dbl)        (dbl)         (dbl)         (dbl)    (fctr)
1            5.1          3.5           1.4           0.2    setosa
2            4.9          3.0           1.4           0.2    setosa
3            4.7          3.2           1.3           0.2    setosa
4            4.6          3.1           1.5           0.2    setosa
5            5.0          3.6           1.4           0.2    setosa
6            5.0          3.4           1.5           0.2    setosa
7            4.4          2.9           1.4           0.2    setosa
8            5.4          3.7           1.5           0.2    setosa
9            4.8          3.4           1.6           0.2    setosa
10           5.8          4.0           1.2           0.2    setosa
…            …            …             …             …        …
>filter(iris1, Petal.Length <1.4)
Source: local data frame [11 × 5]

    Sepal.Length  Sepal.Width  Petal.Length   Petal.Width   Species
           (dbl)        (dbl)         (dbl)         (dbl)    (fctr)
1            4.7          3.2           1.3           0.2    setosa
2            4.3          3.0           1.1           0.1    setosa
3            5.8          4.0           1.2           0.2    setosa
4            5.4          3.9           1.3           0.4    setosa
5            4.6          3.6           1.0           0.2    setosa
```

```
6         5.0        3.2        1.2        0.2    setosa
7         5.5        3.5        1.3        0.2    setosa
8         4.4        3.0        1.3        0.2    setosa
9         5.0        3.5        1.3        0.3    setosa
10        4.5        2.3        1.3        0.3    setosa
11        4.4        3.2        1.3        0.2    setosa
>filter(iris1, Petal.Length<1.4 & Petal.Width==.2)
Source: local data frame [7 × 5]

   Sepal.Length  Sepal.Width  Petal.Length  Petal.Width  Species
          (dbl)        (dbl)         (dbl)        (dbl)   (fctr)
1           4.7          3.2           1.3          0.2   setosa
2           5.8          4.0           1.2          0.2   setosa
3           4.6          3.6           1.0          0.2   setosa
4           5.0          3.2           1.2          0.2   setosa
5           5.5          3.5           1.3          0.2   setosa
6           4.4          3.0           1.3          0.2   setosa
7           4.4          3.2           1.3          0.2   setosa
>filter(iris1, Petal.Length<1.4 | Petal.Width==.2)
Source: local data frame [33 × 5]

   Sepal.Length  Sepal.Width  Petal.Length  Petal.Width  Species
          (dbl)        (dbl)         (dbl)        (dbl)   (fctr)
1           5.1          3.5           1.4          0.2   setosa
2           4.9          3.0           1.4          0.2   setosa
3           4.7          3.2           1.3          0.2   setosa
4           4.6          3.1           1.5          0.2   setosa
5           5.0          3.6           1.4          0.2   setosa
6           5.0          3.4           1.5          0.2   setosa
7           4.4          2.9           1.4          0.2   setosa
8           5.4          3.7           1.5          0.2   setosa
9           4.8          3.4           1.6          0.2   setosa
10          4.3          3.0           1.1          0.1   setosa
...         ...          ...           ...          ...   ...
```

4.9.1.4 改变变量

mutate 函数用于添加或删除变量，select 函数也可用于删除变量，select 函数可结合其他匹配函数进行更灵活的变量删除，示例如下：

```
## 4.9.1.4 mutate
mutate(iris1, slw=Sepal.Length+Sepal.Width)#变量添加
mutate(iris1, slw=NULL)#变量删除
```

```
# Drop variables 变量删除
select(iris1, -starts_with("Petal"))
select(iris1, -ends_with("Width"))
select(iris1, -contains("etal"))
select(iris1, -matches(".t."))
select(iris1, -Petal.Length, -Petal.Width)
```

运行结果如下:

```
>mutate(iris1, slw=Sepal.Length+Sepal.Width)# 变量添加
Source: local data frame [150 × 6]
```

	Sepal.Length	Sepal.Width	Petal.Length	Petal.Width	Species	slw
	(dbl)	(dbl)	(dbl)	(dbl)	(fctr)	(dbl)
1	5.1	3.5	1.4	0.2	setosa	8.6
2	4.9	3.0	1.4	0.2	setosa	7.9
3	4.7	3.2	1.3	0.2	setosa	7.9
4	4.6	3.1	1.5	0.2	setosa	7.7
5	5.0	3.6	1.4	0.2	setosa	8.6
6	5.4	3.9	1.7	0.4	setosa	9.3
7	4.6	3.4	1.4	0.3	setosa	8.0
8	5.0	3.4	1.5	0.2	setosa	8.4
9	4.4	2.9	1.4	0.2	setosa	7.3
10	4.9	3.1	1.5	0.1	setosa	8.0
…	…	…	…	…	…	…

```
>mutate(iris1, slw=NULL)# 变量删除
Source: local data frame [150 × 5]
```

	Sepal.Length	Sepal.Width	Petal.Length	Petal.Width	Species
	(dbl)	(dbl)	(dbl)	(dbl)	(fctr)
1	5.1	3.5	1.4	0.2	setosa
2	4.9	3.0	1.4	0.2	setosa
3	4.7	3.2	1.3	0.2	setosa
4	4.6	3.1	1.5	0.2	setosa
5	5.0	3.6	1.4	0.2	setosa
6	5.4	3.9	1.7	0.4	setosa
7	4.6	3.4	1.4	0.3	setosa
8	5.0	3.4	1.5	0.2	setosa
9	4.4	2.9	1.4	0.2	setosa
10	4.9	3.1	1.5	0.1	setosa
…	…	…	…	…	…

```
>select(iris1, -starts_with("Petal"))# 删除以"Petal"开头的变量
```

```
Source: local data frame [150 × 3]

   Sepal.Length  Sepal.Width   Species
          (dbl)        (dbl)    (fctr)
1           5.1          3.5    setosa
2           4.9          3.0    setosa
3           4.7          3.2    setosa
4           4.6          3.1    setosa
5           5.0          3.6    setosa
6           5.4          3.9    setosa
7           4.6          3.4    setosa
8           5.0          3.4    setosa
9           4.4          2.9    setosa
10          4.9          3.1    setosa
...         ...          ...       ...
> select(iris1, -ends_ with("Width")) # 删除以"Width"结尾的变量
Source: local data frame [150 × 3]

   Sepal.Length Petal.Length   Species
          (dbl)        (dbl)    (fctr)
1           5.1          1.4    setosa
2           4.9          1.4    setosa
3           4.7          1.3    setosa
4           4.6          1.5    setosa
5           5.0          1.4    setosa
6           5.4          1.7    setosa
7           4.6          1.4    setosa
8           5.0          1.5    setosa
9           4.4          1.4    setosa
10          4.9          1.5    setosa
...         ...          ...       ...
> select(iris1, -contains("etal")) # 删除含有"etal"的变量
Source: local data frame [150 × 3]

   Sepal.Length  Sepal.Width   Species
          (dbl)        (dbl)    (fctr)
1           5.1          3.5    setosa
2           4.9          3.0    setosa
3           4.7          3.2    setosa
4           4.6          3.1    setosa
```

```
5           5.0         3.6    setosa
6           5.4         3.9    setosa
7           4.6         3.4    setosa
8           5.0         3.4    setosa
9           4.4         2.9    setosa
10          4.9         3.1    setosa
...         ...         ...       ...
>select(iris1, -matches(".t."))# 删除与".t."匹配的变量
Source: local data frame [150 × 1]

     Species
      (fctr)
1     setosa
2     setosa
3     setosa
4     setosa
5     setosa
6     setosa
7     setosa
8     setosa
9     setosa
10    setosa
...      ...
>select(iris1, -Petal.Length, -Petal.Width)# 删除双变量
Source: local data frame [150 × 3]

   Sepal.Length  Sepal.Width  Species
          (dbl)        (dbl)   (fctr)
1           5.1          3.5   setosa
2           4.9          3.0   setosa
3           4.7          3.2   setosa
4           4.6          3.1   setosa
5           5.0          3.6   setosa
6           5.4          3.9   setosa
7           4.6          3.4   setosa
8           5.0          3.4   setosa
9           4.4          2.9   setosa
10          4.9          3.1   setosa
...         ...          ...      ...
```

从结果可知，mutate 可用于添加新变量，但删除变量的功能没有 select 函数灵活，后者可结合其他函数批量删除匹配模式的变量。

4.9.1.5　变量重命名

rename 函数用于变量的重命名，select 用于变量的重命名，但只保留了重命名的变量。示例如下：

```
## 4.9.1.5 rename
#* rename() keeps all variables
rename(iris1, petal_length = Petal.Length)
# Rename variables:
#* select() keeps only the variables you specify
select(iris1, petal_length = Petal.Length)
# Renaming multiple variables uses a prefix:
select(iris1, petal = starts_with("Petal"))
```

运行结果如下：

```
>rename(iris1, petal_length = Petal.Length)
Source: local data frame [150 x 5]

     Sepal.Length  Sepal.Width petal_length  Petal.Width  Species
            (dbl)        (dbl)        (dbl)        (dbl)   (fctr)
1             5.1          3.5          1.4          0.2   setosa
2             4.9          3.0          1.4          0.2   setosa
3             4.7          3.2          1.3          0.2   setosa
4             4.6          3.1          1.5          0.2   setosa
5             5.0          3.6          1.4          0.2   setosa
6             5.4          3.9          1.7          0.4   setosa
7             4.6          3.4          1.4          0.3   setosa
8             5.0          3.4          1.5          0.2   setosa
9             4.4          2.9          1.4          0.2   setosa
10            4.9          3.1          1.5          0.1   setosa
...           ...          ...          ...          ...      ...
>select(iris1, petal_length = Petal.Length)
Source: local data frame [150 x 1]

   petal_length
          (dbl)
1           1.4
2           1.4
3           1.3
4           1.5
5           1.4
6           1.7
```

```
7            1.4
8            1.5
9            1.4
10           1.5
…             …
>select(iris1, petal=starts_with("Petal"))
Source: local data frame [150 x 2]

       petal1    petal2
        (dbl)     (dbl)
1        1.4       0.2
2        1.4       0.2
3        1.3       0.2
4        1.5       0.2
5        1.4       0.2
6        1.7       0.4
7        1.4       0.3
8        1.5       0.2
9        1.4       0.2
10       1.5       0.1
…         …         …
```

由结果可知，rename 函数可重命名变量，而不改变数据集的结构，而 select 函数虽然可批量重命名变量，但结果只保留了对应的重命名变量，其他变量未能输出。

4.9.1.6　数据排序

arrange 函数用于数据排序，直接用于变量，默认是按升序，如需降序，结合 desc()即可，示例如下：

```
## 4.9.1.6 arrange
arrange(iris1, Petal.Length, Petal.Width)
arrange(iris1, desc(Petal.Width))
```

运行结果如下：

```
>arrange(iris1, Petal.Length, Petal.Width)
Source: local data frame [150 x 5]

   Sepal.Length  Sepal.Width  Petal.Length  Petal.Width  Species
          (dbl)        (dbl)         (dbl)        (dbl)   (fctr)
1           4.6          3.6           1.0          0.2   setosa
2           4.3          3.0           1.1          0.1   setosa
3           5.8          4.0           1.2          0.2   setosa
4           5.0          3.2           1.2          0.2   setosa
```

```
5          4.7        3.2        1.3        0.2     setosa
6          5.5        3.5        1.3        0.2     setosa
7          4.4        3.0        1.3        0.2     setosa
8          4.4        3.2        1.3        0.2     setosa
9          5.0        3.5        1.3        0.3     setosa
10         4.5        2.3        1.3        0.3     setosa
...        ...        ...        ...        ...     ...
>arrange(iris1, desc(Petal.Width))
Source: local data frame [150 x 5]

   Sepal.Length  Sepal.Width Petal.Length  Petal.Width    Species
          (dbl)        (dbl)        (dbl)        (dbl)     (fctr)
1           6.3          3.3          6.0          2.5  virginica
2           7.2          3.6          6.1          2.5  virginica
3           6.7          3.3          5.7          2.5  virginica
4           5.8          2.8          5.1          2.4  virginica
5           6.3          3.4          5.6          2.4  virginica
6           6.7          3.1          5.6          2.4  virginica
7           6.4          3.2          5.3          2.3  virginica
8           7.7          2.6          6.9          2.3  virginica
9           6.9          3.2          5.7          2.3  virginica
10          7.7          3.0          6.1          2.3  virginica
...         ...          ...          ...          ...        ...
```

由结果可知，arrange 函数的排序结果，按照所选的变量对整个数据框进行重排序，而不仅限于限定的变量。

4.9.1.7 数据汇总

summarise 函数用于数据的汇总，直接添加统计函数，或结合函数 group_ by 进行分组数据汇总，当然也可通过% >% 的管道操作进行数据汇总，示例如下：

```
## 4.9.1.7 summarise
summarise(iris1, mean(Petal.Width))
summarise(group_ by(iris1, Species), mean(Petal.Width))
summarise(group_ by(iris1, Species), m=mean(Petal.Width),
sd=sd(Petal.Width))
# With data frames
by_ Species<-iris1 % >% group_ by(Species)
by_ Species% >% summarise(a=n(), b=a +1)
```

运行结果如下：

```
>summarise(iris1, mean(Petal.Width))
Source: local data frame [1 x 1]
```

```
     mean(Petal.Width)
                (dbl)
1            1.199333
```

```
> summarise(group_by(iris1, Species), mean(Petal.Width))
Source: local data frame [3 x 2]

      Species  mean(Petal.Width)
       (fctr)              (dbl)
1      setosa              0.246
2  versicolor              1.326
3   virginica              2.026
```

```
> summarise(group_by(iris1, Species), m = mean(Petal.Width), sd = sd(Petal.Width))
Source: local data frame [3 x 3]

     Species      m          sd
      (fctr)  (dbl)       (dbl)
1     setosa  0.246   0.1053856
2 versicolor  1.326   0.1977527
3  virginica  2.026   0.2746501
```

```
> by_Species <- iris1 %>% group_by(Species)
> by_Species %>% summarise(a = n(), b = a + 1)
Source: local data frame [3 x 3]

      Species       a        b
       (fctr)   (int)    (dbl)
1      setosa      50       51
2  versicolor      50       51
3   virginica      50       51
```

由结果可知，summarise 函数配合 group_ by 函数后的汇总功能更为强大和灵活。

4.9.1.8 管道操作

% > % 操作符合可用于数据的管道操作，就如管道一样，一条接一条地进行数据处理，管道操作可包含上述的各种函数，示例如下：

```
## 4.9.1.8 pipe
iris1 %>%
group_by(Species) %>%
select(Petal.Width, Petal.Length) %>%
summarise(
```

```
pwm = mean(Petal.Width, na.rm = TRUE),
plm = mean(Petal.Length, na.rm = TRUE)
)% >%
filter(pwm > 1 | plm > 6)
```

运行结果如下：

```
Source: local data frame [2 x 3]

   Speciespwmp        plm
        (fctr)       (dbl)      (dbl)
1  versicolor        1.326      4.260
2   virginica        2.026      5.552
```

由结果可知，本例的管道操作，最后保留了组变量和新建的两个均值变量。

4.9.2 data.table 包

data.table 包是由 Dowle M. 等人开发，作为函数 data.frame( )的功能拓展包，专门用于数据量比较大时的数据操作，包括数据汇总、数据选择、数据添加、数据删除等，运行速度快捷。该包与 dplyr 包是目前 R 中被广泛用于数据处理的两大程序包。

data.table 包的通用方法如下：

```
DT[i, j, by]
```

式中，DT 为 data.table 包生成的数据框，i 代表行位置，j 代表选择列位置，by 代表组组变量。

4.9.2.1 创建数据

data.table 函数可用于创建数据，示例如下：

```
## 4.9.2 data.table
library(data.table) # v1.9.4
## 4.9.2.1 create data
iris_DT = data.table(iris)
head(iris)
head(iris_DT)
```

运行结果如下：

```
> head(iris)
  Sepal.Length  Sepal.Width  Petal.Length  Petal.Width  Species
1          5.1          3.5           1.4          0.2   setosa
2          4.9          3.0           1.4          0.2   setosa
3          4.7          3.2           1.3          0.2   setosa
4          4.6          3.1           1.5          0.2   setosa
5          5.0          3.6           1.4          0.2   setosa
6          5.4          3.9           1.7          0.4   setosa
```

```
>head(iris_ DT)
   Sepal.Length  Sepal.Width Petal.Length  Petal.Width  Species
1:          5.1          3.5          1.4          0.2   setosa
2:          4.9          3.0          1.4          0.2   setosa
3:          4.7          3.2          1.3          0.2   setosa
4:          4.6          3.1          1.5          0.2   setosa
5:          5.0          3.6          1.4          0.2   setosa
6:          5.4          3.9          1.7          0.4   setosa
>str(iris)
'data.frame': 150 obs. of  5 variables:
 $ Sepal.Length: num  5.1 4.9 4.7 4.6 5 5.4 4.6 5 4.4 4.9 ...
 $ Sepal.Width : num  3.5 3 3.2 3.1 3.6 3.9 3.4 3.4 2.9 3.1 ...
 $ Petal.Length: num  1.4 1.4 1.3 1.5 1.4 1.7 1.4 1.5 1.4 1.5 ...
 $ Petal.Width : num  0.2 0.2 0.2 0.2 0.2 0.4 0.3 0.2 0.2 0.1 ...
 $ Species     : Factor w/ 3 levels "setosa","versicolor", ...: 1 1 1 1
1 1 1...
>str(iris_ DT)
Classes 'data.table' and 'data.frame': 150 obs. of  5 variables:
 $ Sepal.Length: num  5.1 4.9 4.7 4.6 5 5.4 4.6 5 4.4 4.9 ...
 $ Sepal.Width : num  3.5 3 3.2 3.1 3.6 3.9 3.4 3.4 2.9 3.1 ...
 $ Petal.Length: num  1.4 1.4 1.3 1.5 1.4 1.7 1.4 1.5 1.4 1.5 ...
 $ Petal.Width : num  0.2 0.2 0.2 0.2 0.2 0.4 0.3 0.2 0.2 0.1 ...
 $ Species     : Factor w/ 3 levels "setosa","versicolor", ...: 1 1 1 1
1 1 1...
 - attr(*, ".internal.selfref") = <externalptr>
```

由运行的结果可知，在使用 data. table( )转换前后，数据的前 6 行结果一致，但 str( )显示的数据结构稍有差别，data. table( )转换后的数据则多一些信息。

4. 9. 2. 2　选取列子集

与 dplyr 包不同，data. table 包没有专门的函数可直接用于列子集的选取，而是通过 data[,. (names)]的方式来选取列子集，示例如下：

```
## 4.9.2.2 col-select
iris_ DT[,.(Petal.Length)]
iris_ DT[,.(Petal.Length, Petal.Width)]
```

运行结果如下：

```
>iris_ DT[,.(Petal.Length)]
    Petal.Length
 1:          1.4
 2:          1.4
```

```
  3:          1.3
  4:          1.5
  5:          1.4
 ...
146:          5.2
147:          5.0
148:          5.2
149:          5.4
150:          5.1
```

```
> iris_ DT[,.(Petal.Length, Petal.Width)]
     Petal.Length  Petal.Width
  1:          1.4          0.2
  2:          1.4          0.2
  3:          1.3          0.2
  4:          1.5          0.2
  5:          1.4          0.2
 ...
146:          5.2          2.3
147:          5.0          1.9
148:          5.2          2.0
149:          5.4          2.3
150:          5.1          1.8
```

从运行的结果可知，选择的列子集分别展示了数据的首末尾5行。

4.9.2.3　选取行子集

与列子集的选取相似，data.table包也没有专门的函数可直接用于行子集的选取，而是通过data[(names)逻辑运算]的方式来选取行子集，示例如下：

```
## 4.9.2.3 row-select
iris_ DT[Petal.Width == .2]
iris_ DT[Petal.Width == .2 & Petal.Length < 1.4]
```

运行结果如下：

```
> iris_ DT[Petal.Width == .2]
   Sepal.Length  Sepal.Width  Petal.Length  Petal.Width  Species
1:          5.1          3.5           1.4          0.2   setosa
2:          4.9          3.0           1.4          0.2   setosa
3:          4.7          3.2           1.3          0.2   setosa
4:          4.6          3.1           1.5          0.2   setosa
5:          5.0          3.6           1.4          0.2   setosa
6:          5.0          3.4           1.5          0.2   setosa
7:          4.4          2.9           1.4          0.2   setosa
8:          5.4          3.7           1.5          0.2   setosa
```

```
 9:          4.8         3.4          1.6          0.2   setosa
10:          5.8         4.0          1.2          0.2   setosa
11:          5.4         3.4          1.7          0.2   setosa
12:          4.6         3.6          1.0          0.2   setosa
13:          4.8         3.4          1.9          0.2   setosa
14:          5.0         3.0          1.6          0.2   setosa
15:          5.2         3.5          1.5          0.2   setosa
16:          5.2         3.4          1.4          0.2   setosa
17:          4.7         3.2          1.6          0.2   setosa
18:          4.8         3.1          1.6          0.2   setosa
19:          5.5         4.2          1.4          0.2   setosa
20:          4.9         3.1          1.5          0.2   setosa
21:          5.0         3.2          1.2          0.2   setosa
22:          5.5         3.5          1.3          0.2   setosa
23:          4.4         3.0          1.3          0.2   setosa
24:          5.1         3.4          1.5          0.2   setosa
25:          4.4         3.2          1.3          0.2   setosa
26:          5.1         3.8          1.6          0.2   setosa
27:          4.6         3.2          1.4          0.2   setosa
28:          5.3         3.7          1.5          0.2   setosa
29:          5.0         3.3          1.4          0.2   setosa
    Sepal.Length Sepal.Width Petal.Length Petal.Width  Species
>iris_DT[Petal.Width==.2 & Petal.Length<1.4]
    Sepal.Length Sepal.Width Petal.Length Petal.Width  Species
1:           4.7         3.2          1.3          0.2   setosa
2:           5.8         4.0          1.2          0.2   setosa
3:           4.6         3.6          1.0          0.2   setosa
4:           5.0         3.2          1.2          0.2   setosa
5:           5.5         3.5          1.3          0.2   setosa
6:           4.4         3.0          1.3          0.2   setosa
7:           4.4         3.2          1.3          0.2   setosa
```

运行结果显示，当数据行不大时，所选的数据全部展示。

4.9.2.4　改变变量

在变量删除方面，data.table 包采用 data[,!(names), with = FALSE] 或 data[,(names)：=NULL]的方式来删除变量，其中：=操作符专门用于列变量删除、添加或选取，示例如下：

```
## 4.9.2.4  delete/add
DT=iris_DT
DT[,! c("Sepal.Length"), with=FALSE]
DT1=DT[,Sepal.Length: =NULL]
```

```
DT2 = DT[,c("Sepal.Width","Petal.Width"): =NULL]
```

运行结果如下：

```
> DT[,! c("Sepal.Length"), with = FALSE]
     Sepal.Width  Petal.Length  Petal.Width    Species
  1:        3.5           1.4          0.2     setosa
  2:        3.0           1.4          0.2     setosa
  3:        3.2           1.3          0.2     setosa
  4:        3.1           1.5          0.2     setosa
  5:        3.6           1.4          0.2     setosa
  …
146:        3.0           5.2          2.3  virginica
147:        2.5           5.0          1.9  virginica
148:        3.0           5.2          2.0  virginica
149:        3.4           5.4          2.3  virginica
150:        3.0           5.1          1.8  virginica
> DT1
     Sepal.Width  Petal.Length  Petal.Width    Species
  1:        3.5           1.4          0.2     setosa
  2:        3.0           1.4          0.2     setosa
  3:        3.2           1.3          0.2     setosa
  4:        3.1           1.5          0.2     setosa
  5:        3.6           1.4          0.2     setosa
  …
146:        3.0           5.2          2.3  virginica
147:        2.5           5.0          1.9  virginica
148:        3.0           5.2          2.0  virginica
149:        3.4           5.4          2.3  virginica
150:        3.0           5.1          1.8  virginica
> DT2
    Petal.Length     Species
  1:         1.4      setosa
  2:         1.4      setosa
  3:         1.3      setosa
  4:         1.5      setosa
  5:         1.4      setosa
  …
146:         5.2   virginica
147:         5.0   virginica
148:         5.2   virginica
149:         5.4   virginica
```

```
150:            5.1      virginica
```

从结果可知，data. table 包删除变量的同时，即便不赋给新对象，其原有的数据结构也发生相应的改变，而这与 dplyr 包的操作结果不同，后者原有的数据结构不发生变化。

对于 data. table 包，添加新变量可通过：=操作符来实现，示例如下：

```
iris_ DT =data.table(iris)
iris_ DT[,plwd : =Petal.Length-Petal.Width]
iris_ DT[,c("diff1","diff2"): =list(Petal.Length-Petal.Width,
diff2 =Sepal.Length-Sepal.Width)]
```

运行结果如下：

```
>iris_ DT[,plwd : =Petal.Length-Petal.Width]
>iris_ DT
     Sepal.Length Sepal.Width Petal.Length Petal.Width   Species plwd
  1:          5.1         3.5          1.4         0.2    setosa  1.2
  2:          4.9         3.0          1.4         0.2    setosa  1.2
  3:          4.7         3.2          1.3         0.2    setosa  1.1
  4:          4.6         3.1          1.5         0.2    setosa  1.3
  5:          5.0         3.6          1.4         0.2    setosa  1.2
  ...
146:          6.7         3.0          5.2         2.3 virginica  2.9
147:          6.3         2.5          5.0         1.9 virginica  3.1
148:          6.5         3.0          5.2         2.0 virginica  3.2
149:          6.2         3.4          5.4         2.3 virginica  3.1
150:          5.9         3.0          5.1         1.8 virginica  3.3
```

```
>iris_ DT[,c("diff1","diff2"): =list(Petal.Length-Petal.Width,
diff2 =Sepal. Length-Sepal.Width)]
>iris_ DT
     Sepal.Length Sepal.Width Petal.Length Petal.Width   Species plwd
  1:          5.1         3.5          1.4         0.2    setosa  1.2
  2:          4.9         3.0          1.4         0.2    setosa  1.2
  3:          4.7         3.2          1.3         0.2    setosa  1.1
  4:          4.6         3.1          1.5         0.2    setosa  1.3
  5:          5.0         3.6          1.4         0.2    setosa  1.2
  ...
146:          6.7         3.0          5.2         2.3 virginica  2.9
147:          6.3         2.5          5.0         1.9 virginica  3.1
148:          6.5         3.0          5.2         2.0 virginica  3.2
149:          6.2         3.4          5.4         2.3 virginica  3.1
150:          5.9         3.0          5.1         1.8 virginica  3.3

     diff1 diff2
```

```
  1:    1.2    1.6
  2:    1.2    1.9
  3:    1.1    1.5
  4:    1.3    1.5
  5:    1.2    1.4
 ...
146:    2.9    3.7
147:    3.1    3.8
148:    3.2    3.5
149:    3.1    2.8
150:    3.3    2.9
```

由运行的结果可知，当创建 2 个以上的新变量时，需要与 list( ) 函数来配合使用。与 dplyr 包相比可知，dplyr 包更为灵活。

4.9.2.5　变量重命名

setnames 函数可进行变量的重命名，示例如下：

```
## 4.9.2.5 rename
names(iris_ DT)
setnames(iris_ DT, c("plwd","diff1","diff2"), #old
c("PLW. diff","PLW. dff1","SLW. dff2"))#new
names(iris_ DT)
```

运行结果如下：

```
>names(iris_ DT)
[1] "Sepal. Length" "Sepal. Width"  "Petal. Length" "Petal. Width"
[5] "Species"       "plwd"          "diff1"         "diff2"
>names(iris_ DT)# 重命名后
[1] "Sepal. Length" "Sepal. Width"  "Petal. Length" "Petal. Width"
[5] "Species"       "PLW. diff"     "PLW. dff1"     "SLW. dff2"
```

4.9.2.6　数据排序

setorder 函数用于数据排序，直接用于变量，默认是按升序，如需要降序，在变量前添加" - "即可，示例如下：

```
## 4.9.2.6 order
iris_ DT =data. table(iris)
setorder(iris_ DT, Petal. Length, Petal. Width)
setorder(iris_ DT, -Petal. Width)
```

运行结果如下：

```
>setorder(iris_ DT, Petal. Length, Petal. Width)
>iris_ DT
     Sepal. Length  Sepal. Width Petal. Length  Petal. Width   Species
```

```
  1:          4.6          3.6          1.0          0.2    setosa
  2:          4.3          3.0          1.1          0.1    setosa
  3:          5.8          4.0          1.2          0.2    setosa
  4:          5.0          3.2          1.2          0.2    setosa
  5:          4.7          3.2          1.3          0.2    setosa
 ...
146:          7.9          3.8          6.4          2.0 virginica
147:          7.6          3.0          6.6          2.1 virginica
148:          7.7          2.8          6.7          2.0 virginica
149:          7.7          3.8          6.7          2.2 virginica
150:          7.7          2.6          6.9          2.3 virginica
>setorder(iris_ DT, -Petal.Width)
>iris_ DT
     Sepal.Length  Sepal.Width Petal.Length  Petal.Width   Species
  1:          6.7          3.3          5.7          2.5 virginica
  2:          6.3          3.3          6.0          2.5 virginica
  3:          7.2          3.6          6.1          2.5 virginica
  4:          5.8          2.8          5.1          2.4 virginica
  5:          6.3          3.4          5.6          2.4 virginica
 ...
146:          4.3          3.0          1.1          0.1    setosa
147:          4.8          3.0          1.4          0.1    setosa
148:          4.9          3.6          1.4          0.1    setosa
149:          4.9          3.1          1.5          0.1    setosa
150:          5.2          4.1          1.5          0.1    setosa
```

4.9.2.7 数据汇总

data.table 包没有设置专门的函数直接用于数据汇总，而是通过 data[,.(stat_ fun)]的方式来汇总数据，其结合参数 by 就可用于分组变量的汇总，示例如下：

```
## 4.9.2.7 summarise
iris_ DT[,.(mean=mean(Petal.Width))]
iris_ DT[,.(mean=mean(Petal.Width)), by=.(Species)]
iris_ DT[,.(m=mean(Petal.Width),
sd=sd(Petal.Width)), by=.(Species)]
```

运行结果如下：

```
>iris_ DT[,.(mean=mean(Petal.Width))]
      mean
1:1.199333
>iris_ DT[,.(mean=mean(Petal.Width)), by=.(Species)]
     Species     mean
```

```
1:  virginica   2.026
2: versicolor   1.326
3:     setosa   0.246
```

```
> iris_ DT[,. (m = mean(Petal. Width),
+ sd = sd(Petal. Width)), by = . (Species)]
      Species      m          sd
1:  virginica   2.026   0.2746501
2: versicolor   1.326   0.1977527
3:     setosa   0.246   0.1053856
```

与 dplyr 包相比较，data. table 包的汇总语句更加简捷，两者的结果是一致的。

4.9.2.8　管道操作

data. table 包没有专门的函数可直接用于管道操作，而是通过 data[i , j, by]的方式来达到与 dplyr 包管道操作的类似结果，示例如下：

```
## 4.9.2.8 pipe
#library(dplyr)
data(iris)
iris_ DT = data. table(iris)

#dplyr-pipe
iris% >% group_ by(Species)% >% summarise(mean(Petal. Width))
# data. talbe
iris_ DT[,mean(Petal. Width), by = Species]

#dplyr-pipc
ans <-iris % >% group_ by(Species)
% >% mutate(y = mean(Petal. Width))
# data. talbe
iris_ DT[, y :  = mean(Petal. Width), by = Species]

#dplyr-pipe
iris% >% filter(Sepal. Width > 3.5)% >% group_ by(Species)
% >% summarise(mean(Petal. Width))
# data. talbe
iris_ DT = data. table(iris)
iris_ DT[Sepal. Width > 3.5, mean(Petal. Width), by = Species]

#dplyr-pipe
iris% >% group_ by(Species)% >% summarise_ each(funs(mean))
```

```
# data.talbe
iris_DT[, lapply(.SD, mean), by=Species]

#dplyr-pipe
iris%>% group_by(Species)%>% summarise_each(funs(n(), mean))
# data.talbe
iris_DT[,c(.N, lapply(.SD, mean)), by=Species]
```

运行结果如下：

```
>#dplyr-pipe
>iris %>% group_by(Species)%>% summarise(mean(Petal.Width))
Source: local data frame [3 x 2]

     Species mean (Petal.Width)
      (fctr)              (dbl)
1     setosa              0.246
2 versicolor              1.326
3  virginica              2.026
># data.talbe
>iris_DT[, mean(Petal.Width), by=Species]
      Species      V1
1:     setosa   0.246
2: versicolor   1.326
3:  virginica   2.026
>#dplyr-pipe
>ans<-iris %>% group_by(Species)%>% mutate(y=mean(Petal.Width))
>ans
Source: local data frame [150 x 6]
Groups: Species [3]

  Sepal.Length Sepal.Width Petal.Length Petal.Width Species     y
         (dbl)       (dbl)        (dbl)       (dbl)  (fctr) (dbl)
1          5.1         3.5          1.4         0.2  setosa 0.246
2          4.9         3.0          1.4         0.2  setosa 0.246
3          4.7         3.2          1.3         0.2  setosa 0.246
4          4.6         3.1          1.5         0.2  setosa 0.246
5          5.0         3.6          1.4         0.2  setosa 0.246
6          5.4         3.9          1.7         0.4  setosa 0.246
7          4.6         3.4          1.4         0.3  setosa 0.246
8          5.0         3.4          1.5         0.2  setosa 0.246
```

```
 9        4.4        2.9        1.4        0.2    setosa   0.246
10        4.9        3.1        1.5        0.1    setosa   0.246
…         …          …          …          …       …         …
># data.talbe
>iris_ DT[, y : =mean(Petal.Width), by=Species]
>iris_ DT
   Sepal.Length Sepal.Width Petal.Length Petal.Width    Species      y
  1:        5.1         3.5          1.4         0.2     setosa  0.246
  2:        4.9         3.0          1.4         0.2     setosa  0.246
  3:        4.7         3.2          1.3         0.2     setosa  0.246
  4:        4.6         3.1          1.5         0.2     setosa  0.246
  5:        5.0         3.6          1.4         0.2     setosa  0.246
 ---
146:        6.7         3.0          5.2         2.3  virginica  2.026
147:        6.3         2.5          5.0         1.9  virginica  2.026
148:        6.5         3.0          5.2         2.0  virginica  2.026
149:        6.2         3.4          5.4         2.3  virginica  2.026
150:        5.9         3.0          5.1         1.8  virginica  2.026
>#dplyr-pipe
>iris % >% filter(Sepal.Width>3.5)% >% group_ by(Species)% >%
summarise(mean(Petal.Width))
Source: local data frame [2 x 2]

     Species mean (Petal.Width)
      (fctr)              (dbl)
1     setosa           0.262500
2  virginica           2.233333
># data.talbe
>iris_ DT[Sepal.Width>3.5, mean(Petal.Width), by=Species]
     Species         V1
1:    setosa   0.262500
2: virginica   2.233333
>#dplyr-pipe
>iris % >% group_ by(Species)% >% summarise_ each(funs(mean))
Source: local data frame [3 x 5]

     Species Sepal.Length  Sepal.Width Petal.Length  Petal.Width
      (fctr)        (dbl)        (dbl)        (dbl)        (dbl)
1     setosa        5.006        3.428        1.462        0.246
```

```
2    versicolor         5.936        2.770        4.260        1.326
3     virginica         6.588        2.974        5.552        2.026
> # data.talbe
> iris_ DT = data.table(iris)
> iris_ DT[,lapply(.SD, mean), by = Species]
        Species Sepal.Length  Sepal.Width Petal.Length  Petal.Width
1:       setosa        5.006        3.428        1.462        0.246
2:   versicolor        5.936        2.770        4.260        1.326
3:    virginica        6.588        2.974        5.552        2.026
> #dplyr-pipe
> iris % >% group_ by(Species)% >% summarise_ each(funs(n(),
mean))
Source: local data frame [3 x 9]

     Species Sepal.Length_ n Sepal.Width_ n Petal.Length_ n Petal.Width_ n
      (fctr)           (int)          (int)           (int)          (int)
1     setosa              50             50              50             50
2versicolor               50             50              50             50
3 virginica               50             50              50             50

Sepal.Length_ mean Sepal.Width_ mean Petal.Length_ mean Petal.Width_ mean
             (dbl)             (dbl)              (dbl)             (dbl)
             5.006             3.428              1.462             0.246
             5.936             2.770              4.260             1.326
             6.588             2.974              5.552             2.026
> # data.talbe
> iris_ DT[,c(.N, lapply(.SD, mean)), by = Species]
        Species  N Sepal.Length  Sepal.Width Petal.Length  Petal.Width
1:       setosa 50        5.006        3.428        1.462        0.246
2:   versicolor 50        5.936        2.770        4.260        1.326
3:    virginica 50        6.588        2.974        5.552        2.026
```

4.10 常用统计函数

表 4-2 和表 4-3 列出了 R 语言中常见数据处理的各种数学和统计函数，除此之外，还有概率函数和字符处理函数等。更多的函数和用法，请查阅《R 语言实战》。

表 4-2　数学函数

函　数	功　能	例　子
abs(x)	绝对值	abs(-4)->4
sqrt(x)	平方根	Sqrt(36)->6
ceiling(x)	不小于 x 的最小整数	ceiling(5.75)->6
floor(x)	不大于 x 的最大整数	floor(5.75)->5
trunk(x)	取整数	trunk(5.75)->5
round(x, digits=n)	保留 n 位小数	round(5.894, digits=2)->5.89
signif(x, digits=n)	保留 n 位有效数字	signif(5.894, digits=2)->5.9
cos(x), sin(x), tan(x)	余弦、正弦、正切	cos(2)->-0.416
acos(x), asin(x), atan(x)	反余弦、反正弦、反正切	acos(-0.416)->2
cosh(x), sinh(x), tanh(x)	双曲余弦、双曲正弦、双曲正切	cosh(2)->3.627
log(x, base=n)	以 n 为底的对数	log(10, base=5)->1.43
log(x)	自然对数	log(10)->2.3026
log10(x)	常用对数	log10(10)->1
exp(x)	指数函数	exp(2.3026)->10

表 4-3　统计函数

函　数	功　能	例　子
mean(x)	平均值	mean(x)->2.5
median(x)	中位数	median(x)->2.5
sd(x)	标准差	sd(x)->1.29
var(x)	方差	var(x)->1.67
mad(x)	绝对中位差	mad(x)->1.48
range(x)	值域	range(x)->c(1, 4)
sum(x)	求和	sum(x)->10
min(x)	最小值	min(x)->1
max(x)	最大值	max(x)->4
scale(x, center=T, scale=T)	对数据集 x 中心化或标准化	

4.11　数据探索

4.11.1　查看数据结构

首先，了解数据的尺寸和结构：

```
dim(iris)                #了解数据集的维度，有多少行多少列
names(iris)              # 数据有哪些列
str(iris)                # 数据的结构如何
attributes(iris)         # 数据的列名、行名和数据结构
```

然后，查看数据集前几行和后几行：

```
iris[1: 5, ]                  # 查看数据的前 5 行
head(iris)                    # 查看数据的前 6 行
tail(iris)                    # 查看数据的最后 6 行
iris[1: 10, "Sepal. Length"] # Sepal. Length 变量的前 10 个取值
iris $ Sepal. Length[1: 10]   # 用另外一种形式取值
```

4.11.2　查看单个变量

summary(iris)　#查看数据集中所有变量的关键数据：最小值、25% 分位数、中位数、均值、7 5 %分位数、最大值

quantile(iris $ Sepal. Length)　#单个变量的 1%、25%、50%、75%、100% 分位数

```
quantile(iris $ Sepal. Length, c(0.1, 0.3, 0.65))  #指定分位点对应的分位数
mean(), median(), range()  # 返回均值、中位数和数据的范围
```

对于连续变量：

```
var()    # 返回变量的方差
hist(iris $ Sepal. Length)    # 画出变量的直方图，查看变量的分布情况
plot(density(iris $ Sepal. Length))    # 画出变量的核密度图
```

对于分组变量：

```
table(iris $ Species)    # 统计每个类别的频数
pie(table(iris $ Species))    # 画出每个类别比例的饼图
barplot(table(iris $ Species))    # 画出每个类别频数的柱状图
```

4.11.3　查看多个变量

首先，查看变量之间的相关性：

```
cov(iris[, 1: 4])  # 计算变量之间的协方差矩阵
cor(iris[, 1: 4])  #计算变量之间的相关系数矩阵
```

然后，研究在不同的目标变量水平下，某变量的基本情况：

```
#对于 Sepal. Length 变量，在每个 Species 水平上执行 summary 计算
aggregate(Sepal. Length ~ Spacies, summary, data = iris)
#针对每个 Species 水平绘制 Sepal. Length 的盒形图
boxplot(Sepal. Length ~ Species, data = iris)
#针对每个 Species 水平绘制 2 个变量的散点图，并用颜色和点状区分
with (iris, plot (Sepal. Length, Sepal. Width, col = Species, pch = as. numeric(Species)))
#绘制任意两个矩阵之间的散点图，以发现变量之间的相关性
pairs(iris)
```

4.11.4　其他查看方法

```
#三维散点图
library(scatterplot3d)
scatterplot3d (iris $Petal.Width, iris $Sepal.Length, iris $Sepal.Width)
#构造相似性矩阵，用热图可视化样本之间的相似性
distMatrix<-as.matrix(dist(iris[,1:4]))
heatmap(distMatrix)
#以 Sepal.Length 和 Sepal.Width 为横纵坐标，分水平，以 Petal.Width 大小为颜色，探索数据之间的关系
library(lattice)
levelplot(Petal.Width ~ Sepal.Length * Sepal.Width, iris, cuts=9, col.regions=grey.colors(10)[10:1])
#以等高线的形式探索数据的关系
library(lattice)
filled.contour(volcano, color=terrain.colors, asp=1, plot.axes=contour(volcano, add=T))
#平面坐标可视化，研究不同类别变量之间的差异
library(MASS)
parcoord(iris[,1:4], col=iris$Species)
或用另外一个函数实现:
library(lattice)
parallelplot(~iris[,1:4] | Species, data=Iris)
根据 Species 的不同类别，绘制 Sepal.Length 和 Sepal.Width 的散点图
library(ggplot2)
qplot(Sepal.Length, Sepal.Width, data=iris, facets=Species ~.)
```

思考题

(1)试以内置数据集 mtcars 为例，采用不同的方法对 mtcars 进行排序。

(2)在合并数据集时，函数 merge()和 cbind()的异同。

(3)数据集中选取子集的方法有哪些？以 mtcars 为例，进行演示。

(4)通过 R 内置的帮助文件，举例示范 reshape2 包函数 melt()、dcast()和 acast()的用法。

(5)函数 ceiling()、floor()、round()、signif()的作用。

(6)函数 names()、str()、head()、tail()的作用。

(7)函数 tapply()和 aggregate()的异同点。

(8)试以内置数据集 mtcars 为例，分别采用 dplyr 包和 data.table 包进行数据综合处理分析。

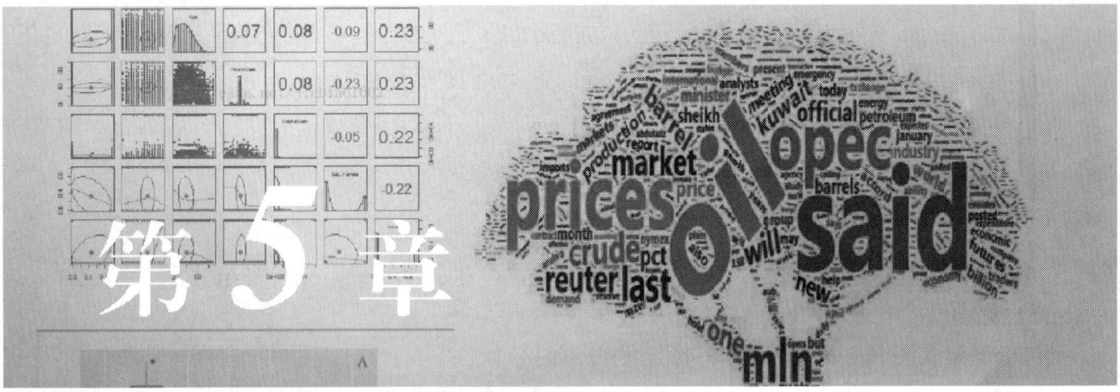

第5章 基础统计

在第3章、第4章中，已展示了创建数据集以及进行数据转换的过程，现在通过数据的统计分析，来探索数据背后的故事，目的是回答如下问题：

①大豆的产量如何？其分布是什么样的？（均值、标准差、中位数、值域等）

②施肥后，水稻的产量如何变化？最佳施肥条件？

③两片试验林造林5年后，树高之间是否有差异？

④采用不同杀虫剂来控制烟蚜，毒杀效果是否一致？

⑤小麦单位面积产量与单位面积穗数、每穗粒数、千粒重之间是什么关系？

⑥欲研究激素NAA、IBA对植物组培苗生根的影响，应采用何种试验设计？如何筛选最优配方？

⑦假设某试验数据中有50多个变量，如何了解这些变量的相互关系？

……

5.1 描述性统计分析

描述性统计(descriptive statistics)就是把数据集所包含的信息加以概括，如计算数据的数字特征、制作频数表和频数图，用所获得的统计量和统计图表来描述数据集所反映的特征和规律，使所研究的问题更为简单和直观。

描述性统计主要包括反映数据的集中趋势(如平均数、中位数、众数、分位数)、数据的离散程度(如方差、标准差、值域、变异系数)以及数据的分布形态(如偏度、峰度)。

R中关于描述性统计的方法较多，现以agridat包所带的数据集australia.soybean为例介绍如下。

5.1.1　使用 summary( )函数

```
> library(agridat) # verison 1.12
> data(australia.soybean)
> dat <-australia.soybean
> summary(dat)
      env             loc              year             gen
 B70     : 58   Brookstead : 116   Min.    : 1970   G01    :   8
 B71     : 58   Lawes      : 116   1st Qu. : 1970   G02    :   8
 L70     : 58   Nambour    : 116   Median  : 1970   G03    :   8
 L71     : 58   RedlandBay : 116   Mean    : 1970   G04    :   8
 N70     : 58                      3rd Qu. : 1971   G05    :   8
 N71     : 58                      Max.    : 1971   G06    :   8
 (Other) : 116                                      (Other) : 416
     yield            height            lodging            size
 Min.    : 0.282   Min.    : 0.2500 Min.    : 1.00   Min.    :  4.000
 1st Qu. : 1.515   1st Qu. : 0.7075 1st Qu. : 1.50   1st Qu. :  7.838
 Median  : 2.075   Median  : 0.8875 Median  : 2.25   Median  :  9.500
 Mean    : 2.047   Mean    : 0.8831 Mean    : 2.31   Mean    : 11.138
 3rd Qu. : 2.558   3rd Qu. : 1.0450 3rd Qu. : 3.00   3rd Qu. : 14.050
 Max.    : 4.381   Max.    : 1.7300 Max.    : 4.75   Max.    : 23.600


      protein            oil
 Min.    : 33.20   Min.    : 13.03
 1st Qu. : 38.14   1st Qu. : 17.97
 Median  : 40.25   Median  : 19.82
 Mean    : 40.33   Mean    : 19.92
 3rd Qu. : 42.20   3rd Qu. : 22.09
 Max.    : 48.50   Max.    : 26.84
```

summary( )函数提供了数值型向量(本例中的 yield、height 等变量)的最小值(min)、上四分位数(1st Qu)、中位数(median)、算术平均数(mean)、下四分位数(3st Qu)和最大值(max),以及因子向量(本例中的 env、loc 等变量)的频数统计。但 summary( )函数未提供偏度和峰度的计算结果,偏度和峰度可以通过程序包 pastecs、pasych 来计算。

5.1.2　使用 stat. desc( )函数

```
> library(pastecs) # version 1.3 -18
> stat.desc(dat $ yield, norm = T)
    nbr.val     nbr.null      nbr.na        min        max
    464.000        0.000       0.000      0.282      4.381
```

```
         range          sum       median         mean      SE.mean
         4.099      950.006        2.075        2.047        0.035
  CI.mean.0.95          var      std.dev     coef.var     skewness
         0.069        0.566        0.752        0.367        0.025
      skew.2SE     kurtosis     kurt.2SE   normtest.W   normtest.p
         0.110       -0.245       -0.543        0.995        0.171
```

stat. desc( )函数在程序包 pastecs 中，使用前需安装程序包 pastecs。stat. desc( )函数计算了 yield 变量的非缺失观察数(nbr. val)、空值数(nbr. null)、缺失值数(nbr. na)，最小值(min)、最大值(max)、极差(或称值域，range)、总和(sum)、中位数(median)、算术平均值(mean)、平均数标准误(SE. mean)、算术平均数 95% 的置信区间(CI. mean. 0. 95)、方差(var)、标准差(std. dev)、变异系数(coef. var)，偏度(skeness)、偏度标准误(skew. 2SE)、峰度(kurtosis)和峰度标准误(kurt. 2SE)，以及 Shapiro-Wilk 正态性检验结果：W 值(normtest. W)和 p 值(normtest. p)。

5.1.3 使用 describe( )函数

```
>library(psych)# version 1.5.8
>describe(dat$yield)
 vars    n mean   sd median trimmed  mad  min max range skew kurtosis
se
 1   1 464    2 0.75    2.1      2 0.75 0.28 4.4   4.1 0.02   -0.25 0.03
```

describe( )函数在程序包 psych 中，使用前需安装程序包 psych。describe( )函数计算了非缺失值观察数(n)、算术平均数(mean)、标准差(sd)、中位数(median)、截尾均值(trimmed)、绝对中位差(mad)、最小值(min)、最大值(max)、值域(range)、偏度(skew)、峰度(kurtosis)和平均数标准误(se)。

5.2 频数表和列联表

5.2.1 频数表

频数表(Frequency table)分析是对数据集按数据范围分成若干区间，即分成若干组，求出每组组中值，各组数据用组中值代替，计算各组数据的频数，并作出频数表。

对一组数据进行分组时，组数可以用 Sturges 公式来确定：$k = 1 + \lg N/\lg 2$。式中，k 是分组数，N 是数据的总个数。

以上文的 dat 数据集以例，计算频数并绘制频数分布图。

```
### 5.2 ###
dat$yield2 =100* (dat$yield)
#k =1 +log(464)/log(2)
```

```
A<-table(cut(dat$yield2, breaks=0+50*(0:9)))#计算频数
round(prop.table(A)*100, 2)#计算频数比例
```

频数计算结果如下：

```
>A
 (0, 50]  (50, 100](100, 150](150, 200](200, 250](250, 300](300, 350]
    9         37         67        107        117        80        34
(350, 400](400, 450]
     11         2
```

频数比例如下：

```
>round(prop.table(A)* 100, 2)
 (0, 50]  (50, 100](100, 150](150, 200](200, 250](250, 300](300, 350]
   1.94      7.97     14.44     23.06     25.22     17.24      7.33
(350, 400](400, 450]
   2.37      0.43
```

上述的频数结果，还可以画成图形，代码如下：

```
hist(dat$yield2, xlim=c(0, 500), breaks=9,
xlab="yeild", main="Frequency chart of yield")
```

频数分布如图 5-1：

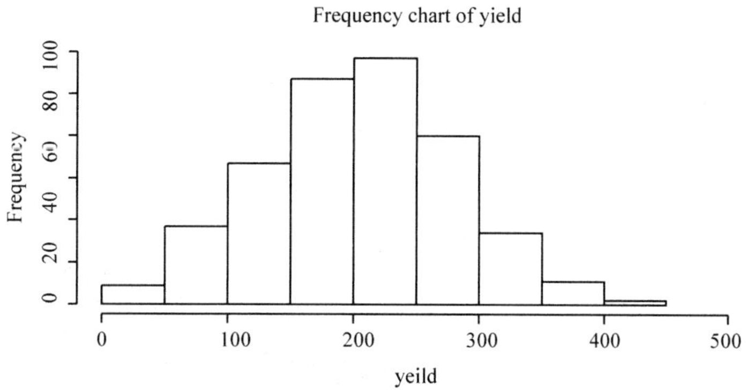

图 5-1　大豆产量的频数分布图

5.2.2　列联表

列联表(Contingency Table)是观测数据按两个或更多属性(定性变量)分类时所列出的频数表，其目的是将变量分组，比较各组的分布状况后再寻找变量间的关系。

在 R 中，gmodels 包中的函数 Cross Table( )可以生成与 SAS 或 SPSS 类似的二维列联表，示范代码和结果如下：

```
>CrossTable(dat$year, dat$loc)
```

```
   Cell Contents
 |         ---------------------------------- |
 |                                          N |
 |   Chi-square contribution |
 |                          N / Row Total |
 |                          N / Col Total |
 |                        N / Table Total |
 |         ---------------------------------- |

Total Observations in Table:   464

                 | dat $ loc
  dat $ year | Brookstead |   Lawes |   Nambour |   RedlandBay | Row Total |
 ---------------- | ------------- |------------ | ------------ | --------------- | ------------- |
        1970 |         58 |      58 |        58 |           58 |       232 |
             |            |   0.000 |     0.000 |        0.000 |     0.000 |
       0.500 |            |   0.250 |     0.250 |        0.250 |     0.250 |
             |            |   0.500 |     0.500 |        0.500 |     0.500 |
             |            |   0.125 |     0.125 |        0.125 |     0.125 |
 ---------------- | ------------- |------------ | ------------ | --------------- | ------------- |
         232 |       1971 |      58 |        58 |           58 |        58 |
             |            |   0.000 |     0.000 |        0.000 |     0.000 |
       0.500 |            |   0.250 |     0.250 |        0.250 |     0.250 |
                          |   0.500 |     0.500 |        0.500 |   0.500 | |
             |            |   0.125 |     0.125 |        0.125 |     0.125 |
 ---------------- | ------------- |------------ | ------------ | --------------- | ------------- |
Column Total |        116 |     116 |       116 |          116 |       464 |
             |            |   0.250 |     0.250 |        0.250 |     0.250 |
 ---------------- | ------------- |------------ | ------------ | --------------- | ------------- |
```

此外，函数 table( ) 和 xtabs( ) 均可生产二维列联表，以及 margin. table( )、prop. table( ) 和 addmargins( ) 可以为列联表生产边际频数、比例和边际和。

5.3　方差分析

方差分析（analysis of variance，ANOVA）是试验数据分析中的常用统计方法之一，1923 年由英国统计学家 R. A. Fisher 提出的。方差分析是一种在若干组能相互比较的试验数据中，把产生变异的原因加以区分的方法与技术，其主要用途是研究外界因素或试验条件的改变对试验结果的影响是否显著。

根据试验因素的多寡，方差分析可分为单因素方差分析(One-way ANAOVA)、两因素方差分析(Two-way ANAOVA)或多因素方差分析(MANOVA)。方差分析的基本模型是线性模型，并假设因变量是线性、独立、正态和等方差的。方差分析是根据平方和的加和性原理，利用 *F* 检验，判断试验因素对试验结果的影响是否显著。

在 R 基础包中的 aov( )函数即可进行方差分析，常见的线性模型见表 5-1：

表 5-1　常见方差分析的模型

类　　型	模　　型
单因素 ANOVA	y ~ A
单因素 + 单协变量 ANOVA	y ~ x + A
两因素无互作 ANOVA	y ~ A + B
两因素有互作 ANOVA	y ~ A * B
两因素 + 双协变量 ANOVA	y ~ x1 + x2 + A * B
随机区组 + 单因素 ANOVA	y ~ R + A(R 是区组因子)
单因素系统分组设计 ANOVA	y ~ A + Error(subject/A)

注：y 是因变量，x 是协变量，A、B 是处理因子，R 是区组因子。

5.3.1　单因素方差分析

单因素方差分析：只考察一个因素对试验结果的影响。

【例 5-1】有一水稻施肥的盆栽试验，设置了 5 个处理：A1 和 A2 分别施用两种不同工艺流程的氨水，A3 施碳酸氢铵，A4 施尿素，A5 为对照。每个处理各 4 盆，随机置于同一试验大棚。水稻稻谷产量见表 5-2。现分析不同施肥处理下，水稻稻谷产量之间是否有显著差异?

表 5-2　水稻施肥盆栽试验的产量结果　　单位：g

处理	产量			
A1	24	30	28	26
A2	27	24	21	26
A3	31	28	25	30
A4	32	33	33	28
A5	21	22	16	21

分析代码如下：

```
#########代码清单 5.3.1 #########
####建立数据集 df ####
yield<-scan()
24 30 28 26
27 24 21 26
31 28 25 30
32 33 33 28
```

```
21 22 16 21

Treat <-rep(paste("A", 1: 5, sep = ""), rep(4, 5))
df <-data.frame(Treat, yield)

#####方差分析 #####
fit <-aov(yield ~ Treat, data = df)
summary(fit)
```

运行结果如下：

```
> summary(fit)
          Df  Sum Sq Mean Sq F value  Pr( > F)
Treat      4   301.2   75.30   11.18  0.000209 * * *
Residuals15   101.0    6.73
…
Signif. codes:  0 '* * *' 0.001 '* *' 0.01 '*' 0.05 '.' 0.1 ' ' 1
```

把运行结果整理成方差分析表，见表 5-3。

表 5-3 方差分析表

变异来源	自由度 df	平方和 SS	均方 MS	*F* 值	*P* 值
处理间	4	301.2	75.30	11.18	0.0000209 * * *
处理内	15	101.0	6.73		
总变异	19	402.2			

注：显著水平，*：0.05，* *：0.01，* * *：0.001，下表同。

方差分析结果表明，对处理(treat)的 *F* 检验是极显著的($p < 0.001$)，说明不同施肥处理对水稻稻谷产量有极显著差异。

当 *F* 检验显著或极显著时，就有必要进行处理平均数两两之间的比较，以判断不同处理平均数之间的差异显著性。这种多个平均数两两之间的相互比较称为多重比较(multiple comparison)。

R 中多重比较的比较方法很多，方法也很简单，只需在方差分析 ANOVA 过程的基础上，进一步进行多重比较。下文将分别介绍 Tukey 和 duncan 方法。

(1)Tukey 方法

```
########  Tusky  HSD 方法########
> TukeyHSD(fit)
  Tukey multiple comparisons of means
    95%  family-wise confidence level

Fit: aov(formula = yield ~ Treat, data = df)
```

```
$Treat
              diffl          wr          upr        p adj
A2 - A1        -2.5   -8.165872     3.165872    0.6589099
A3 - A1         1.5   -4.165872     7.165872    0.9211412
A4 - A1         4.5   -1.165872    10.165872    0.1546704
A5 - A1        -7.0  -12.665872    -1.334128    0.0124631
A3 - A2         4.0   -1.665872     9.665872    0.2393068
A4 - A2         7.0    1.334128    12.665872    0.0124631
A5 - A2        -4.5  -10.165872     1.165872    0.1546704
A4 - A3         3.0   -2.665872     8.665872    0.4992588
A5 - A3        -8.5  -14.165872    -2.834128    0.0025622
A5 - A4       -11.5  -17.165872    -5.834128    0.0001268
```

由上述结果可以看出，A2 和 A1 之间的平均值差异不显著($p = 0.659$)，而 A5 和 A4 之间的差异非常显著($p < 0.001$)。

为了更直观地查看成对比较之间的差异，R 中还可绘制成图。

绘图代码如下：

```
par(las =1)#旋转轴标签
par(mar =c(5, 8, 4, 2))#设置左边界的面积
plot(TukeyHSD(fit))
```

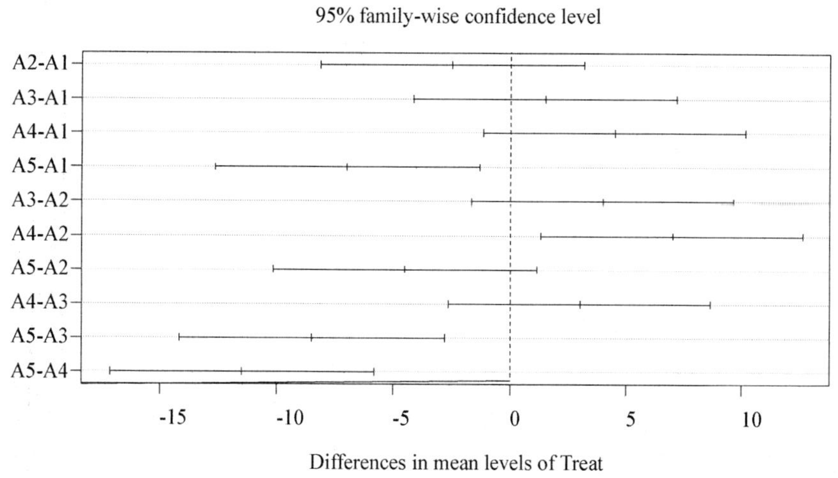

图 5-2　Tukey HSD 均值成对比较图

如图 5-2 所示，图形中置信区间包含 0 的成对比较，说明组间差异不显著($p > 0.05$)。

(2) Duncan 方法

duncan 法，也称为新复极差法。

```
#####ducan 方法 ####
library(agricolae)# version 1.2 -2
duncan.test(fit, "Treat", alpha =0.05, console =T)
```

运行结果如下:

```
>duncan.test(fit, "Treat", alpha = 0.05, console = T)
Study: fit ~ "Treat"
Duncan's new multiple rangetestfor yield
Mean Square Error:   6.733333

Treat,   means

      yield       std   r   Min   Max
A1     27.0  2.581989   4    24    30
A2     24.5  2.645751   4    21    27
A3     28.5  2.645751   4    25    31
A4     31.5  2.380476   4    28    33
A5     20.0  2.708013   4    16    22

alpha: 0.05 ; Df Error: 15
Critical Range
        2         3         4         5
 3.910886  4.099664  4.216980  4.296902

Means with the same letter are not significantly different.
Groups, Treatments and means
a    A4   31.5
ab   A3   28.5
b    A1   27
b    A2   24.5
c    A5   20
```

如上述结果所示，duncan 法可以获得各处理的均值、标准误、重复数，以及临界极差值(critical range)，与最后的多重比较结果(显著水平设为 0.05)。多重比较结果，是将各处理平均数由大到小往下排列，groups 里含有相同的字母，代表两种处理间的平均值差异不显著，否则就差异显著。如 A4 和 A3 都含有字母 a，就说明它们之间差异不显著；而 A4 标记字母 a，A5 标记字母 c，两种不同，就意味着 A4 和 A5 之间差异显著。此外，还可任意设置显著水平 a 值，比如 0.01、0.001。

同样地，duncan 法多重比较结果可以汇成图形，代码如下:

```
library(AAfun) # version 2.6
comparison = duncan.test(fit, "Treat", alpha = 0.05)
group.plot(comparison,"Treat")
```

生成的图形如图 5-3 所示:

在上述方差分析中，是在假设因变量服从正态分布、等方差的前提下进行的。可使用

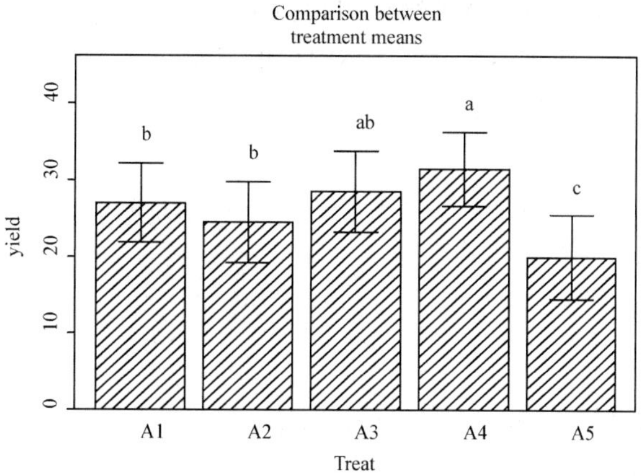

图 5-3　duncan 法均值多重比较图

Q-Q 图来检验正态性假设。

Q-Q 图绘制代码如下：

```
library(car)# version 2.0 -26
fit2 <-lm(yield ~ Treat, data = df)
qqPlot(fit2, main = "Q-Q Plot", labels = F)
```

运行结果如图 5-4 所示。

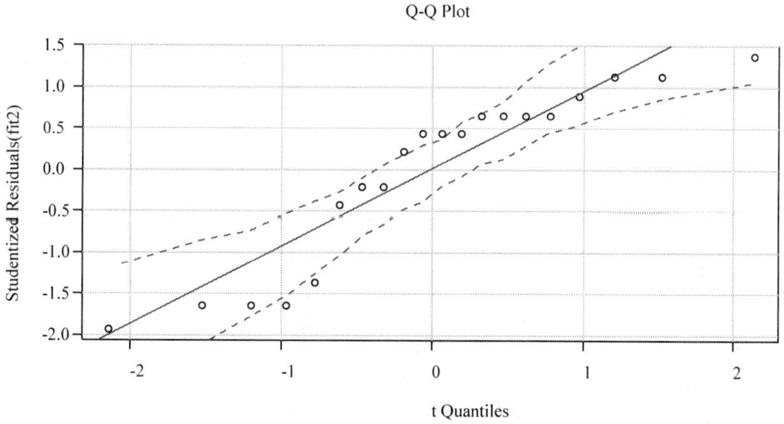

图 5-4　正态性检验的 Q-Q 图

从图 5-4 中可以看出，大部分数据都落在 95% 的置信区间范围内，说明满足正态性假设。

下面利用 Bartlett 检验来做方差齐性检验。代码和结果如下：

```
>bartlett.test(yield ~ Treat, data = df)
Bartlett test of homogeneity of variances
data:    yield by Treat
Bartlett's K-squared = 0.0513, df = 4, p-value = 0.9997
```

从上述结果可知，Bartlett 检验表明 5 组的方差没有显著差异($p = 0.9997$)。

此外，car 包中的 outlierTest( ) 函数可以检测离群点。从上述结果来看，变量 yield 中没有离群点(当 p > 1 时，产生 NA)。综合 Q-Q 图、Bartlett 检验和离群点检验的结果，说明本试验数据 ANOVA 模型拟合得很好。

```
>outlierTest(fit2)
No Studentized residuals with Bonferonni p<0.05
Largest |rstudent|:
rstudent unadjusted p-value Bonferonni p
19 -1.936222          0.073294          NA
```

5.3.2 无重复试验的双因素方差分析

【例 5-2】有 6 个不同的地块，每块地分 3 个小区，随机安排 3 种田间管理方法，所得结果草莓产量见表 5-4。试分析不同的田间管理方法对草莓产量的影响。

表 5-4 不同管理措施下草莓的产量

地块	田间管理方法(B)		
(A)	B1/kg	B2/kg	B3/kg
A1	71	73	77
A2	90	90	92
A3	59	70	80
A4	75	80	82
A5	65	60	67
A6	82	86	85

假设数据已用 Excel 准备好，如图 5-5 所示，并保存为 csv 文件。下文将演示如何进行方差分析。

	A	B	C	D
1	A	B1	B2	B3
2	A1	71	73	77
3	A2	90	90	92
4	A3	59	70	80
5	A4	75	80	82
6	A5	65	60	67
7	A6	82	86	85

	A	B	yield
1	A1	B1	71
2	A2	B1	90
3	A3	B1	59
4	A4	B1	75
5	A5	B1	65
6	A6	B1	82
7	A1	B2	73
8	A2	B2	90

图 5-5 数据集的重构—变换前(左)、变换后(右)

分析代码如下：

```
#########代码清单 5.3.2 #########
library(reshape)# version 0.8.5
setwd("G:\\Users\\Rdata")                    #文件所在目录
df<-read.csv(file="d5.3.2.csv", header=T)    #读入数据
df2<-melt(df, id=c("A"))                     #进行数据重构
colnames(df2)[2:3]<-c("B", "yield")          #变量重命名
```

```
str(df2)                                          # 查看变量类型
#######方差分析 ########
fit <-aov(yield ~ A + B, df2)
summary(fit)
```

运行结果如下：

```
> summary(fit)
            Df    Sum Sq   Mean Sq   F value   Pr(>F)
A            5    1435.1    287.02    17.803   0.000108***
B            2     141.4     70.72     4.387   0.042885*
Residuals 10     161.2     16.12
...
Signif. codes:   0 '***' 0.001 '**' 0.01 '*' 0.05 '.' 0.1 ' ' 1
```

把上述结果整理为方差分析表，见表 5-5。

表 5-5　方差分析表

变异来源	自由度 df	平方和 SS	均方 MS	F 值	p 值
A(地块)	5	1435.1	287.02	17.803	0.0000108 ***
B(田间管理方法)	2	141.4	70.72	4.387	0.042885 *
误差	10	161.2	16.12		
总变异	17	1737.7			

方差分析结果表明，不同地块和不同田间管理方法均对草莓的产量有显著或极显著影响，因此，有必要进一步对 A、B 两因素不同水平的平均产量进行多重比较。

多重比较采用 duncan 法，具体代码如下：

```
library(agricolae)
#对 A 因素在 a =0.05 水平上进行多重比较
duncan.test(fit, "A", alpha =0.05, console =T)
#对 B 因素进行多重比较
duncan.test(fit, "B", alpha =0.05, console =T)
```

对上述程序的结果进行整理，结果见表 5-6。

表 5-6　不同地块、田间管理方法的草莓平均产量的多重比较

A 因素	平均值	a =0.05	B 因素	平均值	a =0.05
A2	90.67	a	B3	80.50	a
A6	84.33	ab	B2	76.50	ab
A4	79.00	bc	B1	73.67	b
A1	73.67	cd			
A3	69.67	de			
A5	64.00	e			

由表 5-6 可以看出，对于 A 因素，A2 地块的草莓平均产量都显著高于 A5、A3、A1

和 A4 地块，但与 A6 地块差异不显著。而对于 B 因素，B3 田间管理方法的草莓平均产量高于 B1 方法，但与 B2 方法差异不显著。

5.3.3　等重复试验的双因素方差分析

对双因素和多因素有重复观测值试验资料的分析，可研究因素的简单效应、主效应和因素间的交互作用。

【例 5-3】为研究不同的种植密度（A）和化肥（B）对大麦产量的影响，将种植密度（A）设置 3 个水平、施用的化肥（B）设置 5 个水平，交叉分组，重复 4 次，完全随机设计。产量结果见表 5-7。试分析种植密度和化肥对大麦产量的影响。

表 5-7 不同种植密度和化肥试验的大麦产量　　单位：Kg

A	B1	B2	B3	B4	B5
A1	27	26	31	30	25
	29	25	30	30	25
	26	21	30	31	26
	26	29	31	30	24
A2	30	28	31	32	28
	30	27	31	34	29
	28	26	30	33	28
	29	25	32	32	27
A3	33	33	35	35	30
	33	34	33	34	29
	34	34	37	33	31
	32	35	35	35	30

数据的读入和重构方法同例 5-2。数据的 Excel 录入结果和数据变换如图 5-6 所示。

	A	B	C	D	E	F
1	A	B1	B2	B3	B4	B5
2	A1	27	26	31	30	25
3	A1	29	25	30	30	25
4	A1	26	24	30	31	26
5	A1	26	29	31	30	24
6	A2	30	28	31	32	28
7	A2	30	27	31	34	29
8	A2	28	26	30	33	28
9	A2	29	25	32	32	27
10	A3	33	33	35	35	30
11	A3	33	34	33	34	29
12	A3	34	34	37	33	31
13	A3	32	35	35	35	30

	A	B	yield
1	A1	B1	27
2	A1	B1	29
3	A1	B1	26
4	A1	B1	26
5	A2	B1	30
6	A2	B1	30
7	A2	B1	28
8	A2	B1	29
9	A3	B1	33
10	A3	B1	33

图 5-6　数据集的重构—变换前（左）、变换后（右）

分析代码如下：

```
#########代码清单 5.3.3 #########
df <-read.csv(file ='d5.3.3.csv', header =T)
df2 <-melt(df, id =c("A"))
colnames(df2)[2: 3]<-c("B","yield")
fit <-aov(yield ~A* B, data =df2)
summary(fit)
```

运行结果如下：

```
> summary(fit)
            Df   Sum Sq  Mean Sq  F value   Pr(>F)
A            2   315.83   157.92  129.205   <2e-16 ***
B            4   207.17    51.79   42.375  1.03e-14 ***
A:B          8    50.33     6.29    5.148  0.000138 ***
Residuals   45    55.00     1.22
---
Signif. codes:  0 '***' 0.001 '**' 0.01 '*' 0.05 '.' 0.1 ' ' 1
```

从上述结果可以看出，种植密度 A、化肥 B 及其互作(A:B)都对大麦的产量有极显著影响。因此，有必要进一步进行种植密度、化肥的各水平间以及种植密度与化肥水平组合平均值间的多重比较。

Duncan 法多重比较的程序代码如下：

```
library(agricolae)
duncan.test(fit, "A", alpha =0.05, console =T)
duncan.test(fit, "B", alpha =0.05, console =T)
with(df2, duncan.test(yield, A:B, DFerror =45,
                      MSerror =1.22, console =T))
```

注意：agricolae 程序包里的 duncan.test( )无法直接识别 A:B，所以采用 with( )函数来处理。

将多重比较的结果整理，见表 5-8。

表 5-8　种植密度、化肥以及各水平组合的平均值多重比较表

因素	平均值	a =0.05	水平组合	平均值	a =0.05
A3	33.25	a	A3B3	35.0	a
A2	29.50	b	A3B4	34.2	ab
A1	27.75	c	A3B2	34.0	ab
			A3B1	33.0	b
B4	32.42	a	A2B4	32.8	b
B3	32.17	a	A2B3	31.0	c
B1	29.75	b	A1B3	30.5	cd
B2	28.83	c	A1B4	30.2	cd
B5	27.67	d	A3B5	30.0	cd

（续）

因素	平均值	a = 0.05	水平组合	平均值	a = 0.05
			A2B1	29.2	de
			A2B5	28.0	ef
			A1B1	27.0	fg
			A2B2	26.5	fgh
			A1B2	26.0	gh
			A1B5	25.0	h

多重比较的结果表明，对于种植密度 A 来说，A3 的产量最高，显著高于 A2 和 A1；对于化肥 B 来说，以 B4 的产量最高，显著高于 B1、B2 和 B5。如果 A 和 B 互作效应不显著，就可分别选出 A、B 因素的最优水平相组合，得到最优水平组合。但若 A、B 因素交互作用显著，则应进行水平组合平均值间的多重比较，以选出最优水平组合。

各水平组合平均值间的多重比较结果表明，水平组合 A3B3 的产量最高，与 A3B4、A3B2 差异不显著，但显著高于其余各水平组合。因此，最优组合是 A3B3，而非 A3B4。

上述的结果也说明，当 A、B 因素的交互作用显著时，一般不必进行两个因素的多重比较，而直接进行各水平组合平均值的多重比较，选出最优水平组合。

对于 A、B 因素的交互作用，除了上述的多重比较表格形式，在 R 中，还可以利用程序包 HH 绘制成图形，也很容易实现。

绘图代码如下：

```
library(HH) # version 3.1 -21
interaction2wt(yield ~ A * B, data = df2)
```

运行结果如图 5-7 所示，其中，左下角、右上角分别为 A、B 因素的主效应，从图中可以看出 A3、B4 对应的大麦产量最高；而左上角、右下角则为 A、B 因素的交互作用，从图中可以看出，A3B3 组合的产量最高。

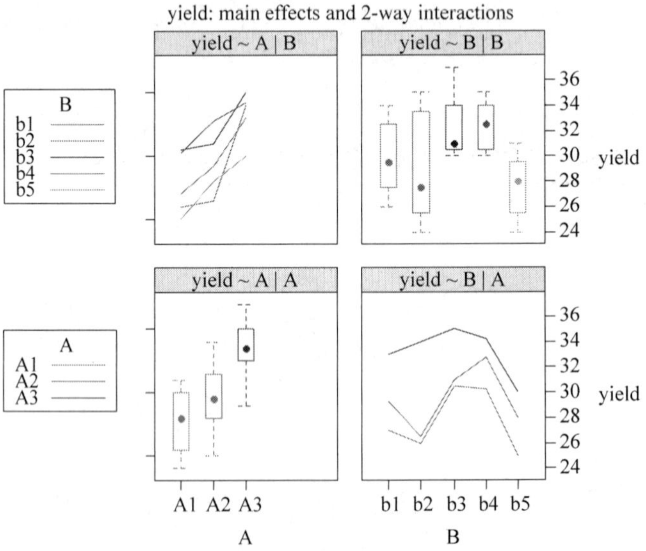

图 5-7 A、B 因素的主效应和交互作用

5.3.4　多元方差分析

多元方差分析与(一元)方差分析相似，所不同的是方差分析中的因变量 y 是一维随机变量，而多元方差分析的因变量 Y 不止一个，Y 是多维随机变量。从概念上讲，多元方差分析中，因变量之间应有一定关系，并且它们彼此之间的相关程度应较低或中等。如果他们之间相关程度太高，会有多重共线性风险。如果它们之间没有线性相关，就没有理由放在一起进行分析。

在 R 中，利用 manova( )函数就可进行多元方差分析。多元方差分析的模型格式与(一元)方差分析的相似。

【例 5-4】某试验，A 因子有 2 个水平，B 因子有 3 个水平，得到响应变量 y1 和 y2，结果如表 5-9 所示，试作多元方差分析。

表 5-9　反应变量 y1 和 y2 观测值

A	B1	B1	B2	B2	B3	B3	y
A1	9	7	10	12	14	12	y1
	7	6	8	10	12	13	y2
A2	9	7	11	13	13	10	y1
	7	8	12	14	14	12	y2

分析代码如下：

```
#########代码清单 5.3.4 #########
df <-read.csv(file ='d5.3.4.csv', header =T)
attach(df)
y <-cbind(y1, y2)
aggregate(y, by =list(A, B), FUN =mean)# 计算处理组合的均值
cov(y)

fit <-manova(y ~ A* B)
summary(fit, test ="Wilks")# "Pillai", "Hotelling-Lawley", and "Roy"
summary.aov(fit)

# fit1 <-aov(y1 ~ B)
# fit2 <-aov(y2 ~ A + B)
# summary(fit1)
# duncan.test(fit1, "B", alpha =0.05) $groups
detach(df)
```

代码清单中，cbind( )函数将 y1 和 y2 变量合并成一个矩阵。aggregate( )函数计算 y1 和 y2 变量对 A、B 因子组合的平均值，cov( )输出 y1 和 y2 变量间的方差和协方差。

运行结果如下：

```
> aggregate(y, by = list(A, B), FUN = mean)  #计算处理组合的均值
    Group.1  Group.2    y1    y2
1        A1       B1   8.0   6.5
2        A2       B1   8.0   7.5
3        A1       B2  11.0   9.0
4        A2       B2  12.0  13.0
5        A1       B3  13.0  12.5
6        A2       B3  11.5  13.0
> cov(y)
         y1       y2
y1 5.356061 5.659091
y2 5.659091 8.568182
> summary(fit, test = "Wilks")
          Df   Wilks  approx F  num Df  den Df   Pr(>F)
A          1 0.31550    5.4238       2       5  0.05591.
B          2 0.09034    5.8179       4      10  0.01103 *
A:B        2 0.46709    1.1579       4      10  0.38512
Residuals 6
---
Signif. codes:  0 '***' 0.001 '**' 0.01 '*' 0.05 '.' 0.1 ' ' 1
> summary.aov(fit)
Response y1 :
          Df  Sum Sq  Mean Sq  F value   Pr(>F)
A          1   0.083   0.0833   0.0345  0.85880
B          2  41.167  20.5833   8.5172  0.01767 *
A:B        2   3.167   1.5833   0.6552  0.55289
Residuals 6  14.500   2.4167
---
Signif. codes:  0 '***' 0.001 '**' 0.01 '*' 0.05 '.' 0.1 ' ' 1

Response y2 :
          Df  Sum Sq  Mean Sq  F value     Pr(>F)
A          1  10.083   10.083   8.0667  0.0295597 *
B          2  69.500   34.750  27.8000  0.0009241 ***
A:B        2   7.167    3.583   2.8667  0.1337179
Residuals 6   7.500    1.250
---
Signif. codes:  0 '***' 0.001 '**' 0.01 '*' 0.05 '.' 0.1 ' ' 1
```

从多元方差分析的结果来看，A 因子以及 A、B 间的交互作用，多元检验均不显著，$p > 0.05$，仅有 B 因子差异显著（$p = 0.011 < 0.05$）。使用 summary.aov( ) 函数可对每一个变量做单因素方差分析，结果表明，B 因子显著影响了 y1 和 y2。用例 5-1 介绍的 duncan 法，对各因变量进行多重比较，过程不做详述。多重比较的最后结果如下：

```
> duncan.test(fit1, "B", alpha = 0.05) $groups
      trt    means    M
1      B3    12.25    a
2      B2    11.50    a
3      B1     8.00    b
> duncan.test(fit2, "A", alpha = 0.05) $groups
      trt    means    M
1      A2 11.166667   a
2      A1  9.333333   b
> duncan.test(fit2, "B", alpha = 0.05) $groups
      trt    means    M
1      B3    12.75    a
2      B2    11.00    a
3      B1     7.00    b
```

从多重比较的结果可知，对于 y1，仅有 B 因子差异显著，表现为 B3 和 B2 处理间差异不显著，但都显著高于 B1 处理。对于 y2，A、B 因子差异均显著，具体表现为 A2 处理显著高于 A1，B 因子的处理间差异情况，与 y1 的结果一致。

此外，还可进行多元正态性检验。具体方法参见《R 语言实战》。

5.4 协方差分析

协方差分析（analysis of covariance）是关于如何调节协变量对因变量的影响效应，从而更加有效地分析实验处理效应的一种统计技术，也是对实验进行统计控制的一种综合方差分析和回归分析的方法。

当研究者知道有些协变量会影响因变量，却不能够控制或不感兴趣时，则可以在实验处理前予以观测，然后在统计分析时运用协方差分析来处理。将协变量对因变量的影响从自变量中分离出去，可以进一步提高实验精确度和统计检验灵敏度。如要研究某种林木生长量与肥料的关系，施肥条件可以人工控制，但林木初始苗高（协变量）是难以控制的，初始苗高不同也对生长量有影响。如果不考虑初始苗高，直接对生长量做方差分析，所得结果就可能不可靠。此时，通过协方差分析，消除初始苗高的影响，使得生长量在一致的基础上进行方差分析，得到的结果就可靠。

方差是用来度量单个变量“自身变异”大小的总体参数，方差越大，该变量的变异越大；协方差是用来度量两个变量之间“协同变异”大小的总体参数，即两个变量相互影响大小的参数，协方差的绝对值越大，则两个变量相互影响越大。

以下介绍 2 种协方差分析的方法。

(1) 回归模型的协方差分析

如果协变量是可测量的，并且和试验结果之间存在直线回归关系时，就可利用直线回归方法将各处理的观测值都矫正到初始条件相同时的结果，使得处理间的比较能在相同条件上进行，从而得出正确结论。这一做法在统计上称为统计控制。因协方差分析是将回归分析和方差分析结合起来，所以也称为回归模型的协方差分析。

(2) 相关模型的协方差分析

方差分析中根据均方 MS 与期望均方 EMS 间的关系，可获得不同变异来源的方差分量估计值；在协方差分析中，根据均积 MP 与期望均积 EMP 间的关系，可获得不同变异来源的协方差分量估计值。这种协方差分析称为相关模型的协方差分析。

对于回归模型的协方差分析，协变量与目标变量之间须有线性回归关系，而且统计检验回归关系显著时，协方差分析才是有效的。

【例 5-5】研究三种营林措施对林分生长量的影响。林木生长量和苗木初值高度的数据见表 5-10，其中因素 A 为营林措施(有 A1、A2 和 A3 三个水平)，x 为苗木初值高度，y 为林木生长量。试分析三种营林措施对林分生长量是否有显著影响(单因素协方差分析)。

表 5-10 林木生长量和苗木初值高度测量值

因子	变量	测量值				
A1	x	4.0	5.0	8.0	5.0	2.0
	y	1.7	1.9	2.6	2.3	1.1
A2	x	6.0	4.0	5.0	7.0	4.0
	y	2.0	1.8	2.0	2.3	2.0
A3	x	3.0	6.0			
	y	2.1	2.9			

分析代码如下：

```
#########代码清单 5.4.1 #########
library(lsmeans)# version 2.20
df <-read.csv(file ='d5.4.1.csv', header =T)
fit <-lm(y ~ x + A, data =df)
summary(fit)
anova(fit)
lsmeans(fit, pairwise ~ A)
```

运行结果如下：

```
>summary(fit)
Call:
lm(formula =y ~ x + A, data =df)

Residuals:
```

```
    Min        1Q       Median       3Q       Max
 -0.19807  -0.07975  -0.03711  0.05186  0.33548

Coefficients:
              Estimate  Std. Error  t value   Pr(>|t|)
(Intercept)   0.85156     0.18534    4.595    0.001768 **
x             0.22259     0.03438    6.474    0.000193 ***
AA2           0.01096     0.12009    0.091    0.929502
AA3           0.64678     0.15815    4.090    0.003488 **
---
Signif. codes:  0 '***' 0.001 '**' 0.01 '*' 0.05 '.' 0.1 ' ' 1

Residual standard error: 0.1886 on 8 degrees of freedom
Multiple R-squared:  0.8746, Adjusted R-squared:  0.8275
F-statistic: 18.59 on 3 and 8 DF,   p-value: 0.0005778
>anova(fit)
Analysis of Variance Table
Response: y
            Df    Sum Sq    Mean Sq  F value  Pr(>F)
x            1   1.30766   1.30766   36.753  0.0003017***
A            2   0.67687   0.33844    9.512  0.0076799**
Residuals    8   0.28464   0.03558
---
Signif. codes:  0 '***' 0.001 '**' 0.01 '*' 0.05 '.' 0.1 ' ' 1
>lsmeans(fit, pairwise~A)
$lsmeans
      Alsmean            SE     df    lower.CL    upper.CL
A1   1.945969   0.08445138    8   1.751224    2.140714
A2   1.956932   0.08491666    8   1.761114    2.152751
A3   2.592746   0.13414576    8   2.283406    2.902087
Confidence level used: 0.95

$contrasts
contrast       estimate             SE    df     t.ratio     p.value
 A1-A2     -0.01096346    0.1200876    8     -0.091      0.9954
 A1-A3     -0.64677741    0.1581525    8     -4.090      0.0087
 A2-A3     -0.63581395    0.1596403    8     -3.983      0.0100
 P value adjustment: tukey method for comparing a family of 3 esti-
mates
```

运行结果分为 3 个部分：首先，是线性回归模型与各参数估计值(正规方程的解)，其中 F 值 = 18.59，p 值 = 0.0005778 < 0.001，表明线性模型极显著；其次是方差分析，指定 x 为协变量，A 为分类变量，对协变量 x 和分类变量 A 进行 F 检验；第三是计算处理效应的最小二乘平均值(Least-squares means，LSM)，以及 3 个最小二乘平均值两两比较的结果。

方差分析结果，可以整理为两张表，其一是扣除协变量影响的协方差分析表(表 5-11)，其二是线性回归的方差分析表(表 5-12)。

表 5-11　协方差分析表

变异来源	自由度 df	平方和 SS	均方 MS	F 值	P 值
营林措施 A	2	0.67687	0.33844	9.512	0.00768 * *
误差	8	0.28464	0.03558		

由表 5-11 可知，营林措施对林分生长量有显著影响。

表 5-12　线性回归方差分析表

变异来源	自由度 df	平方和 SS	均方 MS	F 值	P 值
回归(x)	1	1.30766	1.30766	36.753	0.00030 * * *
误差	8	0.28464	0.03558		

由表 5-12 可知，协变量 x 与目标变量 y 之间线性回归关系极显著，因此协方差分析是有效的。

最小二乘平均值两两比较的结果表明，3 种营林措施中，A1 与 A2 之间差异不显著，而 A1 和 A3、A2 和 A3 之间均差异显著。

【例 5-6】为研究某杨树一年生生长与 N 肥、K 肥及初始苗高的关系，采用正交试验设计，共设置了 18 个样地的栽培试验，试验因子与水平及测量结果见表 5-13。试分析 N 肥、K 肥及初始苗高对生长量的影响(双因素协方差分析)。

表 5-13　杨树生长量试验结果

Sample	N	K(g)	苗高(cm)	生长量	Sample	N	K(g)	苗高(cm)	生长量
1	少	0	4.5	1.85	10	多	0	6.5	2.15
2	少	0	6.0	2.00	11	多	0	6.0	1.99
3	少	0	4.0	1.60	12	多	0	6.5	2.06
4	少	12.5	6.5	2.00	13	多	12.5	4.0	1.93
5	少	12.5	7.0	2.04	14	多	12.5	6.0	2.10
6	少	12.5	5.0	1.91	15	多	12.5	5.5	2.15
7	少	25	7.0	2.40	16	多	25	5.0	2.20
8	少	25	5.0	2.25	17	多	25	6.0	2.30
9	少	25	5.0	2.10	18	多	25	5.5	2.25

注：N 肥，每株施肥量少于 50g 为"少"，反之为"多"。

分析代码如下：

```
#########代码清单 5.4.2 #########
library(lsmeans)
df <-read.csv(file ='d5.4.2.csv', header =T)
df $K =as.factor(df $K)

fit <-lm(mass ~height + N + K, data =df)
summary(fit)
anova(fit)

lsmeans(fit, pairwise ~N)
lsmeans(fit, pairwise ~K)
```

运行结果如下：

```
>summary(fit)
Call:
lm(formula =mass ~height + N + K, data =df)

Residuals:
     Min        1Q      Median      3Q       Max
-0.12939  -0.04157  -0.01494  0.06108  0.10897

Coefficients:
              Estimate  Std. Error  t value   Pr(>|t|)
(Intercept)    1.41357    0.11526   12.264   1.61e-08 ***
height         0.10331    0.01947    5.307   0.000142 ***
Nlow          -0.09741    0.03524   -2.764   0.016100 *
K12.5          0.07139    0.04311    1.656   0.121657
K25            0.30833    0.04308    7.157   7.40e-06 ***
---
Signif. codes: 0 '***' 0.001 '**' 0.01 '*' 0.05 '.' 0.1 ' ' 1
Residual standard error: 0.07462 on 13 degrees of freedom
Multiple R-squared: 0.8773, Adjusted R-squared: 0.8395
F-statistic: 23.23 on 4 and 13 DF, p-value: 8.024e-06
>anova(fit)
Analysis of Variance Table
Response: mass
           Df    Sum Sq    Mean Sq   F value    Pr(>F)
height      1  0.162109  0.162109   29.1146   0.000122 ***
N           1  0.042721  0.042721    7.6726   0.015919 *
```

```
K              2    0.312564    0.156282   28.0680    1.917e-05 * * *
Residuals     13    0.072384    0.005568
---
Signif. codes:  0 '* * *' 0.001 '* *' 0.01 '*' 0.05 '.' 0.1 ' ' 1
> lsmeans(fit, pairwise ~ N)
$lsmeans
        Nlsmean          SE   df   lower.CL   upper.CL
high   2.119816  0.02489645   13   2.066031   2.173602
low    2.022406  0.02489645   13   1.968621   2.076192

Results are averaged over the levels of: K
Confidence level used: 0.95

$contrasts
contrast     estimate          SE  dft.ratio    p.value
high-low   0.09741021  0.03524209  13  2.764    0.0161

Results are averaged over the levels of: K
> lsmeans(fit, pairwise ~ K)
$lsmeans
        Klsmean          SE  df   lower.CL   upper.CL
0      1.944536  0.03046781  13   1.878715   2.010358
12.5   2.015927  0.03048220  13   1.950075   2.081780
25     2.252870  0.03046781  13   2.187048   2.318691

Results are averaged over the levels of: N
Confidence level used: 0.95

$contrasts
contrast     estimate           SE  df   t.ratio   p.value
0 -12.5   -0.07139099  0.04311174  13    -1.656    0.2585
0 -25     -0.30833333  0.04308121  13    -7.157    <.0001
12.5 -25  -0.23694234  0.04311174  13    -5.496    0.0003

Results are averaged over the levels of: N
P value adjustment: tukey method for comparing a family of 3 estimates
```

表 5-14　协方差分析表

变异来源	自由度 df	平方和 SS	均方 MS	F 值	P 值
氮肥 N	1	0.043	0.043	7.67	0.016 *
钾肥 K	2	0.313	0.156	28.07	1.9e-05 * * *
误差	13	0.072	0.006		

与例 5-5 类似，将方差分析结果整理成两张表，见表 5-14 和表 5-15。

由表 5-14 可知，氮肥 N 和钾肥 K 分别对杨树生长量有显著和极显著影响。

表 5-15 线性回归方差分析表

变异来源	自由度 df	平方和 SS	均方 MS	F 值	P 值
回归(height)	1	0.162	0.162	29.11	0.0001 * * *
误差	13	0.072	0.006		

由表 5-15 可知，协变量 height 与目标变量 mass 之间线性回归关系极显著，因此协方差分析是有效的。

最小二乘平均值两两比较的结果表明，对于 N 肥，两个最小二乘平均值之间差异显著。对于 K 肥，0g 与 12.5g 之间没有显著差异，而 0g 与 25g、12.5g 与 25g 之间均有极显著差异。

对于双因素协方差分析，还可以分析两因素之间的交互作用，只需将回归模型中的“N + K”改为“N * K”即可，而实际上交互作用不显著，故省略。

5.5 显著性检验——t 检验

在实际工作中，经常需要判断两个样本平均数间是否有差异，以了解两样本所属的两个总体平均数是否相同。对于两个样本平均数差异显著性检验，可分为非配对设计和配对设计。检验方法可以使用 t 检验。

5.5.1 单样本检验

【例 5-7】杨树某无性系试验林造林 5 年后，调查树高生长量，随机抽取 32 棵树，调查结果见表 5-16。有一无性系 B5 的 5 年树龄树高 $\mu = 8$ m。试分析该试验林的树高与 B5 有无显著差异?

表 5-16 杨树某无性系 5 年树龄树高 单位：m

8.0	7.9	7.9	8.1
8.2	8.3	8.3	8.5
8.6	8.8	8.3	8.5
8.7	8.7	8.7	8.8
7.2	8.0	7.5	7.6
9.0	8.7	8.5	8.8
8.7	8.6	8.6	8.5
8.2	8.2	8.0	8.3

分析程序如下：

```
#########代码清单 5.5.1 #########
height <-scan()
8.0 7.9 7.9 8.1
```

```
8.2 8.3 8.3 8.5
8.6 8.8 8.3 8.5
8.7 8.7 8.7 8.8
7.2 8.0 7.5 7.6
9.0 8.7 8.5 8.8
8.7 8.6 8.6 8.5
 8.2 8.2 8.0 8.3

 qqnorm(height)
 qqline(height)# 正态 QQ 图
 plot(density(height))# 核密度图
 shapiro.test(height)# 正态性检验
 t.test(height, mu=8, alternative="two.sided")
```

运行结果如图 5-8，图 5-9 所示。

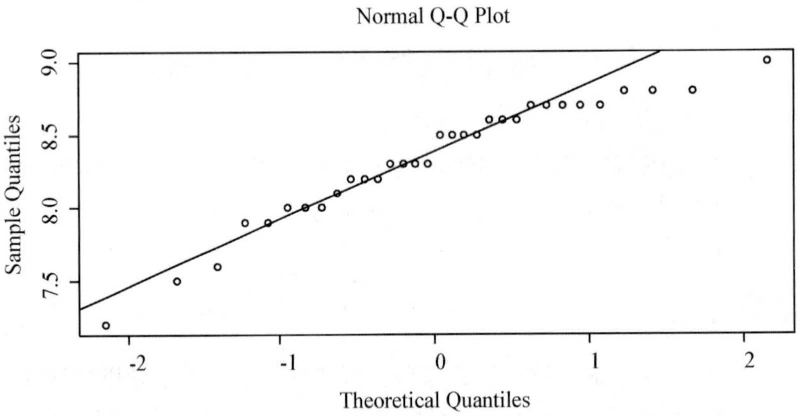

图 5-8 正态性检验—QQ 图

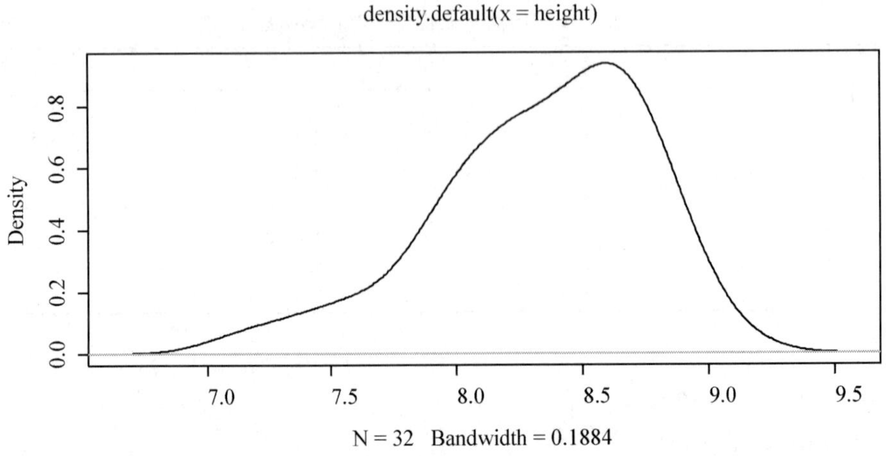

图 5-9 正态性检验—和密度图

从运行的 Q-Q 图、数据几率分布图来看，以及 shapiro 正态性检验(p >0.05)，说明调查的树高数据服从正态分布。

```
>shapiro.test(height)
Shapiro-Wilk normality test
data:   height
W=0.93746, p-value=0.06344
>t.test(height, mu=8, alternative="two.sided")
One Sample t-test
data:   height
t=4.5186, df=31, p-value=8.492e-05
alternative hypothesis: true mean is not equal to 8
95 percent confidence interval:
8.183451 8.485299
sample estimates:
mean of x
8.334375
```

t 检验表明：样品的平均值为 8.33，略高于 8；p 值为 8.492e-05 <0.05，说明该无性系的树高与 B5 的树高不同，存在显著差异。

注意：t.test()函数中的 alternative 的值除了“two.sided”外，还有“greater”和“less”。本例中，使用了双尾 *t* 检验方法。如果只检验待测样本的平均值是否高于或低于已知样本的平均值，就使用单尾 *t* 检验方法，alternative 参数相应得选择“greater”或“less”。

5.5.2　独立的双样本 *t* 检验

【例 5-8】马铃薯两个品种鲁引 1 号(LY1)和大西洋(DXY)的块茎干物质含量如表 5-17。试检验这两个品种的块茎干物质含量有无显著差异。

表 5-17　两个马铃薯品种块茎干物质含量　　%

品种	块茎干物质含量					
LY1	16.68	20.67	18.42	18.00	17.44	15.95
DXY	18.68	23.22	21.42	19.00	18.92	

分析代码如下：

```
#########代码清单 5.5.2 #########
weight<-scan()
16.6820.6718.421817.4415.95
18.6823.2221.421918.92NA
Variety<-rep(c("LY1","DXY"), rep(6, 2))
df<-data.frame(Variety, weight)

```

```
a<-subset(df$weight, Variety=="LY1")
b<-subset(df$weight, Variety=="DXY")

 var.test(a, b)# 等方差检验
 t.test(a, b, var.equal=T, paired=F)# t 检验
```

运行结果如下：

```
>var.test(a, b)# 等方差检验
F test to compare two variances
data:   a and b
F=0.6729, num df=5, denom df=4, p-value=0.6653
alternative hypothesis: true ratio of variances is not equal to 1
95 percent confidence interval:
0.07185621 4.97127448
sample estimates:
ratio of variances
        0.6728954
>t.test(a, b, var.equal=T, paired=F)
Two Sample t-test
data:   a and b
t=-2.1808, df=9, p-value=0.0571
alternative hypothesis: true difference in means is not equal to 0
95 percent confidence interval:
 -4.86513222  0.08913222
sample estimates:
mean of x  mean of y
  17.860    20.248
```

在上面的结果中可知，等方差检验的 p 值 $=0.6653>0.05$，说明两样品的方差相同。

从 t 检验结果看，p 值 >0.05，表明两个品种的块茎干物质含量差异不显著，可以认为两者含量相同。

注意：t.test( )函数中 paired 参数，本例中设为 F，是因为两样本为非配对设计，如是配对设计时，设为 T 即可。

5.5.3 非独立的双样本 t 检验

【例5-9】现有两个杨树品种A、B，从不同类型的土壤中同时观测A、B在生长一段时间后的树高(m)，数据见表4-18。假设树高服从正态分布，在 $a=0.05$ 水平上，试分析两品种A、B的树高是否有显著差异？

表 5-18　两杨树品种的树高　　单位：m

土壤类型	1	2	3	4	5	6	7	8
品种 A	7.12	7.26	4.78	7.69	4.25	4.96	6.28	4.82
品种 B	6.52	6.07	4.28	7.30	4.17	5.66	5.73	4.52

分析代码如下：

```
#########代码清单 5.5.3 #########
height <-scan()
7.12 7.26 4.78 7.69 4.25 4.96 6.28 4.82
6.52 6.07 4.28 7.30 4.17 5.66 5.73 4.52
Variety <-rep(c("A", "B"), rep(8, 2))
df <-data.frame(Variety, height)

a <-subset(df $height, Variety = ="A")# 选取品种 A 的树高
b <-subset(df $height, Variety = ="B")# 选取品种 B 的树高

 t.test(a, b, paired =T)
```

运行结果如下：

```
>t.test(a, b, paired =T)
Paired t-test
data:   a and b
t =1.9207, df =7, p-value =0.09624
alternative hypothesis: true difference in means is not equal to 0
95 percent confidence interval:
 -0.08408033  0.81158033
sample estimates:
mean of the differences
               0.36375
```

从运行的结果得知，t 值 $=1.92$，概率 p 值 $=0.096>0.05$，表明，在 0.05 水平上，两个品种的树高没有显著差异。

5.6　χ^2 检验

卡方检验(chi-square test, χ^2 test)是参照卡方分布来计算概率和临界值的统计检验，是一种用途很广的假设检验方法。它在分类资料统计推断中的应用包括：两个比率比较的卡方检验；多个比率比较的卡方检验以及分类资料的相关分析。卡方检验的分析过程如下：

(1)建立零假说(Null Hypothesis)，假设观测值与理论值的差异是由随机误差造成；

(2)确定数据间的实际差异，求出χ^2值；

(3)当卡方值大于某特定概率标准(即显著性差异)下的理论值时，拒绝零假说，即实测值与理论值的差异在该显著性水平下是显著的。

5.6.1 适合性检验

从实际执行多项试验中得到的观察次数，与零假设的期望次数相比较，称为χ^2适合性检验，即在于检验二者接近的程度，利用样本数据以检验总体分布是否为某一特定分布的统计方法。

【例5-10】某植物有基因型紫茎、缺刻叶植株(AACC)与绿茎、马铃薯叶植株(aacc)杂交得到紫茎、缺刻叶植株F1，F1自交后的F2结果如下表5-19所示。试分析这两对基因是否符合自由组合定律？

表5-19 某植物不同基因型的实际观测值

紫茎、缺刻叶	紫茎、马铃薯叶	绿茎、缺刻叶	绿茎、马铃薯叶
255	93	86	30

分析代码和运行结果如下：

```
#########代码清单 5.6.1 #########
ct <-c(255, 93, 86, 30)
pt <-c(9/16, 3/16, 3/16, 1/16)
chisq.test(ct, p =pt)
>chisq.test(ct, p =pt)
Chi-squared test for given probabilities
data:   ct
X-squared =0.5977, df =3, p-value =0.897
```

由运行结果看，χ^2值=0.5977，自由度df=3，p值=0.897>0.05，所以接受零假设，即这两对基因符合自由组合定律。

5.6.2 独立性检验

根据试验数据次数判断两类因子相互独立或彼此相关的假设检验称为独立性检验(test for independence)，主要类型有2×2、2×c、r×c列联表的独立性检验。

5.6.2.1 2×2列联表的独立性检验

【例5-11】为防治小麦散黑穗病，播种前用某种药剂对小麦种子进行灭菌处理，以未经处理的小麦种子为对照，观察结果如表5-20所示。试分析种子灭菌对防止小麦散黑穗病是否有效？

表 5-20　防止小麦黑穗病的观察结果

处理方式	发病穗数	未发病穗数
种子灭菌	26	50
种子不灭菌	184	200

分析代码和运行结果如下：

```
#########代码清单 5.6.2.1 #########
df <-matrix(c(26, 184, 50, 200), nr =2,
dimnames = list(c("MJ", "WMJ"), c("FB", "WFB")))
chisq.test(df)
>chisq.test(df)
Pearson's Chi-squared test with Yates' continuity correction
data:   df
X-squared =4.2671, df =1, p-value =0.03886
```

由于是 2 ×2 列联表独立性检验，df = 1，所以需进行连续性矫正（continuity correction）。由上面的结果可知，p 值 =0.03886 <0.05，表明种子灭菌与否和散黑穗病发病穗数显著相关。本例中，种子灭菌的发病率显著低于未灭菌的，所以小麦种子用该药剂灭菌对防止小麦散黑穗病是有效的。

5.6.2.2　2 ×c 列联表的独立性检验

【例 5-12】某试验中，使用了甲、乙、丙三种农药，检测对烟蚜的毒杀效果。试验烟蚜数量：甲组 187 头，乙组 149 头，丙组 80 头。试验结果见表 5-21。试分析 3 种农药对烟蚜的毒杀效果是否一致？

表 5-21　3 种农药毒杀烟蚜的死亡情况

毒杀效果	甲	乙	丙
死亡数	37	49	23
未死亡数	150	100	57

分析代码与例 5-11 类似，具体代码和结果如下：

```
#########代码清单 5.6.2.2 #########
df <-matrix(c(37, 150, 49, 100, 23, 57), nr =2,
dimnames = list(c("D", "UD"), c("A", "B", "C")))
chisq.test(df)
>chisq.test(df)
Pearson's Chi-squared test
data:   df
X-squared =7.6919, df =2, p-value =0.02137
```

由上面的结果可知，χ^2 值 =7.6919，自由度 df =2，p 值 =0.02137 <0.05，表明 3 种农药对烟蚜的毒杀效果不一致，并且差异显著。

5.6.2.3 $r \times c$ 列联表的独立性检验

【例5-13】观察不同种植密度下某玉米单交种每株穗数的空秆株、一穗株、双穗和三穗株分布情况，结果见表5-22。试分析穗数分布是否与种植密度有关？

表5-22 不同密度下玉米每株穗数的分布结果

种植密度(千株/亩)	空秆株	一穗株	双穗和三穗株
2	12	224	76
4	60	548	39
6	246	659	28
8	416	765	47

与例5-11类似，分析代码和结果如下：

```
#########代码清单 5.6.2.3 #########
df <-matrix(c(12, 60, 246, 416,
              224, 548, 659, 765,
              76, 39, 28, 47),
nr =4,
dimnames = list(c(2, 4, 6, 8), c("N", "O", "TT")))
chisq.test(df)
>chisq.test(df)
Pearson's Chi-squared test
data:   df
X-squared =392.63, df =6, p-value <2.2e -16
```

由上面的结果可知，χ^2值 =392.6328，自由度 df =6，p 值 =2.2e −16 <0.05，表明穗数分布与种植密度显著相关，本例中，随着种植密度的增加，空秆株率和一秆株率均增加，而双穗和三穗株率均有所下降。因此，该玉米单交种要获得高产须根据玉米的株型确定合理的种植密度。

5.7 线性回归

前面几节介绍的统计分析—方差分析、t检验和χ^2检验，每次分析只涉及一个变量，如产量、发病率等，未对变量之间的关系进行研究。而变量之间往往是相互影响、彼此相关的，例如，产量与施肥量有关，病虫害发生时期与气温有关，小麦单位面积产量与单位面积穗数、千粒重有关等。因此，还需要研究两个或多个变量之间的关系。

变量之间相关的关系分为因果关系和平行关系。一个变量的变化受另一个或几个变量的影响，称为因果关系。二个变量之间相互影响，互为因果，称为平行关系。对于呈平行关系的变量，一般采用相关分析方法。相关分析有直线相关、复相关和偏相关。

统计学上，利用回归分析(regression analysis)来研究呈因果关系的变量之间的关系。表示原因的变量为自变量，表示结果的变量为因变量。回归分析有一元和多元回归分析。

5.7.1 简单线性回归

【例 5-14】土壤氮(N)含量对植物的生长有很大影响，表 5-23 给出了 N 含量($g \cdot kg^{-1}$)和单位叶面积干物重量 weight($mg \cdot dm^{-2}$)的测试结果，试进行干物重量 weight 与 N 含量的线性分析。

表 5-23 不同土壤 N 含量对单位叶面积干物重量的影响

N 含量	58	59	60	61	62	63	64	65	66	67	68	69	70	71	72
weight	115	117	120	123	126	129	132	135	139	142	146	150	154	159	164

分析代码如下：

```
#########代码清单 5.7.1 #########
df <-read.csv(file ='d5.7.1.csv', header =T)      #读入数据
fit <-lm(weight ~N, data =df)     #线性回归模型
summary(fit)     #线性回归结果

df $weight                  #干物重量实际值
round(fitted(fit), 2)    #干物重量预测值
round(residuals(fit), 2)    #干物重量残差值
plot(df $N, df $weight)    #绘制散点图
abline(fit)     #添加回归线
```

运行结果如下：

```
>summary(fit)#线性回归结果
Call:
lm(formula =weight ~N, data =df)
Residuals:
  Min        1Q   Median       3Q       Max
-1.7333 -1.1333 -0.3833  0.7417  3.1167
Coefficients:
               Estimate   Std. Error  t value   Pr(> |t|)
(Intercept)  -87.51667     5.93694   -14.74   1.71e-09 ***
N              3.45000     0.09114    37.85   1.09e-14 ***
---
Signif. codes:  0 '***' 0.001 '**' 0.01 '*' 0.05 '.' 0.1 ' ' 1
Residual standard error: 1.525 on 13 degrees of freedom
Multiple R-squared:   0.991, Adjusted R-squared:   0.9903
F-statistic:   1433 on 1 and 13 DF,   p-value: 1.091e-14
>df $weight              #干物重量实际值
[1] 115 117 120 123 126 129 132 135 139 142 146 150 154 159 164
```

```
>round(fitted(fit), 2)          # 干物重量预测值
     1      2      3      4      5      6      7      8      9     10
112.58116.03119.48122.93126.38129.83133.28136.73140.18143.63
    11     12     13     14     15
147.08150.53153.98157.43160.88
>round(residuals(fit), 2)       # 干物重量残差值
    1     2     3     4     5     6     7     8     9    10    11    12
 2.42  0.97  0.52  0.07-0.38-0.83-1.28-1.73-1.18-1.63-1.08-0.53
   13    14    15
 0.02  1.57  3.12
```

由运行结果可以得到回归方程：

$$weight = -87.52 + 3.45 \times N$$

模型检验统计量 F 值 $=1433$，p 值 $=1.091e-14<0.001$，说明拟合效果极显著。

回归系数(3.45)显著不等于0($p<0.001$)，说明N含量每增加1g·kg^{-1}，干物重量平均将增加3.45mg·dm^{-2}。决定系数(即R平方项0.991)表明该模型可以解释干物重量99.1%的方差，也是干物重量实际值和预测值之间相关系数的平方。残差标准误(residual standard erro)为1.53，可认为是模型用N含量预测干物重量的平均误差。

此外，还输出干物重量的实际值、预测值fitted(fit)和残差值residual(fit)。残差值结果表明，残差最大值在N含量最低和最高的地方出现，这点在图5-10中也可验证。

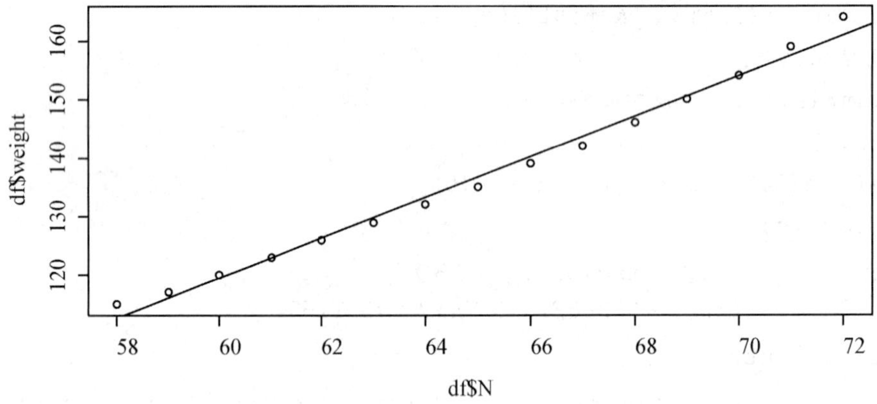

图5-10 N含量与干物重量的散点图和回归线

5.7.2 多项式回归

多项式回归也可以用一个自变量预测一个因变量。现仍以例5-11的数据集为例，演示二次项的回归分析。

分析代码如下：

```
#########代码清单 5.7.2 #########
fit2<-lm(weight~N+I(N^2), data=df)  # 二次项回归模型
```

```
3  summary(fit2)  # 回归分析结果
4  plot(df$N, df$weight)  # 绘制散点图
5  lines(df$N, fitted(fit2))  # 添加回归线
```

运行结果如下：

```
>summary(fit2)# 回归分析结果
Call:
lm(formula = weight ~ N + I(N^2), data = df)
Residuals:
    Min        1Q      Median      3Q       Max
-0.50941  -0.29611  -0.00941  0.28615  0.59706
Coefficients:
              Estimate   Std. Error  t value   Pr(>|t|)
(Intercept)  261.87818   25.19677   10.393   2.36e-07 ***
N             -7.34832    0.77769   -9.449   6.58e-07 ***
I(N^2)         0.08306    0.00598   13.891   9.32e-09 ***
---
Signif. codes:  0 '***' 0.001 '**' 0.01 '*' 0.05 '.' 0.1 ' ' 1
Residual standard error: 0.3841 on 12 degrees of freedom
Multiple R-squared:  0.9995, Adjusted R-squared:  0.9994
F-statistic: 1.139e+04 on 2 and 12 DF,  p-value: <2.2e-16
```

新的回归方程为：

$$weight = 261.88 - 7.35 \times N + 0.083 \times N^2$$

模型检验统计量 F 值 =11390，p 值 =2e−16 <0.001，说明拟合效果极显著。

模型的回归系数在 $p<0.001$ 水平上都非常显著。R 平方项为 99.9%，以及二次项的显著性(t 值 =13.89，$p<0.001$)，表明包含二次项显著提高了模型的拟合度。图 5-11 也验证了二次回归确实比简单线性回归拟合得好。

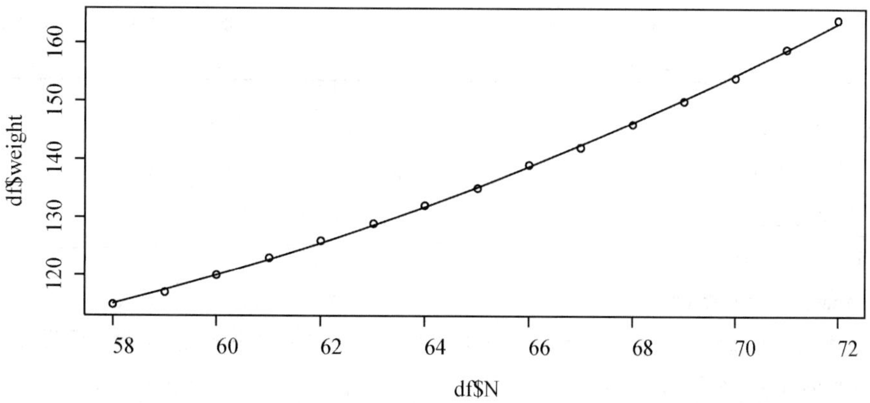

图 5-11 N 含量与干物重量 weight 的二次项回归

5.7.3 多元线性回归

多元线性回归分析包括：根据因变量与多个自变量的实际观测值建立多元线性回归方程；检验各自变量共同对因变量线性影响的显著性；检验每个自变量对因变量线性影响的显著性；选择仅对因变量有显著线性影响的自变量，从而建立最优多元线性回归方程。

【例 5-15】测定川农 16 号小麦在 20 个试验点的穗数(*x*1，万/亩[*])、每穗粒数(*x*2)、千粒重(*x*3，g)、株高(*x*4，cm)和产量(*y*，kg/亩)，结果见表 5-24。试建立产量 *y* 的最优线性回归方程。

表 5-24 川农 16 号小麦试验数据

*x*1	*x*2	*x*3	*x*4	*y*
30.8	33.0	50.0	90	520.8
23.6	33.6	28.0	64	195.0
31.5	34.0	36.6	82	424.0
19.8	32.0	36.0	70	213.5
27.7	26.0	47.2	74	403.3
27.7	39.0	41.8	83	461.7
16.2	43.7	44.1	83	248.0
31.2	33.7	47.5	80	410.0
23.9	34.0	45.3	75	378.3
30.3	38.9	36.5	78	400.8
35.0	32.5	36.0	90	395.0
33.3	37.2	35.9	85	400.0
27.0	32.8	35.4	70	267.5
25.2	36.2	42.9	70	361.3
23.6	34.0	33.5	82	233.8
21.3	32.9	38.6	80	210.0
21.1	42.0	23.1	81	168.3
19.6	50.0	40.3	77	400.0
21.6	45.1	39.3	80	319.4
32.3	25.6	39.8	71	376.2

分析代码如下：

```
#########代码清单 5.7.3a  #########
df <-read.csv(file ='d5.7.3.csv', header =T)
lmfit <-lm(y ~ x1  + x2  + x3  + x4, data =df)
summary(lmfit)
lmfit2 <-lm(y ~ x1  + x2  + x3, data =df)# 去除不显著的自变量 X4
summary(lmfit2)
```

* 注：1 亩≈666.67m^2

运行结果如下：

```
> summary(lmfit)
Call:
lm(formula = y ~ x1  + x2  + x3  + x4, data = df)

Residuals:
   Min       1Q    Median      3Q      Max
-71.09   -22.58     1.32    24.45    51.40

Coefficients:
              Estimate  Std. Error  t value  Pr(> |t|)
(Intercept)  -625.3583   114.3785   -5.467  6.49e-05 ***
x1             15.1962     2.1266    7.146  3.36e-06 ***
x2              7.3785     1.8886    3.907  0.0014 **
x3              9.5034     1.3419    7.082  3.73e-06 ***
x4             -0.8468     1.4929   -0.567  0.5790
---
Signif. codes:  0 '***' 0.001 '**' 0.01 '*' 0.05 '.' 0.1 ' ' 1

Residual standard error: 36.51 on 15 degrees of freedom
Multiple R-squared:  0.8944, Adjusted R-squared:  0.8663
F-statistic: 31.78 on 4 and 15 DF,  p-value: 3.656e-07
```

由上面的运行结果可知：检验统计量 F 值 = 31.78，p 值 = 3.656e − 07 < 0.001，说明四元线性回归关系极显著，因变量 y 对自变量 $x1$、$x2$、$x3$ 的偏回归极显著，但对 $x4$ 的偏回归不显著，所以去除 $x4$ 后，重新进行模型拟合。

去除不显著的自变量 x4 后，重新拟合的结果如下：

```
> summary(lmfit2)
Call:
lm(formula = y ~ x1  + x2  + x3, data = df)

Residuals:
    Min       1Q   Median      3Q      Max
-69.142  -24.455   4.611   25.355   50.550

Coefficients:
              Estimate  Std. Error  t value  Pr(> |t|)
(Intercept)   -649.779    103.695   -6.266  1.13e-05 ***
x1              14.592      1.801    8.101  4.71e-07 ***
```

```
x2                6.841        1.598     4.280   0.000574 ***
x3                9.329        1.278     7.299   1.78e-06 ***
---
Signif. codes:  0 '***' 0.001 '**' 0.01 '*' 0.05 '.' 0.1 ' ' 1

Residual standard error: 35.73 on 16 degrees of freedom
Multiple R-squared:  0.8922, Adjusted R-squared:  0.872
F-statistic: 44.13 on 3 and 16 DF,  p-value: 5.796e-08
```

由去除 x4 的拟合结果可知：检验统计量 F 值 =44.13，p 值 =5.796e-08 <0.001，说明三元线性回归关系极显著。此外，y 对 x_1、x_2、x_3 的偏回归都呈极显著。残差标准误(residual standard erro) =35.73，可认为是模型预测产量的平均误差。

因此，最优线性回归方程为：

$$y = -649.779 + 14.592 \times x_1 + 6.841 \times x_2 + 9.329 \times x_3$$

回归方程表明：对于川农16号小麦而言，当 x_2 和 x_3 固定时，穗数 x_1 每增加1万/亩，产量 y 将平均增加14.592 *kg*/亩；当 x_1 和 x_3 固定时，每穗粒数 x_2 每增加1粒，产量 y 将平均增加6.841 *kg*/亩；当 x_1 和 x_2 固定时，千粒重 x_3 每增加1*g*，产量 y 将平均增加9.329 kg/亩。

上述最优多元线性回归方程中，自变量 $x1$、$x2$ 和 $x3$ 都对因变量 y 有显著影响，偏回归系数的绝对值大小表示了自变量 x 对 y 影响的程度，但不能通过偏回归系数的比较来确定对因变量 y 有显著影响的自变量的作用主次。

在R中，研究自变量对因变量作用的主次，有以下2种方法：

(1)计算通径系数(path coefficient，p)

通径系数 p 实际上就是标准化变量的偏回归系数，通过比较 p 绝对值的大小就可确定对因变量 y 有显著影响的自变量 x 的主次。R可用 scale( )函数将数据标准化为均值为0、标准差为1的数据集。

分析代码和结果如下：

```
#############代码清单 5.7.3b ###########
df2 <-as.data.frame(scale(df))# 对数据集做标准化处理
lmfit <-lm(y ~ x1 + x2 + x3, data = df2)
round(coef(lmfit), 3)# 获取标准化回归系数
```

```
>round(coef(lmfit), 3)# 获取标准化回归系数
(Intercept)        x1          x2          x3
    0.000       0.777       0.410       0.609
```

上面的结果表明，穗数 $x1$、每穗粒数 $x2$、千粒重 $x3$ 对产量 y 影响的主次顺序为：穗数 $x1$ > 千粒重 $x3$ > 每穗粒数 $x2$。

(2)计算每个自变量的相对权重(relative weight，RW)

相对权重是对所有可能子模型添加一个预测变量引起的 R 平方平均增加量的一个近似值。利用 relweights( )函数，就可算出各自变量的相对权重，进而得到影响因变量 y 的作用

主次。

relweights( )函数的代码如下：

```
relweights <-function(fit, …){
R <-cor(fit $model)
nvar <-ncol(R)
rxx <-R[2: nvar, 2: nvar]
rxy <-R[2: nvar, 1]
svd <-eigen(rxx)
evec <-svd $vectors
ev <-svd $values
delta <-diag(sqrt(ev))
 lambda <-evec % * % delta % * % t(evec)
 lambdasq <-lambda ^2
 beta <-solve(lambda)% * % rxy
 rsquare <-colSums(beta^2)
 rawwgt <-lambdasq % * % beta^2
 import <-round((rawwgt / rsquare)* 100, 2)
 lbls <-names(fit $model[2: nvar])
 rownames(import) <-lbls
 colnames(import) <-"Weights"
 barplot(t(import), names. arg = lbls,
 ylab = "% of R-Square",
 xlab = "Predictor Variables",
 main = "Relative Importance of Predictor Variables",
 sub = paste("R-Square = ", round(rsquare, digits =3)), …)
 return(import)
 }
```

计算相对权重的代码和结果如下：

```
#############代码清单 5.7.3c ###########
lmfit <-lm(y ~ x1 + x2 + x3, data = df)
relweights <-dget("relweights. R")# 载入 relweights()函数
relweights(lmfit, col = "lightgrey")# 计算相对权重
>relweights(lmfit, col = "lightgrey")  # 计算相对权重
  Weights
x1  48.98
x2   6.11
x3  44.91
```

从运行结果和图 5-12 可知，预测的变量对模型方差的解释程度(R 平方为 0.892)，x_1

变量解释了48.98%的R平方，x_2变量解释了6.11%，x_3变量解释了44.91%。因此，自变量x的主次顺序为：穗数x_1>千粒重x_3>每穗粒数x_2。

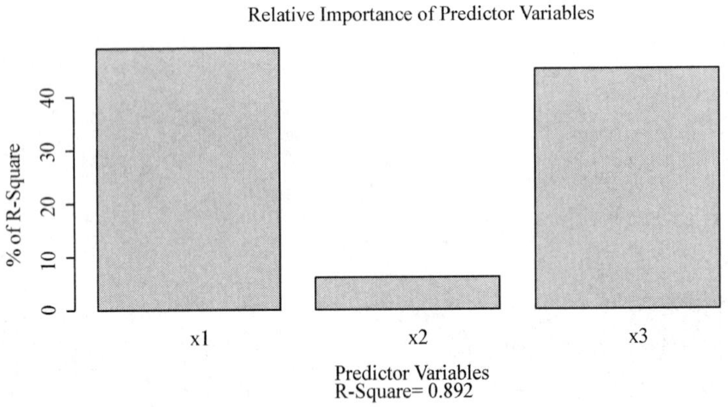

图5-12　多元回归中各自变量相对权重的柱形图

此外，从线性模拟回归的结果中，根据$x1$、$x2$、$x3$回归系数的t值大小，也可判断自变量x的主次顺序，凡是t值较大者就是较重要的因子。结果与上述两种方法一致。

5.7.4　有交互项的多元线性回归

【例5-16】有一水稻试验，欲分析土壤氮(N)含量与钠离子(Na)含量对水稻产量的影响，结果见表5-25。试分析产量yield(kg)与N($g \cdot kg^{-1}$)、Na($g \cdot kg^{-1}$)含量的关系。

表5-25　N含量、Na含量对水稻产量的影响

N	Na	yield	N	Na	yield
110	2.62	21.0	230	5.35	14.7
110	2.88	21.0	66	2.20	32.4
93	2.32	22.8	52	1.62	30.4
110	3.22	21.4	65	1.84	33.9
175	3.44	18.7	97	2.47	21.5
105	3.46	18.1	150	3.52	15.5
245	3.57	14.3	150	3.44	15.2
62	3.19	24.4	245	3.84	13.3
95	3.15	22.8	175	3.85	19.2
123	3.44	19.2	66	1.94	27.3
123	3.44	17.8	91	2.14	26.0
180	4.07	16.4	113	1.51	30.4
180	3.73	17.3	264	3.17	15.8
180	3.78	15.2	175	2.77	19.7
205	5.25	10.4	335	3.57	15.0
215	5.42	10.4	109	2.78	21.4

分析代码如下：

```
#########代码清单5.7.4 ########
df<-read.csv(file='d5.7.4.csv', header=T)
```

```
fit <-lm(yield ~ N + Na + N: Na, data = df) # 或者: yield ~ N* Na
summary(fit)
```

运行结果如下：

```
> summary(fit)
Call:
lm(formula = yield ~ N + Na + N: Na, data = df)
Residuals:
    Min       1Q   Median      3Q     Max
-3.0458  -1.6533  -0.7441  1.4211  4.5344
Coefficients:
               Estimate  Std. Error  t value  Pr(>|t|)
(Intercept)   49.873463    3.608968   13.819  4.98e-14 ***
N             -0.120471    0.024705   -4.876  3.89e-05 ***
Na            -8.233967    1.270552   -6.481  5.07e-07 ***
N: Na          0.027947    0.007422    3.766  0.000785 ***
---
Signif. codes:  0 '***' 0.001 '**' 0.01 '*' 0.05 '.' 0.1 ' ' 1
Residual standard error: 2.151 on 28 degrees of freedom
Multiple R-squared: 0.8849, Adjusted R-squared: 0.8726
F-statistic: 71.78 on 3 and 28 DF, p-value: 2.923e-13
```

从上述的运行结果得知，N 含量与 Na 含量的交互作用是显著的，说明因变量与其中一个自变量的关系依赖于另一个自变量的水平，即水稻产量与 N 含量的关系依 Na 含量不同而不同。

预测产量 yield 的回归模型为：

$$yield = 49.81 - 0.12 \times N - 8.22 \times Na + 0.03 \times N \times Na$$

为了加深对上述回归模型的理解，现设定 Na 含量为 2.0，3.0 和 4.0 时，看看产量 yield 与 N 含量的关系变化。当 Na 含量为 2.0 时，$yield = 33.37 - 0.06 \times N$；当 Na 含量为 3.0 时，$yield = 25.15 - 0.03 \times N$；当 Na 含量为 4.0 时，$yield = 16.93 - 0.008 \times N$。上述结果说明，随着 Na 含量增加(2.0，3.0，4.0)，N 含量每增加一个单位就会引起产量 yield 预期的改变量减少(0.06，0.03，0.008)。

5.7.5　回归诊断

上文中介绍了如何使用 lm( ) 函数进行回归分析，以及通过 summary( ) 函数获取模型参数和相关统计量。上述结果是基于数据满足回归模型统计假设的前提上，不过，模拟的回归模型是否合适，至关重要。因为数据的无规律性或者错误设定了自变量与因变量的关系，都将导致模型产生巨大的偏差。因此，有必要进行回归诊断。

回归模型的统计假设有以下 4 点：

①正态性　当自变量固定时，因变量成正态分布，则残差值也应是一个均值为 0 的正

态分布。

②独立性　从收集的数据的经验知识判断因变量值的独立性。

③线性　如因变量与自变量线性相关，则残差值与预测值没有任何系统关联。

④同方差性　误差方差应该相同。

5.7.5.1　标准方法

对 lm( )函数返回的对象 object 使用 plot( )函数，可输出评价模型拟合的四幅图形：残差值与预测值图(residuals VS fitted)、正态 Q-Q 图(Normal Q-Q)、位置尺度图(scale-location graph)和残差值与杠杆图(residuals VS leverage)。

以例 5-14 中的简单线性回归为例，进行判断模型统计假设。分析代码如下：

```
########代码清单 5.7.5.1 ######
df <-read.csv(file='d5.7.1.csv', header=T)
fit <-lm(weight ~N, data=df)
par(mfrow=c(2, 2))#图像输出，指定 2 行，每行 2 张图。
plot(fit)
```

生成的图形如 5-13 所示。

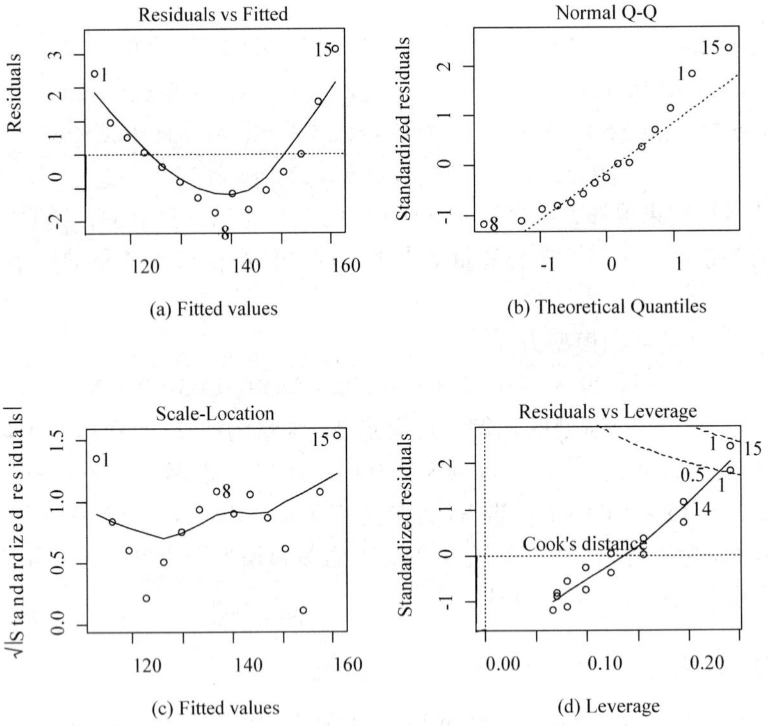

图 5-13　干物重量对 N 含量回归的诊断图

从图 5-13 中可以看出：

①残差值与预测值图判断线性[图 5-13(a)]。当因变量与自变量线性相关时，残差值与预测值没有任何关联，因此，该图应该为一直线。本例中看到的是一曲线关系，说明模

型回归需要加上一个二次项。

②Q-Q 图判断正态性[图 5-13(b)]。正态 Q-Q 图，是在正态分布对应的值下，标准化残差的概率。当满足正态假设时，图上的点应该落在呈 45°角的直线上。

③位置尺度图判断同方差性[图 5-13(c)]。当满足不变方差假设时，在位置尺度图中，图中的点应该随机分布于水平线周围。

④残差与杠杆图判断异常点[图 5-13(d)]。从图形中可以鉴别出离群点、高杠杆点和强影响点。下文还将叙述如何判断异常点，这里不再多述。

5.7.5.2　改进方法

car 包提供了大量拟合和评价回归模型的判断函数。

(1)正态性判断

与基础包中的 plot()函数对比，qqplot()函数提供了更为精确的正态假设检验方法，qqplot 画出在 n-p-1 个自由度的 t 分布下的学生化残差(studentized residual)，其中 n 是样本大小，p 是回归参数的数量(包括截距项)。

以例 5-11 的数据为例，进行正态性判断。qqplot 绘图代码如下：

```
########代码清单 5.7.5.2a ######
library(car)
fit<-lm(weight~N, data=df)
qqPlot(fit, main="Q-Q Plot")
```

生成的 Q-Q 图如图 5-14 所示。

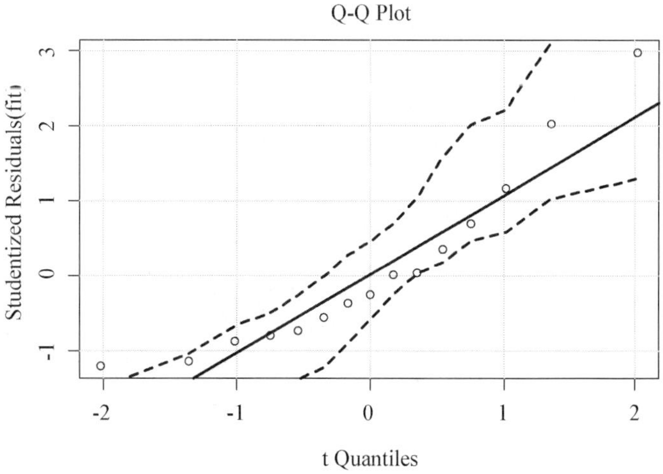

图 5-14　学生化残差的 Q-Q 图

从图 5-14 中可知，实线为回归线性，两条曲线为置信区间，除了有个点异常外，其余的点基本都落在置信区间内，说明正态性假设符合得较好。

(2)误差独立性判断

car 包中提供了一个可做 Durbin-Wastson 检验的函数，能够检验误差的相关性。在多元回归分析中，可使用下面的代码进行 Durbin-Wastson 检验：

```
########代码清单 5.7.5.2b ######
library(car)
df2 <-read.csv(file ='d5.7.3.csv', header =T)
lmfit <-lm(y ~ x1  + x2  + x3, data =df2)
durbinWatsonTest(lmfit)
```

```
>durbinWatsonTest(lmfit)
lag    Autocorrelation   D-W Statistic   p-value
  1       0.1737985        1.608005      0.3
Alternative hypothesis: rho !  =0
```

从运行的结果可知，p 值 =0.312 >0.05，说明误差无自相关性，即误差之间相互独立。滞后项(lag =1)表明数据集中每个数据都是与其后一个数据进行比较的。该检验适用于时间独立的数据。

(3)线性判断

成分残差图(component plus residuals plot)或偏残差图(partial residual plot)，可以判断因变量与自变量之间是否呈非线性关系，也可判断是否有不同于已设定线性模型的系统偏差。该图可通过 car 包的 crPlots( )函数绘制。

以例 5-15 的数据为例，进行回归线性判断。代码如下：

```
########代码清单 5.7.5.2c ######
df2 <-read.csv(file =' d5.7.3.csv', header =T)
lmfit <-lm(y ~ x1  + x2  + x3, data =df2)
crPlots(lmfit)
```

生成的图形如图 5-15 所示。

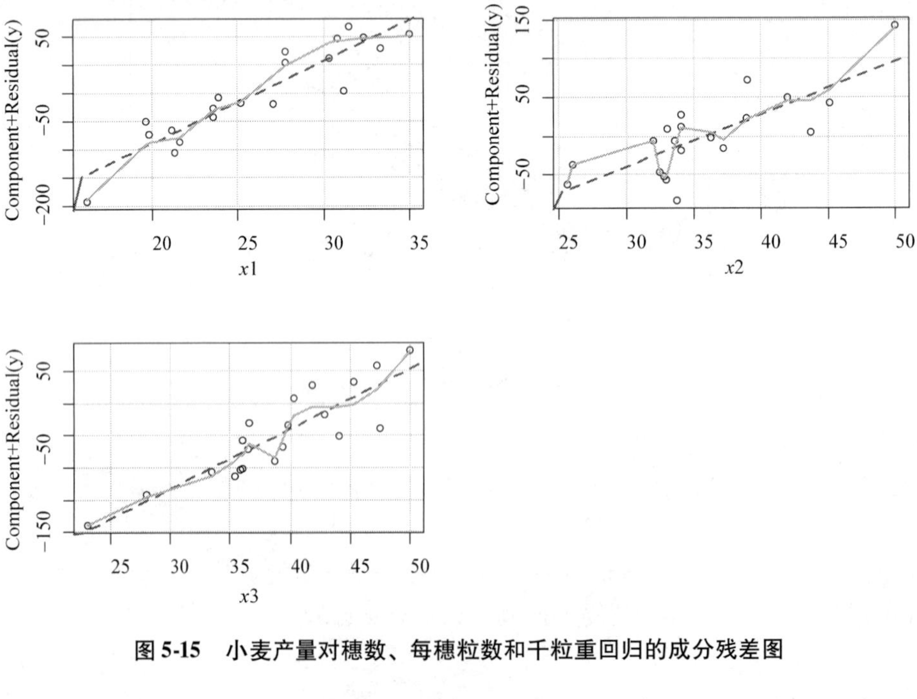

图 5-15　小麦产量对穗数、每穗粒数和千粒重回归的成分残差图

从图 5-15 中可以看出，虚线与实线比较接近，表明因变量对各自变量的拟合曲线均为线性关系，证实了多元线性回归的线性假设。

(4) 同方差性判断

car 包中提供了 2 个函数，可以判断误差方差是否相同。ncvTest( ) 函数生成一个计分检验，零假设为误差方差不变，备择假设为误差方差随着预测拟合值水平的变化而变化。若检验显著，则说明存在异方差性。

数据和回归模型同代码清单 5.7.5.2c，运行结果如下：

```
> ncvTest(lmfit)
Non-constant Variance Score Test
Variance formula:  ~ fitted.values
Chisquare = 2.207898     Df = 1      p = 0.1373057
```

从结果可以看出，p 值 = 0.137 > 0.05，计分检验不显著，说明满足误差方差不变的假设。

此外，spreadLevelPlot( ) 函数创建一个添加了最佳拟合曲线的散点图，展示标准化残差绝对值与预测拟合值的关系。

分析代码如下：spreadLevelPlot(lmfit)

生成的图形如图 5-16 所示。

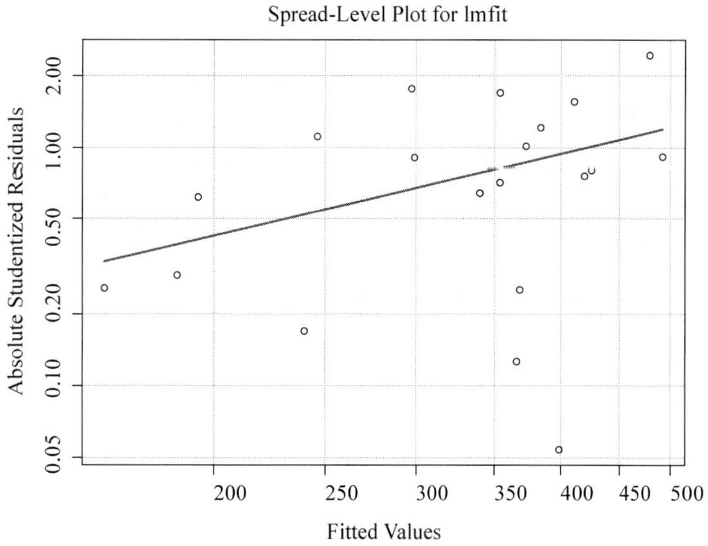

图 5-16 评估方差不变的分布水平图

由图 5-16 可看出，最佳拟合曲线为直线，且点随机分布于拟合曲线周围，说明符合同方差性假设。如果不符合同方差性假设，拟合曲线会是一个非水平的曲线。同时，代码运行还提供了一个因变量数据幂次变换的建议，经过变换后，非恒定的误差方差将会恒定。

5.7.5.3 综合判断

gvlma 包中的 gvlma( ) 函数，能对线性模型假设进行综合验证，还可做偏度、峰度和异方差性的评价。数据和回归模型同代码清单5.7.5.2c，代码和运行结果如下：

```
> library(gvlma)
> summary(gvlma(lmfit))
Call:
lm(formula = y ~ x1 + x2 + x3, data = df2)

Residuals:
    Min       1Q   Median      3Q     Max
-69.142  -24.455   4.611  25.355  50.550

Coefficients:
              Estimate  Std. Error  t value  Pr(>|t|)
(Intercept)   -649.779    103.695   -6.266  1.13e-05 ***
x1              14.592      1.801    8.101  4.71e-07 ***
x2               6.841      1.598    4.280  0.000574 ***
x3               9.329      1.278    7.299  1.78e-06 ***
---
Signif. codes:  0 '***' 0.001 '**' 0.01 '*' 0.05 '.' 0.1 ' ' 1

Residual standard error: 35.73 on 16 degrees of freedom
Multiple R-squared:  0.8922, Adjusted R-squared:  0.872
F-statistic: 44.13 on 3 and 16 DF,  p-value: 5.796e-08

ASSESSMENT OF THE LINEAR MODEL ASSUMPTIONS
USING THE GLOBAL TEST ON 4 DEGREES-OF-FREEDOM:
Level of Significance =  0.05

Call:
gvlma(x = lmfit)
                      Value  p-value                Decision
Global Stat         1.40005   0.8442 Assumptions acceptable.
Skewness            0.31247   0.5762 Assumptions acceptable.
Kurtosis            0.41557   0.5192 Assumptions acceptable.
Link Function       0.04438   0.8331 Assumptions acceptable.
Heteroscedasticity  0.62763   0.4282 Assumptions acceptable.
```

从运行的结果可以看出，综合验证(global stat)的 p 值 $=0.8442>0.05$，说明数据满足回归模型所有的统计假设。

5.7.6　异常值判断

异常值包括离群点、高杠杆点和强影响点，这些数据与其他观测值差异较大，可能会对结果产生较大的影响，因此有必要进行更深入的研究。

5.7.6.1　离群点

离群点(outlier)是指那些模型预测效果不佳的观测点。这些值通常具有很大、或正或负的残差。正的残差说明了模型低估了因变量，负的残差则刚好相反。

除了上述提到的 Q-Q 图，将落在置信区间外的点视为离群点。此外，还可利用 car 包的 outlierTest( )函数来查找离群点。数据和回归模型同代码清单 5.7.5.2c。

```
>outlierTest(lmfit)
NoStudentized residuals with Bonferonni p<0.05
Largest |rstudent|:
   rstudent unadjusted p-value Bonferonni p
8 -2.437261        0.027726    0.55452
```

如上面的结果所示，p 值 =0.55452 >0.05，不显著，说明数据中没有离群点。如果存在离群点，则应当删除离群点，再进行模型回归分析。

5.7.6.2　高杠杆点

高杠杆点(high leverage points)，是与其他自变量有关的离群点，由许多异常的自变量值组合起来的，与因变量没有关系。

帽子统计量可以判断高杠杆点的存在。如观测点的帽子值大于帽子均值的 2 或 3 倍，即可视为高杠杆点。可通过下述的帽子函数 hat. plot( )来判断高杠杆点。

现以 R 基础包自带的数据集 state. X77 为例，进行高杠杆点的判断。

```
########代码清单 5.7.6.2 ######
#####帽子函数 hat.plot()#####
hat.plot <-function(fit){
p<-length(coefficients(fit))
n<-length(fitted(fit))
plot(hatvalues(fit), main="Index Plot of Hat Values")
abline(h=c(2, 3)* p/n, col="red", lty=2)
identify(1: n, hatvalues(fit), names(hatvalues(fit)))
}
#####分析代码##########
states<-as.data.frame(state.x77[,c("Murder", "Population",
"Illiteracy", "Income" , "Frost")])
fit<-lm(Murder~Population + Illiteracy + Income + Frost,
data=states)
hat.plot(fit)
```

运行结果如图 5-17 所示。

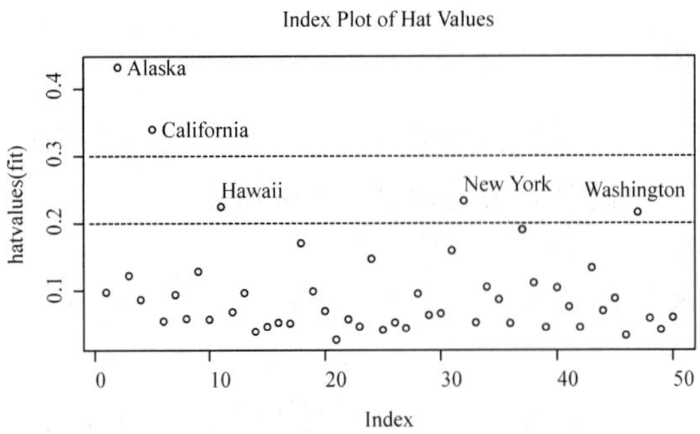

图 5-17 state. X77 数据集中的高杠杆值点

图 5-17 中的两条水平虚线就是帽子均值的 2、3 倍，当数据超过这两条虚线时，就可认为是高杠杆点。因此，图中的 Alaska、California、Hawaii、New York 和 Washington 均是高杠杆点。

5.7.6.3 强影响点

强影响点(Influential observations)是对模型参数估计值影响有些比例失衡的点。假如移除模型的一个观测点时，模型发生了巨大的改变，则需要监测数据中是否存在强影响点。可以通过 Cook 距离判断强影响点。

以例 5-14 的数据集为例，进行强影响点的判断，分析代码如下：

```
########代码清单 5.7.6.3 ######
df <-read.csv(file ='d5.7.1.csv', header =T)
fit <-lm(weight ~N, data =df)
cutoff <-4/(nrow(df)-length(fit $coefficients)-2)
plot(fit, which =4, cook.levels =cutoff)
abline(h =cutoff, lty =2, col ="red")
```

运行结果如图 5-18 所示，由图可以判断，第 1、15 个对应的数据是强影响点。如删除这些点，将可能导致回归模型截距项和回归系数发生显著变化。

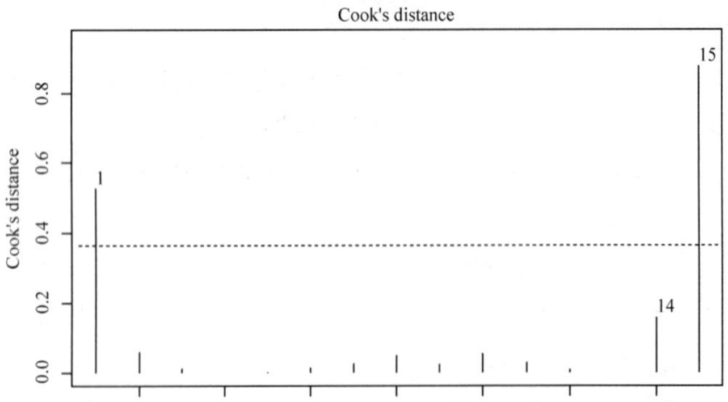

图 5-18 鉴别强影响点的 Cook 距离图

5.7.7　回归模型的改进措施

根据上述的方法进行回归诊断，如果不满足模型回归的假设，则可考虑以下的方法处理违背回归假设的问题：

①删除异常的观测点；

②变量值的变换；

③添加或删除变量；

④使用其他回归方法。

这里侧重介绍变量值的变换，以达到满足回归假设的条件。

car 包中的 powerTransform( ) 函数可以进行变量值变换的建议，其原理是利用 λ 的最大似然估计来建议变量值的变换形式。λ 的常见值和变换形式见表 5-26。

表 5-26　λ 的常见值和变换形式

λ 值	-2	-1	-0.5	0	0.5	1	2
变换形式	$1/Y^2$	1/Y	1/sqrt	Log Y	sqrt	不变	Y^2

现仍以例 5-14 的数据为例，进行干物重量 weight 变换的探索。分析代码如下：

```
########代码清单 5.7.7 ######
library(car)
df <-read.csv(file ='d5.7.1.csv', header =T)
summary(powerTransform(df $ weight))
```

运行结果如下：

```
> summary(powerTransform(df $ weight))
bcPower Transformation to Normality
            Est. Power Std. Err. Wald Lower Bound Wald Upper Bound
df $ weight    -0.661    2.6335            -5.8226           4.5006


Likelihood ratio tests about transformation parameters
                              LRT  df       pval
LR test, lambda = (0)   0.0631722   1 0.8015506
LR test, lambda = (1)   0.3998862   1 0.5271480
```

结果表明，可以用 weight -0.66 来正态化变量 weight。由于 -0.66 很接近 -0.5，可尝试用平方根的倒数变换来提高模型正态性的符合程度。但 λ =0 和 λ =1 的假设都无法拒绝零假设(p 值 >0.05)，因此不需要变量变换。

除了利用 car 包中的 powerTransform( ) 函数进行探索变量值变换的方式外，还可根据经验，对以下的几种数据做相关的转换，以满足正态性的条件：

①对于各组数据的均方与平均值之间有某种比例关系的数据，尤其总体呈泊松分布的，则采用平方根转换。如果数据中含有 0 或多数数值 <10 时，则采用(X +1)后，再做平方根处理；

②如果各组数据的标准差与平均值成比例的，则进行对数(常用对数 logX 或自然对数 lnX)变换。如果数据中含有 0，则采用(X+1)后，再做对数处理；

③对于服从二项式分布的百分率数据，如发芽率、感病率、死亡率等，则对百分率的值进行反正弦转换。

5.7.8 最佳回归模型的选择

在进行回归分析时，往往需要从众多可能的模型中做选择。是否所有的变量都要包括？去掉哪个对预测贡献不显著的变量？是否需添加多项式或交互项来提高拟合度？下文将从模型比较、逐步回归和全子集回归法来探究最佳模型的选择。

5.7.8.1 模型比较

R 基础包中自带的 anova()函数可以比较两个嵌套模型的拟合优度。嵌套模型是指一个模型完全包含在另一个模型之中。以例 5-15 数据集为例，探究模型比较。

分析代码如下：

```
#########代码清单 5.7.8.1 #########
df <-read.csv(file ='d5.7.3.csv', header =T)
fit1 <-lm(y ~., data =df)
fit2 <-lm(y ~x1 + x2 + x3, data =df)
anova(fit2, fit1)
```

运行结果如下：

```
>anova(fit2, fit1)
Analysis of Variance Table
Model 1: y ~x1 + x2 + x3
Model 2: y ~x1 + x2 + x3 + x4
  Res.Df    RSS   Df   Sum of Sq       F     Pr(>F)
1     16  20424
2     15  19996    1      428.86  0.3217      0.579
```

在本例中，模型 1 嵌套在模型 2 中。anova()函数对是否应该添加 $x4$ 到线性模型中进行了检验，结果表明，$p=0.579>0.05$，检验不显著，因此不需要将 $x4$ 到线性模型中。

如果有很多个变量，上述的方法就不太可行，这时可采用逐步回归和全子集回归的方法。

5.7.8.2 逐步回归

在逐步回归(stepwise regression)中，模型会每次添加或删除一个变量，直至达到某个判停准则为止。向前逐步回归(forward stepwise)是每次添加一个变量到模型中，直到添加变量不会使模型有所改进为止。向后逐步回归(backward stepwise)则从所有变量开始，每次删除一个变量，直到降低模型质量为止。向前向后逐步回归(stepwise stepwise)，结合了向前和向后逐步回归的方法，变量每次进入一个，其他的变量都会重新评价，对模型没有贡献的变量进行删除，预测变量可能会被添加、删除多次，直到获得最优模型为止。

MASS 包中的 stepAIC()函数可以实现逐步回归模型(向前、向后和向前向后)，依据的是精确 AIC 准则。现以例 5-15 的数据集为例，进行向后逐步回归分析。

分析代码如下：

```
###########代码清单 5.7.8.2 ###########
library(MASS)# version 7.3 -40
df <-read.csv(file ='d5.7.3.csv', header =T)
fit1 <-lm(y ~. , data =df)
stepAIC(fit1, direction ="backward")
```

运行结果如下：

```
>stepAIC(fit1, direction ="backward")
Start:   AIC =148.15
y ~ x1 + x2 + x3 + x4

            Df    Sum of Sq      RSS     AIC
- x4         1          429    20424  146.57
<none>                         19995  148.15
- x2         1        20346    40342  160.19
- x3         1        66859    86855  175.53
- x1         1        68069    88064  175.80

Step:   AIC =146.58
y ~ x1  + x2  + x3
            Df    Sum of Sq      RSS     AIC
<none>                         20424  146.57
- x2         1        23384    43808  159.84
- x3         1        68003    88428  173.88
- x1         1        83770   104195  177.17

Call:
lm(formula = y ~ x1  + x2  + x3, data = df)

Coefficients:
(Intercept)          x1          x2          x3
-649.779         14.592       6.841       9.329
```

由上面的结果可以知，模型开始时包含 4 个预测变量，然后每一步，AIC 提供了删除了一个行中变量后模型的 AIC 值，<none>中的 AIC 值表示没有变量被删除时模型的 AIC 值。第一步，$x4$ 被删除，AIC 从 148.15 降低到 146.57；第二步，再删除变量将会增加 AIC，因此终止选择过程。所以，最终的回归方程为：

$$y = -649.779 + 14.592 \times x1 + 6.841 \times x2 + 9.329 \times x3$$

5.7.8.3 全子集回归

全子集回归(all-subsets regression)，对所有可能的模型都进行检验。全子集回归可以用 leaps 包的 regsubsets( )函数实现。仍以例 5-15 的数据集为例，进行全子集回归分析。

分析代码如下：

```
########代码清单 5.7.8.3 ######
library(leaps)# version 2.9
df <-read.csv(file ='d5.7.3.csv', header =T)
leaps <-regsubsets(y ~., data =df, nbest =4)
plot(leaps, scale ="adjr2")
```

运行结果如图 5-19 所示。

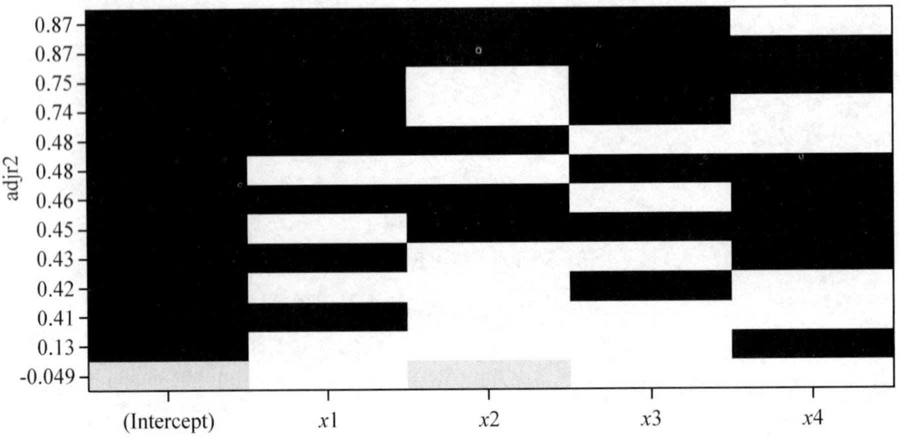

图 5-19 基于调整 R^2，不同子集大小的 4 个最佳模型

由图 5-19 中可知，最底下一行，只含有截距项(intercept)和 $x2$ 的模型，调整 R^2 为 -0.049；再往上，当模型含有截距项(intercept)和 $x4$，调整 R^2 为 0.13；一直往上到最顶端，当模型含有截距项(intercept)、$x1$、$x2$ 和 $x3$ 时，调整 R^2 为 0.87。因此，含有 $x1$、$x2$ 和 $x3$ 三变量的模型是最佳模型。

一般而言，全子集回归的效果要优于逐步回归。但当变量很多时，全子集回归的速度将会很慢。

5.8 相关分析

变量之间相互关系大致可分为 2 种类型，即函数关系和相关关系。函数关系是指变量之间存在的相互依存关系，它们之间的关系可以用某一方程(函数)$y=f(x)$表达出来；相关关系是指两个变量的数值变化存在不完全确定的依存关系，它们之间的数值不能用方程表示出来，但可用某种相关性度量来描述。相关关系是相关分析的研究对象，而函数关系则是上文中回归分析的的研究对象。

相关分析的种类繁多，按照不同的标准可有不同的划分。按照相关程度的不同，可分为完全相关、不完全相关和不相关；按照相关方向的不同，可分为正相关和负相关；按照相关形式的不同，又可分为线性相关和非线性相关；按涉及变量的多少可分为一元相关和多元相关；按影响因素的不同，可分为单相关和复相关。此外，相关值的大小表示相关关系的强弱程度(完全相关时为 1，完全不相关时为 0)。

5.8.1　相关的类型

R 语言可以计算多种相关，包括 Person 相关、Spearman 相关、Kendall 相关、偏相关、多分格(polychoric)相关和多系列(polyserial)相关。

5.8.1.1　Person、Spearman 和 Kendall 相关

Person 相关是积差相关，衡量两个定量变量之间的线性相关程度，可描述两个正态分布变量间线性相关关系的密切程度。Spearman 相关是等级相关，衡量分级定序变量之间的相关程度。Kendall 相关，也是一种非参数的等级相关。当两变量不符合正态分布时，变量间的关系应通过计算 Spearman 或 Kendall 相关来考察。

cor( )函数可以计算上述三种相关系数，cov( )函数可以计算协方差。这两个函数的使用模板为：

```
cor(X, use ='A', method ='B')
```

式中的 *X* 是数据集；*A* 参数指定缺失数据的处理方式；*B* 参数指定相关类型，可以是'person'、'spearman'或'kendall'。默认情况下，*A* 是'everything'(所有观测值)，*B* 是'person'。

【例 5-17】在某杉木林分内随机抽取 30 棵树，测定了树高 *h*(m)、胸径 *dbh*(cm)、材积 *v*(m^3)、心材比例 *cpro*(%)、木材基本密度 *wd*(kg/m^3)、木材吸水率 *wpro*(%)、管胞长度 *tl*(μm)、管胞宽度 *tw*(μm)和管胞长宽比 *lrt*，测试结果见表 5-27。试分析各性状之间的相关系数。

表 5-27　杉木各性状的测定结果

TreeID	*h*	*dbh*	*v*	*cpro*	*wd*	*wpro*	*tl*	*tw*	*lrt*
9001	15	40.7	0.987	64.00	266.7	309.6	3255	49.09	66.30
9002	16	45.4	1.297	55.58	253.1	329.7	3248	46.00	70.62
9003	16	41.6	1.092	25.77	257.2	323.4	3334	47.90	69.60
9004	16	43.5	1.193	57.93	256.6	324.3	3133	44.83	69.89
9005	11	25.0	0.286	55.89	292.3	276.7	3755	48.09	78.08
9006	13	28.8	0.439	70.46	296.3	272.1	3599	47.22	76.23
9007	15	30.0	0.541	50.46	303.8	263.8	3711	48.60	76.36
9008	12	26.0	0.334	80.06	322.2	245.0	3694	46.44	79.55
9009	13	33.1	0.578	57.80	271.0	303.6	2965	43.47	68.20
9010	11	22.8	0.239	60.95	242.3	347.4	2855	46.40	61.52
9011	12	28.6	0.403	55.98	357.6	214.2	2745	48.67	56.39

（续）

TreeID	*h*	*dbh*	*v*	*cpro*	*wd*	*wpro*	*tl*	*tw*	*lrt*
9012	11	27.0	0.333	55.18	364.2	209.2	2958	46.00	64.31
9013	11	30.7	0.429	61.81	247.5	338.7	3546	43.00	82.46
9014	12	28.8	0.409	65.59	356.0	215.5	2864	45.78	62.56
9015	12	27.5	0.373	64.70	454.3	154.7	3293	40.15	82.01
9016	11	25.4	0.295	54.29	273.3	300.5	3666	52.17	70.27
9017	9	26.4	0.266	65.93	293.2	275.7	3925	46.73	83.98
9018	11	24.7	0.280	75.56	277.6	294.8	3436	47.23	72.74
9019	11	29.6	0.399	61.36	336.9	231.5	3937	46.90	83.95
9020	12	27.0	0.360	62.63	315.2	251.9	3727	54.31	68.62
9021	13	32.2	0.547	67.30	332.7	235.2	3618	50.89	71.10
9022	13	31.8	0.534	61.56	288.2	281.5	3056	46.12	66.26
9023	13	33.0	0.575	59.08	294.3	274.4	3280	47.58	68.93
9024	12	26.9	0.358	54.48	295.8	272.7	3249	52.73	61.62
9025	13	30.8	0.502	66.02	287.4	282.6	3658	45.13	81.06
9026	12	29.7	0.435	65.95	290.1	279.3	3821	46.68	81.85
9027	12	30.5	0.458	55.12	283.1	287.8	3552	44.86	79.18
9028	13	32.5	0.557	52.89	299.6	268.4	3559	42.13	84.49
9029	12	30.0	0.443	60.89	347.8	222.1	3338	52.78	63.24
9030	11	28.6	0.373	64.78	324.6	242.7	3258	46.39	70.24

分析代码如下：

```
#######代码清单 5.8.1.1  ########
options(digits=2)
df<-read.csv(file='d5.8.1.1.csv', header=T)
df<-df[, -1]#创建数据集 df
cov(df)
cor(df)#计算 pearson 相关系数
cor(df, method="spearman")#计算 spearman 相关系数
```

运行结果如下：

```
>cov(df)
          h    dbh       v    cpro      wd    wpro      tl      tw     lrt
h      2.88    8.1   0.416    -6.8   -21.6    23.6    -114  -0.201   -2.22
dbh    8.09   30.6   1.483   -21.2   -86.0    94.1    -325  -2.653   -3.13
v      0.42    1.5   0.074    -1.1    -4.6     5.1     -18  -0.098   -0.25
cpro  -6.78  -21.2  -1.089    86.4    90.6  -101.2     538  -2.208   14.62
wd   -21.64  -86.0  -4.589    90.6  1939.4 -1876.2   -1256 -11.655   -1.20
wpro  23.64   94.1   5.093  -101.2 -1876.2  1892.9     284  -2.278    3.12
tl  -114.11 -324.9 -17.919   538.2 -1255.7   284.1  109016 170.587 2071.07
tw    -0.20   -2.7  -0.098    -2.2   -11.7    -2.3     171  10.016  -11.74
```

```
lrt   -2.22  -3.1  -0.250    14.6    -1.2      3.1    2071 -11.741   62.60
>cor(df)# 计算 pearson 相关系数
          h    dbh      v    cpro      wd    wpro      tl      tw     lrt
h     1.000  0.862   0.90  -0.430 -0.2896  0.3202  -0.204  -0.037 -0.1650
dbh   0.862  1.000   0.98  -0.413 -0.3529  0.3908  -0.178  -0.152 -0.0715
v     0.900  0.984   1.00  -0.430 -0.3825  0.4297  -0.199  -0.113 -0.1161
cpro -0.430 -0.413  -0.43   1.000  0.2214 -0.2503   0.175  -0.075  0.1988
wd   -0.290 -0.353  -0.38   0.221  1.0000 -0.9793  -0.086  -0.084 -0.0035
wpro  0.320  0.391   0.43  -0.250 -0.9793  1.0000   0.020  -0.017  0.0091
tl   -0.204 -0.178  -0.20   0.175 -0.0864  0.0198   1.000   0.163  0.7928
tw   -0.037 -0.152  -0.11  -0.075 -0.0836 -0.0165   0.163   1.000 -0.4689
lrt  -0.165 -0.071  -0.12   0.199 -0.0035  0.0091   0.793  -0.469  1.0000
>cor(df, method = "spearman")   #计算 spearman 相关系数
          h    dbh      v    cpro      wd    wpro      tl      tw     lrt
h     1.000   0.81   0.90   -0.20  -0.218   0.218  -0.214  -0.051  -0.132
dbh   0.812   1.00   0.98   -0.22  -0.296   0.296  -0.206  -0.267   0.020
v     0.900   0.98   1.00   -0.24  -0.263   0.263  -0.208  -0.188  -0.030
cpro -0.202  -0.22  -0.24    1.00   0.168  -0.168   0.215  -0.060   0.225
wd   -0.218  -0.30  -0.26    0.17   1.000  -1.000   0.087   0.165  -0.032
wpro  0.218   0.30   0.26   -0.17  -1.000   1.000  -0.087  -0.165   0.032
tl   -0.214  -0.21  -0.21    0.22   0.087   0.087   1.000   0.257   0.755
tw   -0.051  -0.27  -0.19   -0.06   0.165  -0.165   0.257   1.000  -0.362
lrt  -0.132   0.02  -0.03    0.22  -0.032   0.032   0.755  -0.362   1.000
```

cov(df)计算了方差(对角值)和协方差，cor(df)计算了 pearson 相关系数，cor(df, method = "spearman")计算了 spearman 等级相关系数。从运行的结果可知，不同的相关方法，得到的相关值有差异，但正负相关是一致的。整体而言，材积 *v* 和胸径 *dbh* 之间呈强的正相关，而木材基本密度 *wd* 和木材吸水率 *wpro* 之间呈强的负相关。整体变量之间的相关趋势可见下文 5.8.3 的相关图。相关图很直观、形象得给出了各变量之间的相关模式。

5.8.1.2 偏相关

偏相关(partial correlation)是描述在控制一个或多个定量变量保持不变时，指定的两个变量之间的相关关系。ggm 包中的 pcor()函数可以计算偏相关。ggm 包安装时，还需要安装 graph 和 BRGL 包，方可使用。

函数 pcor()的使用格式为：

```
pcor(u, S)
```

式中，*u* 是一个数值向量，前两个数值表示要计算相关系数的变量的下标，其余的数值为保持不变的变量的下标；*S* 是变量的协方差矩阵。

偏相关系数的显著性检验可以采用 ggm 包中的 pcor.test()函数。该函数可用来检验在控制一个或多个额外变量时两个变量之间的相关显著性。

函数 pcor.test()的使用格式为：

```
pcor.test(r, q, n)
```

式中，r 是偏相关系数值，q 是控制变量的数量，n 是样本大小。

仍以例 5-15 的数据集为例，进行偏相关系数计算，并检验其显著性。分析代码如下：

```
#######代码清单 5.8.1.2 ########
library(ggm)# version 2.3
# source("http: //bioconductor.org/biocLite.R")
#biocLite(c("graph", "RBGL"))
pcor(c(1, 3, 2), cov(df))
pcor.test(0.58, 1, 30)
```

上述代码的说明：ggm 包安装时还需要 graph 和 RBGL 两个程序包的支持，它们不在 CRAN 资源里，因此 source( ) 于这两程序包的安装。本例中，假定胸径 dbh 不变时，计算树高 h 和材积 v 之间的偏相关系数，并验证其显著性。

运行结果如下：

```
>pcor(c(1, 3, 2), cov(df))
[1] 0.58
>pcor.test(0.58, 1, 30)
$tval
[1] 3.7
$df
[1] 27
$pvalue
[1] 0.00097
```

从结果可知，在固定胸径 *dbh* 不变情况下，树高 h 和材积 v 之间的偏相关系数为 0.58，且极显著($p=0.00097<0.001$)。而上文中，树高 h 和材积 v 之间的 pearson 相关为 0.90，两个相关值差异较大，其原因可能是后者没有考虑胸径 *dbh* 因素的影响。

5.8.1.3 典型相关

典型相关分析(canonical correlation)是研究两组变量之间的相关关系。其基本思想是：首先在每组变量中找出变量的线性组合，使其具有最大相关性，然后再在每组变量中找出第二对线性组合，使其分别与第一对线性组合不相关，而第二对本身具有最大的相关性，如此继续下去，直到两组变量之间的相关性被提取完毕为止。有了这样线性组合的最大相关，则讨论两组变量之间的相关，就转化为只研究这些线性组合的最大相关，从而减少研究变量的个数。当两组变量较多时，一般采用类似主成分分析的做法，在每一组变量中都选择若干个有代表性的综合指标(变量的线性组合)，通过研究两组的综合指标之间的关系来反映两组变量之间的相关关系。

R 基础包中自带的 cancor( ) 函数就可完成典型相关分析。其使用格式如下：

```
cancor(x, y, xcenter=T, ycenter=T)
```

式中，x、y 是两组变量的数据矩阵，xcenter 和 ycenter 是逻辑变量，T 表示将数据中心化(默认选项)。

【例 5-18】在一植物群落中设置了 8 个样地，调查了 3 个物种 a、b、c 的多度分布，以及土壤 pH 值、土壤有机质含量(org，%)2 个环境因子，结果见表 5-28。试利用典型相关分析法来分析植物分布与这两个因子的关系。

表 5-28　3 个物种多度分布，土壤 pH 值以及土壤有机质含量 org　%

样地	1	2	3	4	5	6	7	8
pH	4.62	4.58	4.64	4.66	4.73	4.75	4.71	4.83
Org	3.81	3.96	4.30	4.10	5.42	5.68	7.02	6.83
物种 a	50	60	58	71	90	121	131	128
物种 b	36	55	45	78	91	121	141	151
物种 c	110	112	120	125	132	146	148	151

分析代码如下：

```
#########代码清单 5.8.1.3 #########
df <-read.csv(file = "d5.8.1.3.csv", header = T)
df.ca <-cancor(df[,4: 6], df[,2: 3])
```

运行结果如下：

```
> df.ca
$cor
[1] 0.97 0.66
$xcoef
            [,1]      [,2]      [,3]
Sa     -0.00059   -0.070    -0.039
Sb     -0.00270    0.011     0.050
Sc     -0.01476    0.115    -0.054
$ycoef
            [,1]      [,2]
pH          -1.6       8.5
Org         -0.2      -0.5
$xcenter
Sa   Sb   Sc
89   90  130
$ycenter
pH   Org
4.7   5.1
```

结果说明：

①$cor 给出了典型相关系数；$xcoef 是对应于数据 X 的系数，即为关于数据 X 的典型载荷；$ycoef 为关于数据 Y 的典型载荷；$xcenter 与 $ycenter 是数据 X 与 Y 的中心，即样本均值。

②第一对典型变量的表达式为：

环境：U1 = -1.586pH - 0.204Org

物种：V1 = -0.0006Sa - 0.0027 Sb - 0.0148 Sc

第一对典型变量的相关系数为 0.970。

第二种方法，利用 Habing 博士自定义的 cancor2( ) 函数进行典型相关系数计算。cancor2( ) 函数除了给出典型相关系数、各变量系数外，还提供了一个 F 统计以检验典型相关系数的显著性。

分析代码和运行结果如下：

```
>cancor2(df[,2:3], df[,4:6])
$Summary
       R RSquared     LR ApproxF   NumDF   DenDF  pvalue
1 0.9700   0.9409 0.0332  4.4902       6       6  0.0451
2 0.6623   0.4387 0.5613     NaN       2     NaN     NaN

$a.Coefficients
            [,1]        [,2]
[1,]  -0.9918149 -0.99827850
[2,]  -0.1276838  0.05865183

$b.Coefficients
            [,1]        [,2]       [,3]
[1,]  0.03927831  0.52058155  0.4677059
[2,]  0.17973904 -0.08072331 -0.6007481
[3,]  0.98292985 -0.84998741  0.6483463
$XUCorrelations
          U1      U2
pH   -0.9255 -0.3788
Org  -0.9830  0.1836

$YVCorrelations
          V1      V2
Sa    0.9901  0.1381
Sb    0.9891  0.0649
Sc    0.9970 -0.0433
```

运行的结果表明，第一个典型相关系数为 0.970，第二个典型相关系数为 0.662，F 检验发现第一个典型相关系数显著。同时，第一对典型变量的表达式为：

环境：U1 = -0.992 pH - 0.128 Org

物种：V1 = 0.039 Sa + 0.180 Sb + 0.983 Sc

比较各变量的系数可知，第一综合环境因子中起主要作用的是土壤有机质含量，第一综合物种中起主要作用的是物种 c，说明土壤有机质含量对物种 c 有显著的影响。

Habing 博士自定义的 cancor2( )函数代码如下：

```
### Doing CCA using Dr. Habing'scancor2 function #############
cancor2 <-function(x, y, dec =4){
x <-as.matrix(x); y <-as.matrix(y)
n <-dim(x)[1]; q1 <-dim(x)[2]; q2 <-dim(y)[2]; q <-min(q1, q2)
S11 <-cov(x); S12 <-cov(x, y); S21 <-t(S12); S22 <-cov(y)
E1 <-eigen(solve(S11)% * % S12% * % solve(S22)% * % S21)
E2 <-eigen(solve(S22)% * % S21% * % solve(S11)% * % S12)
rsquared <-as.real(E1 $values[1: q])
LR =pp =qq =tt <-NULL
 for(i in1: q){
 LR <-c(LR, prod(1-rsquared[i: q]))
 pp <-c(pp, q1 -i +1)
 qq <-c(qq, q2 -i +1)
 tt <-c(tt, n -1 -i +1)}
 m <-tt -0.5* (pp +qq +1); lambda <-(1/4)* (pp* qq -2);
 s <-sqrt((pp^2* qq^2 -4)/(pp^2 +qq^2 -5))
 F <-((m* s -2* lambda)/(pp* qq))* ((1 -LR^(1/s))/LR^(1/s));
 df1 <-pp* qq; df2 <-(m* s -2* lambda);
 pval <-1 -pf(F, df1, df2)
 outmat <-round(cbind(sqrt(rsquared), rsquared, LR,
 F, df1, df2, pval), dec)
 colnames(outmat) =list("R", "RSquared", "LR", "ApproxF",
 "NumDF", "DenDF", "pvalue")
 rownames(outmat) =as.character(1: q);
 xrels <-round(cor(x, x% * % E1 $vectors)[,1: q], dec)
 colnames(xrels) <-apply(cbind(rep("U", q), as.character(1: q)),
 1, paste, collapse ="")
 yrels <-round(cor(y, y% * % E2 $vectors)[,1: q], dec)
 colnames (yrels) <-apply (cbind (rep ("V", q), as.character (1: q)),
 1, paste, collapse ="")
 list(Summary =outmat, a.Coefficients =E1 $vectors,
 b.Coefficients =E2 $vectors,
 XUCorrelations =xrels, YVCorrelations =yrels)
 }
```

5.8.1.4　其他相关

polycor 包中的 hetcor( )函数可以计算多系列相关、多分格相关和四分相关等系数。

5.8.2 相关显著性的检验

在获得相关系数后，是否显著相关？还需要进行显著性检验。R中基础包自带的cor. test( )函数可以对单个pearson、spearman和kendall相关系数进行检验。

cor. test( )函数的使用方法如下：

```
cor.test(x, y, alternative =, method =)
```

函数中参数具体的值和含义见表5-29。

表5-29 cor. test( )函数的参数

参数	描述
x, y	待检验相关性的变量
alternative	双侧检验(“two. side”)，单侧检验(“less”或”greater”)； 对于单侧检验，相关系数小于0时，使用”less”，反之则用”greater”
method	相关类型:”pearson”,”kendall”,”spearman”

仍以例5-17的杉木数据集df为例，检验材积v和木材基本密度wd的pearson相关系数的显著性。

分析代码和运行结果如下：

```
>cor.test(df[,3], df[,5])
Pearson's product-moment correlation


data:   df[, 3] and df[, 5]
t = -2.4016, df =28, p-value =0.0232
alternative hypothesis: true correlation is not equal to 0
95 percent confidence interval:
 -0.67330616 -0.06229534
sample estimates:
       cor
 -0.4132891
```

从上面的结果可知，t值 = −2.2，df =28，p值 =0.03695 <0.05，pearson相关系数为−0.38，说明材积v和木材基本密度wd相关系数显著不为0，即材积v和木材基本密度wd之间存在显著的负相关。

虽然cor. test( )函数可以检验相关的显著性，但每次只能检验一个相关值。如果需要检验多个相关时，可使用psych包中的corr. test( )函数。

corr. test( )函数的使用方法如下：

```
corr.test(x, y, use =, method =)
```

函数中参数具体的值和含义见表5-30。

表 5-30　corr. test( ) 函数的参数

参数	描述
x，y	待检验相关性的变量
use	指定缺失数据的处理方式，成对删除缺失值时用"pairwise"，行删除缺失值时用"complete"
method	相关类型："pearson""kendall""spearman"

仍以例 5-17 的杉木数据集 df 为例，进行所有性状之间相关值的显著性检验。分析代码和运行结果如下：

```
> library(psych)
> corr. test(df, use = "complete")
Call: corr. test(x = df, use = "complete")
Correlation matrix
       TreeID     h   dbh     v  cpro    wd  wpro    tl    tw   lrt
TreeID 1.00 -0.45 -0.37 -0.46  0.20  0.25 -0.32  0.20  0.10  0.15
h     -0.45  1.00  0.86  0.90 -0.43 -0.29  0.32 -0.20 -0.04 -0.17
dbh   -0.37  0.86  1.00  0.98 -0.41 -0.35  0.39 -0.18 -0.15 -0.07
v     -0.46  0.90  0.98  1.00 -0.43 -0.38  0.43 -0.20 -0.11 -0.12
cpro   0.20 -0.43 -0.41 -0.43  1.00  0.22 -0.25  0.18 -0.08  0.20
wd     0.25 -0.29 -0.35 -0.38  0.22  1.00 -0.98 -0.09 -0.08  0.00
wpro  -0.32  0.32  0.39  0.43 -0.25 -0.98  1.00  0.02 -0.02  0.01
tl     0.20 -0.20 -0.18 -0.20  0.18 -0.09  0.02  1.00  0.16  0.79
tw     0.10 -0.04 -0.15 -0.11 -0.08 -0.08 -0.02  0.16  1.00 -0.47
lrt    0.15 -0.17 -0.07 -0.12  0.20  0.00  0.01  0.79 -0.47  1.00
Sample Size
[1] 30
Probability values (Entries above the diagonal are adjusted for mul-
tiple tests.)
       TreeID     h   dbh     v  cpro    wd  wpro    tl    tw   lrt
TreeID 0.00  0.44  1.00  0.38  1.00  1.00  1.00  1.00  1.00  1.00
h      0.01  0.00  0.00  0.00  0.65  1.00  1.00  1.00  1.00  1.00
dbh    0.04  0.00  0.00  0.00  0.79  1.00  1.00  1.00  1.00  1.00
v      0.01  0.00  0.00  0.00  0.65  1.00  0.65  1.00  1.00  1.00
cpro   0.29  0.02  0.02  0.02  0.00  1.00  1.00  1.00  1.00  1.00
wd     0.19  0.12  0.06  0.04  0.24  0.00  0.00  1.00  1.00  1.00
wpro   0.08  0.08  0.03  0.02  0.18  0.00  0.00  1.00  1.00  1.00
tl     0.28  0.28  0.35  0.29  0.35  0.65  0.92  0.00  1.00  0.00
tw     0.61  0.84  0.42  0.55  0.69  0.66  0.93  0.39  0.00  0.36
lrt    0.44  0.38  0.71  0.54  0.29  0.99  0.96  0.00  0.01  0.00
```

从上述的结果可知，corr. test( ) 函数的运行结果，首先输出各变量之间的相关矩阵，然后是相关显著性的检验，输出的是 p 值矩阵。当 p 值 <0.05 时，即两变量之间显著相

关，反之则没有显著相关。因此，树高 *h* 和管胞长宽比 *lrt* 相关值 *r* 为 -0.17，但 *p* 值 = 0.38 >0.05，所以没有显著相关。而胸径 *dbh* 和木材吸水率 *wpro* 相关值 *r* 为 0.39，且 *p* 值 =0.03 <0.05，所以两者呈显著正相关。

此外 agricolae 包的 correlation( ) 函数也有类似 corr. test( ) 功能，其使用方法如下：

```
correlation(x, y, method =, alternative =)
```

函数中参数具体的值和含义同表 5-31。correlation( ) 分析代码和运行结果如下：

```
> library(agricolae)
> options(digits = 2)
> correlation(df[, -1])
Correlation Analysis

Method      : pearson
Alternative: two.sided

 $correlation
          h   dbh     v  cpro    wd  wpro    tl    tw   lrt
h      1.00  0.86  0.90 -0.43 -0.29  0.32 -0.20 -0.04 -0.17
dbh    0.86  1.00  0.98 -0.41 -0.35  0.39 -0.18 -0.15 -0.07
v      0.90  0.98  1.00 -0.43 -0.38  0.43 -0.20 -0.11 -0.12
cpro  -0.43 -0.41 -0.43  1.00  0.22 -0.25  0.18 -0.08  0.20
wd    -0.29 -0.35 -0.38  0.22  1.00 -0.98 -0.09 -0.08  0.00
wpro   0.32  0.39  0.43 -0.25 -0.98  1.00  0.02 -0.02  0.01
tl    -0.20 -0.18 -0.20  0.18 -0.09  0.02  1.00  0.16  0.79
tw    -0.04 -0.15 -0.11 -0.08 -0.08 -0.02  0.16  1.00 -0.47
lrt   -0.17 -0.07 -0.12  0.20  0.00  0.01  0.79 -0.47  1.00

 $pvalue
           h     dbh       v  cpro    wd  wpro      tl    tw     lrt
h    1.0e+00 9.2e-10 1.3e-11 0.018 0.121 0.084 2.8e-01 0.844 3.8e-01
dbh  9.2e-10 1.0e+00 0.0e+00 0.023 0.056 0.033 3.5e-01 0.424 7.1e-01
v    1.3e-11 0.0e+00 1.0e+00 0.018 0.037 0.018 2.9e-01 0.551 5.4e-01
cpro 1.8e-02 2.3e-02 1.8e-02 1.000 0.240 0.182 3.5e-01 0.693 2.9e-01
wd   1.2e-01 5.6e-02 3.7e-02 0.240 1.000 0.000 6.5e-01 0.660 9.9e-01
wpro 8.4e-02 3.3e-02 1.8e-02 0.182 0.000 1.000 9.2e-01 0.931 9.6e-01
tl   2.8e-01 3.5e-01 2.9e-01 0.354 0.650 0.917 1.0e+00 0.389 1.8e-07
tw   8.4e-01 4.2e-01 5.5e-01 0.693 0.660 0.931 3.9e-01 1.000 9.0e-03
lrt  3.8e-01 7.1e-01 5.4e-01 0.292 0.986 0.962 1.8e-07 0.009 1.0e+00

 $n.obs
```

```
[1] 30
```

correlation( )分析结果与 corr. test( )函数相似，不再详述。

5.8.3　相关关系的可视化

当一个数据集里含有多个变量时，哪些变量相关性最强？哪些变量相对独立？是否存在某种聚集模式？虽然 corr. test( )函数可以进行多个变量的相关计算和显著性检验，但要回答上述问题，不太容易。

corrgram 包中的 corrgram( )函数，可以让相关矩阵可视化，并展示聚集模式。

仍以例 5-17 的杉木数据集 df 为例。绘图代码如下：

```
#########代码清单 5.8.3 #########
library(corrgram)# version 1.8
df <-read.csv(file ='d5.8.1.1.csv', header =T)
corrgram(df[, -1], order =T, lower.panel =panel.shade,
upper.panel =panel.pie, text.panel =panel.txt,
main ="Correlogram of fir traits")
```

运行结果如图 5-20 所示。

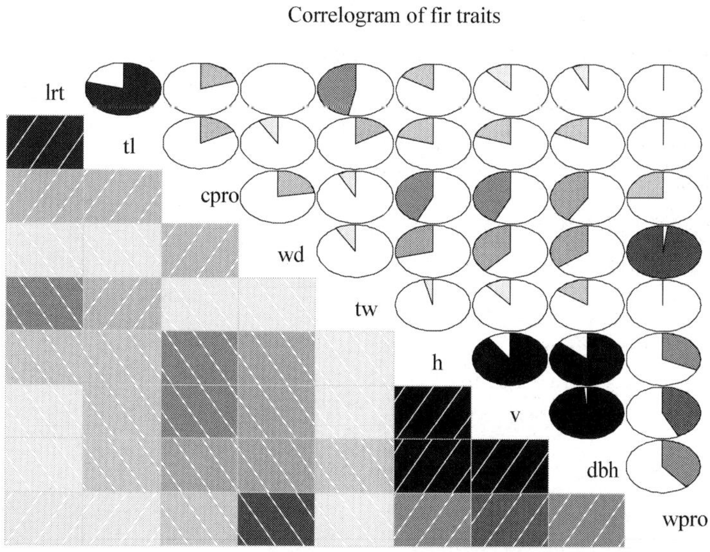

图 5-20　杉木各性状之间的相关系数图

图中左下三角的单元格和右上三角的饼图，表示的意思是一样的。深色表示正相关，浅色表示负相关。颜色愈深，表示相关值愈大；颜色愈浅，表示相关值愈小。聚集模式表现为：lrt、tl 和 cpro 相互间呈正相关，组成第一组变量，h、v、dbh 和 wpro 之间呈正相关，组成第二组变量；第一组变量和第二组变量之间呈负相关。此外，还可看出 wd 和第二组变量之间呈负相关，wpro 与 tl、tw 以及 lrt 之间的相关性很微弱，wd 和 lrt 之间没有相关关系。

5.9 通径分析

通径分析(Path Analysis)是指利用通径系数分析变量间相关关系的方法，由美国学者赖特(Wright S.)于1921年创立的。通径分析是进行相关系数分解的一种统计方法。它的意义不仅在于揭示了在多个自变量x1，x2，…，xm，y的相关分析中，xi对y的直接影响力和间接影响力，而且还可以在x1，x2，…，xm，y间的复杂相关关系中，从某个自变量与其他自变量的“协调”关系中得到对y的最佳影响的路径信息，即从复杂的自变量相关网中，得到某个自变量决定y的最佳路径，具有决策的意义。

现以例5-15的数据为例，进行通径分析。分析代码如下：

```
#########代码清单 5.9  #########
library(agricolae)
df<-read.csv(file='d5.7.3.csv', header=T)
x=df[,-5]
y=df[,5]
correlation(y, x); correlation(x)
cor.y<-correlation(y, x)$correlation #计算向量 y 与向量 x 的相关系数
cor.x<-correlation(x)$correlation #计算向量 x 与向量 x 的相关系数
path.analysis(cor.x, cor.y)#进行通径分析
```

运行结果如下：

```
>correlation(y, x)
Correlation Analysis

Method      : pearson
Alternative: two.sided

 $correlation
      x1       x2      x3     x4
y   0.67   -0.08   0.67   0.41

 $pvalue
        x1       x2        x3        x4
y   0.0014  0.7343   0.0012   0.0698

 $n.obs
[1] 20
>correlation(x)
```

```
Correlation Analysis

Method      : pearson
Alternative: two.sided

$correlation
         x1      x2      x3     x4
x1     1.00   -0.51    0.16   0.30
x2    -0.51    1.00   -0.16   0.24
x3     0.16   -0.16    1.00   0.20
x4     0.30    0.24    0.20   1.00

$pvalue
             x1           x2          x3          x4
x1   1.00000000   0.02158083   0.4983601   0.1984777
x2   0.02158083   1.00000000   0.5123653   0.3064290
x3   0.49836007   0.51236527   1.0000000   0.4032267
x4   0.19847773   0.30642900   0.4032267   1.0000000

$n.obs
[1] 20
>path.analysis(cor.x, cor.y)#进行通径分析
Direct(Diagonal)and indirect effect path coefficients
==================================
             x1            x2           x3            x4
x1    0.8257485   -0.23398680    0.1001425   -0.02190424
x2   -0.4211318    0.45879765   -0.1001425   -0.01752339
x3    0.1321198   -0.07340762    0.6258907   -0.01460283
x4    0.2477246    0.11011144    0.1251781   -0.07301413
Residual Effect^2 =   0.09404133
```

首先将上述的性状间相关系数整理成表 5-31：

表 5-31　性状间相关系数

	x2	x3	x4	y
x1	-0.51*	0.16	0.30	0.67**
x2		-0.16	0.24	-0.08
x3			0.20	0.67**
x4				0.41

其次，根据性状间相关系数通过 Gauss-Doolittle 法计算通径系数，agricolae 包的 path.analysis( )直接可以得到结果，将结果整理如下：

表 5-32 x1 对 y 的直接作用和间接作用分析

x1 对 y 的直接作用	$P_{0.1}=0.83$
通过 x2 对 y 的间接作用	$r_{12}P_{0.2}=-0.23$
通过 x3 对 y 的间接作用	$r_{13}P_{0.3}=0.10$
通过 x4 对 y 的间接作用	$r_{14}P_{0.4}=-0.02$
x1 与 y 的相关系数	$r_{10}=0.67$

由表 5-32 可以看出，穗数 x1 通过每穗粒数 x2、千粒重 x3、株高 x4 对产量 y 的间接作用较小，此时 x1 与 y 的相关系数 r_{10} 接近于 x1 对 y 的直接作用 $P_{0.1}$。

同理可依次分析 x2、x3 和 x4 对 y 的直接作用和间接作用。此外，可将上述结果综合为表 5-33。

表 5-33 x_j 对 y 的直接作用和间接作用分析

性状	相关系数 $r_{0.j}$	直接作用 $P_{0.j}$	x_j 对 R^2 总贡献	间接作用 总的	通过 x1	X2	X3	X4
X1	0.67	0.83	0.56	-0.15		-0.23	0.10	-0.02
X2	-0.08	0.46	-0.04	-0.54	-0.42		-0.10	-0.02
X3	0.67	0.63	0.42	0.05	0.13	-0.07		-0.01
X4	0.41	-0.07	-0.03	0.49	0.25	0.11	0.13	

注：x_j 对 R^2 总贡献为相关系数 $r_{0.j}$ 和直接作用 $P_{0.j}$ 的乘积。

根据上述的通径分析结果可知，穗数 x1 和千粒重 x3 对小麦产量 y 有较大的贡献，其中穗数的影响更大。因此，就四个性状而言，为获取高产小麦，应选取穗数多、千粒重大的小麦个体。

最后，还可绘制通径图，如图 5-21 所示。

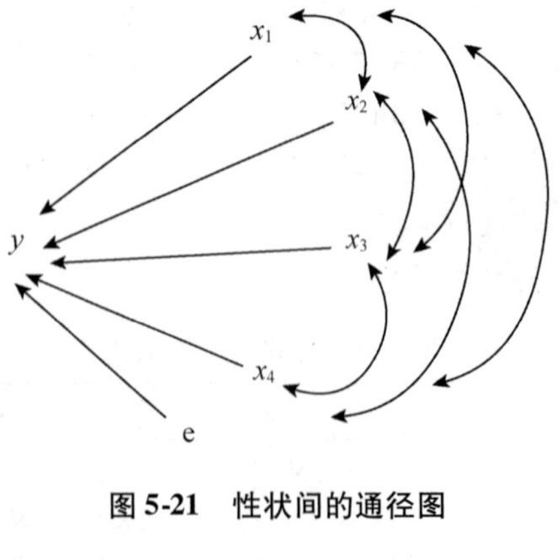

图 5-21 性状间的通径图

思考题

（1）名词解释

频数表 列联表 方差分析 协方差分析 显著水平

（2）以 agridat 包内置数据为例，进行描述性分析和频数表分析。

（3）调取 agridat 包内置的数据集 byers. apple，以胸径 diameter 为目标性状，分别进行单因素和双因素的方差分析。

（4）试述方差分析和协方差分析的异同。

（5）以例 5-17 数据为例，试建立树高 h 和胸径 dbh 之间的线性回归模型，并进行回归判断。

（6）调查某玉米综合种 10 株，该品种每株玉米均为单果穗，得每穗行数 $x1$，每行粒数 $x2$ 和单株产量 y(g)，资料列于表 5-34，试进行通径分析。

表 5-34 玉米试验数据

株号	$x1$	$x2$	y
1	16	29	139
2	16	32	150
3	14	32	133
4	12	39	142
5	18	26	143
6	14	37	160
7	16	31	147
8	14	38	161
9	14	40	169
10	16	28	134

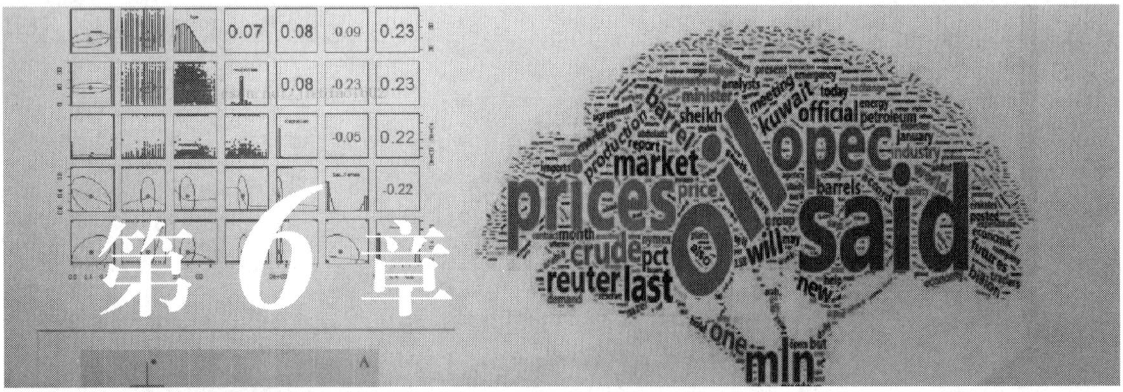

第 6 章 高级统计

在第五章介绍了 R 中常见的一些统计方法，如 t 检验、方差分析、线性回归和回归分析，本章将在此基础上，进一步介绍广义线性模型、生长模型以及主成分分析、因子分析、聚类分析等多元分析方法。

6.1 广义线性模型

广义线性模型(generalized linear model，GLM)是线性模型的扩展，其特点是不强行改变数据的自然度量，数据可以具有非线性和非恒定方差结构，主要是通过连接函数 g( )，建立响应变量 Y 的数学期望值与预测变量 P 线性组合之间的关系。与线性模型相比，GLM 模型中 Y 的分布可以是任何形式的指数分布(如高斯分布、泊松分布、二项式分布)，连接函数可以是任何单调可微函数(如对数函数 log 或逻辑函数 logit)。GLM 模型可以处理非正态分布的响应变量，同时可包含定性、半定量的预测变量；Y 通过连接函数 g(E(Y))与线性预测因子 P 建立联系，不仅确保线性关系，且可保证预测值落在响应变量的变幅内，并可解决数据过度离散的问题，从而使 GLM 逐渐成为重要模型，并得到越来越多的关注。

R 用于广义线性回归的函数是 glm( )，它的使用形式为：

```
glm(formula, family = family(link = function), data = data.frame)
```

glm( )和 lm( )相比，唯一增加的一个新特性为描述族的参数 family。它是产生函数和表达式列表的函数名字，这些函数用于定义和控制模型的构建与计算过程。尽管看起来有点复杂，但非常容易使用。

函数 glm( )给定的族详见表 6-1 中的“族名”。当选择一个关联函数时，该关联函数名和族名可以同时在括弧里面作为参数设定。在拟(quasi)家族里面，方差函数也是以这种方式设定。

表 6-1　glm( )的参数

分布族	默认连接函数
binomial	(link = "log")
gaussian	(link = "identity")
gamma	(link = "inverse")
inverse. gaussian	(link = "1/mu^2")
poisson	(link = "log")
quasi	(link = "identity", variance = "constant")

glm( )函数可拟合 Logistic 回归、poisson(泊松)回归和生存分析等流行模型。Logistic 回归适用于二元响应变量(0, 1)，泊松回归适用于在给定时间内响应变量为事件发生数目的情况。现假设有一个数据框 mydata，含有一个响应变量 y，三个预测变量 $x1$、$x2$ 和 $x3$，对 Logistic 回归、泊松回归做一个简单的模型示范。

分析代码如下：

```
# Logistic 回归
glm(Y ~ X1 + X2 + X3, family = binomial(link = "logit"), data = mydata)
# poisson(泊松)回归
glm(Y ~ X1 + X2 + X3, family = poisson(link = "log"), data = mydata)
```

与 lm( )函数相似，glm( )通过 summary( )、coef( )、confint( )、residuals( )、anova( )、plot( )和 predict( )函数，来分别提取模型拟合情况、截距项与斜率、置信区间、残差值、方差分析表、回归诊断图和预测值。

6.1.1　Logistic 回归

在研究二元分类响应变量与诸多自变量间的相互关系时，常选用 logistic 回归模型。将二元分类响应变量 Y 记为“成功”和“失败”，分别用 1 和 0 表示。对响应变量 Y 有影响的 p 个自变量(解释变量)记为 X_1, X_2, …, X_p。在 m 个自变量的作用下出现“成功”的条件概率记为 $p = P(Y=1 \mid X_1, X_2, \cdots, X_m)$，那么 *logistic* 回归模型表示为：

$$p = \frac{\exp(\beta_0 + \beta_1 X_1 + \beta_2 X_2 + \cdots + \beta_p X_p)}{1 + \exp(\beta_0 + \beta_1 X_1 + \beta_2 X_2 + \cdots + \beta_p X_p)} \tag{6-1}$$

式 6-1 中，β_0称为常数项或截距，β_1, β_2, …, β_p称为 logistic 回归模型的回归系数。从上面的方程中可以看出，logistic 回归模型是一个非线性的回归模型，自变量(X_1, X_2, …, X_p)可以是连续变量，也可以是分类变量，或哑变量(dummy variable)。对自变量任意取值，($\beta_0 + \beta_1 X_1 + \beta_2 X_2 + \cdots + \beta_p X_p$)总落在($-\infty \sim +\infty$)中，因此 p 的取值，总在 0 到 1 之间变化，这是 p 的合理取值区间。

对上述的方程作 *logit* 变换，logistic 回归模型可以写成下列线性形式：

$$logit(p) = \ln\left(\frac{p}{1-p}\right) = \beta_0 + \beta_1 X_1 + \beta_2 X_2 + \cdots + \beta_p X_p \tag{6-2}$$

使用线性回归模型对参数 β_0, β_1, β_2, …, β_p进行估计。

【例 6-1】为研究高压电线对牲畜的影响，Norell R. 分析小电流对农场动物的影响。他选择了 7 头牛，6 种电击强度(0、1、2、3、4、5mA)。每头牛被电击 30 下，每种强度 5 下，按随机的次序进行，然后重复整个实验，每头牛总共被电击 60 下。对每次电击，响应变量(嘴巴运动)或者出现、或者未出现。表 6-2 给出了每种电击强度 70 次试验中响应的总次数，试分析电击对牛的影响

表 6-2　7 头牛对电击响应的调查结果

电流 x(mA)	试验次数 n	响应次数 k	响应比例 k/n
0	70	0	0.00
1	70	9	0.13
2	70	21	0.30
3	70	47	0.67
4	70	60	0.86
5	70	63	0.90

本例中，牛对电击反应只有两个值：出现或未出现，因此可用 Logistics 回归进行分析，代码如下：

```
### 6.1.1 logistic model ###
x=0:5
k=c(0, 9, 21, 47, 60, 63); n=70
y=cbind(k, n-k)
ff=glm(y~x, family=binomial())
summary(ff)
```

结果如下：

```
>summary(ff)
Call:
glm(formula=y~x, family=binomial())

Deviance Residuals:
     1        2        3        4        5        6
-2.2507  0.3892  -0.1466  1.1080  0.3234  -1.6679

Coefficients:
            Estimate  Std. Error  z value  Pr(>|z|)
(Intercept)  -3.3010    0.3238   -10.20   <2e-16 ***
x             1.2459    0.1119    11.13   <2e-16 ***
---
Signif. codes:  0 '***' 0.001 '**' 0.01 '*' 0.05 '.' 0.1 ' ' 1

(Dispersion parameter for binomial family taken to be 1)
    Null deviance: 250.4866  on 5  degrees of freedom
```

```
Residual deviance:   9.3526  on 4  degrees of freedom
AIC: 34.093
Number of Fisher Scoring iterations: 4
```

从上述运行的结果可知，$\beta_0 = -3.301$，$\beta_1 = 1.246$，而且它们的 $p < 0.05$，因此 Logistics 回归模型为：

$$p = \frac{\exp(-3.301 + 1.246X)}{1 + \exp(-3.301 + 1.246X)}$$

与线性回归模型一样，求得回归方程后，即可进行预测。例如，当电流为 3mA 时，有响应的牛的概率是多少，预测的代码和结果如下：

```
>predict(ff, newdata = data.frame(x = 3), type = "response")
        1
0.6074909
```

从上面的结果可知，当电流为 3mA 时，有响应的牛的概率为 60.7%。那么，假定要让 50% 的牛有响应，则需要多大的电击强度？即 $p = 0.5$，根据式(6-2)可知，$x = -\beta_0/\beta_1$，因此

```
> (x0 = -ff$coef[[1]]/ff$coef[[2]])
[1] 2.649439
```

即当电流为 2.65mA 时，可使 50% 的牛有响应。最后还可绘制响应比例的 Logistic 曲线图，代码如下：

```
dat = seq(0, 5, len = 100)
p = predict(ff, newdata = data.frame(x = dat), type = "response")
y1 = k/n
plot(x, y1, xlab = "电流(mA)", ylab = "响应比例(y)")
lines(dat, p)
```

生成的图形如图 6-1 所示。

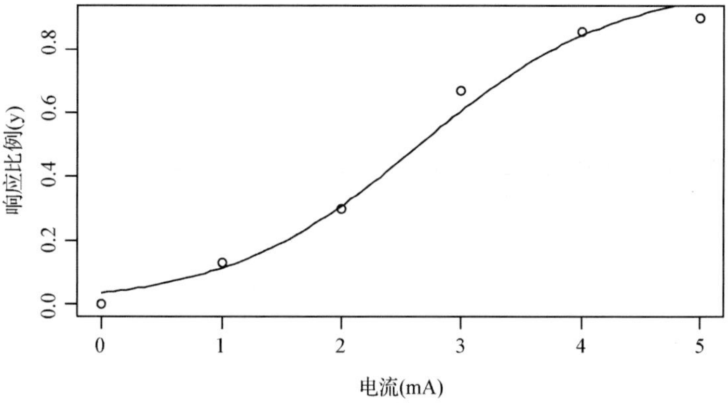

图 6-1　响应比例的 Logistic 曲线

6.1.2 泊松回归

泊松回归(Poisson regression)是统计学上用来为计数资料和列联表建模的一种回归分析。泊松回归假设反应变量 Y 符合泊松分布，并假设其期望值的对数可被未知参数的线性组合建模。对需要通过一系列连续型或类别型自变量来预测计数型响应变量时，泊松回归是一个非常有用的工具。

【例 6-2】现有某树种的栽培试验，随机收集 30 棵树，测定生长量(y)，试问生长量是否与喷农药($x1$)、施 N 肥($x2$)和施 K 肥($x3$)有关？试验结果见表 6-3，表 6-4。

表 6-3 某植物生长量情况

ID	*X1*	*X2*	*X3*	*y*	ID	*X1*	*X2*	*X3*	*y*
1	0	1	1	11	16	1	0	0	11
2	0	0	0	7	17	0	1	1	8
3	0	0	0	3	18	1	0	1	9
4	1	0	1	5	19	0	0	0	8
5	0	0	0	2	20	1	0	0	5
6	1	1	1	13	21	0	1	1	5
7	0	1	0	6	22	1	1	0	8
8	1	0	1	10	23	1	1	0	13
9	0	0	0	4	24	0	0	1	8
10	1	0	1	7	25	1	0	0	6
11	0	0	0	1	26	0	0	1	4
12	0	0	1	9	27	0	0	0	6
13	0	0	1	6	28	1	1	1	13
14	1	1	1	17	29	1	1	0	9
15	0	0	0	5	30	0	0	1	5

表 6-4 X 因子各自水平

	X1	*X2*	*X3*
0	不喷药	不施 N 肥	不施 K 肥
1	喷药	施 N 肥	施 K 肥

分析代码如下：

```
##########代码清单 6.1.2 poisson analysis #########
df <-read.csv(file ='d6.1.2.csv', header =T)
fm1 <-glm(y ~ X1 + X2 + X3, family =poisson, data =df)
fm2 <-glm(y ~ X1 + X2, family =poisson, data =df)
summary(fm2)
anova(fm1, test ="Chisq")
anova(fm2, fm1, test ="Chisq")
```

运行结果如下：

```
>summary(fm1)
```

```
Call:
glm(formula = y ~ X1 + X2 + X3, family = poisson, data = df)

Deviance Residuals:
    Min        1Q    Median       3Q      Max
-2.0024   -0.7002   -0.1436   0.7304   1.4793

Coefficients:
            Estimate Std. Error z value  Pr(>|z|)
(Intercept)   1.5066     0.1323  11.389   <2e-16 ***
X1            0.4162     0.1381   3.014  0.00258 **
X2            0.4012     0.1382   2.903  0.00369 **
X3            0.2546     0.1362   1.870  0.06154 .
---
Signif. codes:  0 '***' 0.001 '**' 0.01 '*' 0.05 '.' 0.1 ' ' 1

(Dispersion parameter for poisson family taken to be 1)

    Null deviance: 51.515  on 29  degrees of freedom
Residual deviance: 23.516  on 26  degrees of freedom
AIC: 143.8

Number of Fisher Scoring iterations: 4
>anova(fm1, test = "Chisq")
Analysis of Deviance Table
Model: poisson, link: log

Response: y

Terms added sequentially (first to last)

     Df  Deviance  Resid. Df  Resid. Dev   Pr(>Chi)
NULL                      29      51.515
X1    1   15.0386         28      36.476  0.0001053 ***
X2    1    9.4270         27      27.049  0.0021381 **
X3    1    3.5334         26      23.516  0.0601441 .
---
Signif. codes:  0 '***' 0.001 '**' 0.01 '*' 0.05 '.' 0.1 ' ' 1
```

运行的结果中，第一部分的 glm 回归表明 $X3$ 的回归系数对方程的贡献不显著(p 值 =

0.06 >0.05)。此外，第二部分给出了似然比统计量，当引入 X1 时，偏差统计量为 36.476，p 值 =0.0001 <0.05，再引入 X2 时，偏差统计量为 27.049，模型的差异有显著意义(p 值 =0.002 <0.05)；再引入 X3 时，偏差统计量为 23.516，模型的差异没有显著意义(p 值 =0.06 >0.05)，说明 X3 对模型的贡献不显著，应舍弃，重新进行拟合。

```
>summary(fm2)
Call:
glm(formula=y~X1 + X2, family=poisson, data=df)

Deviance Residuals:
     Min        1Q     Median       3Q      Max
-2.23054  -0.83799  -0.00136  0.67990  1.54652

Coefficients:
            Estimate  Std. Error  z value   Pr(>|z|)
(Intercept)   1.6334      0.1103   14.805   <2e-16 ***
X1            0.4176      0.1390    3.005  0.00266 **
X2            0.4280      0.1383    3.094  0.00197 **
--
Signif. codes:  0 '***' 0.001 '**' 0.01 '*' 0.05 '.' 0.1 ' ' 1

(Dispersion parameter for poisson family taken to be 1)

    Null deviance: 51.515  on 29  degrees of freedom
Residual deviance: 27.049  on 27  degrees of freedom
AIC: 145.33

Number of Fisher Scoring iterations: 4
>anova(fm2, fm1, test="Chisq")
Analysis of Deviance Table

Model 1: y~X1 + X2
Model 2: y~X1 + X2 + X3
  Resid. Df Resid. Dev  DfDeviance Pr(>Chi)
1        27     27.049
2        26     23.515   1  3.5334 0.06014 .
---
Signif. codes: 0 '***' 0.001 '**' 0.01 '*' 0.05 '.' 0.1 ' ' 1
```

去掉 X3 后，模型中的每个回归系数都非常显著，p <0.05，说明这个模型比较理想。

同时，卡方检验结果表明，p 值 =0.06 >0.05，模型 fm2 和 fm 的模拟拟合程度一样好，即模型 fm2 中 2 个变量即可达到完整模型 fm 的拟合效果。

确定模型 fm2 后，即可建立 poisson 回归模型：

$$\log(y) = 1.633 + 0.418\ X1 + 0.428\ X2$$

该模型显示，喷药与否($X1$)、施 N 肥与否($X2$)与该植物生长量的增加有显著影响。具体表现为：喷农药比不喷农药、施 N 肥比不施 N 肥更易促进生长量的增加，但生长量与施 K 肥没有关系。

6.2　生长模型

植物器官或整株植物的生长速度会表现出“慢—快—慢”的基本规律，即开始时生长缓慢，以后逐渐加快，然后又减慢以至停止，这一生长全过程称为生长大周期(grand period of growth)。如以植物生长量(或器官体积)对时间作图，可得到植物的生长曲线(growth curve)。生长曲线表示植物在生长周期中的生长变化趋势，典型的有限生长曲线呈 S 形。如果用干重、高度、表面积、细胞数或蛋白质含量等参数对时间作图，亦可得到同样类型的生长曲线。根据 S 形曲线可将植物生长分成三个时期，即指数期(logarithmic phase)、线性期(linear phase)和衰减期(senescence phase)。在指数期绝对生长速率是不断提高的，而相对生长速率则大体保持不变；在线性期绝对生长速率为最大，而相对生长速率却是递减的；在衰减期生长逐渐下降，绝对与相对生长速率均趋向于零。

一般植物的生长曲线为 S 形，其公式如下：

$$y = \frac{a}{1 + b\,e^{-cx}}$$

式中，y 代表生长量，x 代表时间，a、b、c 代表渐近线参数、拐点值参数、尺度参数。

在 R 中，可以通过 nls( )函数来拟合植物的生长曲线。以内置的 Orange 数据为例，来示范生长曲线的模拟。代码如下：

```
######代码清单 6.2 S-shape curve ######
coplot(circumference ~ age | Tree, data = Orange, show.given = FALSE)
ss1 <-nls(circumference ~ SSlogis(age, a, b, c), data = Orange)
summary(ss1)
```

运行结果如下：

```
>summary(ss1)
Formula: circumference ~ SSlogis(age, a, b, c)

Parameters:
   Estimate  Std. Error  t value   Pr(>|t|)
a    192.69       20.24    9.518   7.48e-11 ***
```

```
b    728.75      107.30    6.792    1.12e-07 ***
c    353.53       81.47    4.339    0.000134 ***
---
Signif. codes: 0 '***' 0.001 '**' 0.01 '*' 0.05 '.' 0.1 ' ' 1
Residual standard error: 23.37 on 32 degrees of freedom
Number of iterations to convergence: 0
Achieved convergence tolerance: 3.544e-06
```

由结果可知，拟合参数 a、b、c 值均显著($p<0.05$)，因此，该树种的拟合曲线为：

$$y = \frac{192.69}{1 + 728.75\,e^{-353.53x}}$$

最后，也可绘制拟合的 S 型曲线，代码如下：

```
cf=round(coef(ss1), 2)
plot(circumference~age, data=Orange,
xlab="Tree age(days since 1968/12/31)",
ylab="Tree circumference(mm)", las=1,
main="Orange tree data and fitted model")
age<-seq(0, 1600, length.out=101)
lines(age, col='red', predict(ss1, list(age=age)))
mtext(bquote(bolditalic(y)==frac(.(cf[1]),
1+.(cf[2])*plain(e)^{-.(cf[3])*bolditalic(x)})),
cex=1.2, side=1, adj=0.75, line=-2.5)
```

生成的图形如图 6-2 所示。

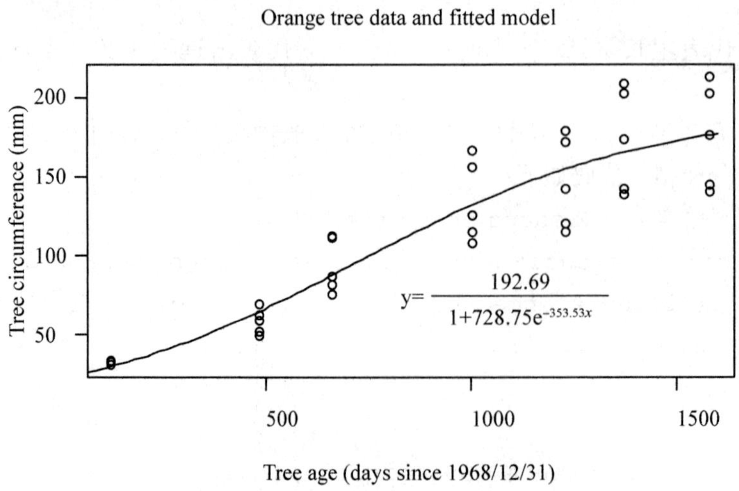

图 6-2 拟合的 S 型生长曲线

在使用 nls( )拟合 S 型曲线时，有时会出现问题，示例如下。

```
x<-seq(1, 20, length=20)
```

```
y<-10/(10+exp(-2*x+20))
plot(x, y, type="o")
df<-data.frame(x=x, y=y)
ss2<-nls(y~SSlogis(x, a, b, c), df)
```

运行结果如下：

```
>ss2<-nls(y~SSlogis(x, a, b, c), df)
Error innls(y~1/(1 + exp((xmid-x)/scal)), data=xy, start=list
(xmid=aux[1L],:
```

循环次数超过了 50 这个最大值，运行结果出现错误了，但绘制的图形仍然是典型的 S 型曲线（图 6-3）。

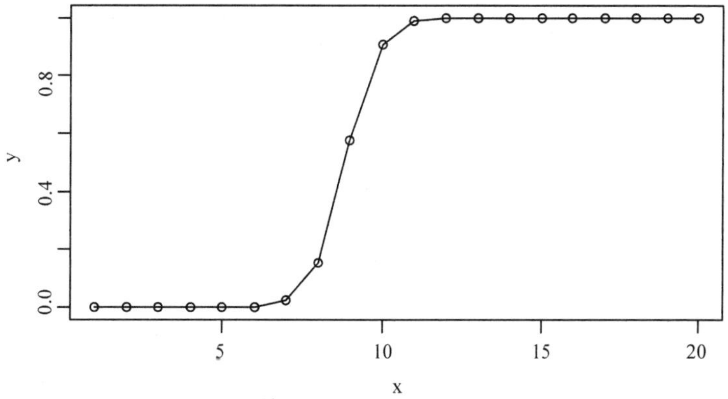

图 6-3　模拟的 S 型曲线

此时，需要对 x 做对数转换后再重新拟合，代码和结果如下：

```
>ss2<-nls(y~SSlogis(log(x), a, b, c), df)
>summary(ss2)
Formula: y~SSlogis(log(x), a, b, c)

Parameters:
     Estimate  Std. Error  t value  Pr(>|t|)
a   1.0016289  0.0013199   758.89  <2e-16 ***
b   2.1785275  0.0008312  2620.87  <2e-16 ***
c   0.0569087  0.0007419    76.71  <2e-16 ***
---
Signif. codes:  0 '***' 0.001 '**' 0.01 '*' 0.05 '.' 0.1 ' ' 1

Residual standard error: 0.00408 on 17 degrees of freedom

Number of iterations to convergence: 0
Achieved convergence tolerance: 8.278e-07
```

同理可以绘制拟合的 S 型曲线，代码如下：

```
cf = round(coef(ss2), 2)
plot(x, y, type = "p")
l = seq(1, 20, length = 100)
x1 <-seq(1, 20, length.out = 100)
lines(x1, col = 'red', predict(ss2, list(x = x1)))
mtext(bquote(bolditalic(y) = = frac(.(cf[1]),
1 +.(cf[2])* plain(e)^{ -.(cf[3])* bolditalic(x)})),
cex = 1.2, side = 1, adj = 0.75, line = -2.5)
```

生成的图形如图 6-4 所示。

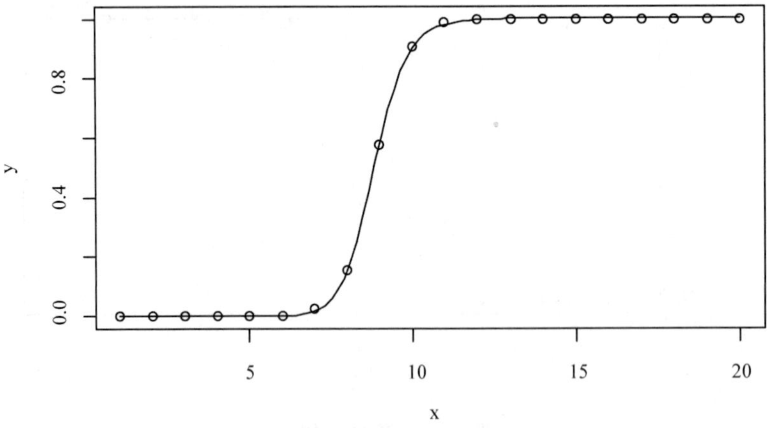

图 6-4 拟合的 S 型生长曲线

6.3 生存分析

生存分析是既考虑结果又考虑生存时间的一种统计方法。其可充分利用截尾数据所提供的不完全信息，对生存时间的分布特征进行描述，对影响生存时间的因素进行分析。进行生存分析的数据，称为生存资料。生存资料得具备一定的条件：

①一定的样本数量，且死亡数量和比例不宜太少；

②截尾值不宜太多；

③生存时间尽可能准确。截尾数据是指生存时间观察过程的截止不是由于死亡，而是由其他因素引起的数据。

Cox 比例风险回归模型（Cox's proportional hazards regression model），简称 Cox 回归模型。该模型由英国统计学家 Cox D. R. 于 1972 年提出，主要用于医学上肿瘤和其他慢性病的预后分析和队列研究的病因探索。

Cox 回归模型的基本公式如下：

$$h(t) = h_0(t)\exp(\beta_1 X_1 + \beta_2 X_2 + \cdots + \beta_p X_p)$$

式中，$h_0(t)$为基准风险函数，即所有变量取零时的 t 时刻的风险函数；$X1$，$X2$ ，…，X_p 为影响因素(变量)；β_1，β_2，…，β_p为回归系数。

Cox 模型属于比例风险模型簇，其基本前提是协变量满足比例风险假定(PH 假定)。一种简单的检验方法是绘制协变量的 Kaplan-Meier 生存曲线，如曲线不交叉，即满足 PH 假定。

【例 6-3】某单位欲分析锈病对果树存活时间长短 t 的影响，随机测定了 30 棵果树的树龄(age)、锈病等级(grade)、锈斑大小(size)和是否复发(relapse)，测定结果见表 6-5。

表 6-5　锈病对果树存活时间的影响

id	age	grade	size	relapse	t(d)	status
1	12	1	0	0	59	0
2	14	1	0	0	54	1
3	2	2	0	1	44	0
4	10	1	0	0	53	0
5	9	2	1	0	23	1
6	9	1	1	1	37	1
7	13	1	1	0	50	1
8	12	1	0	0	36	1
9	3	1	1	0	30	1
10	2	1	1	1	43	1
11	2	2	1	0	34	1
12	12	1	0	0	45	1
13	17	1	0	0	42	1
14	20	2	0	0	40	1
15	6	1	0	1	32	1
16	35	2	0	1	19	1
17	15	1	0	1	26	1
18	4	3	1	1	13	1
19	12	2	0	0	29	1
20	2	3	0	0	28	1
21	13	2	1	0	27	1
22	2	3	1	1	10	1
23	33	2	1	1	25	1
24	11	3	1	0	20	1
25	7	3	1	1	11	1
26	13	2	0	1	14	1
27	22	3	1	1	12	1
28	6	3	1	1	9	1
29	23	3	1	1	7	1
30	4	3	1	1	6	1

注：grade，锈病等级，1 = 1 级，2 = 2 级，3 = 3 级；size，锈斑大小(cm)，1 = 不小于 3，0 = 小于 3；relapse，是否复发，1 = 是，0 = 否；status，生存结果，1 = 死亡，0 = 截尾。

本例中，树龄 age 和存活时间 t 是定量指标，锈斑等级、锈斑大小、是否复发和生存结果是定性指标，该实验属于生存资料。为便于分析，对树龄也做定性转换，以 20 年为界线，分为 2 类(1 = 不小于 20，0 = 小于 20)。R 中的 survival 程序包可以进行生存模型分析。

Cox 模型检验 pH 假定的分析代码如下：

```
######代码清单 6.3 ######
library(survival)
df <-read.csv(file ='d6.3.csv', header =T)
age2 =NULL
for(i in1: 30)age2[i] =ifelse(df $age[i] >20, 1, 0)
df $age2 =age2
surv <-survfit(Surv(t, status) ~age2, data =df)
plot(surv, lty =1: 2, xlab ="Survival times(d)", ylab ="Cum Survival")
legend("topright", c(">=20",'<20'), lty=1: 2, title ="age")
```

生成的 Kaplan-Meier 生存曲线如图 6-5 至图 6-8。

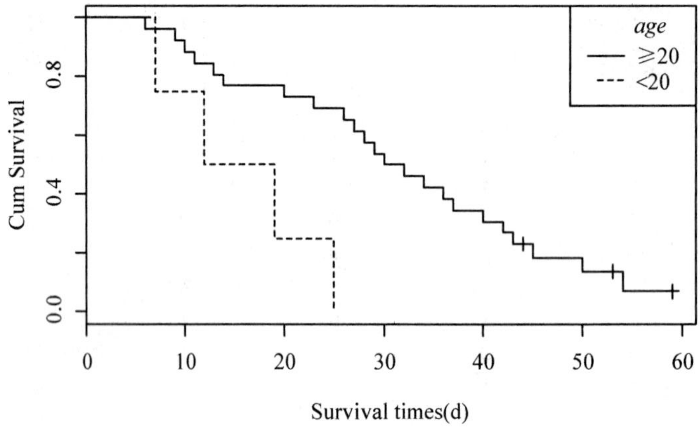

图 6-5　树龄的 Kaplan-Meier 生存曲线

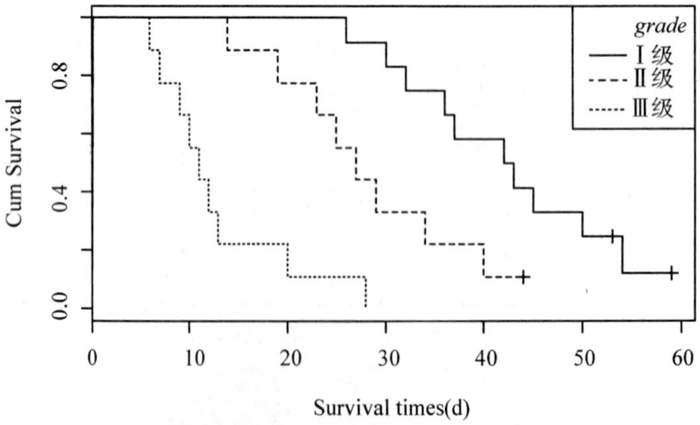

图 6-6　锈病等级的 Kaplan-Meier 生存曲线

由上述的图形可知，除了树龄在接近 10d 左右略有交叉外，其他 grade、size 和 relapse

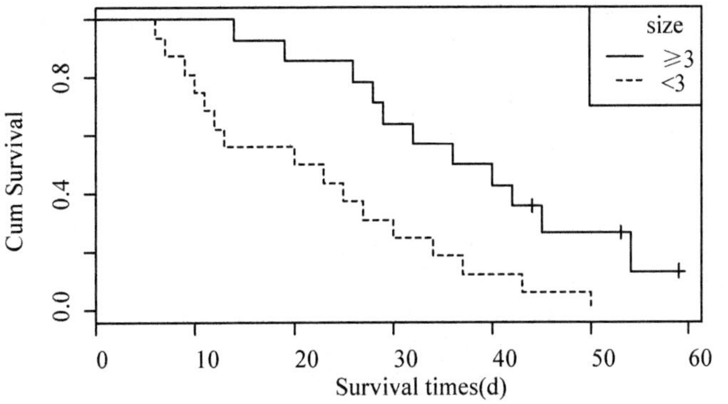

图 6-7 锈斑大小的 Kaplan-Meier 生存曲线

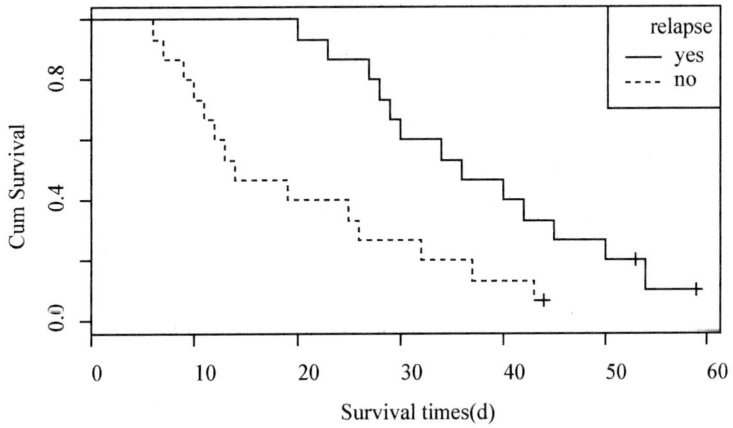

图 6-8 复发情况的 Kaplan-Meier 生存曲线

曲线均无交叉，说明这 4 个变量满足 pH 假定，因此可进行 Cox 模型回归分析。

分析代码如下：

```
survl <-coxph(Surv(t, status) ~age2 +grade +size +relapse, data =
df)
summary(survl)
```

运行结果如下：

```
>summary(survl)
Call:
coxph(formula =Surv(t, status) ~age2 + grade + size + relapse,
    data =df)

  n =30, number of events =27
```

```
             coef    exp(coef)   se(coef)      z     Pr(>|z|)
age21     0.5444      1.7235      0.6670   0.816   0.4144
grade     1.6769      5.3487      0.3865   4.338   1.43e-05 ***
size      1.0467      2.8483      0.4635   2.258   0.0239 *
relapse   0.8577      2.3578      0.4882   1.757   0.0789 .
---
Signif. codes:  0 '***' 0.001 '**' 0.01 '*' 0.05 '.' 0.1 ' ' 1

        exp(coef) exp(-coef)  lower.95  upper.95
age21      1.724      0.5802    0.4663     6.370
grade      5.349      0.1870    2.5076    11.409
size       2.848      0.3511    1.1482     7.066
relapse    2.358      0.4241    0.9056     6.139

Concordance=0.832  (se=0.064)
Rsquare=0.689  (max possible=0.992)
Likelihood ratio test =35.06  on 4 df,   p=4.518e-07
Wald test             =24.34  on 4 df,   p=6.829e-05
Score(logrank)test    =35.39  on 4 df,   p=3.858e-07
```

由结果可知，*age*2 变量回归系数不显著，$p=0.414>0.05$，所以舍弃 *age*2 后重新分析。结果如下：

```
>summary(surv1)
Call:
coxph(formula=Surv(t, status)~grade + size + relapse, data=df)

  n=30, number of events=27

             coef    exp(coef)   se(coef)      z     Pr(>|z|)
grade     1.6804      5.3675      0.3817   4.403   1.07e-05 ***
size      1.0782      2.9393      0.4600   2.344   0.0191 *
relapse   0.9790      2.6617      0.4602   2.127   0.0334 *
---
Signif. codes:  0 '***' 0.001 '**' 0.01 '*' 0.05 '.' 0.1 ' ' 1

          exp(coef)exp(-coef) lower.95 upper.95
grade        5.367    0.1863     2.540   11.341
size         2.939    0.3402     1.193    7.242
relapse      2.662    0.3757     1.080    6.560
```

```
Concordance = 0.825  (se = 0.064)
Rsquare = 0.683  (max possible = 0.992)
Likelihood ratio test = 34.42  on 3 df,   p = 1.614e - 07
Wald test             = 23.66  on 3 df,   p = 2.944e - 05
Score (logrank) test  = 33.98  on 3 df,   p = 2e - 07
```

由结果可知，首先输出了参数估计值、风险比 HR、z 值和 P 值，然后输出了风险比 HR 及其95%置信区间，最后是模型的检验结果，包括一致性、R2、似然比检验、Wald 检验和 Score 检验。其中，似然比检验用于模型中不显著变量的剔除和新变量的引入，以及包含不同协变量数时模型间的比较；Wald 检验用于模型中不显著变量的剔除；Score 检验用于新变量的引入。

根据结果可以得到风险函数的表达式为：

$$h(t) = h_0(t)exp(1.68 \times grade + 1.08 \times size + 0.98 \times relapse)$$

式中，右侧指数部分取值越大，则风险函数 $h(t)$ 越大，预后越差，将这部分称为预后指数(prognostic index，PI)。

生存率估计公式如下：

$$\widehat{S}(t) = [S_0(t)]^{exp(\sum \beta_i X_i)}$$

式中，$S_0(t)$代表基准生存率，是所有自变量取值为0时树木在 t 时刻的生存率。在 R 中，可通过 survfit()函数来估计生存率，但仅限于状态为死亡结果的个体生存率预测。代码如下：

```
survl <-coxph(Surv(t, status) ~ grade + size + relapse, data = df)
summary(survl)
aa = coef(survl)
df$pi = round(aa[[1]]* df$grade + aa[[2]]* df$size + aa[[3]]* df$relapse, 3)

## to get survival rate
b = summary(survfit(Surv(t, status) ~ grade + size + relapse, data = df))
t = b$time; status = b$n.event; srate = round(b$surv, 3)
b1 = data.frame(t, status, srate)

df2 = merge(df, b1, by = c('t','status'))
df2 = df2[,c(3:7, 1:2, 9:10)]

library(plyr)
arrange(df2, id)
```

运行结果如下：

```
>arrange(df2, id)
   id  age grade  size relapse   t  status    pi  srate
```

1	2	14	1	0	0	54	1	1.680	0.250
2	5	9	2	1	0	23	1	4.439	0.667
3	6	9	1	1	1	37	1	3.738	0.500
4	7	13	1	1	0	50	1	2.759	0.000
5	8	12	1	0	0	36	1	1.680	0.833
6	9	3	1	1	0	30	1	2.759	0.500
7	10	2	1	1	1	43	1	3.738	0.000
8	11	2	2	1	0	34	1	4.439	0.000
9	12	12	1	0	0	45	1	1.680	0.500
10	13	17	1	0	0	42	1	1.680	0.667
11	14	20	2	0	0	40	1	3.361	0.000
12	15	6	1	0	1	32	1	2.659	0.000
13	16	35	2	0	1	19	1	4.340	0.333
14	17	15	1	0	1	26	1	2.659	0.500
15	18	4	3	1	1	13	1	7.098	0.000
16	19	12	2	0	0	29	1	3.361	0.500
17	20	2	3	0	0	28	1	5.041	0.000
18	21	13	2	1	0	27	1	4.439	0.333
19	22	2	3	1	1	10	1	7.098	0.429
20	23	33	2	1	1	25	1	5.418	0.000
21	24	11	3	1	0	20	1	6.119	0.000
22	25	7	3	1	1	11	1	7.098	0.286
23	26	13	2	0	1	14	1	4.340	0.667
24	27	22	3	1	1	12	1	7.098	0.143
25	28	6	3	1	1	9	1	7.098	0.571
26	29	23	3	1	1	7	1	7.098	0.714
27	30	4	3	1	1	6	1	7.098	0.857

6.4　主成分分析

主成分分析(principle component analysis, PCA)是把多维空间的相关多变量的数据集，通过降维化简为少量而且相互独立的新综合指标，同时又使简化后的新综合指标尽可能多得包括原指标群中的主要信息，或是尽可能不损失原有指标的主要信息的一种多元统计分析方法。

R 中 psych 包可以进行主成分分析，其分析的步骤为：

①判断主成分的个数；

②提取主成分；

③获取主成分得分；

④列出主成分方程，解释主成分意义。

【例 6-4】测定了 20 株杨树树叶，每个叶子测定了 4 个变量(叶长 ×1，2/3 处叶宽 ×2，1/3 处叶宽 ×2，1/2 处叶宽 ×2)，测定结果见表 6-6。试进行本样本的主成分分析。

表 6-6　杨树树叶测定结果

sample	*a*1	*a*2	*a*3	*a*4	*a*5	*a*6	*a*7	*a*8	*a*9	*a*10
*x*1	108	90	130	114	113	120	87	94	115	90
*x*2	95	95	95	85	87	90	67	66	84	75
*x*3	118	117	140	113	121	122	97	88	118	103
*x*4	110	110	125	108	110	114	88	86	106	96
sample	*b*1	*b*2	*b*3	*b*4	*b*5	*b*6	*b*7	*b*8	*b*9	*b*10
*x*1	117	134	150	140	126	118	136	145	161	155
*x*2	60	73	73	64	75	43	55	63	64	60
*x*3	84	104	110	95	96	59	89	97	112	100
*x*4	76	92	96	87	90	52	75	84	94	83

第一步，进行主成分的个数判断。判断方法大致有以下 3 种方法：

①根据经验和理论知识；

②根据解释变量方差的累积值的阈值；

③根据变量间 $k \times k$ 的相关系数矩阵。

最常见的是基于特征值的方法。每个主成分都与相关系数矩阵的特征值相关联，第一主成分与最大的特征值相关联，第二主成分与最二大的特征值相关联，依此类推。据此，保留那些特征值大于 1 的主成分。psych 包中的 fa. parallel( ) 函数可以判断主成分的个数，其使用格式为：

```
fa.parallel(x, fa =, n.iter =)
```

其中，*x* 为待研究的数据集或相关系数矩阵，fa 为主成分分析(fa = "pc")或者因子分析(fa = "fa")，n. iter 指定随机数据模拟的平行分析的次数。分析代码如下：

```
##########代码清单 6.4a##########
library(psych)# 载入 psych 包
#读入数据
df <-read.csv(file ='d6.4.csv', header =T)
# df.cor <-cor(df[, -1])# 计算相关矩阵

####判断主成分的个数
fa.parallel (df[, -1], fa ="pc", n.iter =100, show.legend =F,
              main ="Scree plot with parallel analysis")
```

运行结果如图 6-9 所示。

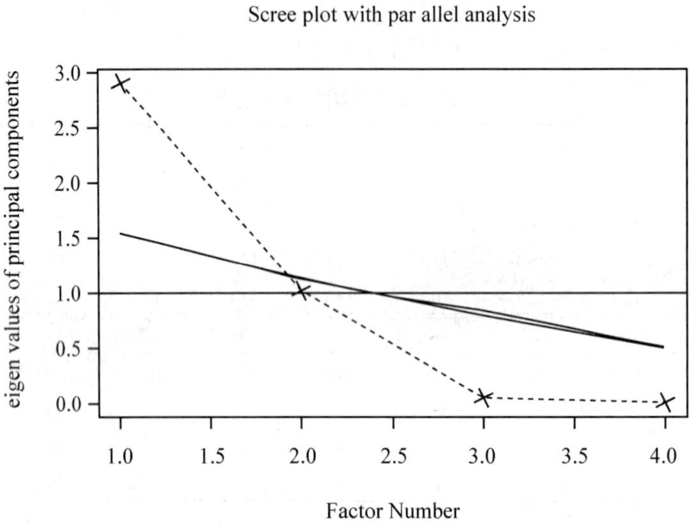

图 6-9 评价杨树样本中要保留的主成分个数

图 6-9 中，直线与 x 符号链接的曲线为碎石图，1.0 水平线为 1 准则的特征值，虚线为 100 次随机数据模拟的平行分析。碎石图画出了特征值与主成分分数的图形。结果表明，选择 2 个主成分即可保留样本中的大量分信息。

第二步，提取主成分。psych 包中的 principal( ) 函数可以根据原始数据或相关系数矩阵做主成分分析，其使用格式为：

```
principal(x, nfactors =, rotate =, scores =)
```

其中，x 是原始数据或相关系数矩阵，nfactors 指定主成分个数，rotate 指定旋转的方法（"none"或"varimax"），scores 为是否需要计算主成分得分（"T"或"F"）。

分析代码和运行结果如下：

```
>library(psych)
>pc <-principal(df[, -1], nfactors = 2, score = T, rotate = "varimax")
>pc
Principal Components Analysis
Call: principal(r = df[, -1], nfactors = 2, rotate = "varimax", scores = T)
Standardized loadings(pattern matrix)based upon correlation matrix
      RC1    RC2    h2      u2   com
x1  -0.07   1.00  1.00  0.0031   1.0
x2   0.94  -0.28  0.97  0.0297   1.2
x3   0.99   0.09  0.98  0.0175   1.0
x4   0.99  -0.10  0.99  0.0060   1.0
```

```
RC1   RC2
SS loadings                 2.86   1.09
Proportion Var              0.71   0.27
Cumulative Var              0.71   0.99
Proportion Explained        0.72   0.28
Cumulative Proportion       0.72   1.00

Mean item complexity =  1.1
Test of the hypothesis that 2 components are sufficient.

The root mean square of the residuals(RMSR)is  0.01
with the empirical chi square  0.02  withprob <  NA

Fit based upon off diagonal values =1
```

从上述的结果可知，RC1、RC2 栏包含了旋转的成分载荷(component loadings)，成分载荷是观测变量与主成分的相关系数。成分载荷可用于解释主成分的含义。在本例中，第一主成分(RC1)与 $X2$、$X3$、$X4$ 高度相关(相关值 >0.9)，第二主成分(RC2)与 $X1$ 高度相关(相关值 =1)。

$h2$ 栏是成分公因子方差，是主成分对每个变量的方差解释度。$u2$ 栏是成分唯一性，是主成分无法解释变量方差的比例，其值为 $1-h2$。本例中，第一主成分对 $x2$ 变量方差的解释为 97%，不能解释为 2.97%。

SS loadings 包含与主成分相关联的特征值，其含义是与特定主成分相关联的标准化后的方差值。本例中，第一主成分的值为 2.86。接下来的 proportion var 和 cumulative var 分别为主成分对整个数据集的方差解释度和累积解释度；第一主成分解释了 4 个变量 71% 的方差，第二主成分解释了 27% 的方差，累计方差的解释度为 99%。

第三步，获取主成分的得分。在第二步的代码基础上，加上下面的代码，即可获得主成分的得分。

```
round(unclass(pc$weights), 2)  ## 获取主成分得分的系数。
```

运行结果如下：

```
> round(unclass(pc$weights), 2)

       RC1     RC2
x1     0.09    0.94
x2     0.31   -0.16
x3     0.37    0.20
x4     0.35    0.02
```

根据上述的结果，即可写出第一和第二主成分的方程：

$$Y1 = 0.09\ X1 + 0.31\ X2 + 0.37\ X3 + 0.35\ X4$$

$$Y2 = 0.94\ X1 - 0.16\ X2 + 0.20\ X3 + 0.02\ X4$$

从上述的两个方程中可知，第一主成分中，$x2$、$x3$、$x4$ 的系数相差不多，$x1$ 的系数较小，而 $x2$、$x3$、$x4$ 均是叶宽的变量，因此第一主成分是表示叶宽的综合因子。同理，第二主成分主要由 $x1$ 决定，是表示叶长的综合因子。总之，叶片之间的差异主要表现为叶宽，其次是叶长。

运行代码 pc $ scores 可以输出各样本的主成分得分，结果如下：

```
>pc $ scores
            PC1          PC2
a1    1.024914692  -0.66204610
a2    0.931511441  -1.44685935
a3    1.891571987   0.55238656
a4    0.689552764  -0.35709917
a5    0.938799835  -0.32710992
a6    1.135198168  -0.04277122
a7   -0.556407006  -1.52988112
a8   -0.781500717  -1.32433399
a9    0.736264737  -0.24787089
a10  -0.080833794  -1.40902380
b1   -1.109797694  -0.32863322
b2   -0.009002963   0.50997276
b3    0.265607845   1.27068797
b4   -0.470377304   0.75497756
b5   -0.209586311   0.05057214
b6   -2.495920068  -0.41717352
b7   -1.054725360   0.59768838
b8   -0.491902003   1.00041047
b9    0.119467241   1.86046359
b10  -0.472835493   1.49564286
```

依据主成分的方差贡献率，通过加权法计算各样本的综合得分，公式如下：

$$Score = (0.72 \times PC1 + 0.28 \times PC2)/(0.72 + 0.28)$$

通过 pcp( ) 函数输出各样本的主成分得分及排名，结果如下：

```
>pcp(pc, nfactor =2, plot =T)
            PC1          PC2          PC rank
a1    1.024914692  -0.66204610   0.84027458   18
a2    0.931511441  -1.44685935   0.67119558   16
a3    1.891571987   0.55238656   1.74499635   20
a4    0.689552764  -0.35709917   0.57499531   14
a5    0.938799835  -0.32710992   0.80024432   17
a6    1.135198168  -0.04277122   1.00626784   19
a7   -0.556407006  -1.52988112  -0.66295505    5
a8   -0.781500717  -1.32433399  -0.84091454    4
```

```
a9      0.736264737   -0.24787089    0.62854978   15
a10    -0.080833794   -1.40902380   -0.22620597    9
b1     -1.109797694   -0.32863322   -1.02429820    2
b2     -0.009002963    0.50997276    0.04779962   11
b3      0.265607845    1.27068797    0.37561521   13
b4     -0.470377304    0.75497756   -0.33626057    6
b5     -0.209586311    0.05057214   -0.18111162   10
b6     -2.495920068   -0.41717352   -2.26839848    1
b7     -1.054725360    0.59768838   -0.87386647    3
b8     -0.491902003    1.00041047   -0.32856641    7
b9      0.119467241    1.86046359    0.31002162   12
b10    -0.472835493    1.49564286   -0.25738290    8
```

函数 pcp()的代码如下：

```
pcp = function(PCA, nfactor, plot = FALSE)
{
m = nfactor
W = as.matrix(PCA[[1]]^2/sum(PCA[[1]]^2))
PCs = as.matrix(PCA $ scores[, 1: m])
PC = PCs % * % W[1: m]/sum(W[1: m])
ans = cbind(PCs, PC = PC[, 1], rank = rank(PC[, 1]))
if(plot){
  plot(PCs)
abline(h = 0, v = 0, lty = 3)
  text(PCs, label = rownames(PCs), pos = 1.1, adj = 0.5,
cex = 0.85)
}
return(ans)
}
```

最后，还可画出样本排序图，横坐标为各样本第一主成分的得分，纵坐标为各样本第二主成分的得分，图中可直观地看出样本间的相互关系。全部叶片大致可分为两组：*a*1 ~ *a*10 样本为一组，*b*1 ~ *b*10 样本为一组。事实上，*a*1 ~ *a*10 样本来自树种 *populus gelrica*，*b*1 ~ *b*10 样本来自树种 *Populus txt*。如果仅仅从原始数据中分析，很难作出这种判断。

绘制样本排序图的代码如下：

```
##########代码清单 6.4b ##########
df.score <-pc $ scores
df.score <-as.data.frame(df.score)
df.score[,"Sample"] <-df[,1]
attach(df.score)
plot(RC2 ~ RC1, ylim = c(min(RC2), (max(RC2) + 0.5)))
```

```
text(RC1, RC2, labels=Sample, pos=3, offset=0.5, cex=1.0)
detach(df.score)
```

生成的图形如图 6-10 所示。

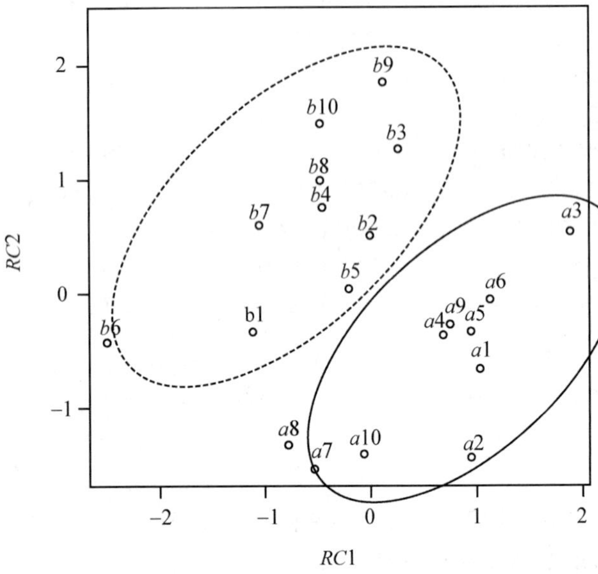

图 6-10 杨树叶片的样本排序图

上述的分析都是基于原始数据，以相关系数矩阵为对象，进行主成分分析。方法也很简单，只需将上面代码中的原始数据集 df[, -1]替换为相关系数矩阵 df. cor 即可，最后得到的结果是一样的。需要注意的是，当使用相关系数矩阵时，就不能再获得每个样本的主成分得分，而只能计算主成分得分的系数。

此外，R 自带的 princomp( )函数也可进行主成分分析，其使用方法如下：

```
pc1b<-princomp(df[, -1], cor=F)
summary(pc1b, loadings=T)
```

第一行代码中，cor 参数指定数据集是以相关系数矩阵(cor = T)或协方差矩阵(cor = F)做主成分分析。第二行代码，将输出各主成分的标准差、方差解释度(或贡献率)和累积解释度(或累积贡献率)，以及各主成分对应原始变量的系数。但是与 psychn 包得到的结果相比，R 自带的 princomp( )函数所得的结果有所差异。

6.5 因子分析

因子分析(factor analysis，FA)最早于 1904 年由英国著名统计学家、心理学家 Charles Spearman 提出，主要目的是研究相关矩阵的内在依赖关系，是把多个可直接观测的变量综合为少数几个不可观测的“潜在因子”，或称公共因子，来说明原始多变量系统的内部结构，并解释原始多变量与少数“潜在因子”之间的内在联系和相关关系。然后，根据专业知识和定性分析对综合因子所反映的独特含义进行命名和解释的一种多元统计分析方法。

因子分析方法根据研究对象和分析方法的不同，分为R型和Q型两种不同的类型。R型因子分析研究指标(变量)之间的相互关系，通过对多变量相关系数矩阵内部结构的研究，找出控制所有变量的几个主因子(主成分)；Q型因子分析研究样品之间控制所有样品的几个主要因素。由于这两种因子分析方法的相关关系，所以通过样品相似系数矩阵与通过变量相关系数矩阵内部结构的研究，找出分析的全部运算过程都是一样的，只是出发点不同而已：R型分析从相关系数矩阵出发，而Q型分析从相似系数矩阵出发。此外，R型分析须考虑变量量纲与数量级，但Q型分析则不必考虑这一问题，在多变量的量纲及数量级差别很大时，更为方便。对于同一批观测数据，可以根据其所要求的目的而决定采用哪一类型的因子分析。

因子分析的过程，与主成分分析类似，大致步骤如下：

①判断需要的公共因子数量；

②提取公共因子；

③获取因子得分；

④列出公共因子的模型并解释其意义。

【例6-5】假设有10个树种的价格比例构成，见表6-7。其中$x1$：材积，$x2$：干型，$x3$：冠幅，$x4$：树高，$x5$：含水率，$x6$：胸径，$x7$：心材比例，$x8$：其他。试进行本数据集的因子分析。

表6-7 树种的价格比例构成

Species	x1	x2	x3	x4	x5	x6	x7	x8
TS01	18.7	7.1	10.2	8.9	4.6	14.5	14.5	21.5
TS02	20.1	6.2	20.2	6.1	11.0	9.8	10.3	16.3
TS03	19.9	9.8	15.9	9.3	6.8	12.1	8.9	17.2
TS04	14.9	6.7	18.5	7.0	13.1	13.4	10.1	16.3
TS05	21.2	5.3	28.2	6.2	2.3	15.3	10.1	11.4
TS06	19.8	6.5	31.4	5.8	3.1	16.1	9.8	7.6
TS07	12.0	6.1	18.3	5.9	17.5	13.6	10.2	16.5
TS08	15.8	5.3	24.5	8.8	4.7	14.4	11.1	15.5
TS09	33.6	7.1	12.8	10.4	4.2	12.2	5.2	14.6
TS10	20.6	5.5	20.3	6.6	7.1	14.8	9.8	15.0

第一步，进行公共因子数量的判断，分析代码和运行结果如下：

```
######代码清单6.5 ######
df <-read.csv(file ='d6.5.csv', header =T)
df.cor <-cor(df[, -1])
fa.parallel(df.cor, n.obs =80, fa ="both", n.iter =100,
main ="Scree plots with parallel analysis")
```

运行结果如下：

```
>fa.parallel (df.cor, n.obs =80, fa ="both", n.iter =100,
            + main ="Scree plots with parallel analysis")
```

```
Parallel analysis suggests that the number of factors =  4  and the
number of components =  3
```

仍然使用 psych 包，其中的 fa. parallel( ) 函数判断所需提取的因子数量。其中，df. cor 为相关系数矩阵，n. obs 为观测值的数量，fa 指定分析方法是主成分(“PC”)，因子分析(“fa”)，或两者都分析(“both”)，n. inter 设定随机数据矩阵模拟的平行分析次数。

上述代码运行后，会产生一个所需提取的因子数和图 6-11。与主成分分析 PCA 不同的是，对于因子分析 FA，特征值准则是大于 0，而不是 1，因此，需要提取因子数为 4 个，而主成分是 3 个。需要注意的是，PCA 方法所需的主成分的数量，与 FA 方法所需要的公共因子数，往往不一致。这时，一般选择高公共因子数，因为这样会减少曲解“真实”情况。

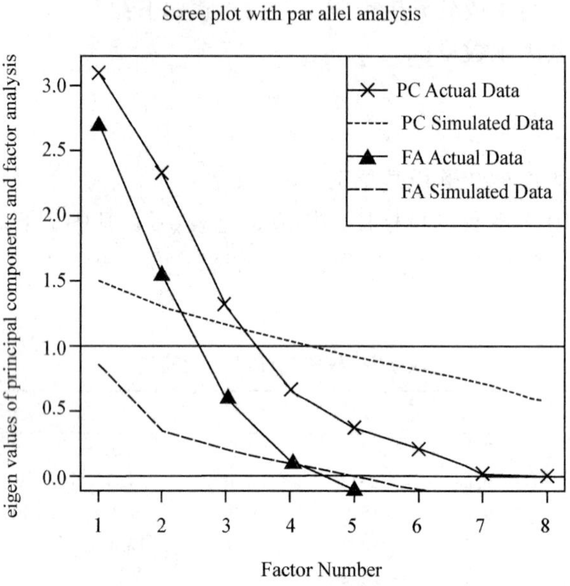

图 6-11　判断树种价格构成需保留的因子数

第二步，提取公共因子。fa( ) 函数可以根据原始数据或相关系数矩阵做因子分析，其使用格式为：

```
principal(x, nfactors =, n. obs =, rotate =, scores =, fm =)
```

其中，x 是原始数据或相关系数矩阵，nfactors 指定公共因子个数，n. obs 为观测值的数量，rotate 指定旋转的方法(未旋转“none”，正交旋转“varimax”或斜交旋转”promax”)，scores 为是否需要计算因子得分(“T”或”F”)，fm 设定因子化方法(默认情况为极小残差法)。

与主成分分析不同，因子分析中，因子化方法很多，包括最大似然法(ml)、主轴迭代法(pa)、加权最小二乘法(wls)、广义加权最小二乘法(gls)和极小残差法(minres)。一般使用最大似然法(ml)和主轴迭代法(pa)，但前者有时不能收敛，这时使用主轴迭代法效果会更好。

本例中，使用主轴迭代法，提取因子数的代码和结果如下：

```
> fa(df.cor, n.obs =80, nfactors =4, rotate ="none", fm ="pa")
Factor Analysis using method =pa
Call: fa(r = df.cor, nfactors = 4, n.obs = 80, rotate = "none", fm = "
pa")
Standardized loadings (pattern matrix)based upon correlation matrix
      PA1    PA2    PA3    PA4    h2     u2   com
x1   0.33  -0.84  -0.10  -0.26  0.88  0.115  1.6
x2   0.71  -0.15  -0.06   0.70  1.03 -0.032  2.1
x3  -0.91  -0.16  -0.09   0.17  0.88  0.116  1.2
x4   0.71  -0.39   0.25  -0.05  0.72  0.281  1.9
x5   0.17   0.83  -0.70  -0.04  1.20 -0.205  2.1
x6  -0.57  -0.07   0.38   0.08  0.48  0.516  1.8
x7  -0.17   0.65   0.64   0.08  0.86  0.137  2.2
x8   0.80   0.55   0.33  -0.21  1.10 -0.097  2.3

                       PA1   PA2   PA3   PA4
SS loadings           2.97  2.31  1.24  0.65
Proportion Var        0.37  0.29  0.15  0.08
Cumulative Var        0.37  0.66  0.81  0.90
Proportion Explained  0.41  0.32  0.17  0.09
Cumulative Proportion 0.41  0.74  0.91  1.00

Mean item complexity =1.9
Test of the hypothesis that 4 factors are sufficient.

The degrees of freedom for the null model are 28 and the objective
function was 14.95 with Chi Square of 1128.55
The degrees of freedom for the model are 2 and the objective function
was 19.64

The root mean square of the residuals(RMSR)is 0.02
The df corrected root mean square of the residuals is 0.08

The harmonic number of observations is 80 with the empirical chi square
1.87 withprob <0.39
The total number of observations was 80 with MLE Chi Square = 1430.11
withprob <2.8e -311

Tucker Lewis Index of factoring reliability = -17.85
```

```
RMSEA index = 3.131 and the 90 % confidence intervals are 2.859 NA
BIC =1421.35
Fit based upon off diagonal values =1
```

从运行的结果可知，4 个因子解释了 8 个变量 90% 的方差。但是，因子载荷矩阵未能很好解释变量，例如 *X*2，与 *PA*1、*PA*4 相关值为 0.71、0.70，非常接近，这有悖于因子分析的原理，此外，*X*5、*X*6、*X*7 和 *X*8 也存在类似现象。因此，有必要使用因子旋转。

本例采用正交旋转因子，代码和结果如下：

```
> fa(df.cor, n.obs =80, nfactors =4, rotate = "varimax", fm = "pa")
Factor Analysis using method = pa
Call: fa(r =df.cor, nfactors =4, n.obs =80, rotate = "varimax",
    fm = "pa")

Warning: A Heywood case was detected.
Standardized loadings (pattern matrix) based upon correlation matrix
      PA1    PA2    PA3    PA4    h2     u2    com
x1   0.18  -0.82   0.42   0.04   0.88  0.115   1.6
x2   0.29  -0.12   0.00   0.97   1.03 -0.032   1.2
x3  -0.90   0.10   0.11  -0.24   0.88  0.116   1.2
x4   0.61  -0.32   0.38   0.32   0.72  0.281   2.9
x5   0.14   0.15  -1.08  -0.02   1.20 -0.205   1.1
x6  -0.43   0.33   0.39  -0.21   0.48  0.516   3.4
x7   0.14   0.90   0.10  -0.14   0.86  0.137   1.1
x8   0.97   0.34  -0.17   0.09   1.10 -0.097   1.3

                        PA1    PA2    PA3    PA4
SS loadings            2.45   1.86   1.69   1.16
Proportion Var         0.31   0.23   0.21   0.15
Cumulative Var         0.31   0.54   0.75   0.90
Proportion Explained   0.34   0.26   0.24   0.16
Cumulative Proportion  0.34   0.60   0.84   1.00

Mean item complexity =1.7
Test of the hypothesis that 4 factors are sufficient.

The degrees of freedom for the null model are 28 and the objective
function was 14.95 with Chi Square of 1128.55
The degrees of freedom for the model are 2 and the objective function
was 19.64
```

```
The root mean square of the residuals (RMSR) is 0.02
The df corrected root mean square of the residuals is 0.08

The harmonic number of observations is 80 with the empirical chi square
1.87 withprob < 0.39
The total number of observations was 80 with MLE Chi Square = 1430.11
withprob < 2.8e -311

Tucker Lewis Index of factoring reliability =  -17.85
RMSEA index = 3.131 and the 90 %  confidence intervals are 2.859 NA
BIC = 1421.35
Fit based upon off diagonal values =1
```

*PA*1、*PA*2、*PA*3、*PA*4 栏是因子结构矩阵，表示变量与因子的相关系数。*h*2 和 *u*2 栏，与主成分分析类似，分别表示因子可以和不可以解释变量方差的解释度。SS loadings 包含了与因子相关联的特征值，Proportion Var、Cumulative Var 栏分别为每个因子对整个数据集方差的解释度和累积解释度。结果显示，*X*3、*X*4、*X*6 和 *X*8 在第一因子上载荷较大，*X*1 和 *X*7 在第二因子上载荷较大，*X*5 在第三因子上载荷较大，*X*2 在第四因子上载荷较大。此外，还可用 fa. diagram( ) 函数绘制正交结果的图形，代码如下：

```
fa.diagram(fa.varimax, simple = T)
```

生成的图形如 6-12 所示。

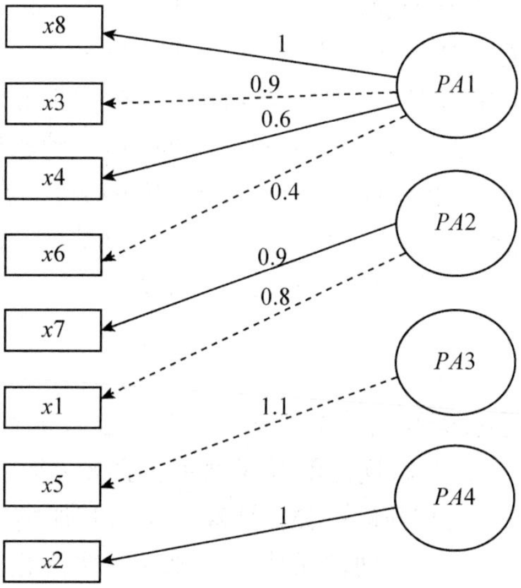

图 6-12　8 个变量的 4 因子正交旋转结果图

本例采用了正交旋转，强制将 4 个因子设为不相关。如允许因子间存在相关时，可以采用斜交旋转法，如把 rotate 设为 promax。具体操作可参考《R 语言实战》。此外，与上节的主成分分析类似，直接使用原始数据进行因子分析，则可利用 pcp( ) 函数计算各样本的综合得分和排名。

6.6 聚类分析

聚类分析(cluster analysis)是把研究对象(样本或变量)分组为由类似的对象组成多个类的一种统计方法。聚类结果一般为 4 ~6 类，不宜太多或太少。聚类分析目的在于将相似的事物归类，同一类中的个体(变量)相似性较大，不同类的个体(变量)差异性很大。两个个体间(或变量间)的对应程度或联系紧密程度的度量可以用两种方式来测量：

①采用描述个体对(变量对)之间的接近程度的指标，例如，“距离”越小的个体(变量)越具有相似性；

②采用表示相似程度的指标，例如，“相似系数”越大的个体(变量)越具有相似性。

对于距离常用的有：绝对值距离(absolute distance)、欧氏距离(euclidean distance)、马氏距离(mahalanobis distance)、切贝雪夫距离(chebychev distance)、卡方距离(chi-aquare measure)等。类与类之间的距离有不同的定义方法，计算方式不同，会产生不同的聚类方法。常见的聚类方法有：离差平方和法(ward method)、类平均法(average linkage)、中间距离法(median method)、最长距离法(complete method)、最短距离法(single method)和重心法(centroid method)。其中离差平方和法和类平均法是比较常用的两种聚类方法。

聚类分析已被应用于很多领域：在商业上，聚类分析被用于发现不同的客户群，并且通过购买模式来描述不同的客户群的特征；在生物上，聚类分析被用于对动植物或基因进行分类，获取对生物种群固有结构的认识；在地理上，聚类分析能有助于研究地球上被观察的数据库中区域的相似性；在保险行业上，聚类分析通过一个高的平均消费来鉴定汽车保险单持有者的分组，同时根据住宅类型、价值和地理位置来鉴定一个城市的房产分组。

聚类分析方法包括：系统聚类法(hierarchical cluster)、动态聚类法(dynamic cluster)、有序样本聚类法(fisher cluster)和模糊聚类法(fuzzy cluster)等。在 R 的工程网站上，专门设置专栏(http：//cran. r-project. org/web/views/Cluster. html)，有关各种聚类分析方法的程序包。本书只介绍较常用的系统聚类法和动态聚类法。

6.6.1 系统聚类法

系统聚类法，也称为层次聚类法，是将 n 个样品分成若干类的方法，其基本思想是：先将 n 个样品各自看成一类，然后规定类与类之间的距离(类之间的距离有多种定义方法)，选择距离最小的一对合并成新的一类，计算新类与其他类的距离，再将距离最近的两类合并，这样每次减少一类，直至所有的样品都成为一类为止。聚类分析的结果可以画成一张聚类图(或称谱系图)，把所有研究对象之间的亲疏关系形象地展示出来。

以 R 基础包自带的鸢尾花(iris)数据进行聚类分析。

假设我们只知道数据内有三种品种的鸢尾花而不知道每朵花的真正分类，这时只能凭借花萼及花瓣的长度和宽度去分成三类，这就是聚类分析。

分析代码如下：

```
######代码清单 6.6.1a #######
data(iris); attach(iris)
iris.hc<-hclust(dist(iris[,1: 4]))
plot(iris.hc, labels=F, hang=-1)
re<-rect.hclust(iris.hc, k=3)
iris.id<-cutree(iris.hc, 3)
table(iris.id, Species)
detach(iris)
```

程序代码中调用 R 内置数据集 iris，利用函数 hclust( ) 进行聚类分析，输出结果保存在 iris. hc 中，通过函数 rect. hclust( ) 按给定的类的个数(或阈值)进行聚类，并采用函数 plclust( ) 代替 plot( ) 绘制聚类的谱系图(两者使用方法基本相同)，各类用边框界定，参数 labels = F 表示省去数据的标签。函数 cuttree( ) 将 iris. hc 输出并编成若干组。

运行结果如下：

```
>table(iris.id, Species)
       Species
iris.id    setosa versicolor  virginica
      1        50          0          0
      2         0         23         49
      3         0         27          1
```

运行代码绘成的图形如图 6-13 所示。

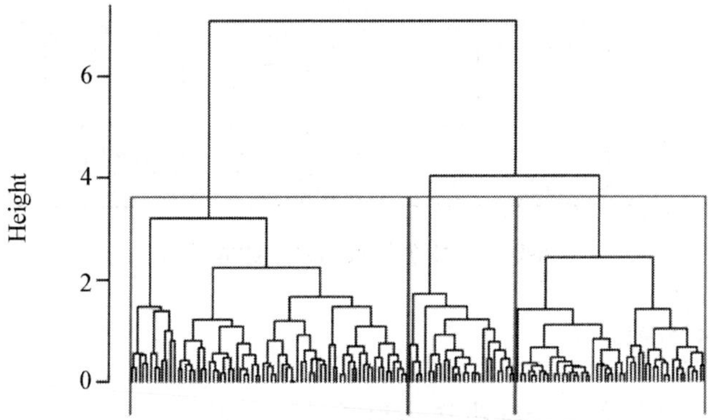

图 6-13　鸢尾花花萼及花瓣的长度和宽度系统聚类图

同时，函数 cuttree( ) 将数据 iris 分类结果 iris. hc 编为三组分别以 1，2，3 表示，保存在 iris. id 中。将 iris. id 与 iris 中 Species 作比较发现：1 应该是 setosa 类，2 应该是 virginica 类(因为 virginica 的个数明显多于 versicolor)，3 是 versicolor。

此外，还可对变量进行聚类。现以例 5-14 的杉木数据集 df 为例，以各性状的相关矩阵为数据，进行性状的聚类分析。

分析代码如下：

```
######代码清单 6.6.1b #######
```

```
library(amap)
options(digits =3)
df <-read.csv(file ='d5.8.1.1.csv', header =T)
chcluster <-hclusterpar(na.omit(cor(df[, -1])),
method ="manhattan")
#产生树形图，用矩形显示聚类结果
plot(chcluster, sub ="", hang = -1)#  labels =F
rect.hclust(chcluster, k =3)
 (trait.id <-cutree(chcluster, 3))# 显示聚类结果
```

运行结果如下：

```
> (trait.id <-cutree(chcluster, 3))  # 显示聚类结果
  h  dbh    v  cpro  wd wpro  tl   tw  lrt
  1    1    1    2    2    1   3    3    3
```

运行的结果，首先输出了各性状在每组中聚类的中心，在某组中的中心值越大，就表明该性状越应分到该组中。其次，输出了最终个性状的分类结果，杉木 9 个性状分为 3 类：第一类为 h、dbh、v 和 wpro；第二类为 wd 和 cpro；第三类为 tw、tl 和 lrt。该结果与图 6-14 一致。此外，聚类的结果与章节 5.8.3 的相关图结果类似。

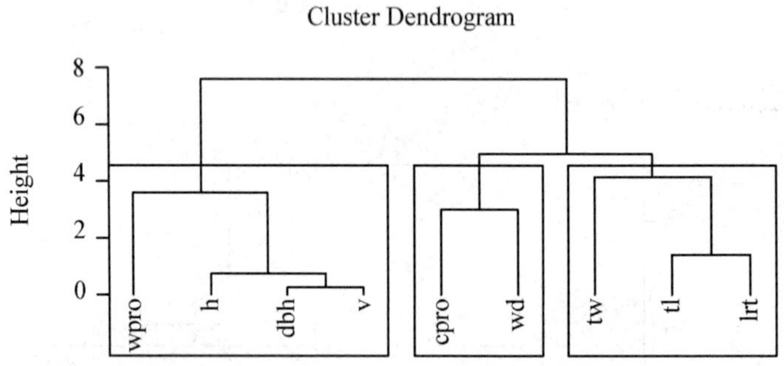

图 6-14　杉木各性状相关系数的聚类图

6.6.2　动态聚类法

动态聚类法是先选择若干个样本作为聚类中心，再按照事先确定的聚类准则进行聚类，在聚类过程中，根据聚类准则对聚类中心反复修改，直到分类合理为止。动态聚类法主要用于大数据集(通常观测数在 100 以上)。常用的方法为 K-均值聚类法。

K-均值聚类法表示以空间中 k 个点为中心进行聚类，对最靠近他们的对象归类。

例如：数据集合为三维，聚类以两点：$X = (x1, x2, x3)$，$Y = (y1, y2, y3)$。中心点 Z 变为 $Z = (z1, z2, z3)$，其中 $z1 = (x1 + y1)/2$，$z2 = (x2 + y2)/2$，$z3 = (x3 + y3)/2$。

算法归纳为：

①选择聚类的个数 k；

②任意产生 k 个聚类，然后确定聚类中心，或者直接生成 k 个中心；

③对每个点确定其聚类中心点；

④再计算其聚类新中心；

⑤重复以上步骤直到满足收敛要求(通常是确定的中心点不再改变)。

该算法的最大优势在于简洁和快速。劣势在于对于一些结果并不能够满足需要，因为结果往往需要随机点的选择非常巧合。

仍以 R 基础包自带的鸢尾花(iris)数据进行 K-均值聚类分析。

分析代码如下：

```
######代码清单 6.6.2 #######
library(fpc)
df<-iris[,c(1: 4)]
set.seed(20160407)# 设置随机值，为结果一致。
(kmeans<-kmeans(na.omit(df), 3))# 显示 K-均值聚类结果
plotcluster(na.omit(df), kmeans$cluster)# 生成聚类图
```

运行结果如下：

```
> (kmeans<-kmeans(na.omit(df), 3))# 显示 K-均值聚类结果
K-means clustering with 3 clusters of sizes 50, 38, 62

Cluster means:
  Sepal.Length Sepal.Width Petal.Length Petal.Width
1     5.006000    3.428000     1.462000    0.246000
2     6.850000    3.073684     5.742105    2.071053
3     5.901613    2.748387     4.393548    1.433871

Clustering vector:
  1   2   3   4   5   6   7   8   9  10  11  12  13  14  15  16  17  18  19
  1   1   1   1   1   1   1   1   1   1   1   1   1   1   1   1   1   1   1
 20  21  22  23  24  25  26  27  28  29  30  31  32  33  34  35  36  37  38
  1   1   1   1   1   1   1   1   1   1   1   1   1   1   1   1   1   1   1
 39  40  41  42  43  44  45  46  47  48  49  50  51  52  53  54  55  56  57
  1   1   1   1   1   1   1   1   1   1   1   1   3   3   2   3   3   3   3
 58  59  60  61  62  63  64  65  66  67  68  69  70  71  72  73  74  75  76
  3   3   3   3   3   3   3   3   3   3   3   3   3   3   3   3   3   3   3
 77  78  79  80  81  82  83  84  85  86  87  88  89  90  91  92  93  94  95
  3   2   3   3   3   3   3   3   3   3   3   3   3   3   3   3   3   3   3
 96  97  98  99 100 101 102 103 104 105 106 107 108 109 110 111 112 113 114
  3   3   3   3   3   2   3   2   2   2   2   3   2   2   2   2   2   2   3
115 116 117 118 119 120 121 122 123 124 125 126 127 128 129 130 131 132 133
  3   2   2   2   2   3   2   3   2   3   2   2   3   3   2   2   2   2   2
134 135 136 137 138 139 140 141 142 143 144 145 146 147 148 149 150
```

3 2 2 2 2 3 2 2 2 3 2 2 2 3 2 2 3

运行的结果可知，首先输出了 3 个分类内数量分别为 50、38 和 62，其次是每个变量在各个类内均值，最后是各个样本的分类结果。生成的聚类图如图 6-15 所示，与图 6-13（系统聚类图）比较，发现除了 setosa 都组成一个独立的类外，virginica、versicolor 大部分组成一个类，但少数却聚到其他类中。动态聚类结果与系统聚类结果多数一致，少数有差异，这可能是由于聚类方法不同所致。

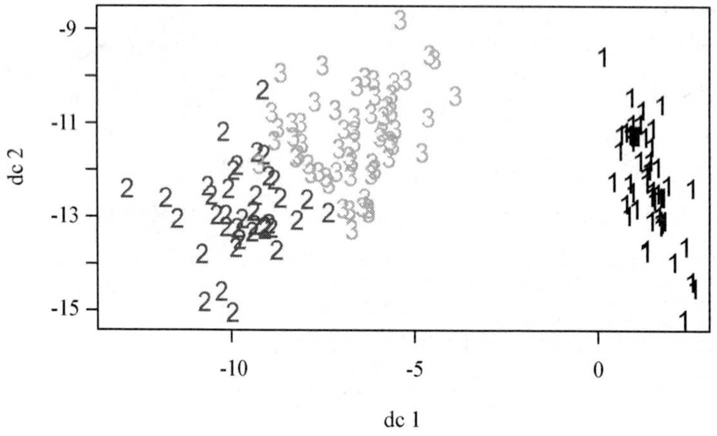

图 6-15 鸢尾花花萼及花瓣的长度和宽度动态聚类图

6.7 判别分析

判别分析(discriminant analysis)产生于 20 世纪 30 年代，是利用已知类别的样本建立判别模型，为未知类别的样本判别的一种统计方法。判别分析的特点是根据已掌握的、历史上每个类别的若干样本的数据信息，总结出客观事物分类的规律性，建立判别公式和判别准则。当遇到新的样本点时，只要根据总结出来的判别公式和判别准则，就能判别该样本点所属的类别。判别分析按照判别的组数来区分，可分为两组判别分析和多组判别分析。根据资料的性质，可分为定性资料的判别分析和定量资料的判别分析。根据判别的准则，可分为 Fisher、Bayes 和距离等判别方法。近年来，判别分析在自然科学、社会学及经济管理学科中都有广泛的应用。例如，在植物新品种保护中，如已建立了新品种的指纹图谱后，可通过判别分析对市面上相应品种的真假和盗版进行甄别，从而更有效地保护知识产权。

在 R 中，可以做判别分析的程序包有 MASS、had、lfda、mda 等三十多个，本书主要介绍 MASS 程序包中的 lda( )和 qda( )函数进行判别分析。

6.7.1 Fisher 判别分析

Fisher 判别分析，也称线性判别分析，由 1936 年 Fisher 首先提出用于判别植物间的差别。其大致分析过程如下：

①建立 Fisher 线性判别函数。Fisher 线性判别准则要求各类之间的变异尽可能大，而各类内部的变异尽可能小。

②计算判别临界值。

③建立判别标准。

以 R 内置的鸢尾花 Iris 数据集为例，进行 Fisher 线性判别的示范。以 MASS 程序包的 lda( ) 函数进行线性判别，代码如下：

```
#undiscriminant data
ndata = data.frame(S1 = c(3.5, 1.0), S2 = c(1.5, 4.0),
P1 = c(1.0, 2.0), P2 = c(0.3, 1.0))
###代码清单 6.7.1 Fisher method ###
library(MASS)
names(iris)[1: 4] = c("S1","S2","p1","p2")
(ld = lda(Species ~., data = iris))

z = predict(ld)# 判别结果
cbind(G = iris $ Species, z $ x, newG = z $ class)

(tab = table(G = iris $ Species, newG = z $ class))
sum(diag(prop.table(tab)))# 判别符合率

predict(ld, newdata = ndata)# 新数据类别的判别
```

程序代码说明，由于 iris 数据集中的变量名过长，所以通过 names( ) 函数重命名为 S1、S2、p1 和 p2。运行结果如下：

```
> (ld = lda(Species ~., data = iris))
Call:
lda(Species ~., data = iris)

Prior probabilities of groups:
    setosa   versicolor   virginica
0.3333333   0.3333333   0.3333333

Group means:
                  S1       S2       p1       p2
setosa         5.006    3.428    1.462    0.246
versicolor     5.936    2.770    4.260    1.326
virginica      6.588    2.974    5.552    2.026
```

```
Coefficients of lineardiscriminants:
            LD1          LD2
S1    0.8293776   0.02410215
S2    1.5344731   2.16452123
p1   -2.2012117  -0.93192121
p2   -2.8104603   2.83918785

Proportion of trace:
  LD1    LD2
0.9912 0.0088
>head(cbind(G=iris$Species, z$x, NewG=z$class), 15)
G          LD1          LD2   NewG
1   1  8.0617998   0.300420621    1
2   1  7.1286877  -0.786660426    1
3   1  7.4898280  -0.265384488    1
4   1  6.8132006  -0.670631068    1
5   1  8.1323093   0.514462530    1
6   1  7.7019467   1.461720967    1
7   1  7.2126176   0.355836209    1
8   1  7.6052935  -0.011633838    1
9   1  6.5605516  -1.015163624    1
10  1  7.3430599  -0.947319209    1
11  1  8.3973865   0.647363392    1
12  1  7.2192969  -0.109646389    1
13  1  7.3267960  -1.072989426    1
14  1  7.5724707  -0.805464137    1
15  1  9.8498430   1.585936985    1
> (tab=table(G=iris$Species, NewG=z$class))
NewG
G              setosa  versicolor   virginica
setosa             50           0           0
versicolor          0          48           2
virginica           0           1          49
>sum(diag(prop.table(tab)))
[1] 0.98
>predict(ld, newdata=ndata)
$class
[1] setosa     versicolor
Levels: setosa versicolor virginica
```

```
$posterior
        setosa     versicolor      virginica
1   0.999953969  4.603106e-05  1.034842e-20
2   0.001272775  9.987272e-01  8.671750e-09

$x
        LD1        LD2
1   4.265288   -3.410498
2   1.859493    2.996060
```

由运行结果可知，首先，输出了判别函数的建立，包括先验概率(值相等)、组内均值以及判别函数系数；然后，输出了判别分类前 15 个结果，G 为原始组，newG 为判别组；接着输出了判别组汇总结果，setosa 完全正确，versicolor、virginica 分别错判 2 例和 1 例，所以判别符合率 = 147/150 = 98%；最后 predict( ) 函数输出了待判别数据的分类结果，分别为 setosa、versicolor。

6.7.2 Bayes 判别分析

Bayes 判别不仅仅建立判别函数，还要及时分析新样品属于各总体的条件概率，然后比较这些条件概率，将新样品归属于概率最大的总体。简而言之，Bayes 判别准则是以个体归属于某类的概率最大或错判总平均损失最小为标准。

R 中仍然用 lda( ) 进行 Bayes 判别，只是需要设置先验概率 prior。如果先验概率都相等时，Bayes 判别就等价于 Fisher 线性判别。此处，我们假定各类协方差阵相同(判别函数为线性函数)，但先验概率不等，分别为 0.25、0.25 和 0.5，分析代码如下：

```
##代码清单 6.7.2 Bayes method ##
Bld = lda(Species ~ S1 + S2 + p1 + p2, data = iris, prior = c(1/4, 0.25, 0.5))
z1 = predict(Bld)
head(cbind(G = iris$Species, z1$x, newG = z1$class), 15)
(tab = table(G = iris$Species, newG = z1$class))
sum(diag(prop.table(tab)))
z1$post #输出后验概率
predict(Bld, newdata = ndata)
```

运行结果如下：

```
> Bld
Call:
lda(Species ~ S1 + S2 + p1 + p2, data = iris, prior = c(1/4,
   0.25, 0.5))
Prior probabilities of groups:
   1    2    3
0.25 0.25 0.50
```

```
Group means:
      S1     S2     p1     p2
1  5.006  3.428  1.462  0.246
2  5.936  2.770  4.260  1.326
3  6.588  2.974  5.552  2.026

Coefficients of lineardiscriminants:
           LD1          LD2
S1   0.8287808   0.03962977
S2   1.4936687   2.19287789
p1  -2.1833734  -0.97298011
p2  -2.8631372   2.78605815

Proportion of trace:
   LD1    LD2
0.9918 0.0082
>head(cbind(G=iris$Species, z1$x, newG=z1$class), 15)
   G       LD1         LD2  newG
1  1  9.502545  0.35024559     1
2  1  8.589954 -0.75411931     1
3  1  8.941269 -0.22617167     1
4  1  8.272349 -0.64401846     1
5  1  9.569034  0.56557040     1
6  1  9.121007  1.50460328     1
7  1  8.652474  0.38974873     1
8  1  9.051962  0.02969681     1
9  1  8.026197 -0.99322198     1
10 1  8.807297 -0.91073535     1
11 1  9.831575  0.70341209     1
12 1  8.667869 -0.07552715     1
13 1  8.793390 -1.03668810     1
14 1  9.034011 -0.76460895     1
15 1 11.266200  1.66902140     1
> (tab=table(G=iris$Species, newG=z1$class))
newG
G            setosa versicolor virginica
  setosa         50          0         0
  versicolor      0         48         2
```

```
  virginica       0        1       49
> sum(diag(prop.table(tab)))
[1] 0.98
> predict(Bld, newdata = ndata)
$class
[1] setosa    versicolor
Levels: setosa versicolor virginica

$posterior
         setosa      versicolor      virginica
1    0.999953969   4.603106e-05   2.069684e-20
2    0.001272775   9.987272e-01   1.734350e-08

$x
         LD1        LD2
1    5.776194   -3.431120
2    3.250844    2.929261
> hcad(z1 $post, 15)
    setosa      versicolor       virginica
1        1    3.896358e-22    5.222337e-42
2        1    7.217970e-18    1.008429e-36
3        1    1.463849e-19    9.351863e-39
4        1    1.268536e-16    7.133221e-35
5        1    1.637387e-22    2.165211e-42
6        1    3.883282e-21    9.133080e-40
7        1    1.113469e-18    4.605217e-37
8        1    3.877586e-20    2.148992e-39
9        1    1.902813e-15    1.896587e-33
10       1    1.111803e-18    5.448119e-38
11       1    1.185277e-23    6.474167e-44
12       1    1.621649e-18    3.666401e-37
13       1    1.459225e-18    6.525013e-38
14       1    1.117219e-19    2.633284e-39
15       1    5.487399e-30    3.062529e-52
```

与 Fisher 判别结果相似，首先输出了判别函数的建立，包括先验概率(值不等)、组内均值以及判别函数系数；然后输出了判别分类前 15 个结果，G 为原始组，newG 为判别组；接着输出了判别组汇总结果，setosa 完全正确，versicolor、virginica 分别错判 2 例和 1 例，所以判别符合率也是 98%；predict( )函数输出了待判别数据的分类结果，分别为 setosa、versicolor；最后输出了后验概率，展示了前 15 个样品落在各类的概率大小，这点有别于 Fisher 判别。

上述分析是假定各类协方差阵相同，如果协方差阵不相同，判别函数为非线性形式，则可以用 qda( ) 函数来进行判别。分析代码如下：

```
Bld2 = qda(Species ~ S1 + S2 + p1 + p2, data = iris, prior = c(1/4, 0.25, 0.5))
z1 = predict(Bld2)
head(cbind(G = iris $ Species, newG = z1 $ class), 15)
(tab = table(G = iris $ Species, newG = z1 $ class))
sum(diag(prop.table(tab)))
predict(Bld2, newdata = ndata)
```

运行结果如下：

```
>Bld2
Call:
qda(Species ~ S1 + S2 + p1 + p2, data = iris, prior = c(1/4, 0.25, 0.5))

Prior probabilities of groups:
    setosa  versicolor   virginica
     0.25      0.25       0.50

Group means:
                   S1        S2        p1        p2
setosa          5.006     3.428     1.462     0.246
versicolor      5.936     2.770     4.260     1.326
virginica       6.588     2.974     5.552     2.026
>z1 = predict(Bld2)
>head(cbind(G = iris $ Species, newG = z1 $ class), 15)
        G   newG
  [1,]  1      1
  [2,]  1      1
  [3,]  1      1
  [4,]  1      1
  [5,]  1      1
  [6,]  1      1
  [7,]  1      1
  [8,]  1      1
  [9,]  1      1
 [10,]  1      1
 [11,]  1      1
 [12,]  1      1
```

```
[13,] 1       1
[14,] 1       1
[15,] 1       1
> (tab = table(G = iris $ Species, newG = z1 $ class))
newG
G                 setosa  versicolor   virginica
setosa                50           0           0
versicolor             0          48           2
virginica              0           0          50
> sum(diag(prop.table(tab)))
[1] 0.9866667
>predict(Bld2, newdata = ndata)
$class
[1] setosa    virginica
Levels: setosa versicolor virginica

$posterior
           setosa       versicolor        virginica
1     9.997313e-01    2.686999e-04     3.094402e-16
2     3.477174e-61    6.279219e-05     9.999372e-01
>head(z1 $post, 15)
  setosa        versicolor        virginica
1        1      4.918517e-26      5.963083e-41
2        1      7.655808e-19      2.622064e-34
3        1      1.552279e-21      6.760880e-36
4        1      8.300396e-19      1.708372e-31
5        1      3.365614e-27      4.020294e-41
6        1      1.472533e-26      2.543855e-40
7        1      2.633019e-21      5.021134e-34
8        1      1.135674e-23      1.307741e-37
9        1      1.309424e-16      1.671001e-29
10       1      8.247128e-21      1.152145e-34
11       1      5.967473e-29      4.391689e-44
12       1      2.136462e-22      2.163026e-34
13       1      5.255571e-20      1.824719e-34
14       1      4.443547e-20      7.674907e-34
15       1      7.199128e-37      1.480607e-55
```

由上述的结果可知，qda( )函数是针对非线性函数，因此判别函数部分只给出了先验概率和组内均值。而且，判别结果只有 versicolor 类错判 2 个，所以判别符合率为 98.7%，高于线性判别。此外，对待判别数据的分类结果也不同，分别归属于 setosa 和 virginica。从判别符合率来看，非线性判别函数优于线性判别函数。

6.7.3 距离判别分析

距离判别，一般根据已知分类的数据计算各类的重心，对任意一次观测，如与某类的重心距离最近，即判定它归属于某类。通常使用马氏距离进行判别。为便于自编函数 discrim. dist2( )使用，对 Species 水平重新赋值为数字。分析代码如下：

```
###代码清单 6.7.3 dist method###
levels(iris $ Species) = c('1','2','3')
attach(iris)
discrim.dist2(cbind(S1, S2, p1, p2), as.factor(Species))
detach(iris)
```

运行结果如下：

```
>discrim.dist2(cbind(S1, S2, p1, p2), as.factor(Species))
      G          D.1          D.2          D.3  newG
1     1    0.4491138  114.8044893  182.9359087     1
2     1    2.0810942   83.3153633  153.9749498     1
3     1    1.2843351   94.9204251  160.4941481     1
4     1    1.7062070   82.7787989  140.6413940     1
5     1    0.7616854  120.4810244  184.0369456     1
6     1    3.7126474  120.4800689  183.2980857     1
7     1    3.4241961   96.0034728  154.0186635     1
8     1    0.3434392  103.8148651  167.4441255     1
9     1    2.9964765   73.9469893  132.7655581     1
10    1    3.2000859   93.4958945  156.7386131     1
11    1    1.8909526  129.6752056  198.8050054     1
12    1    2.0148794   99.6172860  154.2936415     1
13    1    2.9473331   89.5391243  155.5662595     1
14    1    7.0402099   93.9676726  156.7860764     1
15    1   10.2220770  174.4724188  259.9675260     1

NewG
G      1   2   3
1     50   0   0
2      0  47   3
3      0   0  50

Discriminant coincidence rate:
[1] 0.98
```

由结果可知，判别结果除了 versicolor 类错判 3 个，其余 2 类均正确。但判别符合率仍为98%。与 Fisher 判别比较，虽然判别符合率都是98%，但距离判别分类结果有2类完全正确，因此，距离判别要优于 Fisher 判别。

对于新数据的判别也很简单，代码和结果如下：

```
>discrim.dist2(cbind(S1, S2, p1, p2), as.factor(Species), ndata)
$Dist
              [,1]        [,2]
[1,]      35.21919    470.0303
[2,]      49.46945    208.7657
[3,]     103.88818    188.8534


$newG
     1 2
newG 1 3
```

由结果可知，待判别数据，分别归属于第1类(setosa)和第3类(virginica)。与 Bayes 的非线性判别结果相同。

上述的距离判别，是假定协方差阵不同。如果是等方差的，分析代码和结果如下：

```
> discrim.dist2 (cbind (S1, S2, p1, p2), as.factor (Species),
var.equal=T)
       G          D.1          D.2          D.3   newG
  1    1   0.09060883    3.8974823    5.9671711      1
  2    1   1.60765374    3.2601735    7.2313874      1
  3    1   0.49521090    3.1310637    6.1695999      1
  4    1   1.31813622    2.9614701    6.6293971      1
  5    1   0.31291185    4.4787446    6.1466656      1
  6    1   1.61274244    6.9394729    6.6498961      1
  7    1   1.19400883    4.5940840    6.3500901      1
  8    1   0.10742794    3.1871970    5.7571345      1
  9    1   2.48411421    3.4694826    7.7504810      1
  10   1   1.08865750    2.6257344    6.9631203      1
  11   1   0.96560753    5.4818118    6.9537598      1
  12   1   1.26152826    3.9731521    6.6415706      1
  13   1   1.37693257    2.7177340    7.2970845      1
  14   1   2.16214919    4.0423674    8.1576390      1
  15   1   5.42670513   12.1755881   12.1621204      1

  NewG
  G      1    2    3
    1   49    1    0
```

```
  2   0  42   8
  3   0  11  39

Discriminant coincidence rate:
[1] 0.8666667
>discrim.dist2(cbind(S1, S2, p1, p2), as.factor(Species), ndata,
var.equal =T)
$Dist
              [,1]        [,2]
[1,]      30.17992    202.3064
[2,]      26.28047    206.5492
[3,]      34.69358    201.8453

$newG
     1 2
newG 2 3
```

由结果可知，采用等方差的距离判别，分类结果不理想，3类均有错判，而且第2类错判8个、第3类错判11个，判别符合率仅为86.7%。此外，对待判别的数据，结果分别属于第2类和第3类，也有别于其他两种判别方法。说明等方差的距离判别结果可靠性远低于Fisher线性判别和Bayes判别。由此可见，对于协方差矩阵相等的假设非常值得商榷。

6.8 功效分析

功效分析(Power analysis)是指在给定置信度条件下，判断可以检测到指定效应值时所需的样本量，或者计算在某样本量内能检验到指定效应值的概率。下面将对多种统计检验进行功效分析，包括方差分析、t检验、χ^2检验和相关分析等。

在研究过程中，通常关注样本量、显著性水平、功效和效应值四个变量。

①样本量　试验设计中观测的数目；

②显著性水平　效应不发生的概率；

③功效　真实效应发生的概率；

④效应值　在备择或研究假设下效应的量。

上述4个变量紧密相关，指定其中任意3个变量值时，就可推算出第4个变量值。一般来说，研究的目的是维持一个可接受的显著性水平，尽量使用较小的样本量，然后最大化统计检验的功效。换言之，最大化真实效应的发生概率，最小化错误效应的发生概率，同时把研究成本控制在合理的范围内。

下面将采用pwr包中的各种函数进行功效分析的演示。

6.8.1 功效分析

使用 pwr 包前，需先安装。表 6-8 中，罗列了 pwr 包中各种函数及其功能。

表 6-8 pwr 包中的函数和功能

函数模式	描述
pwr. 2p. test( )	双样本比例检验(n 相等)
pwr. 2p2n. test( )	双样本比例检验(n 不等)
pwr. anova. test( )	单因素方差分析
pwr. chisq. test( )	χ^2检验
pwr. f2. test( )	广义线性模型
pwr. p. test( )	单样本比例检验
pwr. r. test( )	相关检验
pwr. t. test( )	t 检验(单样本，双样本，配对双样本)
pwr. t2n. test( )	双样本 t 检验(n 不等)

6.8.1.1 方差分析

pwr. anova. test( )函数的使用格式为：

```
pwr. anova. test (k =, n =, f =, sig. level =, power =)
```

式中，k 是试验分组的个数，n 是各组中的样本量。

效应值可用 f 来计算：

$$f = \sqrt{\frac{\sum k_{i=1}\rho_i \times (\mu_i - \mu)^2}{\sigma^2}}$$

式中，$\rho_i = n_i/N$，n_i = i 组的观测数目，N = 总观测数目，μ_i = i 组的平均值，μ = 总体平均值，σ^2 = 组内误差方差。

例如，单因素方差分析，有 5 个组，显著性水平 $p = 0.05$，效应值 $d = 0.25$，要达到 0.8 的功效，计算各组需要的样本量。分析代码和结果如下：

```
> library(pwr)
> pwr. anova. test(k =5, f =0.25, sig. level =0.05, power =0.8)
     Balanced one-way analysis of variance power calculation
                    k=5
                    n=39.1534
                    f=0.25
          sig. level =0.05
            power    =0.8

NOTE: n is number in each group
```

从运行的结果可知，组内样本量 $n = 39$，所以总体样本量 $N = k \times n = 5 \times 39 = 195$。

6.8.1.2 *t* 检验

pwr. t. test( )函数的使用格式为：

```
pwr. t. test (n =, d =, sig. level =, power =, type =, alternative =)
```

式中，n是试验样本量，d是效应值，sig. level是显著性水平，power是功效水平，type是检验类型(单样本"one. sample"，双样本"two. sample"，配对双样本"paired")，alternative是双尾检验("two. sided")或单尾检验("less"或"greater")。

其中，$d=(\mu_1-\mu_2)/\sigma$

μ_1、μ_2：组1、组2的平均值；σ：误差方差。

现假设要研究杨树不同无性系对树高的影响。在5年生试验林各随机测定了40棵树，假定效应值$d=(\mu_1-\mu_2)/\sigma=0.4$，问它们在0.05的水平上显著差异的概率是多少?

分析代码和运行结果如下：

```
> library(pwr)
> pwr.t.test (d = 0.4, n = 40, sig.level = 0.05, type = "two.sample",
alternative = "two.sided")
      Two-sample t test power calculation
                   n=40
                   d=0.4
        sig.level   =0.05
          power     =0.4235212
      alternative   =two.sided
NOTE: n is number in * each* group
```

从运行的结果可知，在$p=0.05$的水平上显著差异的概率是42.35%。如果提高效应值d或增加测量数量，则检验的概率会相应增加，具体如下：

```
> pwr.t.test (d = 0.8, n = 40, sig.level = 0.05, type = "two.sample",
alternative = "two.sided")
      Two-sample t test power calculation
                   n=40
                   d=0.8
        sig.level    =0.05
          power      =0.9421818
      alternative    =two.sided
NOTE: n is number in * each* group
> pwr.t.test (d = 0.4, n = 80, sig.level = 0.05, type = "two.sample",
alternative = "two.sided")
      Two-sample t test power calculation
                   n=80
                   d=0.4
          sig.level =0.05
          power     =0.7103701
      alternative   =two.sided
NOTE: n is number in * each* group
```

由上述结果可知，当效应值 d 增加一倍后，功效值显著提高到94.22%，增加了一倍多。当观测数量 n 增加一倍后，功效值提高到71.03%，增加了约69%。可见，在同等显著水平上，要显著增加功效值，提高效应值 d 比增加观测数 n 更为有效。

6.8.1.3　χ^2检验

χ^2检验常用于两个类别变量关系的评价。pwr.chisq.test()函数可评估χ^2检验的功效、效应值和所需的样本量。其使用格式如下：

```
pwr.chisq.test(w=, N=, df=, sig.level=, power=)
```

式中，w 是效应值，N 是总样本量，df 是自由度，sig.level 是显著性水平，power 是功效。

现假设要研究农药类型与烟蚜毒杀效果的关系。假设烟蚜试验样本中10%用甲农药，50%用乙农药，40%用丙农药。同时调查表明，与50%的甲农药和20%的丙农药相比，60%的乙农药更容易毒杀烟蚜，死亡率见表6-9。试分析该研究需要多少只烟蚜？

表6-9　农药类型对烟蚜的毒杀效果

农药	死亡率	存活率
甲	0.05	0.05
乙	0.30	0.20
丙	0.08	0.32

显著性水平 $p=0.05$，功效 power $=0.9$，$df=(r-1)\times(c-1)=(3-1)\times(2-1)=2$。

首先计算效应值，代码如下：

```
library(pwr)
prob<-matrix(c(0.05, 0.05, 0.30, 0.20, 0.08, 0.32), byrow=T, nrow=3)
w1=ES.w2(prob)# 计算效应值
pwr.chisq.test(w=w1, df=2, sig.level=0.05, power=0.9)
```

运行结果如下：

```
>w1
[1] 0.3837797
>pwr.chisq.test(w=w1, df=2, sig.level=0.05, power=0.9)
    Chi squared power calculation


              w=0.3837797
              N=85.91357
             df=2
      sig.level=0.05
          power=0.9
NOTE: N is the number of observations
```

从上面的结果可知，至少需要86只烟蚜才能保证达到预期的研究结果。

6.8.1.4　相关检验

pwr.r.test()函数的使用格式为：

```
pwr.r.test(n=, r=, sig.level=, power=, alternative=)
```

式中，n 是试验样本量，r 是相关值，sig. level 是显著性水平，power 是功效水平，alternative 是双尾检验("two. sided")或单尾检验("less"或"greater")。

假设研究某林木树高与胸径的相关。零假设(H_0)和备择假设(H_1)为：

H_0：$r \leq 0.45$ 和 H_1：$r > 0.45$

其中，r 是树高和胸径的相关值。同时，假定显著性水平 $\alpha = 0.05$，功效 power = 0.9 (即 90% 的概率拒绝 H_0)，则至少需要观测多少棵树?

分析代码和运行结果如下：

```
>pwr.r.test(r=0.45, sig.level=0.05, power=0.90, alternative="greater")
    approximate correlation power calculation(arctangh transformation)

                     n=38.53372
                     r=0.45
           sig.level  =0.05
             power    =0.9
         alternative  =greater
```

从运行的结果可知，要达到预期的研究目的，需要观测 39 棵以上。

6.8.2 绘制功效分析图

绘制各种效应值下，显著相关所需的样本量曲线。做法如下：给定显著水平值，并指定一系列效应值和功效水平值后，利用 pwr. r. test()函数计算对应的样本量再绘制成图。

程序代码如下：

```
############代码清单 6.8.2 ############
library(pwr)

sgl<-c(0.1, 0.05, 0.01, 0.001)#显著性水平

 r<-seq(0.1, 0.5, 0.01)#设置相关值
 nr<-length(r)

 p<-seq(0.4, 0.9, 0.1)   #设置功效水平
 np<-length(p)

 hvn<-0
 samsize<-array(numeric(4*nr*np), dim=c(4, nr, np))   #计算样本量
 for(hv insgl){
 hvn<-hvn+1
 for(i in 1: np){
 for(j in 1: nr){
 result<-pwr.r.test(n=NULL, r=r[j], sig.level=hv,
```

```
      power = p[i], alternative = "two. sided")
samsize[hvn, j, i] <-ceiling(result $ n)
}
}
}

par(mfrow = c(1, 1))  # 创建图形
for(k in 1: 4){
xrange <-range(r)
yrange <-round(range(samsize[k,,]))
colors <-rainbow(length(p))
plot(xrange, yrange, type = "n",
xlab = "Correlation Coefficient(r)", ylab = "Sample Size(n)")

for(i in 1: np){
lines(r, samsize[k, , i], lty = c(i), lwd = 2, col = colors[i])
}

title(main = paste("Sig = ", sgl[k], "(Two-tailed)", sep = " "), cex. main = 1)

legend("topright", inset = 0. 05, title = "Power", as. character(p),
lty = c(1: np), col = colors[1: np], lwd = 2, cex = 0. 8)

abline(v = 0, h = seq(0, yrange[2], 50), lty = 2, col = "grey80")
abline(h = 0, v = seq(xrange[1], xrange[2], 0. 02), lty = 2, col = "gray80")
}
```

运行代码生成的图形如图 6-16 所示。

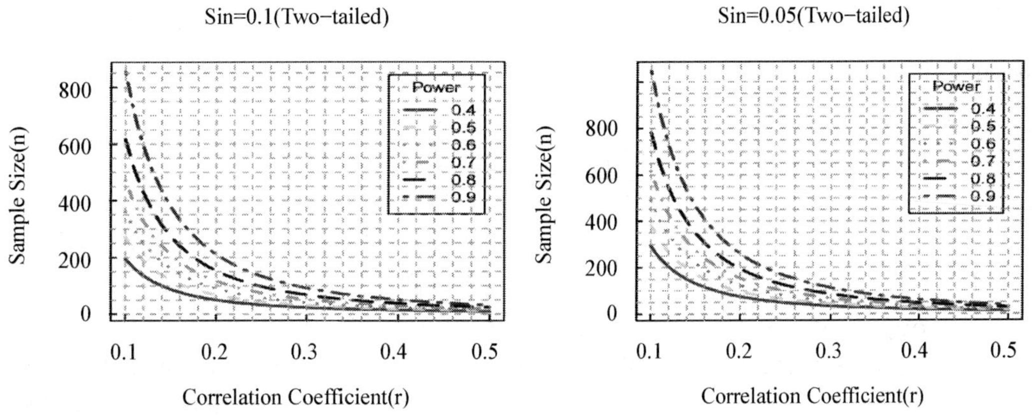

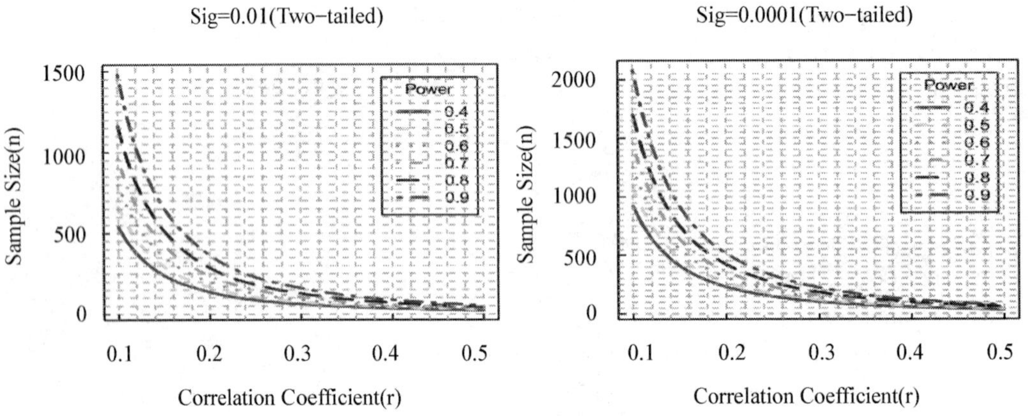

图6-16 在不同显著水平、不同功效水平下检测到显著相关所需的样本量

由图6-16可知，在某个固定显著水平下，对于一个相关值，样本量随着功效水平的提高而增大。例如，显著性水平 $p=0.05$ 时，如 $r=0.2$，当功效水平 $p=0.4$ 时，样本量 N 大约为75；当 $p=0.9$ 时，样本量增大到260。同理，对于同样的功效水平 p 和相关值 r 时，样本量随显著水平的提高而增大。

6.9 重抽样分析

统计分析时，有时想知道是否存在一些极端值影响统计分析？忽略一些样本，是否会得到一样的结果？这时可以通过bootsrap重抽样方法来分析上述问题。

bootsrap重抽样方法是一种估计量偏差的估计技术，也称为自助法。估计量是从样本数据中计算得到的，用以推断总体参数真实值的统计量，通常是均值、标准差或其他总体的参数。bootstrap方法无需获知样本分布类型也可以进行假设检验，获得置信区间。当数据来自未知分布，或者存在严重异常点，又或者样本量过小，没有参数方法解决问题时，bootstrap方法将是一个不错的选择。bootsrap基本步骤如下：

①采用重抽样技术从原始样本中抽取一定数量的样本，此过程允许重复抽样。

②根据抽出的样本计算给定的统计量T。

③重复上述N次(一般大于1000)，得到N个统计量T。

④计算上述N个统计量T的样本方差，得到统计量的偏差差。

R中boot程序包可以进行bootsrap重抽样。重抽样函数boot( )用法如下：

```
bootobject <-boot(data =, statistic =, R =, …)
```

其中，data是数据集(向量，矩阵或数据框)，statistic是统计量(如均值，中位数，回归参数，回归 R^2 等)，R是bootsrap重抽样次数(一般取值1000)，…是用于设定函数统计量的其他参数。

一旦重抽样结果合理，就可用boot. ci( )来获取统计量的置性区，用法如下：

```
boot.ci(bootobject, conf =, type =)
```

其中，bootobject 是函数 boot( )运行结果，conf 是预期置信区间，type 是返回置信区间的类型(可取值" norm" ," basic" , " stud" ," perc" , " bca")。大多数情况下，type 取值" bca"，因为其结果比较理想。

现以例 5-17 数据集示范 bootsrap 重抽样，分析代码如下：

```
######代码清单 6.9 bootstrap method #######
library(boot)
df = read.csv("d5.8.1.1.csv", T)
rsq <-function(formula, data, indices){
d <-data[indices,]
fit <-lm(formula, data = d)
return(summary(fit) $ r.square)
}

set.seed(123)
results <-boot(data = df, statistic = rsq,
R = 1000, formula = dbh ~ h)
print(results)
plot(results)

boot.ci(results, type = c("perc", "bca"))
```

程序说明，rsq( )函数用以返回回归 R^2。运行结果如下：

```
>print(results)
ORDINARY NONPARAMETRIC BOOTSTRAP


Call:
boot(data = df, statistic = rsq, R = 1000, formula = dbh ~ h)


Bootstrap Statistics :
      original        bias    std. error
t1*  0.7433469  -0.00831764   0.1157685
```

boot( )结果显示，统计量 R^2 有轻微偏差，这点从 plot(results)生成的图形也可以得到佐证。如图 6-17 所示，R^2 并未符合正态分布。

R^2 的 95% 置信区间通过 boot.ci( )获取，结果如下：

```
>boot.ci(results, type = c("perc", "bca"))
BOOTSTRAP CONFIDENCE INTERVAL CALCULATIONS
Based on 1000 bootstrap replicates

CALL :
```

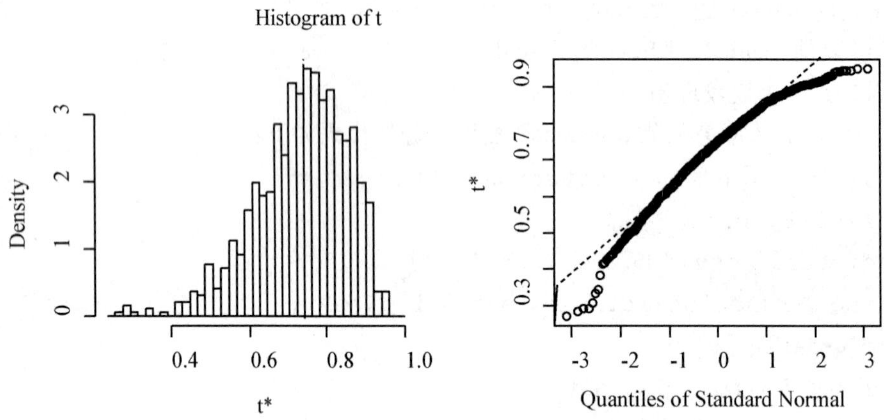

图6-17 自助法所得R^2的分布

```
boot.ci(boot.out = results, type = c("perc", "bca"))

Intervals :
Level     Percentile          BCa
95%   (0.4752, 0.9098)  (0.4521, 0.9052)
Calculations and Intervals on Original Scale
```

由结果可知，R^2值显著不等于0，因为95%区间并未含有0。

上述的例子，只是针对R^2一个统计量，现在来示范多个统计量的重抽样。分析代码如下：

```
bs <-function(formula, data, indices){
d <-data[indices,]
fit <-lm(formula, data = d)
return(coef(fit))
}
set.seed(123)
results1 <-boot(data = df, statistic = bs,
R = 1000, formula = dbh ~ h)

print(results1)
plot(results1, index = 1)
boot.ci(results1, type = c("perc", "bca"), index = 1)
plot(results1, index = 2)
boot.ci(results1, type = c("perc", "bca"), index = 2)

confint(lm(dbh ~ h, data = df))
```

程序说明，bs()函数用以返回回归系数。运行结果如下：

```
>print(results1)

ORDINARY NONPARAMETRIC BOOTSTRAP

Call:
boot(data=df, statistic=bs, R=1000, formula=dbh~h)

Bootstrap Statistics :
       original          bias    std. error
t1*  -4.423083    0.08415671     5.7888208
t2*   2.810942   -0.01325290     0.4762767
```

此时，结果返回 2 个统计量，$t1$ 是截距，$t2$ 是回归系数。其中截距的 95% 置信区间结果如下：

```
>boot.ci(results1, type=c("bca"), index=1)
BOOTSTRAP CONFIDENCE INTERVAL CALCULATIONS
Based on 1000 bootstrap replicates

CALL :
boot.ci(boot.out=results1, type=c("bca"), index=1)

Intervals :
Level       BCa
95%    (-14.413, 8.995)
Calculations and Intervals on Original Scale
```

截距的分布如图 6-18 所示。

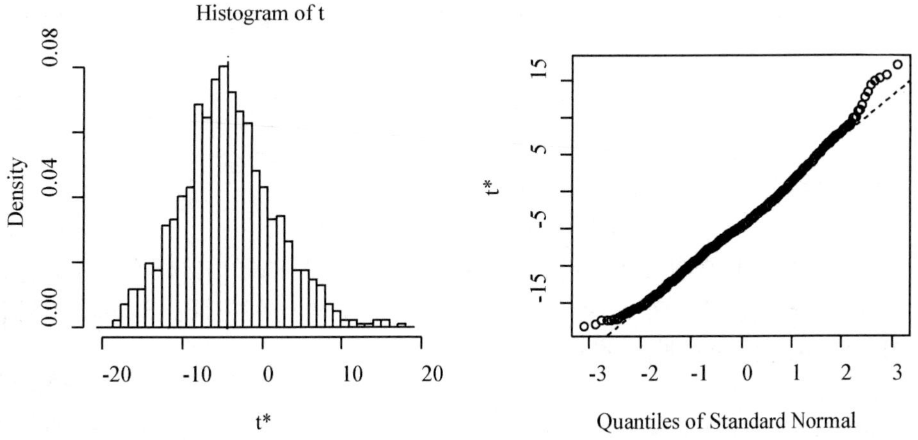

图 6-18　自助法所得截距的分布

回归系数的 95% 置信区间结果如下：

```
>boot.ci(results1, type=c("bca"), index=2)
BOOTSTRAP CONFIDENCE INTERVAL CALCULATIONS
Based on 1000 bootstrap replicates

CALL :
boot.ci(boot.out=results1, type=c("bca"), index=2)

Intervals :
LevelBCa
95%   (1.614, 3.602)
Calculations and Intervals on Original Scale
```

回归系数的分布如图 6-19 所示。

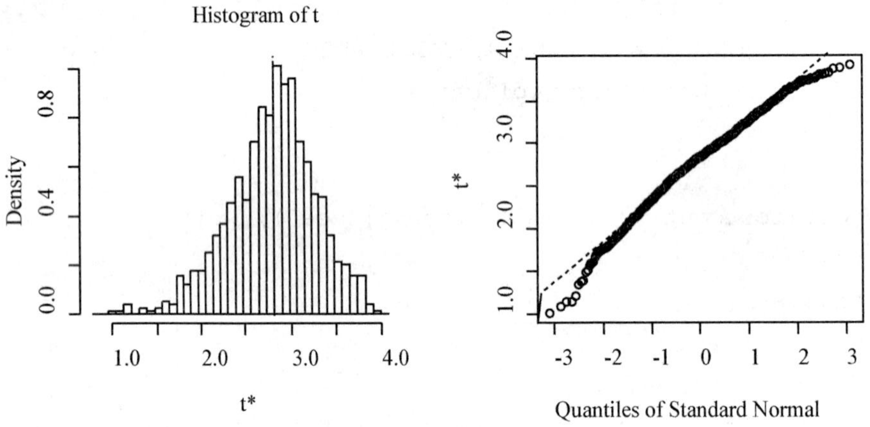

图 6-19　自助法所得回归系数的分布

综合上述的结果可知，截距与 0 的差异不显著，但回归系数显著不等 0。此外，常规的线性回归结果如下：

```
>confint(lm(dbh~h, data=df))
                    2.5 %       97.5 %
(Intercept)    -12.465192     3.619026
h                2.171551     3.450334
```

通过比较重抽样和常规线性回归结果可知，两者统计量的置信区间有一定差异。说明因变量 dbh 并未符合正态分布，这点从下述的正态检验也得到佐证。Shapiro 正态检验显示，$p<0.05$，拒绝接受零假设(dbh 符合正态分布)。

```
>shapiro.test(df$dbh)
Shapiro-Wilk normality test
data:   df$dbh
W=0.85309, p-value=0.0007203
```

6.10　综合评价分析

综合评价(comprehensive evaluation)，也称多指标综合评价，是使用比较系统的、规范的方法对于多个指标、多个单位同时进行评价的方法。综合评价有如下特点：

①评价过程不是一个指标接一个指标顺次完成，而是通过一些特殊的方法将多个指标的评价同时完成；

②在综合评价过程中，要根据指标的重要性进行加权处理，使评价结果更具有科学性；

③评价的结果根据综合分值大小的单位排序，并据此得到结论。此外，评价过程也是一种决策过程。一般地说评价是指按照一定的标准(客观/主观、明确/模糊、定性/定量)，对特定事物、行为、认识、态度等评价客体的价值或优劣进行评判比较的一种认知过程。

综合评价的应用领域和范围非常广泛。在自然科学中广泛应用于各种事物的特征和性质的评价：例如，环境监测综合评价、药物临床试验综合评价、地质灾害综合评价、气候特征综合评价、产品质量综合评价等。在社会科学中广泛应用于总体特征和个体特征的综合评价：例如，社会治安综合评价，生活质量综合评价、社会发展综合评价、教学水平综合评价、人居环境综合评价等。在经济学学科领域更为普遍：例如，综合经济效益评价、小康建设进程评价、经济预警评价分析、生产方式综合评价、房地产市场景气程度综合评价等。

在综合评价中，其关键技术主要有如下几个方面。其一，指标选择；其二，权数的确定；其三，方法的适宜。因此，在应用和研究综合评价方法时，应当随时把握住上述三个方面的可行性和科学性。

综合评价在实际应用中具有如下明显的作用：

①能够对研究对象进行系统的描述；

②能够对研究对象的整体状态进行综合测定；

③能够对研究对象的复杂表现进行层次分析；

④能够对研究对象进行聚类分析；

⑤能够有效得体现定量分析和定性分析相结合的分析方法。

6.10.1　综合评分法

综合评分法把各指标得分直接相加得到总分，然后根据总分高低来判定评价对象的排名。这种方法假定各指标的权重相同，省去确定指标权重的步骤，虽然步骤简单，但也有不足之处，无法衡量各指标的相对重要程度。所以，更为常用的方法是根据指标重要程度赋予相应的权重，然后将各指标得分乘以相应权重后求和再除以总权重值，得到加权平均分，最后再根据加权平均分进行排名。

以例 5-17 数据集示范综合评分法，分析代码如下：

```
######代码清单 6.10 summary analysis #######
```

```
library(mvstats)
df = read.csv("d5.8.1.1.csv", T)
### 6.10.1 Comprehensive Score method ###
df1 = z_data(df[, -1])
row.names(df1) = df[,1]
Si = apply(df1, 1, mean)
(df1 = cbind(df1, Si, rank = rank(-Si)))
```

程序代码说明，z_ data( )功能是对数据做无量纲规格化变化，其变化格式为：

$$z = (x - \min)/(\max - \min)$$

假定各变量的权重相同，综合得分就等于各变量的均值。最后根据综合得分进行排序。程序运行结果如下：

```
> df1
```

	h	dbh	v	cpro	wd	wpro	tl
9001	91.4286	87.5221	82.4197	82.2509	46.9057	88.2304	65.6711
9002	100.0000	100.0000	100.0000	72.9453	43.0566	94.4888	65.3188
9003	100.0000	89.9115	88.3743	40.0000	44.2170	92.5272	69.6477
9004	100.0000	94.9558	94.1021	75.5425	44.0472	92.8075	59.5302
9005	57.1429	45.8407	42.6654	73.2879	54.1509	77.9865	90.8389
9006	74.2857	55.9292	51.3422	89.3903	55.2830	76.5542	82.9866
9007	91.4286	59.1150	57.1267	67.2868	57.4057	73.9699	88.6242
9008	65.7143	48.4956	45.3875	100.0000	62.6132	68.1162	87.7685
9009	74.2857	67.3451	59.2250	75.3988	48.1226	86.3622	51.0738
9010	57.1429	40.0000	40.0000	78.8801	40.0000	100.0000	45.5369
9011	65.7143	55.3982	49.3006	73.3874	72.6321	58.5262	40.0000
9012	57.1429	51.1504	45.3308	72.5032	74.5000	56.9694	50.7215
9013	57.1429	60.9735	50.7750	79.8305	41.4717	97.2911	80.3188
9014	65.7143	55.9292	49.6408	84.0081	72.1792	58.9310	45.9899
9015	65.7143	52.4779	47.5992	83.0245	100.0000	40.0000	67.5839
9016	57.1429	46.9027	43.1758	71.5196	48.7736	85.3970	86.3591
9017	40.0000	49.5575	41.5312	84.3839	54.4057	77.6751	99.3960
9018	57.1429	45.0442	42.3251	95.0267	49.9906	83.6222	74.7819
9019	57.1429	58.0531	49.0737	79.3332	66.7736	63.9128	100.0000
9020	65.7143	51.1504	46.8620	80.7368	60.6321	70.2647	89.4295
9021	74.2857	64.9558	57.4669	85.8980	65.5849	65.0649	83.9430
9022	74.2857	63.8938	56.7297	79.5542	52.9906	79.4811	55.6544
9023	74.2857	67.0796	59.0548	76.8134	54.7170	77.2704	66.9295
9024	65.7143	50.8850	46.7486	71.7296	55.1415	76.7410	65.3691
9025	74.2857	61.2389	54.9149	84.4833	52.7642	79.8236	85.9564
9026	65.7143	58.3186	51.1153	84.4060	53.5283	78.7961	94.1611
9027	65.7143	60.4425	52.4197	72.4369	51.5472	81.4427	80.6208

```
9028     74.2857  65.7522  58.0340  69.9724  56.2170  75.4022  80.9732
9029     65.7143  59.1150  51.5690  78.8138  69.8585  60.9860  69.8490
9030     57.1429  55.3982  47.5992  83.1129  63.2925  67.4001  65.8221
               tw          lrt           Si    rank
9001      77.8814      61.1601     75.94111       3
9002      64.7881      70.3843     78.99799       1
9003      72.8390      68.2064     73.96923       4
9004      59.8305      68.8256     76.62682       2
9005      73.6441      86.3132     66.87450      19
9006      69.9576      82.3630     70.89909      10
9007      75.8051      82.6406     72.60029       6
9008      66.6525      89.4520     70.46664      11
9009      54.0678      65.2171     64.56646      24
9010      66.4831      50.9537     57.66630      30
9011      76.1017      40.0000     59.00672      28
9012      64.7881      56.9110     58.89081      29
9013      52.0763      95.6655     68.39392      14
9014      63.8559      53.1744     61.04698      27
9015      40.0000      94.7046     65.67827      22
9016      90.9322      69.6370     66.64888      20
9017      67.8814      98.9110     68.19353      16
9018      70.0000      74.9110     65.87162      21
9019      68.6017      98.8470     71.30422       9
9020     100.0000      66.1139     70.10041      12
9021      85.5085      71.4093     72.67967       5
9022      65.2966      61.0747     65.44009      23
9023      71.4831      66.7758     68.26770      15
9024      93.3051      51.1673     64.08906      25
9025      61.1017      92.6762     71.91610       8
9026      67.6695      94.3630     72.00802       7
9027      59.9576      88.6619     68.13818      17
9028      48.3898     100.0000     69.89183      13
9029      93.5169      54.6263     67.11653      18
9030      66.4407      69.5730     63.97573      26
```

由结果可知，当各变量权重相同时，综合得分前五名的树木个体分别是 9002、9004、9001、9003 和 90021。

6.10.2　层次分析法

层次分析法(analytic hierarchy process，AHP)，是将与决策总是有关的元素分解成目标、准则、方案等层次，在此基础之上进行定性和定量分析的决策方法。该方法是美国运筹学家、匹茨堡大学教授萨蒂于 20 世纪 70 年代初，在为美国国防部研究“根据各个工业部门对国家福利的贡献大小而进行电力分配”课题时，应用网络系统理论和多目标综合评价方法，提出的一种层次权重决策分析方法。

层次分析法是将决策问题按总目标、各层子目标、评价准则直至具体的备择方案的顺序分解为不同的层次结构，然后用求解判断矩阵特征向量的办法，求得每一层次的各元素对上一层次某元素的优先权重，最后再加权和的方法递阶归并各备择方案对总目标的最终权重，最终权重最大者即为最优方案。

层次分析的基本过程如下：

①构建各层次判断矩阵；

②计算各层次指标的权重；

③对判断矩阵进行一致性检验。

仍以例 5-17 数据集示范层次分析法。假定数据集中的 h、dbh、v 和 wpro 为生长指标，wd 和 cpro 为密度指标，tw、tl 和 lrt 为材性指标，这样就形成了 2 个层次，第一层为指标类型，第二层为具体指标。此外，假定密度指标最重要，其次是材性指标，最后是生长指标。

分析代码如下：

```
### 6.10.2 AHP method ###
df = df[,c(1: 4, 7, 5: 6, 8: 10)]
TT = c(1, 1/3, 1/2,
    3, 1, 2,
    2, 1/2, 1)
TT_ W = weight(TT)
CI_ CR(TT)
df_ A = z_ data(df[,2: 5])
df_ B = z_ data(df[,6: 7])
df_ C = z_ data(df[,8: 10])
row. names(df_ A) = row. names(df_ C) = row. names(df_ C) = df[,1]
A = c(1,   1/2, 1/3, 2,
2,     1, 1/2, 4,
3,     2,   1, 5,
1/2,   1/4, 1/5, 1)
A_ W = weight(A)
CI_ CR(A)
S_ rank(df_ A, A_ W)
B = c(1,   1/3,
3,     1)
B_ W = weight(B)
CI_ CR(B)
C = c(1,   2, 4,
```

```
1/2, 1, 2,
1/4, 1/2, 1)
C_ W=weight(C)
CI_ CR(C)
S1=S_ rank(df_ A, A_ W)$Si
S2=S_ rank(df_ B, B_ W)$Si
S3=S_ rank(df_ C, C_ W)$Si
S=cbind(S1, S2, S3)
S_ rank(S, TT_ W)
```

程序代码说明，向量 TT 为指标类型层次的判断矩阵，weight( )作用是计算各指标的权重，CI_ CR( )作用是对判断矩阵做一致性检验，S_ rank( )作用是计算各样本的综合得分及排名。

运行结果如下：

```
>TT_ W
[1] 0.1634 0.5396 0.2970
>CI_ CR(TT)
CI=0.0046
CR=0.0079
la_ max=3.0092
Consistency test is OK!

Wi: 0.1634 0.5396 0.297
>A_ W
[1] 0.1547 0.2879 0.4765 0.0810
>CI_ CR(A)
CI=0.007
CR=0.0078
la_ max=4.0211
Consistency test is OK!

Wi:   0.1547 0.2879 0.4765 0.081
>B_ W
[1] 0.25 0.75
>CI_ CR(B)
[1] 0.25 0.75
>C_ W
[1] 0.5714 0.2857 0.1429
>CI_ CR(C)
```

```
CI =0
CR =0
la_ max =3
Consistency test is OK!

Wi:    0.5714 0.2857 0.1429
> S1 = S_ rank(df_ A, A_ W) $ Si
              Si    ri
9001    85.76127    4
9002    99.56359    1
9003    90.96058    3
9004    95.16483    2
9005    48.68451   28
9006    58.25946   14
9007    64.37565    7
9008    51.27244   23
9009    66.09670    5
9010    47.51601   29
9011    54.34750   18
9012    49.78085   26
9013    58.46914   13
9014    54.69527   17
9015    51.19541   24
9016    49.83372   25
9017    46.53690   30
9018    48.74954   27
9019    54.11405   19
9020    52.91339   22
9021    62.84601   10
9022    63.35669    9
9023    65.20273    6
9024    53.30752   20
9025    61.75534   11
9026    57.69485   15
9027    59.14224   12
9028    64.18284    8
9029    56.69771   16
9030    52.92958   21
> S2 = S_ rank(df_ B, B_ W) $ Si
              Si    ri
```

```
1       55.74200   23
2       50.52878   28
3       43.16275   30
4       51.92103   26
5       58.93515   21
6       63.80982   11
7       59.87598   17
8       71.95990    6
9       54.94165   24
10      49.72002   29
11      72.82093    4
12      74.00080    3
13      51.06140   27
14      75.13643    2
15      95.75612    1
16      54.46010   25
17      61.90025   12
18      61.24963   13
19      69.91350    8
20      65.65828   10
21      70.66317    7
22      59.63150   19
23      60.24110   16
24      59.28852   20
25      60.69397   15
26      61.24773   14
27      56.76962   22
28      59.65585   18
29      72.09733    5
30      68.24760    9
> S3 = S_rank(df_C, C_W)$Si
              Si    ri
9001    68.51496   19
9002    65.89104   22
9003    70.35349   18
9004    60.94431   24
9005    85.27962    5
9006    79.17510   11
9007    84.10673    7
9008    81.97623    9
9009    53.95026   27
```

```
9010    52.29529   28
9011    50.31426   30
9012    55.62481   26
9013    74.44296   13
9014    52.12088   29
9015    63.57873   23
9016    85.27605    6
9017    90.32297    2
9018    73.43416   16
9019    90.86474    1
9020    89.11769    3
9021    82.59920    8
9022    59.18374   25
9023    68.20850   20
9024    71.32098   17
9025    79.81567   10
9026    86.62130    4
9027    75.86640   12
9028    74.38305   15
9029    74.43560   14
9030    66.53484   21
>S_ rank(S, TT_ W)
              Si   ri
9001    64.44072   17
9002    63.10366   20
9003    59.04857   28
9004    61.66698   25
9005    65.08450   13
9006    67.46638   10
9007    67.80775    9
9008    71.55442    4
9009    56.46994   29
9010    50.12474   30
9011    63.11789   19
9012    64.58559   16
9013    59.21615   27
9014    64.96072   14
9015    78.91822    1
9016    62.85649   21
9017    67.83143    8
9018    62.82592   23
```

```
9019    73.55439    2
9020    70.54321    5
9021    72.93085    3
9022    60.10721   26
9023    63.41815   18
9024    61.88487   24
9025    66.54655   11
9026    68.20314    7
9027    62.82905   22
9028    64.76954   15
9029    70.27549    6
9030    65.23594   12
```

由结果可知，第一层次，各指标类型的相对权重(生长指标、密度指标和材性指标)分别为0.163、0.540和0.297，并且通过一致性检验。

最后把所有结果汇总为表6-10。由表6-10可知，综合评分法和层次分析法所得结果差异较大，这是由于综合评分法假定各指标权重相同，而层次分析法则依生长指标、密度指标和材性指标假定不同的权重。在本例中，假定密度指标最重要，所以综合排名结果与密度指标的排名最接近。虽然大多数个体在指标间的排名差异比较大，但9006、9010排名变化不大，表明它们对所测指标类型变化不敏感，属于稳定型个体。正因为大多数个体排名差异大，更加显示了选择的方法、确定的指标以及指标权重，对于最终的分析结果至关重要。

表6-10 杉木性状综合评价结果

ID	综合评分法		生长指标		密度指标		材性指标		综合结果	
	得分	排名	得分	排名	得分	排名	得分	排名	得分	排名
9001	75.94	3	85.76	4	55.74	23	68.51	19	64.44	17
9002	79.00	1	99.56	1	50.53	28	65.89	22	63.10	20
9003	73.97	4	90.96	3	43.16	30	70.35	18	59.05	28
9004	76.63	2	95.16	2	51.92	26	60.94	24	61.67	25
9005	66.87	19	48.68	28	58.94	21	85.28	5	65.08	13
9006	70.90	10	58.26	14	63.81	11	79.18	11	67.47	10
9007	72.60	6	64.38	7	59.88	17	84.11	7	67.81	9
9008	70.47	11	51.27	23	71.96	6	81.98	9	71.55	4
9009	64.57	24	66.10	5	54.94	24	53.95	27	56.47	29
9010	57.67	30	47.52	29	49.72	29	52.30	28	50.12	30
9011	59.01	28	54.35	18	72.82	4	50.31	30	63.12	19
9012	58.89	29	49.78	26	74.00	3	55.62	26	64.59	16
9013	68.39	14	58.47	13	51.06	27	74.44	13	59.22	27
9014	61.05	27	54.70	17	75.14	2	52.12	29	64.96	14
9015	65.68	22	51.20	24	95.76	1	63.58	23	78.92	1
9016	66.65	20	49.83	25	54.46	25	85.28	6	62.86	21
9017	68.19	16	46.54	30	61.90	12	90.32	2	67.83	8

（续）

ID	综合评分法		生长指标		密度指标		材性指标		综合结果	
	得分	排名	得分	排名	得分	排名	得分	排名	得分	排名
9018	65.87	21	48.75	27	61.25	13	73.43	16	62.83	23
9019	71.30	9	54.11	19	69.91	8	90.86	1	73.55	2
9020	70.10	12	52.91	22	65.66	10	89.12	3	70.54	5
9021	72.68	5	62.85	10	70.66	7	82.60	8	72.93	3
9022	65.44	23	63.36	9	59.63	19	59.18	25	60.11	26
9023	68.27	15	65.20	6	60.24	16	68.21	20	63.42	18
9024	64.09	25	53.31	20	59.29	20	71.32	17	61.88	24
9025	71.92	8	61.76	11	60.69	15	79.82	10	66.55	11
9026	72.01	7	57.69	15	61.25	14	86.62	4	68.20	7
9027	68.14	17	59.14	12	56.77	22	75.87	12	62.83	22
9028	69.89	13	64.18	8	59.66	18	74.38	15	64.77	15
9029	67.12	18	56.70	16	72.10	5	74.44	14	70.28	6
9030	63.98	26	52.93	21	68.25	9	66.53	21	65.24	12

思考题

(1)名词解释

生长曲线 主成分分析 因子分析 聚类分析 判别分析 重抽样。

(2)以 agridat 包的数据集 besag. endive 为例，进行逻辑回归分析。

(3)以 agridat 包的数据集 mead. cauliflower 为例，进行泊松回归分析。

(4)以 agridat 包的数据集 steptoe. morex. pheno 为例，进行主成分和因子分析。

(5)以 agridat 包的数据集 australia. soybean 为例，进行聚类分析。

(6)以 agridat 包的数据集 australia. soybean 为例，进行综合评价分析。

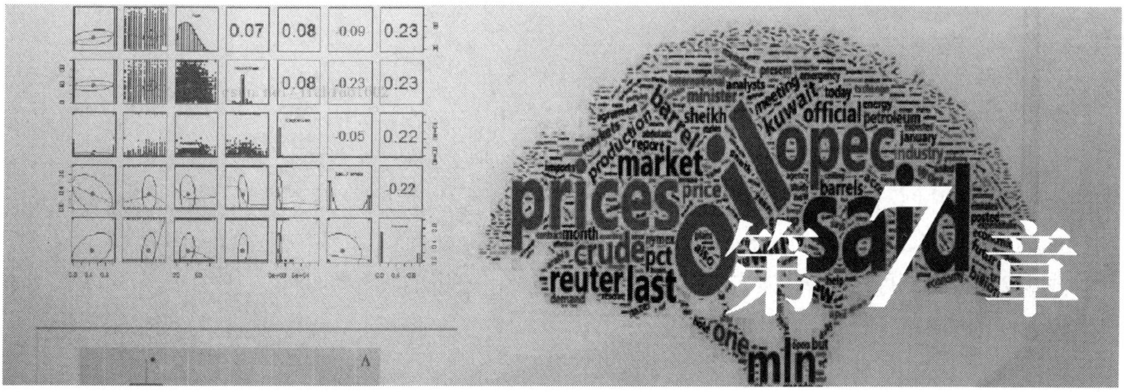

第7章 试验设计

试验设计(Experimental design)是影响试验研究是否成功的关键环节，也是提高试验质量的重要保证。其作用是控制、降低试验误差，提高试验的精确性，获得试验误差的无偏估计，进而对试验处理进行正确和有效地比较。选择合适的试验设计，可以大大降低非处理因素产生的试验误差。不管哪种试验设计，都应遵循“重复、随机排列和局部控制”三个原则。

重复是指在一个试验中每种处理(品种或措施)共同出现的次数。重复的作用在于降低试验误差，提高试验的准确性(可靠性)，估算试验误差。一般情况下，试验误差的大小与重复次数的平方根成反比。重复的次数必须根据试验要求的精度、条件差异、试验地面积、小区面积等多方面来考虑。严格来讲，重复次数的多少，应该由试验材料差异、精度和准确性等试验因子来决定。随机化是指处理的重复与小区的排列次序随机化。这样的排列使试验中的数据和统计值都建立在公平无偏的基础上，使试验误差的计算量可靠且可信。从一个总体中随机地抽取样本，对每样本随机地施以不同的处理，把每个处理随机地设置在试验单元或小区，以满足观测值及误差独立分布的前提，使差异显著性的检验有效。实现随机化的方法：现在基本都借助计算机产生随机数。局部控制是指在重复或区组内力求使条件一致。同一重复内的条件尽可能一致，不同重复间条件允许不一致。局部控制的关键是土壤差异的控制。

试验设计根据参试材料的因素多少可以分为：

①单因素试验设计　包括完全随机设计、随机区组设计、拉丁方设计等；

②多因素试验设计　包括正交设计、裂区设计、巢式设计、析因设计、条区设计等。

因素的简单效应(experimental effect)：在多因素试验中，一个试验因素在另一个试验因素的某一水平上的试验效应，称为这一个因素的简单效应。因素的主效应(main effect)：同一因素各简单效应的平均值称为该因素的主效应或平均效应。因素间的交互作用效应(interaction effect)：不同因素相互作用产生的新效应。所谓“新效应”是指不同因素综合效应与各因素单独效应的差值，也就是 A 因素与 B 因素相互作用产生的 A、B 以外的 C 效应。交互作用可为正值，也可为负值或零值，分别表示正、负及无交互作用。

考虑到试验设计的重要性，在 R 的工程网站上，专门设置了专栏（http：//cran. r-project. org/web/views/ExperimentalDesign. html），有关各种试验设计方法的程序包（图 7-1）。截止 2016 年 5 月 22 日，该专栏上有关试验设计和分析的程序包为 63 个。对于植物领域来说，agricolae 包和 agridat 比较常用。

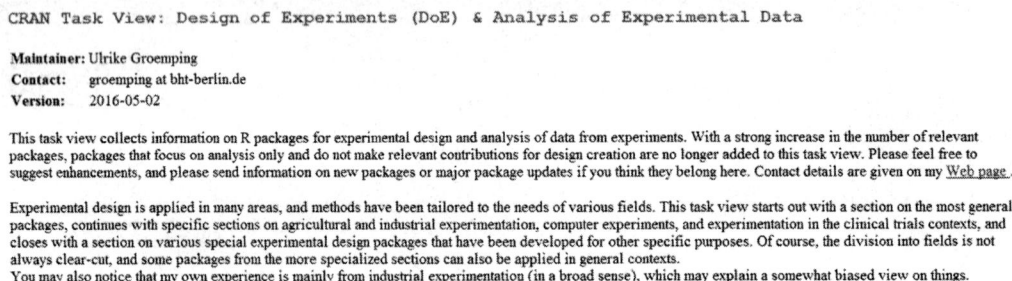

CRAN Task View: Design of Experiments (DoE) & Analysis of Experimental Data

Maintainer: Ulrike Groemping
Contact: groemping at bht-berlin.de
Version: 2016-05-02

This task view collects information on R packages for experimental design and analysis of data from experiments. With a strong increase in the number of relevant packages, packages that focus on analysis only and do not make relevant contributions for design creation are no longer added to this task view. Please feel free to suggest enhancements, and please send information on new packages or major package updates if you think they belong here. Contact details are given on my Web page .

Experimental design is applied in many areas, and methods have been tailored to the needs of various fields. This task view starts out with a section on the most general packages, continues with specific sections on agricultural and industrial experimentation, computer experiments, and experimentation in the clinical trials contexts, and closes with a section on various special experimental design packages that have been developed for other specific purposes. Of course, the division into fields is not always clear-cut, and some packages from the more specialized sections can also be applied in general contexts.
You may also notice that my own experience is mainly from industrial experimentation (in a broad sense), which may explain a somewhat biased view on things.

图 7-1　R 工程的试验设计专栏

7.1　完全随机设计

7.1.1　基本概念

完全随机设计（completely randomized design）是根据试验处理数将全部供试材料随机地分成若干组，然后再按组实施不同处理的设计。这种设计保证每种供试材料都有相同机会接受任何一种处理，而不受试验人员主观倾向的影响。在畜牧、水产、林业等试验中，当试验条件特别是试验材料的初始条件比较一致时，可采用完全随机设计。这种设计应用了重复和随机化两个原则，因此能使试验结果受非处理因素的影响基本一致，真实反映出试验的处理效应。

完全随机设计的实质是将供试材料随机分组。随机分组的方法有抽签法和采用随机数字表法，以采用随机数字表法为好，因为随机数字表上所有的数字都是按随机抽样原理编制的，表中任何一个数字出现在任何一个位置都是完全随机的。

完全随机设计的优点：

①设计容易　处理数与重复数都不受限制，适用于试验条件、环境、试验材料差异较小的试验。

②统计分析简单　无论所获得的试验资料各处理重复数相同与否，都可采用 t 检验或方差分析法进行统计分析。

完全随机设计的缺点：

①由于未应用试验设计三原则中的局部控制原则，非试验因素的影响被归入试验误差，试验误差较大，所以试验精确性相对较低。

②在试验条件、环境、试验材料差异较大时，不宜采用此种设计方法。

7.1.2　R 出设计

程序包 agricolae 中的 design. crd( )函数可生成完全随机设计表，用法如下：

```
design.crd(trt, r, serie = 2, seed = 0, kinds = "Super-Duper")
```

其中，trt 代表试验因子，*r* 代表重复次数，serie 代表 plot 表示位数(取值 1，plots = 11；取值 2，plots = 101；取值 3，plots = 1001)，seed 为随机种子，kinds 为产生随机种化的方法。

假设有试验因素 A，共有 5 个水平，重复 3 次，生成设计表的代码如下：

```
################ 7.1  CR design  ##############
library(agricolae)
trt <-paste("A", 1: 5, sep = "")
r <-3

outdesign2 <-design.crd(trt, r, serie = 3)#seed = 123
print(outdesign2 $parameters)
crd <-outdesign2 $book

write.csv(crd,"crd.csv", row.names = FALSE)#结果输出为 excel
file.show("crd.csv")
```

运行结果如下：

```
> crd
      plots  r   trt
1     1001   1   A2
2     1002   1   A3
3     1003   1   A5
4     1004   1   A4
5     1005   2   A3
6     1006   2   A2
7     1007   2   A4
8     1008   3   A2
9     1009   1   A1
10    1010   2   A5
11    1011   2   A1
12    1012   3   A1
13    1013   3   A4
14    1014   3   A5
15    1015   3   A3
```

通过 R 生成的设计表，可以输出到 excel 中，其输出结果如图 7-2 所示：

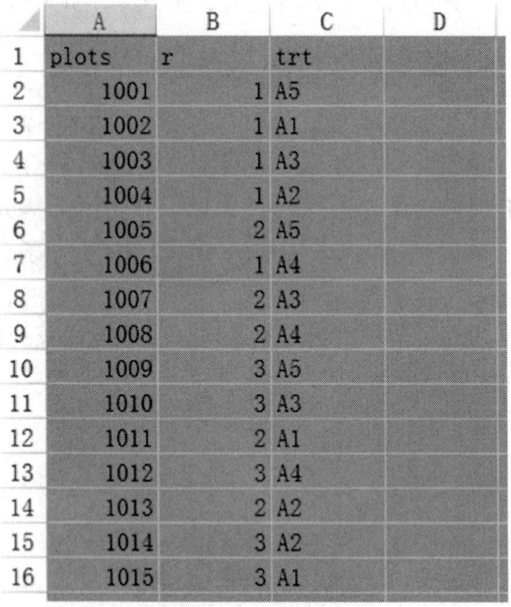

	A	B	C	D
1	plots	r	trt	
2	1001	1	A5	
3	1002	1	A1	
4	1003	1	A3	
5	1004	1	A2	
6	1005	2	A5	
7	1006	1	A4	
8	1007	2	A3	
9	1008	2	A4	
10	1009	3	A5	
11	1010	3	A3	
12	1011	2	A1	
13	1012	3	A4	
14	1013	2	A2	
15	1014	3	A2	
16	1015	3	A1	

图 7-2　完全随机设计表

输出到 excel 表，可以实现试验设计、数据录入和数据分析的一体化。例如，在图 7-2 的设计表后直接添加一列，如重量，然后将所得的试验数据录入，就可直接进行数据分析，无需再做数据的转换。

7.1.3　示范案例

【例 7-1】有一水稻施肥的盆栽试验，设置了 5 个处理：A1 和 A2 分别施用两种不同工艺流程的氨水，A3 施碳酸氢铵，A4 施尿素，A5 为对照。每个处理各 4 盆，随机置于同一试验大棚。水稻稻谷产量见表 7-1。试分析不同施肥处理下，水稻稻谷产量之间是否有显著差异?

表 7-1　水稻施肥盆栽试验的产量结果

处理	产量(g/盆)			
A1	24	30	28	26
A2	27	24	21	26
A3	31	28	25	30
A4	32	33	33	28
A5	21	22	16	21

分析代码如下：

```
#########代码清单 7.1b #########
library(agricolae)

####建立数据集 df ####
```

```
yield<-scan()
24 30 28 26
27 24 21 26
31 28 25 30
32 33 33 28
21 22 16 21

Treat<-rep(paste("A", 1: 5, sep=""), rep(4, 5))
df<-data.frame(Treat, yield)

####方差分析 ####
fit<-aov(yield~Treat, data=df)
summary(fit)

# duncan 多重比较
duncan.test(fit, "Treat", alpha=0.05, console=T)
```

运行结果如下：

```
>summary(fit)
             Df    Sum Sq    Mean Sq    F value   Pr(>F)
Treat         4     301.2      75.30      11.18   0.000209 ***
Residuals    15     101.0       6.73
---
Signif. codes: 0 '***' 0.001 '**' 0.01 '*' 0.05 '.' 0.1 ' ' 1
>duncan.test(fit, "Treat", alpha=0.05, console=T)
Study: fit~"Treat"
Duncan's new multiple rangetestfor yield

Mean Square Error: 6.733333

Treat,  means
    yield       std       r    Min    Max
A1   27.0   2.581989      4     24     30
A2   24.5   2.645751      4     21     27
A3   28.5   2.645751      4     25     31
A4   31.5   2.380476      4     28     33
A5   20.0   2.708013      4     16     22

alpha: 0.05 ; Df Error: 15
```

```
Critical Range
       2          3          4          5
3.910886  4.099664  4.216980  4.296902

Means with the same letter are not significantly different.
Groups, Treatments and means
a        A4     31.5
ab       A3     28.5
b        A1     27
b        A2     24.5
c        A5     20
```

将方差分析结果整理成方差分析表，见表 7-2。

表 7-2　方差分析表

变异来源	自由度 *df*	平方和 *SS*	均方 *MS*	*F* 值	*P* 值
处理间	4	301.2	75.30	11.18	0.0000209 * * *
误差	15	101.0	6.73		
总变异	19	402.2			

方差分析结果表明，对处理(treat)的 F 检验是极显著的($p<0.001$)，说明不同施肥处理的水稻稻谷产量有显著差异。处理间的多重比较过程为，首先设定了 α 值 =0.05，误差自由度 $df=15$，误差均方 =6.73；其次计算了各处理的平均值，以及被比较处理的秩次距分别为 2、3、4、5 时的最小显著极差(critical range)；最后是多重比较的结果，groups、treatments 和 means 分别代表处理分组结果、处理号和处理平均值。5 个处理分为 3 组，相同字母表示同一组，不同字母表示不同组。同一组内，处理之间差异不显著。不同组间，处理之间在 0.05 水平上差异显著。A4 和 A3 组成 a 组，A4 和 A3 之间差异不显著，但 A4 的产量显著高于其他处理。A3、A1、A2 组成 b 组，处理间差异不显著。产量最低的是 A5，为 c 组。

7.2　随机区组设计

7.2.1　基本概念

随机区组设计(randomized block design)，也称为随机完全区组设计(random complete block dsign，RCB)，是随机排列设计中最常用和最基本的设计。这种设计的特点是根据“局部控制”的原则，将试验地按肥力程度划分为等于重复次数的区组，每区组安排一重复，区组内各处理都独立地随机排列。

随机区组设计通过使用区组方法减小误差变异，即用区组方法分离出由无关变量引起的变异，使其不出现在处理效应和误差的变异中。

随机区组设计的优点：

①设计简单，容易掌握；

②富于伸缩性，单因素、多因素以及综合性的实验都可应用；

③能提供无偏的误差估计，并有效地减少单向的肥力差异，降低误差；

④对试验地的地形要求不严，必要时，不同区组亦可分散设置在不同地段上。

随机区组设计的缺点：

不允许处理数太多，一般不超过 20 个。因为处理多，区组必然增大，局部控制的效率降低，而且只能控制一个方向的土壤差异。

7.2.2　R 出设计

程序包 agricolae 中的 design. rcrd( )函数可生成随机区组设计表，用法如下：

```
design.rcbd(trt, r, serie =2, seed =0, kinds ="Super-Duper", continue =F)
```

其中，trt 代表试验因子，r 代表区组次数，serie 代表小区 plot 表示位数(取值 1，plots = 11；取值 2，plots = 101；取值 3，plots = 1001)，seed 为随机种子，kinds 为产生随机化的方法，continue 为 F 代表小区 plot 编号不连续。

假设有试验因子 5 个水平，6 个区组，生成设计表的代码如下：

```
################ 7.2  RCB design  ##############

library(agricolae)
# 5 treatments and 6 blocks
trt <-c("A","B","C","D","E")
outdesign <-design.rcbd(trt, r =6, serie =2, seed =986,"Wichmann-Hill")
rcbd <-outdesign $book # field book

# Plots in field model ZIGZAG
fieldbook <-zigzag(outdesign)
print(t(matrix(fieldbook[,1], 5, 6)))
print(t(matrix(fieldbook[,3], 5, 6)))
```

运行结果如下：

```
> rcbd
    plots   block     trt
1     101       1       B
2     102       1       E
3     103       1       D
4     104       1       A
5     105       1       C
6     201       2       C
```

```
7     202     2     A
8     203     2     E
9     204     2     B
10    205     2     D
11    301     3     B
12    302     3     D
13    303     3     C
14    304     3     A
15    305     3     E
16    401     4     C
17    402     4     B
18    403     4     A
19    404     4     D
20    405     4     E
21    501     5     C
22    502     5     B
23    503     5     D
24    504     5     E
25    505     5     A
26    601     6     B
27    602     6     A
28    603     6     D
29    604     6     C
30    605     6     E
>fieldbook<-zigzag(outdesign)
>print(t(matrix(fieldbook[,1], 5, 6)))
        [,1]  [,2]  [,3]  [,4]  [,5]
[1,]    101   102   103   104   105
[2,]    205   204   203   202   201
[3,]    301   302   303   304   305
[4,]    405   404   403   402   401
[5,]    501   502   503   504   505
[6,]    605   604   603   602   601
>print(t(matrix(fieldbook[,3], 5, 6)))
        [,1]  [,2]  [,3]  [,4]  [,5]
[1,]    "B"   "E"   "D"   "A"   "C"
[2,]    "C"   "A"   "E"   "B"   "D"
[3,]    "B"   "D"   "C"   "A"   "E"
[4,]    "C"   "B"   "A"   "D"   "E"
[5,]    "C"   "B"   "D"   "E"   "A"
```

```
[6,]         "B"        "A"        "D"        "C"        "E"
```

对于随机区组设计，不仅可以输出设计表，还能输出田间设计图，便于区组内小区和试验因子的安排。同理可以将上述结果输出到 excel 表中，以达到设计、实施、录入、分析的一体化。

7.2.3　示范案例

7.2.3.1　单因素随机区组设计

【例 7-2】水稻品种比较试验，供试品种有 A、B、C、D、E、F，其中 D 为对照 CK，重复 4 次，采用随机区组设计，小区计产面积为 15m^2，测定结果见表 7-3，试做方差分析。

表 7-3　水稻品种比较试验的产量　　kg/15m^2

Variety	b1	b2	b3	b4
A	15.3	14.9	16.2	16.2
B	18.0	17.6	18.6	18.3
C	16.6	17.8	17.6	17.8
D(CK)	16.4	17.3	17.3	17.8
E	13.7	13.6	13.9	14.0
F	17.0	17.6	18.2	17.5

分析代码如下：

```
######代码清单 7.2.3.1 ######
library(reshape); library(agricolae)

df <-read.csv(file ='d7.2.3.1.csv', header =T)
df2 <-melt(df, id =c("Variety"))
colnames(df2)[2: 3] <-c("Rep","y")
str(df2)

fit <-aov(y ~ Variety + Rep, data =df2)
summary(fit)
duncan.test(fit,"Variety", alpha =0.05, console =T)
```

代码说明：由于本例的数据没有采用 R 包直接出的设计表录入数据，而是类似表 7-3 的格式，因此，需要先进行数据变换。

运行结果如下：

```
>summary(fit)
```

```
             Df    Sum Sq   Mean Sq   F value   Pr(>F)
Variety       5     52.38    10.476    78.764   3.17e-10 ***
Rep           3      2.68     0.893     6.717   0.00431 **
Residuals    15      2.00     0.133
---
Signif. codes: 0 '***' 0.001 '**' 0.01 '*' 0.05 '.' 0.1 ' ' 1
>duncan.test(fit,"Variety", alpha=0.05, console=T)
Study: fit ~ "Variety"

Duncan's new multiple range test for y
Mean Square Error: 0.133

Variety, means
        y         std        r     Min     Max
A    15.650   0.6557439      4     14.9    16.2
B    18.125   0.4272002      4     17.6    18.6
C    17.450   0.5744563      4     16.6    17.8
D    17.200   0.5830952      4     16.4    17.8
E    13.800   0.1825742      4     13.6    14.0
F    17.575   0.4924429      4     17.0    18.2

alpha: 0.05 ; Df Error: 15
Critical Range
        2          3          4          5          6
0.5496495  0.5761811  0.5926692  0.6039017  0.6119569

Means with the same letter are not significantly different.
Groups, Treatments and means
a   B   18.12
b   F   17.58
b   C   17.45
b   D   17.2
c   A   15.65
d   E   13.8
```

方差分析的结果表明，参试品种平均产量之间差异极显著（$p = 3.17e-10 < 0.001$），因此还需要进行品种平均产量间的多重比较。多重比较结果显示，品种 B 的产量最高，显著高于其他品种和对照 D；品种 F、C 与对照 D 之间差异不显著，但均显著高于品种 A、E；品种 A、E 之间差异不显著，且显著低于对照 D。

7.2.3.2 双因素随机区组设计

【例7-3】玉米品种A和施肥B双因素试验，A因素有4个水平，为A1、A2、A3、A4，B因素有2个水平，为B1、B2，重复3次，采用随机区组设计，小区计产面积为20m^2，测定结果如表7-4所示，试做方差分析。

表7-4 玉米品种栽培试验的产量 kg/20m^2

A	B	y1	y2	y3
A1	B1	12	13	13
	B2	11	10	13
A2	B1	19	16	12
	B2	20	19	17
A3	B1	19	18	16
	B2	10	8	7
A4	B1	17	16	15
	B2	11	9	8

分析代码如下：

```
######代码清单 7.2.3.2 ######
library(reshape); library(agricolae)

df <-read.csv(file = "d7.2.3.2.csv", header = T)
df2 <-melt(df, id = c("A","B"))
colnames(df2)[3:4] <-c("Blk","y")

fit <-aov(y ~ A* B + Blk, data = df2)
summary(fit)
duncan.test(fit,"A", alpha = 0.05, console = T)
duncan.test(fit,"B", alpha = 0.05, console = T)
```

运行结果如下：

```
> summary(fit) # show ANOVA table
              Df    Sum Sq    Mean Sq    F value    Pr(>F)
A              3     98.79      32.93     15.199    0.000111 ***
B              1     77.04      77.04     35.558    3.47e-05 ***
Blk            2     20.33      10.17      4.692    0.027567 *
A:B            3    136.46      45.49     20.994    1.90e-05 ***
Residuals     14     30.33       2.17
---
Signif. codes: 0 '***' 0.001 '**' 0.01 '*' 0.05 '.' 0.1 ' ' 1
> duncan.test(fit,"A", alpha = 0.05, console = T)
Study: fit ~ "A"
Duncan's new multiple rangetestfor y
```

```
Mean Square Error:  2.166667
A,  means
          y        std  r Min Max
A1  12.00000  1.264911  6  10  13
A2  17.16667  2.926887  6  12  20
A3  13.00000  5.291503  6   7  19
A4  12.66667  3.829708  6   8  17

alpha: 0.05 ; Df Error: 14
Critical Range
       2        3        4
1.822718 1.909920 1.963738

Means with the same letter are not significantly different.
Groups, Treatments and means
a  A2  17.17
b  A3  13
b  A4  12.67
b  A1  12
>duncan.test(fit,"B", alpha=0.05, console=T)
Study: fit ~ "B"
Duncan's new multiple rangetestfor y

Mean Square Error:  2.166667
B,  means
          y        std  r Min Max
B1  15.50000  2.540580 12  12  19
B2  11.91667  4.420167 12   7  20

alpha: 0.05 ; Df Error: 14
Critical Range
       2
1.288856
Means with the same letter are not significantly different.
Groups, Treatments and means
a  B1  15.5
b  B2  11.92
```

从方差分析结果可知，F 检验显示，品种 A、施肥 B 水平间以及品种与施肥交互作用

(A×B)间的差异均显著，所以应进一步进行多重比较。多重比较结果表明，对于A因素，品种A2的平均产量最高，极显著高于A3、A4和A1，而品种A3、A4和A1之间差异不显著；对于B因素，施肥B1的平均产量显著高于B2。此外，F检验表明A×B显著，还需对两因素水平组合进行多重比较。

因duncan.model无法对A×B水平组合直接进行多重比较，所以采用另一种方法，分析代码和结果如下：

```
>with(df2, duncan.test(y, A:B, DFerror =14, MSerror =2.17, console =T))
Study: y ~ A:B
Duncan's new multiple rangetestfor y
Mean Square Error:   2.17
A:B,   means
                   y         std  r  Min  Max
A1:B1      12.666667   0.5773503  3   12   13
A1:B2      11.333333   1.5275252  3   10   13
A2:B1      15.666667   3.5118846  3   12   19
A2:B2      18.666667   1.5275252  3   17   20
A3:B1      17.666667   1.5275252  3   16   19
A3:B2       8.333333   1.5275252  3    7   10
A4:B1      16.000000   1.0000000  3   15   17
A4:B2       9.333333   1.5275252  3    8   11
alpha: 0.05 ; Df Error: 14
Critical Range
       2         3         4         5         6         7
2.579695  2.703112  2.779281  2.830767  2.867363  2.894153
       8
2.914097
Means with the same letter are not significantly different.
Groups, Treatments and means
a     A2:B2    18.67
ab    A3:B1    17.67
ab    A4:B1    16
b     A2:B1    15.67
c     A1:B1    12.67
cd    A1:B2    11.33
de    A4:B2    9.333
e     A3:B2    8.333
```

A、B因素水平组合的多重比较结果显示，处理A2B2的产量最高，显著高于除A3B1和A4B1组合以外的其他组合；A3B1、A4B1和A2B1组合之间差异不显著，但显著高于A1B1、A1B2、A4B2和A3B2；A1B1、A1B2组合之间差异不显著，但显著高于A3B2；

A4B2 组合显著高于 A3B2。因此最优水平组合为 A2B2，即采用品种 A2，施肥为 B2 水平。

对于双因素的交互作用，还可以通过 HH 程序包的 interaction2wt( )来展示交互作用，代码如下：

```
library(HH) # version 3.1 -21
interaction2wt(y ~ A* B, data = df2)
```

生成的图形如图 7-3 所示。

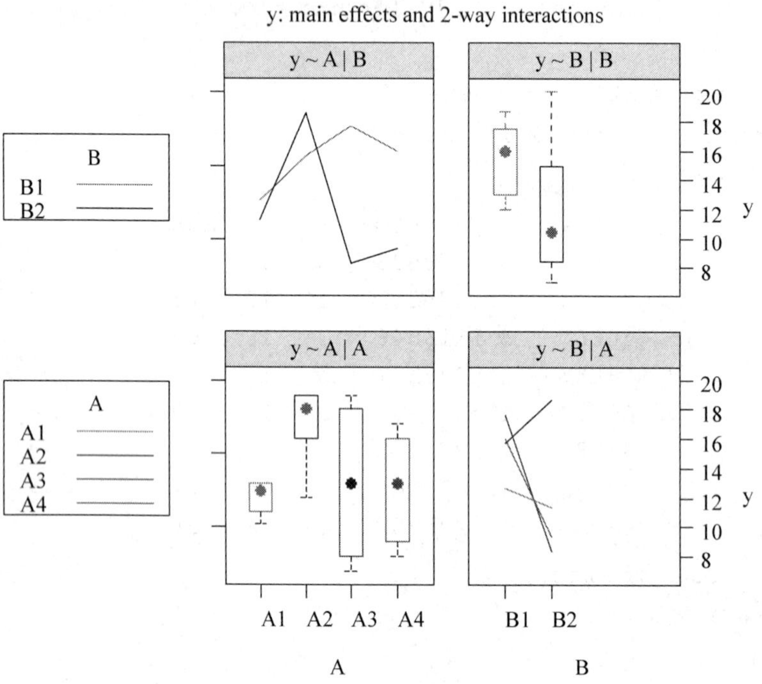

图 7-3 AB 因子的交互作用

7.2.3.3 三因素随机区组设计

【例 7-4】某棉花栽培试验，为三因素试验，其中，A 因素为品种，有 A1(陆地棉)、A2(草棉)两个水平，B 因素为播期，有 B1(谷雨期)、B2(立夏期)两个水平，C 因素为密度，有 C1(3500 株/亩)、C2(5000 株/亩)、C3(6500 株/亩)三个水平，重复 3 次，随机区组设计，小区计产面积为 $22m^2$，测定结果见表 7-5 所示，试做方差分析。

表 7-5 棉花栽培试验的棉籽产量 $kg/22m^2$

A	B	C	*y*1	*y*2	*y*3
A1	B1	C1	6.0	7.0	6.5
		C2	6.0	5.5	5.5
		C3	5.0	4.5	4.5
	B2	C1	5.0	4.5	4.5
		C2	4.5	4.5	4.0
		C3	3.0	3.0	3.5

（续）

A	B	C	*y*1	*y*2	*y*3
A2	B1	C1	1. 5	1. 0	2. 0
		C2	2. 0	1. 5	2. 0
		C3	3. 5	3. 0	3. 5
	B2	C1	1. 0	1. 0	1. 5
		C2	1. 5	2. 0	2. 5
		C3	2. 5	3. 5	3. 5

分析代码如下：

```
######代码清单 7. 2. 3. 3 ######
df <-read. csv(file = "d7. 2. 3. 3. csv", header = T)
df2 <-melt(df, id = c("A","B","C"))
colnames(df2)[4: 5] <-c("Blk","y")

duncan. model <-aov(y ~ A* B* C + Blk, data = df2)
summary(duncan. model)# show ANOVA table

ls <-colnames(df2)[1: 3]
 for(i in 1: 3){
 duncan. test(duncan. model, ls[i], alpha = 0. 05, console = T)
 }

with(df2, duncan. test(y, A:B, DFerror = 22, MSerror = 0. 15, console = T))
with(df2, duncan. test(y, A: C, DFerror = 22, MSerror = 0. 15, console = T))
```

运行结果如下：

```
> summary(fit)# show ANOVA table
            Df    Sum Sq    Mean Sq   F value   Pr( > F)
A            1     64. 00     64. 00   438. 857  5. 05e - 16 * * *
B            1      6. 25      6. 25    42. 857  1. 39e - 06 * * *
C            2      0. 13      0. 06     0. 429  0. 657
Blk          2      0. 29      0. 15     1. 000  0. 384
A:B          1      4. 69      4. 69    32. 190  1. 05e - 05 * * *
A:C          2     20. 04     10. 02    68. 714  3. 45e - 10 * * *
B:C          2      0. 37      0. 19     1. 286  0. 296
A:B:C        2      0. 01      0. 01     0. 048  0. 954
Residuals   22      3. 21      0. 15
---
Signif. codes:  0 ‘* * * ’ 0. 001 ‘* * ’ 0. 01 ‘* ’ 0. 05 ‘. ’ 0. 1 ‘ ’ 1
```

方差分析结果显示，F 检验表明，A 因素(品种)、B 因素(播期)、A × B 以及 A × C 之间的差异极显著，其余都不显著。所以对上述差异显著的四项进一步做多重比较。

```
>for(i in 1: 3){duncan.test(fit, ls[i], alpha=0.05, console=T)}
Study: fit~ls[i]
Duncan's new multiple range test for y

Mean Square Error:   0.1458333
A,    means
                 y          std    r  Min  Max
A1      4.833333    1.1114379  18    3  7.0
A2      2.166667    0.9074852  18    1  3.5

alpha: 0.05 ; Df Error: 22
Critical Range
        2
0.2639911

Means with the same letter are not significantly different.
Groups, Treatments and means
a A1 4.833
b A2 2.167
```

A 因素(品种)的多重比较结果显示，品种 A1(陆地棉)的平均产量显著高于 A2 品种(草棉)，即品种陆地棉优于草棉。

```
Study: fit~ls[i]
Duncan's new multiple range test for y

Mean Square Error:   0.1458333
B,    means
                 y          std    r  Min  Max
B1      3.916667    1.942179  18    1    7
B2      3.083333    1.297622  18    1    5

alpha: 0.05 ; Df Error: 22
Critical Range
        2
0.2639911

Means with the same letter are not significantly different.
Groups, Treatments and means
a   B1   3.917
```

```
b   B2   3.083
```

B 因素(播期)的多重比较结果显示，播期 B1(谷雨期)的平均产量显著高于播期 B 2(立夏期)，即谷雨期优于立夏期。由于 C 因素(密度)之间差异不显著，故省去其多重比较结果。

```
>with(df2, duncan.test(y, A:B, DFerror=22, MSerror=0.15, console=T))
Study: y ~ A:B
Duncan's new multiple range test for y
Mean Square Error:  0.15
A:B,  means
              y         std   r  Min  Max
A1:B1   5.611111  0.8579692  9  4.5  7.0
A1:B2   4.055556  0.7264832  9  3.0  5.0
A2:B1   2.222222  0.9052317  9  1.0  3.5
A2:B2   2.111111  0.9610469  9  1.0  3.5

alpha: 0.05 ; Df Error: 22
Critical Range
        2          3          4
0.3786357  0.3975736  0.4096772
Means with the same letter are not significantly different.
Groups, Treatments and means
a   A1:B1   5.611
b   A1:B2   4.056
c   A2:B1   2.222
c   A2:B2   2.111
```

A、B 水平组合多重比较结果显示，A1B1 组合的平均产量显著高于其他组合；A1B2 组合显著高于 A2B1 和 A2B2；而 A2B1 和 A2B2 之间差异不显著。

```
>with(df2, duncan.test(y, A: C, DFerror=22, MSerror=0.15, console=T))
Study: y ~ A: C
Duncan's new multiple range test for y
Mean Square Error: 0.15
A: C, means
              y         std   r  Min  Max
A1:C1   5.583333  1.0684880  6  4.5  7.0
A1:C2   5.000000  0.7745967  6  4.0  6.0
A1:C3   3.916667  0.8612007  6  3.0  5.0
A2:C1   1.333333  0.4082483  6  1.0  2.0
A2:C2   1.916667  0.3763863  6  1.5  2.5
```

```
A2:C3        3.250000    0.4183300    6   2.5   3.5
alpha: 0.05 ; Df Error: 22
Critical Range
         2          3          4          5          6
0.4637321 0.4869262 0.5017501 0.5121683 0.5199028
Means with the same letter are not significantly different.
Groups, Treatments and means
a    A1:C1    5.583
b    A1:C2    5
c    A1:C3    3.917
d    A2:C3    3.25
e    A2:C2    1.917
f    A2:C1    1.333
```

A、C 水平组合多重比较结果显示，A、C 各水平组合之间均差异显著，其中 A1C1 组合的平均产量最高。

综上，本试验的最优组合为 A1B1C1，即品种采用陆地棉(A1)，播期选择谷雨期(B1)，密度为 3500 株/亩(C1)。

7.3 平衡不完全区组设计

7.3.1 基本概念

在随机区组设计中，当处理数较多时常常会出现一个区组不能容纳全部处理的情形，这时可以采用平衡不完全区组设计(balanced incomplete block design, BIB)。

对于 BIB 设计，各区组内的小区数小于试验的处理数，即每个区组不能包含所有的处理(不完全区组)，每种处理在同一区组内最多只出现一次，而且在整个试验中有相同的被测次数，此外，任意一对处理都在同一区组内有相同的相遇机会，因而整个试验平衡。

BIB 设计需要满足的条件：

设处理数为 v，每区组内小区数为 k，每处理重复数为 r，区组数为 b，则整个试验总的小区数 $n=vr=bk$，每对处理在同一区组内同时出现的次数为：

$$\lambda = \frac{r(k-1)}{v-1}$$

综合起来，BIB 设计的必要条件是 b, k, v, r, λ 这五个参数都必须是正整数，并且满足：①$vr=bk$；②$\lambda<r$，$v\leq b$，$k<v$；③$\lambda(v-1)=r(k-1)$。

BIB 设计步骤一般如下：

①确定 v, r, k，计算出 b；

②查“平衡不完全区组设计表”确定各区组内处理的组成；

③对各区组内处理做随机排列；

④对各区组进行随机排列。

BIB 设计的优点：

①试验设计的均衡性；

②进行多处理间的可靠比较。

BIB 设计的缺点：

①试验规模较大；

②区组数必须严格按数目设置，否则就失去平衡性。

7.3.2　R 出设计

程序包 agricolae 中的 design.bib( ) 函数可设计平衡不完全区组，用法如下：

```
design.bib(trt, k, r = NULL, serie = 2, seed = 0, kinds = "Super-Duper",
maxRep = 20)
```

其中，trt 代表试验因子，k 代表区组内小区大小，r 代表重复次数，serie 代表小区 plot 表示位数(取值 1，plots = 11；取值 2，plots = 101；取值 3，plots = 1001)，seed 为随机种子，kinds 为产生随机化的方法，maxRep 代表最大负荷量。

假设试验因素有 4 个水平，小区为 3，生成设计表的代码如下：

```
######### 7.3 BIB design ###################
library(agricolae)
# 4 treatments and k = 3 size block
trt <-c("A","B","C","D")
k <-3
outdesign <-design.bib(trt, k, serie = 2, seed = 41,
kinds = "Super-Duper") # seed = 41
print(outdesign $ parameters)
bib <-outdesign $ book
plots <-as.numeric(bib[,1])
matrix(plots, byrow = TRUE, ncol = k)
print(outdesign $ sketch)
```

运行结果如下：

```
> bib
    plots  block   trt
1     101      1     D
2     102      1     B
3     103      1     A
4     201      2     B
5     202      2     A
6     203      2     C
7     301      3     B
```

```
8      302      3      D
9      303      3      C
10     401      4      A
11     402      4      C
12     403      4      D
>plots<-as.numeric(bib[,1])
>matrix(plots, byrow=TRUE, ncol=k)
        [,1]  [,2]  [,3]
[1,]     101   102   103
[2,]     201   202   203
[3,]     301   302   303
[4,]     401   402   403
>print(outdesign$sketch)
        [,1]  [,2]  [,3]
[1,]     "D"   "B"   "A"
[2,]     "B"   "A"   "C"
[3,]     "B"   "D"   "C"
[4,]     "A"   "C"   "D"
```

同样地，对于 BIB 设计，不仅可以输出设计表，还能输出田间设计图，便于试验因子和区组号、小区号的安排，以及后续数据分析的一体化。

7.3.3　示范案例

【例 7-5】某苗圃的一个杉木的子代测定，包括 8 个单亲子代与一个对照家系，试验点分为 12 个区组，每区组只能容纳 9 个处理，区组内为 3 个小区，每个品种重复 4 次，采用 BIB 设计，每小区内随机抽取同样的株数，平均树高见表 7-6，试做方差分析。

表 7-6　杉木平均树高　　cm

Trt	b1	b2	b3	b4	b5	b6	b7	b8	b9	b10	b11	b12
1	9.40			7.38			8.62			8.54		
2	8.68				9.52			8.52			8.00	
3	9.36					9.24			8.42			9.08
4		9.10		7.40					8.14		8.20	
5		6.70			7.14		7.32					6.86
6		8.72				9.06		9.32		8.14		
7			6.46	7.30				8.60				8.56
8			8.20		7.90				7.26	7.86		
9			8.52			8.26	7.22				7.84	

分析代码如下：

```
########代码清单 7.3.3b ###########
library(asreml)

```

```
df <-read.csv(file ='d7.3.3.csv', header = T)
fit <-aov(height ~., data = df)
summary(fit)
duncan.test(fit,"Trt", alpha =0.05, console = T)
```

运行结果如下：

```
> summary(fit)
            Df    Sum Sq    Mean Sq    F value    Pr(>F)
Trt          8    12.904     1.6130      5.217    0.00247 **
Blk         11     5.992     0.5447      1.762    0.14711
Residuals   16     4.947     0.3092
---
Signif. codes: 0 '***' 0.001 '**' 0.01 '*' 0.05 '.' 0.1 ' ' 1
72 observations deleted due tomissingness
> duncan.test(fit,"Trt", alpha =0.05)
Study:
Duncan's new multiple rangetestfor height
Mean Square Error:   0.3092019

alpha: 0.05 ; Df Error: 16
Critical Range
        2          3          4          5          6          7
0.8335324  0.8740702  0.8994104  0.9167872  0.9293414  0.9387066
        8          9
0.9458339  0.9513219

Means with the same letter are not significantly different.

Groups, Treatments and means
a       3     9.025
ab      6     8.81
abc     2     8.68
abcd    1     8.485
abcd    4     8.21
bcd     9     7.96
cde     8     7.805
de      7     7.73
e       5     7.005
```

BIB 设计可视为随机区组设计缺区的一个特例，本例采用双因素无交互作用的模型。方差分析结果表明，处理间差异显著，而区组间差异不显著。Duncan 多重比较结果显示，

9 个处理可分成 5 组。

附注：运行结果中的多重比较部分，省去了各处理的平均值计算结果。此外，回归模型中"height ~. "，符号". "表示数据集 df 除了 height 外的其他所有变量。

7.4 拉丁方设计

7.4.1 基本概念

拉丁方设计(Latin square design)是从横行和直列两个方向进行双重局部控制，使得横行和直列两向皆成单位组，是比随机单位组设计多一个单位组的设计。以 n 个拉丁字母 A，B，C，…，为元素，作一个 n 阶方阵，若这 n 个拉丁方字母在这 n 阶方阵的每一行、每一列都出现，且只出现一次，则称该 n 阶方阵为 $n \times n$ 阶拉丁方。

拉丁方设计的优点：

①试验设计的均衡性　在拉丁方设计中，每一行或每一列都成为一个完全单位组，而每一处理在每一行或每一列都只出现一次，也就是说，在拉丁方设计中，试验处理数 = 横行单位组数 = 直列单位组数 = 试验处理的重复数。

②试验设计的精度高　在对拉丁方设计试验结果进行统计分析时，由于能将横行、直列二个单位组间的变异从试验误差中分离出来，因而理论上拉丁方设计的试验误差比随机单位组设计小，试验精确性比随机单位组设计高。

拉丁方设计的缺点：

①最多只能允许 3 个试验因素，包含横行、直列单位组因素与试验因素，且水平必须相等；

②3 因素间不能存在交互作用；

③处理数只限于 4 ~8 个，少于 4 个时误差大，多于 8 个时难于实现双重局部控制。

7.4.2 R 出设计

程序包 agricolae 中的 design. lsd( )函数就可生成拉丁方设计表，用法如下：

```
design.lsd(trt, serie =2, seed =0, kinds ="Super-Duper")
```

其中，trt 代表试验因子，serie 代表小区，plot 表示位数(取值 1，plots =11；取值 2，plots =101；取值 3，plots =1001)，seed 为随机种子，kinds 为产生随机化的方法。

假设有试验因素 5 个水平，生成设计表的代码如下：

```
################ 7.3  latin square design  ##############
library(agricolae)

trt <-LETTERS[1: 5]
outdesign <-design.lsd(trt, serie =2, seed =23)
lsd <-outdesign $book
```

```
print(lsd)
fieldbook<-zigzag(outdesign)
print(t(matrix(fieldbook[,1], 5, 5)))
print(t(matrix(fieldbook[,4], 5, 5)))
```

运行结果如下:

```
>print(lsd)
    plots  row  col  trt
1    101    1    1    E
2    102    1    2    B
3    103    1    3    A
4    104    1    4    C
5    105    1    5    D
6    201    2    1    A
7    202    2    2    C
8    203    2    3    B
9    204    2    4    D
10   205    2    5    E
11   301    3    1    D
12   302    3    2    A
13   303    3    3    E
14   304    3    4    B
15   305    3    5    C
16   401    4    1    C
17   402    4    2    E
18   403    4    3    D
19   404    4    4    A
20   405    4    5    B
21   501    5    1    B
22   502    5    2    D
23   503    5    3    C
24   504    5    4    E
25   505    5    5    A
>fieldbook<-zigzag(outdesign)
>print(t(matrix(fieldbook[,1], 5, 5)))
      [,1]  [,2]  [,3]  [,4]  [,5]
[1,]   101   102   103   104   105
[2,]   201   202   203   204   205
[3,]   301   302   303   304   305
[4,]   401   402   403   404   405
[5,]   501   502   503   504   505
>print(t(matrix(fieldbook[,4], 5, 5)))
```

```
      [,1]  [,2]  [,3]  [,4]  [,5]
[1,]  "E"   "B"   "A"   "C"   "D"
[2,]  "A"   "C"   "B"   "D"   "E"
[3,]  "D"   "A"   "E"   "B"   "C"
[4,]  "C"   "E"   "D"   "A"   "B"
[5,]  "B"   "D"   "C"   "E"   "A"
```

同样地，对于拉丁方设计，不仅可以输出设计表，还能输出田间设计图，便于试验因子和行列号的安排。

7.4.3　示范案例

【例 7-6】有一冬小麦施氮肥时期试验，设置 5 个处理：A 不施肥(对照)；B 播种期施肥；C 越冬期施肥；D 拔节期施肥；E 抽穗期施肥。试验采用 5×5 拉丁方设计，小区面积 32 m^2，田间排列和产量见表 7-7 所示，试进行方差分析。

表 7-7　小麦施氮肥时期试验结果　　kg/小区

C 10.1	A 7.9	B 9.8	E 7.1	B 9.6
A 7	D 10	E 7	C 9.7	B 9.1
E 7.6	C 9.7	D 10	B 9.3	A 6.8
D 10.5	B 9.6	C 9.8	A 6.6	E 7.9
B 8.9	E 8.9	A 8.6	D 10.6	C 10.1

分析代码如下：

```
########代码清单 7.4.3 ###########

df <-read.csv(file ='d7.4.3.csv', header =T)

fit <-aov(yield ~. , data =df)
summary(fit)

####多重比较 ####
duncan.test(fit, "Nitro", alpha =0.05, console =T)
 # LSD.test(fit, "Nitro", alpha =0.05, console =T)
```

运行结果如下：

```
>summary(fit)
            Df    Sum Sq    Mean Sq    F value    Pr(>F)
Row          4      2.17      0.543      1.995    0.159
Col          4      1.13      0.282      1.036    0.429
Nitro        4     32.21      8.052     29.609    3.91e-06 ***
Residuals   12      3.26      0.272
---
```

```
Signif. codes:  0 '***' 0.001 '**' 0.01 '*' 0.05 '.' 0.1 ' ' 1
>duncan.test(fit,"Nitro", alpha=0.05, console=T)
Study: fit ~ "Nitro"
Duncan's new multiple rangetestfor yield

Mean Square Error:   0.2719333
Nitro,   means
           yield         std   r    Min    Max
A           7.38   0.8438009   5    6.6    8.6
B           9.34   0.3646917   6    8.9    9.8
C           9.88   0.2049390   5    9.7   10.1
D          10.14   0.4098780   4    9.6   10.6
E           7.70   0.7648529   5    7.0    8.9

alpha: 0.05 ; Df Error: 12
Critical Range
        2          3          4          5
0.9185900  0.7521574  0.7724955  0.7859560

Harmonic Mean of Cell Sizes  4.918033
Different value for each comparison

Means with the same letter are not significantly different.
Groups, Treatments and means
a      D     10.14
ab     C     9.88
b      B     9.34
c      E     7.7
c      A     7.38
```

从方差分析的结果可知，F 检验表明，行间和列间均无显著差异，而处理间差异极显著，即施肥时期对产量的影响显著。Duncan 多重比较结果显示，5 个处理分成 3 组，组间在 0.05 水平上差异显著，其中，处理 D(拔节期)施肥的产量最高，极显著高于处理 E(抽穗期)和对照 A 的产量，但与处理 B(越冬期)差异不显著。因此，该冬小麦应在拔节期或越冬期施用氮肥。

此外，假设试验中有缺区时，则试验结果做何变化？假定从上述的数据集 df 中，将第一个产量设为缺失值，分析代码如下：

```
df[1, 4]<-NA
fit<-aov(yield~., data=df)
```

```
13  summary(fit)
```

有无缺失值时，分析代码是一样的，但结果则有差异：

```
> summary(fit)
             Df    Sum Sq    Mean Sq    F value   Pr(>F)
Row           4     2.440      0.610      2.273   0.127
Col           4     1.839      0.460      1.712   0.217
Nitro         4    30.005      7.501     27.944   1.04e-05 ***
Residuals    11     2.953      0.268
---
Signif. codes:  0 '***' 0.001 '**' 0.01 '*' 0.05 '.' 0.1 ' ' 1
1 observation deleted due tomissingness
```

从运行的结果可知，当有缺失值时，aov()函数分析时，会自动删除缺失值，同时也会发现误差 residuals 的自由度 df 减少了，从 12 下降为 11。但其他的结果相似，包括处理间的多重比较。

多重比较的结果如下：

```
> duncan.test(fit,"Nitro", alpha =0.05) $groups
   trt      means   M
1    D  10.275000   a
2    C   9.825000  ab
3    B   9.383333   b
4    E   7.700000   c
5    A   7.380000   c
```

多重比较只给出了最后的结果，中间的计算过程已省去。由于第一个产量属于处理 C，所以除了 C 处理对应的均值从 9.88 变为 9.825 外，其余处理的均值并未改变，而且处理间的产量差异情况与没有缺失值时的产量一致。

7.5 正交设计

7.5.1 基本概念

正交设计(orthogonal experimental design)是研究多因素多水平的一种设计方法，它是根据正交性从全面试验中挑选出部分有代表性的点进行试验，这些有代表性的点具备了“均匀分散，齐整可比”的特点。正交设计是分式析因设计的主要方法，是一种高效、快速和经济的试验设计方法。

正交设计的过程如下：

①确定试验因素及水平数；

②选用合适的正交表；

③列出试验方案及试验结果；

④对正交试验设计结果进行分析，包括极差分析和方差分析；

⑤确定最优或较优因素水平组合。

正交设计的优点：

①能均匀地挑出代表性强的少数试验方案；

②由少数试验结果，推出最优的试验方案；

③可以得到试验结果以外的更多信息。

正交设计的缺点：

①最优方案往往不包含在正交实验方案中，应验证；

②若不限定给定的水平，有可能得到更好的试验方案。

7.5.2 R 出设计

R 中的 DoE. base 程序包可用来生成正交设计表。代码很简单，如下所示：

```
library(DoE.base)
oa.design(nfactors=4, nlevels=3)# 4 个因子，各自 3 个水平
oa.design(nfactors=4, nlevels=c(2, 3, 2, 2))#各自不同水平
```

运行结果如下：

```
> oa.design(nfactors=4, nlevels=3)

    A  B  C  D
1   1  2  3  2
2   2  2  2  1
3   3  2  1  3
4   3  3  3  1
5   2  1  3  3
6   1  3  2  3
7   2  3  1  2
8   1  1  1  1
9   3  1  2  2
class=design, type=oa
> oa.design(nfactors=4, nlevels=c(2, 3, 2, 2))

    A  B  C  D
1   2  3  2  2
2   1  3  2  1
3   1  2  1  2
4   2  3  1  1
5   1  2  2  2
6   1  1  2  1
7   1  3  1  2
8   2  2  1  1
9   2  1  1  2
```

```
10   2   1   2   2
11   1   1   1   1
12   2   2   2   1
class = design, type = oa
```

7.5.3 示范案例

7.5.3.1 无重复试验的正交设计

【例 7-7】为分析松木品种、嫁接者、药物处理对某松树苗木嫁接存活率的影响，设置 3 个松木品种、3 名嫁接者、3 种药物处理为试验因子，采用正交表 $L_9(3^4)$，试验安排及结果见表 7-8，试分析试验结果。

表 7-8 某松树苗木嫁接存活率正交试验方案及结果

试验号	松木品种 1	药物 3	嫁接者 4	存活率(%)
1	1(A)	1(空)	1(甲)	80
2	1(A)	2(酒精)	2(乙)	20
3	1(A)	3(石蜡)	3(丙)	80
4	2(B)	2(酒精)	3(丙)	0
5	2(B)	3(石蜡)	1(甲)	100
6	2(B)	1(空)	2(乙)	60
7	3(C)	3(石蜡)	2(乙)	20
8	3(C)	1(空)	3(丙)	20
9	3(C)	2(酒精)	1(甲)	0

分析代码如下：

```
##############代码清单 7.5.3.1 ############
####建立数据集 df ####
s.rate <-scan()
80 20 80 0
100 60 20 20 0

Variety <-rep(1:3, rep(3,3))
Drug <-c(1:3, 2, 3, 1, 3, 1, 2)
Grafter <-c(1:3, 3, 1, 2, 2, 3, 1)

 df <-data.frame(Variety, Drug, Grafter, s.rate)
 df[,4] <-asin(sqrt(0.01* df[,4]))# 数据反正弦转换

 for(i in 1:3){df[,i] <-as.factor(df[,i])} # 转为因子
 #str(df)
```

```
########方差分析 #####
fit <-aov(s.rate ~ Variety + Drug + Grafter, data = df)
summary(fit)

#####多重比较 #########
library(agricolae)
duncan.test(fit,"Variety", alpha = 0.20, console = T)
duncan.test(fit,"Drug", alpha = 0.20, console = T)
```

运行结果如下：

```
> fit <-aov(s.rate ~ Variety + Drug + Grafter, data = df)
> summary(fit)
            Df    Sum Sq    Mean Sq    F value   Pr(>F)
Variety      2    0.6059    0.3030     4.217     0.192
Drug         2    1.2904    0.6452     8.980     0.100
Grafter      2    0.2258    0.1129     1.571     0.389
Residuals    2    0.1437    0.0718
> duncan.test(fit, "Variety", alpha = 0.20, console = T)
Study:
Duncan's new multiple range test for s.rate
Mean Square Error:  0.07184514

Variety,  means
     s.rate     std.err    r   Min.        Max.
1    0.8926483  0.2145004  3   0.4636476   1.1071487
2    0.8189578  0.4546900  3   0.0000000   1.5707963
3    0.3090984  0.1545492  3   0.0000000   0.4636476

alpha: 0.2 ; Df Error: 2
Critical Range
        2          3
0.4126240  0.3939257

Means with the same letter are not significantly different.
Groups, Treatments and means
a   1   0.8926
a   2   0.819
b   3   0.3091
> duncan.test(fit, "Drug", alpha = 0.20 , console = T)
```

```
Study:
Duncan's new multiple range test for s.rate

Mean Square Error:   0.07184514
Drug,   means
          s.rate      std.err     r        Min.         Max.
1     0.8189578   0.1887699    3    0.4636476    1.1071487
2     0.1545492   0.1545492    3    0.0000000    0.4636476
3     1.0471976   0.3210089    3    0.4636476    1.5707963

alpha: 0.2 ; Df Error: 2
Critical Range
        2            3
0.4126240    0.3939257

Means with the same letter are not significantly different.
Groups, Treatments and means
a    3    1.047
a    1    0.819
b    2    0.1545
```

当因变量为百分数时，如大多数数值大于 70% 或小于 30% 时，通常需要进行反正弦转换。

方差分析结果表明，根据 F 检验，不同品种、不同药物处理对该松树苗木嫁接存活率的影响在 20% 的水平上有显著差异，不同嫁接者对存活率的影响没有显著差异。多重比较结果表明，品种 A、B 显著优于 C，而 A、B 之间差异不显著；药物涂石蜡、空白处理显著优于酒精处理，而药物涂石蜡、空白处理之间差异不显著。

如要分析试验各因素的主次顺序，可根据方差分析结果的 F 值来比较，凡 F 值较大者说明其是较重要的因子。因此，本例中，因子主次顺序为：药物 > 品种 > 嫁接者。

根据上述的分析结果，考虑各因素水平的最优组合时，可采取品种 A、涂石蜡和嫁接者甲这样的组合，嫁接结果较好。

7.5.3.2 有重复试验的正交设计

【例 7-8】为研究花生锈病药剂防治效果的好坏，设置了药剂品种 Drug、浓度 Con、剂量 Dose 三个试验因素，各有 3 个水平，采用正交表 $L_9(3^4)$ 安排试验。重复 2 次，随机区组设计。正交试验方案及结果见表 7-9，请对试验结果进行方差分析。

表7-9 防治花生锈病正交试验结果

试验号	Drug	Con	Dose	CK	yield(kg/小区)	
					区组 I	区组 II
1	1(百菌情)	1(高)	1(80)	1	28.0	28.5
2	1(百菌情)	2(中)	2(100)	2	35.0	34.8
3	1(百菌情)	3(低)	3(120)	3	32.2	32.5
4	2(敌锈灵)	1(高)	2(100)	3	33.0	33.2
5	2(敌锈灵)	2(中)	3(120)	1	27.4	27.0
6	2(敌锈灵)	3(低)	1(80)	2	31.8	32.0
7	3(浓尔多)	1(高)	3(120)	2	34.2	34.5
8	3(浓尔多)	2(中)	1(80)	3	22.5	23.0
9	3(浓尔多)	3(低)	2(100)	1	29.4	30.0

分析代码如下：

```
########代码清单 7.5.3.2 ###########
library(agricolae)

####构建数据集 ###
yield<-scan()
28.0 28.5 35.0 34.8
32.2 32.5 33.0 33.2
27.4 27.0 31.8 32.0
34.2 34.5 22.5 23.0
 29.4 30.0

Drug<-rep(1:3, rep(3, 3))
Con<-rep(c(1:3, 1:3, 1:3), rep(2, 1))
Dose<-c(1:3, 2, 3, 1, 3, 1, 2)
CK<-c(1:3, 3, 1, 2, 2, 3, 1)
Block<-rep(paste("B", 1:2, sep=""), rep(9, 2))
df<-data.frame(Drug, Con, Dose, CK, Block)
df<-df[order(df$Drug, df$Con, df$Block), ]
df$Trials<-rep(paste("T", 1:9, sep=""), rep(2, 9))
df$yield<-yield
for(i in 1:6){df[,i]<-as.factor(df[,i])}
#str(df)

###方差分析 ###
fit<-aov(yield~Drug+Con+Dose+Block+CK, data=df)
```

```
summary(fit)

###多重比较 ###
fit2 <-aov(yield ~ Trials, data = df)
duncan.test(fit2,"Trials", alpha =0.05)
summary(fit2)
```

运行结果如下：

```
>fit <-aov(yield ~ Drug + Con + Dose + Block + CK, data = df)
>summary(fit)
            Df   Sum Sq   Mean Sq   F value   Pr(>F)
Drug         2    25.72     12.86   235.005   7.85e-08 ***
Con          2    45.24     22.62   413.391   8.43e-09 ***
Dose         2    78.77     39.39   719.756   9.33e-10 ***
Block        1     0.22      0.22     4.061   0.0786 .
CK           2    96.22     48.11   879.198   4.21e-10 ***
Residuals    8     0.44      0.05
---
Signif. codes:  0 '***' 0.001 '**' 0.01 '*' 0.05 '.' 0.1 ' ' 1
>duncan.test(fit2,"Trials", alpha =0.05)
Study:
Duncan's new multiple rangetestfor yield
Mean Square Error:  0.07333333

Trials,  means
     yield   std.err  r   Min.   Max.
T1   28.25   0.25     2   28.0   28.5
T2   34.90   0.10     2   34.8   35.0
T3   32.35   0.15     2   32.2   32.5
T4   33.10   0.10     2   33.0   33.2
T5   27.20   0.20     2   27.0   27.4
T6   31.90   0.10     2   31.8   32.0
T7   34.35   0.15     2   34.2   34.5
T8   22.75   0.25     2   22.5   23.0
T9   29.70   0.30     2   29.4   30.0

alpha: 0.05 ; Df Error: 9
Critical Range
```

```
        2          3            4            5            6            7
0.6125951  0.6393962  0.6548351  0.6644540  0.6706414  0.6746262
        8          9
0.6771139  0.6785416

Means with the same letter are not significantly different.
Groups, Treatments and means
a    T2    34.9
a    T7    34.35
b    T4    33.1
c    T3    32.35
c    T6    31.9
d    T9    29.7
e    T1    28.25
f    T5    27.2
g    T8    22.75
> summary(fit2)
               Df      Sum Sq     Mean Sq      F value    Pr(>F)
  Trials        8      245.96      30.745        419.2   1.18e-10 * * *
  Residuals     9        0.66       0.073
  ---
Signif. codes:   0 '* * *' 0.001 '* *' 0.01 '*' 0.05 '.' 0.1 ' ' 1
```

当试验数据有重复时，方差分析除了试验误差外，还有一个模型误差，此处增加了空白列 CK，作为模型误差。整理方差分析结果见表 7-10。

表 7-10 有重复观测值正交试验资料方差分析表

变异来源	自由度 df	平方和 SS	均方 MS	F 值	P 值
Drug	2	25.72	12.86	235.005	7.85e-08 * * *
Con	2	45.24	22.62	413.391	8.43e-09 * * *
Dose	2	78.77	39.39	719.756	9.33e-10 * * *
Block	1	0.22	0.22	4.061	0.0786
模型误差	2	96.22	48.11	879.2	4.21e-10 * * *
试验误差	8	0.44	0.05		

首先，检验模型误差与试验误差差异的显著性，若 F 检验不显著，则将模型误差和试验误差合并，计算合并的误差均方，再进行 F 检验与多重比较；如模型误差 F 检验显著，则说明试验因素间存在交互作用，二者不可合并，只能以试验误差均方进行 F 检验与多重比较。本例中，模型误差均方/试验误差均方 = 879.2，p 值 < 0.001，表明试验因素之间的交互作用极显著，只能以试验误差均方进行 F 检验与多重比较。F 检验结果表明，药剂类型 Drug、浓度 Con、剂量 Dose 因素对花生产量均有极显著影响，但区组间差异不显著。

当模型误差显著时，各试验因素水平间的差异已不能真正反映因素的主效应，此时应进行试验处理间的多重比较，以寻求最优水平组合。各处理间的多重比较结果表明，在 $p=0.05$ 水平上，除了第 2 试验号与第 7 试验号、第 3 试验号与第 6 试验号之间差异不显著外，其余各试验号之间均差异显著，最优水平组合为 2 号处理(Drug1、Con2、Dose2)或 7 号处理(Drug3、Con1、Dose3)。

7.5.3.3 有交互作用的正交设计

【例 7-9】某种抗菌素培养基由 A、B、C 三种成分组成，各有 2 水平，除了研究 A、B、C3 个因素的主效应外，还欲分析 A 与 B、B 与 C 之间的交互作用，采用正交表 $L_8(2^7)$ 安排试验方案，试验结果见表 7-11。试对试验结果进行方差分析。

表 7-11 交互作用试验结果

Trial	A	B	A×B	C	B×C	效果(%)*
1	1	1	1	1	1	55
2	1	1	1	2	2	38
3	1	2	2	1	2	97
4	1	2	2	2	1	89
5	2	1	2	1	1	122
6	2	1	2	2	2	124
7	2	2	1	1	2	79
8	2	2	1	2	1	61

注：* 试验结果以对照为 100% 计算。

分析代码如下：

```
########代码清单 7.5.3.3 ###########
df <-read.csv(file ='d7.5.3.3.csv', header =T)

fit <-aov(rate ~., data =df[,2:7])
summary(fit)

df$AB <-sapply(df, function(x)paste(df$A, df$B, sep =""))[,1]
fit2 <-aov(rate ~A + C + AB, data =df)
duncan.test(fit2,"AB", alpha =0.05)
summary(fit2)
```

运行结果如下：

```
>fit <-aov(rate ~., data =df[,2:7])
>summary(fit)
          Df    Sum Sq    Mean Sq    F value   Pr(>F)
A          1      1431       1431     24.835   0.0380 *
B          1        21         21      0.367   0.6064
```

```
A_ B          1      4950      4950      85.902   0.0114 *
C             1       210       210       3.646   0.1964
B_ C          1        15        15       0.262   0.6594
Residuals     2       115        58
---
Signif. codes:  0 '***' 0.001 '**' 0.01 '*' 0.05 '.' 0.1 ' ' 1
>fit2 <-aov(rate ~ A + C + A_ B, data = df)
>summary(fit2)
              Df    Sum Sq    Mean Sq    F value    Pr(>F)
A             1      1431      1431      37.785   0.003552 **
C             1       210       210       5.548   0.078055 .
A_ B          1      4950      4950     130.696   0.000334 ***
Residuals     4       152        38
---
Signif. codes:  0 '***' 0.001 '**' 0.01 '*' 0.05 '.' 0.1 ' ' 1
>fit2 <-aov(rate ~ A + C + AB, data = df)
>duncan.test(fit2,"AB", alpha = 0.05)
Study:
Duncan's new multiple range test for rate
Mean Square Error:   43.45833

AB,   means

         rate   std.err   r   Min.   Max.
11       46.5       8.5   2     38     55
12       93.0       4.0   2     89     97
21      123.0       1.0   2    122    124
22       70.0       9.0   2     61     79

alpha: 0.05 ; Df Error: 3
Critical Range
       2          3          4
20.97962  21.04951  20.85001

Means with the same letter are not significantly different.
Groups, Treatments and means
a   21    123
b   12    93
c   22    70
```

```
d    11     46.5
```

fit 方差分析结果表明，A 因素、A×B 交互作用显著，B、C 因素与 B×C 交互作用不显著。而且 B 因素、B×C 交互作用的 F 值小于 1，故合并到误差中，并计算合并后误差的均方，再进行 F 检验与多重比较。为分析 A、B 因素水平组合的多重比较，创建一个新变量 AB，用以表示 A、B 水平的组合。多重比较结果表明，A2B1 极显著于其余组合，为最优水平组合。

7.5.3.4 因素水平不相等的正交设计

【例 7-10】为分析橡胶幼苗矮化试验，设置药剂 Drug、浓度 Con、物候、喷次 Times 4 个因素，各有 4、2、2、2 个水平，采用混合型正交表 $L_8(4\times2^4)$ 安排试验方案，试验结果见表 7-12。试对试验结果进行方差分析。

表 7-12 橡胶幼苗矮化正交设计试验结果

Trail	Drug	Con	Clim	Times	CK	苗高(cm)		
						重复 1	重复 2	重复 3
1	1(B9)	1(2)	1(展叶期)	1(1 次)	1	8.24	9.64	15.46
2	1(B9)	2(5)	2(变色期)	2(2 次)	2	15.28	17.26	10.76
3	2(Na)	1(2)	1(展叶期)	2(2 次)	2	16.62	15.20	20.56
4	2(Na)	2(5)	2(变色期)	1(1 次)	1	13.98	22.94	11.68
5	3(7305)	1(2)	2(变色期)	1(1 次)	2	40.32	35.25	29.46
6	3(7305)	2(5)	1(展叶期)	2(2 次)	1	10.11	7.70	9.14
7	4(Fw450)	1(2)	2(变色期)	2(2 次)	1	33.64	31.90	24.84
8	4(Fw450)	2(5)	1(展叶期)	1(1 次)	2	23.02	22.46	10.98

分析代码如下：

```
########代码清单 7.5.3.4 ###########
library(agricolae)

df <-read.table(file ='d7.5.3.4.csv', header =T, sep =',')
fit <-aov(length ~ Drug + Con + Clim + Times + Rep + CK, data =df)
summary(fit)

vars <-colnames(df)[2: 4]
for(i in 1: 3){duncan.test(fit, vars[i], alpha =0.05, console =T)}
```

运行结果如下：

```
>fit <-aov(length ~ Drug + Con + Clim + Times + Rep + CK, data =df)
>summary(fit)
              Df      Sum Sq      Mean Sq       F value     Pr(>F)
Drug           3       494.5        164.8         8.681     0.001671 * *
Con            1       466.6        466.6        24.572     0.000211 * * *
```

```
Clim         1      581.9      581.9     30.647   7.34e-05 ***
Times        1       38.6       38.6      2.031   0.176073
Rep          2       69.7       34.8      1.835   0.196015
CK           1      139.7      139.7      7.356   0.016848 *
Residuals   14      265.8       19.0
---
Signif. codes:  0 '***' 0.001 '**' 0.01 '*' 0.05 '.' 0.1 ' ' 1
>for(i in 1:3){ duncan.test(fit, vars[i], alpha=0.05, console=
T)}
Duncan's new multiple range test for length

Mean Square Error:  18.98839
Drug,  means
      length     std.err   r   Min.    Max.
1   12.77333   1.506144   6   8.24   17.26
2   16.83000   1.718439   6  11.68   22.94
3   21.99667   5.994659   6   7.70   40.32
4   24.47333   3.304307   6  10.98   33.64

alpha: 0.05 ; Df Error: 14
Critical Range
       2        3        4
5.395945 5.654097 5.813419

Means with the same letter are not significantly different.
Groups, Treatments and means
a   4  24.47
ab  3  22
bc  2  16.83
c   1  12.77

Duncan's new multiple range test for length

Mean Square Error:  18.98839
Con,  means
      length     std.err    r   Min.    Max.
1   23.42750   3.072465   12   8.24   40.32
2   14.60917   1.614590   12   7.70   23.02
```

```
alpha: 0.05 ; Df Error: 14
Critical Range
      2
3.815509

Means with the same letter are not significantly different.
Groups, Treatments and means
a    1   23.43
b    2   14.61

Duncan's new multiple range test for length

Mean Square Error:   18.98839
Clim,   means
          length      std.err    r    Min.     Max.
1      14.09417     1.619120   12    7.70    23.02
2      23.94250     2.924287   12   10.76    40.32

alpha: 0.05 ; Df Error: 14
Critical Range
      2
3.815509

Means with the same letter are not significantly different.
Groups, Treatments and means
a    2   23.94
b    1   14.09
```

本例中因有重复观测值，所以增加空白列 CK 作为模型误差。方差分析结果表明，除了喷次间和重复间差异不显著，其余因素都差异显著。虽然本例模型误差显著，但本分析指定因素间没有交互作用。对药剂 Drug、浓度 Con 和物候 Clim 做多重比较，结果表明，本实验的最优水平组合为 Drug1、Con2、Clim1、Times1 或 Drug2、Con2、Clim1、Times1，即用药剂 B9 或二氯丁酸纳(Na)，浓度为 5g/kg，于展叶期喷 1 次为佳。

另外，由方差分析结果中的 F 值大小，可判断因素的主次顺序为：物候 Clim > 浓度 Con > 药剂 Drug > 喷次 Times。

7.6　裂区设计

7.6.1　基本概念

裂区设计(split-plot design)是先将每一区组按主因素的处理数划分为小区，称为主区(整区)，在主区里随机安排主处理；在主区内引进第二个因素的各个处理(副处理)，就是主处理的小区内分设与副处理相等的更小的小区，称为副区(裂区)，在副区里随机排列副处理。在这种试验处理中，从第二个因素来讲，一个主区就是一个区组；从整个试验所有处理组合来讲，主区又是一个不完全区组。这种设计将主区分裂为副区，称为裂区设计。在进行统计分析时，可分别估算主区与副区的试验误差，而副区的试验误差小于前者，即副区的比较比主区的比较更为精确。

裂区设计常用于以下情况：

①当一个因素的各处理比另一个因素的各处理需要更大区域时，需要较大区域的因素作为主处理，设在主区，需要较小区域的因素作为副处理，设在副区。

②试验中某一因素的主效比另一因素的主效更为重要，而且要求的精度较高。将要求精度较高的因素作为副处理，另一因素作为主处理。

③根据以往的研究，知道某些因素的效应比另一些因素的效应更大时，也适于采用裂区设计，将可能表现较大差异的因素作为主处理。

裂区设计的优点：

①可以同时处理精度要求不同的试验因子；

②裂区设计可以临时加入原有的试验设计；

③对于林木多年份数据，可视为裂区设计，原处理为主区，年份为副区。

裂区设计的缺点：

试验因子数量有限，一般只用于 2 ~ 3 个试验因子，当超过 3 个以上时，试验设计与数据分析均非常复杂，而且因子之间的交互作用也难以分析。

7.6.2　R 出设计

程序包 agricolae 中的 design. split( ) 函数可以生成裂区设计表，用法如下：

```
design.split(trt1, trt2, r = NULL, design = c("rcbd","crd","lsd"), serie =2, seed =0, kinds ="Super-Duper")
```

其中，trt1 代表主区试验因素 1，trt2 代表副区试验因素 2，r 代表重复，design 代表试验设计，serie 代表小区 plot 表示位数(取值 1，plots = 11；取值 2，plots = 101；取值 3，plots = 1001)，seed 为随机种子，kinds 为产生随机化的方法。

假设有主区试验因素有 3 个水平，副区试验因素有 4 个水平，重复 3 次，生成裂区设计表的代码如下：

```
########### 7.6 Split-plot design ##############
```

```
library(agricolae)

# 3 treatments and 3 blocks in split-plot
t1 <-c("A","B","C") # plot factor
t2 <-paste("N", 1: 4, sep = "") # subplot factor
outdesign <-design.split(t1, t2, r =3, serie =2, seed =45,
kinds = "Super-Duper") #seed =45
spd <-outdesign $ book

 print(spd) # field book.

 fieldbook <-zigzag(outdesign)
 vars = colnames(fieldbook)
 for(i in 1: 5){
 cat("Variable is:", vars[i]," \n")
 print(t(matrix(fieldbook[,i], 4, 9)))
 cat(" \n")
 }
```

运行结果如下：

```
>print(spd)
```

	plots	splots	block	t1	t2
1	101	1	1	B	N2
2	101	2	1	B	N3
3	101	3	1	B	N1
4	101	4	1	B	N4
5	102	1	1	C	N2
6	102	2	1	C	N4
7	102	3	1	C	N3
8	102	4	1	C	N1
9	103	1	1	A	N4
10	103	2	1	A	N1
11	103	3	1	A	N2
12	103	4	1	A	N3
13	201	1	2	B	N3
14	201	2	2	B	N1
15	201	3	2	B	N4
16	201	4	2	B	N2
17	202	1	2	A	N2
18	202	2	2	A	N4

```
19    202    3    2    A    N1
20    202    4    2    A    N3
21    203    1    2    C    N2
22    203    2    2    C    N4
23    203    3    2    C    N1
24    203    4    2    C    N3
25    301    1    3    C    N3
26    301    2    3    C    N1
27    301    3    3    C    N4
28    301    4    3    C    N2
29    302    1    3    A    N3
30    302    2    3    A    N1
31    302    3    3    A    N2
32    302    4    3    A    N4
33    303    1    3    B    N3
34    303    2    3    B    N1
35    303    3    3    B    N4
36    303    4    3    B    N2
>for(i in 1: 5){
+   cat("Variable is:", vars[i]," \n")
+   print(t(matrix(fieldbook[,i], 4, 9)))
+ }
Variable is: plots
        [,1]  [,2]  [,3]  [,4]
[1,]     101   101   101   101
[2,]     102   102   102   102
[3,]     103   103   103   103
[4,]     203   203   203   203
[5,]     202   202   202   202
[6,]     201   201   201   201
[7,]     301   301   301   301
[8,]     302   302   302   302
[9,]     303   303   303   303
Variable is: splots
        [,1]  [,2]  [,3]  [,4]
[1,]     "1"   "2"   "3"   "4"
[2,]     "1"   "2"   "3"   "4"
[3,]     "1"   "2"   "3"   "4"
[4,]     "4"   "3"   "2"   "1"
[5,]     "4"   "3"   "2"   "1"
```

```
[6,]        "4"   "3"   "2"   "1"
[7,]        "1"   "2"   "3"   "4"
[8,]        "1"   "2"   "3"   "4"
[9,]        "1"   "2"   "3"   "4"
Variable is: block
            [,1]  [,2]  [,3]  [,4]
[1,]        "1"   "1"   "1"   "1"
[2,]        "1"   "1"   "1"   "1"
[3,]        "1"   "1"   "1"   "1"
[4,]        "2"   "2"   "2"   "2"
[5,]        "2"   "2"   "2"   "2"
[6,]        "2"   "2"   "2"   "2"
[7,]        "3"   "3"   "3"   "3"
[8,]        "3"   "3"   "3"   "3"
[9,]        "3"   "3"   "3"   "3"
Variable is: t1
            [,1]  [,2]  [,3]  [,4]
[1,]        "B"   "B"   "B"   "B"
[2,]        "C"   "C"   "C"   "C"
[3,]        "A"   "A"   "A"   "A"
[4,]        "B"   "B"   "B"   "B"
[5,]        "A"   "A"   "A"   "A"
[6,]        "C"   "C"   "C"   "C"
[7,]        "C"   "C"   "C"   "C"
[8,]        "A"   "A"   "A"   "A"
[9,]        "B"   "B"   "B"   "B"
Variable is: t2
            [,1]  [,2]  [,3]  [,4]
[1,]        "N2"  "N3"  "N1"  "N4"
[2,]        "N2"  "N4"  "N3"  "N1"
[3,]        "N4"  "N1"  "N2"  "N3"
[4,]        "N3"  "N1"  "N4"  "N2"
[5,]        "N2"  "N4"  "N1"  "N3"
[6,]        "N2"  "N4"  "N1"  "N3"
[7,]        "N3"  "N1"  "N4"  "N2"
[8,]        "N3"  "N1"  "N2"  "N4"
[9,]        "N3"  "N1"  "N4"  "N2"
```

同样地，对于裂区设计，不仅可以输出设计表，还能输出田间设计图，便于主副区试验因子的安排，以及后续数据分析的一体化。

7.6.3　示范案例

【例 7-11】为探讨 4 个辣椒品种的施肥技术，采用 3 种施肥量：1500、2000 和 2500kg/hm^2，采用裂区设计。因品种是重要试验因素，所以施肥量设为主区因素 A，品种设为副区因素 B，副区面积为 15m^2，试验重复 3 次，主区做随机区组排列。目的指标为产量(kg/小区)，试验结果见表 7-13，试做方差分析。

表 7-13　辣椒裂区设计试验结果

A	B	区组		
		1	2	3
A1	B1	39.8	38.5	39.1
	B2	43.3	43.5	46.5
	B3	55.9	69.7	63.8
	B4	52.6	57.5	57.7
A2	B1	27.5	27.1	26.8
	B2	44.8	48.8	47.6
	B3	48.7	44.5	48.6
	B4	41.7	37.2	36.5
A3	B1	26.5	25.8	26.3
	B2	35.4	34.5	36.3
	B3	42.0	44.3	43.6
	B4	39.1	39.6	44.3

分析代码如下：

```
########代码清单 7.6.3 ###########
library(agricolae)
df<-read.csv(file='d7.6.3.csv', header=T)

with(df, xyplot(yield~A | B, groups=Block,
aspect="xy", type="o"))

fit<-aov(yield~A*B + Error(Block/A), data=df)
summary(fit)

with(df, duncan.test(yield, A, DFerror=4, MSerror=10.1, console=T))
with(df, duncan.test(yield, B, DFerror=18, MSerror=6.6, console=T))
```

运行结果如图 7-4 所示。

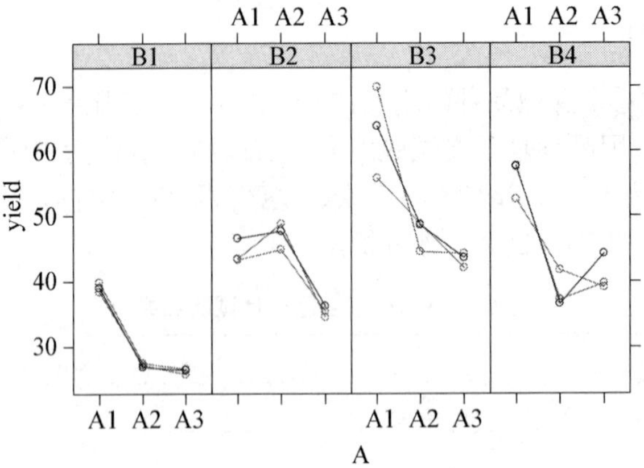

图7-4 辣椒裂区试验产量栅栏图

```
>summary(fit)
Error: Block
     Df Sum Sq Mean Sq
Block  2  17.14   8.569

Error: Block: A
           Df    Sum Sq    Mean Sq    F value   Pr(>F)
A           2    1309.7     654.9      64.68    9e-04 ***
Residuals   4      40.5      10.1
---
Signif. codes:  0 '***' 0.001 '**' 0.01 '*' 0.05 '.' 0.1 ' ' 1

Error: Within
           Df    Sum Sq    Mean Sq    F value   Pr(>F)
B           3    1976.0     658.7      99.28    2.18e-11 ***
A:B         6     422.4      70.4      10.61    4.34e-05 ***
Residuals  18     119.4       6.6
---
Signif. codes:  0 '***' 0.001 '**' 0.01 '*' 0.05 '.' 0.1 ' ' 1
>with(df, duncan.test(yield, A, DFerror=4, MSerror=10.1, console=T))
Study:
Duncan's new multiple range test for yield
Mean Square Error:  10.1
A,  means
         yield     std.err   r   Min.   Max.
A1    50.65833    2.996120  12   38.5   69.7
```

```
A2      39.98333      2.534634  12    26.8    48.8
A3      36.47500      2.027243  12    25.8    44.3

alpha: 0.05 ; Df Error: 4
Critical Range
       2         3
3.602268  3.681202

Means with the same letter are not significantly different.
Groups, Treatments and means
a   A1   50.66
b   A2   39.98
b   A3   36.48
>with(df, duncan.test(yield, B, DFerror =18, MSerror =6.6, console =T))
Study:
Duncan's new multiple range test for yield
Mean Square Error: 6.6
B, means
           yield       std.err    r    Min.    Max.
B1      30.82222      2.086649    9    25.8    39.8
B2      42.30000      1.829997    9    34.5    48.8
B3      51.23333      3.272359    9    42.0    69.7
B4      45.13333      2.846977    9    36.5    57.7

alpha: 0.05 ; Df Error: 18
Critical Range
       2          3          4
2.544343  2.669569  2.748584

Means with the same letter are not significantly different.
Groups, Treatments and means
a   B3   51.23
b   B4   45.13
c   B2   42.3
d   B1   30.82
```

对于裂区设计，方差分析表实际上由主区和副区方差分析组成，整理运行得到的方差分析结果见表 7-14。

表 7-14 裂区设计方差分析表

	变异来源	自由度 *df*	平方和 *SS*	均方 *MS*	*F* 值	*P* 值
主区	区组 block	2	17.14			
	施肥量 A	2	1309.7	654.9	64.68	9e-04 * * *
	主区误差	4	40.5	10.1		
副区	品种 B	3	1976	658.7	99.28	2.18e-11 * * *
	A×B	6	422.4	70.4	10.6	4.34e-05 * * *
	副区误差	18	119.4	6.6		

由方差分析表可知，各种施肥量 A、不同品种 B 之间差异极显著；A、B 两因素的交互作用也极显著，故可做进一步进行多重比较。

裂区设计的多重比较，不论用 LSD 法，还是 SSR 法，计算标准误都用误差均方及误差自由度。主区因素各水平之间比较时，利用主区误差均方及其自由度；副区因素各水平之间比较时，利用副区误差均方及其自由度。

主、副区因素的多重比较，采用 SSR 法，结果表明，A1 产量显著高于 A2 和 A3，A2 和 A3 之间差异不显著；不同品种之间产量均差异显著，B3 品种产量最高，B1 品种产量最低。

当主副区因素之间的交互作用显著时，需要进行处理之间的比较，此时分为同一主区处理不同副区处理间的比较，同一副区处理不同主区处理间的比较，以及任意处理组合间的比较。上述处理间比较的操作比较复杂，目前，agricolae 包并未针对这种比较设置相应的函数，因此读者只能自行进行多重比较。

下文分别以同一主区 A1 不同副区处理和同一副区 B1 不同主区处理间的比较为例，示例代码如下：

```
## get means of each combination
dd = with(df, LSD.test(yield, A:B, DFerror = 18, MSerror = 6.6))
#dd $ means

## count diff between 2 combination
xx = function(x){
n = length(x) -1
mm = matrix(NA, n, n)
aa = NULL; k = 1
 for(i in1: n){
 for(j in1: (n +1)){
 if(i < j)aa[k] = x[i] - x[j]
 k = k +1}
 }
 aa = na.omit(aa)
 mm[lower.tri(mm, diag = T)] = round(aa, 3)
```

```
return(mm)
}

## same main plot
## Count Critical Range
r=3; df=18; SEb=6.6; a=0.05
tv=qt(p=a/2, df=df, lower.tail=F)
se=sqrt(2*SEb/r)
lsd=round(tv*se, 3)

A1=dd$means[grep("A1:", row.names(dd$means)),]
A1=A1[order(-A1$yield),]
#abnames=rownames(A1)
A1b=A1[1]
A1b$group=NA

xx(A1b[,1])
lsd
A1b$group=letters[1:4]

## same split plot or any treat combination
## Count Critical Range
r=3; b=4
dfa=4; dfb=18
SEa=10.1; SEb=6.6; a=0.05
mms=(b-1)*SEb+SEa
SEt=sqrt(2*mms/(b*r))

ta=qt(p=a/2, df=dfa, lower.tail=F)
tb=qt(p=a/2, df=dfb, lower.tail=F)
mmm=tb*(b-1)*SEb+ta*SEa
Tv=mmm/mms
Tlsd=round(Tv*SEt, 3)

B1=dd$means[grep(":B1", row.names(dd$means)),]
B1=B1[order(-B1$yield),]
abnames=rownames(B1)
#abnames1=sub(":B1","", abnames)
```

```
B1b = B1[1]

xx(B1[,1])
Tlsd
B1b $ group = c('a',"b","b")
```

运行结果如下:

```
> xx(A1b[,1])
      [,1]  [,2]  [,3]
[1,]   7.2    NA    NA
[2,]  18.7  11.5    NA
[3,]  24.0  16.8   5.3
> lsd
[1] 4.407
> A1b $ group = letters[1: 4]
> A1b
          yield  group
A1:B3  63.13333      a
A1:B4  55.93333      b
A1:B2  44.43333      c
A1:B1  39.13333      d
> Tv = mmm/mms
> Tlsd = round(Tv* SEt, 3)
> xx(B1[,1])
            [,1]        [,2]
 [1,]   12.00000          NA
 [2,]   12.93333   0.9333333
> Tlsd
[1] 5.199
> B1b $ group = c('a',"b","b")
> B1b
          yield  group
A1:B1  39.13333      a
A2:B1  27.13333      b
A3:B1  26.20000      b
```

结果表明，对于主区 A1，A1B3 组合的产量显著高于其余组合；对于副区 B1，A1B1 组合的产量显著高于其余组合。对于任意组合间的比较，方法与同一副区处理不同主区处理间的比较相同。

上述分析方法采用 aov( )函数来进行，agricolae 包自身的 sp. plot( )函数也可以用于裂区设计的数据分析，其用法如下：

```
sp.plot(block, pplot, splot, Y)
```

式中，block 代表区组，pplot 代表主区因素，splot 代表副区因素，Y 代表目标性状。在本例中，这 4 个变量分别对应为 Block、A、B 和 yield。

具体分析代码如下：

```
attach(df)
model <-sp.plot(Block, A, B, yield)
detach(df)

duncan.test(yield, A, model $gl.a, model $Ea, alpha =0.05, console =T)
duncan.test(yield, B, model $gl.b, model $Eb, alpha =0.05, console =T)
```

7.7　条区设计

7.7.1　基本概念

条区设计(strip-plot design)，专门用于研究两个因素的交互作用，两个因素同等重要。条区设计同时具有随机区组设计、拉丁方设计和裂区设计的某些特点，所以是一种较复杂的试验设计。

对于条区设计，同时使用区组、横向小区组和纵向小区组作为局部控制，显示了随机区组设计的特点；在同一区组内，既有横向小区组和纵向小区组的交叉，也有两因素不同水平的交叉，显示了拉丁方设计的特点；此外，在同一区组内，一个因素每个水平所占的横向小区组相当于另一个因素的一个不完全区组，另一个因素的纵向小区组亦然，显示了裂区设计的特点。所以，综合来看，条区设计可视为随机区组设计、拉丁方设计和裂区设计的结合。

7.7.2　R 出设计

程序包 agricolae 中的 design.strip( )函数可进行条区设计，用法如下：

```
design.strip(trt1, trt2, r, serie = 2, seed = 0, kinds = "Super-Duper")
```

其中，trt1 代表行处理因素，trt2 代表列处理因素，r 代表重复，serie 代表小区 plot 表示位数(取值 1，plots = 11；取值 2，plots = 101；取值 3，plots = 1001)，seed 为随机种子，kinds 为产生随机化的方法。

假设有行试验因素 4 水平，列试验因素 3 水平，重复 3 次，生成条区设计表的代码如下：

```
########## 7.7.2 strip-plot ##########

```

```
library(agricolae)
# 4 and 3 treatments and 3 blocks in strip-plot
t1 <-c("A","B","C","D")
t2 <-c(1, 2, 3)
r <-3
outdesign <-design.strip(t1, t2, r, serie =2, seed =45,
kinds ="Super-Duper")
spd <-outdesign $book

# field book
fieldbook <-zigzag(outdesign)
vars =colnames(fieldbook)
for(i in 1: 4){
cat("Variable is:", vars[i]," \n")
print(t(matrix(fieldbook[,i], 12, 3)))
cat(" \n")
}
```

运行结果如下：

```
> spd
   plots block  t1  t2
1   101     1   C   1
2   102     1   C   2
3   103     1   C   3
4   104     1   B   1
5   105     1   B   2
6   106     1   B   3
7   107     1   D   1
8   108     1   D   2
9   109     1   D   3
10  110     1   A   1
11  111     1   A   2
12  112     1   A   3
13  201     2   A   1
14  202     2   A   3
15  203     2   A   2
16  204     2   D   1
17  205     2   D   3
18  206     2   D   2
19  207     2   C   1
```

```
20      208      2      C      3
21      209      2      C      2
22      210      2      B      1
23      211      2      B      3
24      212      2      B      2
25      301      3      C      1
26      302      3      C      2
27      303      3      C      3
28      304      3      D      1
29      305      3      D      2
30      306      3      D      3
31      307      3      B      1
32      308      3      B      2
33      309      3      B      3
34      310      3      A      1
35      311      3      A      2
36      312      3      A      3
>fieldbook<-zigzag(outdesign)
>vars=colnames(fieldbook)
>for(i in 1: 4){
+  cat("Variable is:", vars[i]," \n")
+  print(t(matrix(fieldbook[,i], 12, 3)))
+  cat(" \n")
+ }
Variable is: plots
     [,1] [,2] [,3] [,4] [,5] [,6] [,7] [,8] [,9] [,10] [,11] [,12]
[1,] 101  102  103  106  105  104  107  108  109   112   111   110
[2,] 201  202  203  206  205  204  207  208  209   212   211   210
[3,] 301  302  303  306  305  304  307  308  309   312   311   310

Variable is: block
     [,1] [,2] [,3] [,4] [,5] [,6] [,7] [,8] [,9] [,10] [,11] [,12]
[1,] "1"  "1"  "1"  "1"  "1"  "1"  "1"  "1"  "1"   "1"   "1"   "1"
[2,] "2"  "2"  "2"  "2"  "2"  "2"  "2"  "2"  "2"   "2"   "2"   "2"
[3,] "3"  "3"  "3"  "3"  "3"  "3"  "3"  "3"  "3"   "3"   "3"   "3"

Variable is: t1
     [,1] [,2] [,3] [,4] [,5] [,6] [,7] [,8] [,9] [,10] [,11] [,12]
[1,] "C"  "C"  "C"  "B"  "B"  "B"  "D"  "D"  "D"   "A"   "A"   "A"
```

```
[2,] "A"  "A"  "A"  "D"  "D"  "D"  "C"  "C"  "C"   "B"   "B"   "B"
[3,] "C"  "C"  "C"  "D"  "D"  "D"  "B"  "B"  "B"   "A"   "A"   "A"


Variable is: t2
     [,1] [,2] [,3] [,4] [,5] [,6] [,7] [,8] [,9] [,10] [,11] [,12]
[1,] "1"  "2"  "3"  "1"  "2"  "3"  "1"  "2"  "3"   "1"   "2"   "3"
[2,] "1"  "3"  "2"  "1"  "3"  "2"  "1"  "3"  "2"   "1"   "3"   "2"
[3,] "1"  "2"  "3"  "1"  "2"  "3"  "1"  "2"  "3"   "1"   "2"   "3"
```

7.7.3 示范案例

【例 7-12】3 个小麦品种(Var)，采用 4 种施肥量(Fer)，3 次重复，条区设计，小区产量(kg)结果见表 7-15，试进行方差分析。

表 7-15 小麦条区试验结果 kg

Var	Fer	I	II	III
V1	F1	18	20	19
	F2	23	22	21
	F3	26	23	26
	F4	21	22	21
V2	F1	23	20	25
	F2	25	23	24
	F3	28	28	26
	F4	24	23	27
V3	F1	28	27	26
	F2	23	21	22
	F3	22	21	20
	F4	23	24	20

现在展示从 R 出设计表，到实施试验，得到数据，再录入数据，以及数据分析的整个过程。了解设计、试验、数据与分析一体化的便利性，示例代码如下：

```
library(agricolae)
t1 <-paste("V", 1: 3, sep ='') # row. f, variety
t2 <-paste("F", 1: 4, sep ='') # col. f, fertilizer
r <-3 # replication
outdesign <-design. strip(t1, t2, r, serie =2, seed =45,
kinds ="Super-Duper")
spd <-outdesign $book

# reorderto input data in tab 7 -20.
 spd1 =spd[order(spd $t1, spd $t2),]
```

```

yield=scan()
18 20 19
23 22 21
26 23 26
21 22 21
23 20 25
25 23 24
28 28 26
24 23 27
28 27 26
23 21 22
22 21 20
23 24 20

spd1$yield=yield
names(spd1)[3:4]=c("Var","Fer")

attach(spd1)

model<-strip.plot(block, Fer, Var, yield)
#model<-strip.plot(block, col.f, row.f, yield)

duncan.test(yield, Fer, model$gl.a, model$Ea, alpha=0.05, console=T)
duncan.test(yield, Var, model$gl.b, model$Eb, alpha=0.05, console=T)
LSD.test(yield, Var:Fer, model$gl.c, model$Ec,
alpha=0.05, console=T)
```

代码说明，agricolae 包的 strip.plot( )函数可进行条区试验数据的分析，用法如下：

```
strip.plot(BLOCK, COL, ROW, Y)
```

式中，BLOCK 代表重复，COL 代表列试验因素，ROW 代表行试验因素，Y 代表目标性状。在本例中，上述变量分别为 block、Fer、Var 和 yield。

运行结果如下：

```
>head(spd1)
   plots block  Var  Fer yield
10   110     1   V1   F1    18
14   202     2   V1   F1    20
```

```
 34    310    3    V1    F1    19
  9    109    1    V1    F2    23
 16    204    2    V1    F2    22
 35    311    3    V1    F2    21
>model <-strip.plot(block, Fer, Var, yield)
ANALYSIS STRIP PLOT:   yield
Class level information

Fer: F1 F2 F3 F4
Var: V1 V2 V3
block: 1 2 3
Number of observations: 36

model Y: yield ~ block + Fer + Ea + Var + Eb + Var: Fer + Ec

Analysis of Variance Table

Response: yield
           Df    Sum Sq   Mean Sq   F value    Pr(>F)
block       2     4.389    2.1944    0.9168   0.4260550
Fer         3    18.972    6.3241    6.7624   0.0236728 *
Ea          6     5.611    0.9352    0.3907   0.8711631
Var         2    48.389   24.1944    7.6740   0.0427412 *
Eb          4    12.611    3.1528    1.3172   0.3187066
Var: Fer    6   134.944   22.4907    9.3965   0.0005907 ***
Ec         12    28.722    2.3935
---
Signif. codes:  0 '***' 0.001 '**' 0.01 '*' 0.05 '.' 0.1 ' ' 1

cv(a) =4.2 %, cv(b) =7.7 %, cv(c) =6.7 %, Mean =23.19444
> duncan.test (yield, Fer, model $gl.a, model $Ea, alpha = 0.05,
console = T)
Study: yield ~ Fer
Duncan's new multiple rangetestfor yield

Mean Square Error:   0.9351852
Fer,   means
            y        std   r  Min  Max
```

```
F1    22.88889    3.756476   9   18   28
F2    22.66667    1.322876   9   21   25
F3    24.44444    3.004626   9   20   28
F4    22.77778    2.108185   9   20   27

alpha: 0.05 ; Df Error: 6
Critical Range
       2          3          4
1.115478  1.156107  1.176234

Means with the same letter are not significantly different.
Groups, Treatments and means
a   F3   24.44
b   F1   22.89
b   F4   22.78
b   F2   22.67
> duncan.test(yield, Var, model $gl.b, model $Eb, alpha = 0.05,
console = T)
Study: yield ~ Var
Duncan's new multiple rangetestfor yield

Mean Square Error:   3.152778
Var,   means
        yield       std    r  Min  Max
V1  21.83333  2.443296  12   18   26
V2  24.66667  2.348436  12   20   28
V3  23.08333  2.678478  12   20   28

alpha: 0.05 ; Df Error: 4
Critical Range
       2          3
2.012621  2.056722

Means with the same letter are not significantly different.
Groups, Treatments and means
a      V2     24.67
ab     V3     23.08
b      V1     21.83
```

```
> LSD.test(yield, Var: Fer, model $gl.c, model $Ec, alpha = 0.05,
console = T)
Study: yield ~ Var: Fer
LSD t Test for yield

Mean Square Error:   2.393519
Var: Fer,   means and individual(95 % )CI
            yield       std       r      LCL        UCL     Min  Max
V1:F1    19.00000  1.0000000  3   17.05384   20.94616   18   20
V1:F2    22.00000  1.0000000  3   20.05384   23.94616   21   23
V1:F3    25.00000  1.7320508  3   23.05384   26.94616   23   26
V1:F4    21.33333  0.5773503  3   19.38718   23.27949   21   22
V2:F1    22.66667  2.5166115  3   20.72051   24.61282   20   25
V2:F2    24.00000  1.0000000  3   22.05384   25.94616   23   25
V2:F3    27.33333  1.1547005  3   25.38718   29.27949   26   28
V2:F4    24.66667  2.0816660  3   22.72051   26.61282   23   27
V3:F1    27.00000  1.0000000  3   25.05384   28.94616   26   28
V3:F2    22.00000  1.0000000  3   20.05384   23.94616   21   23
V3:F3    21.00000  1.0000000  3   19.05384   22.94616   20   22
V3:F4    22.33333  2.0816660  3   20.38718   24.27949   20   24

alpha: 0.05 ; Df Error: 12
Critical Value of t: 2.178813

Least Significant Difference 2.75228
Means with the same letter are not significantly different.

Groups, Treatments and means
a       V2:F3   27.33
a       V3:F1   27
ab      V1:F3   25
abc     V2:F4   24.67
bcd     V2:F2   24
bcde    V2:F1   22.67
bcde    V3:F4   22.33
cde     V1:F2   22
cde     V3:F2   22
def     V1:F4   21.33
ef      V3:F3   21
f       V1:F1   19
```

首先，整理运行结果中的方差分析见表 7-21。

表 7-16　条区设计的方差分析表

变异来源 Source	自由度 *Df*	平方和 *SS*	均方 *MS*	*F* 值 *F* value	概率 *Pr*(>*F*)
block	2	4. 39	2. 19	0. 92	0. 426
Fer	3	18. 97	6. 32	6. 76	0. 024 *
Ea	6	5. 61	0. 94	0. 39	0. 871
Var	2	48. 39	24. 19	7. 67	0. 043 *
Eb	4	12. 61	3. 15	1. 32	0. 319
Var: Fer	6	134. 94	22. 49	9. 40	0. 0006 * * *
Ec	12	28. 72	2. 39		

由表 7-16 可知，除了区组(重复)因素外，其他试验因素间差异均显著：品种(Var)、施肥量(Fer)以及它们的交互作用(Var: Fer)均显著。此外，根据 *F* 值大小，可以看出对小麦产量影响作用大小的顺序为交互作用 Var: Fer > 品种 Var > 施肥量 Fer。

由于因素间差异显著，所以有必要进行多重比较。结果显示，品种 V2 与 V1 间差异显著，其他品种间差异不显著。施肥量 F3 与 F1、F2、F4 间差异显著，而其他水平间差异不显著。交互作用，V2F3、V3F1 的产量最高，在实际生产中这两个组合值得推广。

7.8　巢式设计

7.8.1　基本概念

巢式设计(nested design)，也称为嵌套设计或系统分组设计。把研究对象分成若干组，每组内又分若干亚组，每个亚组又有若干观测值的设计，称为巢式设计。根据因素数的不同，巢式设计可分为二因素(二级)、三因素(三级)等巢式设计。

方差分析基本过程：将全部 k 个因素按主次排列，依次称为 1 级，2 级，…，k 级因素，再将总离差平方和及自由度进行分解，其基本思想与一般方差分析相同。所不同的是分解法有明显的区别，它侧重于主要因素，并且第 i 级因素的显著与否，是分别用第 i 级与第 i + 1 级因素的均方为分子和分母来构造 *F* 统计量，并以 *F* 检验为其理论根据。

在巢式设计中，两个因素之间不能自由交错地组成各种处理组合，因此不能研究因素之间的交互作用。

7.8.2　R 出设计

R 目前没有专门用于巢式设计的程序包。

7.8.3　示范案例

【例 7-13】某试验研究肥料品种、肥料来源以及剂量对某松树林的影响，采用了巢式设计，因素主次顺序为炮制方法、剂量及药物品种，各有两个水平，其中肥料来源 type 有进口

(IM)、国产(DO)，剂量有 10kg/mu、1. 75 kg/mu，肥料有氮肥(Fert1:N)、磷肥(Fert2:P)。连续施肥 15d 后，测定松树的树高(cm)，测定结果见表 7-17。试对实验结果做分析。

表 7-17　肥料对松树树高生长的影响

Type	Dose	h(cm)			
		Fert1:N		Fert2:P	
IM	10.0	155.59	182.04	185.11	132.82
		129.76	174.66	158.70	167.54
		167.10	139.73	159.24	151.84
	1.75	154.71	185.22	137.97	175.61
		167.94	137.83	173.18	191.44
		172.75	173.65	164.19	189.69
DO	10.0	144.07	128.19	98.94	142.69
		150.35	91.98	108.09	102.25
		91.56	135.76	133.52	136.31
	1.75	145.45	143.09	140.96	113.51
		152.37	122.15	122.08	145.97
		118.37	114.77	143.65	150.12

分析代码如下：

```
###########代码清单 7.8.3 nested design #########
df <-read.csv(file ='d7.8.3.csv', header =T)
#str(df)
# testFert: Dose: Type
fit <-aov(h ~ Type/Dose/Fert, data =df)
# test Type
fit1 <-aov(h ~ Type +Error(Dose: Type), data =df)
# test Dose: Type
fit2 <-aov(h ~ Type/Dose +Error(Fert: Dose: Type), data =df)
summary(fit)
```

运行结果如下：

```
>fit <-aov(h ~ Type/Dose/Fert, data =df)
>summary(fit)
                     Df    Sum Sq    Mean Sq    F value     Pr(>F)
Type                  1    15127      15127      41.85      1e-07 ***
Type: Dose            2     1523        761       2.11      0.13
Type: Dose: Fert      4      204         51       0.14      0.97
Residuals            40    14457        361
```

```
---
Signif. codes:  0 '***' 0.001 '**' 0.01 '*' 0.05 '.' 0.1 ' ' 1
> fit1 <-aov(h ~ Type + Error(Dose: Type), data = df)# test Type
> summary(fit1)

Error: Dose: Type
            Df   Sum Sq   Mean Sq   F value    Pr(>F)
Type         1    15127     15127      19.9    0.047 *
Residuals    2     1523       761
---
Signif. codes:  0 '***' 0.001 '**' 0.01 '*' 0.05 '.' 0.1 ' ' 1

Error: Within
            Df   Sum Sq   Mean Sq   F value    Pr(>F)
Residuals   44    14661       333
> fit2 <-aov(h ~ Type/Dose + Error(Fert: Dose: Type), data = df)
> summary(fit2)

Error: Fert: Dose: Type
            Df   Sum Sq   Mean Sq   F value    Pr(>F)
Type         1    15127     15127     296.7    6.7e-05 ***
Type: Dose   2     1523       761      14.9    0.014 *
Residuals    4      204        51
---
Signif. codes:  0 '***' 0.001 '**' 0.01 '*' 0.05 '.' 0.1 ' ' 1

Error: Within
            Df   Sum Sq   Mean Sq   F value    Pr(>F)
Residuals   40    14457       361
```

运行结果分三部分：第一部分，运行了三因素巢式设计的方差分析，结果仅有 Type：Dose：Fert 的 F 检验结果是正确的，F 值 =0.14，p 值 =0.97 >0.05，表明不同肥料的树高差异不显著；第二部分，以 Dose：Type 的均方作为 F 统计量分母，对 Type 进行 F 检验，结果显示，F 值 = 19.9，p 值 =0.047 <0.05，说明不同肥料来源 Type 的树高差异显著；第三部分，以 Fert：Dose：Type 的均方作为 F 统计量分母，对 Dose：Type 进行 F 检验，结果显示，F 值 =14.9，p 值 =0.014 <0.05，说明不同肥料来源 Type 和剂量 Dose 水平组合的树高差异显著。此外，还可通过 aggregate( ) 函数计算肥料来源、剂量的各水平平均值，以判断肥料来源、剂量对树高生长的影响。

7.9 析因设计

7.9.1 基本概念

全因子实验设计(full factorial experimental design)，也称作析因设计。将所有实验因素的各水平全面组合形成不同的实验条件，每个实验条件下进行两次或两次以上的独立重复实验，称为全因子设计。全因子设计的最大优点是所获得的信息量很多，可以准确地估计各实验因素的主效应，还可估计因素之间各级交互作用效应；其最大缺点是所需要的实验次数最多，耗费的人力、物力和时间也较多，因此当所考察的实验因素和水平较多时，研究难度明显增大。

全因子设计有三个明显的特点：①要求实验时全部因素同时施加，即每次做实验都将涉及到每个因素的一个特定水平(如果实验因素施加时有“先后顺序”之分，一般被称为“裂区设计”)；②因素对定量观测结果的影响是地位平等的，即在专业上没有充分的证据认为哪些因素对定量观测结果的影响大，而另一些影响小(如果实验因素对观测结果的影响在专业上能排出主、次顺序，一般就被称为“巢式设计”)；③可以准确地估计各因素及其各级交互作用的效应大小(如果某些交互作用的效应不能准确估计，就属于非正规的析因设计了，如分式析因设计)。

析因设计的优点：

①可同时分析全部因素的主效应以及各因素间的交互作用；

②用相对较小样本，获取更多的信息，是高效率的试验设计。

析因设计的缺点：

当试验因素增加时，实验组数呈几何倍数增加，所需试验的次数很多。

7.9.2 R出设计

程序包agricolae中的design.ab()函数可进行析因设计，用法如下：

```
design.ab(trt, r, design = c("rcbd","crd","lsd"), serie = 2, seed = 0, kinds = "Super-Duper")
```

其中，trt代表不同水平的试验因子，*r*代表重复，design代表试验设计，serie代表小区plot表示位数(取值1，plots = 11；取值2，plots = 101；取值3，plots = 1001)，seed为随机种子，kinds为产生随机化的方法。

假设有两个试验因素，各有3、2个水平，重复3次，生成析因设计表的代码如下：

```
########## 7.9.2 full factor experiment design #########
# factorial 3 x 2 with 3 blocks
library(agricolae)
trt <-c(3, 2)# factorial 3x2
outdesign <-design.ab(trt, r =3, serie =2)
```

```
fd1 <-outdesign $ book
print(fd1)

fieldbook <-zigzag(outdesign)
vars =colnames(fieldbook)
for(i in 1: 4){
cat("Variable is: ", vars[i]," \n")
print(t(matrix(fieldbook[,i], 6, 3)))
cat(" \n")
}
```

运行结果如下:

```
> fd1
    plots  block   A   B
1     101      1   2   2
2     102      1   3   2
3     103      1   2   1
4     104      1   1   1
5     105      1   3   1
6     106      1   1   2
7     201      2   2   1
8     202      2   1   2
9     203      2   2   2
10    204      2   3   2
11    205      2   3   1
12    206      2   1   1
13    301      3   3   1
14    302      3   2   1
15    303      3   1   1
16    304      3   1   2
17    305      3   2   2
18    306      3   3   2
> for(i in 1: 4){
+   cat("Variable is: ", vars[i]," \n")
+   print(t(matrix(fieldbook[,i], 6, 3)))
+   cat(" \n")
+ }
```

```
Variable is:   plots
        [,1] [,2] [,3] [,4] [,5] [,6]
[1,]    101  102  103  104  105  106
[2,]    206  205  204  203  202  201
[3,]    301  302  303  304  305  306

Variable is:   block
        [,1] [,2] [,3] [,4] [,5] [,6]
[1,]    "1"  "1"  "1"  "1"  "1"  "1"
[2,]    "2"  "2"  "2"  "2"  "2"  "2"
[3,]    "3"  "3"  "3"  "3"  "3"  "3"

Variable is:   A
        [,1] [,2] [,3] [,4] [,5] [,6]
[1,]    "2"  "1"  "1"  "3"  "3"  "2"
[2,]    "2"  "3"  "2"  "1"  "1"  "3"
[3,]    "3"  "3"  "2"  "2"  "1"  "1"

Variable is:   B
        [,1] [,2] [,3] [,4] [,5] [,6]
[1,]    "2"  "1"  "2"  "2"  "1"  "1"
[2,]    "1"  "2"  "2"  "1"  "2"  "1"
[3,]    "1"  "2"  "1"  "2"  "2"  "1"
```

同样地，对于析因设计，不仅可以输出设计表，还能输出田间设计图，便于试验因子的安排，以及后续数据分析的一体化。

7.9.3 示范案例

【例 7-14】为研究克拉霉素的抑菌效果，对 28 个短小芽孢杆菌平板依据菌株的来源不同分成了 7 个区组，每组 4 个平板，用随机的方式分配给标准药物高剂量组(SH)、标准药物低剂量组(SL)，以及克拉霉素高剂量组(TH)、克拉霉素低剂量组(TL)。给予不同的处理后，观测抑菌圈的直径，结果见表 7-18。

表 7-18　不同处理后的抑菌圈直径　mm

区组	抑菌圈直径			
	SL	SH	TL	TH
1	18.02	19.41	18.00	19.46
2	18.12	20.20	18.91	20.38
3	18.09	19.56	18.21	19.64
4	18.30	19.41	18.24	19.50
5	18.26	19.59	18.11	19.56
6	18.02	20.12	18.13	19.60
7	18.23	19.94	18.06	19.54

分析代码如下：

```
###########代码清单 7.9.3.1  #########
library(lsmeans)
df<-read.csv(file='d7.9.3.1.csv', header=T)
str(df)

fit<-aov(diameter~Block+Drug* Dose, data=df)
summary(fit)

lsmeans(fit, pairwise~Drug: Dose)
```

运行结果如下：

```
>fit<-aov(diameter~Block+Drug* Dose, data=df)
>summary(fit)
             Df   Sum Sq   Mean Sq   F value    Pr(>F)
Block         6    1.100     0.183     3.986    0.0103 *
Drug          1    0.000     0.000     0.004    0.9515
Dose          1   16.067    16.067   349.258    3.1e-13 ***
Drug: Dose    1    0.049     0.049     1.063    0.3162
Residuals    18    0.828     0.046
---
Signif. codes:  0 '***' 0.001 '**' 0.01 '*' 0.05 '.' 0.1 ' ' 1
>lsmeans(fit, pairwise~Drug: Dose)
$`Drug: Doselsmeans`
Drug Dose      lsmean          SE   df   lower.CL   upper.CL
   1    1    18.14857   0.0810661   18   17.97826   18.31888
   2    1    18.23714   0.0810661   18   18.06683   18.40746
   1    2    19.74714   0.0810661   18   19.57683   19.91746
   2    2    19.66857   0.0810661   18   19.49826   19.83888
```

```
$`Drug: Dose pairwise differences`
           estimate         SE  df   t.ratio  p.value
1,1-2,1  -0.08857143  0.1146448  18  -0.77257  0.86576
1,1-1,2  -1.59857143  0.1146448  18 -13.94369  0.00000
1,1-2,2  -1.52000000  0.1146448  18 -13.25835  0.00000
2,1-1,2  -1.51000000  0.1146448  18 -13.17112  0.00000
2,1-2,2  -1.43142857  0.1146448  18 -12.48577  0.00000
1,2-2,2   0.07857143  0.1146448  18   0.68535  0.90133
p values are adjusted using the tukey method for 4 means
```

分析结果为两个部分：第一部分是方差分析，结果显示，区组和药剂剂量所对应的 F 统计量和 p 值，分别为 $F=3.986$，$p=0.0103<0.05$，$F=349.258$，$p=3.1e-13<0.001$，即不同菌株来源和药剂剂量对抑菌圈直径的影响均有显著差异；第二部分，是全部实验组之间两两比较的结果：除 Durg1Dose1 与 Drug2Dose1、Durg1Dose2 与 Drug2Dose2 外，其余组合之间均差异显著。因此，当控制药物剂量 Dose 在低剂量或高剂量时，标准药物 Drug1 与克拉霉素 Drug2 对抑菌圈的直径影响没有显著差异。

【例 7-15】研究制造塑料胶片过程中挤压度和添加剂剂量对其性能的影响，随机抽样获得 20 个塑料胶片样品，按 2×2 析因设计，挤压度和添加剂剂量各选 2 个水平，塑料胶片的性能用 3 个指标表示，即抗泪度、光泽度和混浊度，数据见表 7-19。请问塑料胶片制造过程中挤压度和添加剂剂量对其性能的影响有无统计学意义？

表 7-19 挤压度和添加剂剂量对塑料胶片的影响

挤压度 A	添加剂剂量 B	抗泪度 $y1$	光泽度 $y2$	混浊度 $y3$
1	1	6.5	9.5	4.4
1	1	6.2	9.9	6.4
1	1	5.8	9.6	3.0
1	1	6.5	9.2	4.1
1	1	6.5	9.2	0.8
1	2	6.9	9.1	5.7
1	2	7.2	10.0	2.0
1	2	6.9	9.9	3.9
1	2	6.1	9.5	1.9
1	2	6.3	9.4	5.7
2	1	6.7	9.1	2.8
2	1	6.6	9.3	4.1
2	1	7.2	8.3	3.8
2	1	7.1	8.4	1.6
2	1	6.8	8.5	3.4
2	2	7.1	9.2	8.4
2	2	7.0	8.8	5.2
2	2	7.2	9.7	6.9
2	2	7.5	10.1	2.7
2	2	7.6	9.2	1.9

分析代码如下:

```
##########代码清单 7.9.3.2 #########
df <-read.csv(file ='d7.9.3.2.csv', header =T)
str(df)
attach(df)
y <-cbind(y1, y2, y3)
fit <-manova(y ~ A* B)
fit2 <-manova(y ~ A + B)
summary(fit2, test ="Wilks")  # "Pillai", "Roy"
summary.aov(fit2)
detach(df)
```

运行结果如下:

```
>fit <-manova(y ~ A* B)
>summary(fit, test ="Wilks")  # "Pillai", "Hotelling-Lawley", and "
Roy"
            Df    Wilks  approx F  num Df  den Df    Pr(>F)
A            1  0.40375    6.8915       3      14  0.004417 **
B            1  0.50025    4.6620       3      14  0.018451 *
A:B          1  0.80764    1.1115       3      14  0.377546
Residuals   16
---
Signif. codes:  0 '***' 0.001 '**' 0.01 '*' 0.05 '.' 0.1 ' ' 1
>fit2 <-manova(y ~A + B)
>summary(fit2, test ="Wilks")
            Df    Wilks  approx F  num Df  den Df    Pr(>F)
A            1  0.40579    7.3215       3      15  0.002996 **
B            1  0.53049    4.4252       3      15  0.020335 *
Residuals   17
---
Signif. codes: 0 '***' 0.001 '**' 0.01 '*' 0.05 '.' 0.1 ' ' 1
>summary.aov(fit2)
Response y1 :
            Df   Sum Sq  Mean Sq  F value     Pr(>F)
A            1   1.7405  1.74050   16.769  0.0007549 ***
```

```
B              1    0.7605   0.76050     7.327    0.0149597 *
Residuals     17    1.7645   0.10379
---
Signif. codes:  0 '***' 0.001 '**' 0.01 '*' 0.05 '.' 0.1 ' ' 1

Response y2 :
              Df    Sum Sq   Mean Sq   F value    Pr(>F)
A              1    1.1045   1.10450    5.9712    0.02575 *
B              1    0.7605   0.76050    4.1115    0.05857 .
Residuals     17    3.1445   0.18497
---
Signif. codes: 0 '***' 0.001 '**' 0.01 '*' 0.05 '.' 0.1 ' ' 1

Response y3 :
              Df    Sum Sq   Mean Sq   F value    Pr(>F)
A              1     0.421    0.4205    0.1038    0.7513
B              1     4.901    4.9005    1.2094    0.2868
Residuals     17    68.885    4.0520
```

运行结果表明，除了 A×B 交互作用不显著外，A、B 因素都对 $y1$、$y2$、$y3$ 整体的影响有显著差异。舍弃 A×B 交互作用，重新进行模型拟合，结果表明，对于 A，Wilk's $\lambda = 0.406$，$F = 7.32$，$p = 0.003 < 0.05$；对于 B，Wilk's $\lambda = 0.530$，$F = 4.43$，$p = 0.020 < 0.05$，说明 A、B 因素都对 $y1$、$y2$、$y3$ 整体的影响有显著差异。summary. aov(fit2)还输出了 $y1$、$y2$、$y3$ 分别对 A、B 因素的方差分析，结果显示，$y1$ 在 A、B 因素上都有显著差异；$y2$ 仅在 A 因素上有差异；$y3$ 在 A、B 因素上都无显著差异。

7.10 循环设计

7.10.1 基本概念

循环设计(cyclic design)也是一种不完全区组设计，按区组大小做为起始值随机生成的不完全区组设计。循环设计仅适用于因素水平在 6～30 之间，重复次数不大于 10 时，才能保证设计的效率和稳健性。关于循环设计，目前的资料比较少，国内也较少使用，因此暂时无法提供更为详细的资料。

7.10.2 R 出设计

程序包 agricolae 中的 design. cyclic( )函数可进行循环设计，用法如下：

```
design.cyclic(trt, k, r, rowcol = FALSE, serie = 2, seed = 0, kinds =
```

```
"Super-Duper")
```

式中，trt 代表试验因素水平数，*k* 代表区组大小，*r* 代表重复次数，rowcol 为是否采用行列设计，serie 代表小区 plot 表示位数（取值 1，plots = 11；取值 2，plots = 101；取值 3，plots = 1001），seed 为随机种子，kinds 为产生随机化的方法。

假设品种试验因素有 8 水平，重复 6 次，区组大小为 2，生成循环设计表的代码如下：

```
### 7.10.2 Cyclic designs
##  for 6 to 30 treatments, replications < =10
library(agricolae)
trt <-paste("T", 1: 8, sep = "")
# block size =2, replication =6
outdesign1 <-design.cyclic(trt, k =2, r =6, serie =2)

cycd <-outdesign1 $book

 # groups 1, 2, 3
 outdesign1 $sketch[[1]]
 outdesign1 $sketch[[2]]
 outdesign1 $sketch[[3]]
```

运行结果如下：

```
>outdesign1 $book
    plots  group  block  trt
1     101      1      1   T2
2     102      1      1   T1
3     103      1      2   T3
4     104      1      2   T2
5     105      1      3   T6
6     106      1      3   T7
7     107      1      4   T8
8     108      1      4   T1
9     109      1      5   T4
10    110      1      5   T5
11    111      1      6   T8
12    112      1      6   T7
13    113      1      7   T4
14    114      1      7   T3
15    115      1      8   T6
16    116      1      8   T5
17    201      2      9   T3
18    202      2      9   T6
```

```
19    203    2    10   T2
20    204    2    10   T7
21    205    2    11   T4
22    206    2    11   T7
23    207    2    12   T6
24    208    2    12   T1
25    209    2    13   T8
26    210    2    13   T5
27    211    2    14   T8
28    212    2    14   T3
29    213    2    15   T5
30    214    2    15   T2
31    215    2    16   T4
32    216    2    16   T1
33    301    3    17   T3
34    302    3    17   T5
35    303    3    18   T6
36    304    3    18   T4
37    305    3    19   T7
38    306    3    19   T1
39    307    3    20   T5
40    308    3    20   T7
41    309    3    21   T2
42    310    3    21   T4
43    311    3    22   T2
44    312    3    22   T8
45    313    3    23   T3
46    314    3    23   T1
47    315    3    24   T6
48    316    3    24   T8
>outdesign1$sketch[[1]]
     [,1] [,2]
[1,] "T2" "T1"
[2,] "T3" "T2"
[3,] "T6" "T7"
[4,] "T8" "T1"
[5,] "T4" "T5"
[6,] "T8" "T7"
[7,] "T4" "T3"
[8,] "T6" "T5"
>outdesign1$sketch[[2]]
```

```
     [,1] [,2]
[1,] "T3" "T6"
[2,] "T2" "T7"
[3,] "T4" "T7"
[4,] "T6" "T1"
[5,] "T8" "T5"
[6,] "T8" "T3"
[7,] "T5" "T2"
[8,] "T4" "T1"
>outdesign1 $sketch[[3]]
     [,1] [,2]
[1,] "T3" "T5"
[2,] "T6" "T4"
[3,] "T7" "T1"
[4,] "T5" "T7"
[5,] "T2" "T4"
[6,] "T2" "T8"
[7,] "T3" "T1"
[8,] "T6" "T8"
```

7.10.3 示范案例

采用模拟的方式，得到一套数据，进行循环设计的数据分析，示范代码如下：

```
cycd <-outdesign1 $book
set.seed(123); cycd $yield = rnorm(48, mean =5, sd =1)
str(cycd)

fit =aov(yield ~group/block +trt +group: trt, data =cycd)
summary(fit)

duncan.test(fit,"trt", alpha =0.05, console =T)
```

运行结果如下：

```
>fit =aov(yield ~group/block +trt +group: trt, data =cycd)
>summary(fit)
              Df   Sum Sq   Mean Sq   F value   Pr(>F)
group          1    0.177    0.1766     0.354   0.5648
trt            7   12.384    1.7692     3.551   0.0347 *
group: block  22   21.723    0.9874     1.982   0.1314
group: trt     7    2.922    0.4175     0.838   0.5805
Residuals     10    4.982    0.4982
```

```
---
Signif. codes:  0 '***' 0.001 '**' 0.01 '*' 0.05 '.' 0.1 ' ' 1
>duncan.test(fit,"trt", alpha=0.05, console=T)
Study: fit ~ "trt"
Duncan's new multiple range test for yield

Mean Square Error:  0.4982063
trt,  means
        yield        std  r       Min      Max
T1   4.856444  1.4665477  6  3.219765  6.996029
T2   5.154394  0.8040257  6  4.262141  6.127458
T3   5.845528  1.1160623  6  4.575689  7.299370
T4   4.104446  0.4396179  6  3.440972  4.589187
T5   5.253304  0.4629289  6  4.476364  5.850256
T6   5.416477  0.6227875  6  4.257512  6.081114
T7   5.374345  0.2438628  6  5.027503  5.660128
T8   4.588882  1.0310399  6  3.391191  6.207664

alpha: 0.05 ; Df Error: 10
Critical Range
        2         3         4         5         6         7
0.9080008 0.9488525 0.9728991 0.9882814 0.9985171 1.0054222
        8
1.0100438
Means with the same letter are not significantly different.
Groups, Treatments and means
a      T3   5.846
ab     T6   5.416
ab     T7   5.374
ab     T5   5.253
ab     T2   5.154
abc    T1   4.856
bc     T8   4.589
c      T4   4.104
```

由方差分析结果可知，仅有试验因子 trt 达到显著水平，多重比较的结果显示，T3 品种产量最高，为 5.846，显著高于 T8 和 T4，而其他品种间差异不显著。

7.11 格子设计

7.11.1 基本概念

格子设计(lattice disgn)，为克服重复内分组设计中组间品种比较和组内品种比较精确度悬殊的问题，对品种分组的方法可考虑从固定的分组改进为不固定的分组，使一个品种有机会和许多其他品种，甚至其他各个品种都在同一区组中相遇。事实上，格子设计属于不完全区组设计，是在 BIB 的基础上提出的。

格子设计的类型

①平方格子设计：供试品种数为区组内品种数的平方，如区组内品种数为 n，则供试品种数为 n^2；

②立方格子设计：供试品种数为区组内品种数的立方，如区组内品种数为 n，则供试品种数为 n^3；

③矩形格子设计：如区组内品种数为 n，则供试品种数为 $n\times(n+1)$。

实际工作中，采用最多的格子设计是平方格子设计，其还可细分为以下几种：

①简单格子设计(simple lattice)：品种分组方法为两种，试验重复次数为 2 或 2 的倍数；

②三重格子设计(triple lattice)：品种分组方法为三种，在简单格子设计两种分组方法的基础上再增加对角线分组试验，重复次数为 3 或 3 的倍数；

③平衡格子设计(balanced lattice)：品种分组方法增加到使得每一对品种都能在同一区组中相遇一次。

格子设计的优点

充分考虑了供试品种间平衡比较的问题。

格子设计的缺点

如果供试品种数很多，很难实施完全平衡的格子设计，因为重复次数会导致试验规模过大。

实际育种工作中，品种的产量比较一般在早、中期阶段，供试材料多，每份材料的种子量少，所以采用部分平衡的格子设计已可满足试验要求。

7.11.2 R 出设计

程序包 agricolae 中的 design. lattice( )函数可进行格子设计，用法如下：

```
design.lattice(trt, r=3, serie=2, seed=0, kinds="Super-Duper")
```

式中，trt 代表试验因素水平数(值需为平方数)，r 代表格子设计类型($r=2$ 为简单格子设计，$r=3$ 为三重格子设计)，serie 代表小区 plot 表示位数(取值 1，plots = 11；取值 2，plots = 101；取值 3，plots = 1001)，seed 为随机种子，kind 为产生随机化的方法。

假设试验因素有 25 水平，生成简单格子设计表的代码如下：

```
### 7.11.2 lattice design
library(agricolae)

# simple lattice
trt <-1: 25
outdesign <-design.lattice(trt, r =2, seed =45, serie =3)

lad <-outdesign $book

# field book
fieldbook <-zigzag(outdesign)
vars =colnames(fieldbook)
for(i in 3: 4){
cat("Variable is:", vars[i]," \n")
print(t(matrix(fieldbook[,i], 5, 10)))
cat(" \n")
}
```

运行结果如下：

```
>lad
     plots  r  block   trt
1     1001  1      1    22
2     1002  1      1    24
3     1003  1      1    16
4     1004  1      1    19
5     1005  1      1    12
6     1006  1      2    14
7     1007  1      2    15
8     1008  1      2    13
9     1009  1      2     9
10    1010  1      2     7
11    1011  1      3     5
12    1012  1      3     3
13    1013  1      3    18
14    1014  1      3    23
15    1015  1      3    10
16    1016  1      4    25
17    1017  1      4    20
18    1018  1      4     1
19    1019  1      4     4
20    1020  1      4     8
21    1021  1      5    11
22    1022  1      5     2
```

```
23    1023  1      5      6
24    1024  1      5     17
25    1025  1      5     21
26    2001  2      6     14
27    2002  2      6     25
28    2003  2      6     11
29    2004  2      6     22
30    2005  2      6      5
31    2006  2      7      7
32    2007  2      7      8
33    2008  2      7     21
34    2009  2      7     12
35    2010  2      7     10
36    2011  2      8     15
37    2012  2      8     20
38    2013  2      8      2
39    2014  2      8     24
40    2015  2      8      3
41    2016  2      9      9
42    2017  2      9      4
43    2018  2      9     17
44    2019  2      9     19
45    2020  2      9     23
46    2021  2     10     13
47    2022  2     10      1
48    2023  2     10      6
49    2024  2     10     16
50    2025  2     10     18
> fieldbook <-zigzag(outdesign)
> vars = colnames(fieldbook)
> for(i in 3: 4){
+   cat("Variable is:", vars[i]," \n")
+   print(t(matrix(fieldbook[,i], 5, 10)))
+   cat(" \n")
+ }
Variable is: block
      [,1]  [,2]  [,3]  [,4]  [,5]
[1,]   "1"   "1"   "1"   "1"   "1"
[2,]   "2"   "2"   "2"   "2"   "2"
[3,]   "3"   "3"   "3"   "3"   "3"
[4,]   "4"   "4"   "4"   "4"   "4"
[5,]   "5"   "5"   "5"   "5"   "5"
[6,]   "6"   "6"   "6"   "6"   "6"
[7,]   "7"   "7"   "7"   "7"   "7"
```

```
[8,]     "8"   "8"   "8"   "8"   "8"
[9,]     "9"   "9"   "9"   "9"   "9"
[10,]   "10"  "10"  "10"  "10"  "10"

Variable is: trt
         [,1]  [,2]  [,3]  [,4]  [,5]
[1,]    "22"  "24"  "16"  "19"  "12"
[2,]    "14"  "15"  "13"   "9"   "7"
[3,]     "5"   "3"  "18"  "23"  "10"
[4,]    "25"  "20"   "1"   "4"   "8"
[5,]    "11"   "2"   "6"  "17"  "21"
[6,]    "14"  "25"  "11"  "22"   "5"
[7,]     "7"   "8"  "21"  "12"  "10"
[8,]    "15"  "20"   "2"  "24"   "3"
[9,]     "9"   "4"  "17"  "19"  "23"
[10,]   "13"   "1"   "6"  "16"  "18"
```

上述演示了简单格子设计，如需要三重格子设计，示范代码如下：

```
# triplelattic
trt <-LETTERS[1: 9]
outdesign <-design.lattice(trt, r=3, serie=2)
```

7.11.3 示范案例

【例 7-16】为探讨 25 个大豆品种的产量差异，采用简单格子设计。小区面积为 15m^2，试验重复 2 次，目的指标为产量(kg/小区)，试验结果见表 7-20，试做方差分析。

表 7-20 大豆的试验结果 kg/小区

Rep	Block	yield				
1	1	(12)6	(16)5	(19)8	(22)6	(24)7
1	2	(7)8	(9)13	(13)12	(14)16	(15)12
1	3	(3)7	(5)17	(10)14	(18)7	(23)9
1	4	(1)13	(4)13	(8)14	(20)16	(25)18
1	5	(2)15	(6)11	(11)14	(17)14	(21)14
2	6	(5)8	(11)24	(14)24	(22)11	(25)13
2	7	(7)21	(8)11	(10)23	(12)11	(21)14
2	8	(2)12	(3)12	(15)16	(20)4	(24)12
2	9	(4)10	(9)17	(17)30	(19)9	(23)23
2	10	(1)15	(6)22	(13)15	(16)16	(18)19

注：()号内为品种代号，比如(12)代表品种 12 号。

分析代码如下：

```
df = read.csv(file = "d7.11.3.csv", T)
for(i in 1: 4)df[,i] = as.factor(df[,i])

require(MASS)
```

```
attach(df)
model <-PBIB.test(Block, Var, Rep, yield, k =5, method ="VC")
detach(df)

model $ANOVA
bar.group(model $groups, ylim =c(0, 30), density =20, las =2)
```

代码说明，agricolae 包的 PBIB.test( )函数可进行格子设计的数据分析，用法如下：

```
PBIB.test(block, trt, replication, y, k, method = c("REML","ML",
"VC"), test = c("lsd","tukey"), alpha = 0.05, console = FALSE, group =
TRUE)
```

式中，block 代表区组，trt 代表试验因素，replication 代表重复，*y* 代表目标性状，*k* 代表区组大小，method 代表方差估算方法，test 代表多重比较的方法，alpha 代表显著水平，console 为是否直接输出结果，group 为是否进行多重比较。在本例中，上述变量分别为 Block、Var、Rep、yield，*k* =5，method 采用 VC，其他为默认值。

运行结果如下：

```
>model $ANOVA
Analysis of Variance Table
Response: yield
              Df    Sum Sq   Mean Sq   F value    Pr(>F)
Rep            1    212.18   212.180   11.3815    0.003869 **
Var.unadj     24    654.28    27.262    1.4623    0.217988
Block/Rep      8    327.04    40.880    2.1928    0.086296 .
Residual      16    298.28    18.642
---
Signif. codes:  0 '***' 0.001 '**' 0.01 '*' 0.05 '.' 0.1 ' ' 1
>model $groups
     Var     mean.adj       M
17    17    22.108794       a
14    14    21.251131      ab
11    11    20.359925     abc
10    10    18.880779    abcd
6      6    16.228015   abcde
23    23    15.945603   abcde
15    15    15.795102   abcde
2      2    15.403896   abcde
9      9    15.000000   abcde
7      7    14.935176   abcde
21    21    14.543970   abcde
25    25    13.868090   abcde
5      5    13.696734   abcde
13    13    13.119221   abcde
```

```
18    18    12.564824   abcde
3      3    11.240705    bcde
24    24    11.023116     cde
1      1    10.736179     cde
8      8    10.052134      de
16    16     9.847236      de
22    22     9.479146      de
20    20     8.912060      de
12    12     8.663191       e
4      4     8.616958       e
19    19     8.228015       e
```

此外，如图 7-5 所示，agricolae 包的 bar. group( ) 函数可进行多重比较结果的图形绘制。

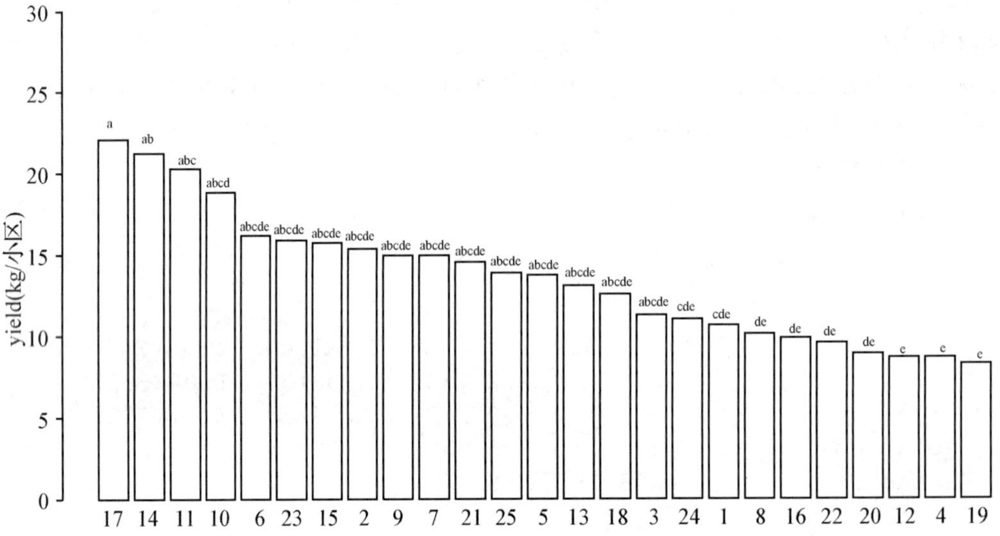

图 7-5 大豆品种产量的多重比较

7.12 α 设计

7.12.1 基本概念

α 设计，也称 α-格子试验设计(Alpha-Lattice)，属于不完全区组设计，也是格子设计的一种。α 设计是当前国外育种企业采用的一种不完全区组试验设计，主要应用于育种过程中早、中期产量试验阶段的品种筛选。其采用的不完全区组的试验设计方式，提升了试验效率，降低了育种试验成本。

与随机区组试验设计相比，在参试材料很多的情况下，随机区组的小区面积急剧扩大，地块地力差异，对试验本身产生了破坏性影响，或者可以表述为，试验设计的局部控制失灵。在不扩大试验地块面积的情况下，尽量多安排试验材料，这就是不完全区组试验设计的优越性。

7.12.2　R 出设计

程序包 agricolae 中的 design. alpha( )函数可进行 α 设计，用法如下：

```
design.alpha(trt, k, r, serie=2, seed=0, kinds="Super-Duper")
```

式中，trt 代表试验因素水平数，k 代表区组大小，r 代表重复次数，serie 代表小区 plot 表示位数(取值 1，plots = 11；取值 2，plots = 101；取值 3，plots = 1001)，seed 为随机种子，kinds 为产生随机化的方法。

假设品种试验因素有 30 水平，重复为 2 次，区组大小为 3，生成 α 设计表的代码如下：

```
### 7.12.2 alpha design
library(agricolae)
Genotype <-paste("geno", 1: 30, sep="") # treatment
ntr <-length(Genotype) # trt nlevels
r <-2 # replication
k <-3 # block size

outdesign <-design.alpha(Genotype, k, r, seed=5)
alpd <-outdesign $book

 # field book
 fieldbook <-zigzag(outdesign)
 vars=colnames(fieldbook)
 for(i in 3: 5){
 cat("Variable is:", vars[i]," \n")
 print(t(matrix(fieldbook[,i], 6, 10)))
 cat(" \n")
 }
```

运行结果如下：

```
>alpd
   plots  cols  block  Genotype  replication
1    101     1      1    geno18            1
2    102     2      1     geno9            1
3    103     3      1    geno12            1
4    104     1      2    geno11            1
5    105     2      2    geno19            1
6    106     3      2     geno1            1
7    107     1      3    geno22            1
```

```
8     108    2    3    geno17    1
9     109    3    3    geno28    1
10    110    1    4    geno27    1
11    111    2    4     geno3    1
12    112    3    4     geno8    1
13    113    1    5     geno6    1
14    114    2    5    geno14    1
15    115    3    5    geno29    1
16    116    1    6    geno25    1
17    117    2    6     geno5    1
18    118    3    6    geno23    1
19    119    1    7    geno15    1
20    120    2    7    geno20    1
21    121    3    7    geno16    1
22    122    1    8    geno30    1
23    123    2    8    geno21    1
24    124    3    8    geno10    1
25    125    1    9     geno7    1
26    126    2    9    geno26    1
27    127    3    9    geno13    1
28    128    1   10     geno2    1
29    129    2   10     geno4    1
30    130    3   10    geno24    1
31    201    1   11     geno2    2
32    202    2   11    geno12    2
33    203    3   11    geno19    2
34    204    1   12     geno8    2
35    205    2   12     geno9    2
36    206    3   12     geno1    2
37    207    1   13     geno4    2
38    208    2   13    geno18    2
39    209    3   13    geno22    2
40    210    1   14    geno16    2
41    211    2   14    geno23    2
42    212    3   14    geno21    2
43    213    1   15     geno7    2
44    214    2   15    geno25    2
45    215    3   15    geno15    2
46    216    1   16    geno26    2
47    217    2   16    geno24    2
48    218    3   16    geno17    2
49    219    1   17    geno20    2
```

```
50      220     2     17      geno28          2
51      221     3     17      geno13          2
52      222     1     18      geno10          2
53      223     2     18      geno14          2
54      224     3     18       geno5          2
55      225     1     19      geno11          2
56      226     2     19      geno27          2
57      227     3     19       geno6          2
58      228     1     20       geno3          2
59      229     2     20      geno30          2
60      230     3     20      geno29          2
>for(i in 3: 5){
+   cat("Variable is:", vars[i]," \n")
+   print(t(matrix(fieldbook[,i], 6, 10)))
+   cat(" \n")
+ }
Variable is: block
       [,1] [,2] [,3] [,4] [,5] [,6]
[1,]   "1"  "1"  "1"  "2"  "2"  "2"
[2,]   "3"  "3"  "3"  "4"  "4"  "4"
[3,]   "5"  "5"  "5"  "6"  "6"  "6"
[4,]   "7"  "7"  "7"  "8"  "8"  "8"
[5,]   "9"  "9"  "9"  "10" "10" "10"
[6,]   "11" "11" "11" "12" "12" "12"
[7,]   "13" "13" "13" "14" "14" "14"
[8,]   "15" "15" "15" "16" "16" "16"
[9,]   "17" "17" "17" "18" "18" "18"
[10,]  "19" "19" "19" "20" "20" "20"

Variable is: Genotype
       [,1]       [,2]       [,3]       [,4]       [,5]       [,6]
[1,]   "geno18"   "geno9"    "geno12"   "geno11"   "geno19"   "geno1"
[2,]   "geno22"   "geno17"   "geno28"   "geno27"   "geno3"    "geno8"
[3,]   "geno6"    "geno14"   "geno29"   "geno25"   "geno5"    "geno23"
[4,]   "geno15"   "geno20"   "geno16"   "geno30"   "geno21"   "geno10"
[5,]   "geno7"    "geno26"   "geno13"   "geno2"    "geno4"    "geno24"
[6,]   "geno2"    "geno12"   "geno19"   "geno8"    "geno9"    "geno1"
[7,]   "geno4"    "geno18"   "geno22"   "geno16"   "geno23"   "geno21"
[8,]   "geno7"    "geno25"   "geno15"   "geno26"   "geno24"   "geno17"
[9,]   "geno20"   "geno28"   "geno13"   "geno10"   "geno14"   "geno5"
```

```
[10,]  "geno11" "geno27" "geno6"  "geno3"  "geno30" "geno29"

Variable is: replication
      [,1] [,2] [,3] [,4] [,5] [,6]
[1,]  "1"  "1"  "1"  "1"  "1"  "1"
[2,]  "1"  "1"  "1"  "1"  "1"  "1"
[3,]  "1"  "1"  "1"  "1"  "1"  "1"
[4,]  "1"  "1"  "1"  "1"  "1"  "1"
[5,]  "1"  "1"  "1"  "1"  "1"  "1"
[6,]  "2"  "2"  "2"  "2"  "2"  "2"
[7,]  "2"  "2"  "2"  "2"  "2"  "2"
[8,]  "2"  "2"  "2"  "2"  "2"  "2"
[9,]  "2"  "2"  "2"  "2"  "2"  "2"
[10,] "2"  "2"  "2"  "2"  "2"  "2"
```

7.12.3 示范案例

【例 7-17】为探讨 30 个大豆品种的产量差异，采用盆栽试验。试验设计为 α 设计，试验重复 2 次，区组内小区为 3 个，目的指标为产量，部分试验结果见表 7-21，试做方差分析。

表 7-21 大豆品种 α 设计的试验结果 kg/盆

block	Genotype	replication	Yield
1	geno18	1	5
1	geno9	1	2
1	geno12	1	7
2	geno11	1	6
2	geno19	1	4
2	geno1	1	9
3	geno22	1	7
3	geno17	1	6
3	geno28	1	7
4	geno27	1	9
4	geno3	1	6
4	geno8	1	2
5	geno6	1	1
5	geno14	1	1
5	geno29	1	3
6	geno25	1	2
6	geno5	1	4
6	geno23	1	6

分析代码如下：

```
# dataset
df = read.csv(file = "d7.12.3.csv", T)
```

```
for(i in 1: 5)df[,i] =as.factor(df[,i])

require(MASS)
attach(df)
model <-PBIB.test (block, Genotype, replication, Yield, k = 3, method ="VC")
detach(df)

model $ANOVA
bar.group(model $groups, ylim =c(0, 9), density =20, las =2)
```

代码说明，agricolae 包的 PBIB. test( )函数可进行 α 设计的数据分析，用法如下：

```
PBIB.test(block, trt, replication, y, k, method = c("REML","ML","VC"), test = c("lsd","tukey"), alpha = 0.05, console = FALSE, group = TRUE)
```

式中，block 代表区组，trt 代表试验因素，replication 代表重复，y 代表目标性状，k 代表区组大小，method 代表方差估算方法，test 代表多重比较的方法，alpha 代表显著水平，console 为是否直接输出结果，group 为是否进行多重比较。在本例中，上述变量分别为 block、Genotype、replication、Yield，$k=3$，method 采用 VC，其他为默认值。

运行结果如下：

```
>model $ANOVA
Analysis of Variance Table

Response: Yield
                   Df   Sum Sq  Mean Sq  F value   Pr(>F)
replication         1    0.600   0.6000   0.2931   0.59901
Genotype.unadj     29  188.933   6.5149   3.1831   0.02334 *
block/replication  18  112.886   6.2714   3.0641   0.03125 *
Residual           11   22.514   2.0468
---
Signif. codes:   0 '***' 0.001 '**' 0.01 '*' 0.05 '.' 0.1 ' ' 1
>model $groups
      Genotype    mean.adj      M
20      geno27    7.729927      a
13      geno20    6.728215     ab
1        geno1    6.514615     ab
8       geno16    6.195995    abc
24      geno30    6.028477   abcd
23       geno3    5.730641   abcd
10      geno18    5.484715   abcd
```

```
16        geno23    5.450538    abcd
21        geno28    5.158903    abcd
22        geno29    5.052705    abcd
4         geno12    4.867111    abcd
3         geno11    4.797866    abcd
14        geno21    4.739711    abcd
15        geno22    4.608895    abcd
27         geno6    4.551991    abcd
7         geno15    4.423664    abcd
5         geno13    4.285840    abcd
19        geno26    4.190402    abcd
6         geno14    4.156467    abcd
25         geno4    3.979897    abcd
17        geno24    3.934467    abcd
2         geno10    3.632239     bcd
28         geno7    3.481288     bcd
11        geno19    3.374422     bcd
26         geno5    3.343065     bcd
9         geno17    3.063465     bcd
30         geno9    3.007305     bcd
12         geno2    2.862294     bcd
29         geno8    2.446677      cd
18        geno25    2.178206       d
```

此外，如图 7-5 所示，agricolae 包的 bar. group( ) 函数可进行多重比较结果的图形绘制。

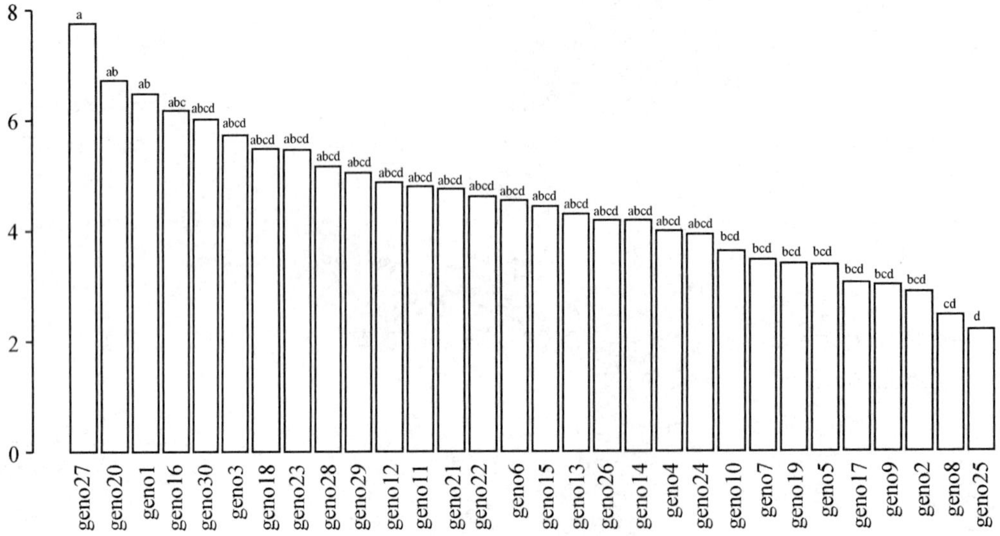

图 7-5 大豆品种产量的多重比较

思考题

(1)名词解释

简单效应　主效应　交互效应

(2)实验设计的原则有哪些?

(3)实验设计的类型有哪些?

(4)以 agridat 包的数据集 cochran. bib 为例，进行 BIB 设计的数据分析。

(5)以 agridat 包的数据集 durban. splitplot 为例，进行裂区设计的数据分析。

(6)以 agridat 包的数据集 cochran. latin 为例，进行拉丁方设计的数据分析。

(7)以 agridat 包的数据集 cochran. lattice 为例，进行格子设计的数据分析。

(8)以 agridat 包的数据集 burgueno. alpha 为例，进行 α 设计的数据分析。

(9)以 agridat 包的数据集 gomez. stripplot 为例，进行条区设计的数据分析。

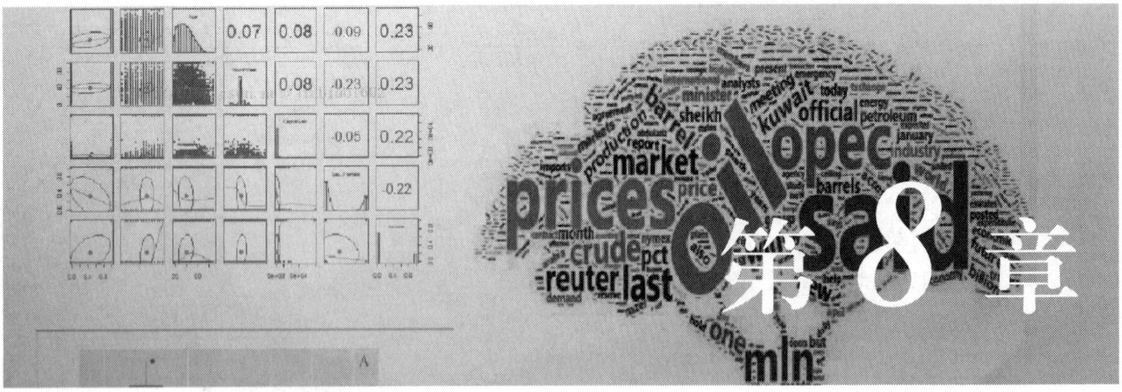

第8章 基础绘图

统计图形的意义在于引导我们观察到统计数据中的信息。著名统计学家 John Tukey 认为“图形的最大价值就是使我们注意到我们从来没有意料到过的信息”。尤其当数据集中的变量比较多且数据比较大时，统计图形的重要性自然不言而喻，因此有“一图胜千言”的说法。

本章概要本章节主要展示 R 的基础绘图方法，主要包括条形图、饼图、直方图、核密度图、散点图、热图、等高图等。

8.1 常见图形

8.1.1 条形图

条形图(Bar plots)是目前各种统计图形中应用最广泛的图形之一，它通过垂直的或水平的条形展示类别变量的频数分布。R 绘制条形图的函数为 barplot()，用法如下：

```
barplot(x)
```

其中，参数 x 是一个向量或矩阵。

下文以数据集 stu. data. csv 为例，示范条形图的绘制。

8.1.1.1 简单的条形图

```
>setwd("G: \\Users\\Rdata")
>stu.df<-read.csv(file="stu.data.csv", header=T)
>counts<-table(stu.df$Grade)
>counts

 1    2    3    4
67   45    6    2
```

从上述的数据中，可以看出，这批学生中，大一年级的有 67 人，大二有 45 人，大三有 6 人，大四有 2 人。

对数据框 counts，可以用 barplot( ) 函数绘制垂直或水平的条形图。代码如下：

```
######代码清单 8.1.1.1 #######
par(mfrow = c(1, 2))
barplot (counts,
         main = "Simple Bar Plot",
         xlab = "Grade", ylab = "Frequency")

barplot (counts,
         main = "Horizontal Bar Plot",
         xlab = "Frequency", ylab = "Grade",
         horiz = T)
```

上述的代码，分别绘制出垂直和水平的条形图如图 8-1 所示。

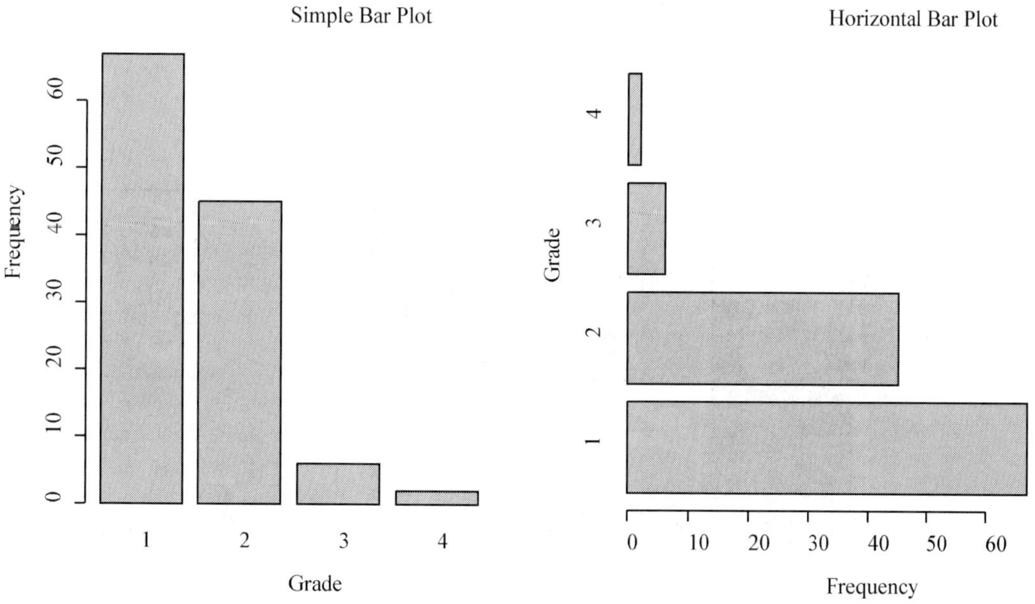

图 8-1　垂直和水平的条形图

8.1.1.2　堆砌和分组条形图

当参数 x 是矩阵时，barplot( ) 函数就会画出堆砌条形图或分组条形图。

仍以上述的数据集为例，生成一个年级和性别的矩阵或列联表，代码如下：

```
> counts <-table(stu.df $ Grade, stu.df $ Sex)
> counts
        男      女
1       58      9
```

```
2      27    18
3       1     5
4       1     1
```

现在可以绘制堆砌或分组的条形图，绘图代码如下：

```
######代码清单 8.1.1.2 #######
barplot(counts,                                    # 绘制堆砌条形图
main = "Stacked Bar Plot",
xlab = "Treatment", ylab = "Frequency",
col = c("red", "yellow","green","blue"),
legend = rownames(counts))

barplot(counts,                                    # 绘制分组条形图
main = "Grouped Bar Plot",
 xlab = "Treatment", ylab = "Frequency",
 col = c("red", "yellow", "green","blue"),
 legend = rownames(counts), beside = T)
```

生成的图形如图 8-2 所示。

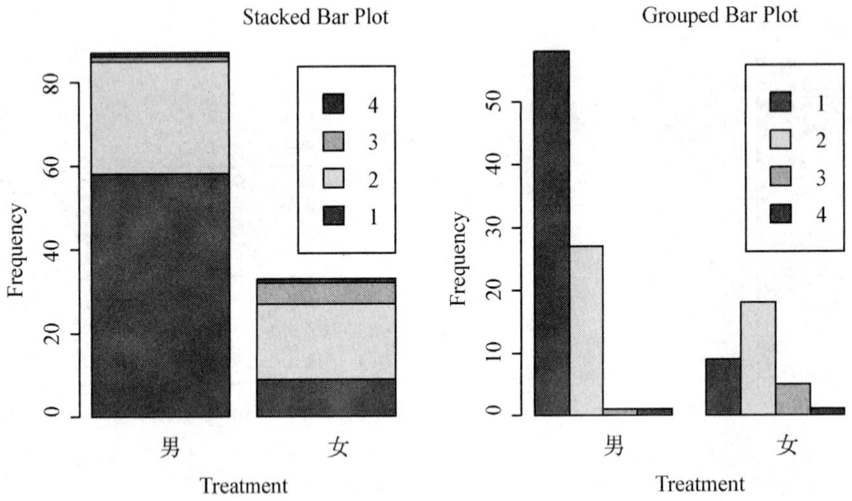

图 8-2　堆砌条形图和分组条形图

如图 8-2 所示，堆砌条形图容易看出男女生两组频数差异，而分组条形图则容易看出不同年级男女人数的差异。一般而言，人的视觉对长度比频数(或比例)更敏感，因此，分组条形图更容易展示差异的信息。

8.1.2　饼图

饼图(Pie chart)用于表示计数资料、质量性状资料的百分比。饼图虽然是应用非常广泛的统计图形，但在 R 语言领域内，并不推荐使用饼图，而是使用条形图或点图，原因是

相对于面积，人们对长度的判断更为精确。饼图的原理很简单，把整个饼图的面积视为 100%，按各类别、等级的百分比将圆面积分成若干个扇形，每一个扇形与相应数据的数值大小成比例。R 提供了函数 pie()制作饼图，用法如下：

```
pie(x, labels)
```

其中，*x* 是一个非负数的数值型向量，表示每个扇形的面积；labels 是每个扇形的标签，是字符型向量。

为了演示 R 不太用饼图，将上述数据中大四年级学生数改为 5，示例如下：

```
######代码清单 8.1.2 #######
par(mfrow=c(1, 2))
counts <-table(stu.df $ Grade)
counts[4] <-5
lbls <-names(counts)
pct <-round(counts / sum(counts)* 100)
lbls2 <-paste(lbls, "\n", pct, "% ", sep="")

pie(counts, labels=lbls2, col=rainbow(length(lbls2)),
 main="Pie Chart with Percentages")

 ######3D Pie
 library(plotrix)
 pie3D(counts, labels=lbls, explode=0.1,
 main="3D Pie Chart", labelcex=1.0)
```

生成的图形如图 8-3 所示。

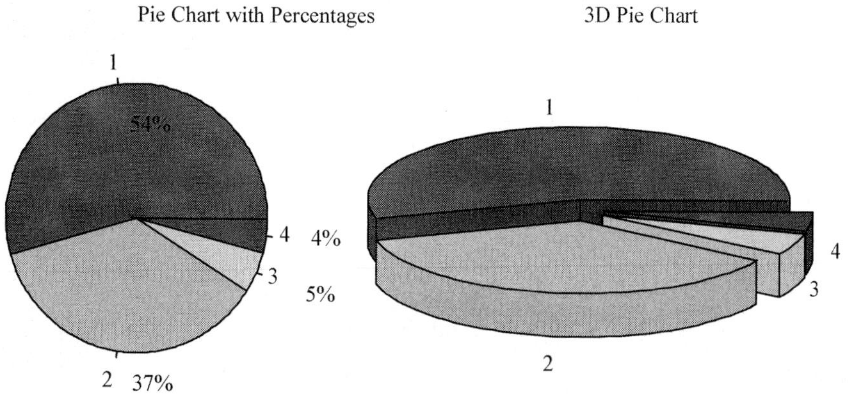

图 8-3 饼图

上述的饼图中，如果没有添加比例数据，很难从图形中直接分辨出大三和大四之间哪个值更大。因此，R 中有种扇形的新型饼图，可以更好地展示相对数量和相对差异。这种扇形饼图通过 plotrix 包中的 fan.plot()函数来绘制。

代码如下：

```
library(plotrix)
fan.plot(counts, labels = lbls, main = "Fan Plot")
```

生成的图形如图 8-4 所示。

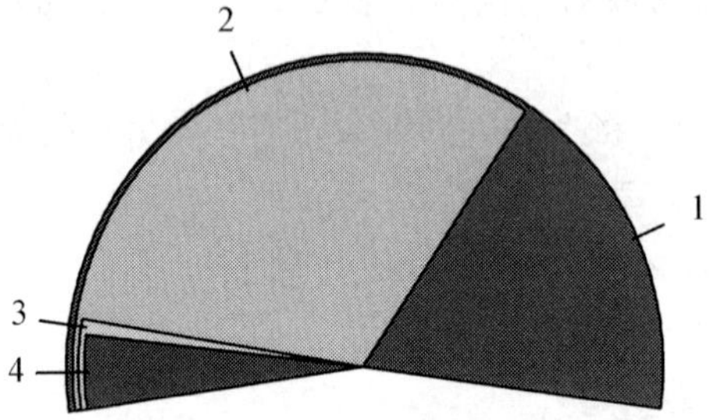

图 8-4 扇形饼图

从上面的图形中得知，大一对应的扇形最大，大四的最小。同时，可以看出大三的扇形比大四的稍大些。通过上面的典型饼图和扇形饼图的比较可知，根据扇形饼图更容易分辨出图形中各成分的大小。

8.1.3 直方图

直方图(histogram)，又称为柱状图或质量分布图，是一种统计报告图，由一系列高度不等的纵向条纹或线段表示数据分布的情况。一般用横轴表示数据类型，纵轴表示分布情况。直方图是展示连续数据分布最常用的工具，它本质上是对密度函数的一种估计。

R 中使用 hist( )函数来绘制直方图，其使用格式如下：

```
hist(x, breaks = , freq = )
```

其中，*x* 是一个数值型向量，breaks 用于控制组的数量，freq 用于选择概率密度(freq = F)或频数(freq = T)。默认情况下，直方图将生成等距切分。绘图代码如下：

```
######代码清单 8.1.3 #######
par(mfrow = c(2, 2), mar = c(2, 3, 2, 0.5), mgp = c(2, 0.5, 0))
hist(stu.df$height, main = "(1)freq = TRUE", xlab = "height")
hist(stu.df$height, freq = FALSE, xlab = "height",
                    main = "(2)freq = FALSE")
hist(stu.df$height, breaks = 5, density = 10, xlab = "height",
                    main = "(3)breaks = 5")
hist(stu.df$height, breaks = 40, col = "grey", xlab = "height",
                    main = "(4)breaks = 40")
```

以上述数据集的学生身高为例，生成的图形如图 8-5 所示。

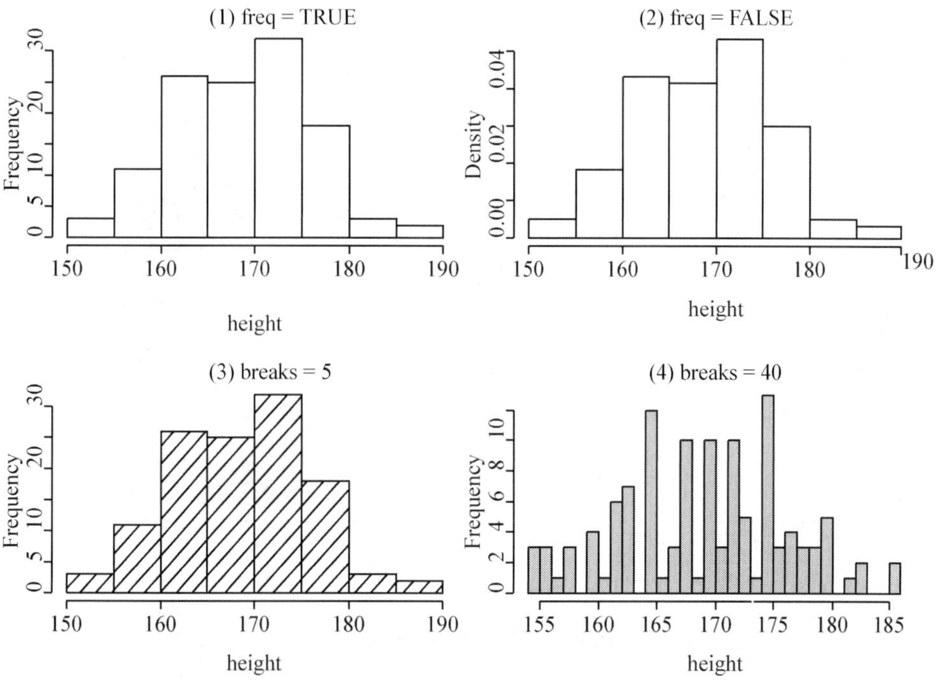

图 8-5　直方图示例

图 8-5 中包括 4 个直方图：①使用默认参数值(作频数图)；②概率密度直方图；③减小区间段数，直方图看起来更平滑(偏差大，方差小)；④增大区间段数，直方图更突兀(偏差小，方差大)。

8.1.4　核密度图

核密度估计(kernel density estimation)是在概率论中用来估计未知的密度函数的一种非参数检验方法。核密度图是观察连续型变量分布的有效方法之一。

核密度图的绘图方法为：

```
plot(density(x))
```

其中，x 是一个数值型向量。

以上述数据集的学生身高为例，绘制其核密度图，代码如下：

```
######代码清单 8.1.4 #######
par(mfrow=c(1, 2))
d<-density(stu.df$height)
plot(d)#绘制第一张
plot(d, main="Kernel Density of height")#绘制第二张
polygon(d, col="blue", border="red")#添加曲线颜色和区域颜色
```

生成的图形如图 8-6 所示。

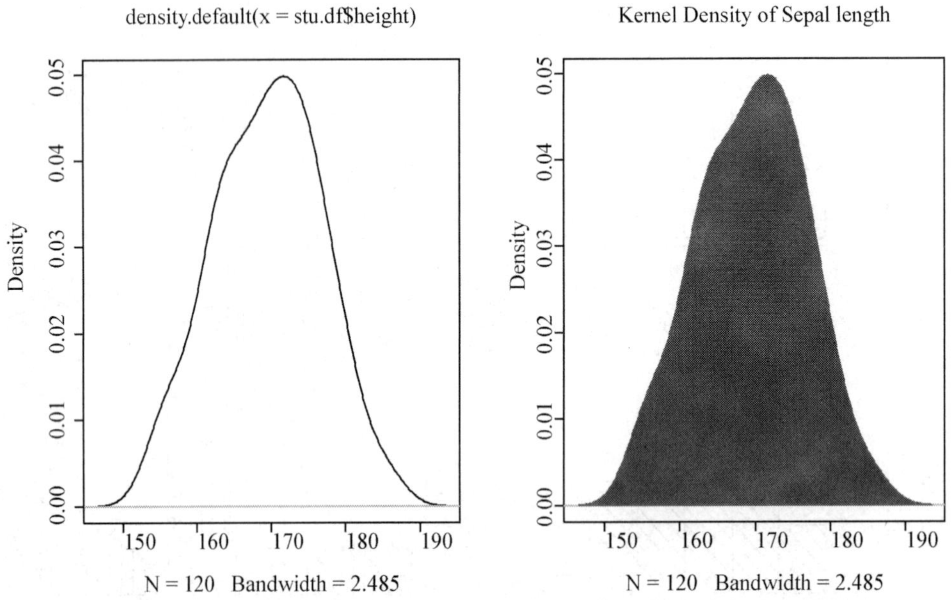

图 8-6 学生身度的核密度图

图 8-6 中的左图，采用了默认设置，画出的图形比较简单。右图，添加了标题，并将曲线设为红色，而且将曲线下方的区域填充了蓝色。

8.1.5 散点图

散点图(Scatter diagram)通常用来展示两个变量之间的关系，这种关系可能是线性或非线性的。图中每一个点的横纵坐标都分别对应两个变量各自的观测值，考察坐标点的分布，判断两变量之间是否存在某种关联或总结坐标点的分布模式。散点图将序列显示为一组点。值由点在图表中的位置表示。类别由图表中的不同标记表示。散点图还可用于比较跨类别的聚合数据。散点图的绘图方法如下：

```
plot(x, y, type = )
```

其中，x、y 为数值型向量，type 为指定图形的类型。

以上述数据集的学生身高和体重为例，绘制散点图，代码如下：

```
######代码清单 8.1.5 #######
par(mfrow = c(2, 2))
tv <-c("p", "l", "b", "o")
for(i in 1 : 4){plot(stu.df $height, stu.df $weight,
                type = tv[i], main = paste("type = ", tv[i]))}
```

生成的散点图如图 8-7 所示。

8.1.6 热图

热图(heat map)是对矩阵的行或列进行层次聚类，获得聚类的结果之后将行或列以聚类的顺序排列，并在颜色图的边界区域加上聚类的谱系图。热图也是将一个矩阵中单元格

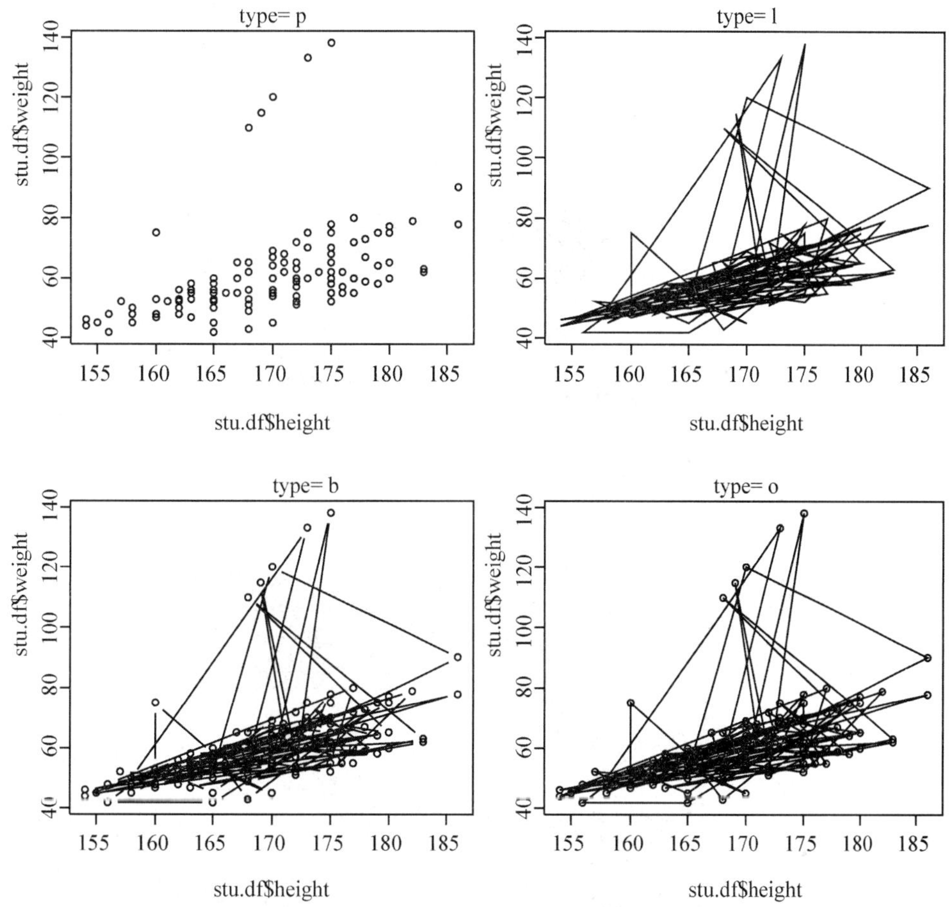

图 8-7　学生体重对身高的散点图

横坐标为学生身高，纵坐标为学生体重。“p”：仅有点；“l”：仅有线；
“b”：点连线；“o”：点连线且线在点上

数值用颜色表达，如颜色深表示数值大。

数据请见本节末尾，绘图代码如下：

```
######代码清单 8.1.6 #######
df <-read.csv(file ='d8.1.6.csv', header =T)
df.2 <-as.matrix(df[, -1])
rownames(df.2) <-df[,1]
heatmap(df.2, scale ="column", margins =c(4, 8))
```

生成的图形如图 8-8 所示。

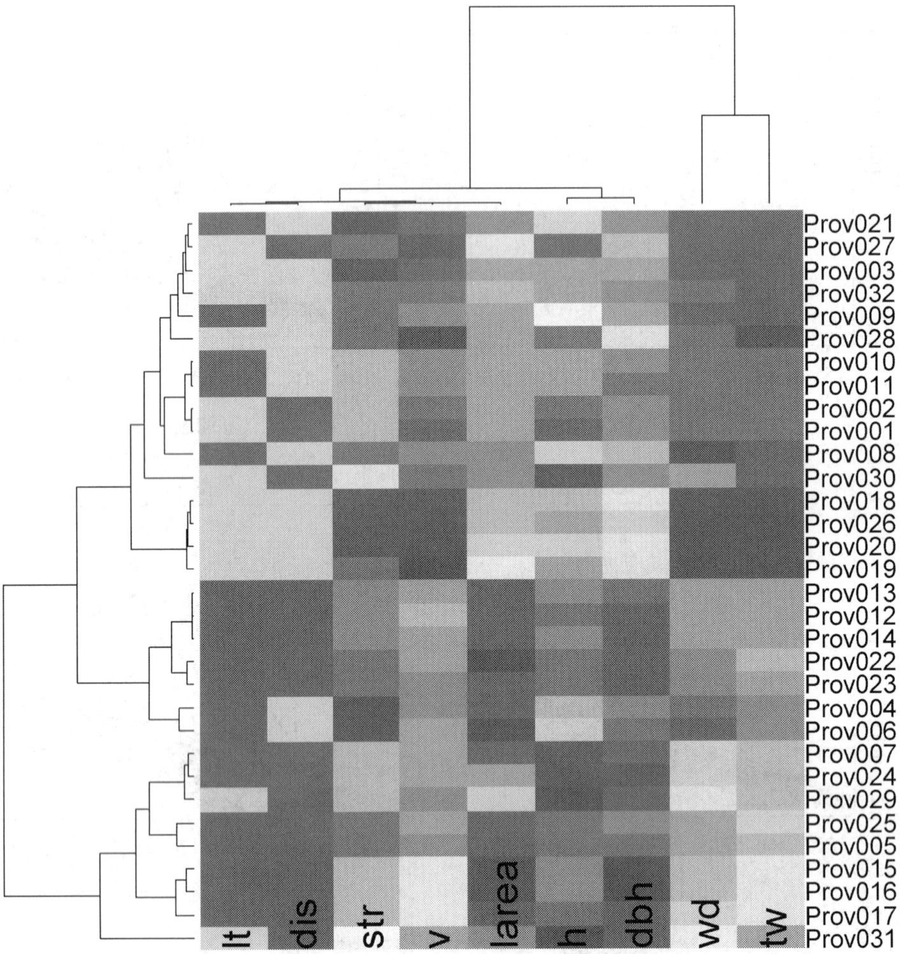

图 8-8 种源试验数据的热图

上述的图形，虽然颜色深表示数值大，但仍难以识别出极端值。因此，利用 RColor-Brewer 包调用极端化调色板，以强调最大或最小值。

绘图代码如下：

```
library(RColorBrewer)
heatmap(df.2, col = brewer.pal(9, "RdYlBu"),
        scale = "column", margins = c(4, 8))
```

生成的图形如下：

通过比较图 8-8 和图 8-9，可以发现，使用极端化调色板(用以强调极端值)，容易观察到各项值较大或较小的种源试验性状指标，如木材密度 *wd* 最大的是 Prov031。从行的聚类来说，可以看到哪些种源容易聚在一起，如 Prov15 和 Prov16。通过颜色的比较，我们还可以看出聚为一类的种源中，差异在哪个或哪些性状指标上，对于 Prov15 和 Prov16，除了材积 *v* 和木材密度 *wd* 有所差异外，其他性状比较一致。从列的聚类来说，木材密度 *wd* 和管胞宽度 *tw* 两个变量比较相似，聚为一类，但是它们最后才和其他指标聚成一类，说明

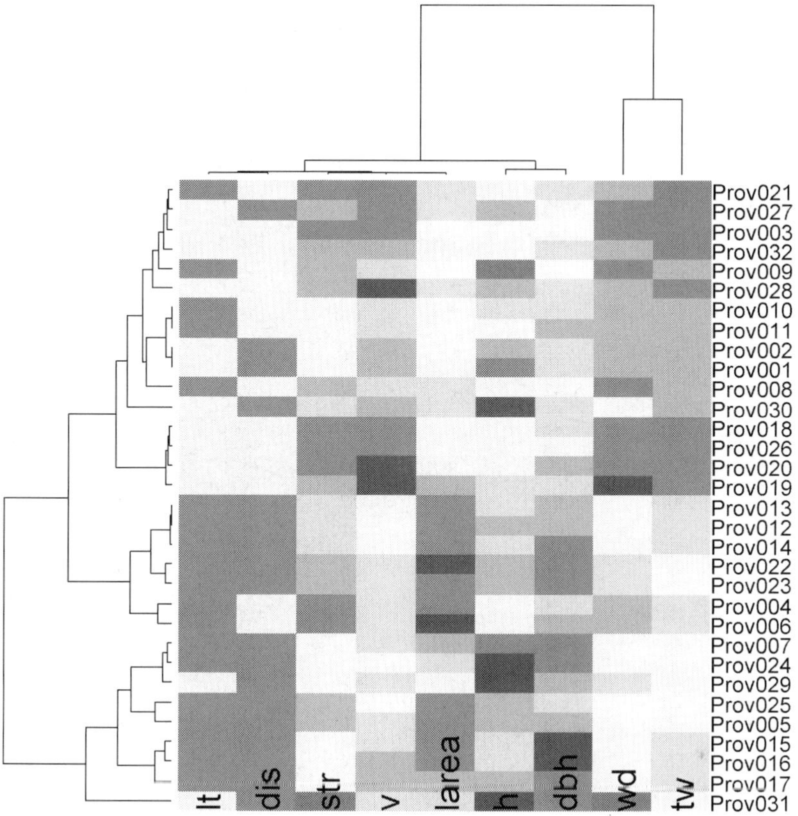

图 8-9　种源试验数据的热图(使用极端化调色板)

这两个指标和其他指标的差异较大，因此，如果做主成分分析，这两个指标也许可以提取一个成分。由上可知，极端化调色板的使用，更易于热图中各变量的聚类结果分析。不过，要注意的是图中数据需对列进行标准化处理，否则聚类结果就容易被数量级大的变量主导，导致产生误解。

【例 8-1】在某树种种源试验林内，每个种源随机抽取 30 棵树，测定了树高 *h*(m)、胸径 *dbh*(cm)、材积 *v*(m^3)、干形通直度 *str*、木材基本密度 *wd*(kg/m^3)、管胞宽度 *tw*(μm)、叶面积 *la*(cm^2)、抗病性 *dis* 和耐低温性 *lt*，测试结果的平均值见表 8-1。

表 8-1　种源试验林各性状测定结果

种源	*h*	*dbh*	*v*	*str*	*wd*	*tw*	*la*	*dis*	*lt*
Prov001	16.46	21.0	2.62	4	110	160.0	3.90	0	1
Prov002	17.02	21.0	2.88	4	110	160.0	3.90	0	1
Prov003	18.61	22.8	2.32	1	93	108.0	3.85	1	1
Prov004	19.44	21.4	3.22	1	110	258.0	3.08	1	0
Prov005	17.02	18.7	3.44	2	175	360.0	3.15	0	0
Prov006	20.22	18.1	3.46	1	105	225.0	2.76	1	0
Prov007	15.84	14.3	3.57	4	245	360.0	3.21	0	0

（续）

种源	*h*	*dbh*	*v*	*str*	*wd*	*tw*	*la*	*dis*	*lt*
Prov008	20.00	24.4	3.19	2	62	146.7	3.69	1	0
Prov009	22.90	22.8	3.15	2	95	140.8	3.92	1	0
Prov010	18.30	19.2	3.44	4	123	167.6	3.92	1	0
Prov011	18.90	17.8	3.44	4	123	167.6	3.92	1	0
Prov012	17.40	16.4	4.07	3	180	275.8	3.07	0	0
Prov013	17.60	17.3	3.73	3	180	275.8	3.07	0	0
Prov014	18.00	15.2	3.78	3	180	275.8	3.07	0	0
Prov015	17.98	10.4	5.25	4	205	472.0	2.93	0	0
Prov016	17.82	10.4	5.42	4	215	460.0	3.00	0	0
Prov017	17.42	14.7	5.35	4	230	440.0	3.23	0	0
Prov018	19.47	32.4	2.20	1	66	78.7	4.08	1	1
Prov019	18.52	30.4	1.62	2	52	75.7	4.93	1	1
Prov020	19.90	33.9	1.84	1	65	71.1	4.22	1	1
Prov021	20.01	21.5	2.47	1	97	120.1	3.70	1	0
Prov022	16.87	15.5	3.52	2	150	318.0	2.76	0	0
Prov023	17.30	15.2	3.44	2	150	304.0	3.15	0	0
Prov024	15.41	13.3	3.84	4	245	350.0	3.73	0	0
Prov025	17.05	19.2	3.85	2	175	400.0	3.08	0	0
Prov026	18.90	27.3	1.94	1	66	79.0	4.08	1	1
Prov027	16.70	26.0	2.14	2	91	120.3	4.43	0	1
Prov028	16.90	30.4	1.51	2	113	95.1	3.77	1	1
Prov029	14.50	15.8	3.17	4	264	351.0	4.22	0	1
Prov030	15.50	19.7	2.77	5	175	145.0	3.62	0	1
Prov031	14.60	15.0	3.57	5	335	301.0	3.54	0	1
Prov032	18.60	21.4	2.78	2	109	121.0	4.11	1	1

注：对于 *dis*，0 代表不抗病，1 代表抗病；对于 *lt*，0 代表不耐低温，1 代表耐低温。

8.1.7 等高图

等高图(Contour Plot)和等高线(Contour Line)相似，所谓等高图或等高线，就是将平面上对应的 z 值(高度)相等的点用颜色或线连接起来。表面上看起来是二维形式，但实际上展示的是三维数据。不过，等高图所展示数据的形式，与三维数据有所不同，并非三个数值向量，而是两个数值向量 x、y 和一个相应的矩阵 z。R 中使用 contour( ) 函数来绘制等高图。

以新西兰 Maunga Whau 火山的高度数据为例做等高图，绘图代码如下：

```
######代码清单 8.1.7 #######
data(volcano)
x<-10* (1: nrow(volcano))
y<-10* (1: ncol(volcano))
```

```
#产生不同颜色填充的网格
image(x, y, volcano, col =terrain.colors(100), axes =F)

#画等高线
contour (x, y, volcano, levels =seq(90, 200, by =5), add =T,
        col ="peru")
```

生成的图形如图 8-10 所示。

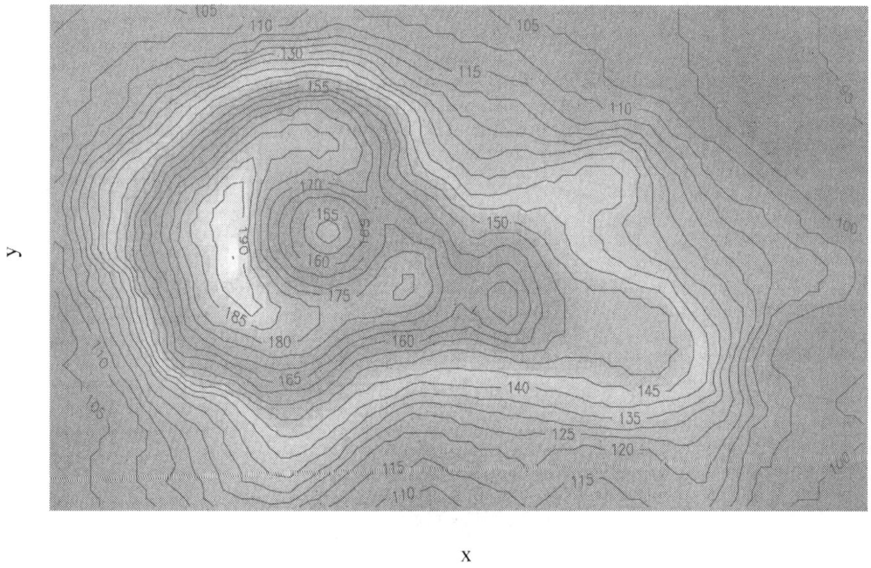

图 8-10　新西兰 Maunga Whau 火山高度的等高图

从图 8-10 中可以看出，颜色由深色向浅色渐变时，火山的海拔高度也越来越高。换言之，颜色越深时，海拔越低；颜色越趋浅色时，海拔越高。本例中，以中部的火山口为中心，周边布满了不同的等高线，海拔高度基本上由火山口边缘向四周降低。

8.1.8　三维透视图

三维透视图(perspective plot)的数据基础是网格数据，它将一个矩阵中包含的高度数值用曲面连接起来而形成的图形。使用 persp( )函数可以画出三维透视图。

以新西兰 Maunga Whau 火山高度数据集 valcano 为例，具体代码如下：

```
######代码清单 8.1.8 #######
data(volcano)
z <-3* volcano
x <-10* (1: nrow(z)), y <-10* (1: ncol(z))
par(mar =rep(1, 4))
persp(x, y, z, theta =150, phi =30, col ="green3", axes =T,
```

```
      scale = F, ltheta = -120, shade = 0.75, border = NA, box = T)
```

persp( )函数代码中参数的含义如下：

theta，phi：设定视觉角度，theta 设定方位角，phi 设定余纬角。

scale = F：当 R 在画图前会将各个维度的数据转换到［0，1］区间，若是 scale 设为 T，则各个维度会分开转换；若是设为 F，则转换的过程会保留各个坐标之间的比例。

box = T：设定是否要画出外框，默认值为 T。若是要画出坐标轴，必须设为 T。

axes = T：设定是否要画出坐标刻度与刻度标记，默认值为 T。若要画出坐标轴则 box 参数必须设为 T。

ticktype = "detailed"：设定坐标轴的样式，可以为 "simple"(只画出标示坐标方向的箭头)或 "detailed"(与 2D 图一样画出坐标刻度)，预设为 "simple"。

nticks = 5：设定概略的坐标轴刻度数目。

生成的图形如图 8-11 所示。

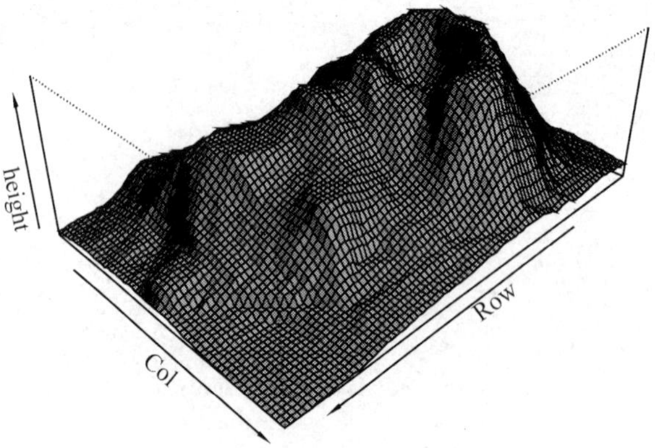

图 8-11　新西兰 Maunga Whau 火山的三维透视图

8.1.9　小提琴图

小提琴图(Violin Plot)是核密度图与箱线图的结合，由于它的外观与小提琴的形状比较相似，所以称之为小提琴图。小提琴图的本质是利用密度值生成的多边形，但该多边形同时还沿着一条直线作了另一半对称的“镜像”，这样两个左右或上下对称的多边形拼起来就形成了小提琴图的主体部分，最后一个箱线图也会被添加在小提琴的中轴线上。

vioplot 包的 vioplot( )函数可专门用于小提琴图的绘制，其使用格式为：

```
vioplot(X1, X2, …, names =, col =)
```

式中，*X1*，*X2*，…表示一个或多个数值型向量，names 是图形中标签的字符型向量，col 是指定图形的颜色的向量。

```
######代码清单 8.1.9 #######
library(vioplot)
f <-function(mu1, mu2){c(rnorm(300, mu1, 0.5), rnorm(200, mu2, 0.5))}
x1 <-f(0, 2); x2 <-f(2, 3.5); x3 <-f(0.5, 2)
vioplot(x1, x2, x3, horizontal = F, col = "bisque",
```

```
names=c("A", "B", "C"))
```

生成的图形如图 8-12 所示。

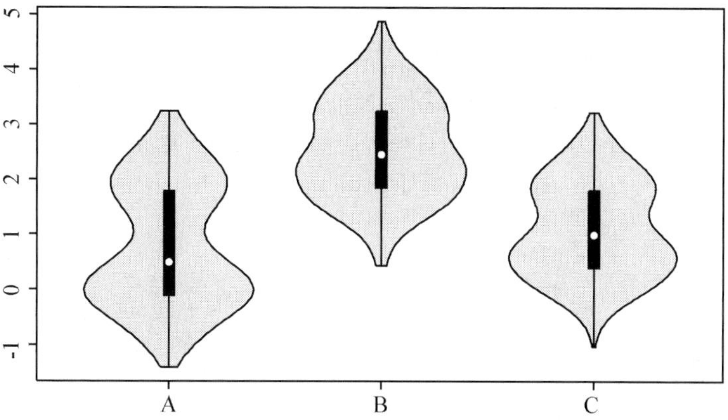

图 8-12 三组双峰数据的小提琴图

图 8-12 中有 3 幅小提琴图，每幅图形中的白点是中位数，黑色狭长方块的范围是下四分位到上四分位，细黑线表示须。外部的小提琴状曲线就是核密度。

8.1.10 颜色等高图

颜色等高图，又称为层次图(level plot)，与等高图的原理类似，只是颜色等高图用不同颜色表示不同高度，并配有颜色图例，用以说明图中的颜色与高度值的对应关系。颜色等高图对于试验数据的空间分析，可以做一个直观、形象的判断。

【例 8-2】以某松树某个林分的 10 年生胸径为例，试验林是 35 行、40 列，共 1400 个数据。其中的缺失值一律用 0.001 替代，以减少缺失值对图形的影响(由于默认情况下，缺失值对应的颜色为白色，会对图形干扰)。

绘图代码如下：

```
##########代码清单 8.1.10 Topography############
par(mar=c(4, 4, 2, 2), cex.main=1)
df<-read.csv(file='d8.1.10.csv', header=F)
df<-as.matrix(df)
x=1:nrow(df)
y=1:ncol(df)

filled.contour(x, y, df, color=terrain.colors,
                  plot.title=title(xlab="Col", ylab="Row",
                 main="The Topography of dbh10 in Pinus Loc 8"),
                 plot.axes={
                                axis(1, seq(5, 40, by=5))
                                axis(2, seq(5, 35, by=5))
```

```
                              },
            key.title = title(main = "DBH \n(cm)", cex.main = 0.7)
)
```

对于 10 年生的林分，胸径不会很小，所以图中很绿的小块表示缺失值所在。颜色越往粉色，表示胸径越大。其次，图形的色彩分布并不均匀，有些粉色的小块连成一小片，代表着所在的小空间范围内，林木的胸径值较大，可能存在微环境的空间效应，这可为后续的空间分析提供直观的参考(图 8-13)。

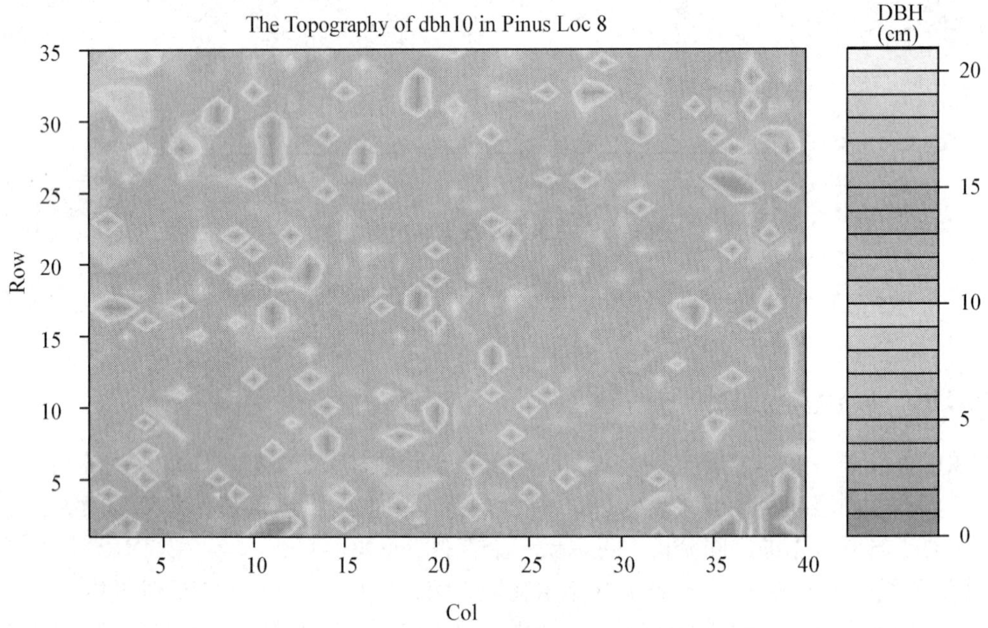

图 8-13　10 年生松树胸径的颜色等高图

学习颜色等高图时，如何变换数据以符合绘制颜色等高图的需求。一般来说，我们的实际调查数据格式往往不符合颜色等高图的要求，因此，需要做数据的变换，而这对于初学者来说，恰恰比较困难。所以，编者自主开发了一个程序包 AAfun，其中的 spd. plot( ) 容易绘制颜色等高图。

以 AAfun 中的数据集 barley 为例，示范 spd. plot( )绘图。barley 的数据如下：

```
>library(AAfun)
>data(barley)
>head(barley, 3)
```

```
  Rep RowBlk ColBlk Row Column Variety yield
1   1      1      1   1      1       1  1003
2   1      1      2   1      2       2  1356
3   1      1      3   1      3       4  1412
```

绘图的代码非常简单，只需指定行、列和目标数据即可，具体如下：

```
aim.trait <-subset(barley, select = c(Row, Column, yield))
spd.plot(aim.trait, color.p = topo.colors, key.unit = "Kg")
#spd.plot(aim.trait, p.lbls = "barley", x.unit =2, y.unit =1)
```

生成的图形如图 8-14 所示。

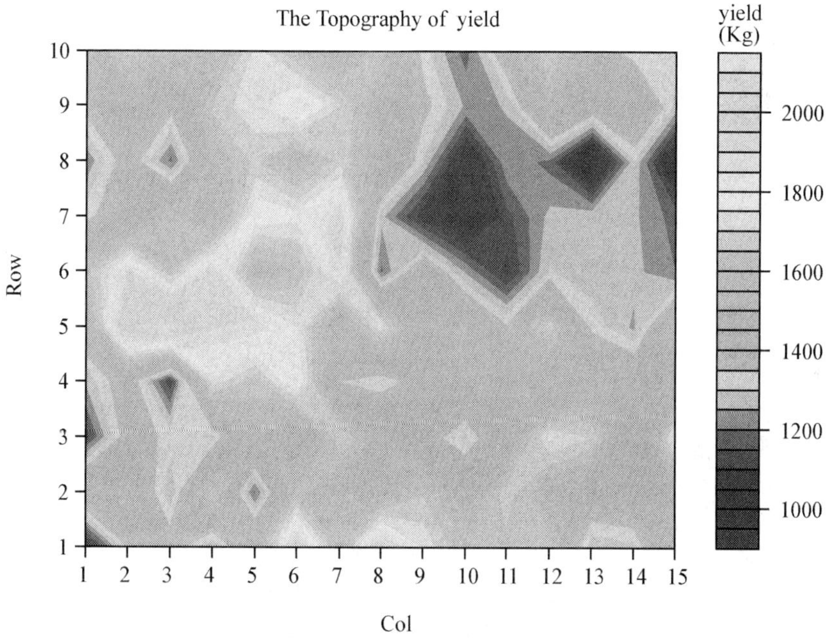

图 8-14　barley 产量的颜色等高图

8.1.11　散点图矩阵

散点图矩阵(scatter plot matrices)是散点图的高维扩展，它的基本构成是普通散点图，只是将多个变量的两两散点图以矩阵的形式排列起来，就构成了所谓的散点图矩阵，它通常包含 $p \times p$ 个窗格(p 为变量个数)。散点图矩阵从一定程度上克服了在平面上展示高维数据的困难，对于查看变量之间的两两关系非常有用。可以用 pairs( ) 函数产生所有列(column)之间两两成对的散点矩阵图。

以 R 自带的鸢尾花 Iris 数据集为例，绘图代码为：

```
pairs(iris[,1:4])
```

得到下面的图形如图 8-15 所示。

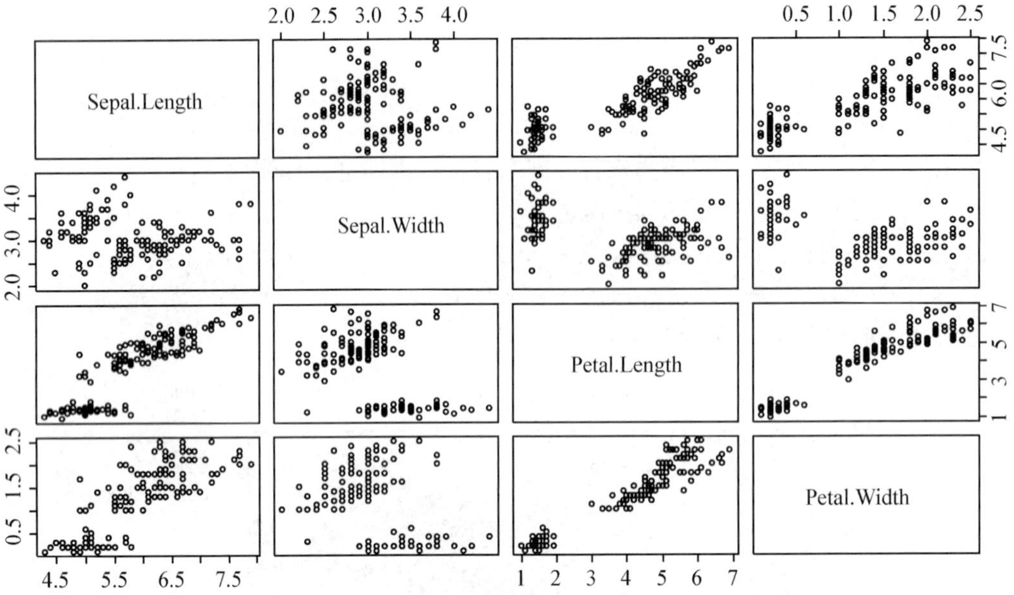

图 8-15 鸢尾花 Iris 数据集的散点图矩阵(一)

此外，pairs( )函数还可通过 panel 相关参数指定绘图样式，例如，指定对角线的图形为自定义的直方图，其余的图形则使用内置的 panel. smooth( )函数。

绘图代码为：

```
######代码清单 8.1.11a #######
panel.hist <-function(x, …){                # 指定对角图形为直方图
usr <-par("usr"); on.exit(par(usr))
par(usr = c(usr[1:2], 0, 1.5))
h <-hist(x, plot = FALSE)
breaks <-h $breaks; nB <-length(breaks)
y <-h $counts; y <-y/max(y)
rect(breaks[ -nB], 0, breaks[ -1], y, col = "cyan", …)
}

 pairs(iris[,1:4], panel = panel.smooth, pch = 20, bg = "blue",
          diag.panel = panel.hist)
```

生成的图形如图 8-16 所示。

现在对上面的图形进一步指定右上角输出各变量之间的相关值。

```
panel.cor <-function(x, y, digits = 2, …){
usr <-par("usr"); on.exit(par(usr))
par(usr = c(0, 1, 0, 1))
r <-cor(x, y, use = "complete.obs")
if(r >0)color = 4 else color = 2
```

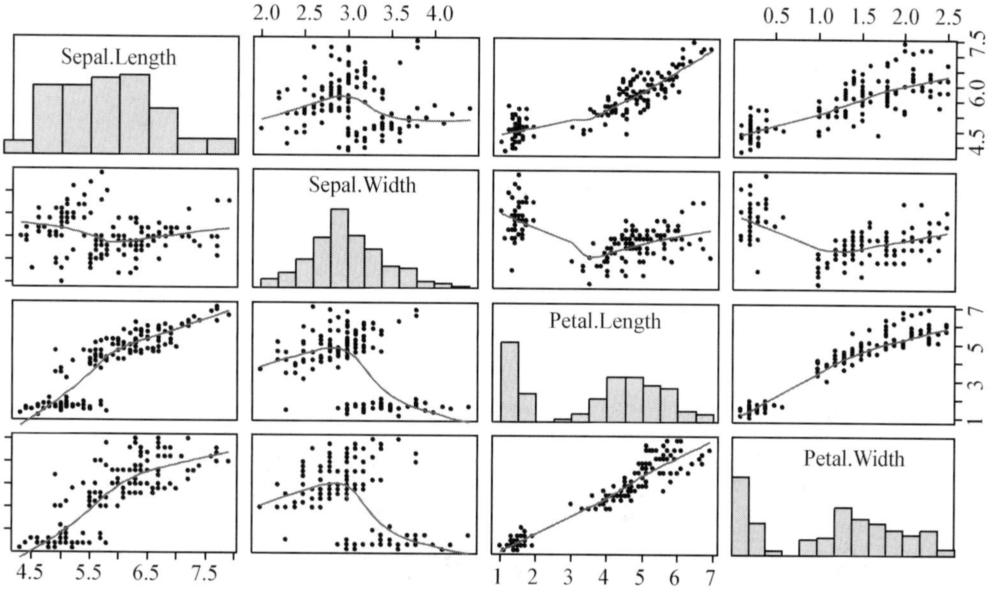

图 8-16　鸢尾花 Iris 数据集的散点图矩阵(二)

```
ra<-cor.test(x, y, use="complete.obs")$p.value
txt<-round(r, digits); prefix=""; sig=1
if(ra<=0.1){prefix<-"."; sig=1}
if(ra<=0.05){prefix<-"* "; sig=1.3}
 if(ra<=0.01){prefix<-"** "; sig=1.6}
 if(ra<=0.001){prefix<-"*** "; sig=2}
 txt<-paste(txt, prefix, sep="\n")
 text(0.5, 0.5, txt, cex=sig, col=color)
 }
```

以上的代码设定了一个函数 panel. cor( )，用于计算、输出各变量之间的相关值。

现在就可对图 8-16 做进一步地调整，绘图代码为：

```
######代码清单 8.1.11c #######
pairs(iris[,1:4], upper.panel=panel.cor,
        panel=panel.smooth, pch=20, bg="blue",
        diag.panel=panel.hist)
```

生成的图形如图 8-17 所示。

图 8-17 与图 8-15 和图 8-16 两张图相比，对鸢尾花 Iris 数据集里的 4 个变量有了更为直观、全面的了解。对角线上的图形，可有助于判断各变量数据的正态性验证。左下方的散点图，可有助于了解变量两两之间的数据分布。右上方的相关值，可有助于了解变量之间的相关性和相关程度。

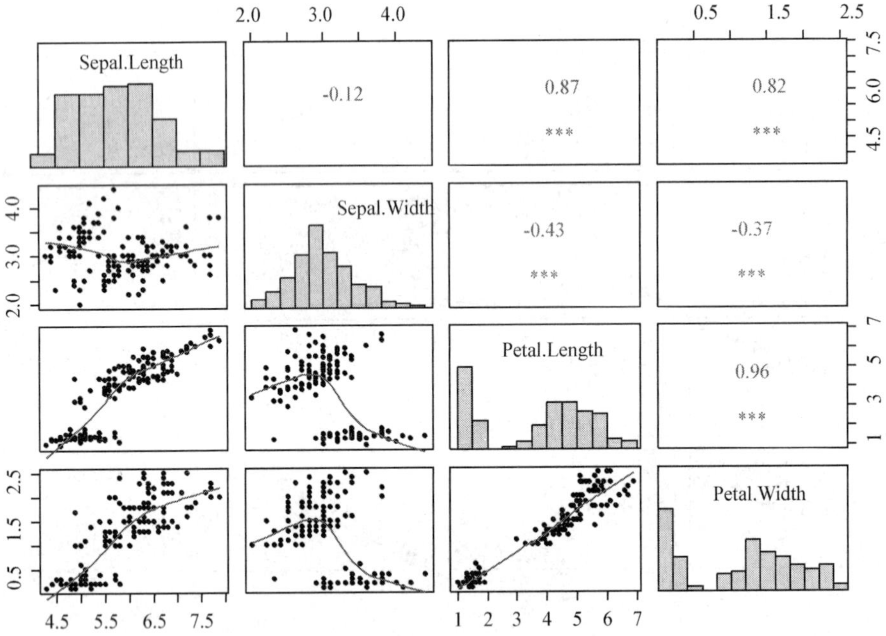

图 8-17 鸢尾花 Iris 数据集的散点图矩阵(三)

8.1.12 条件图

coplot( )函数可以画出条件图(Conditioning plot)。coplot( )函数能够说明数据集中变量的三向甚至四向关系，它特别于适合观察当给定其他预测变量时，响应变量如何根据一个预测变量而变化。

以上述学生数据集为例，绘图代码如下：

```
coplot(weight ~ height | as.factor(Grade), data = stu.df)# 单条件变量
coplot(weight ~ height  | as.factor(str) + Sex, data = stu.df)# 双条件变量
```

生成的图形如 8-18 所示。

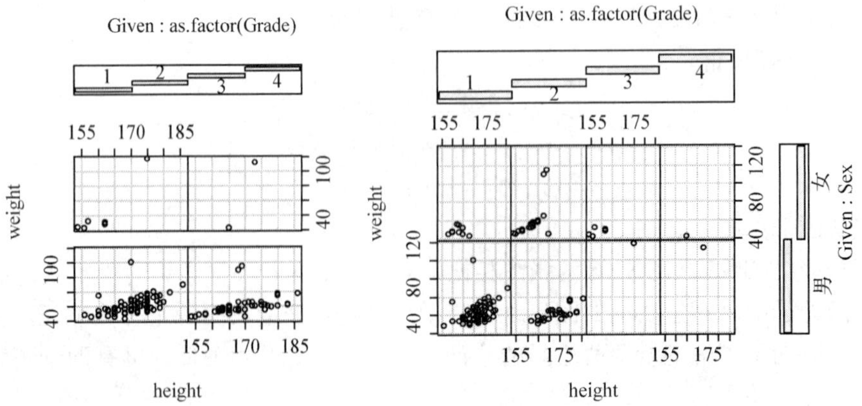

图 8-18 学生数据的条件图

左图：单条件变量；右图：双条件变量

从图 8-18 中的左幅图可知，对于单条件变量的条件图，coplot( )函数根据年级的值产生出 4 个区间，依照各个年级区间画出在区间内体重 weight 与身高 height 的散点图，图的最上方是 coplot( )对年级自动产生的区间(总共有 4 个区间)，而最下方 2 个散点图依序对应上方的前 2 个区间，其他的 2 个散点图依序对应剩余的 2 个区间。从中可以看出，体重和身高数据主要集中在大一和大二。此外，coplot( )也可以画出两个变量的条件图，如右图所示，其原理与左图一样。

8.1.13　相关图

当一个数据集中的变量数目比较多且数值很多时，计算相关系数矩阵是多元统计分析的一个基本方法，但哪些变量相对独立，哪些变量之间相关程度最大？变量之间是否以某种特定的方式聚集在一起？仅仅依靠相关系数矩阵是很难分析上述问题，而相关图(Correlograms)通过对相关系数矩阵的可视化，可回答上述问题。

在 R 中，corrgram 包的 corrgram( )函数就可将相关系数矩阵可视化，其使用格式如下：

```
corrgram(x, type =, order =, panel =, text.panel =, diag.panel =)
```

其中，x 是一个待研究的数据集，type 指定数据集是原始数据(type =“data”)或相关值(type =“cor”或“corr”)，order 指定相关矩阵使用主成分分析对变量重排序(order =“T”)或保持变量顺序不变(order =“F”)，panel 设定非对角线使用的元素类型(其中，lower. panel 和 upper. panel 分别对应主对角线左下方和右上方)，text. panel 和 diag. panel 控制对角线的元素类型。

以例 8.1.6 的杉木数据集为例，先分析各变量的相关系数矩阵，然后以相关矩阵绘制相关图，代码如下：

```
######代码清单 8.1.13 #######
options(digits =2)# 输出 2 位小数点
df <-read.csv(file ='d8.1.6.csv', header =T)
df.cor <-cor(df[, -1])# 计算相关系数矩阵

library(corrgram)
corrgram (df.cor, type ="cor", lower.panel =panel.shade,
          upper.panel =panel.pie, text.panel =panel.txt,
          order =T, main ="Correlogram of fir intercorrelations")
```

运行结果如下：

首先，输出相关系数矩阵，具体如下：

```
>df.cor
          h     dbh      v   cpro      wd    wpro     tl     tw     lrt
h     1.000   0.862   0.90 -0.430 -0.2896  0.3202 -0.204 -0.037 -0.1650
dbh   0.862   1.000   0.98 -0.413 -0.3529  0.3908 -0.178 -0.152 -0.0715
v     0.900   0.984   1.00 -0.430 -0.3825  0.4297 -0.199 -0.113 -0.1161
cpro -0.430  -0.413  -0.43  1.000  0.2214 -0.2503  0.175 -0.075  0.1988
```

```
wd    -0.290 -0.353 -0.38  0.221  1.0000 -0.9793 -0.086 -0.084 -0.0035
wpro   0.320  0.391  0.43 -0.250 -0.9793  1.0000  0.020 -0.017  0.0091
tl    -0.204 -0.178 -0.20  0.175 -0.0864  0.0198  1.000  0.163  0.7928
tw    -0.037 -0.152 -0.11 -0.075 -0.0836 -0.0165  0.163  1.000 -0.4689
lrt   -0.165 -0.071 -0.12  0.199 -0.0035  0.0091  0.793 -0.469  1.0000
```

仅仅从上述的相关系数矩阵来分析 9 个变量之间的两两关系，显然不够严谨。下面分析画出的相关图(图 8-19)

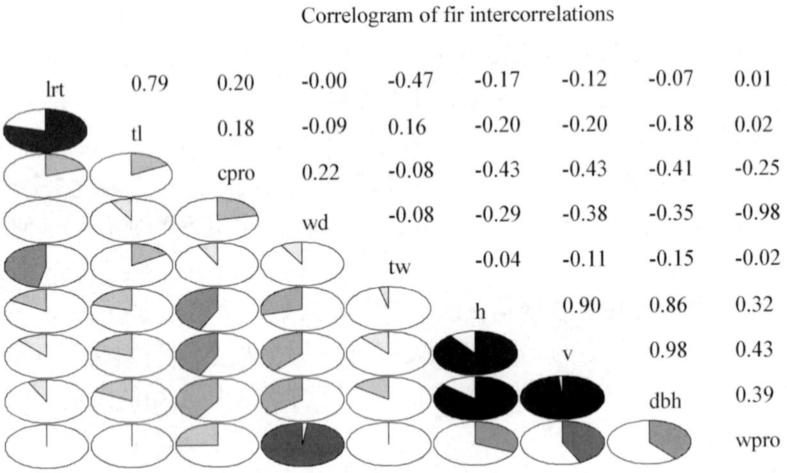

图 8-19 杉木数据集中各变量之间的相关图

图 8-19 的相关图，是以杉木数据的相关矩阵为对象，采用了主成分分析对变量重新排序后画出的图形。相关图以中间的主对角线为界，左下方的饼图和右上方的数据，表示的信息是一样的，都表示变量之间的两两相关系数值。蓝色代表正相关，红色代表负相关。颜色越深，代表相关值越大。

从图 8-19 中可知，lrt、tl 和 cpro 两两之间呈正相关，h、v、dbh 和 wpro 两两之间也呈正相关；但这两组变量之间呈负相关。此外，wpro 和 lrt、tl、tw，lrt 和 wd，两两之间的相关性很弱。

通过把 order 设置为 order = F，分析相关图的变化。

比较图 8-19 和图 8-20，很容易发现差异所在。前者采用了主成分分析法对变量间的关系进行了聚集并重新排序，后者则按数据集中变量的原始顺序保持不变。后者的图看起来有点杂乱无章。因此，相对而言，在分析变量之间的两两关系时，第一张图显得更为有效。

上述的相关图，都是以杉木数据的相关矩阵绘制的，将杉木数据的相关矩阵换成杉木原始数据。输出的图形与上述的结果是一样的。

对于林业来说，因林木是多年生植物，故往往可以积累多年份的多性状、多地点的数据，利用 corrgram( )函数可以直接绘制变量之间的表型相关，而对于林业生产而言，变量之间的遗传相关更为重要，此时，corrgram( )函数无法直接展示遗传相关图。但可通过 ASReml 或 SAS 等软件，先计算各变量之间的遗传相关值，再将相关值转换为相关矩阵，就

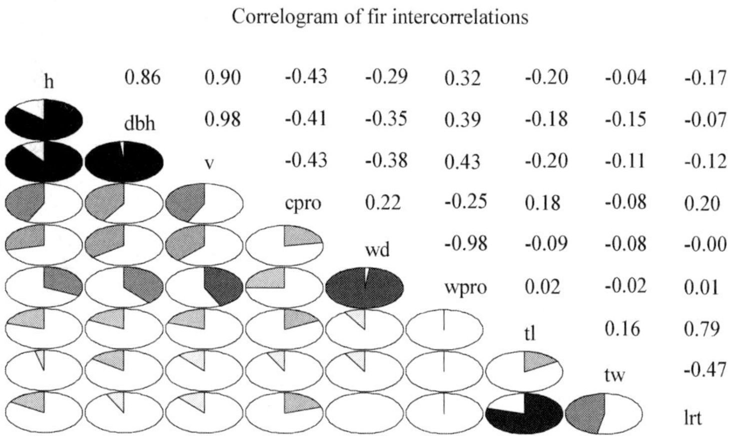

图 8-20 杉木数据集中各变量之间的相关图

可用 corrgram( )函数画出变量之间的遗传相关图，并可采用 corrgram( )函数自带的主成分分析法，对变量之间的聚集模式进行重新排序，进一步分析各变量之间遗传相关的聚集模式。

8.1.14 箱形图

箱形图(Box-plot)又称为盒须图、盒式图或箱线图，是一种用作显示一组数据分散情况资料的统计图。

R 自带的 boxplot( )就可绘制箱形图，其用法如下：

```
boxplot(x, col =, width =, …)
```

其中 x 为数据集，col 为箱形图颜色，width 为箱形图大小。

仍以学生数据集为例，简单示范代码如下：

```
boxplot (stu.df[,6: 9], col = c("red","yellow","green","blue"),
        width =1:4)
```

生成的图形如图 8-21 所示。

从图 8-21 可知，身高 height 和臂长 arml 都比较正常，属于正态分布范围，而体重 weight 则有一侧数据严重偏离正态分布，腿长则两侧各有数据偏离正态分布。

8.2 绘图参数

8.2.1 颜色

在软件默认情况下，R 中颜色的设置主要需要依靠 grDevices 包的支持，其中提供了大量的颜色选择函数和生成函数，以及几种预先设置好的调色板(palette)，用以表现不同的主题。grDevices 包中所有关于颜色的函数大致分为三类：固定颜色选择函数、颜色生成和转换函数和特定颜色主题调色板。

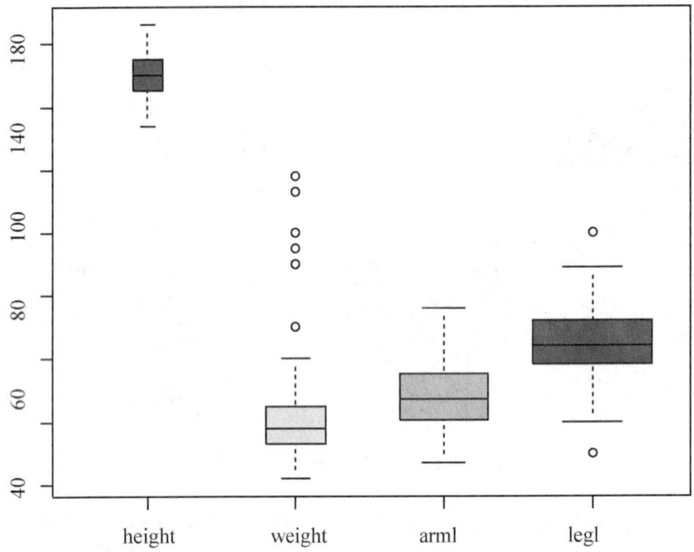

图 8-21 学生数据的箱形图

8.2.1.1 固定颜色选择函数

固定颜色选择函数也就是 R 自带固定种类的颜色，主要是函数 colors( )和 palette( )。如图 8-22 所示，colors( )不需要任何参数，其可生成 657 种颜色。

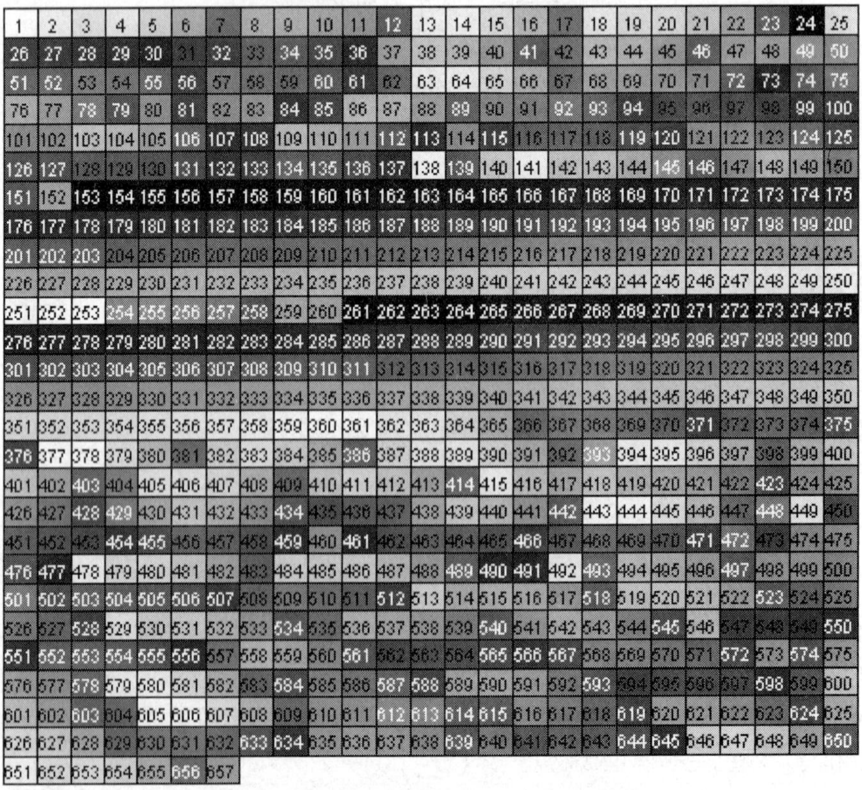

图 8-22 colors( )函数生成的 657 种颜色

palette( )调色板函数：用法 palette(value)，该函数用来设置调色板或者获得调色板颜色值。实际上这个函数的结果并非“固定”颜色，但只要设定好调色板，它的取值就不会再改变(直到下一次重新设定调色板)。如果不写任何参数，则该函数返回当前的调色板设置。

8.2.1.2 颜色生成和转换函数

R 提供了一系列利用颜色生成原理，如 RGB 模型(红绿蓝三原色混合)、HSV 色彩模型(色调、饱和度和纯度)、HCL 色彩模型(色调、色度和亮度)和灰色生成模型等构造的颜色。

(1) rgb( )函数为红绿蓝三原色混合，其用法如下：

```
rgb(red, green, blue, alpha, names = NULL, maxColorValue = 1)
```

其中，前四个参数都取值于区间[0, maxColorValue]，names 参数用来指定生成颜色向量的名称。前三个参数，值越大就说明某种颜色的成分越高；alpha 是颜色的透明度，取 0 表示完全透明，取最大值表示完全不透明(默认值)。

(2) hsv( )函数用色调(Hue)、饱和度(Saturation)和纯度(Value)来构造颜色，其用法如下：

```
hsv(h = 1, s = 1, v = 1, gamma = 1, alpha)
```

前三个参数分别对应色调、饱和度和纯度，取值于区间[0, 1]，参数 gamma 表示伽玛校正(Gamma Correction)；alpha 意思同上，但取值于区间[0, 1]。

(3) hcl( )函数用色调(Hue)、色度(Hroma)和亮度(Luminance)构造颜色，其用法如下：

```
hcl(h = 0, c = 35, l = 85, alpha, fixup = TRUE)
```

参数 h 取值于区间[0, 360]，可以想象为角度：0 表示红色，120 表示绿色，240 表示蓝色，中间的都是过渡色；参数 c 取值受 h 和 l 限制；参数 l 取值于区间[0, 100]，取值越大生成的颜色越亮；fixup 表示是否修正生成的颜色值。

8.2.1.3 特定颜色主题调色板

上文介绍的颜色生成过程，对于一般读者来说也许显得太复杂，因此，R 提供了第三种选择，那就是特定颜色主题的调色板。这些调色板都用一系列渐变的颜色表现了特定的主题，例如，彩虹颜色系列、白热化颜色系列和地形颜色系列等。

rainbow( )函数：用彩虹的颜色(“红橙黄绿青蓝紫”)来产生一系列颜色。

heat. colors( )函数：从红色渐变到黄色再变到白色。

terrain. colors( )函数：从绿色渐变到黄色再到棕色最后到白色。

topo. colors( )函数：从蓝色渐变到青色再到黄色最后到棕色。

cm. colors( )函数：从青色渐变到白色再到粉红色。

8.2.2 符号和线条

R 图形由点、线、文本和多边形(填充区)组成。下面的图形参数控制了图形元素的绘制：

```
pch = " + "
```

用来绘点的字符。该默认值随不同的图形设置是不同的，不过通常都是'±'。除非使用"."作为绘图字符，否则绘制的点都会比适当的位置高一点或者低一点，而不是恰好在指定位置。

pch = 4

pch 参数取值从 1 到 25 及其他符号。21～25 的点可以指定边界颜色(col =)和填充背景颜色(bg =)。图 8-23 的代码可参考 example(points)，或者简单用 plot(0：25，pch = 0：25)观察。

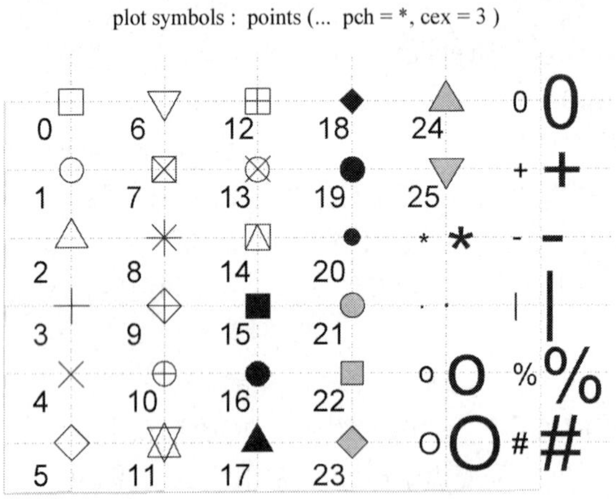

图 8-23 参数 pch 指定的绘图符号

lty = 2

线条类型。并不是所有图形都支持多种线条类型(通常在支持的图形上也会有差异)，不过线条类型 1 始终是实线，2 及以上的是点、划线或者它们的组合。

```
y=0:7; x=1:8
plot(y~x, type="n", ylab="", xlab="Index")
abline(h=1:6, lty=1:6, lwd=1: 6)
```

运行上述代码得到的图形如图 8-24 所示。

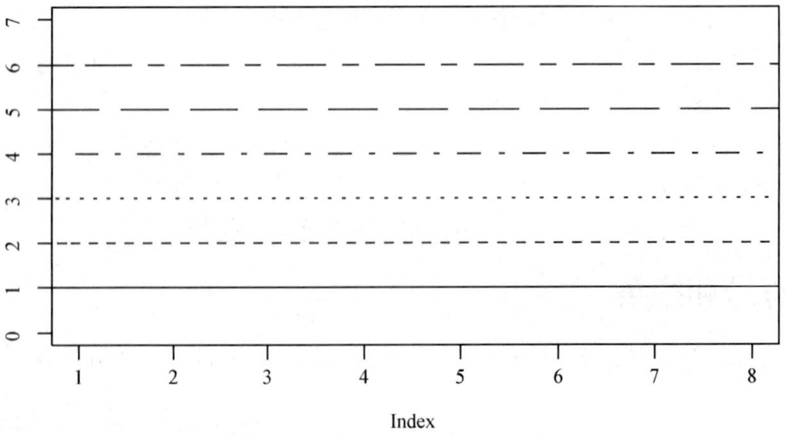

图 8-24 参数 lty 指定的线条类型

lwd = 2

线条宽度。所需的线条宽度，是"标准"线条宽度的倍数。对 line( ) 等函数绘制的线条和坐标轴都有效果。

col = 2

点、线、文本、填充区和图像使用的颜色。每种图形元素都有其可用的颜色列表，这个参数的值就是颜色列表中的序号，而且仅对有限的一类图形有效。

col.axis　col.lab　col.main　col.sub

分别指定坐标轴刻度文字，x、y 轴标签，主、副标题的颜色。

font = 2

指定文本所使用字体的一个整数。1 对应普通文本，2 对应粗体，3 对应斜体，4 对应粗斜体。

font.axis　font.lab　font.main　font.sub

分别指定坐标轴刻度文字，x、y 轴的标签，主、副标题所用的字体类型。

adj = -0.1

文本对齐和绘图位置有关。0 代表左对齐，1 代表右对齐，0.5 代表水平的中间位置。-0.1 即代表在文本和绘图位置之间留 10% 的空白。

cex = 1.5

字符缩放。这个值是所需文本字符(包括绘图字符)的大小，与默认文本大小相关。

cex.axis　cex.lab　cex.main　cex.sub

分别指定坐标轴刻度文字，x、y 轴的标签，主、副标题的字符缩放倍数。

8.2.3　标题

title( ) 函数可为图形添加标题和坐标轴标签，其使用格式为：

```
title(main = "My Title", col.main = "red",
      sub = "My Sub-title", col.sub = "blue",
xlab = "My X label", ylab = "My Y label",
      col.lab = "green", cex.lab = 0.75)
```

上述的命令，可指定图形标题、副标题及其颜色，x 轴、y 轴的标签、颜色及其缩放为默认大小的 75%。

8.2.4　图例

legend( ) 函数可为当前图形的指定位置添加图例，其使用格式如下：

```
legend(location, title, legend, ...)
```

其中，location 指定图例的位置，可以设为：bottom，bottomleft，left，topleft，top，topright，right，bottomright，或 ceter；title 指定图例的标题；legend 指定绘制的字符、线条类型、颜色等。

除此之外，至少还要给出一个参数，与绘图单元的相应值，分别有：

```
legend(, fill =)              填充方框的颜色
```

```
legend(, col=)            绘制点线的颜色
legend(, lty=)            线条类型
legend(, lwd=)            线条宽度
legend(, pch=)            绘制字符(字符向量)
```

8.2.5 坐标轴

R 的高级图形很多都有坐标轴，可以使用低级图形函数 axis( )创建坐标轴。坐标轴包含三个主要组件：轴线 axis line(线条类型由参数 lty 控制)，标记 tick mark(沿着轴线划分单元)，标号 tick label(用来标出这些单元)。这些组件可以用下文的参数定制：

```
lab=c(5, 7, 12)
```

前两个数值分别是 x 和 y 轴上所要划分的区间数，第三个数值是坐标轴标签的长度，用字符数来衡量(包括小数点)。参数的值如果设置太小可能导致所有标号都聚在一起。

```
las=1
```

设置坐标轴标签的方向。0 代表总是和坐标轴平行，1 代表总是水平的，2 代表总是垂直于坐标轴。

```
mgp=c(3, 1, 0)
```

设置坐标轴组件的位置。第一个数值是坐标轴标签到坐标轴的距离，单位是文本行(text lines)。第二个数值是标号到坐标轴的距离，最后一个数值是轴的位置到轴线的距离(一般都是 0)。正数代表绘图区域外，负数代表区域内。

```
tck=0.01
```

设置标号的长度，绘图区域大小的一个分数作单位。当 tck 比较小时(小于 0.5)，就强制 x 和 y 轴上的标记为相同大小。当 tck =1 时，则生成网格线。tck 取负值时，将标记画在绘图区域外。内部标记可以使用 tck =0.01 和 mgp =c(1，−1.5，0)。

```
xaxs="s" yaxs="d"
```

分别是 x、y 轴的类型。如果是 s(standard)或 e(extended)类型，则最大和最小的标记都始终在数据区域之外。如果有某个点离边界非常近，则扩展型(extended)的轴会稍稍扩展一下。这种类型的轴有时会在边界附近留出大片空白。而 i(internal)或 r(默认值)类型的轴，标记始终在数据区域内，不过 r 类型会在边界留出少量空白。

如果这个参数设为 *d*，就锁定当前轴，对之后绘制的所有图形都用这个轴(直到参数被重新设定为其他值)。这个参数适用于生成一系列固定尺度的图。

8.2.6 多图组合

R 允许在一页上创建一个 $n \times m$ 的图形阵列。每个图有自己的边缘，图的阵列还有一个可选的外部边缘，如图 8-25 所示。

与多图环境相关的图形参数有：

```
mfcol=c(3, 2)     mfrow=c(2, 4)
```

设定多图阵列的大小。第一个数值是行数，第二个数值是列数。这两个参数唯一的区别是 mfcol 把图按列排入，mfrow 把图按行排入。图 8-25 所示的版式可用 mfrow = c(3，2)

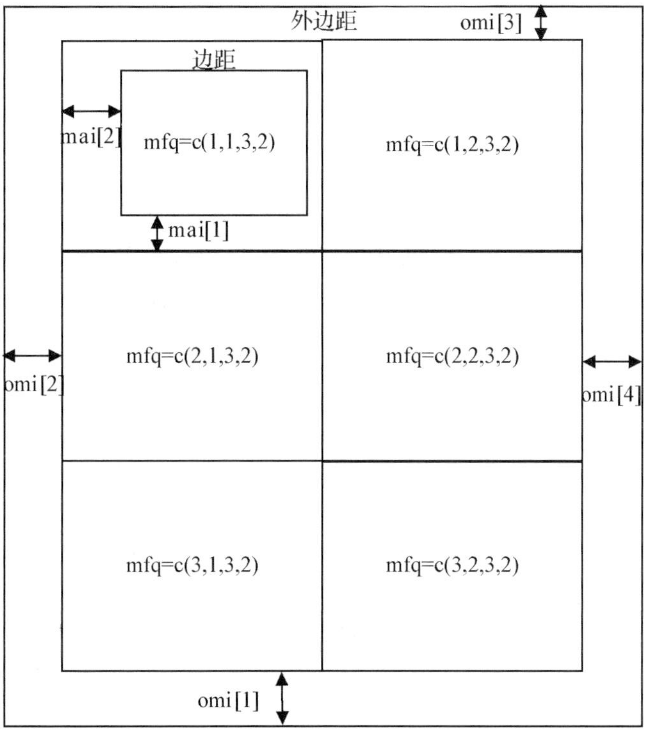

图 8-25　与多图环境相关的图形参数

创建，图形显示的是绘制四幅图后的情况。

```
mfg = c(2, 2, 3, 2)
```

设定当前图在多图环境下的位置。前两个数值是当前图的行、列数；后两个数值是其在多图阵列中的行列数。这个参数用来在多图阵列中跳转。甚至可以在后两个参数中使用和真值(true value)不同的值，从而在同一页上得到大小不同的图。

```
fig = c(4, 9, 1, 4)/10
```

设定当前图在页面的位置，取值分别是左下角到左边界，右边界，下、上边界的距离与对应边的百分比数。给出的例子是一个页面右下角的图。这个参数可以设定图在页面的绝对位置。

```
oma = c(2, 0, 3, 0)    omi = (0, 0, 0.8, 0)
```

设定外部边缘的大小。与 mar 和 mai 相似，第一个用文本行作单位，第二个以英寸作单位，从下方开始按照顺时针顺序指定。外部边缘对页标题很有用。文本可以通过带 outer = T 参数的 mtext( ) 函数加入外部边缘。默认情况下是没有外部边缘的，因此必须通过函数 oma( ) 或 omi( ) 指定。

此外，函数 split. screen( ) 和 layout( ) 还可以对多个图形作更复杂的排列。

8.3 展示公式

8.3.1 expression 途径

在网页 http://stat.ethz.ch/R-manual/R-devel/library/grDevices/html/plotmath.html 登录或者输入“? plotmath”，即可获取 R 中通过 expression 途径展示公式的具体方法。

示范代码如下：

```
###########8.3.1 expression ###########
plot(1:10, 1:10)
text(4, 9, expression(hat(beta) = = (X^t * X)^{ -1}*  X^t * y))
text(4, 8.4, "expression(hat(beta) = = (X^t * X)^{ -1} * X^t * y)")
text(4, 7, expression(bar(x) = =sum(frac(x[i], n), i = =1, n)))
text(4, 6.4, "expression(bar(x) = =sum(frac(x[i], n), i = =1, n))")
text(8, 5, expression(paste(frac(1, sigma* sqrt(2* pi)), " ",
      plain(e)^{frac( - (x - mu)^2, 2* sigma^2)})), cex =1.2)
```

展示结果图 8-26 所示。

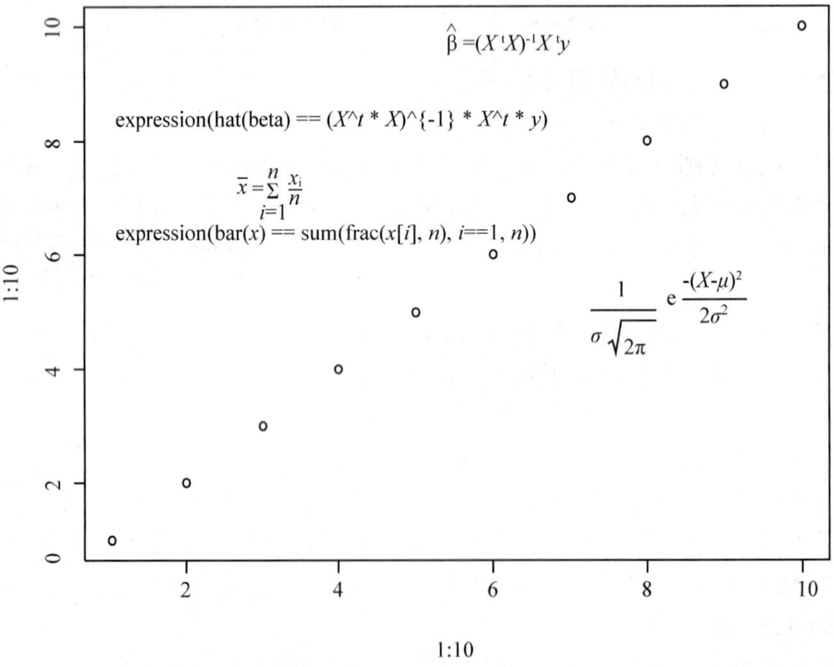

图 8-26 expression 法展示公式

8.3.2　bquote 途径

bquote 途径展示公式的方法与 expression 一样，示范代码如下：

```
###########8.3.2bquote ###########
plot(1:10, 1:10)
text(4, 9, bquote(hat(beta) = = (X^t * X)^{ -1}*  X^t * y))
text(4, 8.4, "expression(hat(beta) = = (X^t * X)^{ -1} * X^t * y)")
text(4, 7, bquote(bar(x) = =sum(frac(x[i], n), i = =1, n)))
text(4, 6.4, "expression(bar(x) = =sum(frac(x[i], n), i = =1, n))")
text(8, 5, bquote(paste(frac(1, sigma* sqrt(2* pi)), " ",
          plain(e)^{frac( - (x -mu)^2, 2* sigma^2)})), cex =1.2)
```

展示结果如图 8-27 所示。

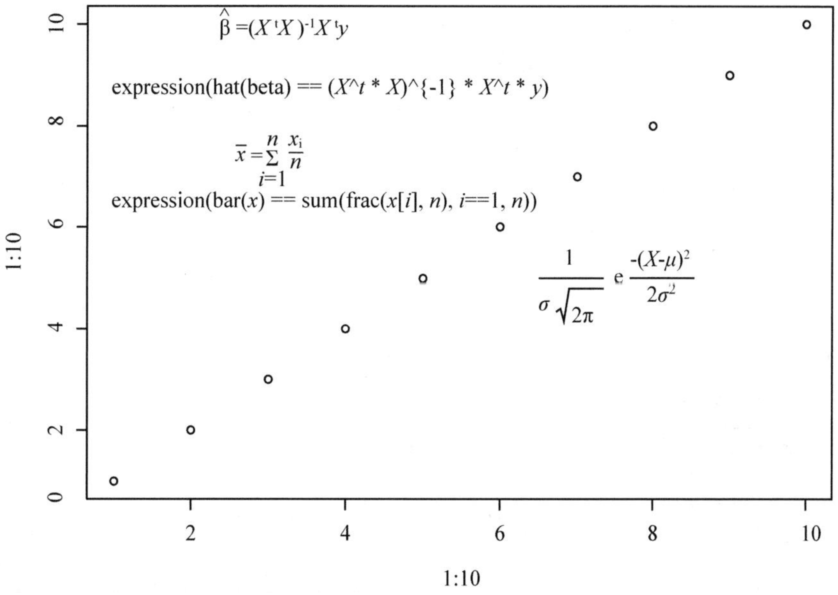

图 8-27　bquote 法展示公式

8.4　添加文本

8.4.1　text 函数

对于含有 x(y)轴的图形，可以通过 text( )添加文件。

text( )的使用方法如下：

```
text(x =, y =, labels =, cex =, col =, font =, …)
```

其中 x、y 值分别对于 x、y 轴的具体位置，labels 为文本或公式表达式，cex 为字体大小，col 为字体颜色，font 为字体格式。具体的示范代码详见上述的 8. 3. 1 小节的示例。

8. 4. 2 mtext 函数

mtext( )的用法如下：

```
mtext(text, side =, adj =, line =, cex =, col =, font =, …)
```

式中，text 为文本或公式表达式，side 为文本在图形的位置(1：图形底部，2：图形左侧，3：图形底部，4：图形右侧)，adj 为文本左向右偏移(取值 0 ~ 1)，line 为 y 轴向上或向下偏移，其他参数同 text( )。

```
###########8.4.2 mtext ###########
plot(1:10, 1:10)
mtext(bquote(hat(beta) = = (X^t * X)^{ -1}*  X^t * y),
side =3, adj =0.1, line = -2.5)
mtext("expression(hat(beta) = = (X^t * X)^{ -1} * X^t * y)",
side =3, adj =0.4, line = -3.5)
mtext(bquote(bar(x) = =sum(frac(x[i], n), i = =1, n)),
side =3, adj =0.6, line = -8.5)
mtext("expression(bar(x) = =sum(frac(x[i], n), i = =1, n))",
side =3, adj =0.6, line = -9.5)
mtext(bquote(paste(frac(1, sigma* sqrt(2* pi)), " ",
plain(e)^{frac( - (x - mu)^2, 2* sigma^2)})),
side =1, adj =0.8, line = -4.5)
```

展示结果如图 8-28 所示。

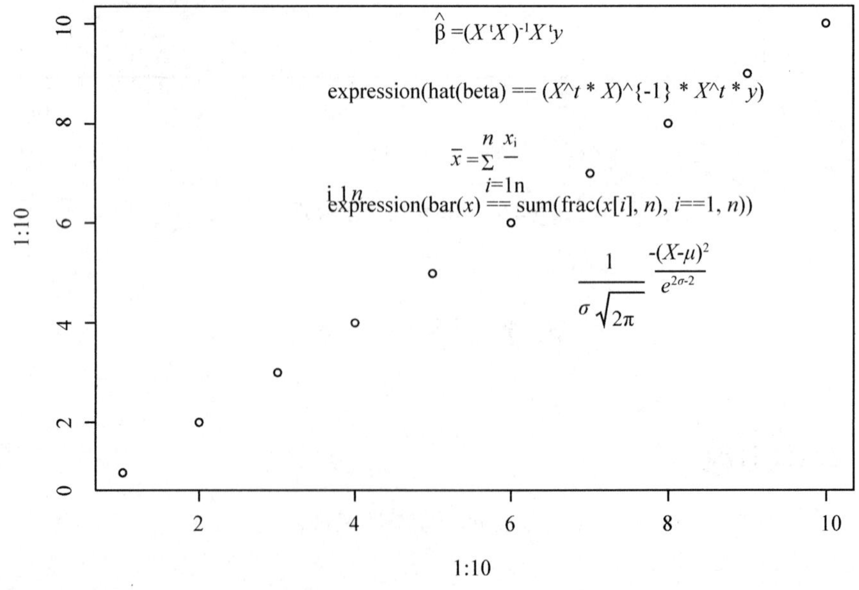

图 8-28 mtext 函数添加文本

8.5　交互制图

计算机在绘制图形时，一般分为被动式绘图和交互式绘图。被动式绘图通过用户运行输入的指令自动生成图形，上文中的常见绘图均属于这类。而交互式绘图(interacitve plot)则是允许用户在键盘、鼠标等交互输入设备在实时操作下进行绘图，即动态的输入坐标、制定选择功能、设置交换参数以及图形显示期间对图形进行修改、删除、添加、存储等在线操作。

8.5.1　交互表格

程序包 DT 中的 datatable( )可以制作交互式表格。其原理是利用 JavaScript 库 DataTables 产生一个 html 窗口以展示矩阵或数据框。

以上文的学生数据集为例，示范代码如下：

```
## 8.5.1 Interactive table
#library(htmlwidgets)
suppressPackageStartupMessages(library(dplyr))
library(DT)

if(! require("DT"))install.packages('DT')

str(stu.df)
levels(stu.df$Sex) <-1: nlevels(stu.df$Sex)
levels(stu.df$PlB) <-1: nlevels(stu.df$PlB)

dt =datatable(stu.df, options =list(pageLength =10))
#saveWidget(dt, file ="dt.html", selfcontained =TRUE)
```

代码中的 saveWidget( )来自程序包 htmlwidgets，其作用是用于输出交互表格到 html 网页。

生成的互动表格如图 8-29 所示。

Show 10 entries　　Search:

	ID	Sex	PlB	Grade	age	height	weight	arml	legl	ssize	faceshp	eyelid
1	CJK1	1	4	2	20	165	50	67	89	41	3	1
2	CJK2	1	4	2	20	175	62	70	102	43	3	2
3	CJK3	1	4	2	20	170	55	68	98	41	4	2
4	CQ	1	4	3	22	175	138	62	82	42	2	1
5	CQY	1	4	1	19	172	51	75	90	41	3	1
6	CSY1	1	4	2	20	177	60	73	102	42	6	2
7	CSY2	1	4	2	21	171	65	68	99	42	4	1
8	CT	2	4	2	19	169	115	54	78	37	1	2
9	CWJ	1	4	1	19	172	59	74	83	41	2	1
10	CXL	2	4	4	23	165	42	56	88	37	4	2

Showing 1 to 10 of 120 entries　　Previous 1 2 3 4 5 … 12 Next

图 8-29　交互表格

交互式表格的优点：

①以不同格式展示数据；

②可以查询数据。如在检索框输入 LB，即可显示搜索结果，如图 8-30 所示。

Show 10 entries　　Search: LB

	ID	Sex	PIB	Grade	age	height	weight	arml	legl	ssize	faceshp	eyelid
25	LBC	1	4	1	20	167	65	85	75	42	3	2
26	LBZ	1	4	2	21	168	53	66	97	41	4	2
93	YLB	1	4	1	18	171	62	50	80	43	3	2

Showing 1 to 3 of 3 entries (filtered from 120 total entries)　　Previous 1 Next

图 8-30　交互表格检索

8.5.2　交互热图

程序包 d3heatmap 可以生成交互式热图。

以学生数据集 stu. df 为例，使用前 30 行数据进行交互式热图制作，代码如下：

```
## 8.5.2Heatmap
library(d3heatmap)
# library(devtools)
# install _github("rstudio/d3heatmap")

myheatmap = d3heatmap(stu.df[1:30, -1: -4], scale = "column")
```

生成的交互热图如图 8-31 所示：

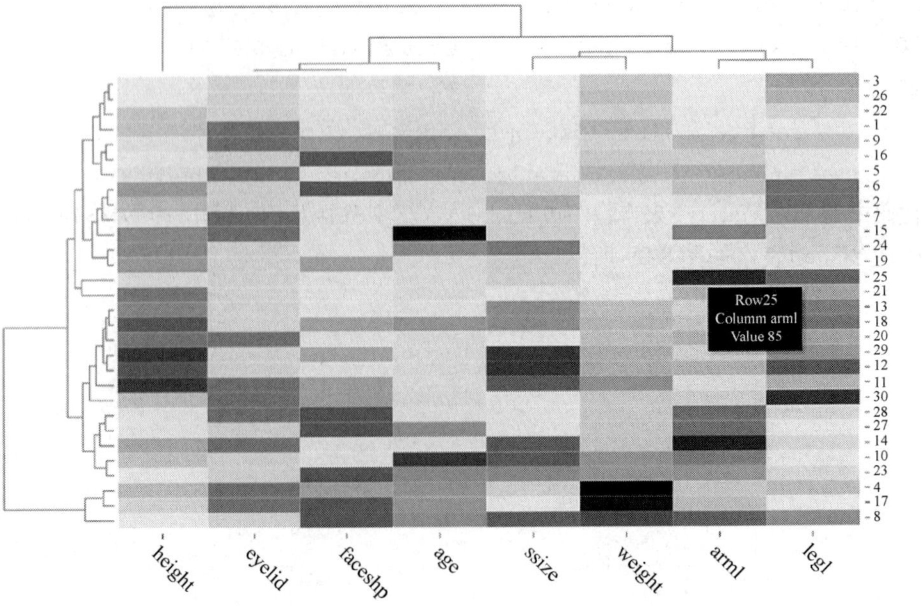

图 8-31　交互热图

由图 8-31 可知，交互热图与普通热图相似，但把鼠标置于图上时，交互热图即可展示具体的数据，如图 8-30 展示的数据为“Row 25，Column arml，Value 85”，具体为第 25 行，arml 列，值 85。

8.5.3 交互散点图

程序包 rcdimple 中的 dimple( )可以制作交互散点图，示范代码如下：

```
## 8.5.3rcdimple: Many graph types available
suppressPackageStartupMessages(library(rcdimple))
# demo(dimple)for tons of examples
# library(devtools)
# install_github("timelyportfolio/rcdimple")

mydplot = stu.df% >% dimple(x = "arml",
y = "legl",
groups = "Grade",
 type = "bubble", width = 600, height = 560)% >%
 yAxis(overrideMin = 2)% >%
 add_legend()
```

生成的交互散点图如图 8-32 所示。

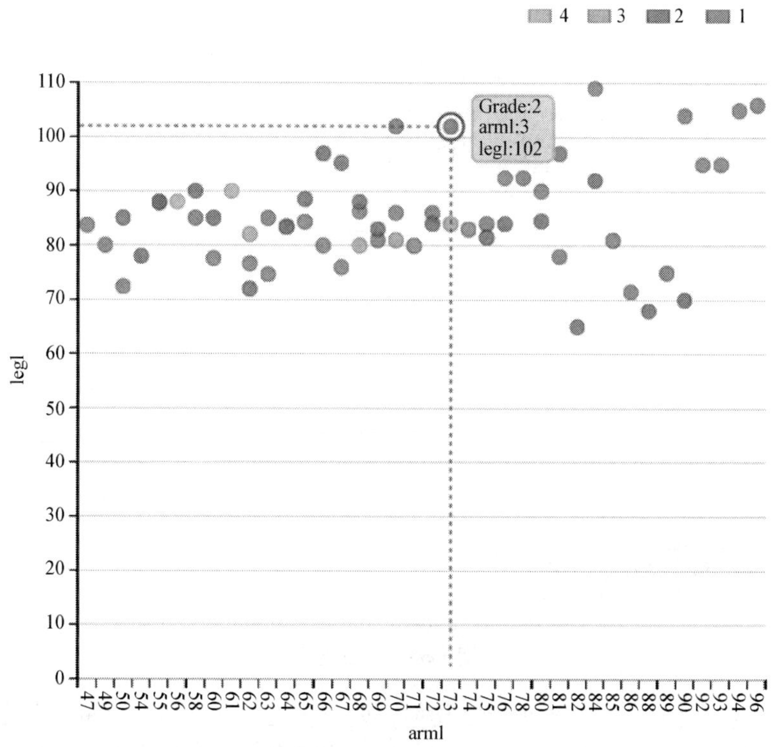

图 8-32　交互散点图

当鼠标置于图 8-32 中任何一点，即可展示对应的 X、Y 轴数据，以及所在的组。

8.5.4　交互套图

程序包 taucharts 利用 JavaScript 库 TauCharts 可以绘制交互性图形，可以展示成组数据。

示范代码如下：

```
## 8.5.4taucharts: Many graph types
library(taucharts)
# library(devtools)
# install _github("hrbrmstr/taucharts")

tauplot = stu.df % > % tauchart(height = 500, width = 800) % > %
tau _point(x = "arml", y = "legl", color = "Grade") % > %
tau _tooltip(c("arml", "legl", "Grade")) % > %
tau _guide _y(auto _scale = F) % > %
 tau _guide _x(auto _scale = F) % > % tau _legend()
```

生成的交互套图如图 8-33 所示。

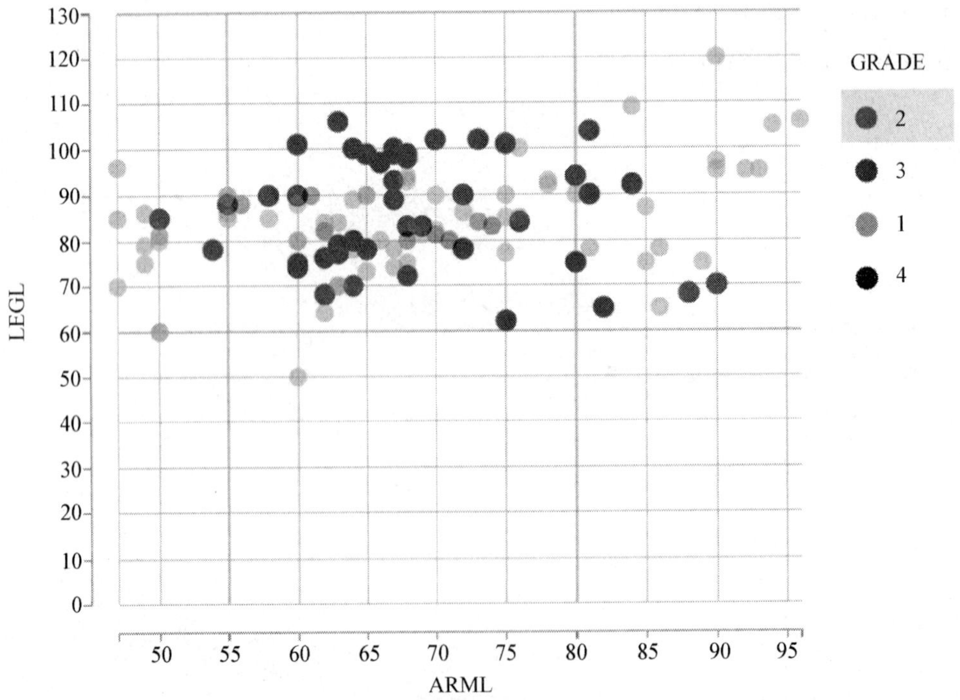

图 8-33　交互套图

交互套图与交互散点图在外形上很相似，但前者无法展示每个点的具体数据，而选择图例中的具体组，即可成批展示对应的组数据。这就是与交互散点图的区别所在。

8.5.5　交互彩虹图

彩虹图 sunburst，也称日落图，最早由布朗大学 Stasko 教授设计，实质是一个无根的发射状树形结构图，由里向外依次发散排列，每个节点均有名称和数值。

示范代码如下：

```
## 8.5.5 sunburst
library(sunburstR)
# library(devtools)
# install _github("timelyportfolio/sunburstR")

Site = rep(c("S1","S2","S3"), each = 6)
Fam = rep((paste("F", 1:9, sep = "")), each = 2)
Tree = paste("T", 1:18, sep = "")
set.seed(123); Num = sample(1:40, 18, replace = T)
df = data.frame(Site, Fam, Tree, Num)
df $ combo = paste(df[,1], df[,2], df[,3], sep = " - ")
df $ combo = gsub(" - $ ","", df $ combo)
head(df, 1)

myburst = sunburst(df[,c(5, 4)])
```

生成的交互彩虹图如图 8-34 所示。

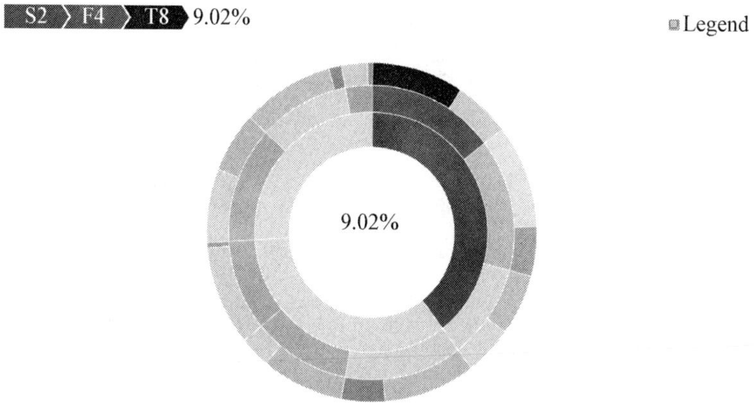

图 8-34　交互彩虹图

思考题

(1)R 用户不喜欢饼图的原因是什么？R 扇形饼图的优点是什么？

(2)要展示连续形数据分布的常见图形有哪些？

(3)以 iris 数据集为例，分别绘制散点图矩阵和相关图，并阐释两者的区别。

(4)改写书中颜色等图的代码为函数 cplot( )，然后以 barley 数据集为例，只需运行 cplot(barley $ yield，Row，Column)即可绘制颜色等高图。

(5)对于 R 常见图形，用户如想做更复杂的图形调整，一般步骤是怎样的?

(6)交互制图和常见图形的区别是什么?

(7)给图形添加文本或公式，有哪些方法?

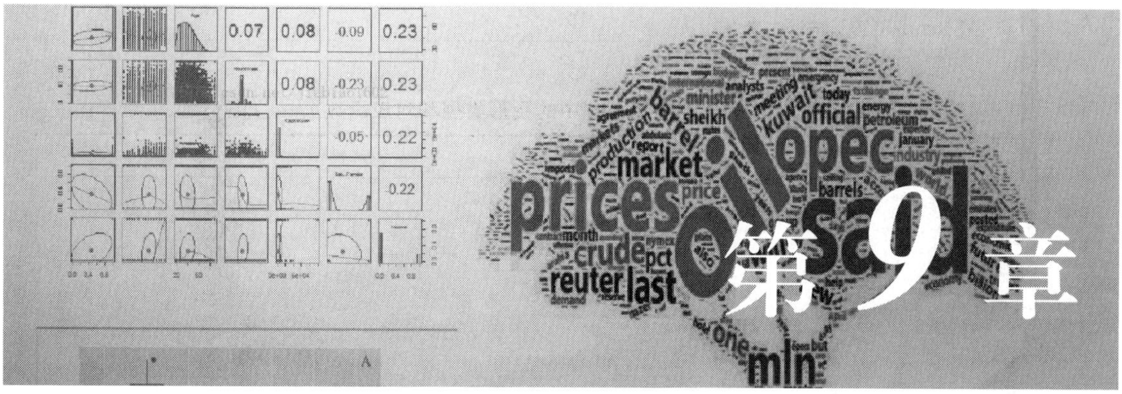

第9章 高级绘图

除了基础绘图外，lattice 和 ggplot2 包提供了更为复杂、有用的作图系统。lattice 包可以绘制一维、二维或三维的图形，尤其对于多元变量，可通过栅栏图形更为直观地展示。ggplot2 包则提供了一种全新的绘图方法，其目标是允许用户创建新颖的、创新性的数据可视化图形。

9.1 lattice 包

lattice 包很容易实现单变量或多变量的数据可视化，生成的图形为栅栏图(trellis)。在一个或多个其他变量的条件下，栅栏图可展示某个变量的分布或与其他变量间的关系。同时，lattice 包提供了丰富的图形函数，可生成单变量图形(点图、核密度图、直方图、柱形图和箱线图)、双变量图(散点图、带状图和平行箱线图)和多变量图形(三维图和散点图矩阵)。本书所用 lattice 包版本为 0.20-31。

lattice 包中图形函数的使用格式为：

```
graph_ function(formula, data =, options)
```

其中，graph_ function 是图形函数，formula 指定要展示的变量和条件变量，data 是数据框，options 是图形参数，用以指导图形的摆放方式和标注。

formula 的通用表达式为：

$$y \sim x \mid A \times B$$

式中，竖线("|")左边的变量为主要变量(primary variable)，右边的变量为条件变量(conditioning variable)。主要变量将变量反映在每个面板的坐标轴上，$y \sim x$ 表示将变量分别反映在纵轴和横轴上，$y \sim x \mid A \times B$ 则表示在因子 A 和 B 各水平组合下，x 变量和 y 变量间的关系。对于三维图形，表达式为 $z \sim x \times y$。

表 9-1 lattice 包中的图形类型和对应函数

图形类型	lattice 图形函数	formula 表达式
三维等高线图	contourplot( )	$z \sim x \times y$
三维水平图	levelplot( )	$z \sim y \times x$
三维散点图	cloud( )	$z \sim x \times y \mid A$
三维线框图	wireframe( )	$z \sim y \times x$
条形图	barchart( )	$x \sim A$
箱线图	bwplot( )	$x \sim A$
点图	dotplot( )	$\sim x \mid A$
QQ 图	qq( )，qqmath( )	$\sim x$，$\sim x + y$
直方图	histogram( )	$\sim x$
核密度图	denstiyplot( )	$\sim x \mid A \times B$
平行坐标图	parallel( )	data
散点图	xyplot( )	$y \sim x \mid A$
散点图矩阵	splom( )	data
带状图	stripplot( )	$x \sim A$

注：表达式中的字母，小写代表数值型向量，大写代表类别型向量。

9.1.1 基础语法

9.1.1.1 formula 表达式

Lattice 包可以接受 formula 的表达式如下：

```
y ~ x | a × b
 ~ x
log(z) ~ x × y | a + b + c
```

示例如下：

```
histogram( ~ x)-- --hist(x)
xyplot(y ~ x)-- --plot(x, y)or plot(y ~ x)
```

如上，在 R 基础绘图中，直方图命令为 hist(x)，在 lattice 中命令为 histogram(~ x)。更多的表达式见表 9-1。

9.1.1.2 维度和图层

有多个条件变量时，每个条件变量都对应一个维度，然后交叉绘图形成栅栏图。示例如下：

```
df <-read.csv(file ='fm.csv', header = T)
for(i in1:5)df[,i] =as.factor(df[,i])
levels(df $ Spacing) <-list(S2 = "2", S3 = "3")
tp1 =xyplot(h5 ~ h3 | Rep + Spacing, type ='p', data = df)
tp1
dim(tp1)
dimnames(tp1)
```

运行结果如下：

```
> dim(tp1)
[1] 5 2
> dimnames(tp1)
$Rep
[1] "1" "2" "3" "4" "5"
$Spacing
[1] "S2" "S3"
```

代码中的 formula 为 h5 ~ h3 | Rep + Spacing，' | '右侧的 Rep + Spacing 为条件变量，生成的散点图如图 9-1 所示。生成的图形具有 2 个维度，水平分别为 5(Rep：1 – 5)、2 (Spacing：S2、S3)。

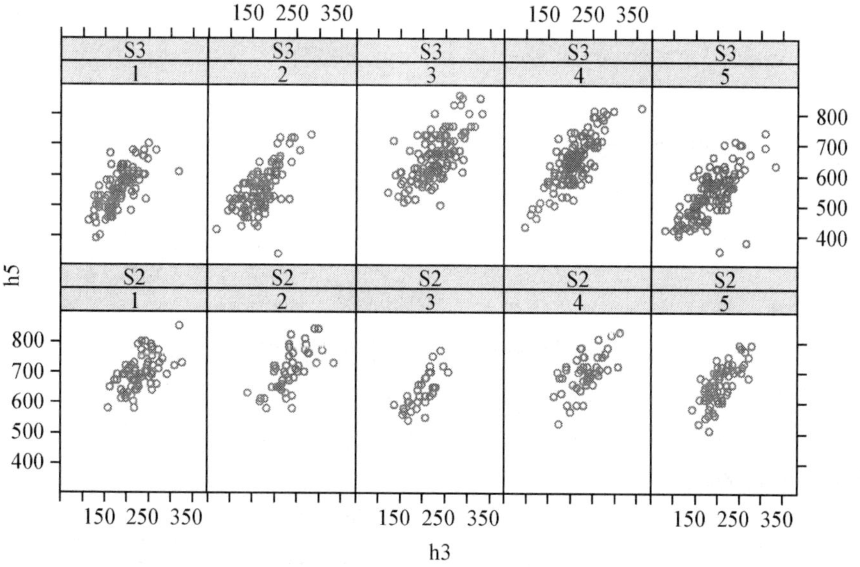

图 9-1　*xy* 散点图

与 R 基础绘图的一个显著差异，是 lattice 绘图结果可以存到对象(object)中，例如，本例中散点图结果存为 tp1，然后通过函数 dim( )或 summary( )来查看图形的属性。换句话说，lattice 绘图有图层的概率，类似 photoshop，可以在图层上进行具体图形元素的变换。示例如下：

```
tp2 = xyplot(h5 ~ h3 | Spacing + Rep, type = 'p', data = df)
tp2   #图 9-2
t(tp2)#图 9-3
summary(tp2)
summary(tp2[,1])
print(tp2[,1])#图 9-4
update(tp2, aspect = 8/6, layout = c(0, 10),
```

```
8  between = list(y = 0.5))#图 9-5
```

运行结果如下：

```
> summary(tp2)
Call:
xyplot(h5 ~ h3 | Spacing + Rep, type = "p", data = df)
Number of observations:
        Rep
Spacing  1   2   3   4   5
     S2 69  48  33  46  72
     S3 98 106 117 119 119
> summary(tp2[,1])
Call:
xyplot(h5 ~ h3 | Spacing + Rep, type = "p", data = df, index.cond =
new.levs)
Number of observations:
        Rep
Spacing  1
     S2 69
     S3 98
```

从运行的结果可知，summary( )函数返回条件变量的具体分布，例如，Rep1 和 Spacing S2、S3 的组合数分别为 69 和 98。此外，lattice 的优点在于，可以只生成图形的子集，如 tp2[,1]，得到的结果如图 9-5 所示。这也是使用对象储存图形的优点所在，这在基础绘图中是无法实现的。

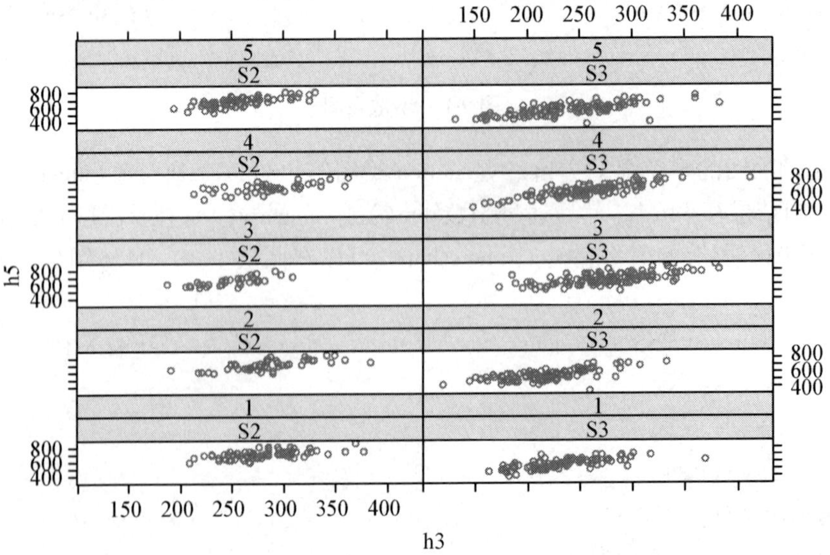

图 9-2　*xy* 散点图(双条件变量)

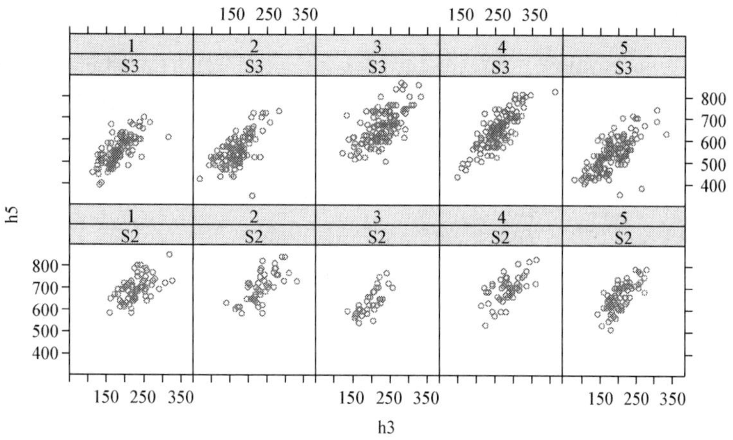

图 9-3　转置的 *xy* 散点图(双条件变量)

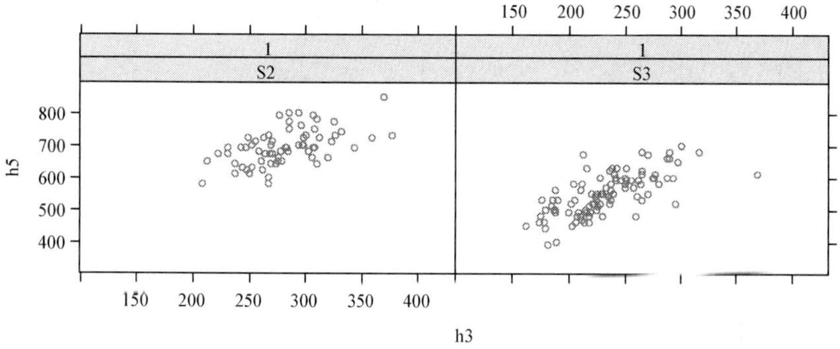

图 9-4　*xy* 散点图子集(双条件变量)

对于 lattice 包生成的图形对象，还可以通过函数 update( )进行图形元素的变换，例如，改变图形的长宽比和面板之间的距离，生成的新图形如 9-5 所示。

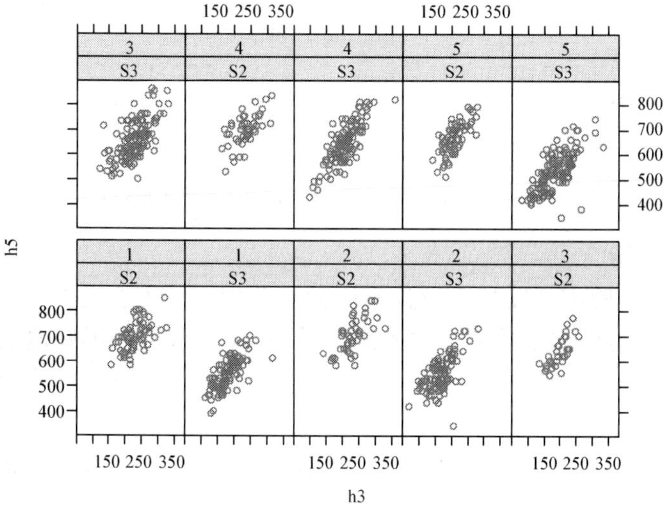

图 9-5　*xy* 散点图变换(双条件变量)

9.1.1.3 图形长宽比

图形长宽比(Aspect ratio)是指图片的高度和宽度的比值，通过参数 aspect 来设置。Lattice 包中，aspect 可以取值为"xy"(45°法则),"iso"(图片长宽尺度单位一致),"4/3"(长宽比比值为 4/3，取值可任意设定)。

```
print(tp2[,1])#图 9-4
update(tp2[,1], aspect = "xy")#图 9-6
update(tp2[,1], aspect = "iso")#图 9-7A
update(tp2[,1], aspect = 4/3)#图 9-7B
```

运行结果如图 9-6、图 9-7 所示。

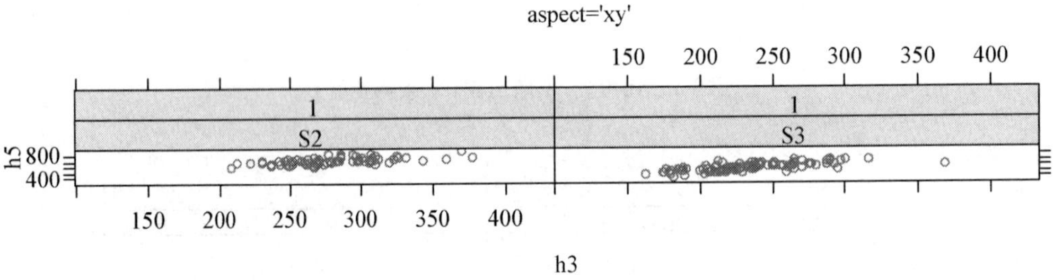

图 9-6 *xy* 散点图(aspect = "*xy*")

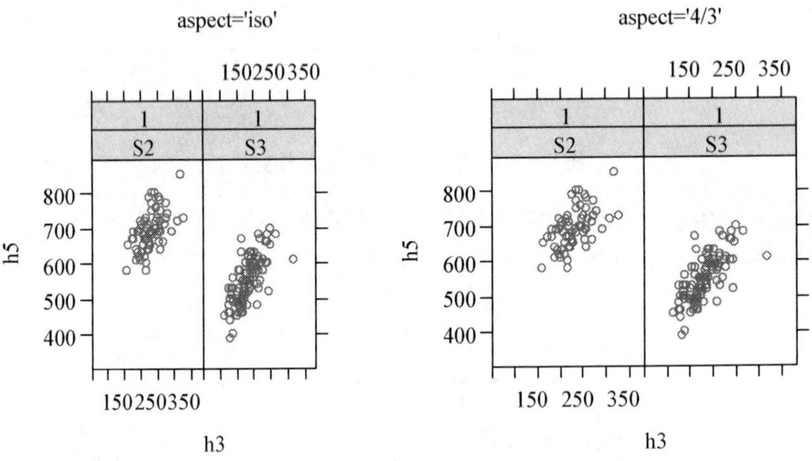

图 9-7 *xy* 散点图(左：aspect = "iso"，右：aspect = 4/3)

9.1.1.4 图形组变量

在实际的测量实验中，经常会设计不同的实验因子，如在造林中，常用重复(或区组)、小区等因子，这些因子数据可称为组变量，lattice 包可以很好地展示这些变量。示例如下：

```
library(dplyr)
tt = summarise(group_ by(df, Plot, Rep, Spacing), mean(h5, na.rm
= T))
```

```
names(tt)[4] = "h5M"

key.variety <-list(space = "right",
text = list(levels(df $ Spacing)),
points = list(pch =1:2, col =2:3))
xyplot(h5M ~ Plot | Rep, data = tt, aspect = "xy",
type = "o", groups = Spacing, key = key.variety,
 lty =1, pch =1:2, col =2:3)#图 9-8
```

代码说明，对于组变量的展示，常常以均值的方式展示目的性状，图形如 9-8 所示。

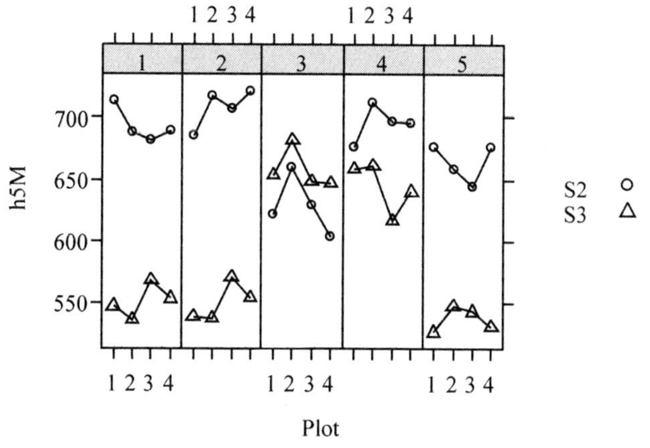

图 9-8　不同种植密度下的 *xy* 散点图(组变量)

9.1.2　单变量绘图

9.1.2.1　密度图

密度图(density plot)常用于判断观测变量的分布情况，尤其适合于那些具有双峰或多峰的变量。

lattice 中密度图的绘图函数如下：

densityplot(x, data, auto. key = FALSE, subset , ...)

其中 *x* 代表表达式 formula 或数值型向量，data 代表数据集，auto. key 代表自动图例，subset 用于选取数据集的子集，…代表其他图形参数。

一个简单的绘图示例如下：

```
##9.1.2.1 density plot
densityplot( ~h5, data =df)#图 9-9
densityplot( ~h5 | Rep, data =df, layout =c(1, 5), plot.points =F)#图 9-10
densityplot( ~h5, groups =Rep, data =df, plot.points =F, lty =1:5, col =1:5,
key =list (title ="Rep", space ="inside", border =T,
           lines =T, col =1:5, lty =1:5))#图 9-11
```

代码首先输出所有树高 h5 的密度图，如图 9-9 所示。默认情况下，densitplot( )会在密度曲线下绘制一个带状图展示每个数据点。通过增加条件变量 Rep，就可查看不同重复下树高 h5 的密度图(图 9-10)，类似地，设置 groups 参数，就可以将不同重复下树高 h5 的密度图叠加在一起(图 9-11)，可更方便地查看密度图之间的差异。plot. points = F 用于限制数据点的绘制。

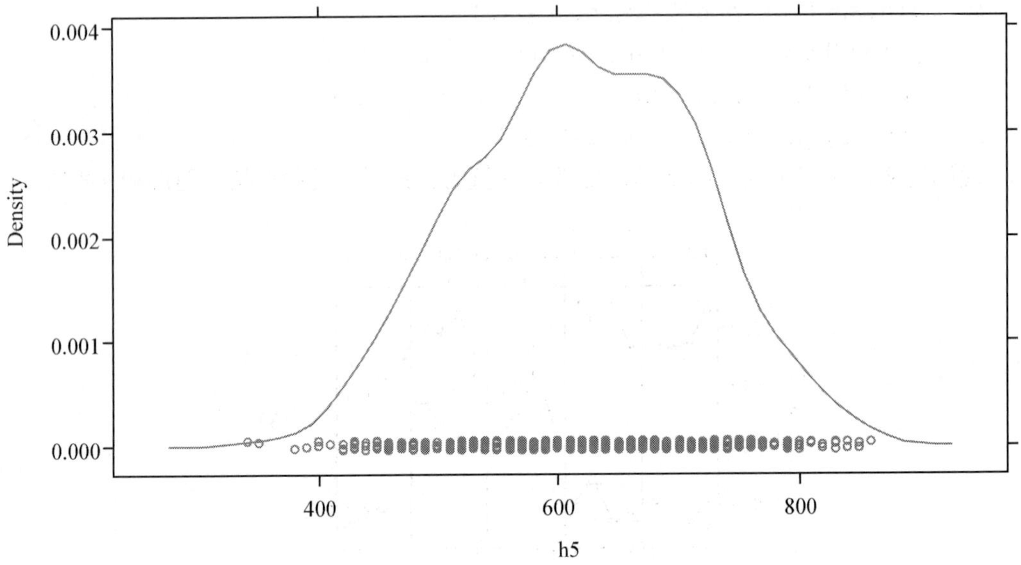

图 9-9　树高 h5 密度图

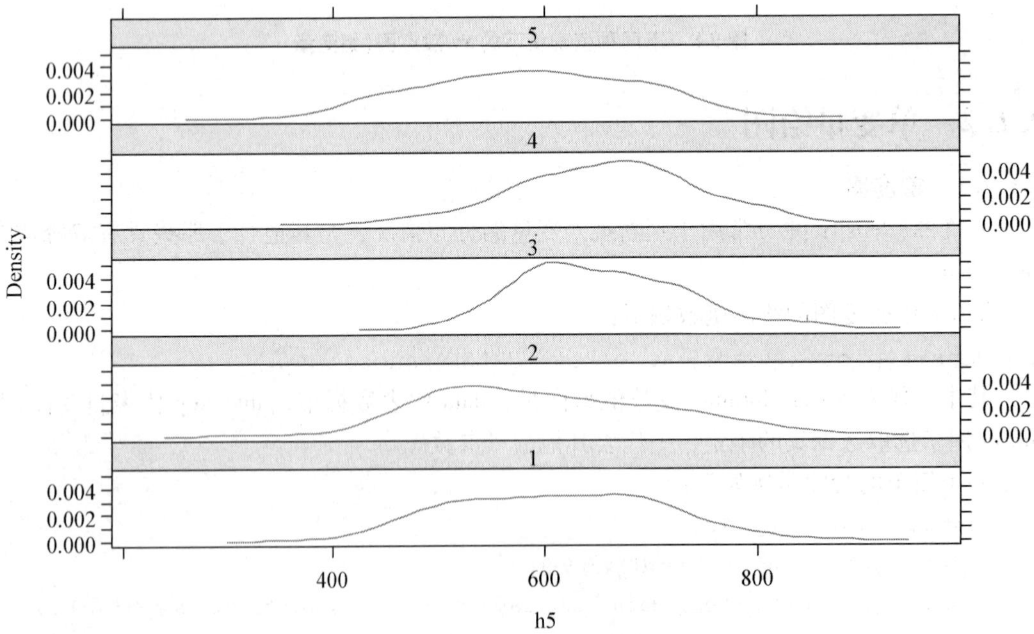

图 9-10　不同重复下的树高 h5 密度图

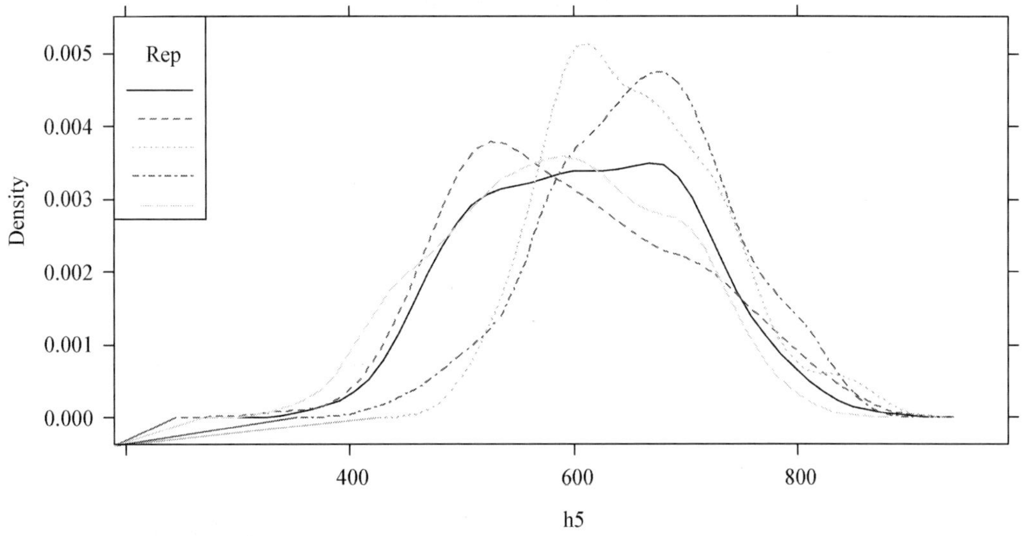

图 9-11 不同重复下的树高 h5 叠加密度图

9.1.2.2 直方图

直方图常用于展示变量的分布特征。lattice 中直方图的绘图函数如下：

```
histogram(x, data, auto.key = FALSE, subset , …)
```

其中 *x* 代表表达式 formula 或数值型向量，data 代表数据集，auto.key 代表自动图例，subset 用于选取数据集的子集，…代表其他图形参数。

示例如下：

```
1  histogram( ~ h5 | Rep, data = df)#图 9-12
2  histogram( ~ h5 | Rep, data = df, layout = c(1, 5))#图 9-13
```

代码中有条件变量 Rep，因此 lattice 会根据 Rep 取值设置面板生成不同的直方图。从直方图(图 9-12)可知，h5 变量基本符合正态分布。此外，为了便于对不同 Rep 组进行比较，可以通过参数 layout 将图形整合成一列展示，从图 9-13 中可以看出，Rep 4 水平的均值稍大些，其他水平均值类似。

9.1.2.3 Q－Q 图

Q－Q 图用于比较数据的实际分布和理论分布，具体是绘制观测数据的分位与理论分布的分位图形。当绘制得到的 Q－Q 图是一条直的对角线，则说明观测数据符合理论的分布。因此，Q－Q 图是判断一个变量与理论分布拟合程度优劣的有效方法。

lattice 中 Q－Q 图的绘图函数如下：

```
qqmatch(x, data, auto.key = FALSE, distribution = qnorm, subset , …)
```

其中 *x* 代表表达式 formula 或数值型向量，data 代表数据集，auto.key 代表自动图例，distribution 代表理论分布类型(默认正态分布)，subset 用于选取数据集的子集，…代表其他图形参数。

示例如下：

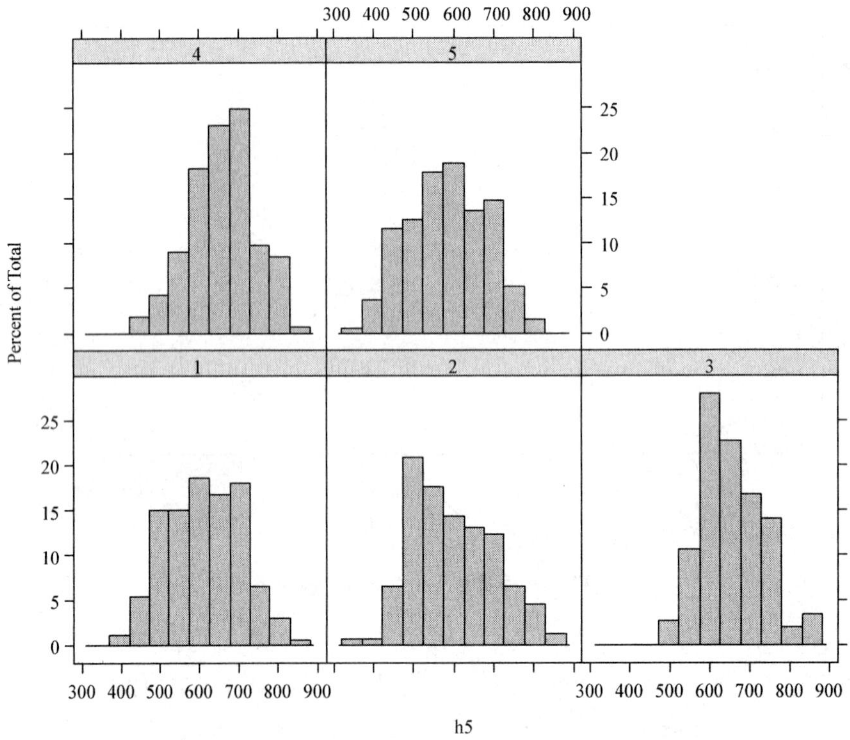

图 9-12 不同重复下的 h5 直方图

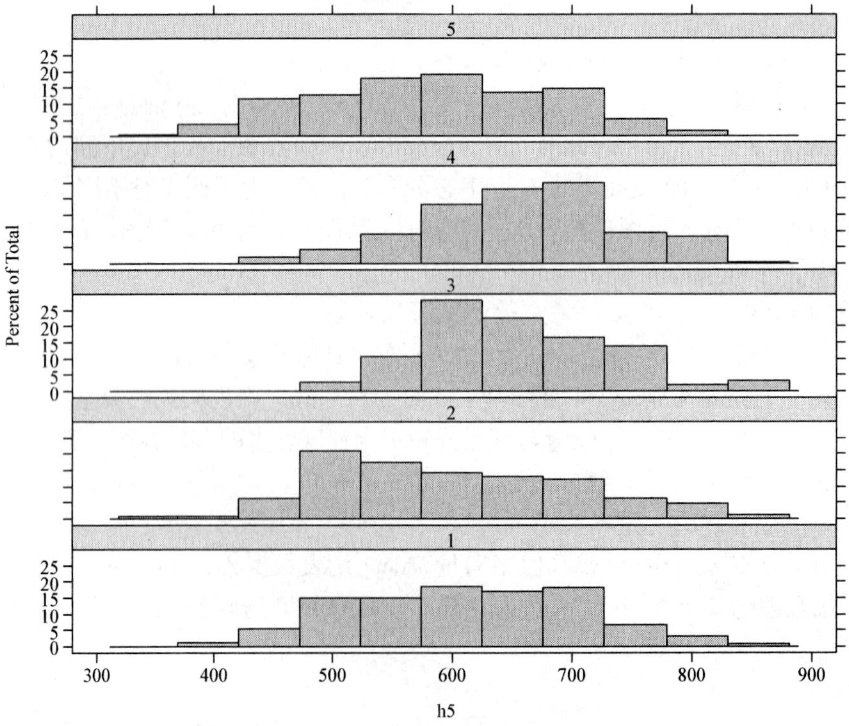

图 9-13 不同重复下的 h5 直方图

```
qqmath( ~h5, data = df)#图 9-14
qqmath( ~h5, data = df, groups = Spacing,
        auto.key = list(space = "inside", border = T))#图 9-15
```

从运行的结果可知，h5 得到的 Q - Q 图大部分是一条直的对角线(图 9-14)，通过组变量 Spacing 分别绘制 Q - Q 图(图 9-15)，发现 S3 条件下的 Q - Q 图比 S2 的更接近直的对角线，说明 S3 条件下，h5 更符合正态分布。

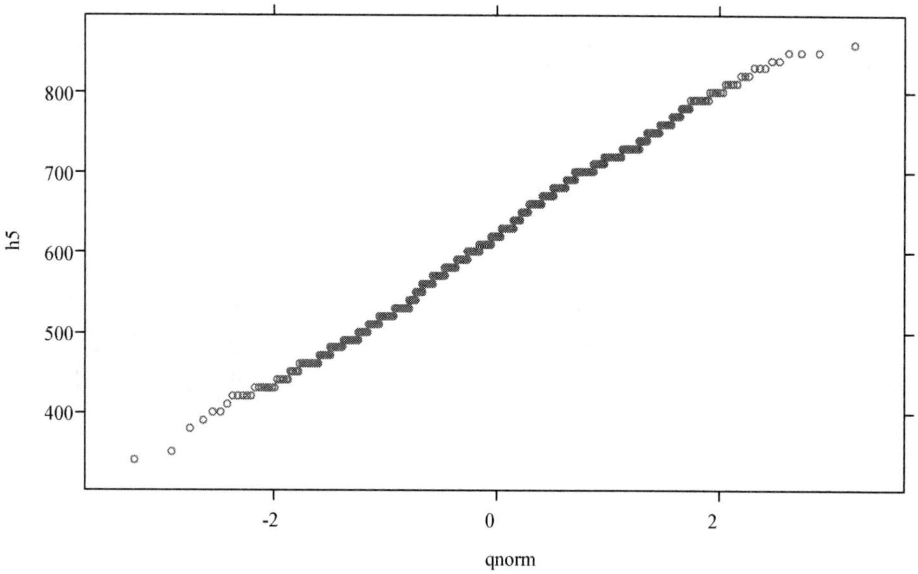

图 9-14　h5 的 QQ 图

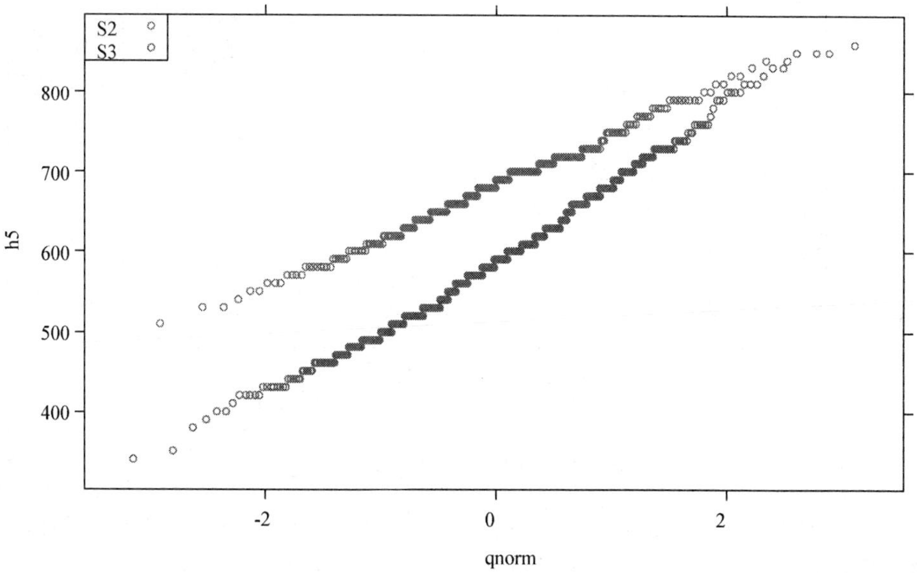

图 9-15　不同种植密度下 h5 的 QQ 图(组变量)

9.1.2.4 条形图

Lattice 中条形图的绘图方法如下：

```
barchart(x, data, …)
```

其中 x 代表表达式 formula，data 代表数据集，…代表其他图形参数。对于函数 table()生成的对象可以直接调用 barchart()。

示例如下：

```
Rep.tbl = table(df$Rep)
barchart(Rep.tbl, horizontal = F, xlab = "Rep")#图 9-16

Rep.Spa.tbl = table(df$Rep, df$Spacing)
(bc2 = barchart(Rep.Spa.tbl, horizontal = F, auto.key = T))#图 9-17
update(bc2, stack = F)#图 9-18 非堆积条形图

barchart(Rep.Spa.tbl, horizontal = F, groups = F)#图 9-19 双栏图
```

barchart 函数默认图形为绿松石色的水平条，外围是带刻度的文本框。参数 horizontal = F 将水平条改为垂直条，如图 9-16 所示。从图中可知，不同重复下，观测到的树高 h5 频数差不多。

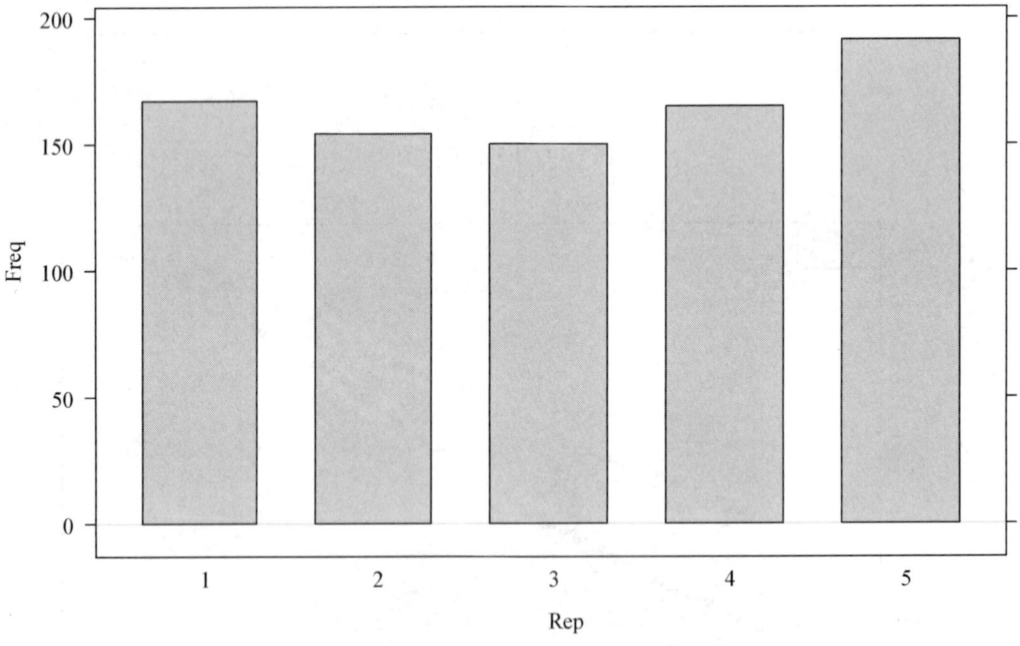

图 9-16 不同重复下的 h5 条形图

本数据集中还有其他的试验因子，因此，增加种植密度 Spacing，然后绘制树高 h5 的条形图，默认情况下，barchart 会输出堆积的条形图，如图 9-17 所示。即便设置了 auto.key 参数，也难以比较两个试验因子下树高 h5 的数量。这时，可以增加 stack = F，将堆积的条形图改为分组条形图(图 9-18)，就比堆积条形图好。当然，我们还可以用不同的面

板来展示条形图，通过增加 groups = F，生成的图形如图 9-19 所示。

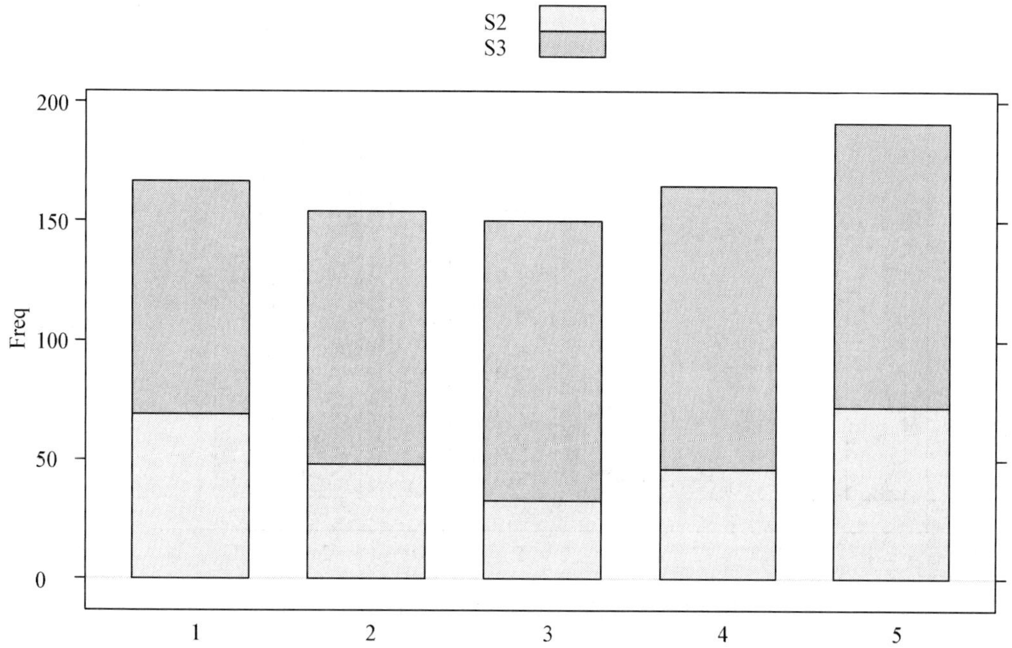

图 9-17　不同重复及种植密度下的 h5 堆积条形图

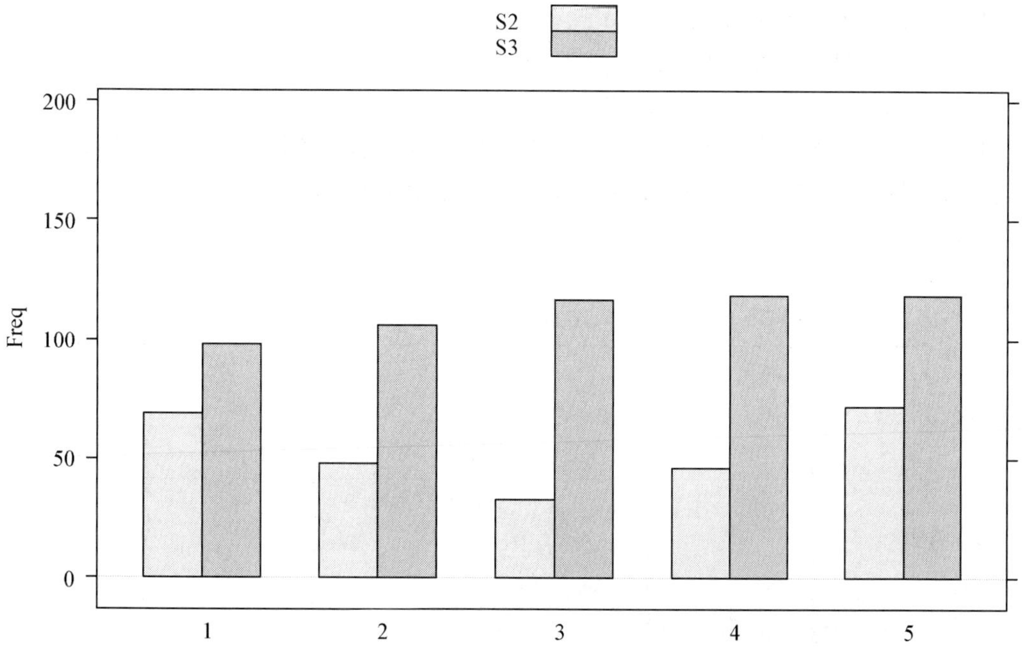

图 9-18　不同重复及种植密度下的 h5 非堆积条形图

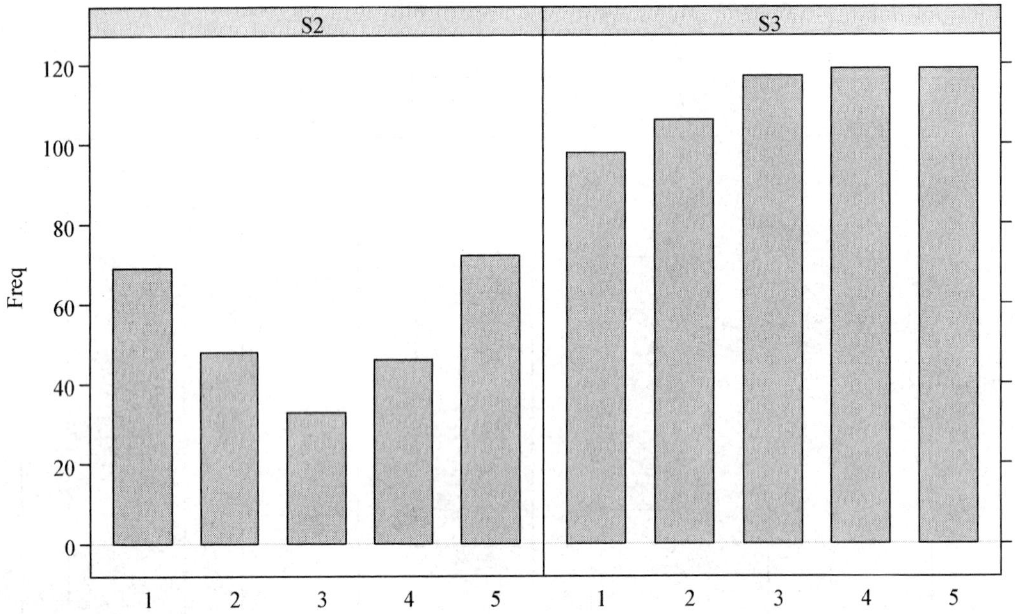

图 9-19 不同重复及种植密度下的 h5 双栏图

9.1.2.5 点图

上述的条形图也可以绘制点图，点图也称为克利夫兰点图(cleveland dot plot)。一般来说，数据量比较大时才使用点图。

Lattice 中点图的绘图方法如下：

```
dotplot(x, data, groups = T, …)
```

其中 x 代表表达式 formula，data 代表数据集，groups 代表不同组用不同颜色，…代表其他图形参数。对于函数 table( )生成的对象可以直接调用 dotplot( )。

示例如下：

```
## dot
dotplot(h5 ~ Rep, data = df)#图 9-20
```

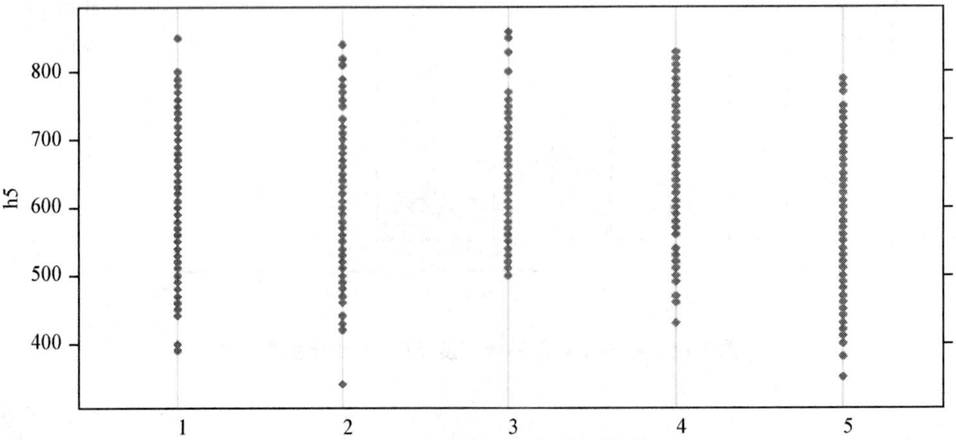

图 9-20 不同重复下的 h5 点图

```
dotplot(Rep.Spa.tbl, stack=F, auto.key=T, groups=T)#图 9-21

Rep.Spa.P.tbl=table(df$Rep, df$Plot, df$Spacing)
dotplot(Rep.Spa.P.tbl, stack=F, auto.key=T, groups=T)#图 9-22
```

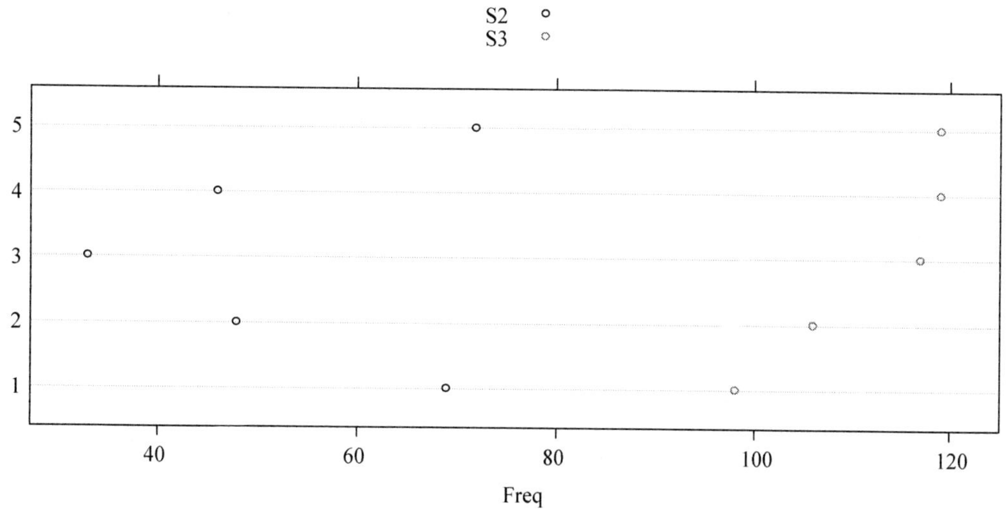

图 9-21　不同种植密度下的树高 h5 频数点图

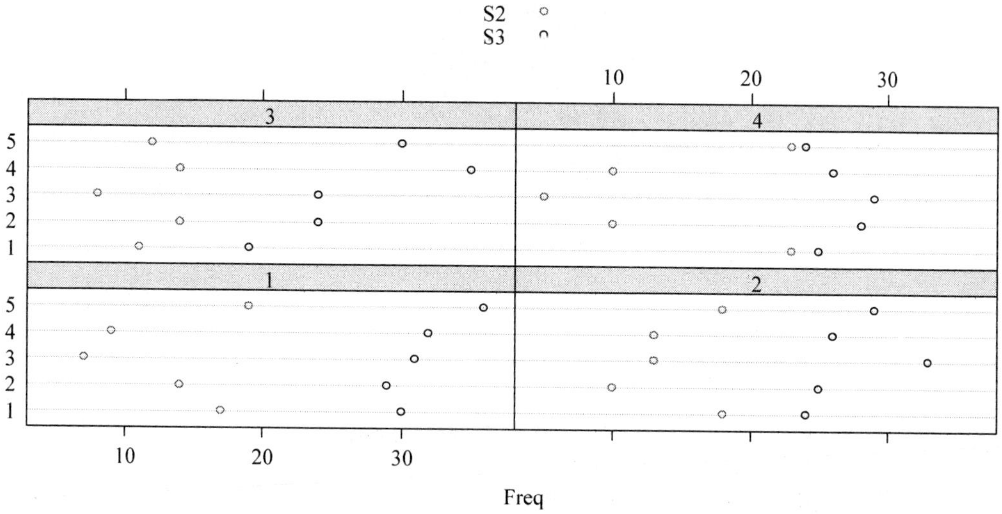

图 9-22　不同小区及种植密度下的树高 h5 频数点图

9.1.3　双变量绘图

9.1.3.1　散点图

lattice 中散点图的绘图方法如下：

```
xyplot(x, data, subset, ...)
```

其中 x 代表表达式 formula，data 代表数据集，subset 代表数据子集提取，…代表其他图形参数。

示例如下：

```
##xyplot
xyplot(h5 ~ h3, data = df) #图 9-23

b.sl = mean(mean(df$h5/df$h3, na.rm = T))
xyplot(h5 ~ h3 | Rep, data = df,
groups = Spacing, auto.key = list(space = "right", border = T),
panel = function(...) {
panel.abline(a = 0, b = b.sl, lwd = 2, col = "red")
panel.xyplot(...)
 }) #图 9-24
```

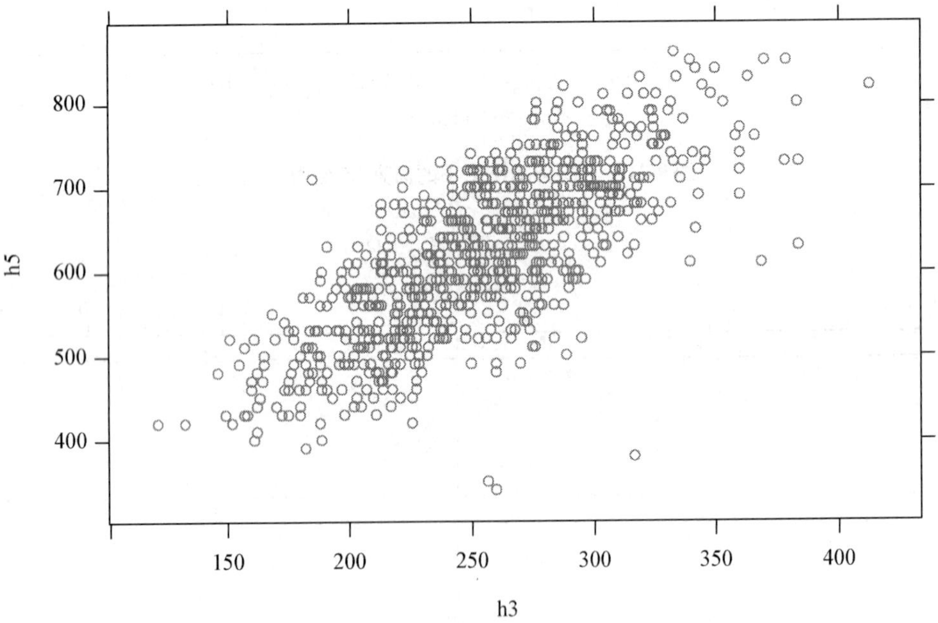

图 9-23　树高 h5 和 h3 的散点图

首先，输出的散点图是关于树高 h5 和 h3 之间，从图 9-23 能看出它们明显存在线性正相关，即 h3 越大，h5 也呈增大的趋势，这符合树木生长的自相关规则。

现在进一步根据重复和种植密度，进行树高 h5 和 h3 的散点图分面板展示，如图 9-24 所示，在重复 3 和 4 下，树高 h5 和 h3 的关系在种植密度 S2 和 S3 基本一致，而在重复 1、2 和 5 下，树高 h5 和 h3 的散点图在种植密度 S2 下总体明显比 S3 有向右上偏移的趋势，换句话说，在种植密度 S2 下 h5 和 h3 的值总体比 S3 下的高。

现以分析某松树胸径育种值排名的预测结果 plot.data 为数据集，演示 lattice 绘制 *xy* 散点图。该数据集中有家系 Fam，种植密度 Spacing，树龄 ca，胸径育种值排名 rank。*xy*

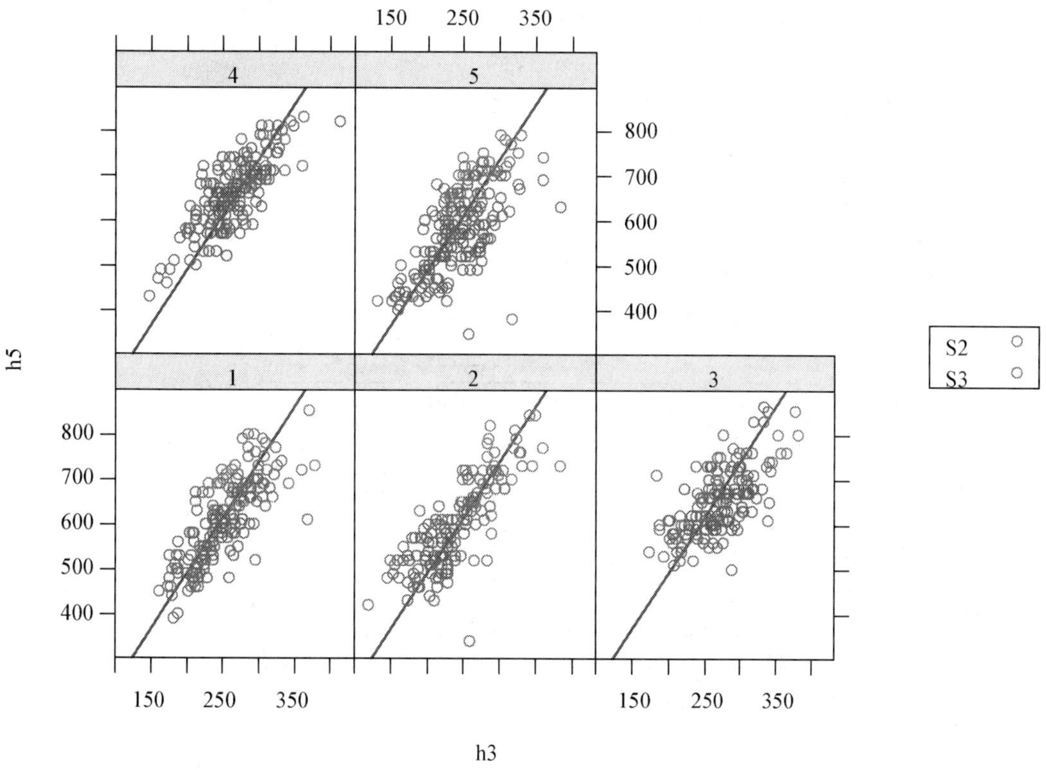

图 9-24　不同重复和种植密度下树高 h5 和 h3 的散点图

散点图的绘图代码如下：

```
plot.data <-read.csv(file ='lattice.pdata.csv', header =T)
for(i in 1:2)plot.data[,i] =as.factor(plot.data[,i])
levels(plot.data $ Spacing) <-list(S1 ="1", S2 ="2", S3 ="3")

colors =c("red", "blue", "green")
points =c(15, 16, 17)

xyplot(rank ~ ca | reorder(Fam, Spacing), data =plot.data,
groups =Spacing, pch =points, col =colors,
 type ="b", main ="Rank of dbh BV in Fam with ca",
 key =list(title ="Spacing", space ="right", cex =0.8,
 text =list(levels(plot.data $ Spacing)),
 points =list(pch =points, col =colors),
 border =T, lines =T)
 )
```

生成的图形如 9-25 所示。

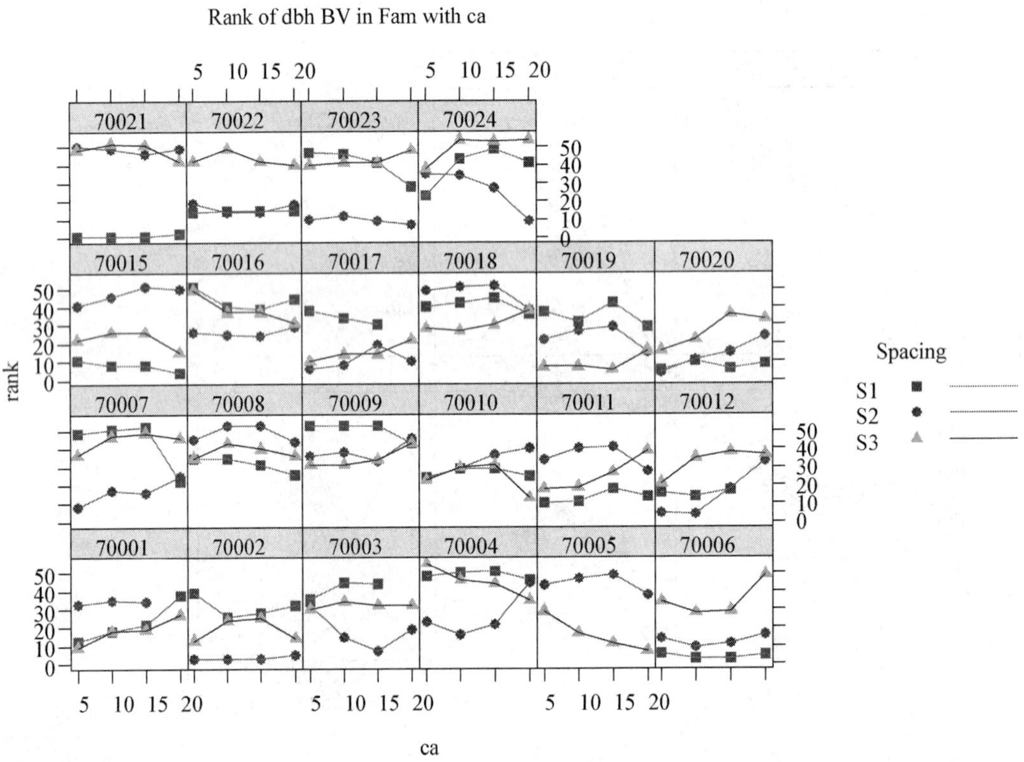

图 9-25 松树胸径育种值排名对树龄的 *xy* 散点图

从图 9-25 中可知，不同家系 Fam，在不同种植密度 spacing 下，胸径育种值排名 rank 会随着树龄 ca 的增加而呈现不同的表现：有的家系，如 70006，rank 基本保持不变，即该家系胸径与种植密度之间没有交互作用；有的家系，如 70012，rank 在种植密度 2 条件下，变化幅度较大，与其余的 rank 线存在交叉，表明该家系胸径与种植密度之间存在较强的交互作用。此外，还可以直观地看出不同家系的胸径在不同种植密度下的表现差异，如家系 70021，在种植密度 1 条件下，表现一直不错，而其他种植密度下，表现比较差；家系 70022，在种植密度 1 和 2 条件下，胸径表现中等，而在第 3 种种植密度下，表现比较差。总之，图形化后，更易于比较不同家系的胸径表现，以及便于 $G \times E$ 效应的分析。

9.1.3.2 箱线图

lattice 中散点图的绘图方法如下：

```
bwplot(x, data, subset, …)
```

其中 x 代表表达式 formula，data 代表数据集，subset 代表数据子集提取，…代表其他图形参数。

示例如下：

```
## box plot
bwplot(h5 ~ Rep, data = df, xlab = "Rep") #图 9-26
bwplot(h5 ~ Rep | Spacing, xlab = "Rep", data = df) #图 9-27
```

首先输出树高 h5 在 5 个重复下的箱线图，从图 9-26 可以看出，重复 3、4 的树高 h5

均值要比其他重复的稍高，且各存在一个异常值。

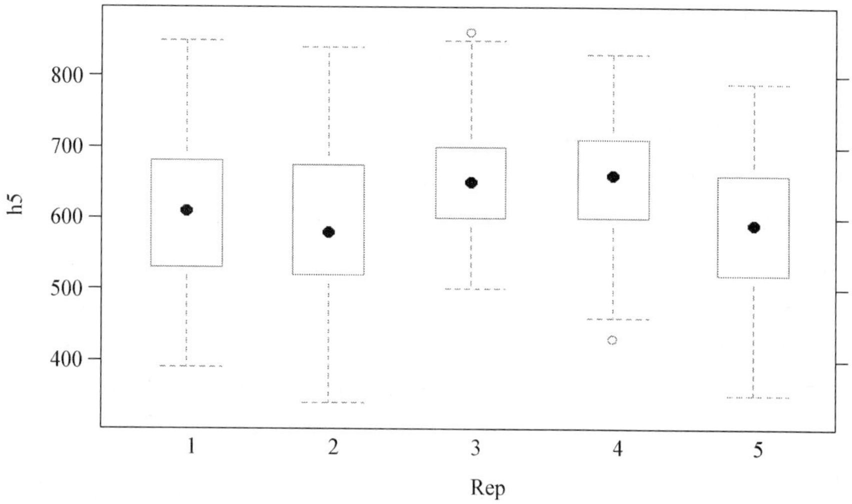

图 9-26　不同重复下树高 h5 的箱线图

现在增加种植密度作为面板，分析树高 h5 的箱线图(图 9-27)。

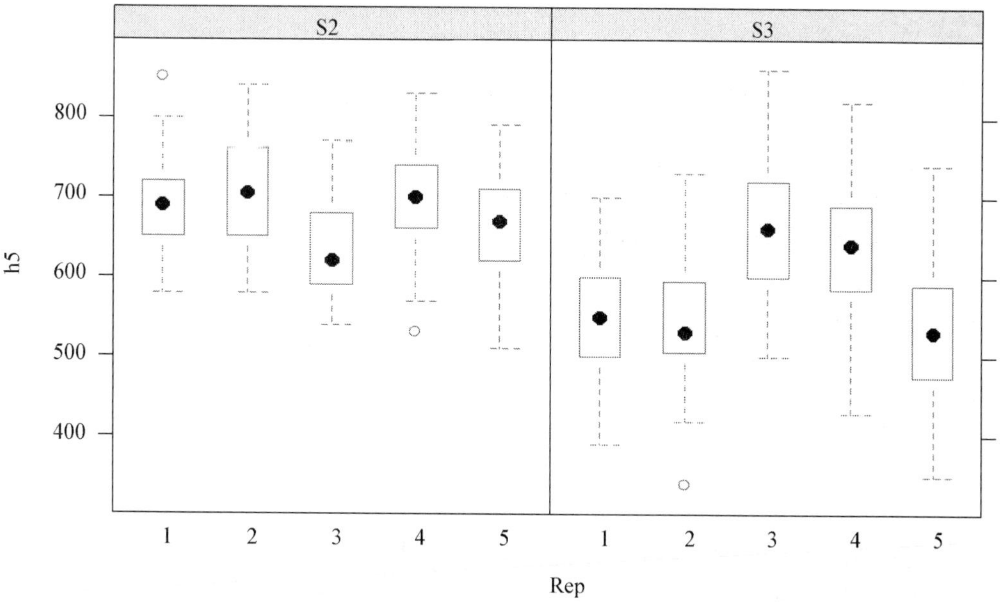

图 9-27　不同重复与种植密度下树高 h5 的箱线图

从图 9-27 可以看出，种植密度 S2 下树高 h5 的均值基本大于 S3 的树高均值。对于 S2，除了重复 3 的树高均值稍低点，其他重复之间差异不大，但是重复 1、4 均存在一个异常值。对于 S3，重复 3、4 的树高均值高于其他重复，但仅在重复 2 存在一个异常值。

现在，对树高 h5 进行不同区间的分组，然后查看不同分组下的木材密度 wd 情况。分析代码如下：

```
df $ H5 <-equal.count(df $ h5, number =10, overlap =0.01)
summary(df $ H5)
plot(df $ H5, ylab ="Level", xlab ="h5(mm)")#图 9-28

bwplot(wd ~ H5 | Spacing, data =df,
strip =strip.custom(bg ="pink",
par.strip.text =list(col ="blue", cex =2)),
par.settings =list(layout.heights =list(strip =1.45)),
main =list("Relation between Wd and h5 under S2 and S3",
col ="red"),
scales =list(x =list(limits =as.character(levels(df $ H5)),
cex =1.0, rot =60),
y =list(font =2, cex =1.5)),
xlab =list("h5(mm)", cex =2, col ="blue"),
ylab =list("wd(g/cm3)", cex =2, col ="red"))#图 9-29
```

运行结果如下：

```
> summary(df $ H5)
Intervals:
      min   max  count
1     335   495     91
2     485   535    113
3     525   575    120
4     565   605    131
5     595   625    102
6     615   655    112
7     645   685    124
8     675   705     95
9     695   745    129
10    735   865     86

Overlap between adjacent intervals:
[1] 22 34 34 38 32 26 35 42 13
```

对树高h5分10个区间，summary(df $ H5)给出了每个区间的频数，通过参数overlap控制每个区间的重叠区长度，summary(df $ H5)结果最后部分给出了10个区间之间的重叠长度。plot()函数展示了具体的区间长度情况(图9-28)。

现在，绘制树高h5不同区间下木材密度wd的箱线图，从图9-29可以看出，总体上，木材密度与种植密度的关系不大，但在种植密度S2下，最左边区间(树高最小)的木材密度最大，而其他区间之间差异不大。

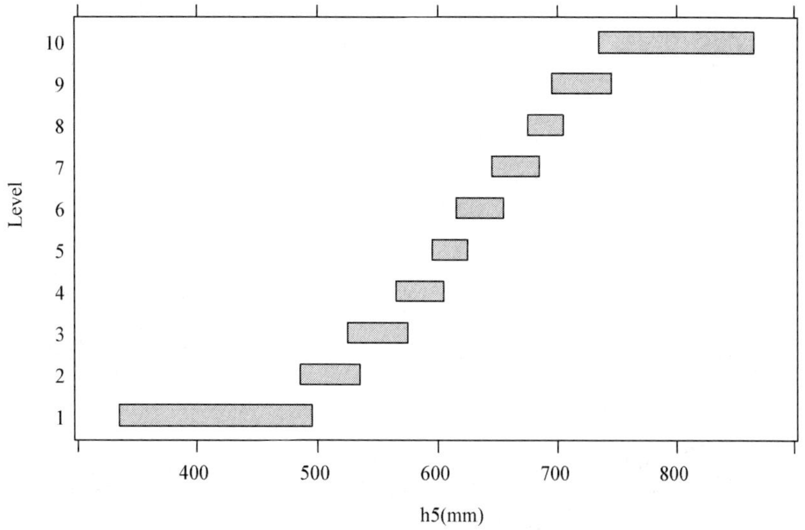

图 9-28　树高 h5 的区间图

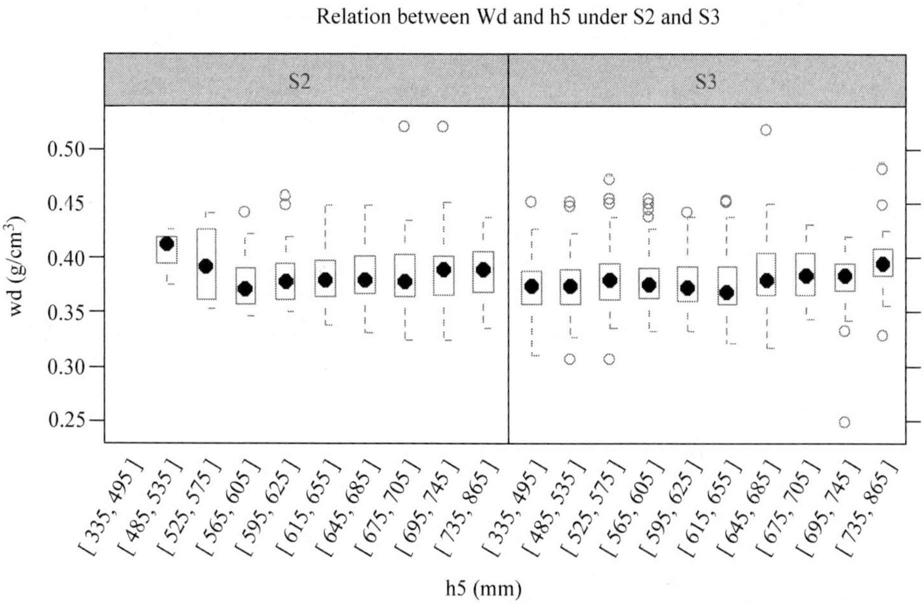

图 9-29　树高 h5 不同区间下木材密度 wd 的箱线图

9.1.3.3　散点图矩阵

lattice 中散点图矩阵的绘图方法如下：

```
splom(x, data, subset, …)
```

其中 x 代表表达式 formula，data 代表数据集，subset 代表数据子集提取，…代表其他图形参数。

示例如下：

```
splom(df[6: 11])
```

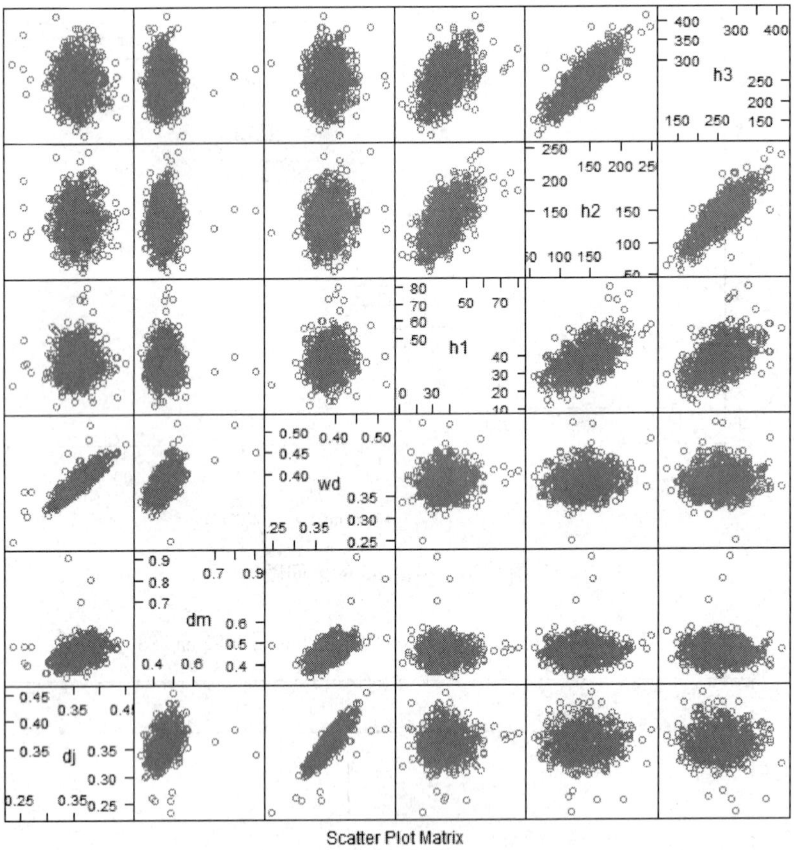

图 9-30 数据集 df 的散点图矩阵

从图 9-30 可知，总体上木材密度和树高之间的相关比较弱，而心材密度 dj、边材密度 dm 和基本密度 wd 之间均呈强的正相关，不同年份的树高之间也呈正相关。

9.1.3.4 二元 Q－Q 图

lattice 中二元 Q－Q 图的绘图方法如下：

```
qq(x, data, subset, …)
```

其中 x 代表表达式 formula，data 代表数据集，subset 代表数据子集提取，…代表其他图形参数。

示例如下：

```
qq(Spacing ~ h5 | Rep, data = df)
```

由图 9-31 可知，在不同重复下，种植密度与树高 h5 的二元 Q－Q 图总体上呈现一条直的对角线，表明在两个种植密度下，树高 h5 基本符合正态分布。

9.1.3.5 平行坐标图

lattice 中平行坐标图的绘图方法如下：

```
parallelplot(x, data, subset, …)
```

其中 x 代表表达式 formula，data 代表数据集，subset 代表数据子集提取，…代表其他图形参数。

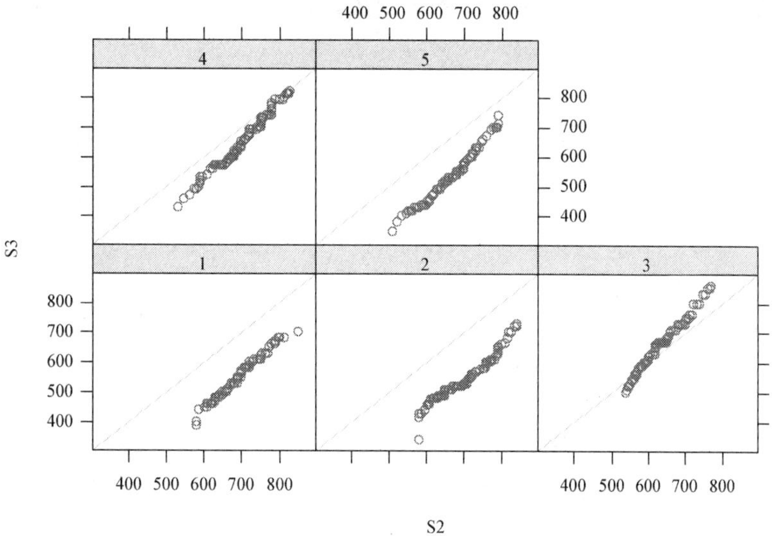

图 9-31　不同重复下种植密度与树高 h5 的二元 Q－Q 图

示例如下：

```
parallelplot(~df[6: 11] | Spacing, data=df)
```

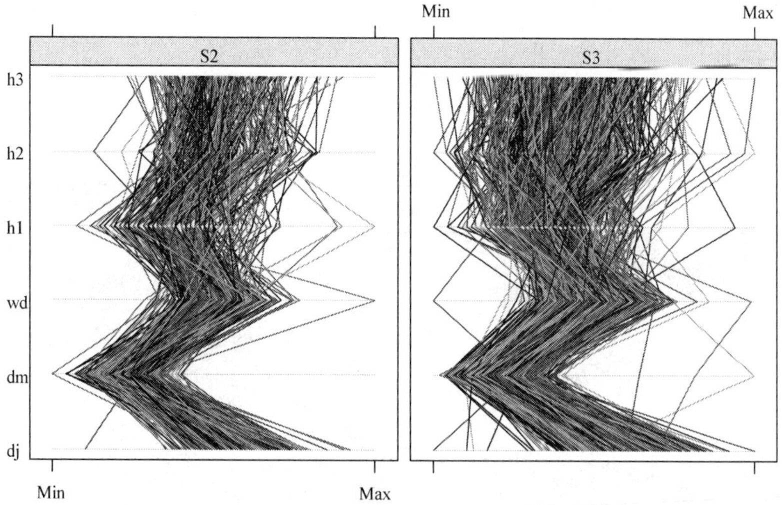

图 9-32　数据集 df 的平行坐标图

平行坐标图非常便于查看多变量的总体变异幅度，从图 9-32 可直观得看出，总体上种植密度 S3 条件下，木材密度和树高等 6 个变量的变异幅度要大于种植密度 S2。

9.1.4　多变量绘图

9.1.4.1　三维水平图

lattice 中三维水平图的绘图方法如下：

```
levelplot(x, data, subset, …)
```

其中 x 代表表达式 formula，data 代表数据集，subset 代表数据子集提取，…代表其他图形参数。

示例如下：

```
##levelplot
plot.data <-read.csv(file ='lattice.pdata.csv', header = T)
for(i in1:2)plot.data[,i] =as.factor(plot.data[,i])
levels(plot.data $ Spacing) <-list(S1 = "1", S2 = "2", S3 = "3")

levelplot (rank ~ Spacing + Fam | reorder(ca, Spacing), data =plot.data,
          xlab = "Spacing", subset = ca! =5,
          main = "dbh BV rank of Fam under Spacing with ca",
          par.settings = list(layout.heights = list(strip =1.45)),
          col.regions = terrain.colors(100)
)
```

生成的图形如图 9-33 所示。根据图例可知，颜色越偏绿色，代表排名 rank 越靠前，而颜色越偏白色，则表示排名 rank 越靠后。本例中，三维水平图还可用于分析相同树龄下胸径育种值排名 rank 与种植密度 Spacing 的互作效应。例如，在树龄 10 年下，家系 70001 在 S1、S3 的育种值排名比 S2 的育种值排名靠前，而家系 70002 育种值排名刚好相关，说明家系 70001 和 70002 的育种值排名在 3 种种植密度下存在交叉，即家系和种植密度之间存在较强的交互作用，这种排名的改变称为秩次改变效应。

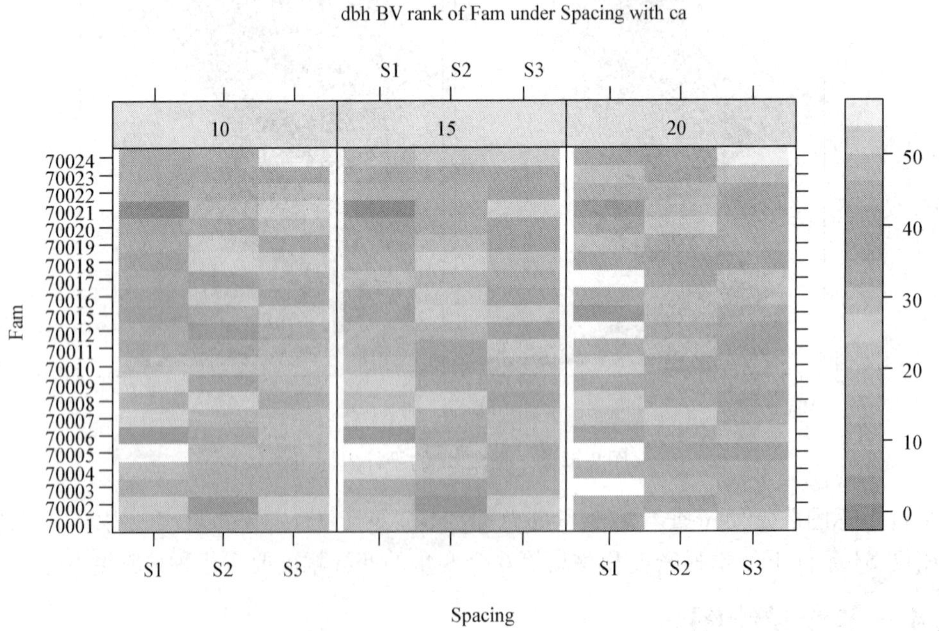

图 9-33 松树胸径育种值排名对树龄的三维水平图

上述的三维水平图用于分析基因型与环境互作效应，接下来介绍三维水平图用于相关矩阵的展示。分析代码如下：

```
cor.df <-cor(df[, ! sapply(df, is.factor)], use = "pair")
ord <-order.dendrogram(as.dendrogram(hclust(dist(cor.df))))

levelplot (cor.df[ord, ord], at = do.breaks(c( -1.01, 1.01), 25),
           col.regions = terrain.colors(100),
           scales = list(x = list(rot = 0)))
```

运行结果如下：

```
> round(cor.df, 2)
      dj    dm    wd    h1    h2    h3    h4    h5
dj  1.00  0.38  0.86  0.04  0.04 -0.02  0.07  0.03
dm  0.38  1.00  0.57 -0.03  0.03 -0.05  0.05  0.04
wd  0.86  0.57  1.00  0.11  0.14  0.07  0.18  0.15
h1  0.04 -0.03  0.11  1.00  0.58  0.47  0.47  0.44
h2  0.04  0.03  0.14  0.58  1.00  0.83  0.79  0.73
h3 -0.02 -0.05  0.07  0.47  0.83  1.00  0.82  0.75
h4  0.07  0.05  0.18  0.47  0.79  0.82  1.00  0.91
h5  0.03  0.04  0.15  0.44  0.73  0.75  0.91  1.00
> round(cor.df[ord, ord], 2)
      dm    dj    wd    h1    h4    h5    h2    h3
dm  1.00  0.38  0.57 -0.03  0.05  0.04  0.03 -0.05
dj  0.38  1.00  0.86  0.04  0.07  0.03  0.04 -0.02
wd  0.57  0.86  1.00  0.11  0.18  0.15  0.14  0.07
h1 -0.03  0.04  0.11  1.00  0.47  0.44  0.58  0.47
h4  0.05  0.07  0.18  0.47  1.00  0.91  0.79  0.82
h5  0.04  0.03  0.15  0.44  0.91  1.00  0.73  0.75
h2  0.03  0.04  0.14  0.58  0.79  0.73  1.00  0.83
h3 -0.05 -0.02  0.07  0.47  0.82  0.75  0.83  1.00
```

运行结果给出了 8 个性状的相关矩阵值，以及重排序后的相关矩阵。然后再绘制三维水平图，如图 9-34 所示，密度性状聚在一起，在三维水平图的左下角；树高性状之间聚在一起，在三维水平图的右上角。而密度性状和树高性状之间的相关值比较小，总体上接近零。因此，这 8 个性状可分为密度性状和树高性状两类。

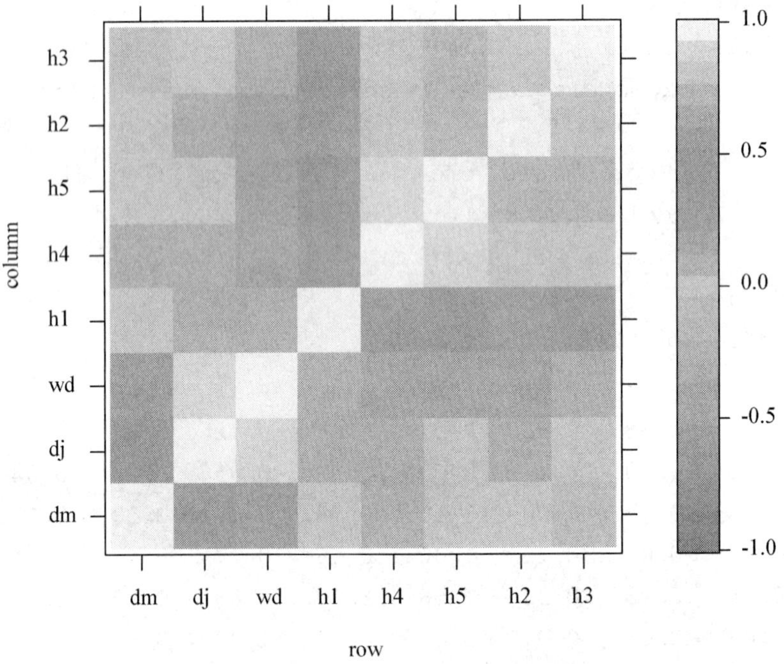

图9-34　数据集df性状相关矩阵的三维水平图

levelplot()也可用于空间数据的图形绘制，示例如下：

```
df1 = read.csv(file = "d8.1.10.csv", header = F)
x = 1: nrow(df1); y = 1: ncol(df1)
colnames(df1) = y
df1 = as.matrix(df1)
levelplot(df1, col.regions = terrain.colors(100))#图 9-35
```

生成的图形如图9-35所示。

此外，levelplot()还可用于等高线图数据的图形绘制，以内置的volcano数据为例，代码如下：

```
levelplot(volcano, col.regions = terrain.colors(100))#图 9-36
```

生成的图形如图9-36所示。

volcano数据集是新西兰奥克兰伊甸山(Maunga Whau)死火山的地形数据，由图9-36大致能看出火山的基本地形，在行20～40、列15～50之间，海拔较高呈山峰形，中心部分海拔较低呈低洼形，即为火山。

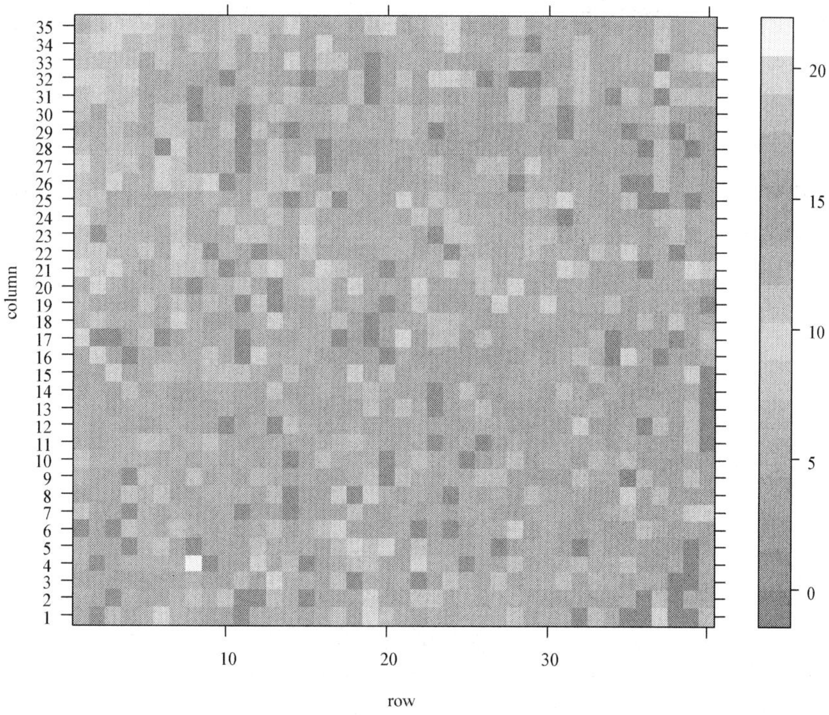

图 9-35 空间数据的三维水平图

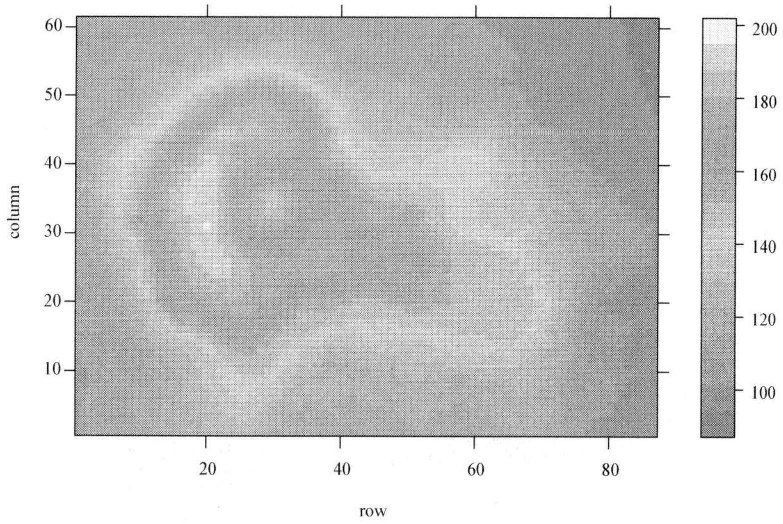

图 9-36 volcano 数据集的三维水平图

9.1.4.2 三维等高线图

lattice 中三维等高线图的绘图方法如下：

```
contourplot(x, data, cuts, label, region, col.regions, ...)
```

其中 x 代表表达式 formula，data 代表数据集，cuts 代表数据分组水平数，label 代表是否标注海拔，region 代表是否为等高线图填充颜色，col. regions 代表指定填充颜色类型，…代表其他图形参数。所得图形与基础绘图的等高线图类似。

示例如下：

```
## contour plot
contourplot(volcano, cuts =20, col ="blue", label =T)#图 9-37
```

生成的图形如图 9-37 所示。

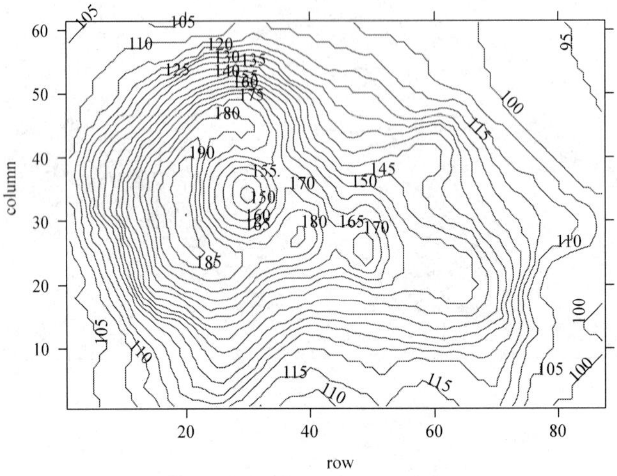

图 9-37 volcano 的三维等高线图

```
contourplot (volcano, cuts =20, col ="blue", label =T,
             region =T)
contourplot(volcano, cuts =20, col ="blue", label =T,
```

生成的图形如图 9-38 所示。

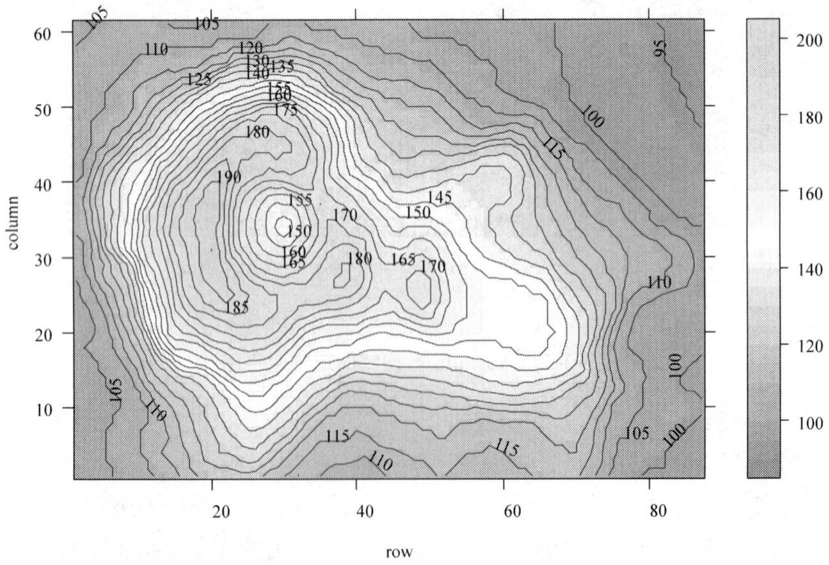

图 9-38 volcano 的三维等高线图

```
region = T, col. regions = terrain. colors(100))#图 9-39
```

代码说明，volcano 为火山海拔数据集，cuts 指定海拔分 20 组，col 指定等高线为蓝色，label 指定标注海拔，region 确定填充颜色(默认调用 cm. colors( ))，col. regions 指定填充颜色为 terrain. colors(100)。生成的图形如图 9-39 所示。

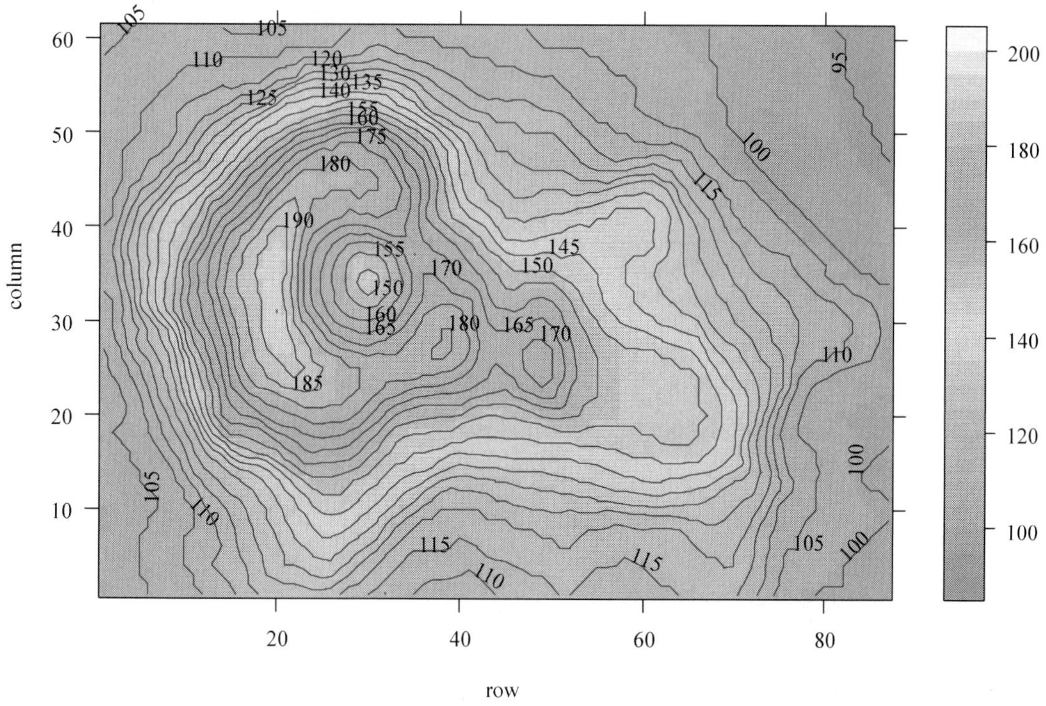

图 9-39　volcano 的三维等高线图

9. 1. 4. 3　三维散点图

lattice 中三维散点图的绘图方法如下：

```
cloud(x, data, subset, …)
```

其中 x 代表表达式 formula，data 代表数据集，subset 代表数据子集提取，…代表其他图形参数。

示例如下：

```
cloud (h5 ~ h3* h4 | Spacing, data = df,
       screen = list(x = -90, y = 70),
       distance =.4, zoom =.8)#图 9-40
```

代码说明，screen 参数设置 *xyz* 轴旋转角度，distance 参数设置平视图形距离，zoom 参数设置图形缩放大小。生成的图形如图 9-40 所示，对于树高性状来说，种植密度 S2 下，三维散点图的分布范围更窄且偏上部分，表明 S2 种植密度条件下的树高总体变异幅度较小，而且均值要大于 S3 种植密度的树高均值。

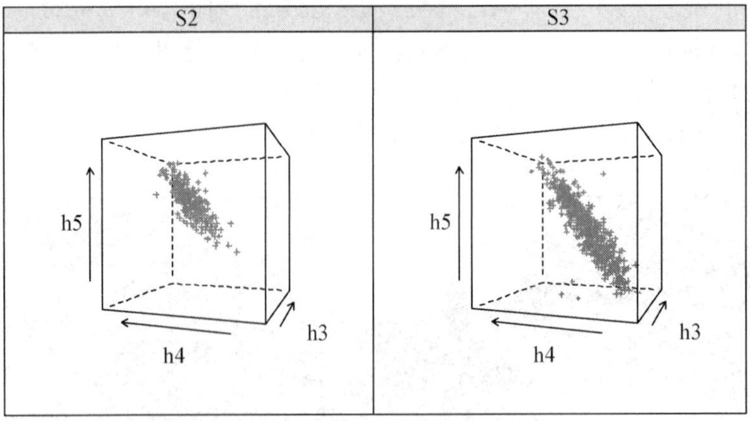

图 9-40 树高 h5 和 h3、h4 的三维散点图

9.1.4.4 三维曲面图

lattice 中三维曲面图的绘图方法如下：

```
wireframe(x, data, aspect, …)
```

其中 x 代表表达式 formula，data 代表数据集，aspect 代表轴比值向量（y 轴最大刻度/x 轴最大刻度，z 轴最大刻度/x 轴最大刻度），…代表其他图形参数。

示例如下：

```
##9.1.4.4wireframe
wireframe (volcano, aspect = c(61/87, 0.5),
           screen = list(x = -50, y =20),
           col = "blue3", zoom =.8, lwd =0.1)#图 9-41
wireframe (volcano, shade = TRUE,
```

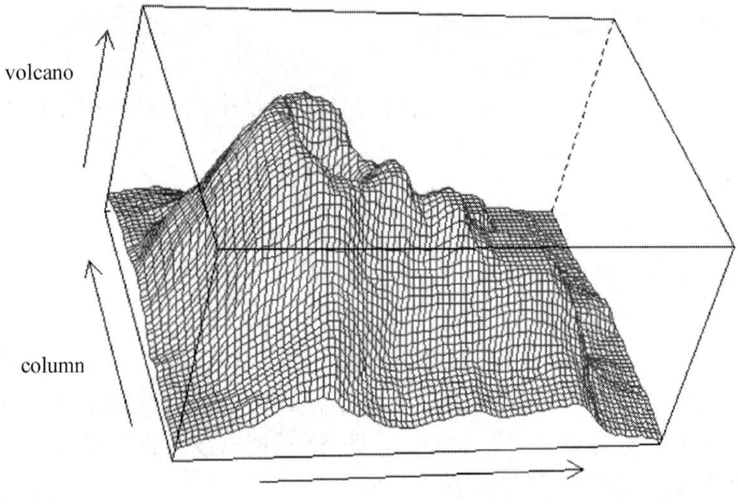

图 9-41 volcano 的三维曲面图

```
            aspect = c(61/87, 0.5), zoom =.8,
            screen = list(x = -50, y = 20),
            light.source = c(0, 10, 10))#图 9-42
```

代码说明，aspect 指定轴比值向量，screen 参数设置 xyz 轴旋转角度，distance 参数设置平视图形距离，zoom 参数设置图形缩放大小，col、lwd 参数指定线条颜色和宽度，shade 代表控制是否需要阴影，light. source 代表指定颜色变化。生成的图形如图 9-40、9-41所示。

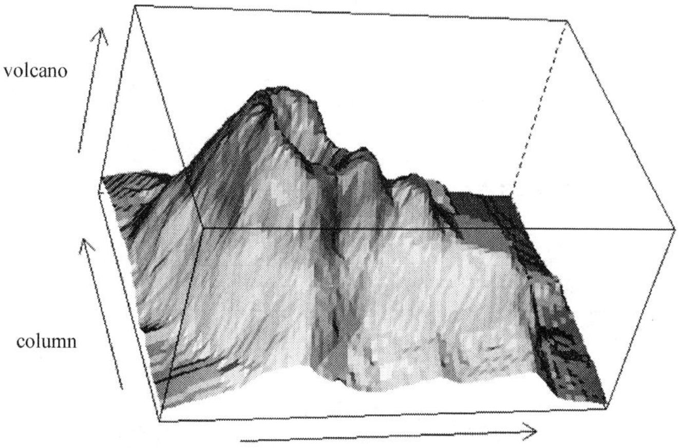

图 9-42　volcano 的三维曲面图

9. 1. 5　绘图参数设置

9. 1. 5. 1　图形参数

与 R 基础绘图类似，lattice 大部分可以在画图函数中进行参数设置，此外，还可以通过 trellis. par. get( )和 trellis. par. set( )来进行参数设置，一旦设定完成，在退出软件之前，会成为所有新绘制图形的默认设置。

例如，我们对 xyplot( )生成的散点图中的平滑曲线进行颜色和宽度的设置，代码如下：

```
##
hhp = xyplot(h5 ~ h3 | Spacing, type = c("p", "g", "smooth"), data = df)
hhp#图 9-43
plot.line.settings <-trellis.par.get("plot.line")#图形参数获取
str(plot.line.settings)#查看默认图形参数设置
plot.line.settings $ col <-"red"#线条颜色新赋值
plot.line.settings $ lwd <-2#线条宽度新赋值
trellis.par.set("plot.line", plot.line.settings)#图形参数新设置
hhp#图 9-44
```

运行结果如图 9-43、图 9-44 所示。

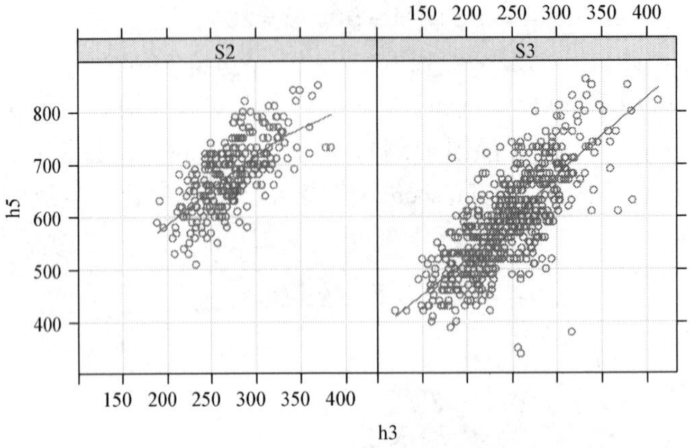

图 9-43 树高 h5 对 h3 的散点图(默认参数)

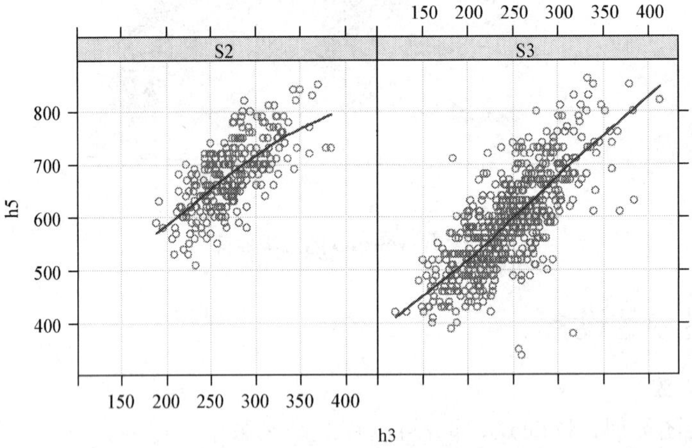

图 9-44 树高 h5 对 h3 的散点图(新参数值)

下述方法也可实现修改图形参数的默认值。

```
plot.symbol.settings <-trellis.par.get("plot.symbol")
str(plot.symbol.settings)
# method 1
trellis.par.set (plot.symbol = plot.symbol.settings,
                 plot.line = plot.line.settings)
#method 2
trellis.par.set (plot.symbol = list(col = "black"),
                 plot.line = list(lwd = 2))
#method 3
trellis.par.set (list(plot.symbol = list(col = "black"),
                 plot.line = list(lwd = 2)))
```

此外，通过 update( )和 par. settings 参数也可达到修改图形参数的目的，示例如下：

```
update (hhp, par. settings = list (plot. symbol = list (col = "blue3"),
        plot. line = list (lwd = 2, lty = "dashed")))
```

上述的图形参数设置，只在 update( )函数有效，即不会对后面的图形产生作用。当不需要图形参数固定化，这种方法比较有效。生成的图形如图 9-45。

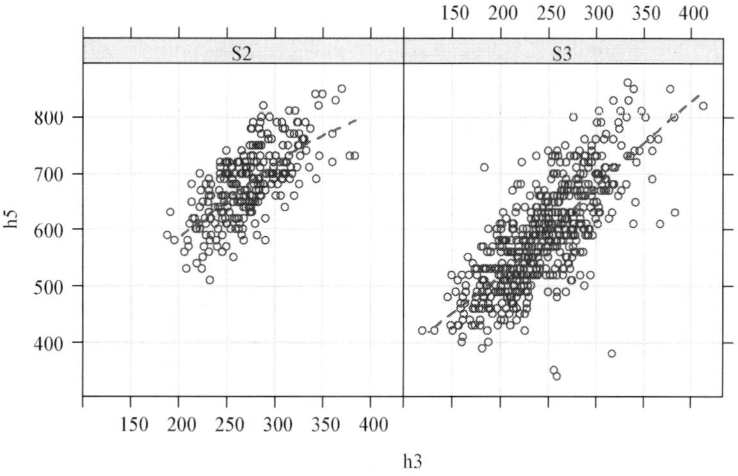

图 9-45　树高 h5 对 h3 的散点图(update 函数中使用新参数值)

如果想了解所有参数设置的列表，可以通过 names(trellis. par. get( )) 来获取，结果如下：

```
> names (trellis. par. get ())
[1]   "grid. pars"           "fontsize"            "background"
[4]   "panel. background"    "clip"                "add. line"
[7]   "add. text"            "plot. polygon"       "box. dot"
[10]  "box. rectangle"       "box. umbrella"       "dot. line"
[13]  "dot. symbol"          "plot. line"          "plot. symbol"
[16]  "reference. line"      "strip. background"   "strip. shingle"
[19]  "strip. border"        "superpose. line"     "superpose. symbol"
[22]  "superpose. polygon"   "regions"             "shade. colors"
[25]  "axis. line"           "axis. text"          "axis. components"
[28]  "layout. heights"      "layout. widths"      "box. 3d"
[31]  "par. xlab. text"      "par. ylab. text"     "par. zlab. text"
[34]  "par. main. text"      "par. sub. text"
```

上述参数组的功能如下：

①grid. pars　全局参数的设置；

②fontsize　图形中文本字体大小；

③background　图形的背景颜色；

④panel. background　面板(panel)的背景颜色；

⑤clip 面板和条带的修剪操作；

⑥add. line，add. text 指定线条和文本；

⑦plot. polygon 设置条形图(barchart)和直方图(histogram)面板中条的外观；

⑧box. dot，box. rectangle，box. umbrella 设置箱形图(bwplot)面板中点、矩形及伞形的外观；

⑨dot. line，dot. symbol 设置点图(dotplot)面板中直线、点的外观；

⑩plot. line，plot. symbol 设置散点图(xyplot)、密度图(densityplot)和三维散点图(cloud)面板中直线、点的外观；

⑪reference. line 设置面板中参考线的外观；

⑫strip. background，strip. shingle，strip. border 设置条形图中的背景、条形和边界；

⑬superpose. line，superpose. symbol，superpose. polygon 设置多重图中线、多边形和标记的外观；

⑭regions 设置三维水平图(levelplot)和三维曲面图(wireframe)图形区域添加颜色；

⑮shade. colors 设置三维水平图(levelplot)和三维曲面图(wireframe)图形区域颜色类型；

⑯axis. line，axis. text，axis. components 设置坐标轴的线条、文本和外观；

⑰layout. heights，layout. widths 设置面板的高度和宽度；

⑱box. 3d 设置三维水平图(levelplot)和三维曲面图(wireframe)中框线类型；

⑲par. xlab. text，par. ylab. text，par. zlab. text 设置 x 轴、y 轴和 z 轴的文本；

⑳par. main. text，par. sub. text 设置主标题和副标题的文本。

9.1.5.2 坐标轴

在 lattice 包中，通过参数 scales 来控制坐标轴的格式。scales 参数可具体控制如下坐标轴参数：

①labels 标签，at 的标签，取值为向量；

②at 指定刻度线的位置，取值为数值型向量；

③cex、font，col、rot 坐标轴字体大小、字体，标签颜色和旋转的角度；

④tck，tick. number 指定刻度的长度，刻度数；

⑤draw 是否绘制轴，取值为逻辑值；

⑥xlim，ylim x 轴、y 轴的刻度范围；

⑦alternating 是否改变面板之间轴的位置，取值为 0，1，2 或 3；

⑧log 是否需要对数据进行对数转换。

举个简单例子，是否坐标轴格式的变化，代码如下：

```
xyplot (h5 ~ h3 | Spacing, type = c("p", "g", "smooth"),
        scales = list (col = "red", font = 2,
                       x = list(log = 10, cex = 1.5, rot = 30),
                       y = list(relation = "free")),
                       data = df) #图 9-46
```

生成的图形如图 9-46 所示。

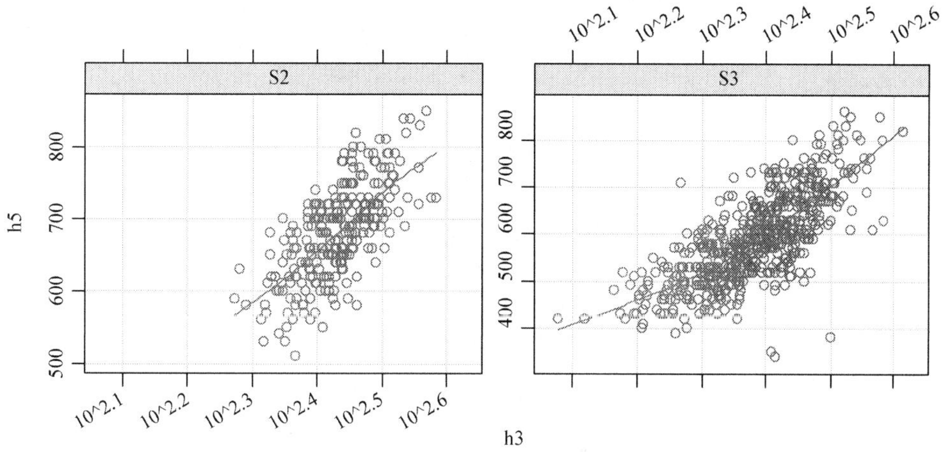

图9-46 树高h5对h3的散点图

9.1.5.3 图例

lattice包图例的设置可以通过参数auto.key或key来设置。

(1)参数auto.key设置图例

参数auto.key自动调用simplekey()函数来绘制图例，simplekey()函数用法如下：

```
simpleKey(text, points = TRUE, rectangles = FALSE, lines = FALSE,
          col, cex, alpha, font, fontface, fontfamily, lineheight,
...)
```

式中，text指定文本，points指定是否对点提供图例，rectangles指定是否用填充的矩阵表示图例，lines指定是否对直线提供图例，col指定颜色，cex指定字体大小，alpha指定透明度，font、fontface、fontfamily指定字体，lineheight指定线条高度，…代表其他图形参数。

多数情况下，设置auto.key = T，即可自动绘制图例。但这样简单的自动绘制图例，有时不太理想，这时可通过添加text、points等图形参数来改善。举一个简单的例子，示范代码如下：

```
## auto.key
xyplot (h5 ~ h3 | Spacing, type = c ("p", "g","smooth"),
        groups = Rep, data = df, auto.key = T
        ) #图 9-47
xyplot(h5 ~ h3 | Spacing, type = c("p", "g","smooth"),
        groups = Rep, data = df,
        auto.key = list(space = "right", points = T, lines = T)
        ) #图 9-48
```

代码首先输出树高h5对h3的散点图，并展示了平滑曲线，如图9-47所示，虽然画出了点的图例，但是平滑曲线的图例并未能画出，这是因为auto.key = T直接调用simplekey()函数的默认值绘制图例，默认值下lines = F。此外图例默认位置在图形上方，比较占空

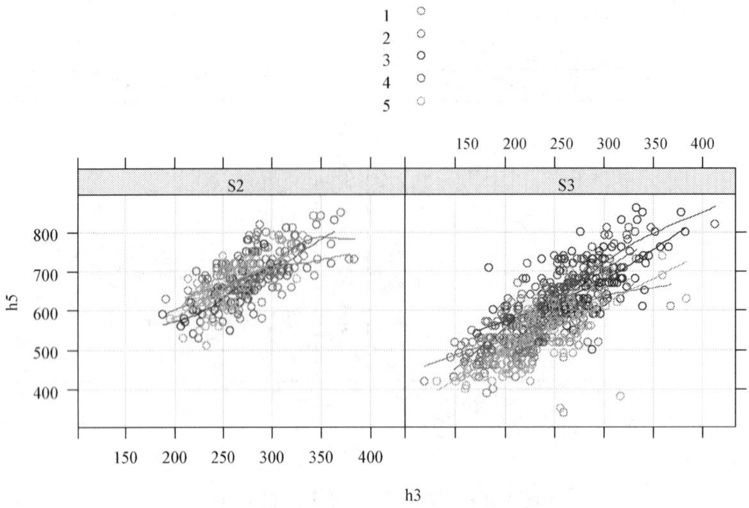

图 9-47　树高 h5 对 h3 的散点图(图例不佳)

间。因此，我们可以具体指定图例位置，并画出点、线的图例，如图 9-48 所示，与图 9-47 相比，显然前者的图例更为恰当。

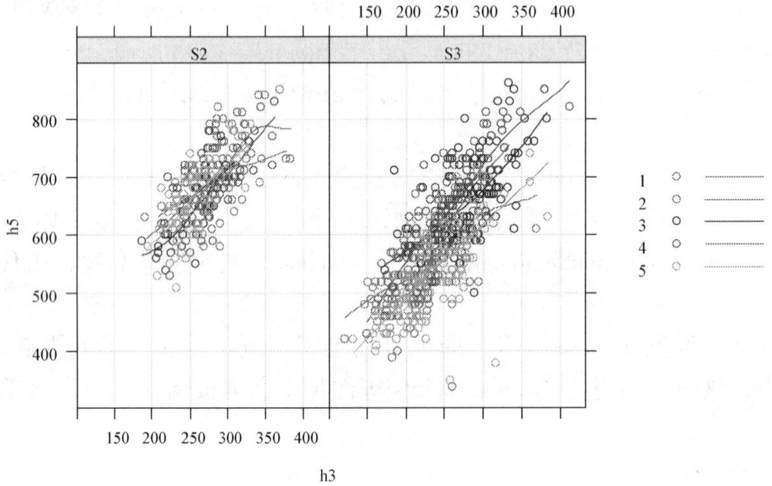

图 9-48　树高 h5 对 h3 的散点图(图例改善)

(2)参数 key 设置图例

参数 key 自动调用 draw. key( )函数来绘制图例，draw. key( )函数用法如下：

```
draw.key(text, points, rectangles, lines,
cex, col, lty, lwd, font, fontface, fontfamily,
pch, adj, type, size, angle, density,
rep, divide, transparent, background,
title, cex.title, lines.title,
border, padding.text, space, …)
```

式中，text 指定文本，points、rectangles、lines 分别指定点、矩形和直线的格式（有别于 simpleKey 函数），其他图形参数含义同 R 基础绘图中的图形参数。

示例如下：

```
my.pch<-c(1:5)
my.fill<-c("blue", "red")
with (df,
    xyplot(h5~h3,
    scales=list(y=list(tick.number=3)),
panel=function(x, y, …, subscripts){
pch<-my.pch[Rep[subscripts]]
fill<-my.fill[Spacing[subscripts]]
panel.xyplot(x, y, pch=pch,
 fill=fill, col=fill)
 },
 key=list (space="right",
          text=list(levels(Rep)),
          points=list(pch=my.pch),
          text=list(levels(Spacing)),
 points=list(pch=16, col=my.fill),
 rep=F)
 )
 )#图 9-49
```

代码说明：space 指定图例位置为图形右侧，tex 和 points 分别为重复 Rep 和种植密度 Spacing 指定图例，rep=F 指定图例中重复 Rep 和种植密度 Spacing 的水平不一致。生成的图形如图 9-49 所示。

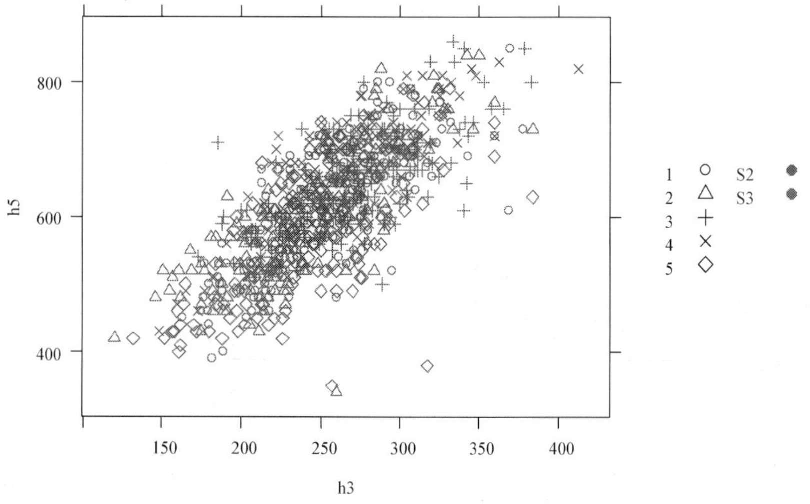

图 9-49　树高 h5 对 h3 的散点图（key 图例）

9.1.5.4 数据变换

lattice 绘图时，也可以进行一些简单的数据变换，但方面没有 ggplot2 强大。几个简单的示范例子。

示例一：

```
boxcox.trans <-function(x, lambda){
if(lambda = =0)log(x)else(x^lambda -1)/ lambda
}

for(p inseq(0, 2, by=0.5)){
plot(qqmath( ~boxcox.trans(h5, p) | Spacing, data=df,
groups=Rep, f.value=ppoints(100),
main=as.expression(substitute(lambda= =v,
list(v=p)))))
 }
```

生成的图形如图 9-50 所示。

λ=0

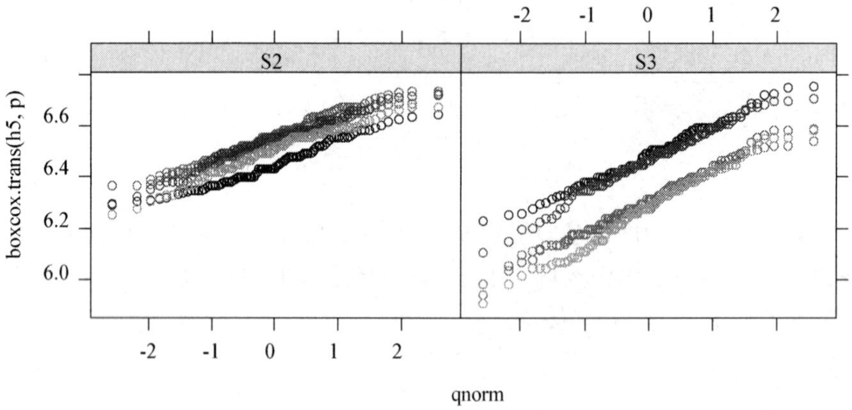

λ=0.5

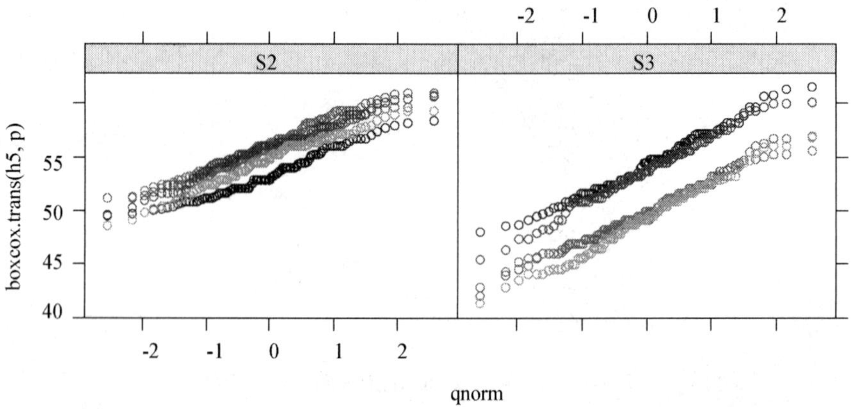

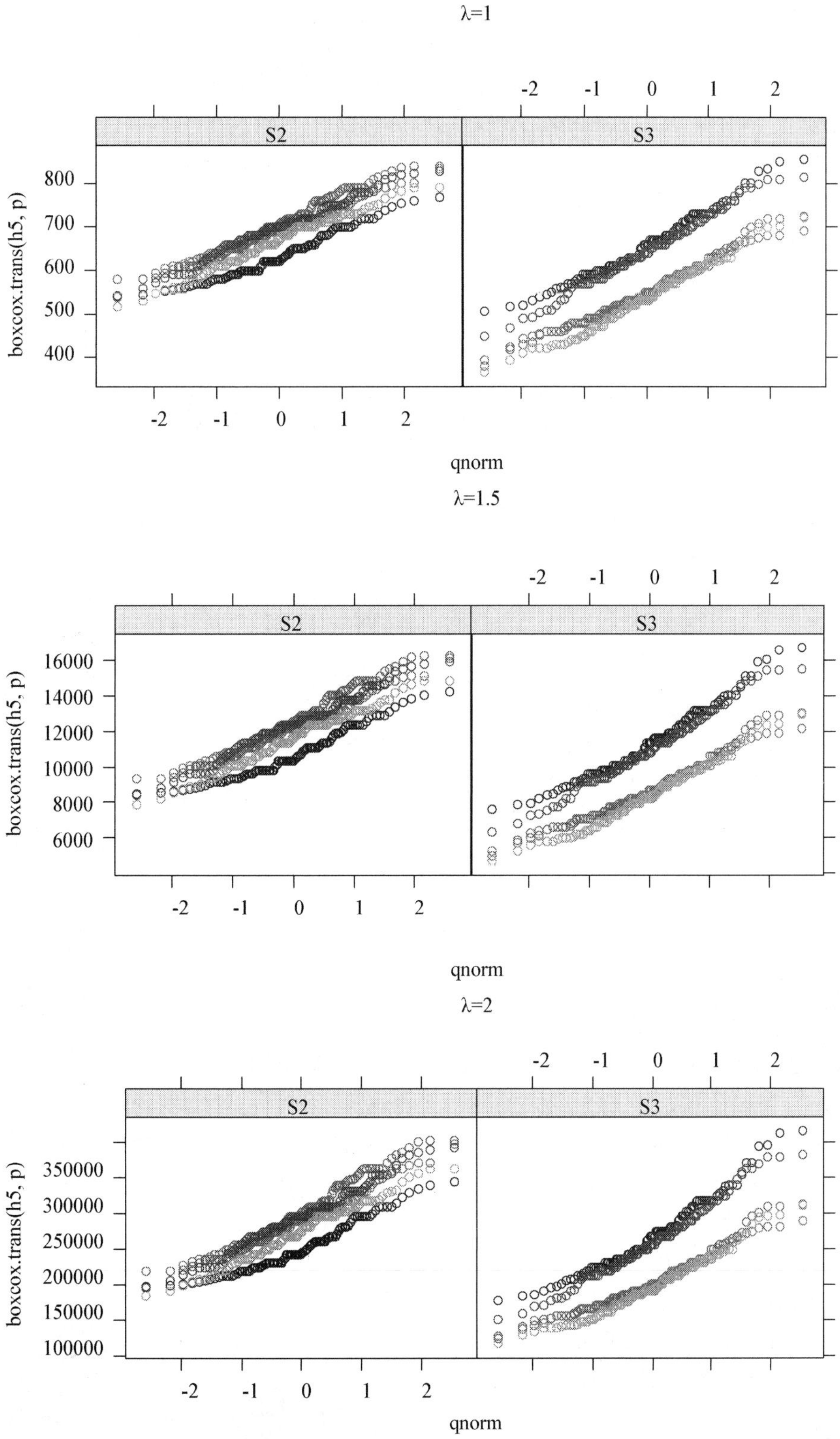

图 9-50　lattice 绘图示例(一)

示例二：

```
data(USAge.df, package = "latticeExtra")
xyplot(Population ~ Age | factor(Year), USAge.df,
groups = Sex, type = c("l", "g"),
auto.key = list(points = F, lines = T, columns = 2),
aspect = "xy", ylab = "Population(millions)",
subset = Year % in% seq(1905, 1975, by = 10))
```

生成的图形如图 9-51 所示。

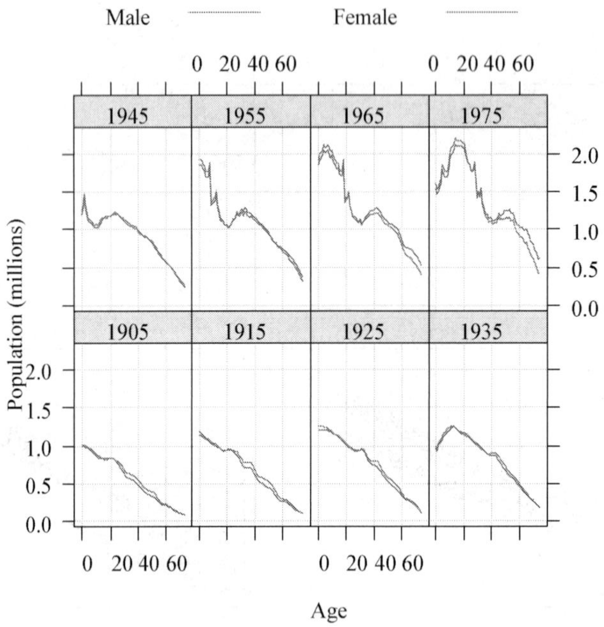

图 9-51 lattice 绘图示例(二)

9.1.5.5 多图组合

lattice 绘制的图形存为对象后，可以组合成多图形式。

第一种是借用 gridExtra 包的 grid. arrage( )函数，其用法如下：

```
grid.arrage(pp1, pp2, pp3, …, nrow, ncol)
```

式中，pp1，pp2，pp3，…代表 lattice 绘图生成的对象，nrow 为设置多图的行数，ncol 为设置多图列数。nrow 和 ncol 只需指定其中一个，另一个 R 会自动设定。

示范代码如下：

```
## multiple lattice plots in one window
# Data
w <-as.matrix(dist(Loblolly))
x <-as.matrix(dist(HairEyeColor))
y <-as.matrix(dist(rock))
z <-as.matrix(dist(women))
```

```

# Plot assignments
pw <-levelplot(w, main = "pw", scales = list(draw = FALSE))
 px <-levelplot(x, main = "px", scales = list(draw = FALSE))
 py <-levelplot(y, main = "py", scales = list(draw = FALSE))
 pz <-levelplot(z, main = "pz", scales = list(draw = FALSE))

 # method 1
 library(gridExtra)
 grid.arrange(pw, px, py, pz, ncol =2)
```

生成的图形如图 9-52 所示。

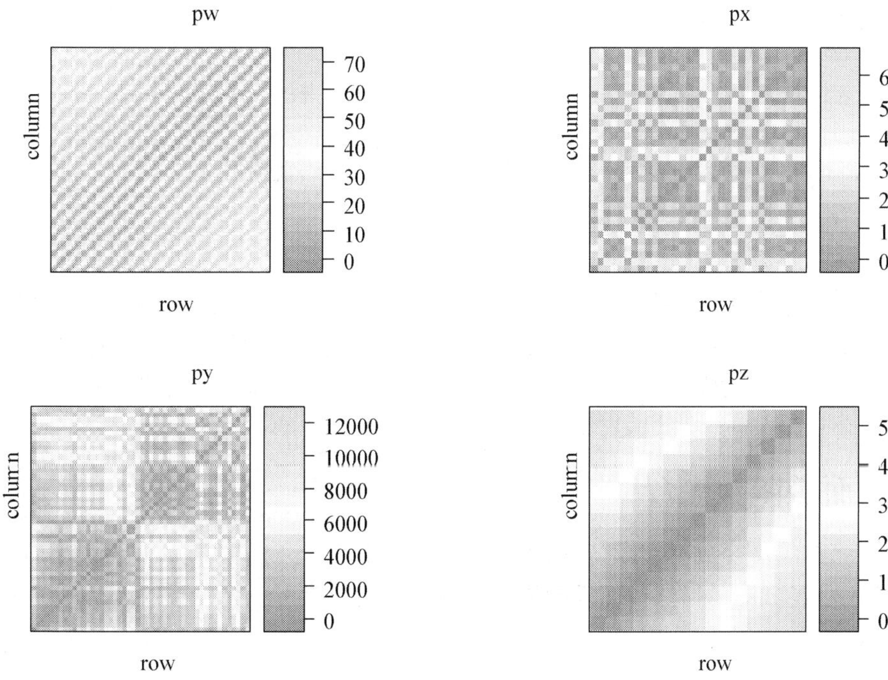

图 9-52　多图组合

第二种方法采用 print( )，代码如下：

```
# method 2
print(pw, split = c(1, 1, 2, 2), more = TRUE) # cs, rs, cn, rn
print(px, split = c(2, 1, 2, 2), more = TRUE)
print(py, split = c(1, 2, 2, 2), more = TRUE)
print(pz, split = c(2, 2, 2, 2), more = FALSE)
```

代码说明：split 参数取值的 4 个向量分别代表图形所在的列号、行号、列数和行数，例如，split = c(1，1，2，2)表示图形 pw 位于第 1 列、第 1 行，图形摆放是 2 列、2 行。利用 print( )函数这种方法，最后一张图，必须设置 more = FALSE，否则无法达到预期效果。

9.1.5.6 图形输出

与 R 基础绘图输出类似，lattice 生成的图形也有多种输出格式，见表 9-2。

表 9-2 图形输出格式

函数	功能
bmp( )	. bmp 文件
jpeg( )	. jpg 文件
png( )	. png 文件
tiff( )	. tif 文件
pdf( )	pdf 文件

举一个简单的示范，代码如下：

```
getwd()
png("pp1.png", width=6, height=4, units="in", res=600)
plot(pp1)
#jpeg("pp2.jpg")
#plot(pp2)
#pdf("pp2.pdf")
#plot(pp2)
dev.off()# turn off device
```

代码说明：getwd( )函数用于明确当前的工作路径，后面生成的图形或 pdf 文件将会导出到 R 当前的工作路径。需要注意的是，通过 png( )等函数来输出图形，每次只能选择一种函数，如有两种函数以上，只会对最后的那个函数有效。例如，代码同时输入 png( )和 pdf( )，最后只会在 pdf 文件输出图形中，而 png 图形是空的。

9.1.6 面板函数设置

lattice 每个绘图函数都有默认的面板函数，此外，bwplot( )结合面板函数 panel. violin( )可以绘制小提琴图。当然，面板函数更为重要的功能是可以为图形改变外观细节。常见的面板见表 9-3。

表 9-3 面板函数的功能

面板函数	功能
panel. abline( )	为面板的图表区添加线条
panel. refling( )	为面板的图表区添加参考线
panel. rug( )	为面板图表区添加坐标须(rug)
panel. curve( )	为面板图表区添加数学表达式定义的曲线
panel. average( )	绘制因子平均值
panel. violin( )	结合 bwplot( )绘制小提琴图
panel. fill( )	为面板填充颜色
panel. grid( )	添加标准格
panel. lmline( )	添加回归线条
panel. loess( )	添加光滑曲线

（续）

面板函数	功能
panel. mathdensity( )	添加概率分布图
panel. arrows( )	添加箭头
panel. axis( )	手动添加轴
panel. brush. splom( )	为 lattice 图形增加交互功能
panel. identify( )	为 lattice 图形增加交互功能
panel. link. splom( )	为 lattice 图形增加交互功能 s
panel. lines( )	添加线条，与 llines( )功能一样
panel. points( )	添加点，与 lpoints( )功能一样
panel. polygon( )	添加多边形，与 lpolygon( )功能一样
panel. rect( )	添加矩形，与 lrect( )功能一样
panel. segments( )	添加线段，与 lsegments( )功能一样
panel. text( )	添加文本，与 ltest( )功能一样

现在来了解面板函数的应用。

示例 1，代码如下：

```
### 9.1.6 advanced panel function
xyplot(h5 ~ h3 | Spacing, data = df) #图 9-53

#添加回归线
panel = function(...){
panel.lmline(lwd = 2, col = "red", ...)
panel.xyplot(...)
}

xyplot(h5 ~ h3 | Spacing, data = df, panel = panel) #图 9-54
```

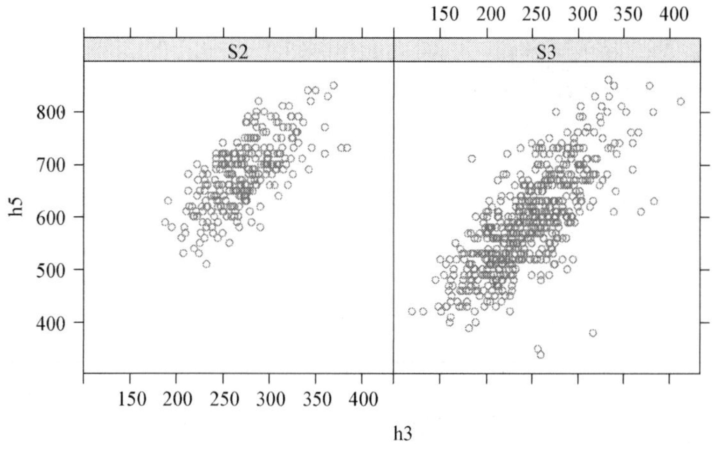

图 9-53　树高 h5 和 h3 的散点图

代码说明，这里定义了 panel( )函数，该函数为面板绘制散点图，并添加回归线。需要注意的是 panel( )函数中 panel. xyplot(…)必须有，否则就没有散点，而只有回归线。运行代码生成的图形如图 9-53 和图 9-54 所示。

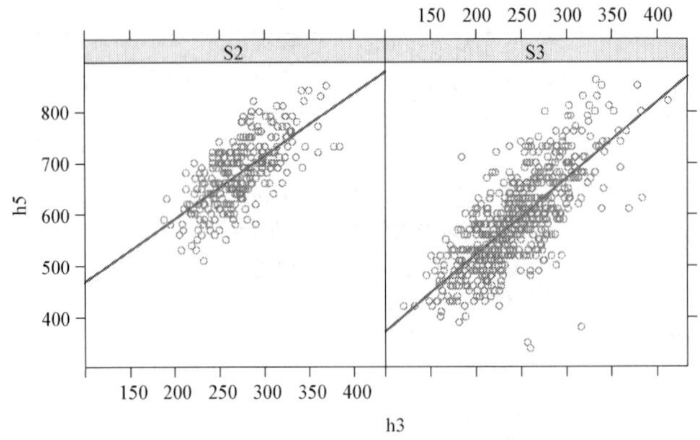

图 9-54　树高 h5 和 h3 的散点图(添加回归线)

示例 2，代码如下：

```
data(mtcars)
cor.Cars <-cor(mtcars[, ! sapply(mtcars, is.factor)], use = "pair")
ord <-order.dendrogram(as.dendrogram(hclust(dist(cor.Cars))))
levelplot(cor.Cars[ord, ord], at =do.breaks(c( -1.01, 1.01), 20),
scales = list(x = list(rot =90))) #图 9-55

panel.corrgram <-function(x, y, z, subscripts, at, level =0.9,
```

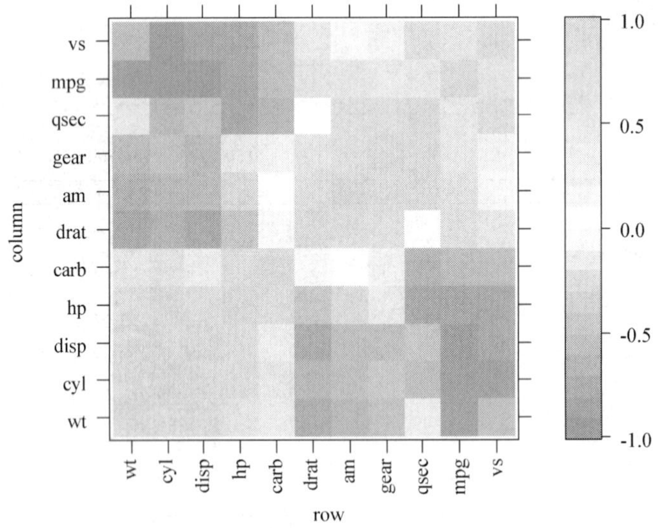

图 9-55　数据集 mtcars 的三维水平图

```
label = FALSE, ...){
require("ellipse", quietly = TRUE)
x <-as.numeric(x)[subscripts]
```

```
y<-as.numeric(y)[subscripts]
z<-as.numeric(z)[subscripts]
zcol<-level.colors(z, at=at, ...)
for(i inseq(along=z)){
ell<-ellipse(z[i], level=level, npoints=50,
scale=c(.2, .2), centre=c(x[i], y[i]))
panel.polygon(ell, col=zcol[i], border=zcol[i], ...)
}
if(label)
panel.text(x=x, y=y, lab=round(z, 2), cex=0.8,
col=ifelse(z<0, "white", "black"))
}
levelplot(cor.Cars[ord, ord], at=do.breaks(c(-1.01, 1.01), 20),
xlab=NULL, ylab=NULL, colorkey=list(space="top"),
scales=list(x=list(rot=90)), panel=panel.corrgram,
label = T, col.region = colorRampPalette (c ("red","white","blue")))
```

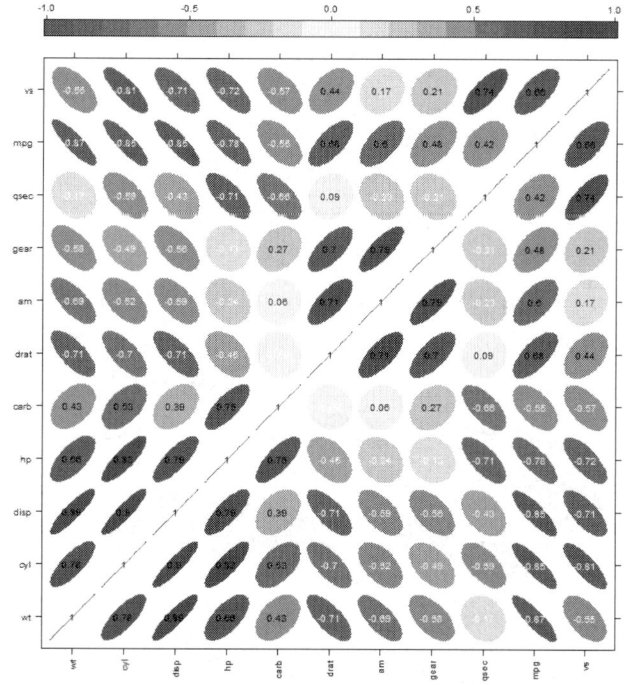

图 9-56　数据集 mtcars 的三维水平图

代码说明，该例针对三维水平图，通过定义 panel.corrgram( )来设置面板以不同颜色的相关值矩阵输出。需要注意的是，panel.corrgram( )需要程序包 ellipse 的支持。运行代码生成的图形如图 9-55 和图 9-56 所示。

通过比较，图 9-56 具有更明显的优点，该图以椭圆和颜色以及方向来表示相关值，当相关值越大，颜色越深，面积越小，更易于了解数据集的特征。

示例 3，代码如下：

```
panel.3d.contour <-function(x, y, z, rot.mat, distance,
nlevels =20, zlim.scaled, ...){
add.line <-trellis.par.get("add.line")
panel.3dwire(x, y, z, rot.mat, distance,
zlim.scaled = zlim.scaled, ...)
clines <-contourLines(x, y, matrix(z, nrow = length(x),
byrow = T),
nlevels = nlevels)
for(ll in clines){
 m <-ltransform3dto3d(rbind(ll $x, ll $y, zlim.scaled[2]),
 rot.mat, distance)
 panel.lines(m[1,], m[2,], col = add.line $col,
 lty = add.line $lty, lwd = add.line $lwd)
 }
 }

 wireframe(volcano, zlim = c(90, 250), nlevels =10,
 aspect = c(61/87, .3), panel.aspect =0.6,
 panel.3d.wireframe = panel.3d.contour,
 shade = T, screen = list(z =20, x = -60))
```

代码说明，定义了面板函数 panel.3d.contour( )，用于输出三维曲面图的同时输出等高线。生成的图形如图 9-57 所示。

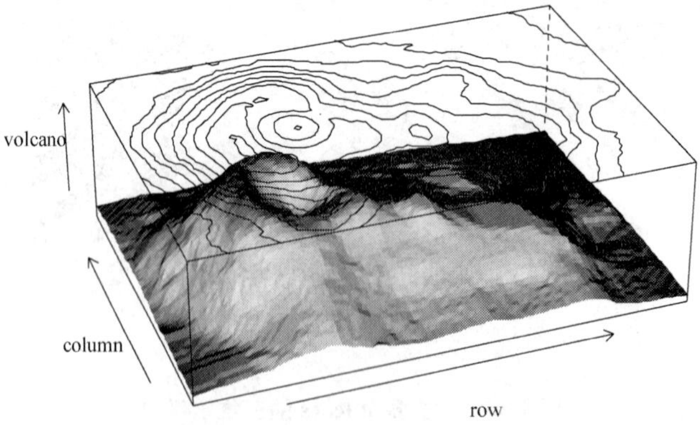

图 9-57 volcano 数据集的三维曲面图(添加等高线)

9.2　ggplot2 包

9.2.1　ggplot2 概述

ggplot2 是由 Hadley Wickham 开发的，用于绘图的 R 语言扩展包，其理念根植于 Grammar of Graphics 一书之中。它将绘图视为一种映射，即从数字空间映射到图形元素空间。例如，将不同的数值映射到不同的色彩或透明度。该绘图包的特点在于并不去定义具体的图形(如直方图，散点图)，而是定义各种底层组件(如线条、方块)来合成复杂的图形，这使它能以非常简洁的函数构建各类图形，而且默认条件下的绘图品质就能达到出版要求。ggplot2 已经成为 R 软件里最受欢迎的程序包之一。本书所用 ggplot2 版本为 2. 0. 0。

ggplot2 和 lattice 都属于高级的格点绘图包，初学 R 语言的读者可能会在二者选择上有所疑惑。从各自特点上来看，lattice 入门较容易，作图速度较快，图形函数种类较多，如它可以进行三维绘图，而 ggplot2 就不能。ggplot2 需要一段时间的学习，但当用户跨过这个门槛之后，就能体会到它的简洁和优雅，而且 ggplot2 可以通过底层组件构造前所未有的图形，此时，所受到的限制只是用户的想象力。

9.2.2　基本概念

①数据(data)和映射(mapping)　目标数据集即数据，数据集中的变量与图形成分的对应称为映射。

②几何对象(geometic object，geom)　用于展示数据的几何图形对象，如 geom_ point 绘制散点图，gcom_ bar 绘制条形图。

③统计变换(statistical transformation，stat)　对数据集进行汇总和变换，如 stat_ boxplot 用于箱线图，stat_ bin 用于直方图。

④图形属性(aesthetic property，aes)　用于图形外观的设置，如字体大小、标签位置及刻度线等。

⑤图层(layer)　如果读者用过 photoshop，则对于图层一定不会陌生。一个图层好比是一张玻璃纸，包含有各种图形元素，可以分别建立图层然后叠放在一起，组合成图形的最终效果。图层可以允许用户分步骤地构建图形，方便单独对图层进行修改、增加统计量甚至改动数据。

⑥标度(scale)　标度是一种函数，它控制了数字空间到图形元素空间的映射。一组连续数据可以映射到 X 轴坐标，也可以映射到一组连续的渐变色彩。一组分类数据可以映射成为不同的形状，也可以映射成为不同的大小。

⑦坐标系统(coordinate)　坐标系统控制了图形的坐标轴并影响所有图形元素，最常用的是直角坐标轴，坐标轴可以进行变换以满足不同的需要，如对数坐标。其他可选的还有极坐标轴。

⑧分面(facet)　很多时候需要将数据按某种方法分组，分别进行绘图。位面就是控制

分组绘图的方法和排列形式。

位置调整(positional ajustment) 用于图形元素位置的精细控制。

9.2.3 基础语法

当 ggplot2 绘制一张图时，大致包括以下几个步骤：

①将要绘制图形的数据集；

②对数据集进行汇总和变换；

③展示数据的图形类型；

④数据子集的图形展示；

⑤调整图形的外观。

与 lattice 包类似，ggplot2 包绘制的图形可以存为对象。举一个简单的例子，展示 ggplot2 绘图的基本过程。

9.2.3.1 数据和映射

使用 ggplot2 进行图形绘制时，其要求数据必须是数据框，而且每个要映射到图形元素中的变量必须单独为一列。示例如下：

```
set.seed(123)
dat = data.frame (h = round(runif(10, min = 5, max = 13), 2),
                  wd = round(runif(10), 2), group = rep(paste("A", 1:2, sep =''), 5))
pp = ggplot(dat, aes(x = h, y = wd))
summary(pp)
```

代码说明：首先构建了一个数据框 dat，然后通过创建了一个 ggplot 对象 pp。summary(pp)可以查看 ggplot 对象的属性，结果如下：

```
> summary(pp)
data: x, y, group [10x3]
mapping: x = h, y = wd
faceting: facet_ null()
```

结果显示，数据 data：一个含有 3 个变量的数据集[10x3]，映射：将变量 h 映射给 x，将变量 wd 映射给 y。

9.2.3.2 图层

现在就可在上述的 pp 对象上进行新图层的添加，图层是 ggplot2 的一个非常重要的功能，也是 ggplot2 绘图功能强大的原因之一。示例如下：

```
pp1 = pp + geom_ point()
summary(pp1)
```

代码说明：对象 pp1 是在 pp 基础上加上散点图(几何对象)，可以将 pp 视为基础图层，然后再添加散点图图层，形成新的对象 pp1。其属性如下：

```
> summary(pp1)
data: h, wd, group [10x3]
```

```
mapping:   x = h, y = wd
faceting: facet_ null()
-----------------------------------------
geom_ point: na.rm = FALSE
stat_ identity: na.rm = FALSE
position_ identity
```

summary(pp1)结果显示，除了数据和映射外，多了几何对象和统计变换以及图形位置。其中，几何对象为 geom_ point(散点图)；统计变换采用默认的密度函数；位置采用默认的 identity 函数，不做位置调整。

9.2.3.3　图形属性

现在对象 pp1 基础添加分面，再查看图形属性的变换。代码如下：

```
pp2 = pp1 + facet_ grid(. ~group)
summary(pp2)
```

运行结果如下：

```
> summary(pp2)
data: h, wd, group [10x3]
mapping: x = h, y = wd
faceting: facet_ grid( ~group)
----------------------------------------
geom_ point: na.rm = FALSE
stat_ identity: na.rm = FALSE
position_ identity
```

summary(pp2)结果显示，pp2 分面变量为 group，其他属性同 pp1。此外的属性还有标度、坐标等，均采用默认设置，这些在 summary()结果并未显示。

通过上述信息可有助于进一步理解 ggplot2 的绘图原理，对于后续的创作图形非常有必要。ggplot2 绘图涉及到的常见属性及其功能，包括几何对象、统计变换、标度、坐标和定位等，这些信息对于 ggplot2 绘图非常重要(表 9-4 至表 9-8)。

表 9-4　几何对象类型及其功能

Geometric 几何对象	Fun 功能	Geometric 几何对象	Fun 功能
geom_ abline	直线图，通过斜率和截距指定	geom_ area	面积图
geom_ bar	条形图	geom_ bin2d	二维封箱图
geom_ blank	空白对象	geom_ boxplot	箱线图
geom_ contour	等高线图	geom_ crossbar	类似箱线图
geom_ density	密度图	geom_ density2d	二维密度图
geom_ errorbar	误差线(用在条形图、点线图)	geom_ errorbarh	水平误差线
geom_ freqpoly	频率多边图，类似直方图	geom_ hex	六边形图
geom_ histogram	直方图	geom_ hline	水平线

（续）

Geometric 几何对象	Fun 功能	Geometric 几何对象	Fun 功能
geom_ jitter	点图	geom_ line	线图
geom_ linerange	区间	geom_ path	几何路径图
geom_ point	散点图	geom_ pointrange	类似箱线图
geom_ polygon	多边形	geom_ quantile	分位数线
geom_ rect	二维矩形	geom_ ribbon	彩虹图
geom_ rug	须线	geom_ segment	线段
geom_ smooth	平滑线	geom_ step	阶梯图
geom_ text	文本	geom_ tile	瓦片图
geom_ vline	垂直线		

表 9-5　统计变换函数类型及其功能

Statistic 统计函数	Function 功能	Statistic 统计函数	Function 功能
stat_ abline	添加直线，由斜率和截距指定	stat_ bin	分割数据后绘制直方图
stat_ bin2d	二维密度图，矩形	stat_ binhex	二维密度图，六边形
stat_ boxplot	绘制带须线的箱线图	stat_ contour	绘制等高线图
stat_ density	绘制密度图	stat_ density2d	绘制二维密度图
stat_ function	添加函数曲线	stat_ hline	添加水平线
stat_ identity	不做统计变换	stat_ qq	绘制 qq 图
stat_ quantile	连续的分位数	stat_ smooth	添加平滑曲线
stat_ spoke	绘制带方向的数据点	stat_ sum	绘制不重复数值的总和
stat_ summary	绘制数据绘总	stat_ unique	绘制单值
stat_ vline	添加垂直线		

表 9-6　标度函数类型及其功能

Scale 标度函数	Function 功能	Scale 标度函数	Function 功能
scale_ alpha	Alpha 通道	scale_ brewer	调色板
scale_ continuous	连续标度	scale_ date	日期
scale_ datetime	日期和时间	scale_ discrete	离散值
scale_ gradient	2 种颜色的渐变色	scale_ gradient2	3 种颜色的渐变色
scale_ gradientn	N 种颜色的渐变色	scale_ grey	灰度色调
scale_ hue	均匀色调	scale_ identity	不做标度变换
scale_ linetype	以线条展示数据大小	scale_ manual	手动指定标度
scale_ shape	以形状展示数据大小	scale_ size	以对象大小展示数据

表 9-7　坐标类型及功能

Coordinate 坐标	功能	Coordinate 坐标	功能
coord_ cartesian	笛卡尔坐标	coord_ equal	等尺度坐标
coord_ flip	互换坐标轴	coord_ map	地图投影
coord_ polar	极坐标	coord_ trans	坐标变换

表 9-8　定位函数类型及其功能

Position 定位函数	功能	Position 定位函数	功能
position_ dodge	并列摆放	position_ fill	填充摆放
postition_ identity	不做位置变换	position_ jitter	扰动处理
postion_ stack	堆砌摆放		

9. 2. 4　图形绘制

9. 2. 4. 1　密度图

ggplot2 中密度图的绘图方法如下：

```
ggplot(data, aes(x=))+geom_ density()+facet_ grid()
```

其中 data 代表数据集，aes 代表数据映射，x 代表连续型变量，geom_ density 代表几何对象为密度函数，facet_ grid 代表分面。示例如下：

```
1 df<-read.csv(file='fm.csv', header=T)
2 pbs=ggplot(data=df, aes(x=h3))
3 pbs+geom_ density()#图 9-58
4 pbs+geom_ line(stat="density")#图 9-59
```

生成的图形如图 9-58、图 9-59 所示。

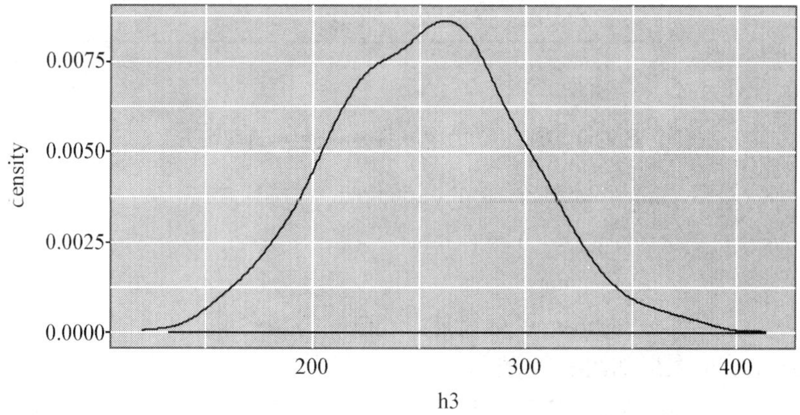

图 9-58　树高 h3 的密度曲线(geom_ density)

添加参数 fill 和 alpha，即可得到蓝色填充的密度曲线，代码如下：

```
5pbs+geom_ density(fill="blue", alpha=.2)#图 9-60
```

代码说明：fill 用于图形区域的颜色填充，alpha 代表透明程度。生成的图形如图 9-60 所示。

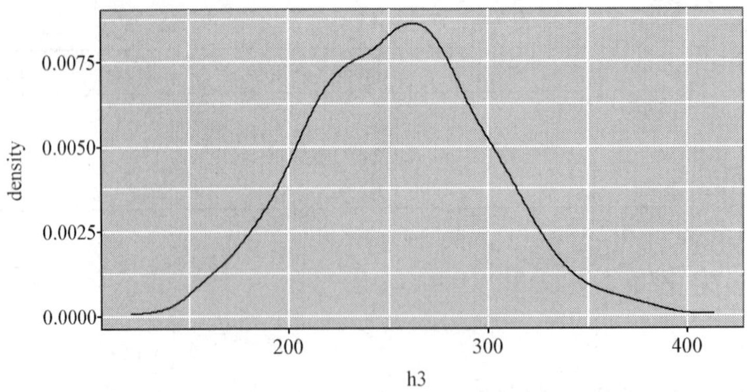

图 9-59 树高 h3 的密度曲线(geom_ line)

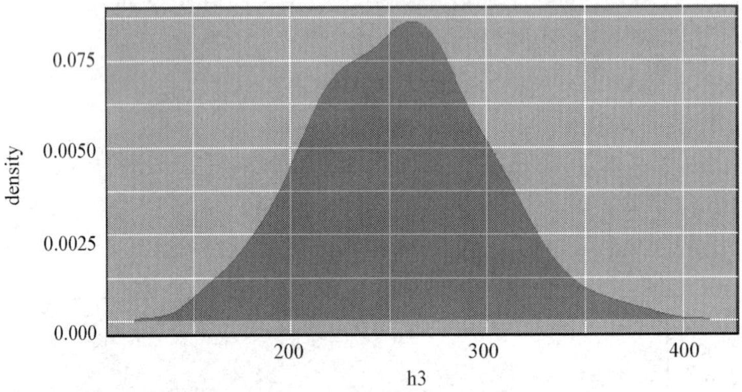

图 9-60 树高 h3 的密度曲线(蓝色半透明填充)

按照种植密度 Spacing 绘制树高 h3 的密度曲线，代码如下：

```
6pbs + geom_ density() + aes(colour = Spacing) #图 9-61
```

代码说明：增加的 aes(colour = Spacing) 相当于把原先 aes(x = h3) 改变为 aes(x = h3, colour = Spacing)。需要注意 Spacing 必须是因子或字符型向量。

运行代码生成的图形如图 9-61 所示。

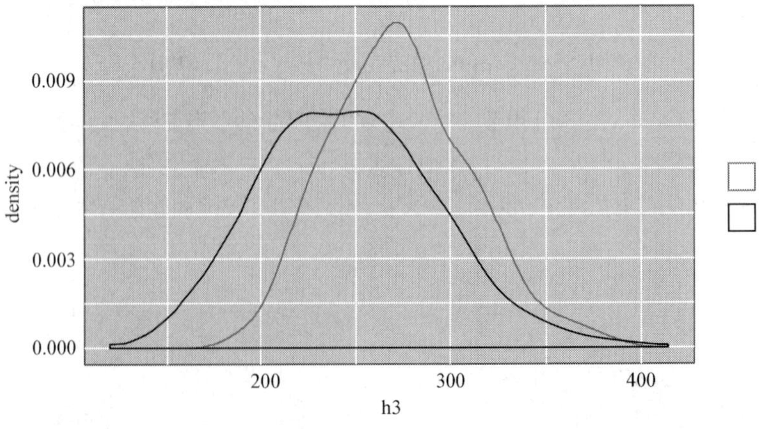

图 9-61 不同 Spacing 下树高 h3 的密度曲线

现在对图 9-61 中的图形区域进行颜色填空，代码如下：

```
7pbs + geom_ density(alpha =.2) + aes(fill = Spacing)#图 9-62
```

生成的图形如图 9-62 所示。

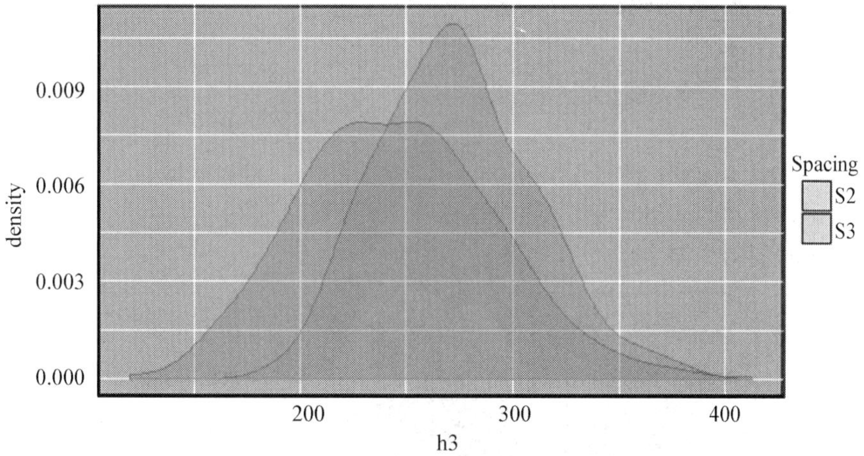

图 9-62　不同 Spacing 下树高 h3 的半透明密度曲线

当然，Spacing 还可作为分面变量，让树高 h3 以不同分面展示密度曲线，代码如下：

```
8pbs + geom_ density() + facet_ grid(. ~Spacing)#图 9-63
```

生成的图形如 9-63 所示。

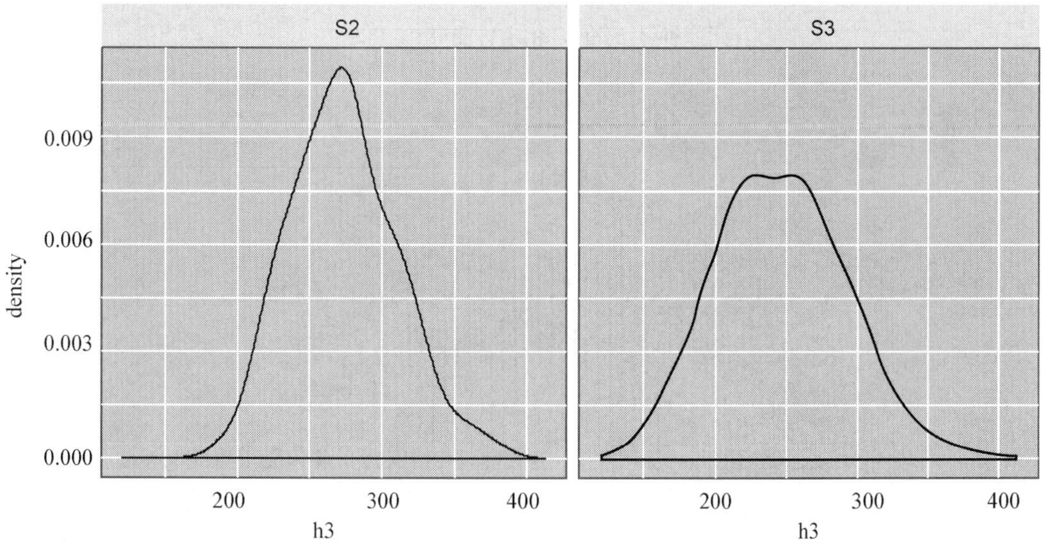

图 9-63　不同 Spacing 分面下树高 h3 的密度曲线

9.2.4.2　直方图

ggplot2 中直方图的绘图方法如下：

```
ggplot(data, aes(x =)) + geom_ histogram() + facet_ grid()
```

其中 data 代表数据集，aes 代表数据映射，x 代表连续型变量，geom_ histogram 代表直方图，facet_ grid 代表分面。示例如下：

```
## histogram
pbs + geom_ histogram()#图 9-64

phis = pbs + geom_ histogram(binwidth = 5, fill = "white", colour = "black")
print(phis)#图 9-65
```

代码说明，参数 binwidth 设置直方图组距，fill 设置直方图填充色，colour 设置直方图外框色。生成的图形如图 9-64、图 9-65 所示。

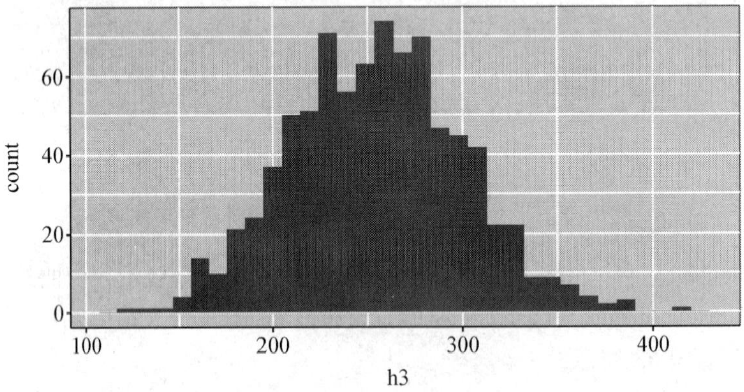

图 9-64　树高 h3 的直方图(默认组距)

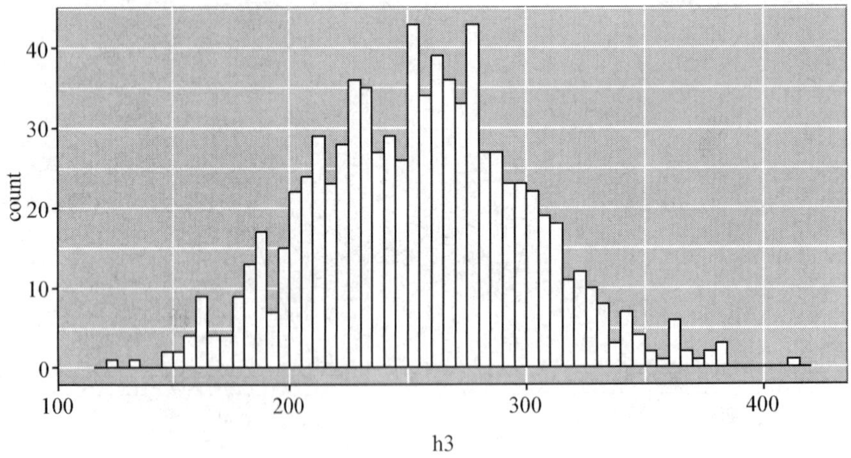

图 9-65　树高 h3 的直方图(组距变小)

按种植密度 Spacing 绘制分面图，代码如下：

```
phis + facet_ grid(Spacing ~. , scales = "free")#图 9-66
```

代码说明，"Spacing ~. "代码分面以行展示，scales = "free"表示坐标轴尺度不同。生成的图形如图 9-66 所示。

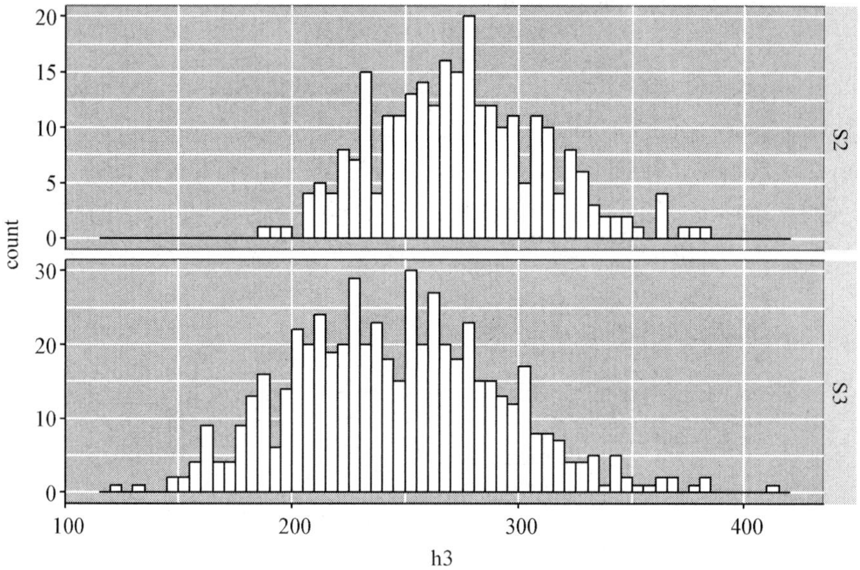

图 9-66　不同种植密度 Spacing 下树高 h3 的直方图

当然也可以绘制成堆砌的直方图，代码如下：

```
pbs + aes(fill = Spacing) + geom_ histogram(position = "identity",
alpha = .4) #图 9-67
```

代码说明，fill 设置填充色，position = "identity" 设置不改变数据位置，alpha 设置透明度。生成的图形如图 9-67 所示。由图可知，种植密度 S3 水平下，树高 h3 的频数基本都大于 S2 的树高频数。

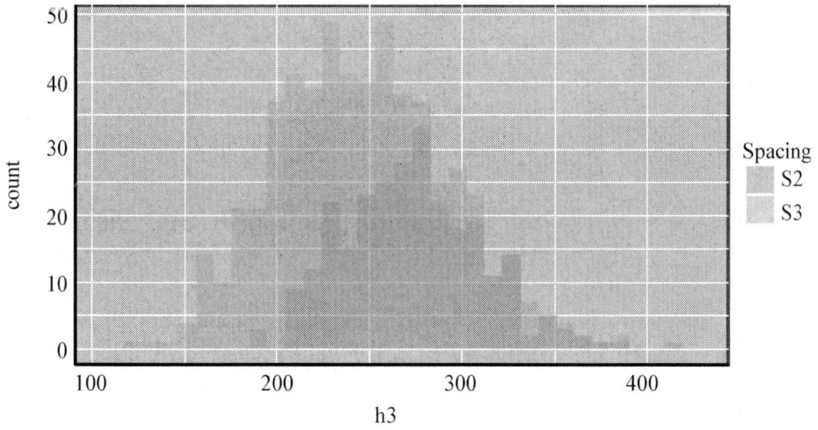

图 9-67　不同种植密度 Spacing 下树高 h3 的直方图(堆砌方式)

9.2.4.3　条形图

ggplot2 中条形图的绘图方法如下：

```
ggplot(data, aes(x =, y =)) + geom_ bar() + facet_ grid()
```

其中 data 代表数据集，aes 代表数据映射，x 代表因子或离散型变量，y 代表连续型变量，geom_ bar 代表条形图，facet_ grid 代表分面。示例如下：

```
## bar plot
pbar = pbs + aes (x = Rep) + geom_ bar (fill = "white", colour = "black")
print (pbar) #图 9-68
pbar + facet_ grid(Spacing ~. , scales = "free") #图 9-69
```

代码说明，条形图一般用于因子型变量，所以“pbs + aes(x = Rep)”的作用等同于“ggplot(data = df，aes(x = Rep))”，而不是原先的树高 h3，树高是连续型变量，不适合绘制条形图。

生成的图形如图 9-68、图 9-69 所示。

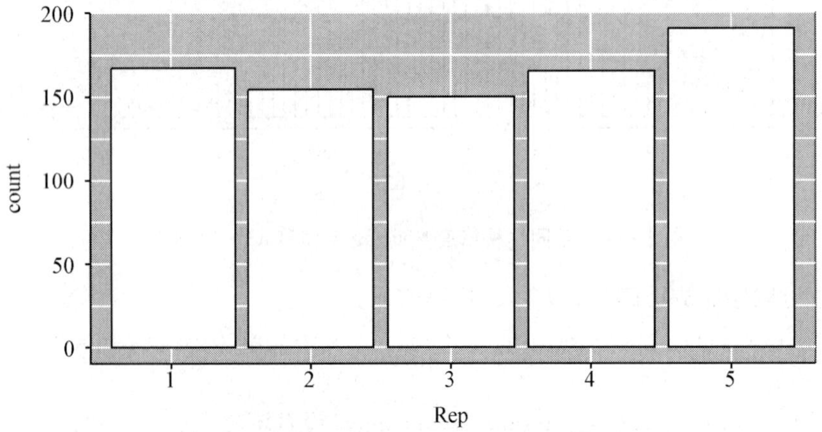

图 9-68　不同重复 Rep 频数的条形图

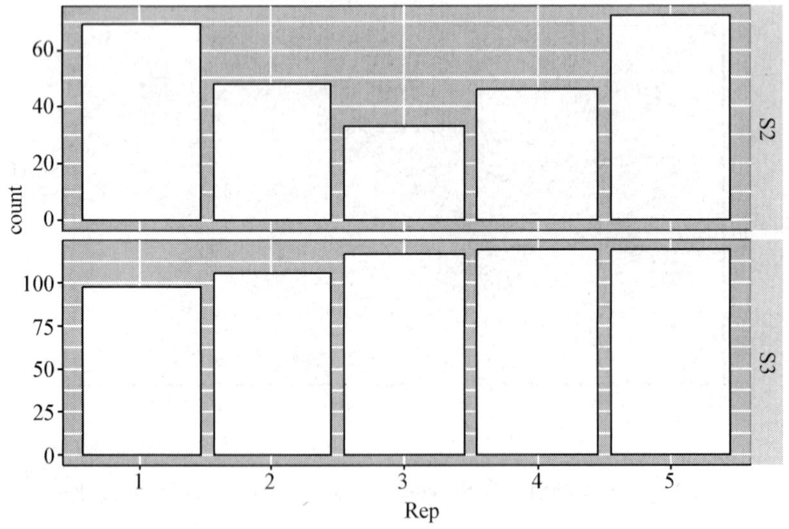

图 9-69　不同 Spacing 下重复 Rep 频数的条形图

绘制不同重复 Rep 下树高 h3 的条形图，代码如下：

```
pbs + aes (x = Rep, y = h3) + geom_ bar (fill = "white", stat = "iden-
```

```
tity")#图 9-70
```

代码说明，aes(x = Rep，y = h3)作用是指定 Rep 赋给 x，h3 赋给 y，替代原先的映射。生成的图形如图 9-70 所示。

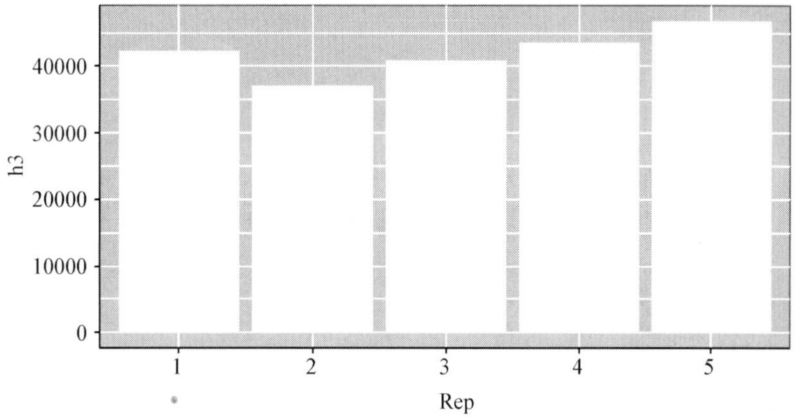

图 9-70　不同重复 Rep 下树高 h3 的条形图

在图 9-70 的基础上，添加种植密度 Spacing，就可绘制簇状条形图，代码如下：

```
6  pbs + aes(x = Rep, y = h3, fill = Spacing) +
7  geom_ bar(position = "dodge", stat = "identity")#图 9-71
```

代码说明：参数 position = " dodge" 设置图形位置为簇状排列。生成的图形如图 9-71 所示。

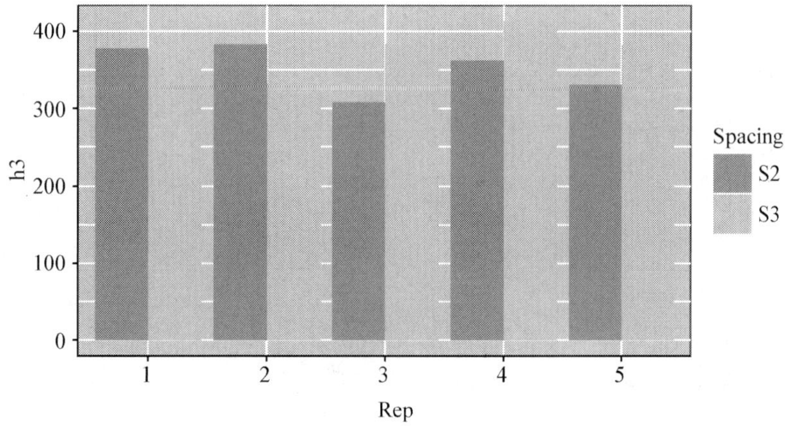

图 9-71　不同重复 Rep 下树高 h3 的簇状条形图

9.2.4.4　折线图

ggplot2 中折线图的绘图方法如下：

```
ggplot(data, aes(x =, y =)) + geom_ line() + facet_ grid()
```

式中，data 代表数据集，aes 代表数据映射，x 代表时间变量，y 代表数值型变量，geom_ line 代表线条，facet_ grid 代表分面。

以内置的橙树 Orange 数据集为例，示范代码如下：

```
## linegraph
data(Orange)
orange1 = subset(Orange, Tree = =1)# 数据子集
plin = ggplot(orange1, aes(x = age, y = circumference)) + geom_ line()
print(plin)#图 9-72
plin + geom_ point()#图 9-73
```

代码说明，先只绘制 Orange 数据集的一棵树，age 代表树龄，circumference 代表胸径，生成的图形如图 9-72 和图 9-73 所示。图 9-73 只是比图 9-72 多了数据点。

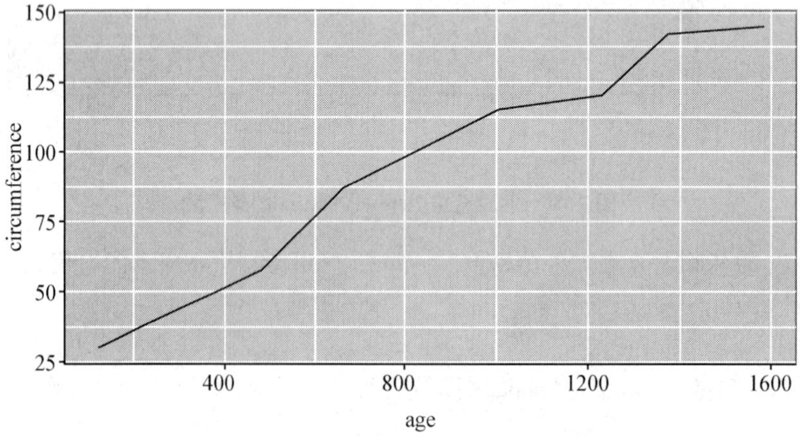

图 9-72　第一棵橙树胸径与树龄的折线图

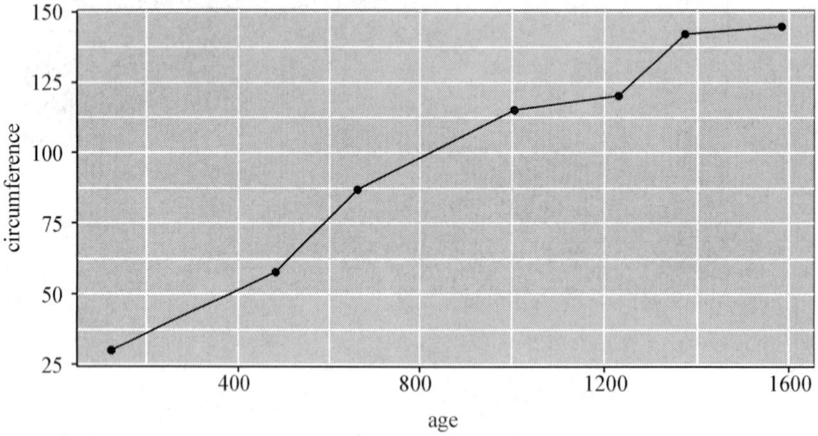

图 9-73　第一棵橙树胸径与树龄的折线图(添加数据点)

现在对原始 Orange 的所有树进行胸径与树龄折线图的绘制，代码如下：

```
plin% +% Orange + aes(colour = Tree, linetype = Tree) + geom_ line(lwd = 1.5)
```

代码说明，plin% +% Orange 代表用 Orange 数据集代替原先的数据集 Orange1，aes(colour = Tree，linetype = Tree)为数据映射添加颜色和线型，lwd 设定线条宽度。生成的图

形如图 9-74 所示。

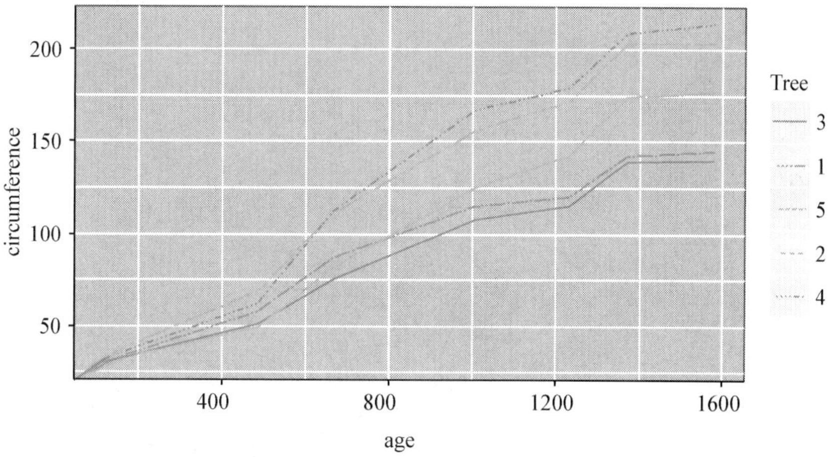

图 9-74 数据集 Orange 胸径与树龄的折线图

假设图 9-74 存为对象 plin2，现在还可对上述的折线图添加一条平滑曲线，代码如下：

```
require(nlme, quiet = TRUE, warn.conflicts = FALSE)
plin2 + geom_ smooth(aes(group =1), method = "auto", se =F, lwd =2)
```

生成的图形如图 9-75 所示。

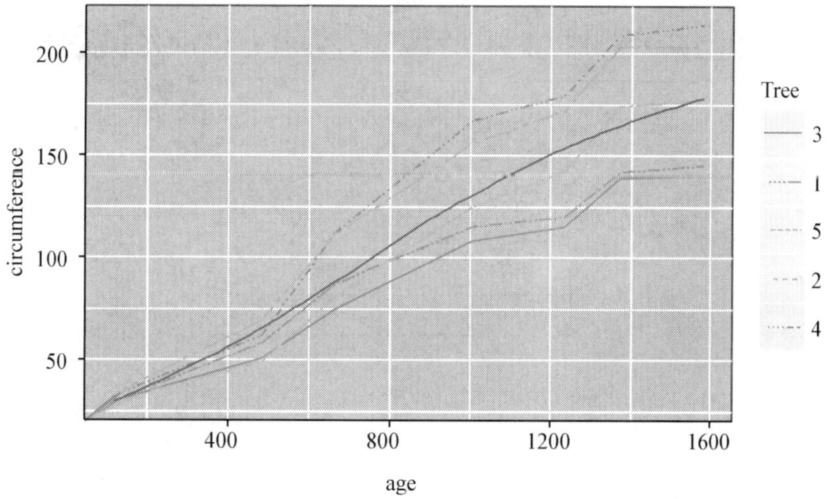

图 9-75 数据集 Orange 胸径与树龄的折线图及平滑线

9.2.4.5 箱线图

ggplot2 中箱线图的绘图方法如下：

```
ggplot(data, aes(x =, y =)) + geom_ boxplot() + facet_ grid()
```

式中，data 代表数据集，aes 代表数据映射，x 代表因子或离散型变量，y 代表连续型变量，geom_ boxplot 代表箱线图，facet_ grid 代表分面。示例如下：

```
## box plot
```

```
pbox = pbs + aes (x = Rep, y = h3) + geom_ boxplot ()
print (pbox) #图 9-76

pbox + aes (x = 1) + xlim (0.4, 1.6) + theme (axis.title.x = element_ blank (),
 axis.text.x = element_ blank ()) #图 9-77
```

生成的图形如图 9-76 所示。

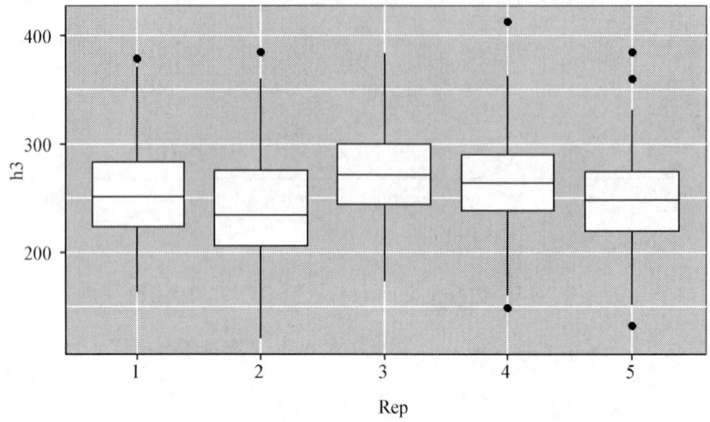

图 9-76 不同重复下树高 h3 的箱线图

由图 9-76 可知，树高 h3 除了重复 Rep3 外，其他水平均存在异常值。

如果要绘制单组数据的箱线图，必须指定 aes(x = 1)，此时生成的图形如图 9-77 所示。

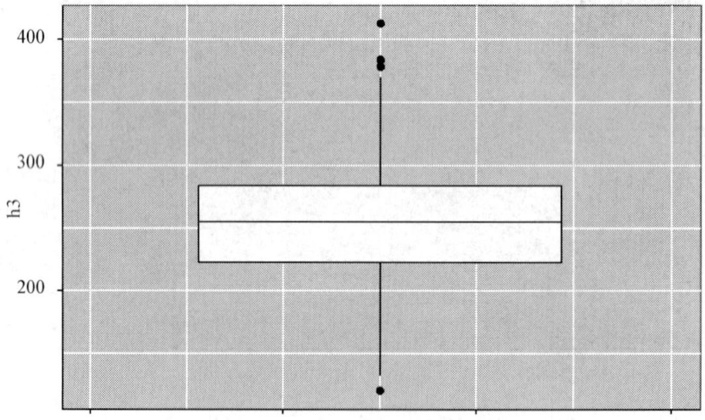

图 9-77 树高 h3 的箱线图

如果想在图 9-76 中增加均值，则代码如下：

```
pbox + stat_ summary (fun.y = "mean", geom = "point",
                            shape = 23, size = 3, fill = "white") #图 9-78
```

生成的图形如图 9-78 所示。

由图 9-78 可知，均值和箱线图的中位数还是存在差异，除了重复 4 情况下两者基本一致，其他水平均不同。一般来说，如果是正态分布的数据，均值和中位数会比较接近，否

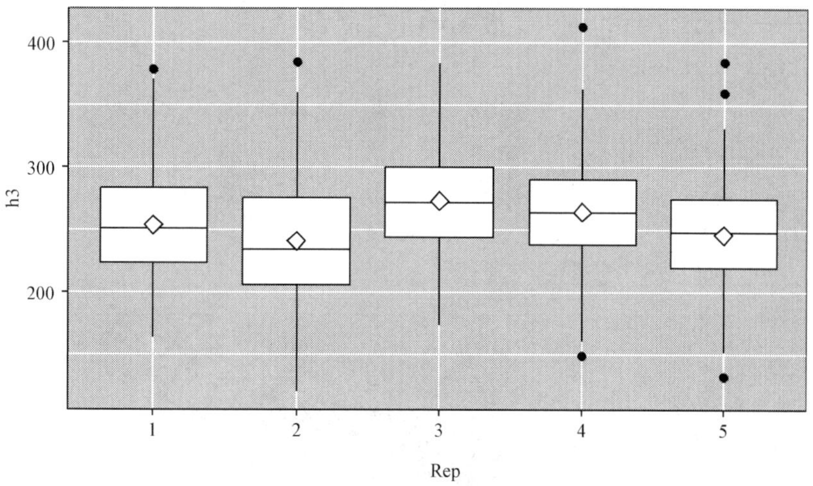

图 9-78　不同重复下树高 h3 的箱线图(添加均值)

则就会有差异。

增加种植密度 Spacing 绘制分面图，代码如下：

```
9  pbox + facet_ grid(Spacing ~. ) #图 9-79
```

生成的图形如图 9-79 所示。

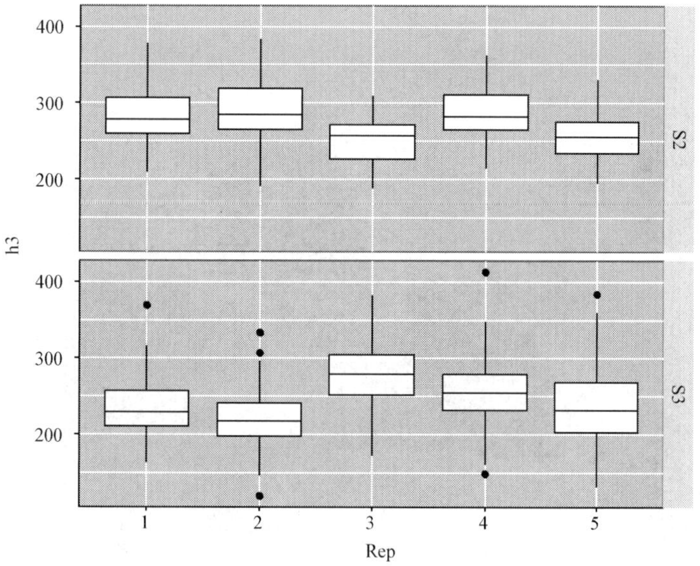

图 9-79　不同种植密度和重复下树高 h3 的箱线图

与图 9-76 比较，会发现，树高 h3 异常值都存在种植密度 S3，S2 下树高 h3 没有异常值。

9.2.4.6　散点图

ggplot2 中散点图的绘图方法如下：

```
ggplot(data, aes(x = , y = )) + geom_ point() + facet_ grid()
```

式中，data 代表数据集，aes 代表数据映射，x 代表连续型变量，y 代表连续型变量，

geom_ point 代表散点图，facet_ grid 代表分面。示例如下：

```
## scatter plot
ppoi = pbs + aes(x = h3, y = h5) + geom_ point(size = 2)
print(ppoi)#图 9-80
ppoi1 = ppoi + aes(fill = Spacing, shape = Spacing)
print(ppoi1)#图 9-81
```

生成的散点图如图 9-80、图 9-81 所示。

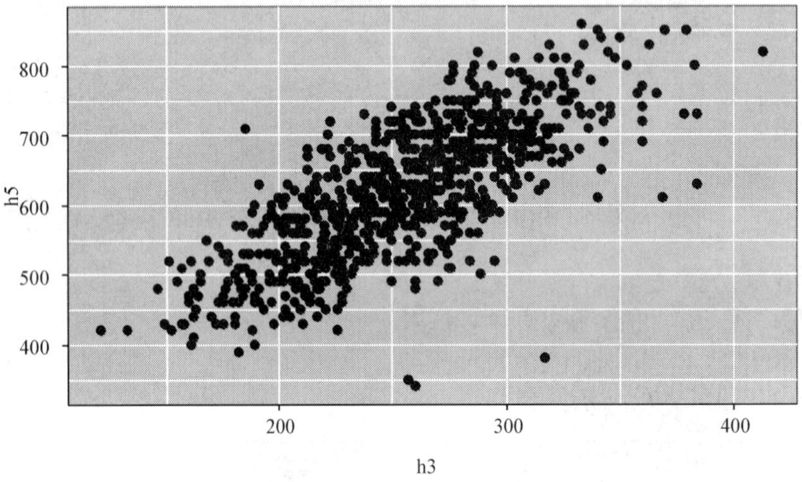

图 9-80　树高 h5 和 h3 的散点图

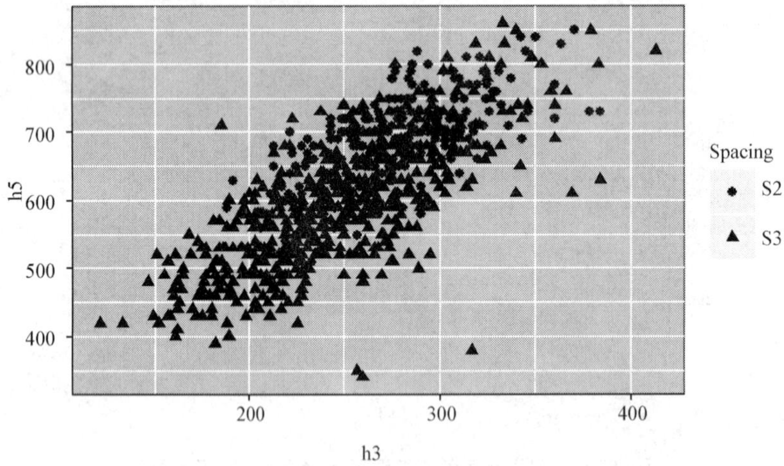

图 9-81　树高 h5 和 h3 的散点图(添加种植密度)

图 9-80 与图 9-81 的区别在于，前者添加了种植密度加以区分数据点。现在对树高 h5 以 600 为界线进一步区分数据点，代码如下：

```
df $ h5G = cut(df $ h5, breaks = c(-Inf, 600, Inf),
labels = c("<600", ">=600"))
```

```
ppoi1% +% df + aes(fill = h5G) + scale_ shape_ manual(values = c
(21, 24)) +
scale_ fill_ manual(values = c(NA, "black"),
guide = guide_ legend(override. aes = list(shape = 21)))
```

生成的散点图如图 9-82 所示。

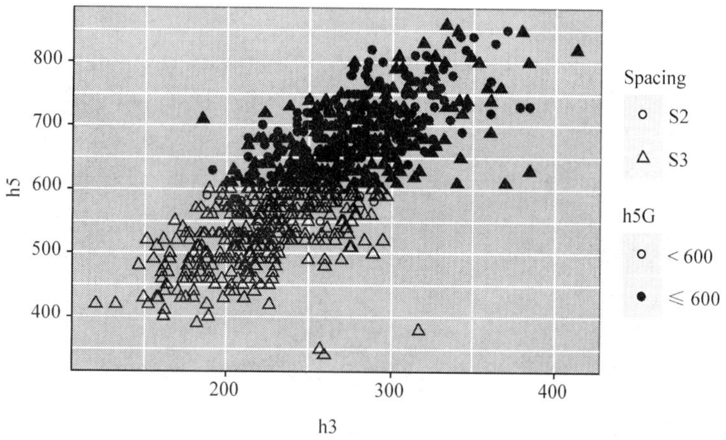

图 9-82 树高 h5 和 h3 的散点图(添加种植密度和 h5 界线)

增加种植密度 Spacing 绘制分面图，并添加回归线，代码如下：

```
ppoi + facet_ grid(Spacing ~. ) + stat_ smooth(method = lm) #图 9-83
```

生成的散点图如图 9-83 所示。

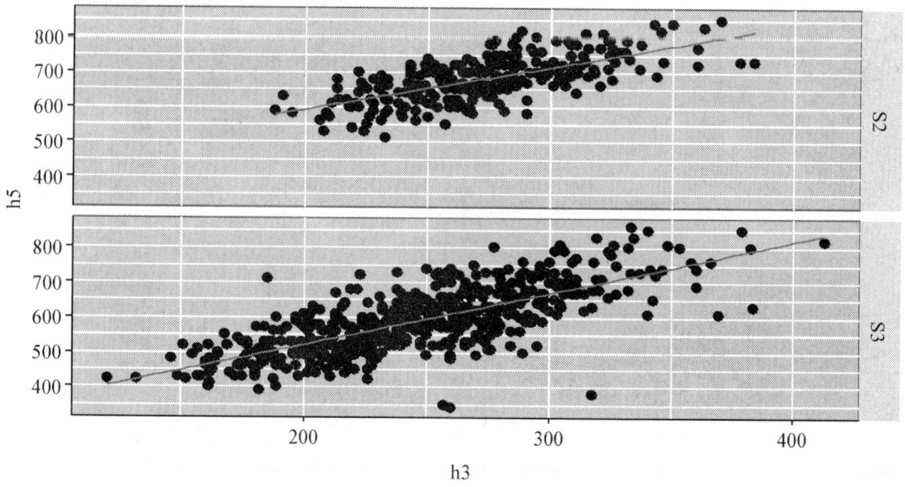

图 9-83 树高 h5 和 h3 的散点图(添加回归线)

9.2.4.7 面积图

ggplot2 中面积图的绘图方法如下：

```
ggplot(data, aes(x = , y = )) + geom_ area() + facet_ grid()
```

式中，data 代表数据集，aes 代表数据映射，x 代表时间变量，y 代表数值型变量，geom_ area 代表面积图，facet_ grid 代表分面。

以内置的橙子 Orange 数据集为例，在折线图的基础上，改为面积图，代码如下：

```
## shaded area
parea = plin + geom_ area(alpha =.3)
parea#图 9-84
```

生成的图形如图 9-84 所示。

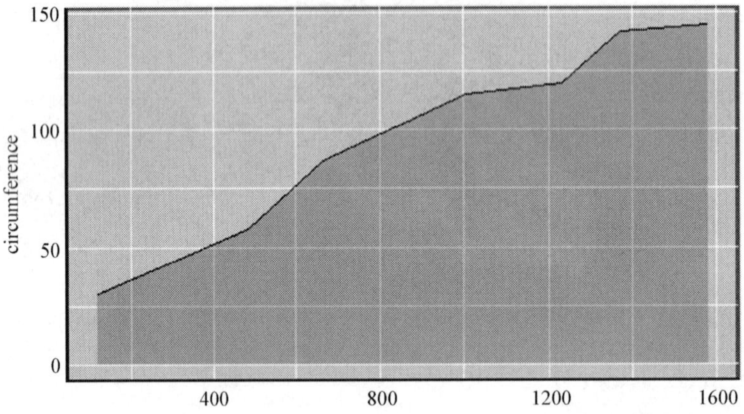

图 9-84　第一棵橙子胸径与树龄的面积图

对原始 Orange 的所有树进行胸径与树龄面积图的绘制，代码如下：

```
parea % +% Orange + aes(fill = Tree) + geom_ area(colour = "black")#图 9-85
```

代码说明，fill 参数指定填充色，colour 指定面积外围色。生成的图形如图 9-85 所示。

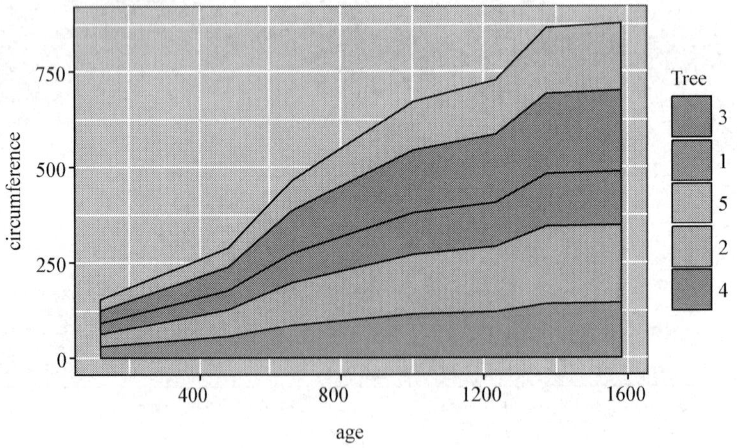

图 9-85　数据集 Orange 胸径与树龄的面积图

9. 2. 4. 8　二维密度图

ggplot2 中二维密度图的绘图方法如下：

```
ggplot(data, aes(x =, y =)) + geom_ density2d() + facet_ grid()
```

式中，data 代表数据集，aes 代表数据映射，x、y 代表连续型变量，geom_ density2d 代表几何对象为二维密度图，facet_ grid 代表分面。示例如下：

```
## density2d
pbs +aes(y =wd) +geom_ density2d() +facet_ grid(. ~Spacing)#图 9-86
```

生成的图形如图 9-86 所示。

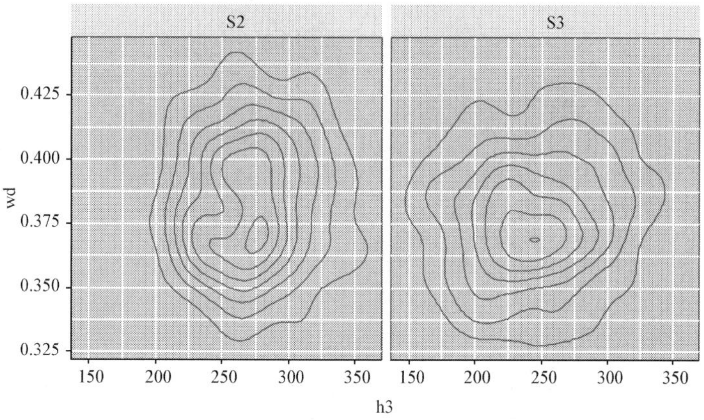

图 9-86　树高 h3 和木材密度 wd 的二维密度图

图 9-86 仅有线条，未能更好地表明树高 h3 和木材密度 wd 之间的具体关系，可以加上填充颜色，代码如下：

```
pden2d =pbs +aes (y =wd) +stat_ density2d(aes(fill =...level...),
                     geom ="polygon") +facet_ grid(. ~Spacing)
pden2d#图 9-87
```

生成的图形如图 9-87 所示。

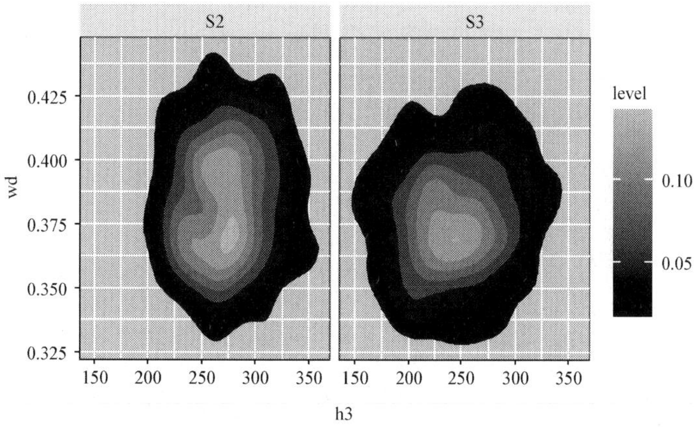

图 9-87　树高 h3 和木材密度 wd 的二维密度图(默认填充色)

图 9-87 填充色的色差不明显，也不便于两性状之间的关系，可以设定色差显著的填充色，代码如下：

```
pden2d +scale_ fill_ continuous(high ="darkred", low ="darkgreen")
```

生成的图形如图 9-88 所示。

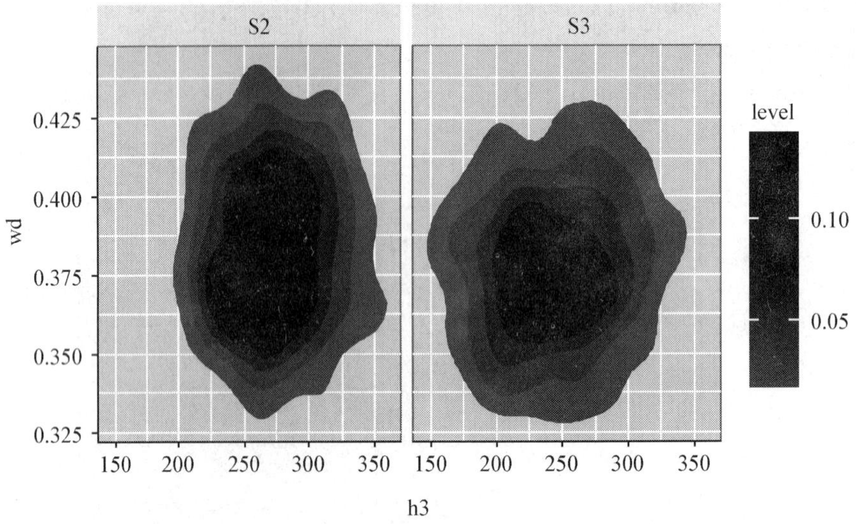

图 9-88 树高 h3 和木材密度 wd 的二维密度图(指定填充色)

由图 9-88 可知，在种植密度 S2，密度 wd 主要分布在树高 h3 的(250 ~ 300)区间，而且变异幅度(0. 35 ~ 0. 4)比较大，而在种植密度 S3，密度 wd 基本集中在中心，而且变异幅度(0. 36 ~ 0. 38)较小。

9. 2. 4. 9 小提琴图

ggplot2 中小提琴图的绘图方法如下：

```
ggplot(data, aes(x =, y =)) + geom_ violin() + facet_ grid()
```

式中，data 代表数据集，aes 代表数据映射，x 代表因子或离散型变量，y 代表连续型变量，geom_ violin 代表小提琴图，facet_ grid 代表分面。

为何要绘制小提琴图呢？小提琴图也是属于核密度估计，当有多组数据需要进行分布类型的比较时，小提琴图要比普通的密度图更有效。示例如下：

```
## violin plot
pvio = pbs + aes(x = Rep, y = h3) + geom_ violin()
pvio#图 9-89
```

生成的图形如图 9-89 所示。

还可以添加箱线图，代码如下：

```
pvio + geom_ boxplot (width =.1, fill = "black",
                     outlier. colour = NA) #图 9-90
```

生成的图形如图 9-90 所示。

9. 2. 4. 10 环状图

ggplot2 中环状图的绘图方法如下：

```
ggplot(data, aes(x =, y =, fill =)) + geom_ bar()
```

式中，data 代表数据集，aes 代表数据映射，x 代表变量名，y 代表频数值，fill 参数为

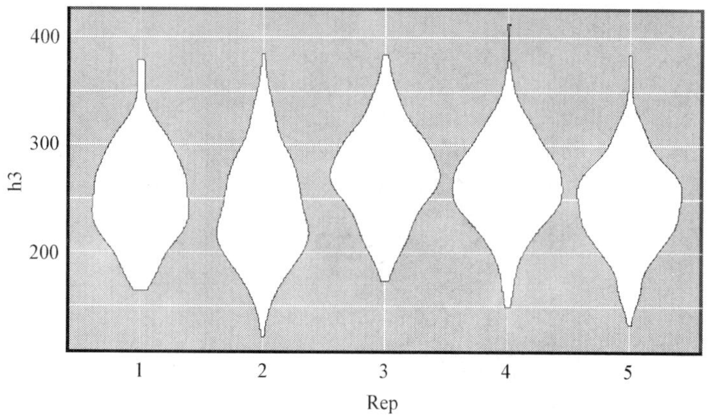

图 9-89　不同重复下树高 h3 的小提琴图

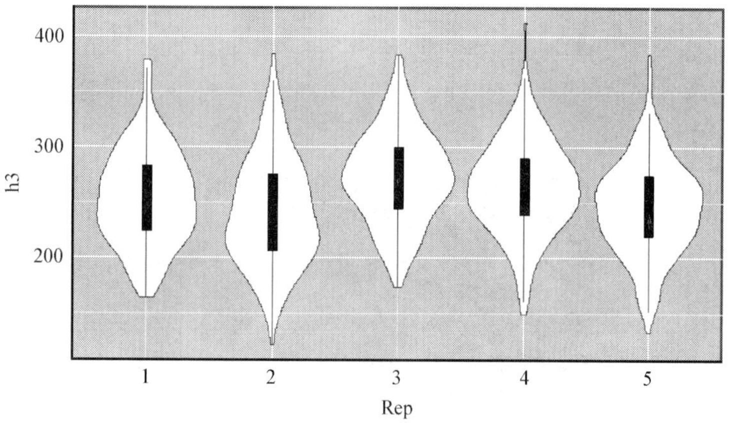

图 9-90　不同重复下树高 h3 的小提琴图(添加箱线图)

样本号或离散型变量，geom_ bar 代表几何对象为条形图。示例如下：

```
## circular graph
tt = matrix(NA, nrow = 6, ncol = 10)
set.seed(123)
tt[upper.tri(tt)] = round(runif(39), 2)
tt[1, 1] = round(runif(1), 2)
tt1 = as.data.frame(tt)
tt1 $ Sample = paste("S", 1:6, sep = '')
tt2 = melt(tt1, variable.name = "Var", value.name = "count")
pcir <-ggplot (tt2, aes(x = Var, y = count, fill = Sample)) +
               geom_ bar(stat = "identity", colour = "black")
 pcir1 = pcir + coord_ polar() #图 9-91
```

代码说明，这里构建了一份数据，含有 10 个变量和 1 个样本名。ggplot2 包没有直接绘制环状图的函数，通过条形图和极坐标结合的方式来产生环状图。

生成的图形如图 9-91 所示。

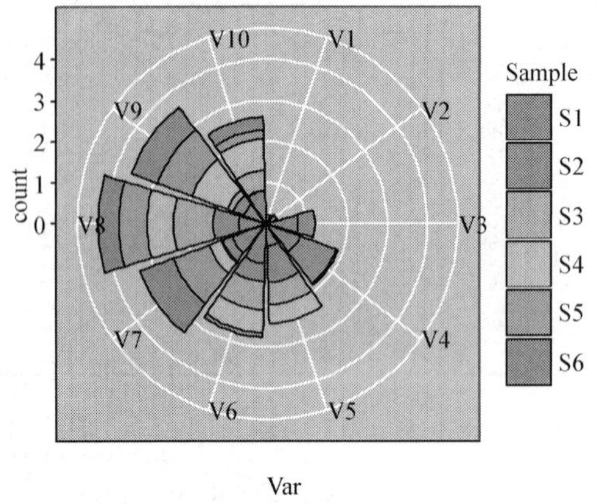

图 9-91　环状图

由于中心部分太小，挤在一起难以分清，将图的中心留空，代码如下：

```
pcir2 =pcir1 + theme_ bw() + ylim(-0.4, 4.5)#图 9-92
```

生成的图形如图 9-92 所示。

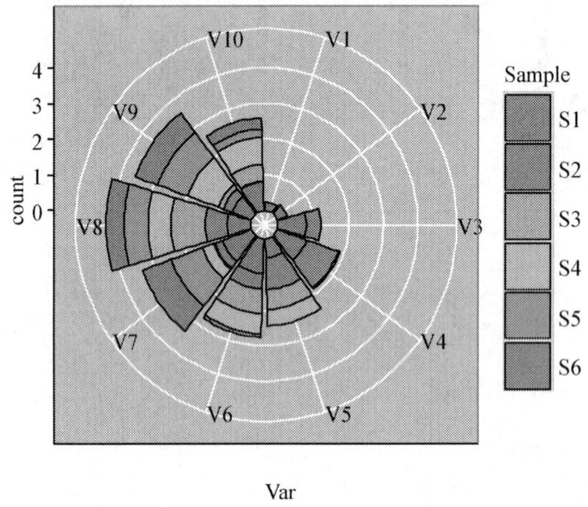

图 9-92　环状图(中心变大)

在中心和外圈各画个圆，使图更加美观，代码如下：

```
pcir2 +geom_ hline(yintercept =0) +geom_ hline(yintercept =4.4)#图 9-93
```

生成的图形如图 9-93 所示。

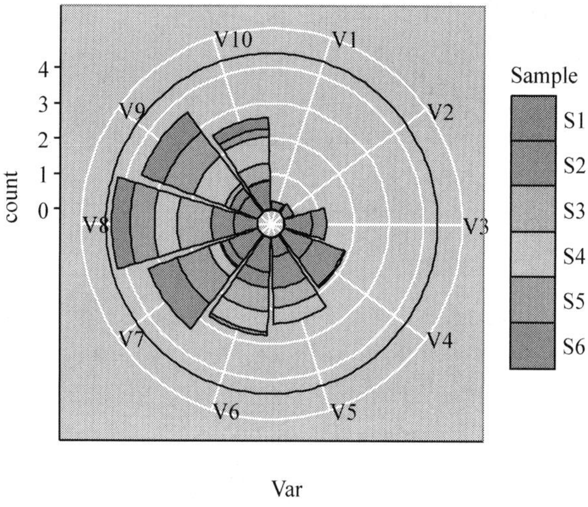

图 9-92　环状图(中心变大、加圆框)

9.2.4.11　函数曲线图

ggplot2 中函数曲线图的绘图方法如下：

```
ggplot(data, aes(x = x)) + stat_ function(fun = )
```

式中，data 代表数据集，aes 代表数据映射，x 代表变量，stat_ function 代表为某种函数，具体由参数 fun 设置。

例如，模拟一个正态分布，示范代码如下：

```
## function curve
pfcv = ggplot(data. frame(x = c( - 2, 2)), aes(x = x)) + stat_ function
(fun = dnorm)
```

代码说明，dnorm 代表正态分布密度函数，生成的图形如图 9-94 所示。

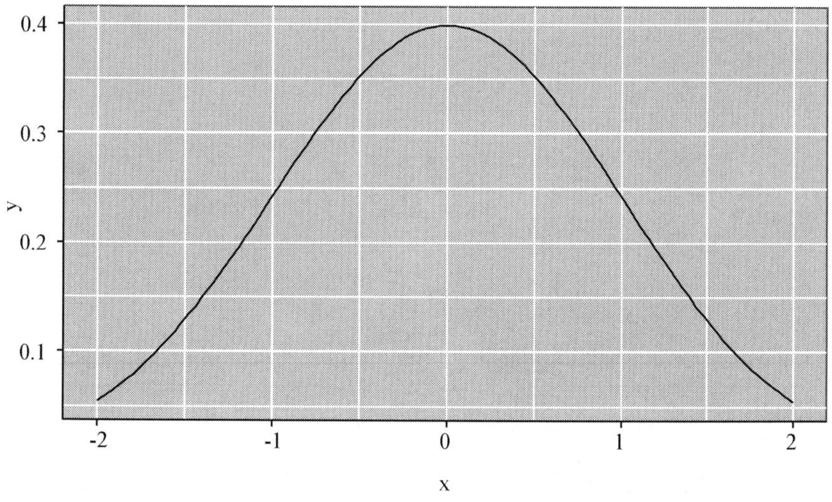

图 9-94　模拟的正态分布曲线

如果想在图 9-94 的部分区间加上阴影，则代码如下：

```
dnorm_ limit <-function(x){
                              y <-dnorm(x)
                              y[x <0 |  x >1] <-NA
                              return(y)
                              }

pfcv + stat_ function (fun =dnorm_ limit, geom =”area”,
                         fill =”blue”, alpha =0.2)#图 9-95
```

生成的图形如图 9-95 所示。

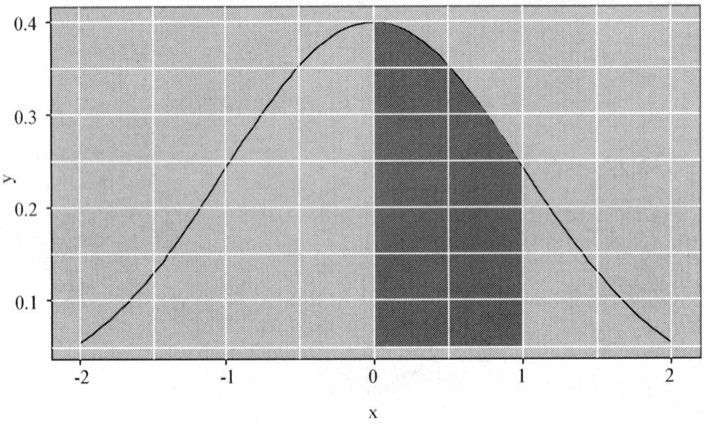

图 9-95 正态分布曲线(区间加阴影)

要绘制自定义函数的曲线，也很简单，示范代码如下：

```
ss =function(x)5/(5 +exp( -x +10))
ggplot(data.frame(x =c(0, 20)), aes(x =x)) +stat_ function(fun =
ss)#图 9-96
```

生成的图形如图 9-96 所示。

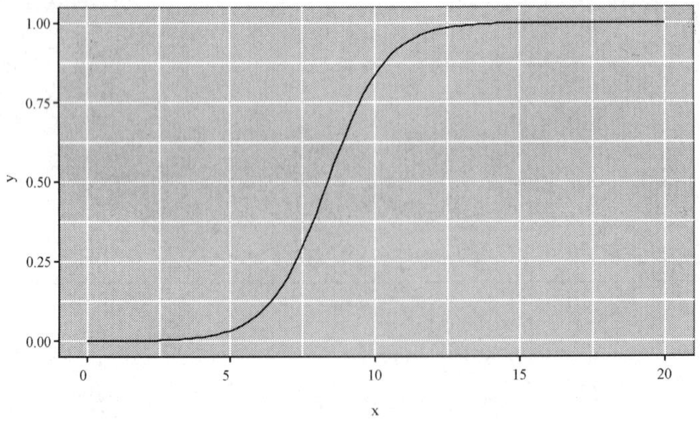

图 9-96 拟合的自定义函数曲线

9.2.4.12　热图

ggplot2 中热图的绘图方法如下：

```
ggplot(data, aes(x=, y=, fill=)) + geom_tile()
```

式中，data 代表数据集，aes 代表数据映射，x 代表变量名，y 代表变量名或样本号，fill 参数为数值型变量，geom_ tile 代表几何对象为瓦片图。示例如下：

```
##heatmap
library(reshape2)
dd=read.csv("d8.1.6.csv", T)
tdd<-as.data.frame(scale((dd[, -1])))
tdd$Prov=dd$Prov
mdd<-melt(tdd)

pheat=ggplot(data=mdd, aes(x=variable, y=Prov, fill=value)) +
              geom_tile()
pheat#图 9-97
```

代码说明，与环状图类似，ggplot2 不能直接绘制热图，需要做数据变换，最后的数据格式保留为 3 列，分别是变量名、样本号(或变量名)和数值，再分别映射给 x、y 和 fill 参数。此外，不同变量之间的数值差异较大，通过 scale( ) 对所有变量的数值标准化。可降低值差，给图例一个更合理的色域，也利于图形美观。

生成的图形如图 9-97 所示。

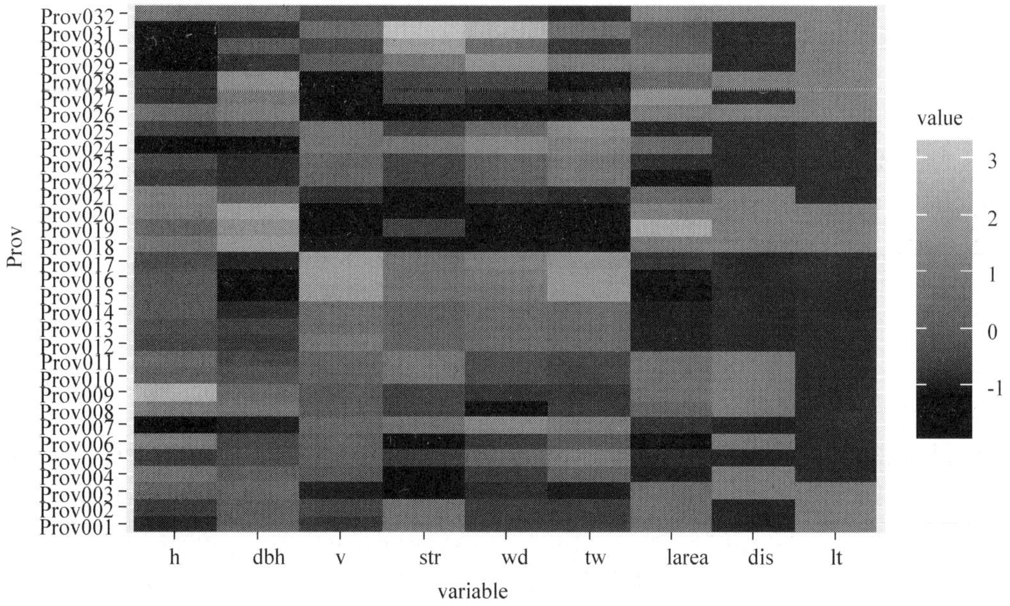

图 9-97　某树种测量性状的热图

由于采用默认的填充色，色差较小，热图效果不好，可设置渐变色来加以调整，代码如下：

```
pheat + scale_ fill_ gradientn(colours = terrain.colors(20))#图 9-98
```

生成的图形如图 9-98 所示。

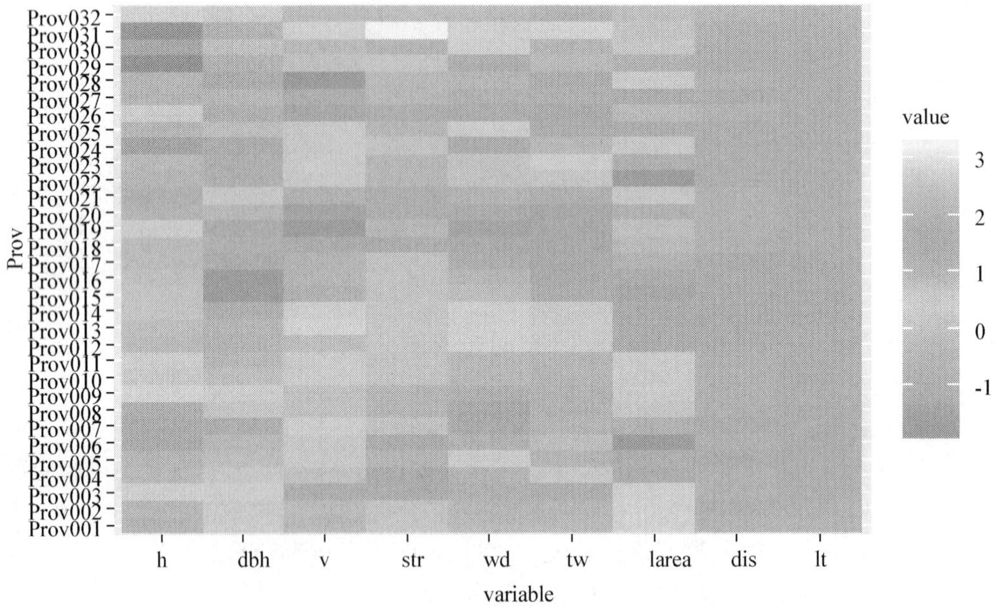

图 9-98 某松树测量性状的热图(添加渐变色)

9.2.4.13 点图

ggplot2 中点图的绘图方法如下：

```
ggplot(data, aes(x =, y =)) + geom_ point() + facet_ grid()
```

式中，data 代表数据集，aes 代表数据映射，x 代表连续型变量，y 代表离散型变量，geom_ point 代表散点图，facet_ grid 代表分面。示例如下：

```
## dot plot
pdot = ggplot(mtcars, aes(x = wt, y = rownames(mtcars))) +
        geom_ point() + ylab("Brand")
Pdot#图 9-99
```

生成的图形如图 9-99 所示。

从得到的点图可知，各品牌汽车质量不同，图形中的点分布比较随机，可以进行重量排序后再绘制点图，代码如下：

```
pdot + aes (y = reorder(rownames(mtcars), wt)) + geom_ point(size = 2)
          + ylab("Brand")#图 9-100
```

生成的图形如图 9-100 所示。

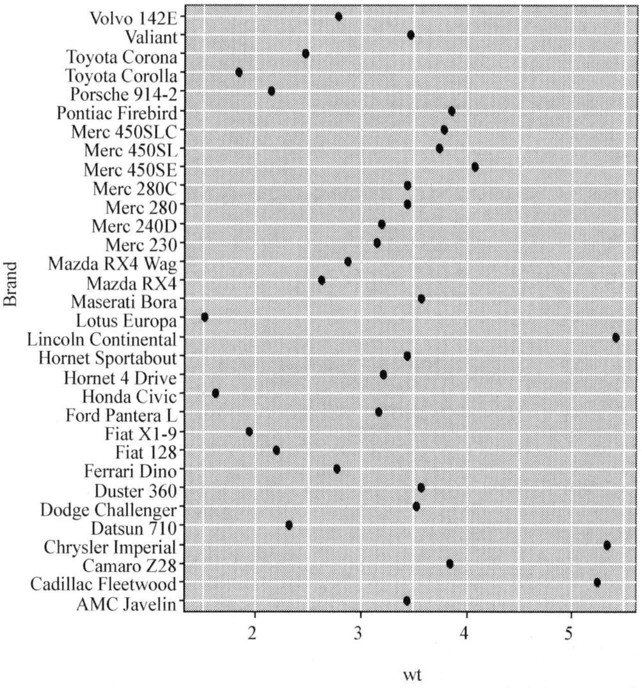

图 9-99 数据集 mtcars 中重量 wt 的点图

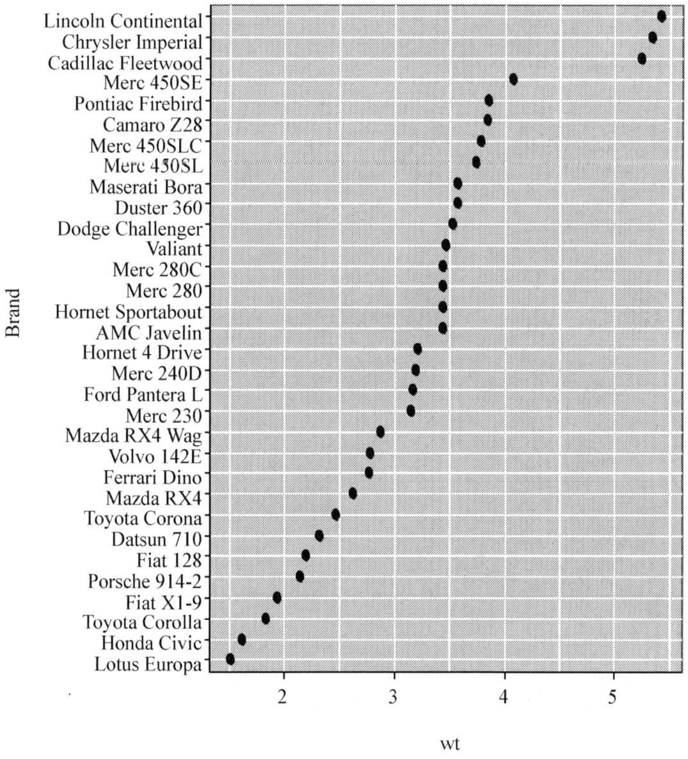

图 9-100 数据集 mtcars 中重量 wt 的点图(排序后)

事实上，汽车还分不同气缸数，可以加入气缸变量，再查看汽车 wt 的点图，代码如下：

```
mtcars $ name = rownames (mtcars)
nameorder = mtcars $ name [order (mtcars $ cyl, mtcars $ wt) ]
mtcars $ name <-factor (mtcars $ name, levels = nameorder)

pdot1 = ggplot (mtcars, aes (x = wt, y = name)) +
geom_ segment (aes (yend = name), xend = 0, colour = "grey50") +
geom_ point (size = 3, aes (colour = factor (cyl))) +
scale_ colour_ brewer (palette = "Set1", limits = c ("4","6","8")) +
theme_ bw () +
 theme (panel. grid. major. y = element_ blank (),
 legend. position = c (1, 1),
 legend. justification = c (1, 1. 2)) #图 9-101
```

代码说明，factor(cyl)非常重要，否则会将气缸数 cyl 当成数值型变量，生成的点图就是另一种情况，读者可自行尝试去掉 factor( )函数后的点图。

生成的图形如图 9-101 所示。

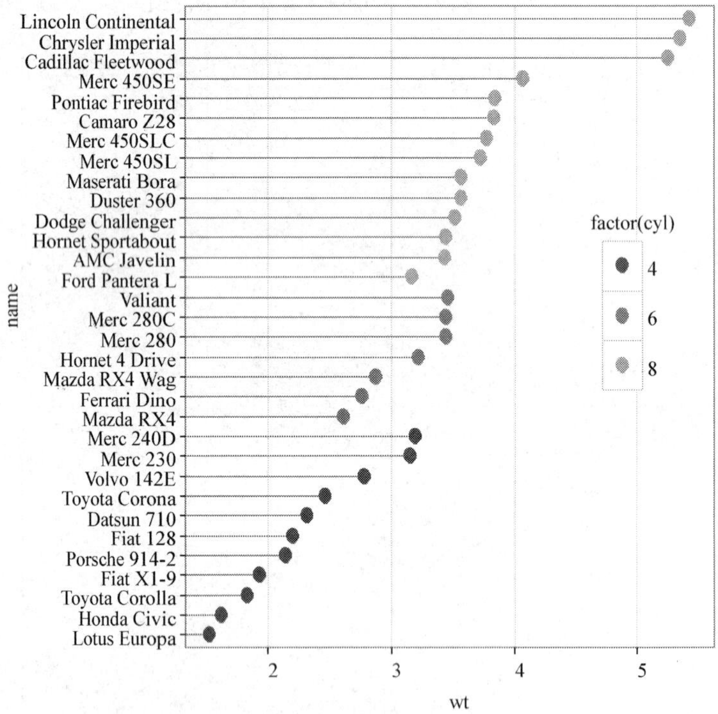

图 9-101 汽车重要按气缸数分类后的点图

以气缸数作为面板变量，代码如下：

```
pdot1 + scale_ colour_ brewer (palette = "Set1",
```

```
limits = c("4","6","8"), guide = F) +
facet_ grid(cyl ~. ,   scales = "free_ y",   space = "free_ y") #图
9-102
```

生成的图形如图 9-102 所示。

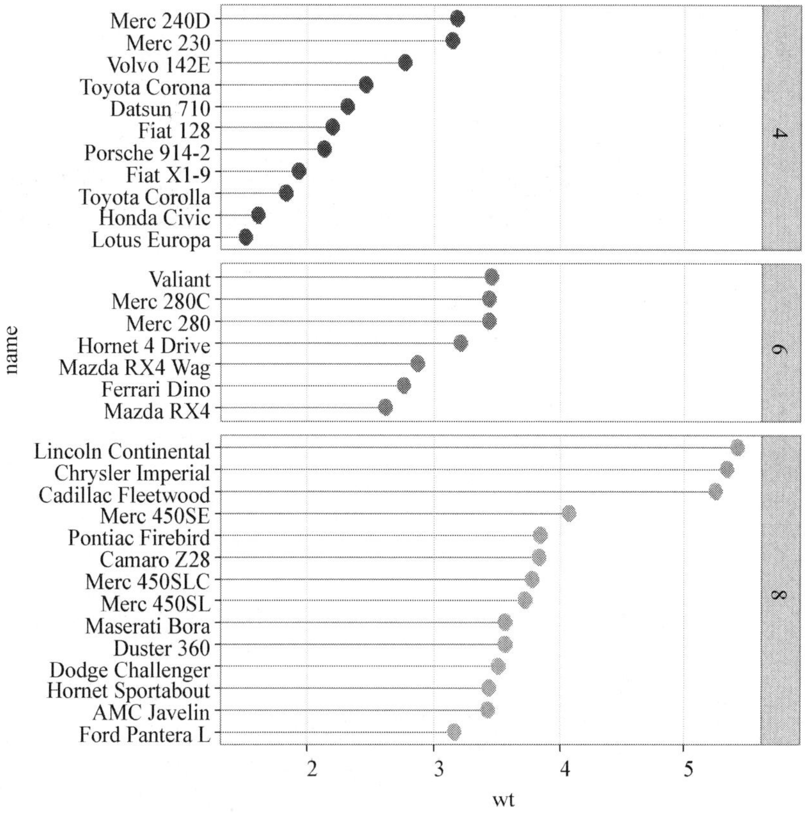

图 9-102 汽车重要按气缸数分面板的点图

9. 2. 4. 14 累积分布图

ggplot2 中累积分布图的绘图方法如下：

```
ggplot(data, aes(x = )) + stat_ ecdf() + facet_ grid()
```

式中，data 代表数据集，aes 代表数据映射，x 代表变量(离散型或连续型)，stat_ ecdf 代表累积分布图函数，facet_ grid 代表分面。示例如下：

```
## ECDF plot
Orange1 = subset(Orange, Tree = =1)
pECDF = ggplot(Orange1, aes(x = age)) + stat_ ecdf(lwd = 1.2) +
        ylab("Cumulative Percent") #图 9-103
```

生成的图形如图 9-103 所示。

树龄是离散型变量，现在分析连续型变量，代码如下：

```
pECDF + aes(x = circumference) #图 9-104
```

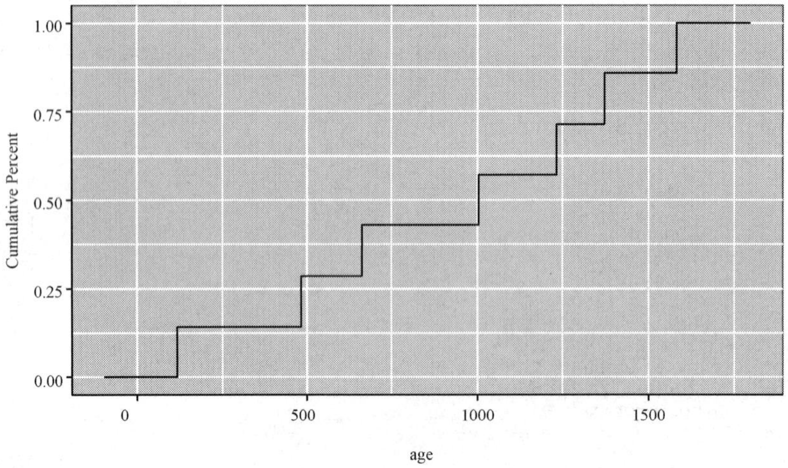

图 9-103 树龄的累积分布图

生成的图形如图 9-104 所示。

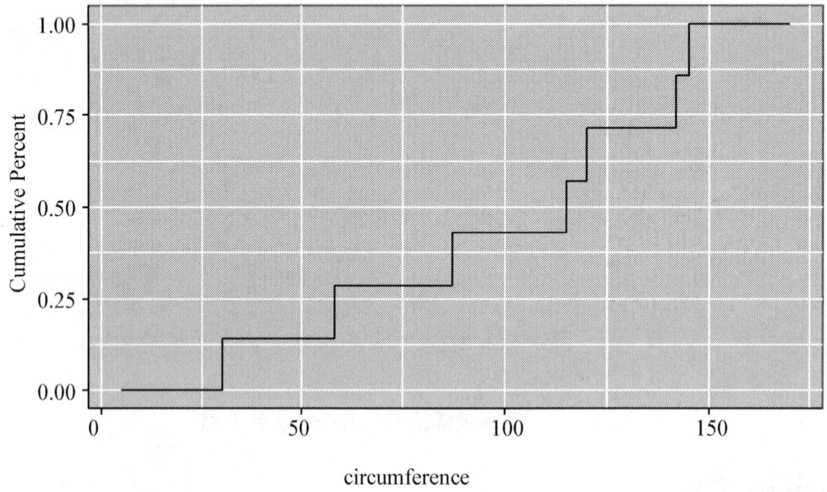

图 9-104 周长的累积分布图

示例只选取了数据集 Orange 中的一棵树，读者可以尝试直接调用数据集 Orange，查看所得的图形的差异。

9.2.4.15 相关图

ggplot2 中相关图的绘图方法如下：

```
ggplot(data, aes(x =, y =, fill =)) + geom_ tile()
```

其中 data 代表数据集，aes 代表数据映射，x 代表变量名，y 代表变量名，fill 参数为数值型变量，geom_ tile 代表几何对象为瓦片图。示例如下：

```
## corr graph
mydata <-mtcars[, c(1, 3, 4, 5, 6, 7)]
mcor <-round(cor(mydata), 2)
```

```
library(reshape2)
cormat <-melt(mcor)

pcorr =ggplot(data =cormat, aes(x =Var1, y =Var2, fill =value)) +
geom_tile() +scale_fill_gradient2(low ="darkred", high ="darkgreen")
pcorr#图 9-105
```

代码说明，与热图类似，需要数据转换。生成的图形如图 9-105 所示。

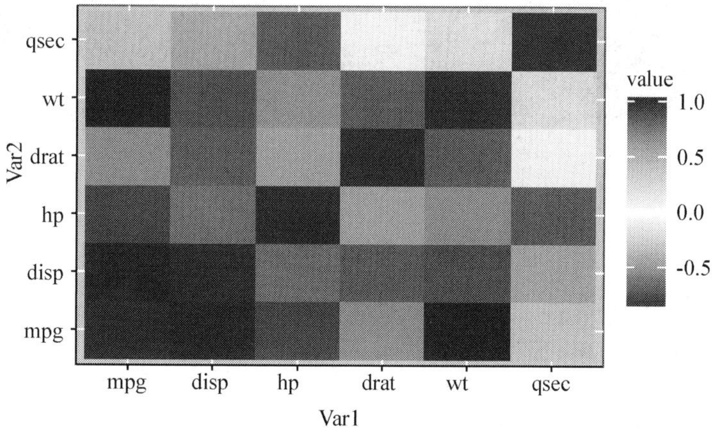

图 9-105 数据集 mtcars 的相关图

从生成的相关图得知，相关值正负排列比较混乱，因此可以对相关矩阵进行重排序（自定义函数），然后再绘制相关图。代码如下：

```
reorder_cormat <-function(cormat){
dd <-as.dist((1 - cormat)/2)
hc <-hclust(dd)
cormat <-cormat[hc $order, hc $order]
}
mcor1 =reorder_cormat(mcor)
cormat1 <-melt(mcor1)

pcorr% +% cormat1#图 9-106
```

生成的图形如图 9-106 所示。

此相关图效果较好，变量基本按相关值正负分成不同组。尽管 ggplo2 可以绘制相关图，但要得到稍微复杂些的相关图，如添加相关值，代码就会变复杂，可以考虑使用 GGally 包的 ggcorr( )来绘图。

简单示范 ggcorr( )绘制相关图，示范代码如下：

```
##corrgram
library(GGally)# version 1.0.1
library(RColorBrewer)
```

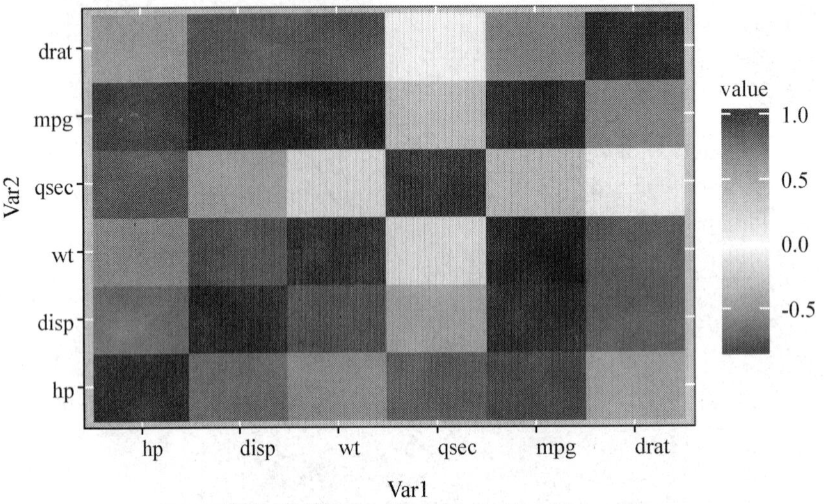

图 9-106　数据集 mtcars 的相关图(排序后)

```
ggcorr(mydata)
ggcorr(mydata, nbreaks =5)
ggcorr(mydata, nbreaks =4, palette ="RdGy")
ggcorr(mydata, label =T)#图 9-107
ggcorr(data =NULL, cor_ matrix =mcor1, label =T)#图 9-108
```

生成的图形如图 9-107、图 9-108 所示：

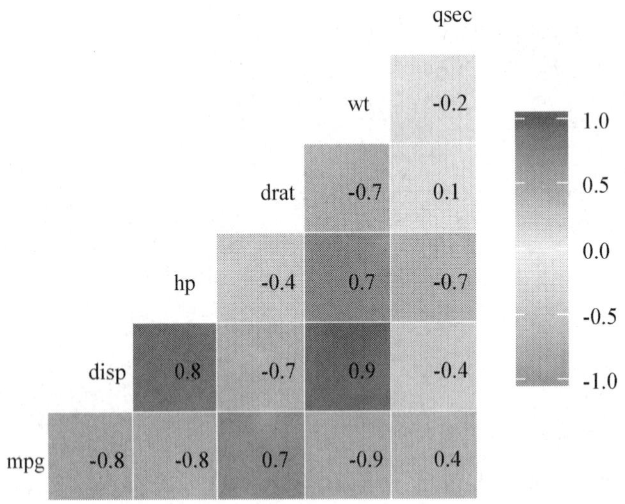

图 9-107　数据集 mtcars 的相关图(原始数据)

9.2.4.16　聚类图

ggplot2 本身不能直接绘制聚类图，但基于 ggplo2 开发的程序包 ggfortify 可以绘制 K－均值聚类图，并结合主成分分析可以绘制双标图。

以内置数据集 iris 为例，示范代码如下：

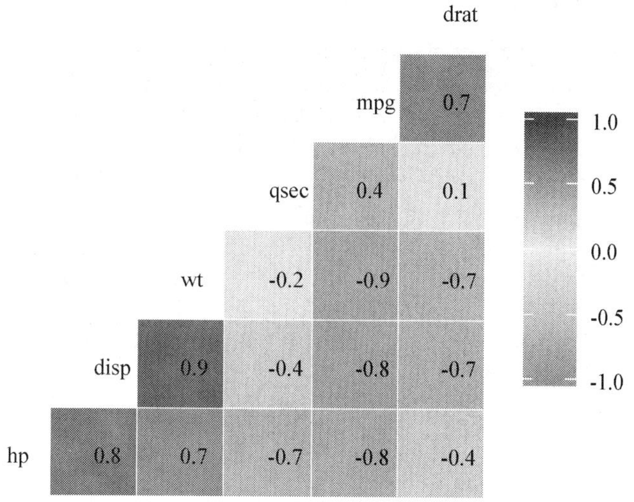

图 9-108　数据集 mtcars 的相关图(排序后相关矩阵)

```
## cluster plot -- K-means
#library(devtools)
#install_github('sinhrks/ggfortify')
library(ggfortify)
set.seed(123)
autoplot(kmeans(iris[-5], 3), data=iris[-5])#图 9-109
```

生成的图形如图 9-109 所示。

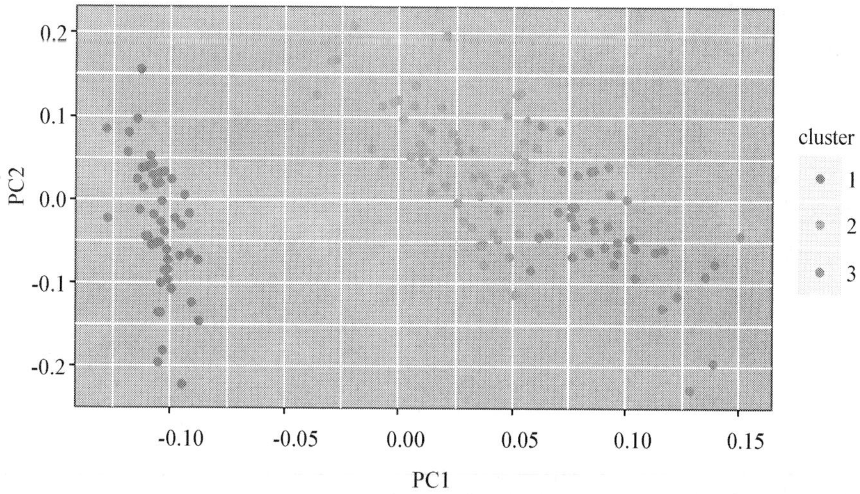

图 9-109　数据集 iris 的 K－均值聚类图

将图 9-109 与图 6-15 作比较，虽然图形相似，但坐标轴差异比较大。图 9-109 为主成分的双标图。此外，还可在图 9-109 的基础上，加上聚类结果的外框，代码如下：

```
autoplot(kmeans(iris[-5], 3), data=iris[-5], frame=T)#图 9-110
```

生成的图形如图 9-110 所示。

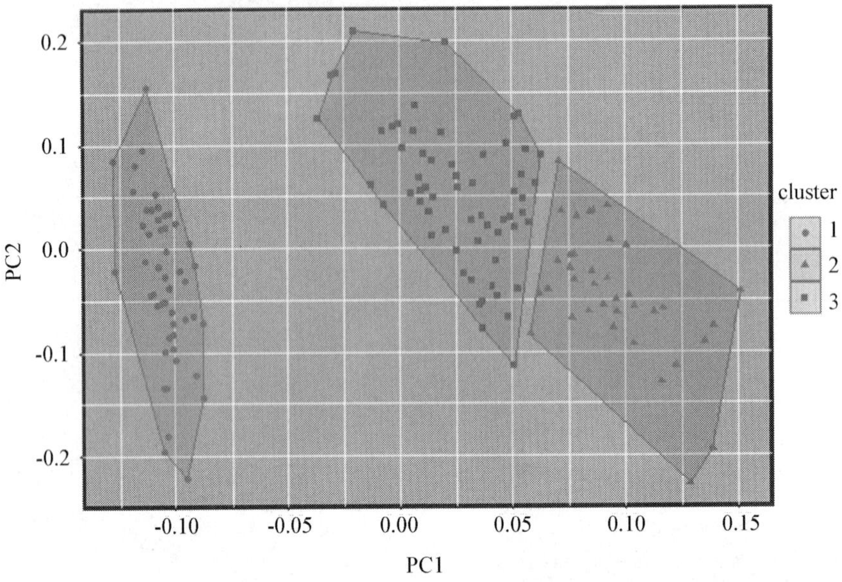

图 9-110　数据集 iris 的 K－均值聚类图(加外框)

9.2.4.17　饼图

ggplot2 中饼图的绘图方法如下：

```
ggplot(data, aes(x = "", fill = )) + geom_ bar() + coord_ polar(theta = "y")
```

式中，data 代表数据集，aes 代表数据映射，x 不做任何取值，fill 参数取值因子或离散型变量，geom_ bar 代表几何对象为条形图。ggplo2 包没有直接绘制饼图的函数，通过采用簇状条形图和极坐标结合的方式产生饼图。示例如下：

```
##9.2.3.17 pie plot
ppie = ggplot(df, aes(x = "", fill = Rep)) + geom_ bar(width = 1) +
        coord_ polar(theta = "y") #图 9-111
```

生成的图形如图 9-111 所示。

ggplot2 还提供了另一种饼图，为同心圆的饼图，代码如下：

```
ppie + coord_ polar() #图 9-112
```

生成的图形如图 9-112 所示。

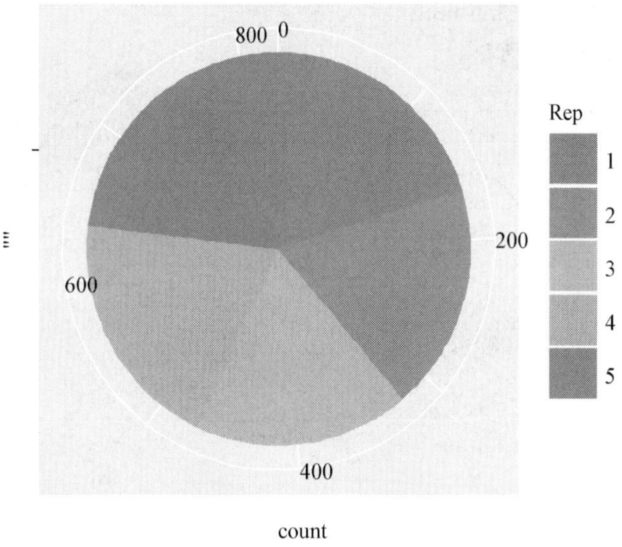

图 9-111　不同重复频数的饼图

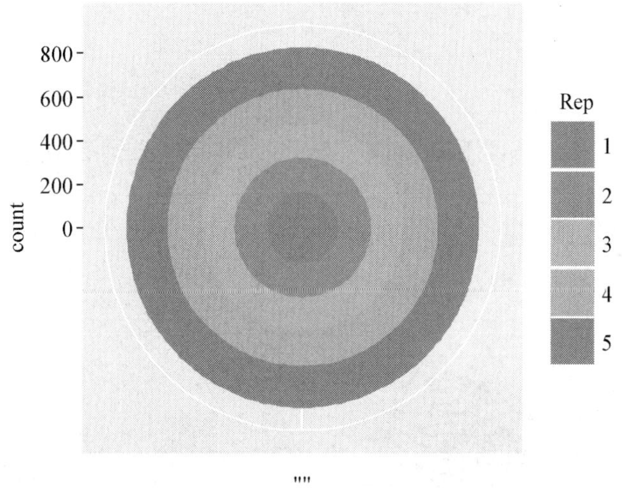

图 9-112　不同重复频数的同心图

9.2.4.18　地图

ggplot2 中地图的绘图方法如下：

```
ggplot(data, aes(x =, y =, group =)) + geom_ polygon()
```

式中，data 代表地图数据集，aes 代表数据映射，x、y 代表纬度、经度，group 代表地图数据的分组变量，geom_ polygon 代表几何对象为多边形图。示例如下：

```
### 9.2.3.18 map
library(maps)
states_ map <-map_ data("state") # USA map data
ggplot (states_ map, aes(x = long, y = lat, group = group)) +
```

```
geom_ polygon(fill ="white" , colour ="black")#图 9-113
```

生成的图形如图 9-113 所示。

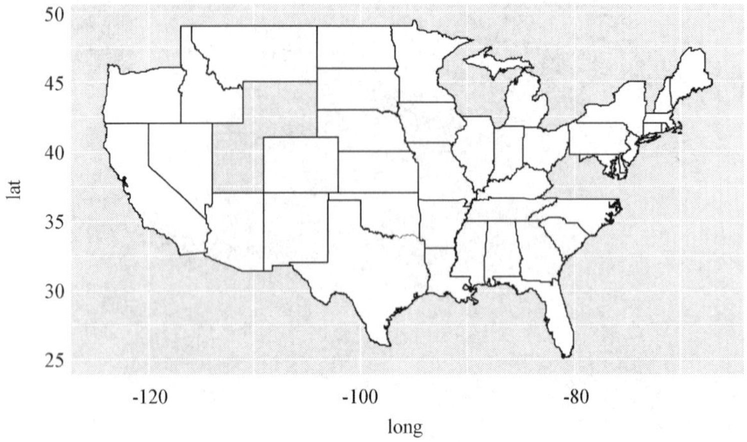

图 9-113　美国地图示例

9.2.5　绘图参数设置

9.2.5.1　坐标轴

(1)互换 xy 轴

ggplot2 生成的图形，通过添加 coord_ flip( )即可实现 xy 轴的互换。示例如下：

```
p1 =ggplot(df, aes(x =h3, y =h5)) +geom_ point()
p2 =p1 +coord_ flip()
```

生成的图如图 9-114 所示。

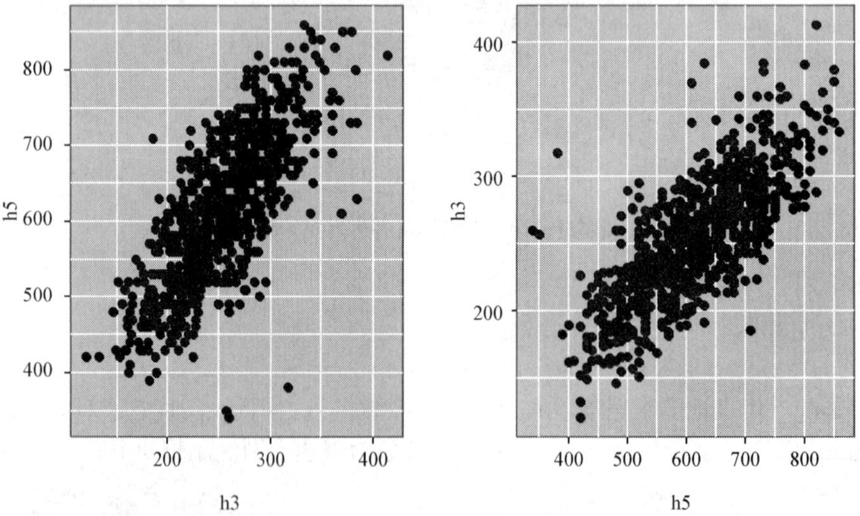

图 9-114　树高 h3 和 h5 的散点图(右图为左图的 xy 轴互换)

(2) 对数坐标轴

在 ggplot2 中直接使用 scale_ x_ log10( ) 或 scale_ y_ log10( ) 来实现对数坐标轴，其中的对数还可以使用 log( ) 或 log2( )，但需要定义才能使用。示例如下：

```
library(scales)
p3 =p1 +scale_ x_ continuous(trans =log_ trans(),
    breaks =trans_ breaks("log" , function(x)exp(x)),
    labels =trans_ format("log" , math_ format(e^ . x))) +
    scale_ y_ continuous(trans =log2_ trans(),
    breaks =trans_ breaks("log2" , function(x)2^x),
    labels =trans_ format("log2" , math_ format(2^ . x)))
```

生成的图如图 9-115 所示。

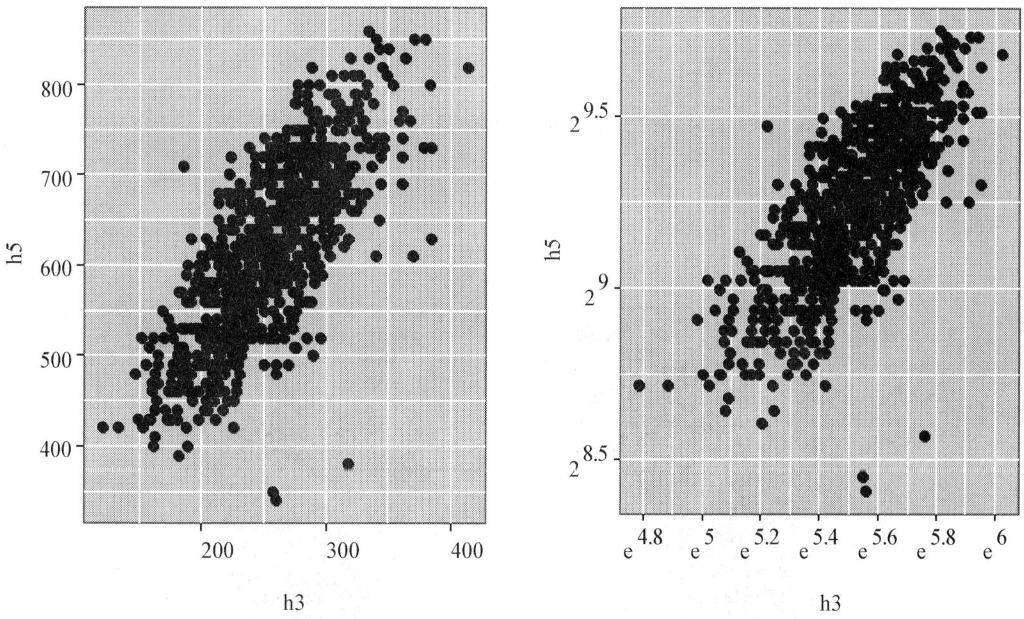

图 9-115　树高 h3 和 h5 的散点图(右图使用对数坐标轴)

(3) 刻度线设置

在 ggplot2 中绘制图形，会自动设置坐标轴的刻度线，如改变刻度线，通过坐标轴标度参数 breaks 的设置来实现。示例如下：

```
p4 =p1 +scale_ x_ continuous(breaks =c(50, 100, 200, 250, 400)) +
scale_ y_ continuous(breaks =c(300, 450, 500, 550, 750, 800))
```

生成的图如图 9-116 所示。

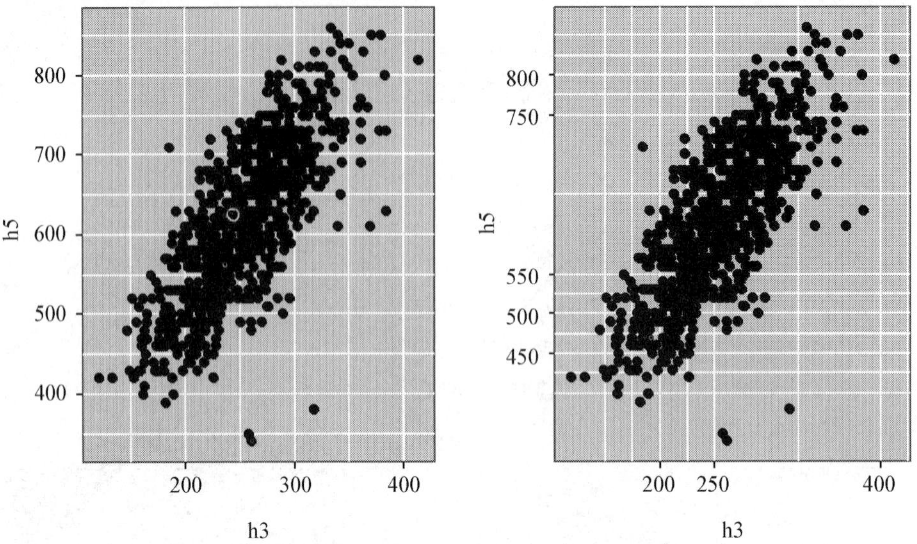

图 9-116 树高 h3 和 h5 的散点图(右图改变刻度线)

此外，通过主题元素 axis. text. x 修改刻度线文本的摆放方式，示例如下：

```
1p5 = p1 + theme(axis.text.x = element_text(angle = 45, hjust = 1, vjust = 1))
```

生成的图如图 9-117 所示。

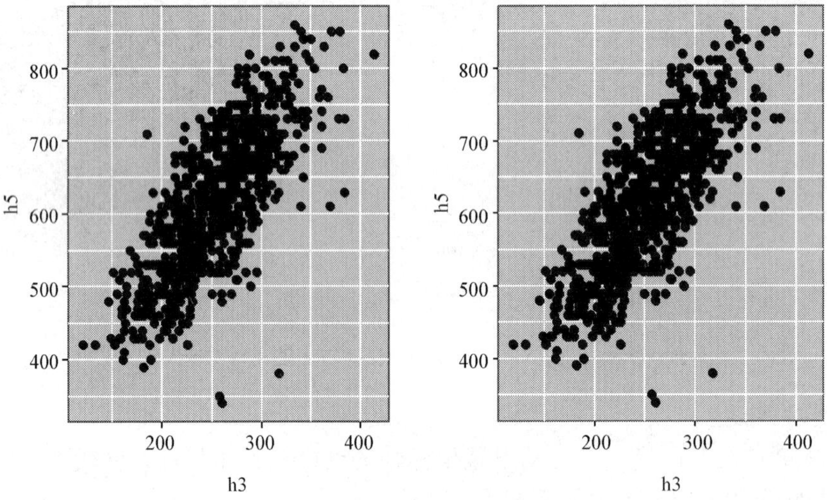

图 9-117 树高 h3 和 h5 的散点图(右图旋转刻度线)

(4)坐标轴标签设置

xlab()或 ylab()修改坐标轴标签的文本，示例如下：

```
p5 = p1 + xlab("height at year 3") + ylab("age 5's height")
```

生成的图形如图 9-118 所示。

(5)添加日期

scale_ x_ date()可以进行显示坐标轴日期的设置，示例如下：

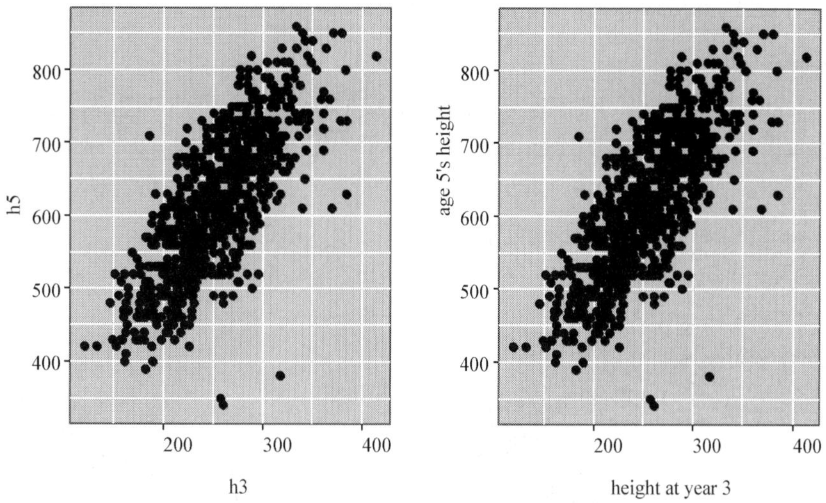

图 9-118　树高 h3 和 h5 的散点图(右图改变坐标轴标签文本)

```
data(economics)
econ <-subset(economics, date > =as.Date("1992-05-01") &
date <as.Date("1993-06-01"))

pt <-ggplot(econ, aes(x =date, y =psavert)) +geom_line()
pt1 =pt + scale_x_date(breaks =datebreaks) +
theme(axis.text.x =element_text(angle =45, hjust =1))
```

生成的图形如图 9-119 所示。

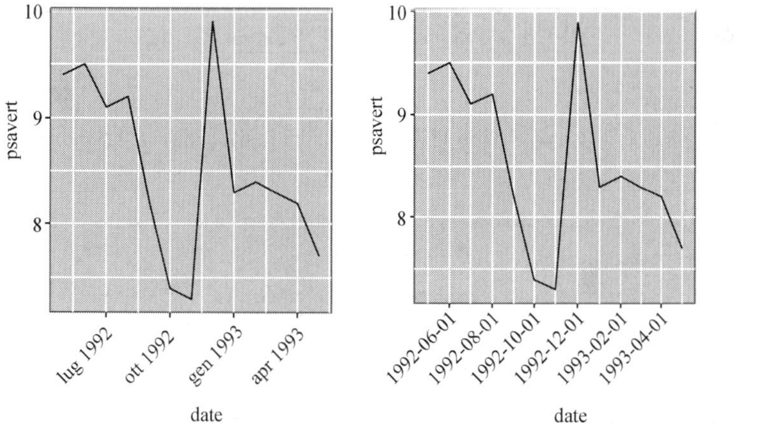

图 9-119　折线图(左图默认状态，右图指定日期)

9.2.5.2 添加注释

(1)添加文本

函数 annotate(geom = "text")用于 ggplot2 生成的所有图形的文本注解，示例如下：

```
p1 = ggplot(df, aes(x = h3, y = h5)) + geom_point()

p7 = p1 + annotate("text", x = 400, y = 700,
label = "Big \n data", size = 5, col = "red") +
annotate("text", x = 170, y = 370, label = "Small data", col = "red")
```

生成的图形如图 9-120 所示。

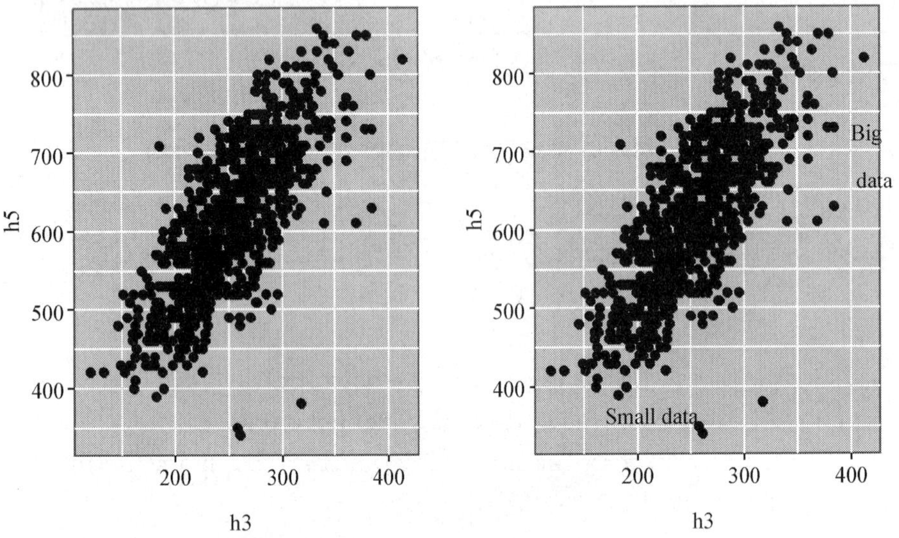

图 9-120 树高 h3 和 h5 的散点图(右图添加文本)

(2)添加数学公式

数学公式的添加与文本类似，只是需要增加参数 parse = TRUE 来显示公式，示例如下：

```
p8 = p1 + geom_abline(slope = 1.578, intercept = 217.5, lwd = 2, col = "red") +
annotate("text", x = 270, y = 420, parse = T,
label = "hat(y) = = 217.6 + 1.58 * x", col = "red", size = 5)
```

生成的图形如图 9-121 所示。

(3)添加线段

函数 annotate(geom = "segment")用于添加线段或箭头，示例如下：

```
p9 = p1 + annotate("segment", x = 118, xend = 148, y = 400, yend = 400, size = 2) +
annotate("segment", x = 228, xend = 256, y = 400, yend = 350,
colour = "blue", size = 2, arrow = arrow())
```

生成的图形如图 9-122 所示。

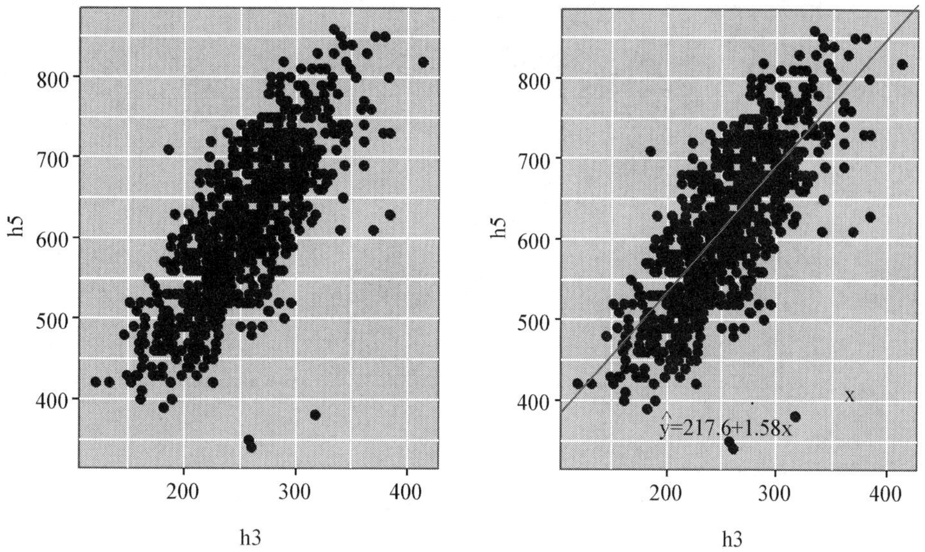

图 9-121　树高 h3 和 h5 的散点图(右图添加回归方程)

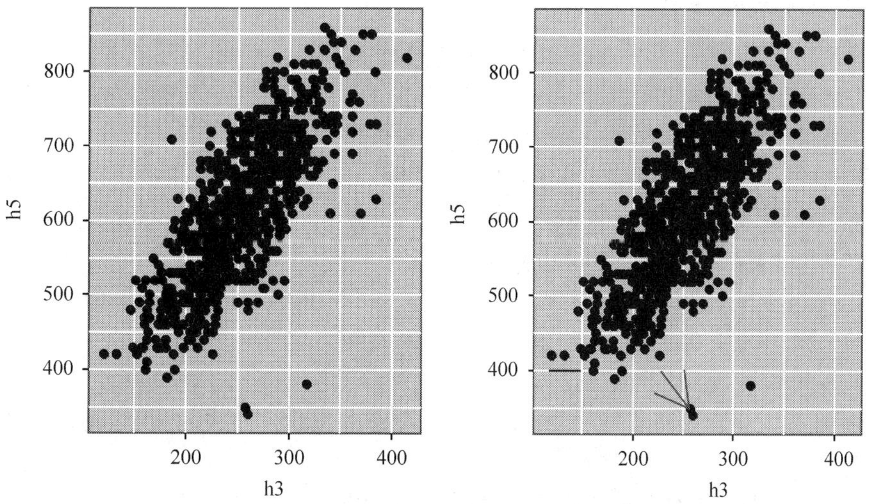

图 9-122　树高 h3 和 h5 的散点图(右图添加线段和箭头)

(4)*添加阴影*

函数 annotate(geom = "rect")用于添加矩形阴影，示例如下：

```
p10 =p1 +annotate("rect", xmin =250, xmax =350,
ymin =300, ymax =900, alpha =.2, fill ="yellow")
```

生成的图形如图 9-123 所示。

(5)*添加误差线*

函数添加误差线。需要注意的情况是 ggplot2 不能直接对原始数据进行误差线添加，

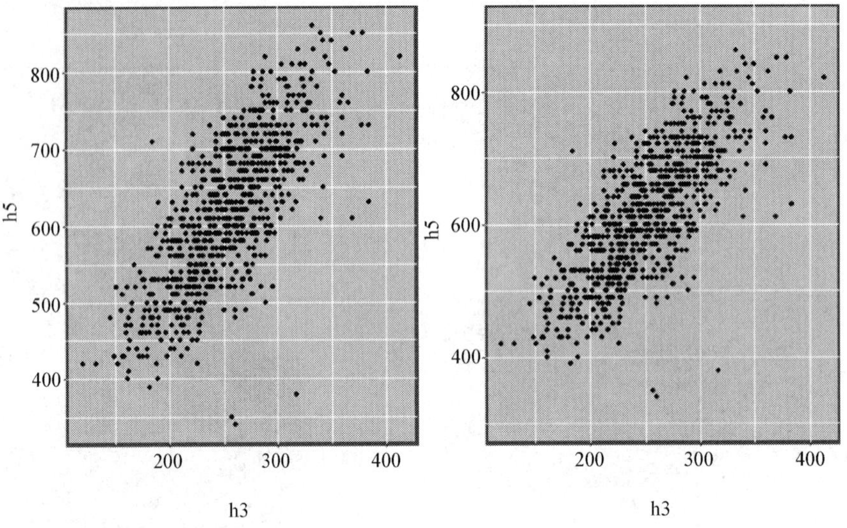

图 9-123 树高 h3 和 h5 的散点图(右图添加阴影)

需先计算均值和标准误，然后再映射给图形。

示范代码如下：

```
library(dplyr)
dfm = summarise(group_ by(df, Spacing), N = length(h5),
H5 = mean(h5, na.rm = T), sd = sd(h5, na.rm = T), se = sd/sqrt(N))
limit = aes(ymin = H5 - sd, ymax = H5 + sd)
ggplot(dfm, aes(x = Spacing, y = H5)) + geom_ bar(fill = "white",
colour = "black", stat = "identity") +
geom_ errorbar(limit, width =.3)
ggplot(dfm, aes(x = Spacing, y = H5)) + geom_ line(aes(group = 1)) +
ylim(300, 900) + geom_ point(size = 4) +
 geom_ errorbar(limit, width =.2)
```

由于标准误太小，为便于展示误差线，用标准差来演示。生成的图形如图 9-124 所示。

(6)注释分面

在 ggplot2 中很容易绘制分面图形，因此有分面图形注释的需要。

举添加回归方程的案例，示范代码如下：

```
lm_ labels <-function(dat){
mod <-lm(h5 ~ h3, data = dat)
formula <-sprintf("italic(y) = = %.2f % +.2f * italic(x)",
round(coef(mod)[1], 2), round(coef(mod)[2], 2))
r <-cor(dat$h5, dat$h3, use = "pairwise")
r2 <-sprintf("italic(R^2) = = %.2f", r^2)
data.frame(formula = formula, r2 = r2, stringsAsFactors = FALSE)
}
```

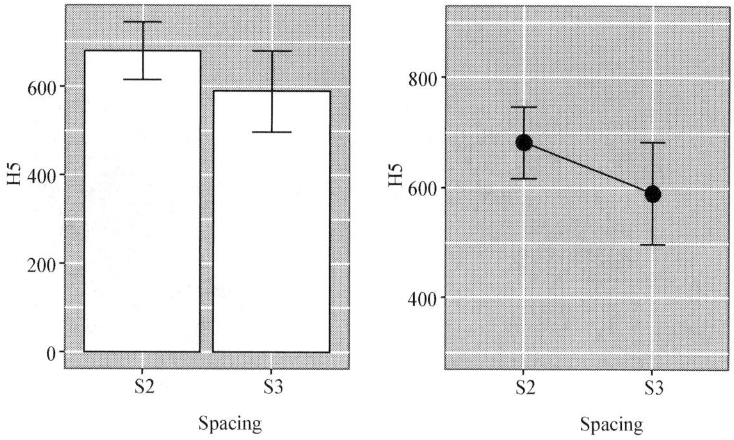

图 9-124　树高 h5 的条形图(左)和折线图(右)

```
library(plyr)
 labels = ddply(df,"Spacing", lm_ labels)

p1 + facet_ wrap( ~ Spacing) + geom_ smooth(method = lm, se = FALSE) +
geom_ text(x = 250, y = 450, aes(label = formula), data = labels,
parse = TRUE, hjust = 0) +
geom_ text(x = 250, y = 415, aes(label = r2), data = labels,
parse = TRUE, hjust = 0)
```

代码说明，定义了 lm_ labels( )函数，用于获取不同分面数据对应的回归方程。生成的图形如图 9-125 所示。

9. 2. 5. 3　图形外观

(1)图形标题设置

函数 ggtitle( )设置图形标题，示例如下：

```
p1 + ggtitle("Scatte plots of h5 with h3")
#p1 + labs(title = "Scatte plots of h5 with h3")#结果一样
```

生成的图形如图 9-126 所示。

(2)主题元素设置

在 ggplot2 所绘制的图形中，默认主题均采用 theme_ grey( )，可以使用其他内置的主题，如黑白主题 theme_ bw( )，示例如下：

```
p <-ggplot(df, aes(x = h3, y = h5)) + geom_ point()
p + theme_ bw()
# theme_ set(theme_ bw())# 当前主题均采用黑白主题
```

生成的图形如图 9-127 所示。

主题里的元素 element_ line、element_ rect 和 element_ text 均可修改。示例如下：

```
p <-ggplot(df, aes(x = h3, y = h5)) + geom_ point()
# panel region
```

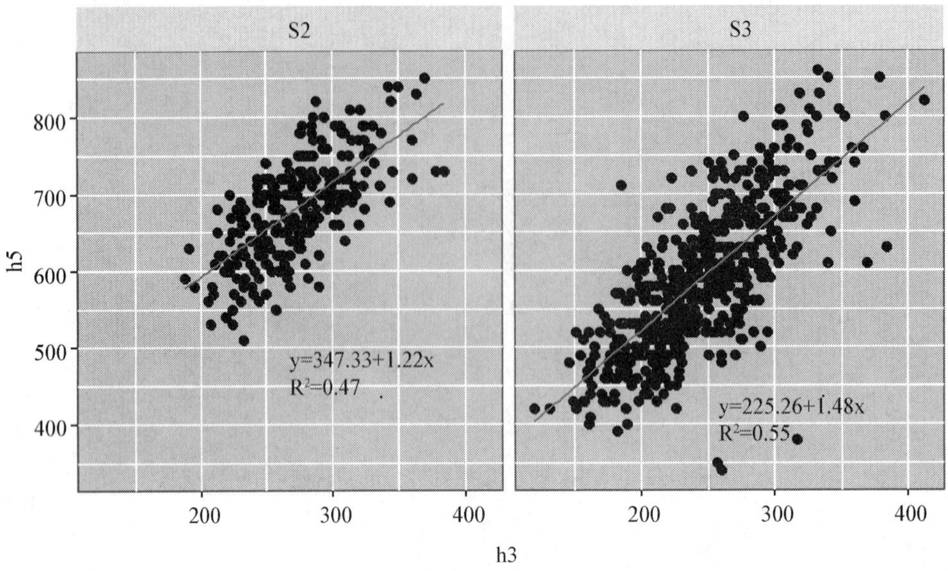

图 9-125 树高 h5 和 h3 的散点图(添加回归方程)

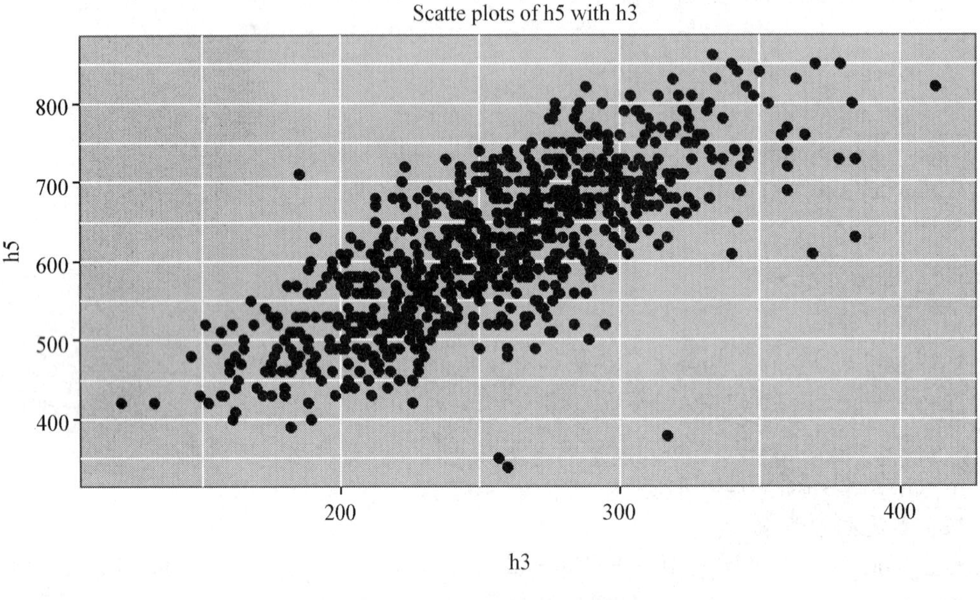

图 9-126 树高 h5 和 h3 的散点图

```
p1 = p + theme(
panel.grid.major = element_line(colour = "red"),
panel.grid.minor = element_line(colour = "red",
                        linetype = "dashed",   size = 0.2),
 panel.background = element_rect(fill = "lightblue"),
 panel.border = element_rect(colour = "blue", fill = NA, size = 2)
```

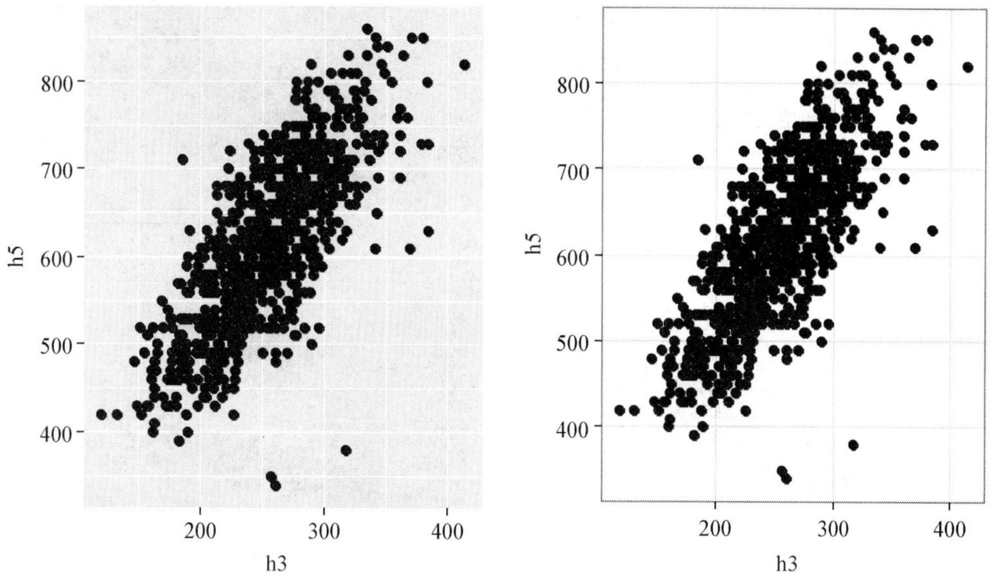

图 9-127　树高 h5 和 h3 的散点图(右图为黑白主题)

```
)
# text region
p2 =p  +ggtitle("Scatter Plot") +
theme(
  axis.title.x =element_text(colour ="red", size =14),
  axis.text.x =element_text(colour ="blue"),
  axis.title.y =element_text(colour ="red", size =14,
angle =90),
  axis.text.y =element_text(colour ="blue"),
  plot.title =element_text(colour ="red", size =20, face ="bold")
)
# facet region
p3 =p +facet_wrap(Spacing ~) + theme(
strip.background =element_rect(fill ="pink"),
strip.text.y =element_text(size =14, angle = -90, face ="bold")
)
```

生成的图形如图 9-128 所示。

除了上述主题元素，其他常见的主题元素见表 9-9。

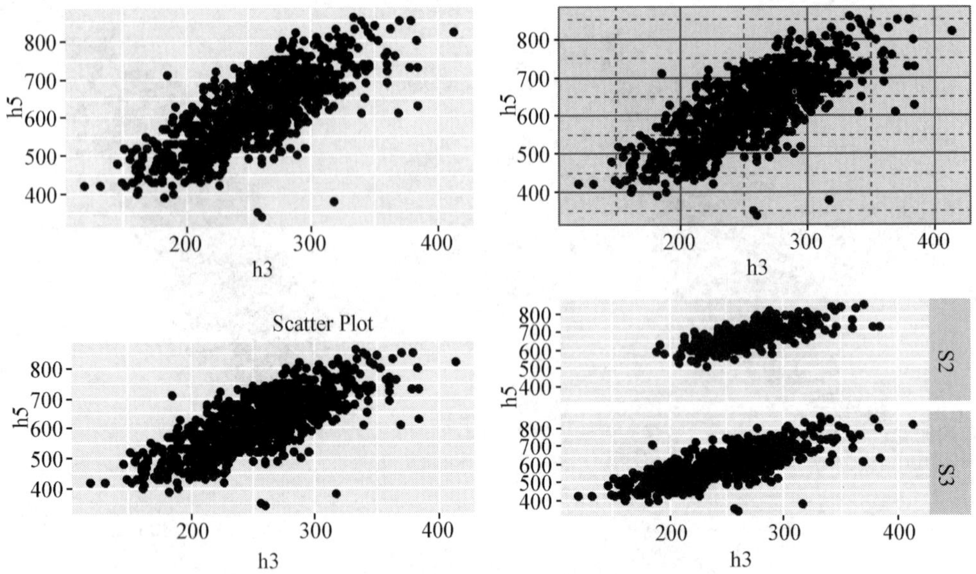

图 9-128　树高 h5 和 h3 的散点图

左上图默认主题，右上图绘图区主题，左下图文本主题，右下图分面主题

表 9-9　常用的主题元素

Name 名称	Description 功能	Element 元素类型
text	文本元素	element_ text( )
rect	矩形元素	element_ rect( )
line	线条元素	element_ line( )
axis. line	坐标轴线	element_ line( )
axis. title	坐标轴标签外观	element_ text( )
axis. title. x	X 轴标签外观	element_ text( )
axis. title. y	Y 轴标签外观	element_ text( )
axis. text	坐标轴刻度线外观	element_ text( )
axis. text. x	X 轴刻度线外观	element_ text( )
axis. text. y	Y 轴刻度线外观	element_ text( )
legend. background	图例背景	element_ rect( )
legend. text	图例文本	element_ text( )
legend. title	图例标题	element_ text( )
legend. position	图例位置	element_ rect( )
panel. background	绘图区背景	element_ rect( )
panel. border	绘图区边框	element_ rect( )
panel. grid. major	主网格线	element_ line( )
panel. grid. major. x	纵向主网格线	element_ line( )

（续）

Name 名称	Description 功能	Element 元素类型
panel. grid. major. y	横向主网格线	element_ line( )
panel. grid. minor	次网格线	element_ line( )
panel. grid. minor. x	纵向次网格线	element_ line( )
panel. grid. minor. y	横向次网格线	element_ line( )
plot. background	图形背景	element_ rect( )
plot. title	图形标题	element_ text( )
strip. background	分面标签背景	element_ rect( )
strip. text	分面标签文本	element_ text( )
strip. text. x	横向分面标签文本	element_ text( )
strip. text. y	纵向分面标签文本	element_ text( )

(3) 自定义主题设置

自行设置主题，如本书 ggplot2 所绘制的图形基本均使用自定义的 theme. 1 主题，示范代码如下：

```
theme.1 <-theme(
axis.title =element_text(face ="bold", colour ="red", size =20),
axis.text =element_text(face ="bold", colour ="black", size =10),
axis.line =element_line(colour ="black", size =1.5),
panel.grid.major =element_line(colour ="white"),
panel.grid.minor =element_line(colour ="white", size =.5),
panel.background =element_rect(fill ="grey", colour ="blue",
size =1.5)
)
```

9. 2. 5. 4　图形图例

(1) 图例标题设置

图例标题通过 labs( ) 或 guides( ) 函数来设置，图例标题与参数 fill、colour、shape 对应。示例如下：

```
p2 =p1 +aes(shape =Spacing, colour =Spacing)
p3 =p2 +labs(shape ="种植密度", colour ="种植密度")
```

生成的图形如图 9-129 所示。

(2) 图例位置设置

图例位置通过 theme(legend. position =) 来设置，取值为 top(顶部)、left(左侧)、right (右侧) 或 bottom(底部)，也可指定 legend. position = c(1，0)。示例如下：

```
p4 =p1 +aes(colour =Spacing) +theme(legend.position ="top")
p5 =p2 +theme(legend.position =c(0.75, 0.2))
```

生成的图形如图 9-130 所示。

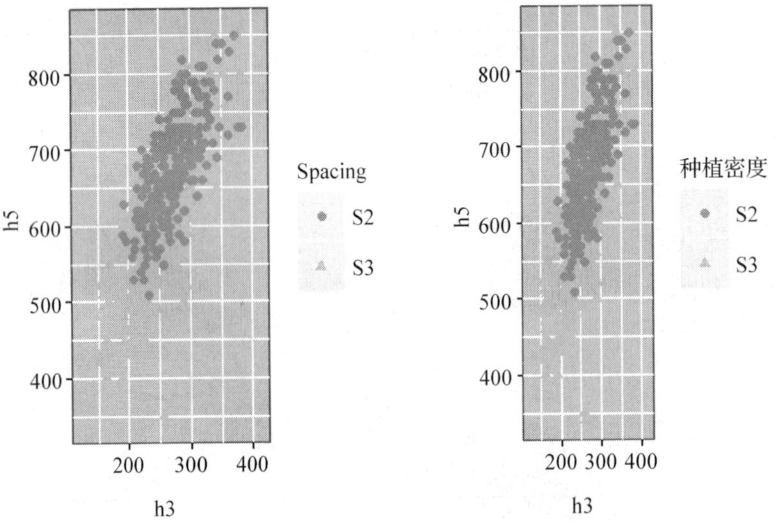

图 9-129 树高 h5 和 h3 的散点图(右图修改图例标题)

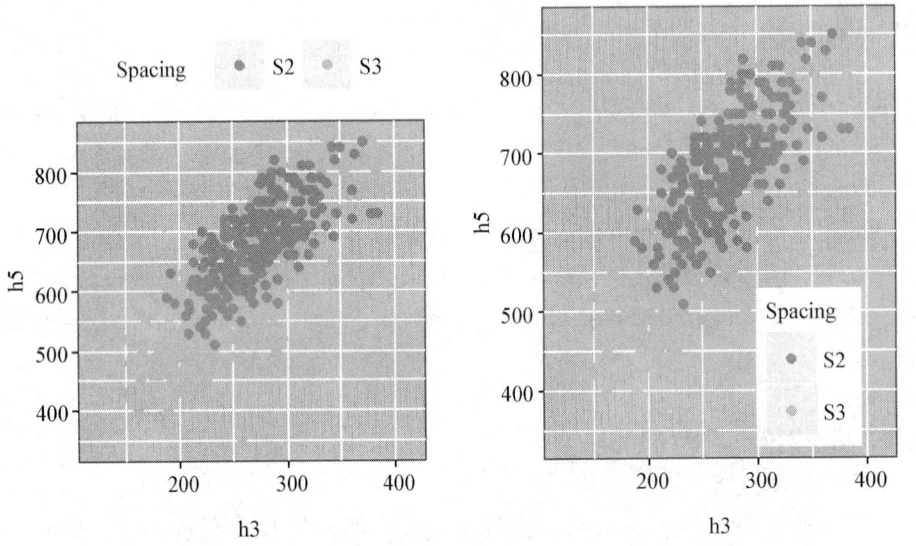

图 9-130 树高 h5 和 h3 的散点图(右图修改图例位置)

(3)图例标签设置

通过 theme(legend. text = element_ text( ))设置图例标签的文本内容和格式。示例如下:

```
p6 =p2 +scale_ colour_ discrete (limits =c ("S2", "S3"),
                                labels =c ("Spacing 2", "Spacing 3"))
p7 =p2 +theme (legend. text =element_ text (face ="italic",
             family ="Times", colour ="red", size =10))
```

生成的图形如图 9-131 所示。

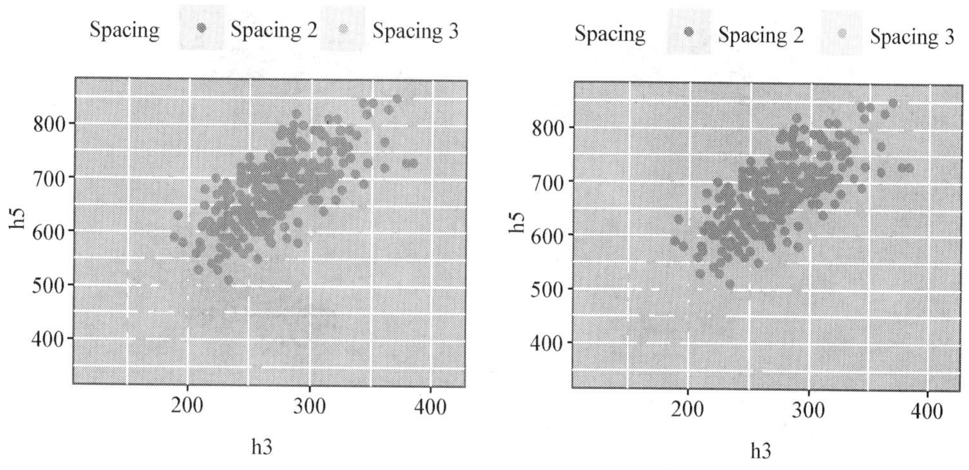

图 9-131　树高 h5 和 h3 的散点图(右图修改图例文本格式)

图例常用标度，如参数 fill，控制填充色，其标度见表 9-10。

表 9-10　填充色标度

标　度	功　能
scale_ fill_ discrete( )	色轮四周均匀等距色
scale_ fill_ hue( )	色轮四周均匀等距色(与 scale_ fill_ discrete( )相同)
scale_ fill_ manual( )	自定义色彩
scale_ fill_ grey( )	灰度调色板
scale_ fill_ brewer( )	ColorBrewer 调色板

其他参数 colour、shape 与 fill 参数相似，同样有以上几种标度。

9. 2. 5. 5　图形分面

(1)分面设置

通过 facet_ grid( )或 facet_ wrap( )均可实现分面图形。示例如下：

```
p1 + facet_ grid(. ~ Spacing)#横向分面
p1 + facet_ grid(Spacing ~. )#纵向分面
p1 + facet_ grid(Spacing ~ Plot)#纵横分面
```

生成的图形如图 9-132 和图 9-133 所示。

函数 facet_ wrap( )只能按横向进行分面，示例如下：

```
p1 + facet_ wrap( ~ Rep)#图 9-134
#p1 + facet_ wrap( ~ Rep, nrow =3)
p1 + facet_ wrap( ~ Rep, ncol =5)#图 9-135
```

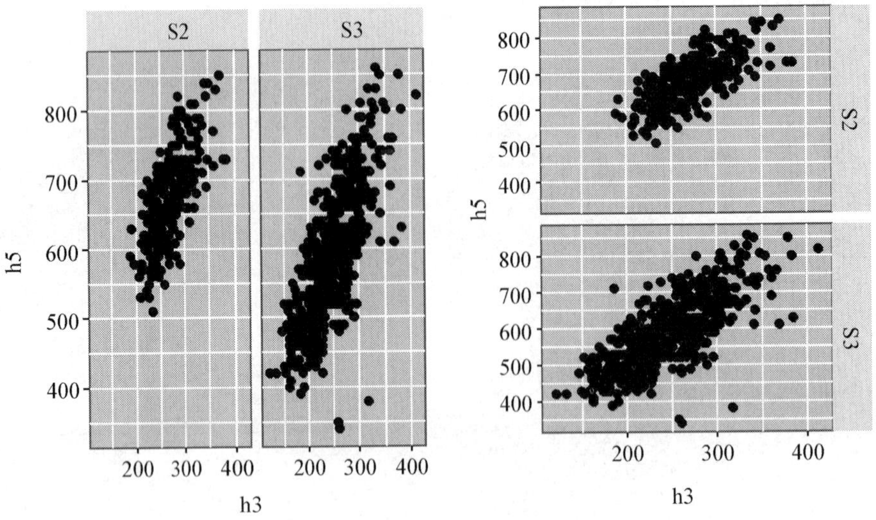

图 9-132 树高 h5 和 h3 的散点图(左图横向分面，右图纵向分面)

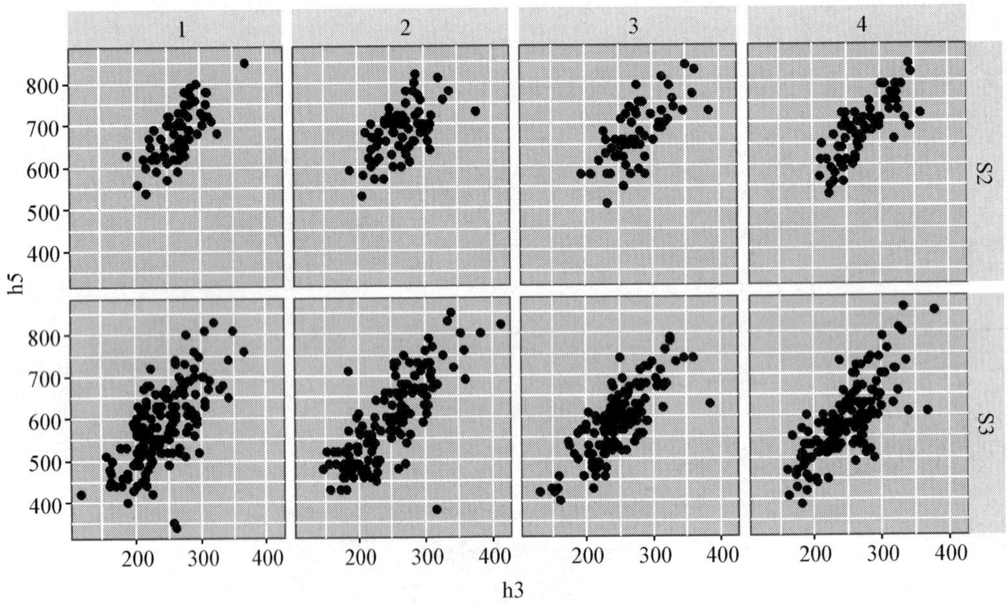

图 9-133 树高 h5 和 h3 的散点图(横向分面图为 Plot，纵向分面图为 Spacing)

代码说明：函数 facet_ wrap( ) 默认是按 3 列分配分面子图，因此通过参数 nrow 或 ncol 改变分面子图的行数或列数。

生成的图形如图 9-134 和图 9-135 所示。

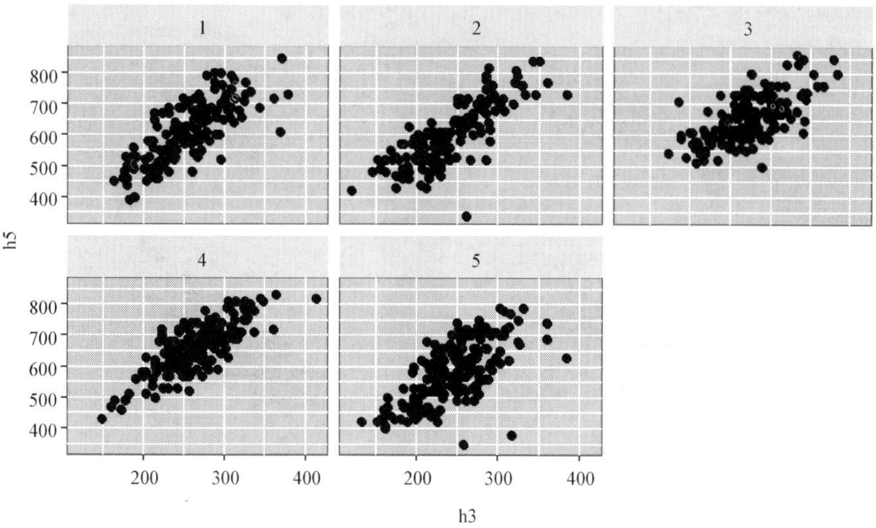

图 9-134　树高 h5 和 h3 的散点图分面

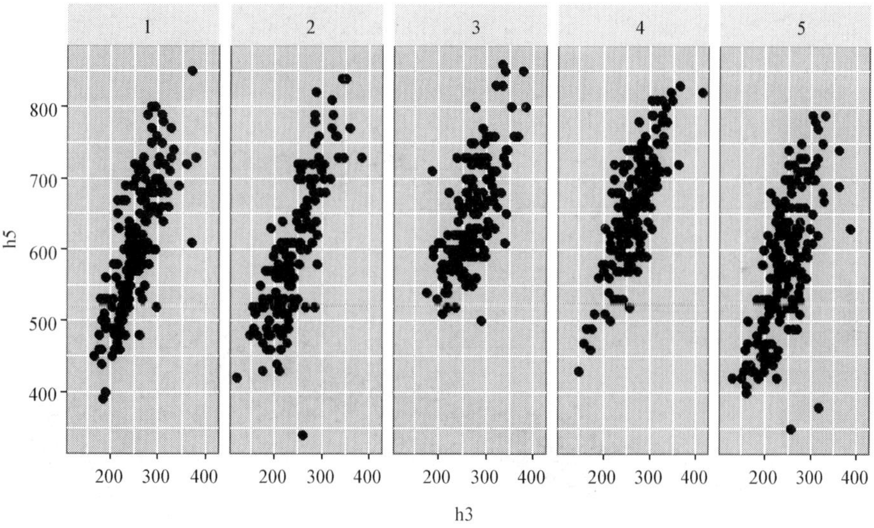

图 9-135　树高 h5 和 h3 的散点图分面

(2)分面标签

如要改变分面标签，需要对分面变量重新赋值，示范代码如下：

```
df$Spacing1 = df$Spacing
levels(df$Spacing1)[levels(df$Spacing1) == "S2" ] <-"Spacing 2"
levels(df$Spacing1)[levels(df$Spacing1) == "S3" ] <-"Spacing 3"

 p1 + facet_ grid(Spacing ~.)
 p1% +% df + facet_ grid(Spacing1 ~.)
```

生成的图形如图 9-136 所示。

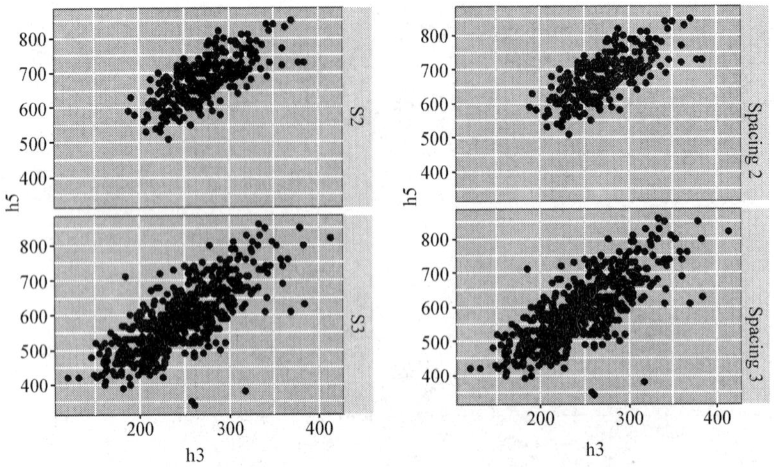

图 9-136 树高 h5 和 h3 的散点图分面(右图修改标签文本)

对于 facet_ grid(), 还有参数 labller 可以进行标签显示设置, 示例如下:

```
p1 + facet_ grid(Spacing ~. , labeller = label_ both)
```

生成的图形如图 9-137 所示。

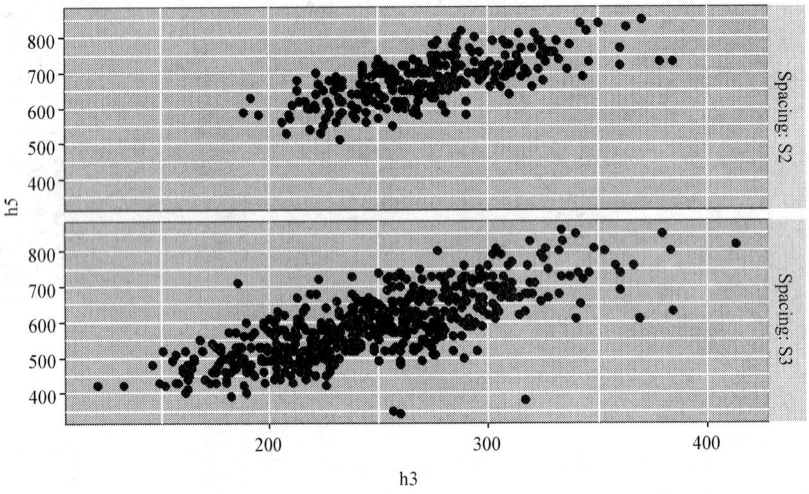

图 9-137 树高 h5 和 h3 的散点图分面

(3)分面外观

分面的外观分为文本和背景, 分别通过 strip. text 和 strip. background 来设置, 示例如下:

```
p1 + facet_ grid(Spacing ~. ) +
theme(strip. text = element_ text(face = "bold", size = rel(1.5)),
strip. background = element_ rect(fill = "lightblue",
colour = "black", size = 1))
```

代码说明，rel(1.5)表示分面标签字体大小为基准文本的 1.5 倍。size =1 表示分面背景边框线粗细为 1mm。

生成的图形如图 9-138 所示。

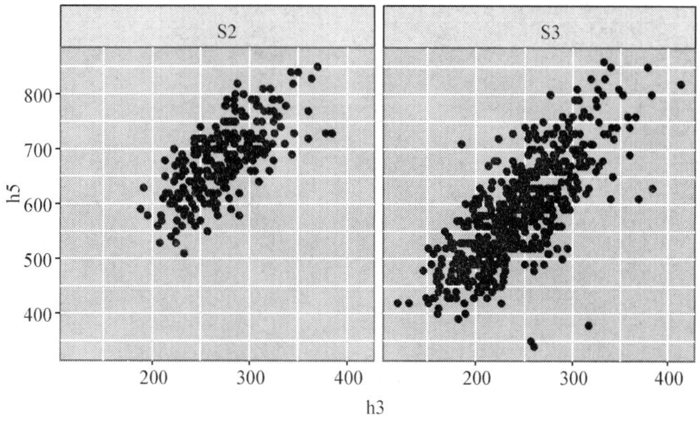

图 9-138　树高 h5 和 h3 的散点图(分面外观设置)

此外，结合参数 scales 设置坐标轴显示不同尺度，可取值为"free""free_ x""free_ y"，示范代码如下：

```
p1 + facet_ grid(Spacing ~ Plot, scales = "free") #图 9-136
p1 + facet_ grid(Spacing ~ Plot, scales = "free_ y") #图 9-137
```

生成的图形如图 9-139 和图 9-140 所示。

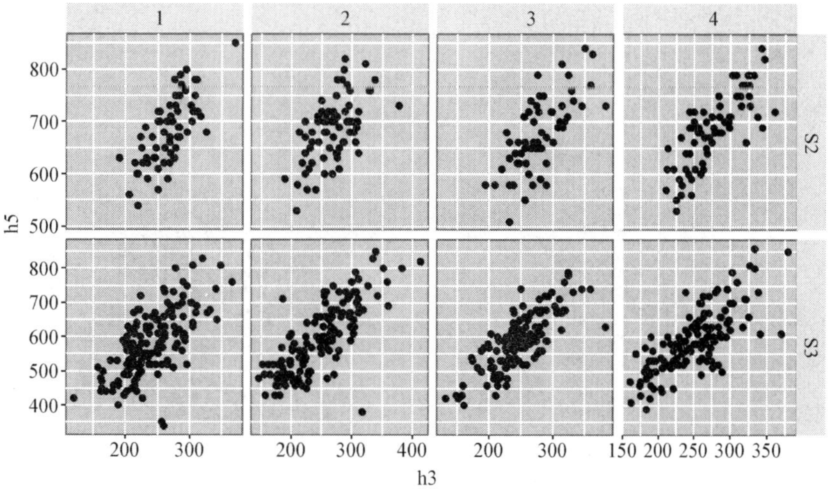

图 9-139　树高 h5 和 h3 的散点图(xy 轴尺度不同)

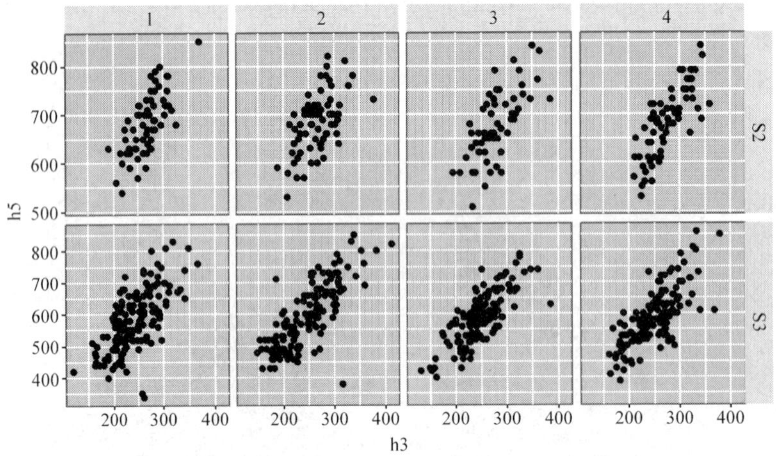

图 9-140 树高 h5 和 h3 的散点图(y 轴尺度不同)

9.2.5.6 图形配色

(1)对象配色

通过几何对象 geom_ xx( )中直接设置 colour 或 fill 参数的值，即可达到对象配色的目的。示例如下：

```
1  p1 + geom_ point(colour = "red")
2  ggplot(df, aes(x = h5)) + geom_ histogram(fill = "red", colour = "black")
```

代码说明，colour 参数控制线条或多边形轮廓的颜色，fill 参数则是多边形的填充色。生成的图形如图 9-141 所示。

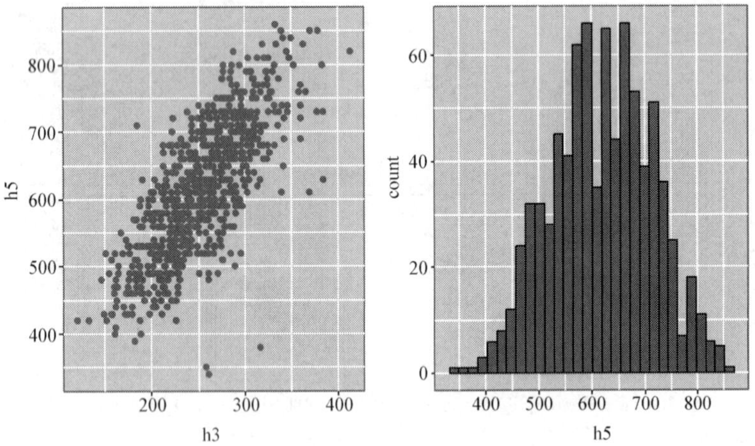

图 9-141 树高 h5、h3 的散点图(左)和 h5 的直方图(右)

(2)变量映射颜色

与对象配色类似，通过 colour 或 fill 参数将变量名赋给 colour 或 fill，示例如下：

```
1  p1 + aes(colour = Spacing)
2  ggplot(df, aes(x = Plot, y = h5, fill = Spacing)) +
```

```
geom_ bar(position = "dodge", colour = "black", stat = "identity")
```

生成的图形如图 9-142 所示。

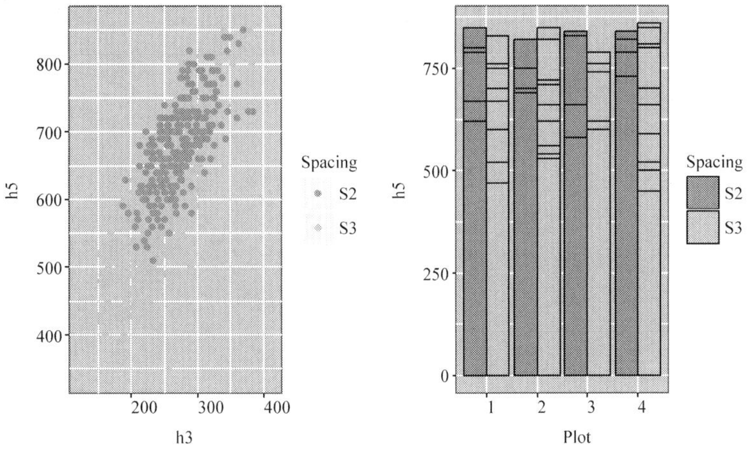

图 9-142　树高 h5、h3 的散点图(左)和 h5 的条形图(右)

(3)调色板设置

对于离散型变量调用调色板来设置图形颜色。示例如下：

```
data(Orange)

p = ggplot(Orange, aes(x = age, y = circumference, fill = Tree)) + geom
_ area()

library(RColorBrewer)
p + scale_ fill_ brewer(palette = "Oranges")
```

生成的图形如图 9-143 所示。

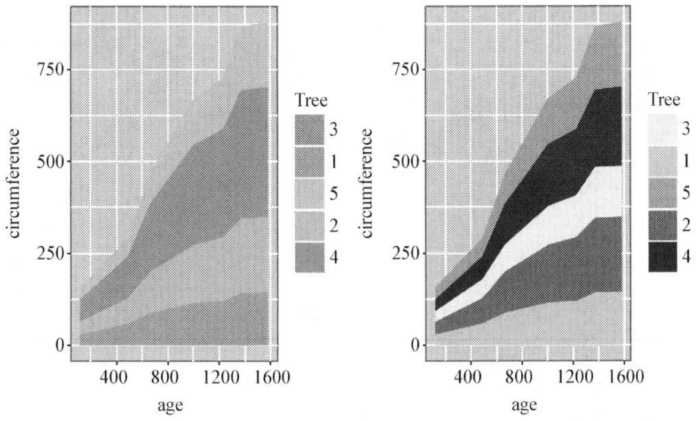

图 9-143　面积图(左图默认调色板，右图 Oranges 调色板)

RcolorBrewer 包含有 34 种调色板，通过 display. brewer. all( ) 来查看调色板类型。

9.2.5.7　图形输出

(1)多图设置

程序包 gridExtra 和 cowplot 很容易实现 ggplot2 多图配置。gridExtra 多图的示例如下：

```
library(gridExtra)
p = ggplot(df, aes(x = Rep, y = h5))

p1 = p + geom_ bar(stat = "identity", fill = "white")
p2 = p + aes(x = h3) + geom_ point()
p3 = p + geom_ boxplot()
p4 = p2 + facet_ wrap( ~ Spacing)
p5 = p2 + facet_ grid(Spacing ~. )

grid. arrange(p1, p2, p3, p4, ncol = 2)#图 9-144
grid. arrange(p5, arrangeGrob(p1, p2, p3), ncol = 2)#图 9-145
```

代码说明，用 ggplot2 分别绘制了条形图、散点图、箱线图及散点图分面。

生成的图形如图 9-144 和图 9-145 所示。

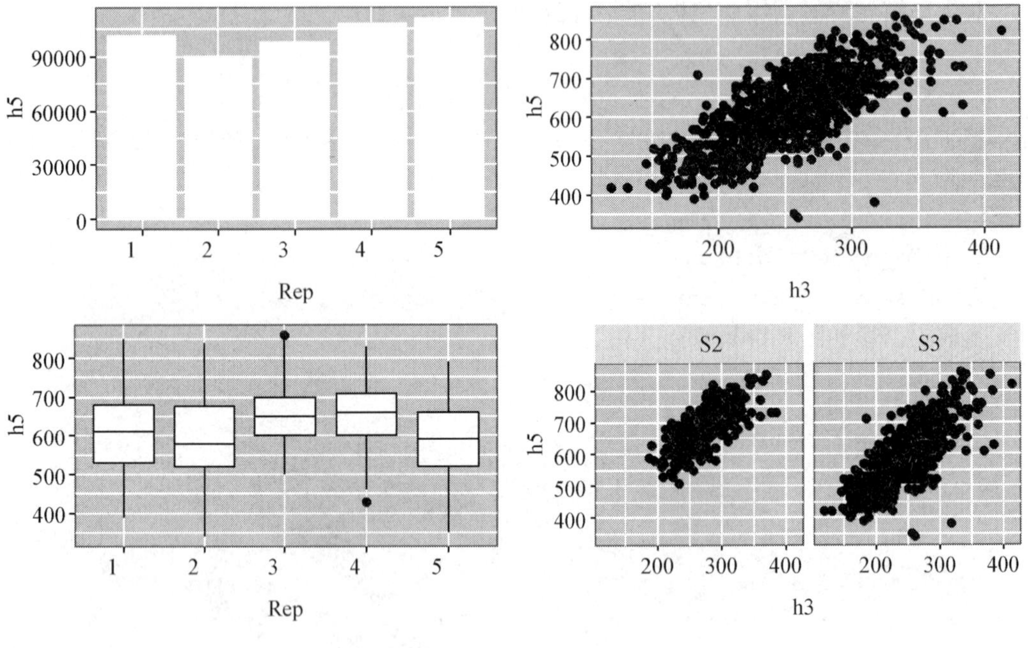

图 9-144　多图设置

如图 9-144 所示，子图是按总数 2 列以及按行排放的。也可使用 nrow = 2，结果一样。

图 9-144 与图 9-145 的区别在于，虽然都是按 2 列排放，arrangeGrob(p1，p2，p3)表明其中间的 p1、p2、p3 图形占第 2 列，此外的 p5 图形单独占第 1 列。cowplot 多图的示例如下：

```
#devtools:: install_ github("wilkelab/cowplot")
```

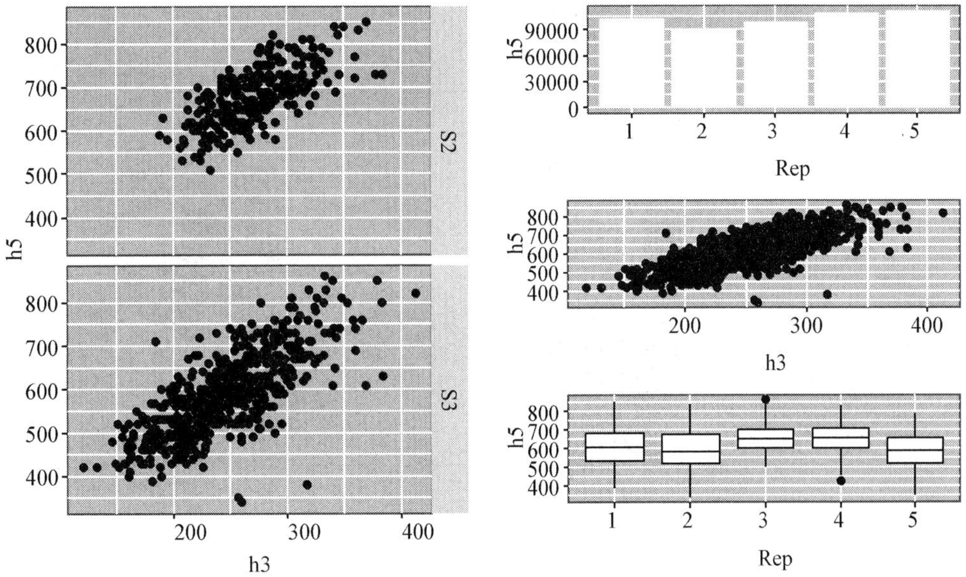

图 9-145　多图设置

```
library(cowplot)

plot_ grid(p1, p2, labels = c("A", "B"), ncol = 2)#图 9-146

# draw_ plot(plot, x = 0, y = 0, width = 1, height = 1)
ggdraw() +
draw_ plot(p4, 0, .5, 1, .5) +
draw_ plot(p1, 0, 0, .5, .5) +
draw_ plot(p3, .5, 0, .5, .5) +
draw_ plot_ label(c("A", "B", "C"), c(0, 0, 0.5), c(1, 0.5, 0.5),
size = 15)#图 9-147
```

生成的图形如图 9-146 和图 9-147 所示。

cowplot 包的 plot_ grid( )函数优点如下所示：给多图的每个子图直接加上标签，如图 9-146 所示。plot_ grid( )函数工作原理与 grid. arrange( )类似。但 plot_ grid( )函数无法设置每行子图数量差异，因此采用 draw_ plot( )来设置。采用 xy 坐标来控制图形的摆放位置，左下角为原点(0, 0)，右下角为(0.5, 0)，左上角为(0, 0.5)，右上角为(0.5, 0.5)。draw_ plot( )的缺点在于多图只能设置 2 行。

(2)PDF 输出

对于 ggplot2 绘制的图形，以 PDF 文件输出的方式有两种：

①通过 PDF 图形设备输出；

②通过函数 ggsave( )来输出。注意：函数 ggsave( )每次只能输出一张图片，而 PDF 图形设备则没有限制。示例如下：

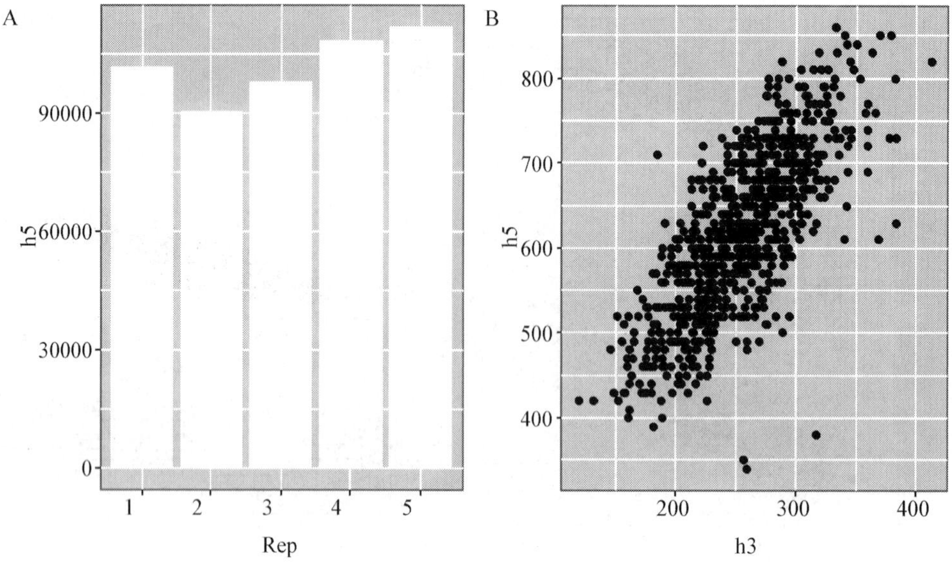

图 9-146 多图设置(一)

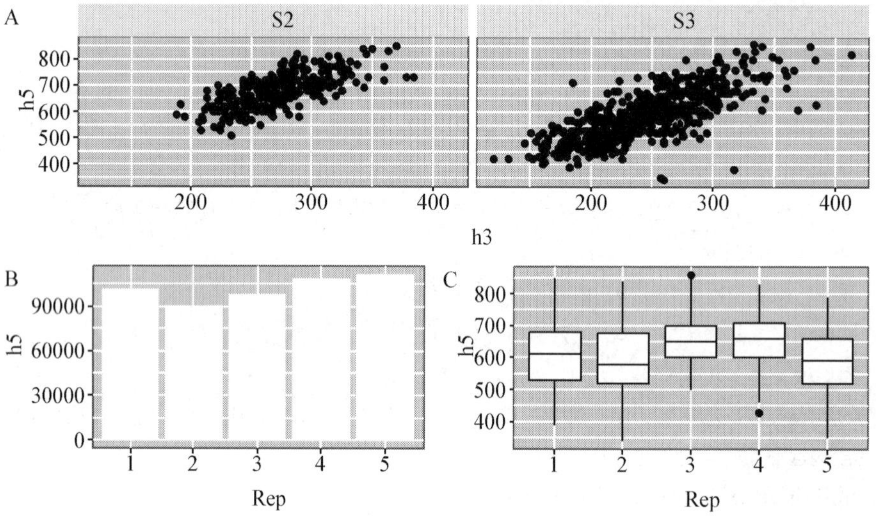

图 9-147 多图设置(二)

```
## pdf output

#1 pdf()
pdf("myplot.pdf", width=6, height=6)#6* 6 in; 1 in=2.54 cm
#pdf("myplot.pdf", width=6/2.54, height=6/2.54)# units=cm

p1=ggplot(df, aes(x=Rep, y=h5))+geom_boxplot()
p2=p1+facet_grid(Spacing ~.)
```

```
print(p1)
print(p2)

dev.off()

#2ggsave()

ggplot(df, aes(x=Rep, y=h5))+geom_boxplot()

ggsave("myplot.pdf", width=8, height=8, units="cm")
```

(3)图片输出

不论是采用图形设备方式还是采用 ggsave()方式，目前 ggplot2 图形均可输出为 png、ps、jpeg、tiff、bmp、wmf 等格式。现以 png 图片输出作为示范，代码如下：

```
#### png
#1 png()
png("myplot-%d.png", width=300, height=300)# units=ppi
#ppi=300
#png("myplot.pdf", width=4*ppi, height=4*ppi, res=ppi)# units=in

p1=ggplot(df, aes(x=Rep, y=h5))+geom_boxplot()
p2=p1+facet_grid(Spacing~.)
print(p1)
print(p2)

dev.off()

#2 ggsave()
ggplot(df, aes(x=Rep, y=h5))+geom_boxplot()

ggsave("myplot.png", width=8, height=8, units="cm", dpi=300)
```

代码说明,%d 用于输出多张图片，且以 1、2、3 等附在图片名之后。

思考题

(1) 名词解释

维度　图形长宽比　条件变量　图层　几何对象　标度　坐标系统

(2) 以 agridat 包的数据集 steptoe. morex. pheno 为例，利用 lattice 包，分别绘制密度图、直方图、散点图、箱线图、平行坐标图。

(3) 以 agridat 包的数据集 steptoe. morex. pheno 为例，利用 ggplot2 包，分别绘制密度图、直方图、散点图、箱线图、平行坐标图。

(4) ggplot2 与其他绘图程序包的区别在哪？优点有哪些？

(5) 以同一份数据为例，分别尝试 lattice 和 ggplot2 进行更复杂的图形调整。

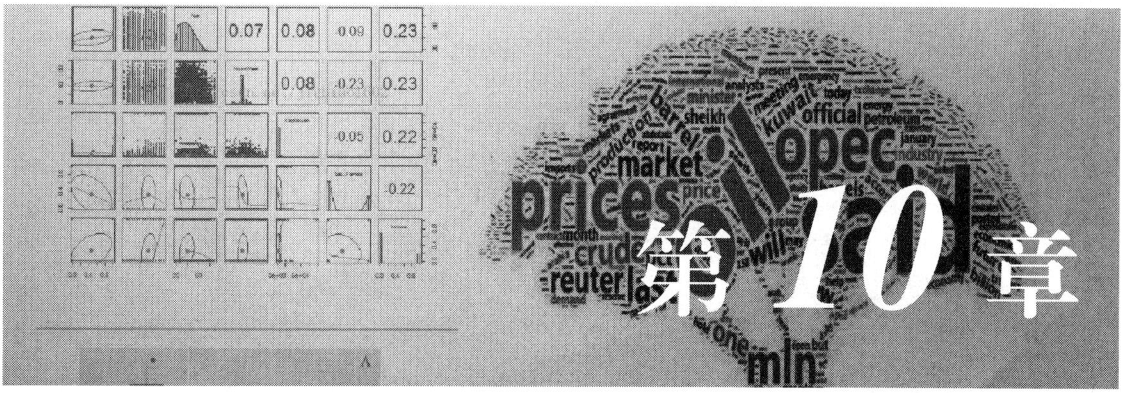

第10章

遗传评估

遗传评估(genetic evaluation)是用不同信息来源的资料对个体的遗传应用价值所进行的评价。遗传评估的目的是:

①评估个体单个或多个性状的遗传价值;

②预测子代在特定环境下的表现;

③估算育种值。

遗传评估分析采用的通用混合线性模型如下:

$$y = Xb + Zu + e \tag{10-1}$$

式中,y 是观测值构成的向量,b 是固定效应构成的向量,X 是固定效应 b 的关联矩阵,u 是随机效应构成的向量,Z 是随机效应 u 的关联矩阵,e 是随机误差向量。假定上式中随机向量 y、u、e 的数学期望分别为 $\mathrm{E}(y) = Xb$,$\mathrm{E}(u) = \mathrm{E}(e) = 0$;方差分别为 $\mathrm{Var}(y) = ZGZ' + R$,$\mathrm{Var}(u) = G$(称为 G 结构),$\mathrm{Var}(e) = I\sigma_e^2 = R$($R$ 结构),$\mathrm{Cov}(u, e) = 0$。

1950 年,美国学者 Henderson 提出了 BLUP 法,即最优线性无偏预测法(best linear unbiased prediction)。BLUP 法就是按照最佳线性无偏的原则求解或估计式(10-1)中的固定效应向量 b 和随机效应向量 u。Henderson 提出了 MME 解法,即混合模型方程组法(mixed model equations),如下:

$$\begin{bmatrix} X'R^{-1}X & X'R^{-1}Z \\ Z'R^{-1}X & Z'R^{-1}Z + G^{-1} \end{bmatrix} \begin{bmatrix} \hat{b} \\ \hat{u} \end{bmatrix} = \begin{bmatrix} X'R^{-1}y \\ Z'R^{-1}y \end{bmatrix} \tag{10-2}$$

由式(10-2)进一步求解可得:

$$\begin{bmatrix} \hat{b} \\ \hat{u} \end{bmatrix} = \begin{bmatrix} X'R^{-1}X & X'R^{-1}Z \\ Z'R^{-1}X & Z'R^{-1}Z + G^{-1} \end{bmatrix}^{-1} \begin{bmatrix} X'R^{-1}y \\ Z'R^{-1}y \end{bmatrix} \tag{10-3}$$

现定义随机效应向量 u 为个体育种值向量,且个体无重复观察值,这时 u 的方差 $\mathrm{Var}(u) = \mathrm{G} = \mathrm{A}\sigma_u^2$。其中 A 是加性遗传相关矩阵或分子亲缘相关矩阵。将 G 和 R 代入式

(10－3)，整理可得：

$$\begin{bmatrix} \hat{b} \\ u\hat{u} \end{bmatrix} = \begin{bmatrix} X'X & X'Z \\ Z'X & Z'Z + A^{-1}\kappa \end{bmatrix}^{-1} \begin{bmatrix} X'y \\ Z'y \end{bmatrix} \quad (10-4)$$

式中，$k = \sigma_e^2 / \sigma_u^2$；

σ_e^2是随机误差方差；

σ_u^2是加性遗传方差。

BLUP 法具有以下优点：

①充分利用所有亲属的信息；

②可校正固定环境效应，更有效地消除由环境造成的偏差；

③考虑不同群体、不同世代的遗传差异；

④可校正选配造成的偏差；

⑤当利用个体的多项记录时，可将由于淘汰造成的偏差降至最低。因此，BLUP 法能够提高遗传评估与种质选择的准确性。

现在以表 10-1 数据为例，以 R 软件为工具，简单介绍 BLUE 和 BLUP 的计算过程，通过矩阵运算完成。数据假定有 4 个半同胞家系，4 次重复，单株小区，测量的树高见表 10-1。

表 10-1 示范数据

	Fam1	Fam2	Fam3	Fam4
Rep1	3. 99	4. 58	5. 51	6. 13
Rep2	5. 33	4. 47	4. 83	6. 33
Rep3	5. 44	6. 15	5. 06	5. 35
Rep4	5. 41	2. 49	4. 85	5. 05

分析过程如下：将上述的 16 个数据分别对应 16 棵树(编码 T5 ~ T20)，来自 4 个母本(编码 M1 ~ M4)，将重复视为固定效应，然后构建 X、Z、A 和 Y 矩阵，程序代码如下：

```
# X matrix
x1 = x2 = x3 = x4 = matrix(0, nrow = 4, ncol = 4)
x1[,1] = x2[,2] = x3[,3] = x4[,4] = 1
x = rbind(x1, x2, x3, x4)

# Z matrix
z = diag(16)
z0 = matrix(0, nrow = 16, ncol = 4)
z = cbind(z0, z)

# A matrix
aa = read.csv("Amatrix.csv", F)
A = as.matrix(aa)
Ai = solve(A) # A-inverse matrix
```

```
#Landa
Ld = Ve/Va

# Y matrix
y = scan()
3.99  4.58  5.51  6.13
5.33  4.47  4.83  6.33
5.44  6.15  5.06  5.35
5.41  2.49  4.85  5.05
y = matrix(y, ncol = 1)
```

各自生成的矩阵具体如下:

```
> x
      [,1] [,2] [,3] [,4]
[1,]    1    0    0    0
[2,]    1    0    0    0
[3,]    1    0    0    0
[4,]    1    0    0    0
[5,]    0    1    0    0
[6,]    0    1    0    0
[7,]    0    1    0    0
[8,]    0    1    0    0
[9,]    0    0    1    0
[10,]   0    0    1    0
[11,]   0    0    1    0
[12,]   0    0    1    0
[13,]   0    0    0    1
[14,]   0    0    0    1
[15,]   0    0    0    1
[16,]   0    0    0    1
```

```
> z
     [,1] [,2] [,3] [,4] [,5] [,6] [,7] [,8] [,9][,10][,11][,12][,13]
[1,]    0    0    0    0    1    0    0    0    0    0    0    0    0
[2,]    0    0    0    0    0    1    0    0    0    0    0    0    0
[3,]    0    0    0    0    0    0    1    0    0    0    0    0    0
[4,]    0    0    0    0    0    0    0    1    0    0    0    0    0
[5,]    0    0    0    0    0    0    0    0    1    0    0    0    0
[6,]    0    0    0    0    0    0    0    0    0    1    0    0    0
[7,]    0    0    0    0    0    0    0    0    0    0    1    0    0
[8,]    0    0    0    0    0    0    0    0    0    0    0    1    0
```

```
[9,]    0   0   0   0   0   0   0   0   0   0   0   0   1
[10,]   0   0   0   0   0   0   0   0   0   0   0   0   0
[11,]   0   0   0   0   0   0   0   0   0   0   0   0   0
[12,]   0   0   0   0   0   0   0   0   0   0   0   0   0
[13,]   0   0   0   0   0   0   0   0   0   0   0   0   0
[14,]   0   0   0   0   0   0   0   0   0   0   0   0   0
[15,]   0   0   0   0   0   0   0   0   0   0   0   0   0
[16,]   0   0   0   0   0   0   0   0   0   0   0   0   0
      [,14] [,15] [,16] [,17] [,18] [,19] [,20]
[1,]      0     0     0     0     0     0     0
[2,]      0     0     0     0     0     0     0
[3,]      0     0     0     0     0     0     0
[4,]      0     0     0     0     0     0     0
[5,]      0     0     0     0     0     0     0
[6,]      0     0     0     0     0     0     0
[7,]      0     0     0     0     0     0     0
[8,]      0     0     0     0     0     0     0
[9,]      0     0     0     0     0     0     0
[10,]     1     0     0     0     0     0     0
[11,]     0     1     0     0     0     0     0
[12,]     0     0     1     0     0     0     0
[13,]     0     0     0     1     0     0     0
[14,]     0     0     0     0     1     0     0
[15,]     0     0     0     0     0     1     0
[16,]     0     0     0     0     0     0     1
>A
       V1  V2  V3  V4   V5   V6   V7   V8   V9  V10  V11  V12  V13  V14  V15
[1,]  1.0 0.0 0.0 0.0 0.50 0.00 0.00 0.00 0.50 0.00 0.00 0.00 0.50 0.00 0.00
[2,]  0.0 1.0 0.0 0.0 0.00 0.50 0.00 0.00 0.00 0.50 0.00 0.00 0.00 0.50 0.00
[3,]  0.0 0.0 1.0 0.0 0.00 0.00 0.50 0.00 0.00 0.00 0.50 0.00 0.00 0.00 0.50
[4,]  0.0 0.0 0.0 1.0 0.00 0.00 0.00 0.50 0.00 0.00 0.00 0.50 0.00 0.00 0.00
[5,]  0.5 0.0 0.0 0.0 1.00 0.00 0.00 0.00 0.25 0.00 0.00 0.00 0.25 0.00 0.00
[6,]  0.0 0.5 0.0 0.0 0.00 1.00 0.00 0.00 0.00 0.25 0.00 0.00 0.00 0.25 0.00
[7,]  0.0 0.0 0.5 0.0 0.00 0.00 1.00 0.00 0.00 0.00 0.25 0.00 0.00 0.00 0.25
[8,]  0.0 0.0 0.0 0.5 0.00 0.00 0.00 1.00 0.00 0.00 0.00 0.25 0.00 0.00 0.00
[9,]  0.5 0.0 0.0 0.0 0.25 0.00 0.00 0.00 1.00 0.00 0.00 0.00 0.25 0.00 0.00
[10,] 0.0 0.5 0.0 0.0 0.00 0.25 0.00 0.00 0.00 1.00 0.00 0.00 0.00 0.25 0.00
[11,] 0.0 0.0 0.5 0.0 0.00 0.00 0.25 0.00 0.00 0.00 1.00 0.00 0.00 0.00 0.25
[12,] 0.0 0.0 0.0 0.5 0.00 0.00 0.00 0.25 0.00 0.00 0.00 1.00 0.00 0.00 0.00
[13,] 0.5 0.0 0.0 0.0 0.25 0.00 0.00 0.00 0.25 0.00 0.00 0.00 1.00 0.00 0.00
[14,] 0.0 0.5 0.0 0.0 0.00 0.25 0.00 0.00 0.00 0.25 0.00 0.00 0.00 1.00 0.00
```

```
[15,]  0.0 0.0 0.5 0.0 0.00 0.00 0.25 0.00 0.00 0.00 0.25 0.00 0.00 0.00 1.00
[16,]  0.0 0.0 0.0 0.5 0.00 0.00 0.00 0.25 0.00 0.00 0.00 0.25 0.00 0.00 0.00
[17,]  0.5 0.0 0.0 0.0 0.25 0.00 0.00 0.00 0.25 0.00 0.00 0.00 0.25 0.00 0.00
[18,]  0.0 0.5 0.0 0.0 0.00 0.25 0.00 0.00 0.00 0.25 0.00 0.00 0.00 0.25 0.00
[19,]  0.0 0.0 0.5 0.0 0.00 0.00 0.25 0.00 0.00 0.00 0.25 0.00 0.00 0.00 0.25
[20,]  0.0 0.0 0.0 0.5 0.00 0.00 0.00 0.25 0.00 0.00 0.00 0.25 0.00 0.00 0.00

        V16  V17  V18  V19  V20
[1,]   0.00 0.50 0.00 0.00 0.00
[2,]   0.00 0.00 0.50 0.00 0.00
[3,]   0.00 0.00 0.00 0.50 0.00
[4,]   0.50 0.00 0.00 0.00 0.50
[5,]   0.00 0.25 0.00 0.00 0.00
[6,]   0.00 0.00 0.25 0.00 0.00
[7,]   0.00 0.00 0.00 0.25 0.00
[8,]   0.25 0.00 0.00 0.00 0.25
[9,]   0.00 0.25 0.00 0.00 0.00
[10,]  0.00 0.00 0.25 0.00 0.00
[11,]  0.00 0.00 0.00 0.25 0.00
[12,]  0.25 0.00 0.00 0.00 0.25
[13,]  0.00 0.25 0.00 0.00 0.00
[14,]  0.00 0.00 0.25 0.00 0.00
[15,]  0.00 0.00 0.00 0.25 0.00
[16,]  1.00 0.00 0.00 0.00 0.25
[17,]  0.00 1.00 0.00 0.00 0.00
[18,]  0.00 0.00 1.00 0.00 0.00
[19,]  0.00 0.00 0.00 1.00 0.00
[20,]  0.25 0.00 0.00 0.00 1.00
>y
       [,1]
[1,]   3.99
[2,]   4.58
[3,]   5.51
[4,]   6.13
[5,]   5.33
[6,]   4.47
[7,]   4.83
[8,]   6.33
[9,]   5.44
[10,]  6.15
[11,]  5.06
[12,]  5.35
```

```
[13,]  5.41
[14,]  2.49
[15,]  4.85
[16,]  5.05
```

根据式(10－4)分别求算 λ 和 A^{-1}，其中的加性方差 Va(0.307)和残差 Ve(0.576)通过 R 包或 ASReml 或 SAS 提前计算获得，程序代码和结果如下：

```
> #Landa
> Ld = Ve/Va
> Ld
[1] 1.876221
> Ai = round(solve(A), 3) # A-inverse matrix
> Ai
       [,1]   [,2]   [,3]   [,4]   [,5]   [,6]   [,7]   [,8]   [,9]  [,10]
V1    2.333  0.000  0.000  0.000 -0.667  0.000  0.000  0.000 -0.667  0.000
V2    0.000  2.333  0.000  0.000  0.000 -0.667  0.000  0.000  0.000 -0.667
V3    0.000  0.000  2.333  0.000  0.000  0.000 -0.667  0.000  0.000  0.000
V4    0.000  0.000  0.000  2.333  0.000  0.000  0.000 -0.667  0.000  0.000
V5   -0.667  0.000  0.000  0.000  1.333  0.000  0.000  0.000  0.000  0.000
V6    0.000 -0.667  0.000  0.000  0.000  1.333  0.000  0.000  0.000  0.000
V7    0.000  0.000 -0.667  0.000  0.000  0.000  1.333  0.000  0.000  0.000
V8    0.000  0.000  0.000 -0.667  0.000  0.000  0.000  1.333  0.000  0.000
V9   -0.667  0.000  0.000  0.000  0.000  0.000  0.000  0.000  1.333  0.000
V10   0.000 -0.667  0.000  0.000  0.000  0.000  0.000  0.000  0.000  1.333
V11   0.000  0.000 -0.667  0.000  0.000  0.000  0.000  0.000  0.000  0.000
V12   0.000  0.000  0.000 -0.667  0.000  0.000  0.000  0.000  0.000  0.000
V13  -0.667  0.000  0.000  0.000  0.000  0.000  0.000  0.000  0.000  0.000
V14   0.000 -0.667  0.000  0.000  0.000  0.000  0.000  0.000  0.000  0.000
V15   0.000  0.000 -0.667  0.000  0.000  0.000  0.000  0.000  0.000  0.000
V16   0.000  0.000  0.000 -0.667  0.000  0.000  0.000  0.000  0.000  0.000
V17  -0.667  0.000  0.000  0.000  0.000  0.000  0.000  0.000  0.000  0.000
V18   0.000 -0.667  0.000  0.000  0.000  0.000  0.000  0.000  0.000  0.000
V19   0.000  0.000 -0.667  0.000  0.000  0.000  0.000  0.000  0.000  0.000
V20   0.000  0.000  0.000 -0.667  0.000  0.000  0.000  0.000  0.000  0.000

      [,11]  [,12]  [,13]  [,14]  [,15]  [,16]  [,17]  [,18]  [,19]  [,20]
V1    0.000  0.000 -0.667  0.000  0.000  0.000 -0.667  0.000  0.000  0.000
V2    0.000  0.000  0.000 -0.667  0.000  0.000  0.000 -0.667  0.000  0.000
V3   -0.667  0.000  0.000  0.000 -0.667  0.000  0.000  0.000 -0.667  0.000
V4    0.000 -0.667  0.000  0.000  0.000 -0.667  0.000  0.000  0.000 -0.667
V5    0.000  0.000  0.000  0.000  0.000  0.000  0.000  0.000  0.000  0.000
V6    0.000  0.000  0.000  0.000  0.000  0.000  0.000  0.000  0.000  0.000
```

```
V7   0.000 0.000 0.000 0.000 0.000 0.000 0.000 0.000 0.000 0.000
V8   0.000 0.000 0.000 0.000 0.000 0.000 0.000 0.000 0.000 0.000
V9   0.000 0.000 0.000 0.000 0.000 0.000 0.000 0.000 0.000 0.000
V10  0.000 0.000 0.000 0.000 0.000 0.000 0.000 0.000 0.000 0.000
V11  1.333 0.000 0.000 0.000 0.000 0.000 0.000 0.000 0.000 0.000
V12  0.000 1.333 0.000 0.000 0.000 0.000 0.000 0.000 0.000 0.000
V13  0.000 0.000 1.333 0.000 0.000 0.000 0.000 0.000 0.000 0.000
V14  0.000 0.000 0.000 1.333 0.000 0.000 0.000 0.000 0.000 0.000
V15  0.000 0.000 0.000 0.000 1.333 0.000 0.000 0.000 0.000 0.000
V16  0.000 0.000 0.000 0.000 0.000 1.333 0.000 0.000 0.000 0.000
V17  0.000 0.000 0.000 0.000 0.000 0.000 1.333 0.000 0.000 0.000
V18  0.000 0.000 0.000 0.000 0.000 0.000 0.000 1.333 0.000 0.000
V19  0.000 0.000 0.000 0.000 0.000 0.000 0.000 0.000 1.333 0.000
V20  0.000 0.000 0.000 0.000 0.000 0.000 0.000 0.000 0.000 1.333
```

对比谱系矩阵 A 和 A^{-1}，会发现 A^{-1}大部分数据为 0，这会大大降低矩阵的运算量，所以遗传评估计算基本都只计算 A^{-1}。

进一步根据式(10－4)分别求算 X'X、X'Z、Z'X、Z'Z＋A^{-1}，以及 X'Y、Z'Y，程序代码如下：

```
# AA matrix
AA11 = t(x)%*%x # X'X
AA12 = t(x)%*%z # X'Z
AA21 = t(AA12) # Z'X
AA22 = t(z)%*%z + Ld* Ai   # Z'Z + ld* A - inv
```

将上述的 4 个矩阵，进一步整合为 1 个大矩阵，程序代码如下：

```
AA1 = cbind(AA11, AA12)
AA2 = cbind(AA21, AA22)
AA = rbind(AA1, AA2)
```

大矩阵 AA 的具体结果如下：

```
> round(AA, 3)
   [,1] [,2] [,3] [,4]  [,5]  [,6]  [,7]  [,8]  [,9] [,10] [,11] [,12] [,13]
      4    0    0    0 0.000 0.000 0.000 0.000 1.000 1.000 1.000 1.000 0.000
      0    4    0    0 0.000 0.000 0.000 0.000 0.000 0.000 0.000 0.000 1.000
      0    0    4    0 0.000 0.000 0.000 0.000 0.000 0.000 0.000 0.000 0.000
      0    0    0    4 0.000 0.000 0.000 0.000 0.000 0.000 0.000 0.000 0.000
V1    0    0    0    0 4.377 0.000 0.000 0.000-1.251 0.000 0.000 0.000-1.251
V2    0    0    0    0 0.000 4.377 0.000 0.000 0.000-1.251 0.000 0.000 0.000
V3    0    0    0    0 0.000 0.000 4.377 0.000 0.000 0.000-1.251 0.000 0.000
V4    0    0    0    0 0.000 0.000 0.000 4.377 0.000 0.000 0.000-1.251 0.000
V5    1    0    0    0-1.251 0.000 0.000 0.000 3.501 0.000 0.000 0.000 0.000
V6    1    0    0    0 0.000-1.251 0.000 0.000 0.000 3.501 0.000 0.000 0.000
```

```
V7      1   0   0   0 0.000 0.000-1.251 0.000 0.000 0.000 3.501 0.000 0.000
V8      1   0   0   0 0.000 0.000 0.000-1.251 0.000 0.000 0.000 3.501 0.000
V9      0   1   0   0-1.251 0.000 0.000 0.000 0.000 0.000 0.000 0.000 3.501
V10     0   1   0   0 0.000-1.251 0.000 0.000 0.000 0.000 0.000 0.000 0.000
V11     0   1   0   0 0.000 0.000-1.251 0.000 0.000 0.000 0.000 0.000 0.000
V12     0   1   0   0 0.000 0.000 0.000-1.251 0.000 0.000 0.000 0.000 0.000
V13     0   0   1   0-1.251 0.000 0.000 0.000 0.000 0.000 0.000 0.000 0.000
V14     0   0   1   0 0.000-1.251 0.000 0.000 0.000 0.000 0.000 0.000 0.000
V15     0   0   1   0 0.000 0.000-1.251 0.000 0.000 0.000 0.000 0.000 0.000
V16     0   0   1   0 0.000 0.000 0.000-1.251 0.000 0.000 0.000 0.000 0.000
V17     0   0   0   1-1.251 0.000 0.000 0.000 0.000 0.000 0.000 0.000 0.000
V18     0   0   0   1 0.000-1.251 0.000 0.000 0.000 0.000 0.000 0.000 0.000
V19     0   0   0   1 0.000 0.000-1.251 0.000 0.000 0.000 0.000 0.000 0.000
V20     0   0   0   1 0.000 0.000 0.000-1.251 0.000 0.000 0.000 0.000 0.000

     [,14] [,15] [,16] [,17] [,18] [,19] [,20] [,21] [,22] [,23] [,24]
     0.000 0.000 0.000 0.000 0.000 0.000 0.000 0.000 0.000 0.000 0.000
     1.000 1.000 1.000 0.000 0.000 0.000 0.000 0.000 0.000 0.000 0.000
     0.000 0.000 0.000 1.000 1.000 1.000 1.000 0.000 0.000 0.000 0.000
     0.000 0.000 0.000 0.000 0.000 0.000 0.000 1.000 1.000 1.000 1.000
V1   0.000 0.000 0.000-1.251 0.000 0.000 0.000-1.251 0.000 0.000 0.000
V2  -1.251 0.000 0.000 0.000-1.251 0.000 0.000 0.000-1.251 0.000 0.000
V3   0.000-1.251 0.000 0.000 0.000-1.251 0.000 0.000 0.000-1.251 0.000
V4   0.000 0.000-1.251 0.000 0.000 0.000-1.251 0.000 0.000 0.000-1.251
V5   0.000 0.000 0.000 0.000 0.000 0.000 0.000 0.000 0.000 0.000 0.000
V6   0.000 0.000 0.000 0.000 0.000 0.000 0.000 0.000 0.000 0.000 0.000
V7   0.000 0.000 0.000 0.000 0.000 0.000 0.000 0.000 0.000 0.000 0.000
V8   0.000 0.000 0.000 0.000 0.000 0.000 0.000 0.000 0.000 0.000 0.000
V9   0.000 0.000 0.000 0.000 0.000 0.000 0.000 0.000 0.000 0.000 0.000
V10  3.501 0.000 0.000 0.000 0.000 0.000 0.000 0.000 0.000 0.000 0.000
V11  0.000 3.501 0.000 0.000 0.000 0.000 0.000 0.000 0.000 0.000 0.000
V12  0.000 0.000 3.501 0.000 0.000 0.000 0.000 0.000 0.000 0.000 0.000
V13  0.000 0.000 0.000 3.501 0.000 0.000 0.000 0.000 0.000 0.000 0.000
V14  0.000 0.000 0.000 0.000 3.501 0.000 0.000 0.000 0.000 0.000 0.000
V15  0.000 0.000 0.000 0.000 0.000 3.501 0.000 0.000 0.000 0.000 0.000
V16  0.000 0.000 0.000 0.000 0.000 0.000 3.501 0.000 0.000 0.000 0.000
V17  0.000 0.000 0.000 0.000 0.000 0.000 0.000 3.501 0.000 0.000 0.000
V18  0.000 0.000 0.000 0.000 0.000 0.000 0.000 0.000 3.501 0.000 0.000
V19  0.000 0.000 0.000 0.000 0.000 0.000 0.000 0.000 0.000 3.501 0.000
V20  0.000 0.000 0.000 0.000 0.000 0.000 0.000 0.000 0.000 0.000 3.501
```

现在构建式(10-4)右边的新 Y 矩阵，代码如下：

```
# new y matrix
```

```
xty=t(x)%*%y  #X'Y
zty=t(z)%*%y  # Z'Y
yy=rbind(xty, zty)
```

运行结果如下：

```
>yy
       [,1]
[1,]   20.21
[2,]   20.96
[3,]   22.00
[4,]   17.80
[5,]    0.00
[6,]    0.00
[7,]    0.00
[8,]    0.00
[9,]    3.99
[10,]   4.58
[11,]   5.51
[12,]   6.13
[13,]   5.33
[14,]   4.47
[15,]   4.83
[16,]   6.33
[17,]   5.44
[18,]   6.15
[19,]   5.06
[20,]   5.35
[21,]   5.41
[22,]   2.49
[23,]   4.85
[24,]   5.05
```

上述所有的矩阵现已构建好了，根据式(10－4)即可获得 BLUE 和 BLUP，程序代码如下：

```
# solutions of BLUE and BLUP
sol=round(solve(AA, yy), 3)
Vnames=c(paste("Rep", 1:4, sep=''), paste("M", 1:4, sep=''),
paste("T", 5: 20, sep=''))
rownames(sol)=Vnames
sol
```

运行结果如下：

```
>sol
```

```
          [,1]
Rep1     5.053
Rep2     5.240
Rep3     5.500
Rep4     4.450
M1      -0.010
M2      -0.353
M3       0.001
M4       0.362
T5      -0.307
T6      -0.261
T7       0.131
T8       0.437
T9       0.022
T10     -0.346
T11     -0.117
T12      0.441
T13     -0.021
T14      0.060
T15     -0.125
T16      0.086
T17      0.271
T18     -0.686
T19      0.115
T20      0.301
```

上述结果中 Rep1 ~ Rep4 为 BLUE 值(固定效应)，M1 ~ M4、T5 ~ T20 为 BLUP 值(随机效应)。

假定原始数据不变、残差 Ve 不变，加性方差 Va 给与不同值，查看 BLUE 和 BLUP 值的变化趋势。为了简单实现上述目的，编写下述的函数，程序代码如下：

```
vsol = function(Am, Xm, Zm, Ym, Va, Ve, Vnames){
  Ld = Ve/Va #Landa
  h2 = round(Va/(Va + Ve), 2); h2.name = paste("h2", h2, sep = '_')
  Ai = solve(Am) # A - inverse matrix

  # AA matrix
  AA11 = t(Xm) % * % Xm # X'X
  AA12 = t(Xm) % * % Zm # X'Z
  AA21 = t(AA12)  # Z'X

  # new y matrix
```

```
xty=t(Xm)% * % Ym  #X'Y
zty=t(Zm)% * % Ym  # Z'Y
  yy=rbind(xty, zty)
  Sol=data.frame()
  for(i in 1: length(Ld)){
    AA22=t(Zm)% * % Zm+Ld[i]* Ai  # Z'Z+ld* A-inv

    AA1=cbind(AA11, AA12)
    AA2=cbind(AA21, AA22)
    AA=rbind(AA1, AA2)
    # solutions of BLUE and BLUP
    sol=round(solve(AA, yy), 3)
nsol=nrow(sol)
    Sol[1: nsol, i]=as.vector(sol)
  }
colnames(Sol)=h2.name
rownames(Sol)=Vnames
  return(Sol)
}
```

编写vsol函数后，只需输入A、X、Z、Y矩阵，Va、Ve值，以及BLUE、BLUP对应的ID名，即可得到运算结果。

假定Va值可以变化，其他值均不变。程序代码如下：

```
Ve=0.576
Va1=c(0.107, .307, .507, 1.15, 10.15)
vsol(Am=A, Xm=x, Zm=z, Ym=y, Va=Va1, Ve=Ve, Vnames=Vnames)
```

运行结果如下：

```
>vsol (Am = A, Xm = x, Zm = z, Ym = y, Va = Va1, Ve = Ve, Vnames =
Vnames)
```

	h2_0.16	h2_0.35	h2_0.47	h2_0.67	h2_0.95
Rep1	5.053	5.053	5.053	5.053	5.053
Rep2	5.240	5.240	5.240	5.240	5.240
Rep3	5.500	5.500	5.500	5.500	5.500
Rep4	4.450	4.450	4.450	4.450	4.450
M1	-0.005	-0.010	-0.013	-0.016	-0.020
M2	-0.179	-0.352	-0.442	-0.567	-0.706
M3	0.001	0.001	0.001	0.002	0.002
M4	0.183	0.361	0.453	0.581	0.724
T5	-0.132	-0.307	-0.426	-0.640	-0.988

T6	-0.136	-0.261	-0.321	-0.397	-0.464
T7	0.056	0.131	0.182	0.275	0.425
T8	0.212	0.437	0.565	0.762	1.027
T9	0.009	0.022	0.032	0.051	0.083
T10	-0.173	-0.346	-0.439	-0.575	-0.741
T11	-0.050	-0.117	-0.163	-0.245	-0.381
T12	0.214	0.440	0.570	0.770	1.039
T13	-0.010	-0.021	-0.028	-0.039	-0.056
T14	0.001	0.060	0.125	0.276	0.579
T15	-0.054	-0.125	-0.175	-0.263	-0.409
T16	0.062	0.086	0.077	0.026	-0.114
T17	0.115	0.271	0.378	0.572	0.892
T18	-0.318	-0.685	-0.913	-1.289	-1.847
T19	0.049	0.115	0.159	0.240	0.372
T20	0.154	0.300	0.375	0.476	0.583

由结果可知，BLUE 值不会随着加性方差 Va 值的改变而改变，但 BLUP 值域会随着 Va 值的增加而加大，同时也使遗传力增加。

BLUP 值的变化趋势，可以通过 ggplot2 绘图更直观地展示，代码如下：

```
## get dataset
df = vsol(Am = A, Xm = x, Zm = z, Ym = y, Va = Va, Ve = Ve, Vnames = Vnames)
df1 = df[-1: -8,]
df1 $ ory = as.vector(y)
df1 = df1[order(df1[,2]),]# reorder by Bvs with h2_ 0.35
df1 $ Names = rownames(df1)
df1 $ Names <-factor(df1 $ Names, levels = df1 $ Names)

library(ggplot2)
library(reshape2)
df2 = melt(df1, id = c("Names","ory"))
names(df2)[3: 4] = c("h2","Bvs")

ggplot(df2, aes(x =Names, y =Bvs, colour =h2, group =h2)) +geom_ point(size =3) +
geom_ line(stat = "identity", lwd =1.2) +
geom_ hline(yintercept =0, colour = "Black") ## Figure 10.1
```

生成的图形如图 10-1 所示。

图 10-1 的绘制，是先按 h2_ 0.35 的育种值大小排序，然后依次运用到其他 4 组数据，之后再绘制所有组的 BLUP 值，由图 10-1 得知，当加性方差 Va(或遗传力 h2)增加时，所估算的树高 BLUP 值域差异相应增加，换言之，试验中个体之间的 BLUP 值差异越大，越有利于优良个体的选择。

此外，可将树高 BLUP 与原始树高绘制散点图，并添加回归线和 R2 值，绘图代码如下：

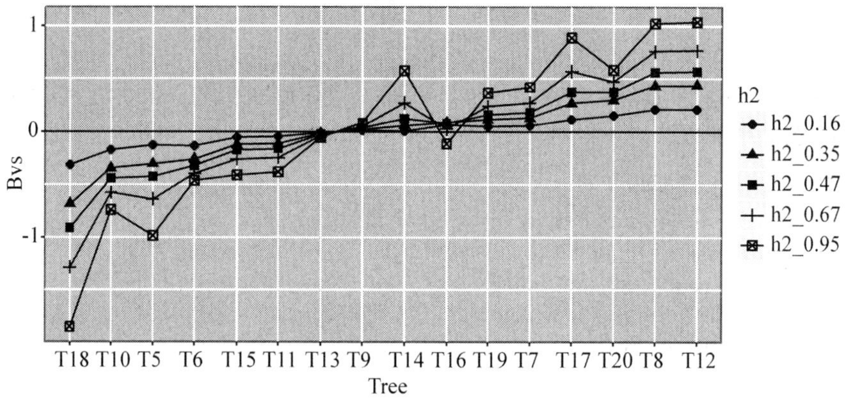

图 10-1　树高 BLUP 值随 Va 或遗传力的变化曲线

```
## Figure 10.2
df4 =melt(df1, id=c("Tree","ory"))
head(df4)
names(df4)[3: 4]=c("h2","Bvs")
R2_ labels <-function(dat){
r <-cor(dat $Bvs, dat $ory, use ="pairwise")
r2 <-sprintf("italic(R^2) = =% .2f", r^2)
data.frame(r2 =r2, stringsAsFactors =FALSE)
}

library(plyr)
labels =ddply(df4,"h2", R2_ labels)

ggplot(df4, aes(x =ory, y =Bvs, colour =h2, shape =h2)) +
geom_ point(stat ="identity") +
geom_ smooth(aes(group =h2), linetype ="dashed", lwd =1.2,
method ="lm", se =F) +
geom_ vline(xintercept =5, colour ="Black") +
geom_ hline(yintercept =0, colour ="Black") +
geom_ text (x = 6.29, y =0.15, aes (label = r2), data = labels [1,], parse =TRUE,
hjust =0, size =5) +
geom_ text (x = 6.29, y =0.35, aes (label = r2), data = labels [2,], parse =TRUE,
hjust =0, size =5) +
geom_ text (x = 6.29, y =0.50, aes (label = r2), data = labels [3,],
```

```
parse=TRUE,
hjust=0, size=5) +
geom_text(x=6.29, y=0.70, aes(label=r2), data=labels[4,],
parse=TRUE,
hjust=0, size=5) +
geom_text(x=6.29, y=0.95, aes(label=r2), data=labels[5,],
parse=TRUE,
hjust=0, size=5)
```

绘图结果如图 10-2 所示。

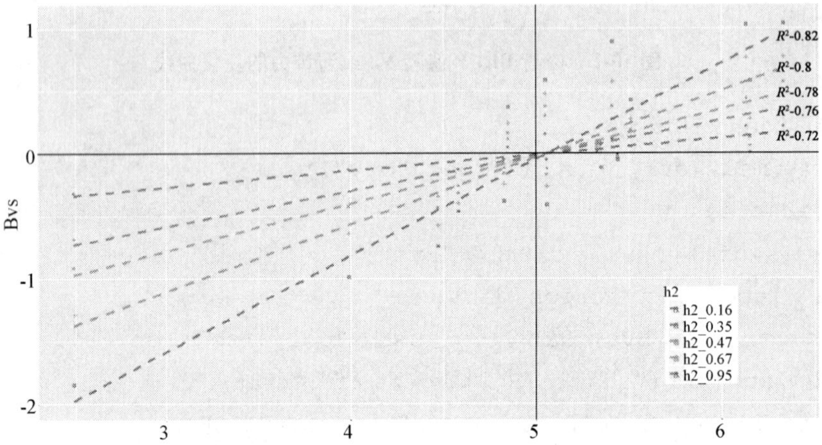

图 10-2 树高 BLUP 值与原始树高的回归线

从图 10-2 得知，当加性方差 Va(或遗传力)越大时，所估算的育种值与原始数据的相关性越大，即可认为，所估算的育种值可靠性越大。

综合图 10-1 和图 10-2 的分析结果得知，对于同样的数据，如果估算的遗传方差(或加性方差越大)，所得的育种值值域越大，育种值的可靠性也越大。

目前用于遗传分析的主要统计软件有 SAS、SPSS、ASReml、PEST 等，也开发了包括 WOMBAT、MCMCglmm(R 语言的程序包)等在内的一系列遗传方差组分估计软件，其中 ASReml-R 被公认为是遗传评估的先锋软件。

在 R 语言中，lme4、nlme 和 MCMCglmm 程序包都可以进行混合线性模型的数据分析，且均为免费且开源，只是在估算遗传参数方面，与 ASReml-R 包相比，功能薄弱些，而且代码与结果格式没有 ASReml-R 的简洁明了。

以例 10-1 数据为例，介绍一下 R 中各程序包的使用，重点介绍 MCMCglmm 和 ASReml-R 程序包。

【例 10-1】现有某林分数据(fm. csv)，含有如下变量：树木个体 TreeID，种植密度 Spacing，区组 Rep，家系 Fam，小区 Plot，木材密度(心材密度 dj，边材密度 dm 和基本密度 wd)，树高 h1 ~ h5。试验为随机完全区组设计。以树高 h5 为目标性状，试进行分析。部分数据如图 10-3 所示。

	TreeID	Spacing	Rep	Fam	Plot	dj	dm	wd	h1	h1.5	h2	h3	h4	h5
1	80001	3	1	70048	1	0.334	0.405	0.358	29	46	130	239	420	630
2	80002	3	1	70048	2	0.348	0.393	0.365	24	32	107	242	410	600
3	80004	3	1	70048	4	0.354	0.429	0.379	19	21	82	180	300	500
4	80005	3	1	70017	1	0.335	0.408	0.363	46	61	168	301	510	700
5	80008	3	1	70017	4	0.322	0.372	0.332	33	49	135	271	470	670
6	80026	3	1	70002	2	0.359	0.450	0.392	30	42	132	258	390	570
7	80028	3	1	70002	4	0.368	0.509	0.388	37	41	124	238	380	530
8	80033	3	1	70010	1	0.358	0.381	0.369	32	42	126	290	460	660
9	80034	3	1	70010	2	0.323	0.393	0.347	34	55	153	251	430	600
10	80035	3	1	70010	3	0.298	0.361	0.324	28	33	127	243	410	630
11	80036	3	1	70010	4	0.346	0.402	0.368	38	55	139	271	400	550
12	80037	3	1	70041	1	0.321	0.462	0.372	31	44	112	230	380	550

图 10-3　fm 数据集的部分数据

10.1　lme4 程序包

lme4 程序包是由美国威斯康星大学－麦迪逊分校(University of Wisconsin－Madison)的 Douglas Bates 等人开发，专门用于混合线性模型、广义线性模型和非线性模型的分析。对于混合线性模型，其采用 REML 法(Maximum likelihood or restricted maximum likelihood，限制性极大似然法)来估算方差分量。对于简单的数据，lme4 也可估算固定效应值和随机效应值。

以例 10-1 数据为例，树高 h5 的单性状分析代码如下：

```
############代码清单 10.1 ##########
library(lme4)# 载入 lme4 程序包
m1.lmer <-lmer(h5 ~1 + Rep +# 固定效应
(1 | Fam),                # 随机效应
subset =Spacing = ='3',    # 目标数据选择
data =df# 数据集
)

summary(m1.lmer)# 总体结果
anova(m1.lmer)# 固定效应方差分析
ranef(m1.lmer)# 随机效应值
fixef(m1.lmer)# 固定效应值
```

从程序代码来看，lme4 中固定效应和随机效应没有分开显示，随机效应以(1 | factors)的形式表示。

运行结果如下：

```
>summary(m1.lmer)       # 总体结果
Linear mixed model fit by REML ['lmerMod']
Formula: h5 ~1 + Rep +(1 | Fam)
```

```
  Data: df
Subset: Spacing == "3"
REML criterion at convergence: 6348.1
Scaled residuals:
      Max       Min        1Q    Median        3Q
  -3.1630   -0.6838   -0.0610    0.6381    2.8973
Random effects:
Groups    Name              Variance    Std. Dev.
Fam       (Intercept)            442        21.02
Residual                        5333        73.03
Number of obs: 556, groups:   Fam, 55

Fixed effects:
                 Estimate  Std. Error      t value
(Intercept)       547.771       8.038        68.15
Rep2                2.022      10.421         0.19
Rep3              109.833      10.138        10.83
Rep4               93.284      10.114         9.22
Rep5              -11.507      10.095        -1.14

Correlation of Fixed Effects:
           (Intr)      Rep2      Rep3      Rep4
Rep2       -0.669
Rep3       -0.693     0.529
Rep4       -0.696     0.535     0.551
Rep5       -0.696     0.532     0.552     0.553
>anova(m1.lmer)
Analysis of Variance Table
    Df    Sum Sq   Mean Sq   F value
Rep   4  1497380    374345     70.19
>ranef(m1.lmer)[1:10]
$Fam
       (Intercept)
70001  -4.8627998
70002   7.0716468
70003  -3.2965404
70004 -13.4163625
70005  -2.9936127
```

```
70006   12.2379650
70007 -17.8974907
70008  -5.3406017
70009 -14.2815356
70010  -4.2185495
……

>fixef(m1.lmer)

(Intercept)          Rep2        Rep3        Rep4        Rep5
547.771429      2.021777  109.832802   93.284009  -11.507197

>extractAIC(m1.lmer)

[1]    7.000 6391.337
```

从 lme4 的运行结果得知，lme4 的算法是采用 REML 方法。与下文 ASReml-R 的结果比较，lme4 分析所得的结果，总体与 ASReml-R 基本一致。但是 lme4 中，看不到模型运行的迭代情况，而且无论固定效应还是随机效应，都无法直接判断各因子的显著性。对于固定效应，只是给了 F 值，还得通过 F 检验比较。对于随机效应，只能通过比较不同模型的 AIC 值。因为新版本 lme4 不再直接给出 AIC 值(lme4 最新版本为 1.1-11)，通过命令 extractAIC(m1.lmer)即可获得 AIC 值，随机效应中因子的显著性就容易检验了。此外，方差分量中，lme4 给出的是标准差 standard deviation(SD)。

lme4 无法直接分析多性状及带谱系的数据，极大地限制了它在动植物遗传评估中的应用。

10.2　nlme 程序包

nlme 程序包也是由美国威斯康星大学 - 麦迪逊分校的 Douglas Bates 和 José Pinheiro 开发，主要用于正态分布数据的混合线性模型和非线性模型的分析。nlme 程序包是 R 中处理混合线性模型最早的程序包，也是导致其分析混合模型效果一般的原因。

以例 10-1 的 h5 为目标性状，nlme 分析代码如下：

```
############代码清单 10.2 nlme ##########
library(nlme)# 载入 nlme 程序包
m1.lme<-lme(h5 ~1 + Rep,      # 固定效应
random = ~1 | Fam,      # 随机效应
subset =Spacing = ='3' , # 目标数据选择
data =na.omit(df)# 数据集
)
summary(m1.lme)# 总体结果
anova(m1.lme)# 方差分析
ranef(m1.lme)# 随机效应值
```

```
11  fixef(m1.lme)# 固定效应值
```

运行结果如下：

```
> summary(m1.lme)
Linear mixed-effects model fit by REML
Data: na.omit(df)
  Subset: Spacing == "3"
       AIC       BIC     logLik
  6339.667  6369.824  -3162.834

Random effects:
Formula: ~1 | Fam
         (Intercept)    Residual
StdDev:     21.04972    73.06127

Fixed effects: h5 ~1 + Rep
                Value   Std.Error   DF    t-value   p-value
(Intercept)  547.7659    8.042205  495   68.11141    0.0000
Rep2           2.0721   10.425447  495    0.19876    0.8425
Rep3         109.8222   10.142711  495   10.82770    0.0000
Rep4          93.2798   10.118866  495    9.21840    0.0000
Rep5         -12.1295   10.145390  495   -1.19557    0.2324
 Correlation:
        (Intr)    Rep2     Rep3     Rep4
Rep2    -0.669
Rep3    -0.693    0.529
Rep4    -0.696    0.535    0.551
Rep5    -0.693    0.530    0.550    0.551

Standardized Within-Group Residuals:
       Min         Q1         Med         Q3        Max
-3.1635540 -0.6883484 -0.0603294  0.6371154  2.8955330

Number of Observations: 554
Number of Groups: 55
> anova(m1.lme)
             numDF   denDF    F-value   p-value
(Intercept)      1     495  19267.495    <.0001
Rep              4     495     70.182    <.0001
> ranef(m1.lme)
```

```
            (Intercept)
70001         -4.8048110
70002          7.1552420
70003         -3.2392232
70004        -13.3696323
70005         -2.9129587
70006         12.3580301
70007        -17.8554415
70008         -5.2487865
70009        -14.2389105
70010         -4.1536153
……
```

```
>fixef(m1.lme)
(Intercept)        Rep2         Rep3         Rep4         Rep5
547.765937     2.072113   109.822226    93.279806   -12.129504
```

程序包 nlme 无法对含有缺失值 NA 的数据集进行分析，于是采用了 na. omit(df)。不同的 nlme 版本对 na. omit(df)处理有差异，较旧的版本会直接删除所有含有 NA 的行数据，较新的版本则能忽略缺失值。本书所用版本比较新，因而所得结果与 lme4 相似，但是，nlme 运行的结果没有给出方差分量，这对于后续遗传参数的估算非常重要。因此，对于遗传试验评估，无论有无缺失值，nlme 程序包都没有优势。

10.3　MCMCglmm 程序包

MCMCglmm 包是由牛津大学(University of Oxford)的 Jarrod Hadfield 开发的，专门用于广义线性混合模型分析。对于混合线性模型，其采用 MCMC 法(Markov chain Monte Carlo methods，马尔可夫链蒙特卡洛法)估算方差分量，可广泛适用于除正态分布以外的其他数据类型，如二元分布、泊松分布、指数分布等。对于 R 软件来说，该程序包也被广泛运用于动植物的遗传评估。

MCMCglmm 程序包的代码格式最接近 ASReml-R，只是在提取结果方面的代码格式，相对而言比较怪异。不过，MCMCglmm 包也可进行方差结构(R 结构、G 结构)的设计，以及谱系的使用，只是比 ASReml-R 的要复杂些，下面将做简单介绍。

10.3.1　单性状分析

单性状分析的分析代码如下：

```
######### 10.3MCMCglmm method #########
library(MCMCglmm)# version 2.21
library(AAfun)

```

```
set.seed(1234)
df.2 <-subset(df, Spacing =='3')
m1.glmm <-MCMCglmm(h5 ~1 + Rep,
random = ~Fam, pr =T,
family ='gaussian', data =df.2)
summary(m1.glmm)
posterior.mode(m1.glmm$VCV)
mc.se(m1.glmm$VCV)

posterior.mode(m1.glmm$Sol)[1:10]
mc.se(m1.glmm$Sol)[1:10,]

h2.glmm <-4* m1.glmm$VCV[,'Fam']/(m1.glmm$VCV[,'Fam'] +m1.glmm$VCV[,'units'])
mc.se(h2.glmm)
```

运行结果如下：

```
> summary(m1.glmm)
Iterations =3001:12991
Thinning interval  =10
Sample size  =1000
DIC: 6382.887

G-structure:  ~Fam

        post.mean  l-95% CI  u-95% CI  eff.samp
Fam         430.7     70.12     810.9     749.7

R-structure:  ~units

        post.mean  l-95% CI  u-95% CI  eff.samp
units        5366      4770      6081     867.1

Location effects: h5 ~1 + Rep

            post.mean l-95% CI u-95% CI  eff.samp  pMCMC
(Intercept)   547.418  533.207  563.597      1000  <0.001 ***
Rep2            2.674  -17.267   21.243      1000  0.804
Rep3          110.214   90.145  130.593      1000  <0.001 ***
Rep4           93.951   73.622  113.360      1000  <0.001 ***
Rep5          -11.241  -30.297    9.329      1000  0.308
---
```

```
Signif. codes:  0 '***' 0.001 '**' 0.01 '*' 0.05 '.' 0.1 ' ' 1
>posterior.mode(m1.glmm$VCV)
      Fam     units
279.7341 5217.4973
>mc.se(m1.glmm$VCV)
              var         se     z.ratio
Fam        279.734    188.739      1.482
units     5217.497    334.170     15.613
>posterior.mode(m1.glmm$Sol)[1:10]
(Intercept)        Rep2          Rep3          Rep4          Rep5
547.8884737   3.9468571  109.1297894   98.9902891  -10.9987556
  Fam.70001   Fam.70002    Fam.70003     Fam.70004     Fam.70005
 -8.4150492   4.6923843   -1.2801877  -20.9831457     0.3263826
>mc.se(m1.glmm$Sol)[1:10,] #固定效应值和随机效应值
                  var          se     z.ratio
(Intercept)    547.888       7.743     70.759
Rep2             3.947       9.812      0.402
Rep3           109.130      10.306     10.589
Rep4            98.990      10.125      9.777
Rep5           -10.999      10.097     -1.089
Fam.70001       -8.415      16.575     -0.508
Fam.70002        4.692      14.626      0.321
Fam.70003       -1.280      16.227     -0.079
Fam.70004      -20.983      15.202     -1.380
Fam.70005        0.326      14.461      0.023
>h2.glmm<-4* m1.glmm$VCV[,'Fam']/(m1.glmm$VCV[,'Fam'] + m1.glmm
$VCV[,'units'])
>mc.se(h2.glmm)
               var         se     z.ratio
h2.glmm      0.307      0.122       2.516
```

由MCMCglmm代码的运行结果得知，虽运行过程可见但速度较慢，结果显示的格式比较独特，其posterior.mode()原本结果输出无法直接得到标准误，但可以得到置信区，因此我们编写了函数mc.se()，以输出结果及其标准误。mc.se()在程序包AAfun中，其可在网盘(http://yzhlin-asreml.ys168.com/)免费下载使用。对于MCMCglmm，固定效应中因子的显著性检验在summary结果的最后部分；而随机效应中因子的显著性检验，则只能通过不同模型的比较，利用summary结果中DIC值来比较，DIC值小的模型更为合适。参数pr=T，用于输出模型的固定效应值和随机效应值。此外，MCMCglmm的一大缺点在于其运行的结果稳定性不佳，所以在程序中添加set.seed(1234)以重复分析结果。

10.3.2 双性状分析

双性状分析的分析代码如下：

```
######### 10.3.2 MCMCglmm method #########
phen.var <-matrix(c(var(df.2 $dj, na.rm=T), 0, 0,
var(df.2 $h5, na.rm=T)), 2, 2)
prior <-list(G=list(G1=list(V=phen.var/2, n=2)),      # G 结构初始值
                R=list(V=phen.var/2, n=2))     # R 结构初始值
set.seed(1234)
m2.glmm <-MCMCglmm(cbind(dj, h5) ~trait -1 +trait: Rep,    # 固定效应
random= ~us(trait): Fam,      # G 结构
rcov= ~us(trait): units,      # R 结构
 data=df.2, family=c("gaussian", "gaussian"),
 nitt=130000, thin=100, burnin=30000, prior=prior, verbose=F)

 #结果提取
 summary(m2.glmm)
 posterior.mode(m2.glmm $VCV)
 mc.se(m2.glmm $VCV)

 #计算遗传力
 A.h2.glmm <-4 * m2.glmm $VCV[,'dj: dj.Fam'] /(m2.glmm $VCV[,'dj: dj.Fam'] + m2.glmm $VCV[,'dj: dj.units'])
 mc.se(A.h2.glmm)
 B.h2.glmm <-4 * m2.glmm $VCV[,'h5: h5.Fam'] /(m2.glmm $VCV[,'h5: h5.Fam'] + m2.glmm $VCV[,'h5: h5.units'])
 mc.se(B.h2.glmm)

 #计算遗传相关
 gCorr.glmm <-m2.glmm $VCV[,'h5: dj.Fam'] / sqrt(m2.glmm $VCV[,'dj: dj.Fam'] * m2.glmm $VCV[,'h5: h5.Fam'])
 mc.se(gCorr.glmm)

 #计算表型相关
 pCorr.glmm <-(m2.glmm $VCV[,'h5: dj.Fam'] + m2.glmm $VCV[,'h5:
```

```
dj.units']))/ sqrt ((m2.glmm $VCV [,'dj: dj.Fam'] + m2.glmm $VCV [,'dj:
dj.units']) * (m2.glmm $VCV [,' h5: h5.Fam'] + m2.glmm $VCV [,' h5:
h5.units']))
30  mc.se(pCorr.glmm)
```

运行结果如下：

```
>mc.se(m2.glmm $VCV)
                      var        se    z.ratio
dj:dj.Fam           0.000     0.000       NaN
h5:dj.Fam           0.054     0.054     1.000
dj:h5.Fam           0.054     0.054     1.000
h5:h5.Fam         797.224   218.427     3.650
dj:dj.units         0.000     0.000       NaN
h5:dj.units        -0.175     0.076    -2.303
dj:h5.units        -0.175     0.076    -2.303
h5:h5.units      5434.883   343.162    15.838
> A.h2.glmm <-4 * m2.glmm $VCV[,'dj:dj.Fam'] /(m2.glmm $VCV[,'dj:
dj.Fam'] + m2.glmm $VCV[,'dj:dj.units'])
>mc.se(A.h2.glmm)
                      var        se    z.ratio
A.h2.glmm           0.596     0.149         4
> B.h2.glmm <-4 * m2.glmm $VCV [,'h5:h5.Fam'] /(m2.glmm $VCV [,'h5:
h5.Fam'] + m2.glmm $VCV[,'h5:h5.units'])
>mc.se(B.h2.glmm)
                   var        se    z.ratio
B.h2.glmm        0.554     0.126      4.397
>gCorr.glmm <-m2.glmm $VCV[,'h5:dj.Fam'] / sqrt(m2.glmm $VCV[,'dj:
dj.Fam'] *m2.glmm $VCV[,'h5:h5.Fam'])
>mc.se(gCorr.glmm, sigf =T)
                  var       se  z.ratio   sig.level
gCorr.glmm      0.182    0.167     1.09  Not signif
---------------
Sig.level: 0'***' 0.001 '**' 0.01 '*' 0.05 'Not signif' 1
> pCorr.glmm <-(m2.glmm $VCV [,'h5: dj.Fam'] + m2.glmm $VCV [,'h5:
dj.units'])/sqrt ((m2.glmm $VCV [,'dj: dj.Fam'] + m2.glmm $VCV [,'dj:
dj.units']) * (m2.glmm $VCV [,' h5: h5.Fam'] + m2.glmm $VCV [,' h5:
h5.units']))
>mc.se(pCorr.glmm, sigf =T)
                  var       se  z.ratio   sig.level
pCorr.glmm     -0.098    0.045    -2.18           *
```

```
---------------
Sig. level: 0'* * * ' 0.001 '* * ' 0.01 '* ' 0.05 'Not signif' 1
```

从运行的结果看，由于 dj 数值比较小，取 3 位小数点时，其遗传方差和误差均为 0，但计算其单株遗传力的值为 0. 596 ±0. 149，说明 dj 遗传方差和误差并未为 0。h5 的单株遗传力为 0. 554 ±0. 126。dj 和 h5 的遗传相关为 0. 182 ±0. 167，表型相关为 -0. 098 ±0. 045。

10. 3. 3 带谱系的单性状分析

带谱系的单性状分析的分析代码如下：

```
### 10.3.3 pedigree file
data(BTdata)#names(BTdata); str(BTdata)
data(BTped)#names(BTped); head(BTped, 3)
Ainv <-inverseA(BTped) $Ainv
prior <-list(G = list(G1 = list(V =1, nu =0.1)),
R = list(V =1, nu =0.1))
set.seed(1234)
BTpmodel <-MCMCglmm (tarsus ~1 +sex, random = ~animal,
                     ginverse = list(animal =Ainv),
         data =BTdata, prior =prior, verbose =F)
summary(BTpmodel)
posterior.mode(BTpmodel $VCV)
mc.se(BTpmodel $VCV)

#计算遗传力
h2.BTp <-BTpmodel $VCV [,'animal']/(BTpmodel $VCV [,'animal'] + 
BTpmodel $VCV[,'units'])
mc.se(h2.BTp)
```

运行结果如下：

```
>summary(BTpmodel)
Iterations =3001:12991
Thinning interval  =10
Sample size  =1000
DIC: 1844.177

G -structure:  ~animal

       post.mean  l -95% CI  u -95% CI   eff.samp
ani-
mal     0.5098     0.3401     0.7416      132.8
```

```
R-structure: ~units

         post.mean  l-95% CI  u-95% CI   eff.samp
units       0.3485    0.2312    0.4904        143


Location effects: tarsus ~1 + sex

             post.mean  l-95% CI  u-95% CI   eff.samp  pMCMC
(Intercept)    -0.3964   -0.5217   -0.2768       1000  <0.001 ***
sexMale         0.7665    0.6633    0.8816       1000  <0.001 ***
sexUNK          0.1607   -0.1146    0.3944       1351   0.222
---
Signif. codes: 0 '***' 0.001 '**' 0.01 '*' 0.05 '.' 0.1 ' ' 1
>posterior.mode(BTpmodel$VCV)
   animal       units
0.4624347  0.3452596
>mc.se(BTpmodel$VCV)
           var        se    z.ratio
animal   0.462     0.102      4.529
units    0.345     0.066      5.227
>h2.BTp <-BTpmodel$VCV[,'animal'] /(BTpmodel$VCV[,'animal'] +BTpmodel$VCV[,'units'])
>mc.se(h2.BTp)
           var        se    z.ratio
h2.BTp    0.56     0.088      6.364
```

程序代码说明，本例分析采用 MCMCglmm 包自带数据集，BTdata 为性状数据集，BTped 为谱系文件。inverseA(BTped)$Ainv 获取谱系的逆矩阵，ginverse 参数将 animal 和谱系逆矩阵联系起来。

从运行结果得知，对于 tarsus 性状的 animal 模型，其遗传方差为 0.516，误差为 0.321，单株遗传力为 0.587 ±0.078。

10.3.4 带谱系的双性状分析

带谱系的双性状分析的分析代码如下：

```
### 10.3.4 pedigree file -- bi-trait
phen.var <-matrix(c(var(BTdata$tarsus, na.rm=T), 0, 0,
var(BTdata$back, na.rm=T)), 2, 2)
prior <-list(G=list(G1=list(V=phen.var/2, nu=1)),
             R=list(V=phen.var/2, nu=1))
set.seed(1234)
BTpmodel2 <-MCMCglmm(cbind(tarsus, back) ~trait-1 +trait: sex, #
```

固定效应

```
    random = ~us(trait):animal,   # G结构
    rcov = ~us(trait):units,      # R结构
    data = BTdata,
    family = c("gaussian", "gaussian"),
    ginverse = list(animal = Ainv),
    nitt = 130000, thin = 100, burnin = 30000,
    prior = prior, verbose = F)
    #结果提取
    summary(BTpmodel2)
    posterior.mode(BTpmodel2$VCV)
    mc.se(BTpmodel2$VCV)
    #计算遗传力
    h2.tarsus <-BTpmodel2 $VCV [,'tarsus: tarsus.animal']/(BTpmodel2
$VCV [,' tarsus: tarsus.animal'] + BTpmodel2 $VCV [,' tarsus:
tarsus.units'])
    mc.se(h2.tarsus)
    h2.back <-BTpmodel2 $VCV [,'back: back.animal']/(BTpmodel2 $VCV [,'
back: back.animal'] + BTpmodel2 $VCV[,'back: back.units'])
    mc.se(h2.back)
    #计算遗传相关
    gcorr.BTp2 <-BTpmodel2 $VCV[,'back: tarsus.animal']/sqrt(BTpmodel2
$VCV[,'tarsus: tarsus.animal']
    * BTpmodel2 $VCV[,'back: back.animal'])
    mc.se(gcorr.BTp2, sigf = T)
```

运行结果如下：

```
    >mc.se(BTpmodel2 $VCV)
                              var       se    z.ratio
    tarsus: tarsus.animal    0.541    0.095     5.70
    back: tarsus.animal     -0.067    0.057    -1.18
    tarsus: back.animal     -0.067    0.057    -1.18
    back: back.animal        0.307    0.083     3.70
    tarsus: tarsus.units     0.337    0.060     5.62
    back: tarsus.units       0.042    0.041     1.02
    tarsus: back.units       0.042    0.041     1.02
    back: back.units         0.672    0.067    10.03
    >h2.tarsus <-BTpmodel2 $VCV[,'tarsus: tarsus.animal'] /(BTpmodel2
$VCV [,' tarsus: tarsus.animal'] + BTpmodel2 $VCV [,' tarsus:
tarsus.units'])
```

```
>mc.se(h2.tarsus)
                 var        se     z.ratio
h2.tarsus      0.626      0.08       7.83
>h2.back<-BTpmodel2$VCV[,'back: back.animal']/(BTpmodel2$VCV[,'
back: back.animal'] +
BTpmodel2$VCV[,'back: back.units'])
>mc.se(h2.back)
                 var        se     z.ratio
h2.back        0.325     0.071       4.58
> gcorr.BTp2 <-BTpmodel2 $VCV [,'back: tarsus.animal']/sqrt (BTpmodel2
$VCV[,'tarsus: tarsus.animal']
* BTpmodel2$VCV[,'back: back.animal'])
>mc.se(gcorr.BTp2, sigf=T)
                   var       se   z.ratio   sig.level
gcorr.BTp2     -0.098    0.131   -0.748   Not signif
---------------
Sig.level: 0'***'0.001'**'0.01'*'0.05'Not signif'1
```

从运行结果得知，tarsus 性状的单株遗传力为 0.626±0.080，back 性状的单株遗传力为 0.325±0.071，两性状之间的遗传相关为 -0.098±0.131。此外，带谱系的双性状分析运行过程比较费时，这是其在复杂数据分析方面的限制之一。

目前，R 中可以做遗传评估的免费程序包主要是上述 3 种（lme4、nlme 和 MCMCglmm），如果仅仅是简单的模型分析，lme4 是不错的选择，但对于更为复杂的模型，从免费的角度来说，只能选择 MCMCglmm。程序包 nlme 基本不用考虑，因其结果没有方差分量，无法估算遗传参数。

虽然 R 免费包可进行遗传评估，但对于更为复杂的模型以及结果稳定性，上述 3 个程序包均不太理想。相对而言，商业程序包 ASReml-R 就更为强大，而且在代码格式、提取结果格式、模型判断、运行速度等方面都具有明显优势。

10.4　ASReml-R 程序包

10.4.1　ASReml-R 简介

ASReml-R 是一个非常强大的统计软件，由澳大利亚 NSW Department of Primary Industries（澳大利亚新南威尔士州第一产业部）的 Arthur Gilmour 开发。该软件专门用于海量数据的混合模型分析，并可估算许多重要的遗传参数，且运算速度要比 SAS、SPSS 及其他统计软件快得多，因此被公认为是遗传评估的先锋软件，现已广泛应用于畜牧、渔业、农业和林业等领域的遗传分析。但其在我国林业领域内的应用仍然薄弱。

ASReml-R 是一个基于混合线性模型(mixed line model)分析的统计软件包，可做复杂的遗传分析，包括估算随机效应的方差组分、固定效应值和预测随机效应值。ASReml-R 利用限制性极大似然法(restricted maximum likelihood，REML)估算随机效应的方差组分，并通过混合线性模型方程组(mixed model equations，MME)的求解估算固定效应值和预测随机效应值。其最突出的优点是它的算法及其误差方差结构和随机效应方差结构的多样性，所采用的平均信息算法(Average Information，AI)大大节省计算时间和存储空间。此外，根据观测值和设计的关联矩阵，利用最佳线性无偏估计方法(best linear unbiased estimation，BLUE)获得固定效应估计值和最佳线性无偏预测方法(best linear unbiased prediction，BLUP)获得随机效应预测值。

ASReml-R 可以处理各种不同信息来源的资料，并对具有不同育种值的个体进行遗传评定。即便在群体规模大、群体结构复杂和观测数据不平衡等条件下，ASReml-R 仍可获得较为准确的育种值。

默认情况下，ASReml-R 处理的性状属于正态分布型数据，但 ASReml-R 还可以分析其他分布类型的性状，通过 family 参数来选择连接函数实现，具体见表 10-2。

表 10-2　family 参数

分布族	默认连接函数
asreml. gaussian( )	(link = "identity")
asreml. inverse. gaussian( )	(link = "1/mu^2")
asreml. binomial( )	(link = "logit")
asreml. negative. binomial( )	(link = "logit")
asreml. poisson( )	(link = "log")
asreml. Gamma( )	(link = "inverse")

ASReml-R 适用于的分析如下：

①多年份平衡与不平衡试验数据分析；

②平衡与不平衡试验设计数据分析；

③多地点试验和海量数据分析；

④规则与不规则空间分析；

⑤重复测量数据分析；

⑥基因组 BLUP 分析；

⑦遗传参数评估。

选用 ASReml-R 程序包的理由如下：

①程序代码简洁；

②无需定义数据结构域；

③没有繁多的运行结果文件；

④定义 G 结构、R 结构的命令简单；

⑤更换、运行模型的操作简单；

⑥结合 R 语言的优势可直接画图；

⑦添加用户自定义的函数或程序包；

⑧可同时使用 R 语言的其他程序包。

ASReml-R 包的下载与安装过程如下所示。

①网络免费试用 ASReml-R 的 win 版本和 R 版本均对中国的科研机构人员(不包括高校)免费试用。可经过 VSNc 北京公司(http://www.vsnc.com.cn/)申请试用。

②网络下载安装包 成功申请后，即可获得 ASReml-R 下载网址。目前 ASReml-R 的最新版本为 3.0。

③本地安装 ASReml-R 包 通过 R 程序的本地安装程序包，安装 ASReml-R 包。

④获取授权文件及安装 运行下文任何一个 ASReml-R 例子，出现授权 license 注册页面，按要求在线填好所需信息后，通常 24 小时内可在用户提交的邮箱里收到 ASReml 的授权 license。

对于 win 7 系统，把授权文件(asreml.lic)拷贝至目录(C:\ProgramData\vsni)下，如果没有该路径，请直接通过新建文件夹的方式完成。对于其他系统，请按 license 文件中的说明操作。

10.4.2 ASReml-R 的基本语法

ASReml-R 数据分析的基本模型如下：

```
library(asreml)                               # 载入 asreml 程序包
fm<-asreml(response~fixed.factors,            # 固定效应的因子
        random = ~random.factors,             # 随机效应的因子
        rcov = ~error.effects,                #误差效应
        data =mydata                          #目标数据集
        )
```

固定效应(fixed effects)：因子包含的水平，也就是整个研究的水平。因此分析结果只适用于当前研究中的因子水平，并不能将其结论扩展到未加考虑的其他水平。例如，多点试验中，试验地一般视为固定效应，用于消除地点对观测性状的影响。

随机效应(random effects)：因子包含的水平，只是群体所有水平中的随机样本。因此分析结果对应的是整个群体的水平，而不只是当前研究样本中的抽样水平。例如，遗传试验中，家系(半同胞或全同胞)一般视为随机效应，由于参试的家系个体是随机抽样的，而且倾向于用抽样的样本来研究家系水平的遗传特征。

有时，固定效应与随机效应很难区分。此时，可根据因子的水平能否人为严格地控制来加以区分。对于固定效应的因子，其水平可以严格地人为控制，且效应值是固定的。而随机效应的因子，其水平难以严格地人为控制，即使水平确定后，其效应值仍不固定。

此外，ASReml-R 常用的线性模型有：

```
y~1              # 总体均值
y~x              # 单协变量(x 是数值型变量)
y~f              # 单因子(f 是因子)
y~f1/f2          # 因子 f2 内嵌于 f1 因子
y~x + f          #含单协变量的单因子
```

```
y ~ f1* f2           # 双因子且有互作
y ~ f1 + f2 + f1:f2  # 等价于 f1* f2
```

其中，f1:f2 代表因子 f1 和 f2 之间的交互作用。

通过下面简单示例，了解 ASReml-R 的基本语法和分析过程。

10.4.2.1 单性状分析

以例 10-1 数据为例，以 5 年生的树高 h5 为目标性状，进行单性状分析。将区组 Rep 作为固定效应，家系 Fam 和小区 Plot 作为随机效应，只对种植密度 Spacing 的水平“3”进行分析。

分析代码如下：

```
############代码清单 10.4.2.1a ##########
setwd("d: \\asreml_ data\\data")                # 指定文件路径
library(asreml)                                 # 载入 asreml 程序包
library(AAfun)                                  # 载入 AAfun 自编程序包
#读入数据
df <-asreml.read.table(file ='fm.csv', header = T, sep =',')
# names(df); head(df); str(df); summary(df)     # 数据集结构

#分析模型如下
 fm <-asreml(h5 ~1 + Rep,                       # 固定效应
 random = ~Fam + Plot,                          #随机效应
 data =df,                                      #目标数据集
 subset =Spacing = ='3' ,                       #目标数据选择
 maxit =30                                      # 最大迭代次数
 )
 #结果提取命令
 plot(fm)                                       #查看数据是否合理
 wald(fm)                                       # 查看固定效应中因子的显著性
 summary(fm) $varcomp                           # 查看方差分量
 coef(fm) $random                               # 查看随机效应值
 coef(fm) $fixed                                # 查看固定效应值
```

上述的代码含义，如所在行后面的注释部分。模型运行后，ASReml-R 分析的基本流程如下：

(1)判断似然值是否收敛

如未收敛，加大 maxit 值或者修改模型。

```
> fm <-asreml(h5 ~1 + Rep, random = ~Fam + Plot, subset = Spacing = ='
3', data =df)
ASReml: Fri Dec 25 16: 13: 13 2015

     LogLik              S2          DF       wall               cpu
```

```
  -2671.0284     5274.2040    551    16:13:13    0.0(1 restrained)
  -2668.2939     5295.5663    551    16:13:13    0.0(1 restrained)
  -2667.7550     5319.8774    551    16:13:13    0.0(1 restrained)
  -2667.7138     5330.6550    551    16:13:13    0.0(1 restrained)
  -2667.7114     5332.7691    551    16:13:13    0.0(1 restrained)
  -2667.7112     5333.2179    551    16:13:13    0.0
  -2667.7112     5333.3478    551    16:13:13    0.0
  -2667.7112     5333.3422    551    16:13:13    0.0
Finished on: Fri Dec 25 16:13:13 2015
LogLikelihood Converged
```

运行的迭代结果显示，进行了 8 次迭代后，似然值收敛(log likelihood converged)。

(2)判断试验因变量数据是否合理

对于线性模型，因变量数据应当满足正态性、线性的原则。ASReml-R 通过 plot( ) 函数可以作出 4 幅图(图 10-4)，用于正态性、线性的判断。上部的 2 幅图是判断因变量数据是否成正态分布，左上部的柱形图应呈正态分布，右上部的图形是 Q－Q 图，Q－Q 图中的点应落在 45℃的直线。下部的 2 幅图是判断因变量与自变量是否成线性关系，图中的点应随机分布于直线两旁。图 10-4 表明，试验数据符合正态性和线性的原则。

```
>plot(fm)
```

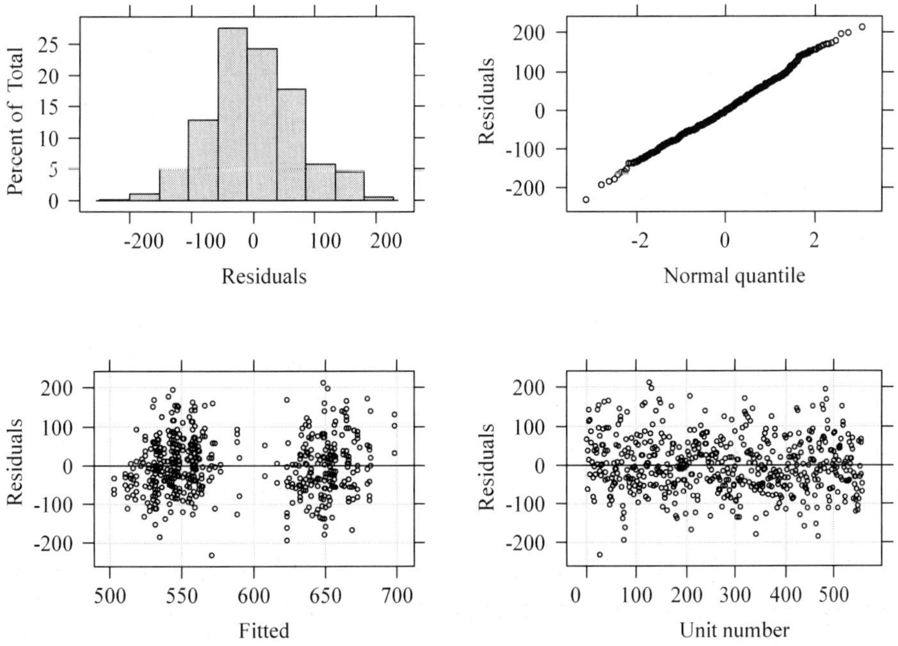

图 10-4 残差图

(3)判断固定效应中因子是否显著(F 检验)

如不显著，剔除后，重新运行模型。

```
>wald(fm)
```

```
Wald tests for fixed effects
Response: h5
Terms added sequentially; adjusted for those above
               Df      Sum of Sq Wald statistic   Pr(Chisq)
(Intercept)     1      103078397        19327.2   <2.2e-16 ***
Rep             4        1497380          280.8   <2.2e-16 ***
residual(MS)                5333
---
Signif. codes:  0 '***' 0.001 '**' 0.01 '*' 0.05 '.' 0.1 '' 1
```

对于固定效应，F 统计结果表明，因子 Rep 的 F 值 =280.8，P 值 =2.2e − 16 < 0.001，显示区组 Rep 的效应极显著。

(4)判断随机效应中因子是否显著

简单判断：z. ratio≥1.5，就认定该因子效应显著。如有不显著的因子时，在去掉后重新运行模型。更为精确的检验方法是 LRT 检验(下面的模型比较会有阐述)。

```
>summary(fm)$varcomp
                     gamma     component     std.error    z.ratio constraint
Plot!Plot.var 1.011929e-07  5.396963e-04  3.412361e-05  15.815922   Boundary
Fam!Fam.var   8.287372e-02  4.419939e+02  1.871792e+02   2.361341   Positive
R!variance    1.000000e+00  5.333342e+03  3.372135e+02  15.815922   Positive
```

方差分量提取结果表明，因子 Plot 为 Boundary，即其方差分量值非常小或负值，需舍弃。而家系 Fam 和误差 R 均为 positive，且 z. ration 均大于 1.5，显示家系和误差的方差分量显著。方差分量值为 component 所在列的数值。

因此，去掉不显著的因子 Plot，重新运行模型(修改前后模型的迭代情况类似)，并获取方差分量，结果如下：

```
>summary(fm)$varcomp
                 gamma   component   std.error   z.ratio constraint
Fam!Fam.var 0.08287373    441.9941    187.1784  2.361353   Positive
R!variance  1.00000000   5333.3441    337.2136 15.815920   Positive
```

从结果得知，去掉 Plot 后，家系 Fam 和误差 R 的方差分量值并未发生显著变化。需要注意的情况，有时家系 Fam 的 z. ratio 可能小于 1.5，因家系 Fam 是目标变量，所以即便其 z. ratio 小于 1.5，也应保留。

对于随机效应显著性的基本判断方法：如结果显示为 boundary 时，直接舍弃；如为 positive 时，根据 z. ration 不小于 1.5 和实际情况，决定取舍。

(5)计算单株遗传力

遗传力(heritability)是重要的遗传参数之一，可简单理解为亲本性状遗传给子代的能力。在本例中，家系为半同胞家系，考虑到单株遗传力比家系遗传力更有实际应用价值，因此，只计算单株遗传力(individual heritability)。

①手动计算遗传力，公式如下：

$$h_i^2 = 4 * V_f / (V_f + V_e) = 4 * 441.9941 / (441.9941 + 5333.3441) = 0.306$$

②通过 AAfun 包的 pin( )函数计算遗传力及其误差，代码如下：

```
library(AAfun)                          # 载入 AAfun
summary(fm)$varcomp[,1:3]               # 提取方差分量
pin(fm, h2 ~4 * V1 /(V1 + V2))          #计算遗传力
```

运行结果如下：

```
>pin(fm, h2 ~4 * V1 /(V1 + V2))
    Estimate     SE
h2    0.306   0.124
```

从运行的结果得知，方法②比方法①好，方法②不但计算遗传力，还得到误差。此外，方法②还可以用于遗传相关、表型相关等指标的计算。

关于 AAfun 包的安装，详见本书 11.2 节自编程序包 AAfun 的示范。

(6)提取育种值

育种值(breeding value)是另一个重要的遗传参数，是决定数量性状的基因加性效应值。从理论上讲，育种值是能 100% 地遗传给下代的，但其只是根据表型值进行间接估计推导出来的，所以也称为估计育种值。计算育种值的目的，是预测选择育种的效果。ASReml 利用 BLUP 方法可以获得较精确的育种值。

ASReml-R 提取育种值的部分结果如下：

```
>coef(fm)$random  # summary(fm, all =T)$coef.random

                 effect
Fam_ 70001        -4.86
Fam_ 70002         7.07
Fam_ 70003        -3.30
Fam_ 70004       -13.42
Fam_ 70005        -2.99
Fam_ 70006        12.24
Fam_ 70007       -17.90
Fam_ 70008        -5.34
Fam_ 70009       -14.28
Fam_ 70010        -4.22
Fam_ 70011        14.25
Fam_ 70012        -8.53
Fam_ 70015        -3.22
Fam_ 70016        -1.50
……
```

对于这份试验数据，属于半同胞测定，因此模型中的 Fam 可视为母本的一般配合力

GCA，而且育种值是一般配合力的两倍，这样就可以计算母本的育种值，代码如下：

```
## calculate BV and its Accuracy
GCA = as. data. frame(round(coef(fm) $ random, 3))
names(GCA) = "GCA"
GCA $ BV = 2* GCA $ GCA + coef(fm) $ fixed['(Intercept)',] # BV
##GCA variance
GCA. var = summary(fm) $ varcomp['Fam! Fam. var','component']
## standard error of prediction for families
Fam. se = fm $ vcoeff $ random
## GCA error
 GCA. se = sqrt(Fam. se* fm $ sigma2)
 ##Accurancy of BV
 Corr = sqrt(1 - GCA. se^2/GCA. var)
 GCA $ GCA. se = GCA. se; GCA $ Corr = Corr
plot (Corr ~ BV, data = GCA, xlab = "Breeding value", col = 3, pch = 20,
     ylab = 'Accurancy', cex = 1.4)
```

运行结果如下：

```
> GCA
                    GCA         BV     GCA. se      Corr
Fam_ 70001       -4.863   538.0454   16.39481  0.6259954
Fam_ 70002        7.072   561.9154   15.36027  0.6827862
Fam_ 70003       -3.297   541.1774   16.39422  0.6260304
Fam_ 70004      -13.416   520.9394   15.69773  0.6651946
Fam_ 70005       -2.994   541.7834   15.34557  0.6835335
Fam_ 70006       12.238   572.2474   15.35088  0.6832638
Fam_ 70007      -17.897   511.9774   16.02772  0.6471462
Fam_ 70008       -5.341   537.0894   16.41851  0.6245883
Fam_ 70009      -14.281   519.2094   15.67469  0.6664231
Fam_ 70010       -4.219   539.3334   14.24141  0.7356155
Fam_ 70011       14.250   576.2714   16.02697  0.6471879
Fam_ 70012       -8.526   530.7194   17.73857  0.5367471
Fam_ 70015       -3.216   541.3394   16.80306  0.6010051
Fam_ 70016       -1.497   544.7774   15.34473  0.6835763
......
```

通过 plot( )可以绘制育种值和精确度的关系，如图 10-5 所示，育种值和精确度的相关关系较弱，cor( )函数相关值计算显示，它们之间的相关仅为 0.27，说明在这个试验中，育种值的估算精确不够高，这跟其试验材料的严重不平衡存在很大关系。

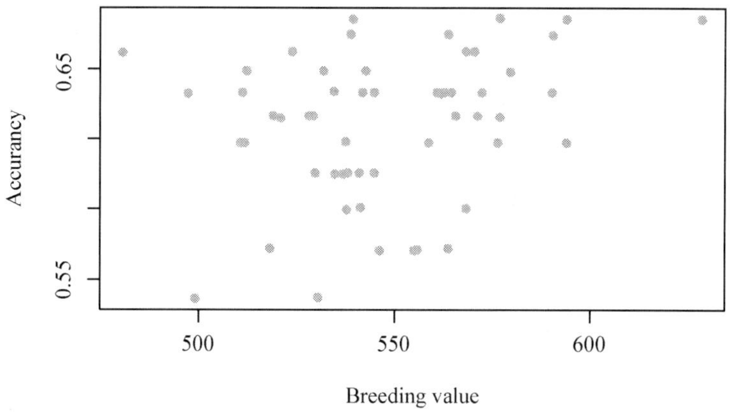

图 10-5　育种值和精确度的关系

当参试材料很多时，利用 write. csv( ) 函数将育种值保存到 csv 文件中，方法同样很简单，代码如下：

```
random.effect <-coef(fm) $random
write.csv(random.effect, file = "bv.csv")
```

当然，有时会将家系 Fam 作为固定效应，这时通过 coef(fm) $fixed 的命令来获取家系 Fam 的固定效应值，即预测表型值。预测表型值(固定效应值)和育种值(随机效应值)有区别，两者的估计方法不同，数值不同，含义也不同。预测表型值是评估当前家系的表现，而育种值是评估家系未来的表现。因此，当家系某个性状的预测表型值比较大时，不等于其育种值也高。此外，育种值的使用，一般是通过育种值大小的排序，而不是育种值本身。

(7)提取预测值

predict( ) 函数可用来预测性状值，代码如下：

```
pv = predict(fm, classify = "Fam")
names(pv $predictions)
fam.pv = pv $predictions $pvals
fam.pv1 = fam.pv[1:2]
names(fam.pv1)[1:2] = c("Fam","pv")

df1 = subset(df, Spacing = =3)
library(dplyr)
fam.ov = summarise(group_by(df1, Fam), mean(h5, na.rm = T))
names(fam.ov) = c("Fam","ov")

dd = merge(fam.pv1, fam.ov, by = "Fam")
plot(pv ~ ov, data = dd, xlab = "Original h5 mean", col = 3, pch = 20,
ylab = 'Predicted h5 value', cex = 1.4)
```

运行结果如下:

```
> dd
         Fam         pv         ov
1      70001   581.6349   570.0000
2      70002   593.5694   585.4545
3      70003   583.2012   576.2500
4      70004   573.0813   560.0000
5      70005   583.5041   585.4545
6      70006   598.7357   606.3636
7      70007   568.6002   561.1111
8      70008   581.1571   592.5000
9      70009   572.2162   544.0000
10     70010   582.2792   572.6667
11     70011   600.7474   647.7778
12     70012   577.9718   558.0000
13     70015   583.2818   580.0000
14     70016   585.0009   587.2727
……
```

从上述的数据得知，h5的预测值和观测值之间存在差异，绘制的图形如图10-6所示，预测值和观测值之间存在着明显的相关关系，图中最左边的家系70037偏离较大，经核实原始数据，该家系的数量比较少。

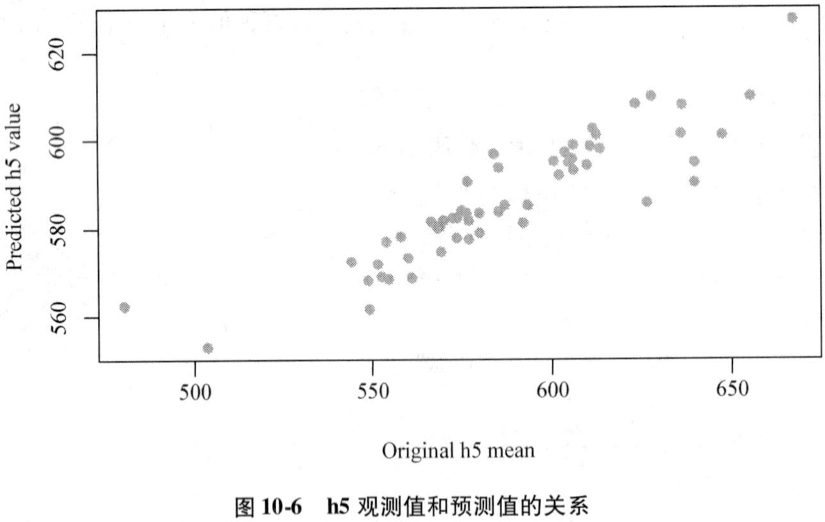

图10-6　h5观测值和预测值的关系

(8)计算遗传增益

通过ASReml-R得到的育种值，可以直接进行遗传增益的计算，参照White等人主编的 *Forest Genetics* 中公式13－13的方法，假定10%的入选率，则遗传增益的计算公式如下:

$$\Delta G = \bar{A}_s - \bar{A}_p$$

式中，ΔG 代表遗传增益；

$\bar{A}_s$、$\bar{A}_p$ 分别代表入选群体和试验群体的平均育种值，一般来说，$\bar{A}_p = 0$。

本试验群体共 55 个家系，10% 的入选率，即 5 个最优家系，则计算遗传增益的代码和结果如下：

```
> fam.bv = coef(fm) $ random
> fam.bv $ Fam = row.names(fam.bv)
> names(fam.bv)[1] = "bv"
> fam.bv1 = fam.bv[order(-fam.bv $ bv),]
> mean(head(fam.bv1[,1]), 5)
[1] 22.26111
```

由结果可知，如选择最优的 5 个家系，树高 h5 的遗传增益为 22.3cm，如除以总均值 μ，则遗传增益为 3.77%。

当然，遗传增益也可以利用经典公式计算，公式如下：

$$\Delta G = h^2 * (\bar{\mu}_s - \bar{\mu}_p)$$

式中，ΔG 代表遗传增益；

$\bar{\mu}_s$、$\bar{\mu}_p$ 分别代表入选群体和试验群体的 $h5$ 平均值；

h^2 代表遗传力。

计算的代码如下：

```
## method 2 -- G = h2* (Ms - Mp)
s.fam = rownames(head(fam.bv1), 5)
s.fam = gsub("Fam_ ","", s.fam)

hsum = 0
for(i in1:5){
df2 = subset(df1, Fam = = s.fam[i])
hsum = hsum + mean(df2 $ h5, na.rm = T)
}
Ms.fam = hsum/5
Mp.fam = mean(df1 $ h5, na.rm = T)
h2 = 0.306
(G = h2* (Ms.fam - Mp.fam))
```

运行结果如下：

```
> s.fam
[1]  "70055"  "70060"  "70035"  "70059"  "70019"  "70038"
> Ms.fam
[1]  642
> (G = h2* (Ms.fam - Mp.fam))
[1]  16
```

```
>100* (G=h2* (Ms.fam-Mp.fam))/mean(df1$h5, na.rm=T)
[1]  2.71
```

结果显示，最优 5 个家系为 70055、70060、70035、70059、70019 和 70038，5 个家系的 h5 均值为 642cm，入选的遗传增益为 16cm(2.71%)。在本例中，计算得到的遗传增益比较低，是跟该数据集的情况有关。

10.4.2.2 双性状分析

数据集与单性状的一样，以心材密度 dj 和 5 年生树高 h5 为目标性状，进行双性状的分析。

在做双性状分析时，一般先对各性状进行独自的单性状分析，获得各自的最佳模型，并得到各性状的加性遗传方差和误差方差，对于后续双性状分析的模型，可用于 R 结构和 G 结构的初始值设置。不过 ASReml-R 无需设置初始值，这也是 ASReml-R 的优点之一。

ASReml-R 双性状分析的代码如下：

```
### 10.4.2.2 ###
fm2 <-asreml(cbind(dj, h5) ~trait+trait: Rep,
        random= ~us(trait): Fam,
        rcov= ~units: us(trait),
        subset=Spacing=='3', data=df, maxit=20)
summary(fm2)$varcomp
wald(fm2)
coef(fm2)$random
fm2.pv<-predict(fm2, classify="trait: Fam")# "trait: Rep"
fm2.pv$predictions$pvals[1:5,]
```

程序代码说明，与单性状分析相比，双性状分析中，函数 asreml()使用 cbind()函数将 dj、h5 联合起来，并使用了新参数“trait”。在固定效应中，替代了单性状分析中的“1”，同时固定效应以“trait: Rep”的形式表示。此外，还涉及了 G 结构、R 结构的方差矩阵设置。本例中，采用了 us 矩阵(方差协方差矩阵)，G 结构中以“us(trait): Fam”的形式表示，R 结构中以“units: us(trait)”的形式表示，初始值均采用默认值。需要注意的情况，单性状分析中，R 结构可以省略，采用默认设置；而在双性状或多性状分析中，必须指定 R 结构，程序才能运行。

运行结果如下：

```
>summary(fm2)$varcomp
                                  gamma     component    std.error    z.ratio  constraint
trait: Fam! trait.dj:dj   6.392972e-05  6.392972e-05 2.209495e-05   2.893408    Positive
trait: Fam! trait.h5:dj   7.547189e-02  7.547189e-02 4.645834e-02   1.624507    Positive
trait: Fam! trait.h5:h5   4.560442e+02  4.560442e+02 1.897367e+02   2.403563    Positive
R! variance               1.000000e+00  1.000000e+00           NA         NA       Fixed
R! trait.dj:dj            4.978785e-04  4.978785e-04 3.142438e-05  15.843701    Positive
R! trait.h5:dj           -2.129036e-01 -2.129036e-01 7.361578e-02  -2.892092    Positive
```

```
R! trait.h5:h5              5.325492e+03  5.325492e+03  3.364867e+02  15.826755   Positive
> wald(fm2)
Wald tests for fixed effects
Response: y

Terms added sequentially; adjusted for those above
              Df      Sum of Sq   Wald statistic   Pr(Chisq)
trait          2        70667            70667   <2.2e-16 ***
trait: Rep     8          373              373   <2.2e-16 ***
residual(MS)   1
---
Signif. codes:  0 '***' 0.001 '**' 0.01 '*' 0.05 '.' 0.1 '' 1
> coef(fm2)$random
                           effect
trait_dj: Fam_70001   -8.291272e-03
trait_dj: Fam_70002   -1.895415e-03
trait_dj: Fam_70003   -8.473604e-04
trait_dj: Fam_70004   -3.198290e-03
trait_dj: Fam_70005    3.894330e-04
trait_dj: Fam_70006    1.567458e-03
trait_dj: Fam_70007    4.936626e-03
trait_dj: Fam_70008    3.264825e-03
trait_dj: Fam_70009   -3.500468e-03
trait_dj: Fam_70010   -8.938496e-03
......
trait_h5: Fam_70001   -1.180201e+01
trait_h5: Fam_70002    4.697542e+00
trait_h5: Fam_70003   -3.599509e+00
trait_h5: Fam_70004   -1.443877e+01
trait_h5: Fam_70005   -2.290488e+00
trait_h5: Fam_70006    1.206184e+01
trait_h5: Fam_70007   -1.117450e+01
trait_h5: Fam_70008   -1.570296e+00
trait_h5: Fam_70009   -1.546444e+01
trait_h5: Fam_70010   -1.006797e+01
......
> fm2.pv$predictions$pvals[c(1:5, 56: 60),]
     trait      Fam   predicted.value   standard.error   est.status
1      dj     70001            0.3477         0.005455    Estimable
2      dj     70002            0.3541         0.004999    Estimable
```

```
3        dj      70003          0.3551        0.005456    Estimable
4        dj      70004          0.3528        0.005143    Estimable
5        dj      70005          0.3563        0.004995    Estimable
56       h5      70001        574.6349       15.892882    Estimable
57       h5      70002        591.1344       14.787786    Estimable
58       h5      70003        582.8374       15.893746    Estimable
59       h5      70004        571.9981       15.141552    Estimable
60       h5      70005        584.1464       14.781050    Estimable
```

上述结果的方差分量中，分别包含了性状 dj、h5 的加性遗传方差（trait：Fam! trait. dj：dj，trait：Fam! trait. h5：h5）与协方差（trait：Fam! trait. h5：dj），以及 dj、h5 的误差方差（R! trait. dj：dj，R! trait. h5：h5）与协方差（R! trait. h5：dj）。加性协方差（trait：Fam! trait. h5：dj）的 z. ratio = 1. 624 > 1. 5 ，初步判断 dj 和 h5 两性状之间的遗传相关显著，其也可以从下面计算的遗传相关值和误差进一步验证。固定效应部分，F 统计表明，因子 Rep 效应显著。在育种值结果部分，给出了各性状的家系育种值。函数 predict( ) 输出无偏预测值，上述结果示范了 dj 和 h5 的前 5 个预测值。

结合性状的加性遗传方差与协方差，以及误差方差与协方差，就很容易计算各性状的遗传力，以及性状间的遗传相关、表型相关与环境相关。由于表型相关在实际应用中指导价值不大，所以一般都只计算遗传相关。

遗传力和遗传相关计算的代码如下：

```
#方差分量
summary(fm2)$varcomp[,1:3]

#计算遗传力
pin(fm2, h2_A ~ 4 * V1/(V1 + V5))
pin(fm2, h2_B ~ 4 * V3/(V3 + V7))

#计算相关
pin(fm2, gCORR ~ V2/sqrt(V1* V3), signif = T)
pin(fm2, pCORR ~ (V2 + V6)/sqrt((V1 + V5)* (V3 + V7)), T)
```

运行结果如下：

```
>pin(fm2, h2_A ~ 4 * V1/(V1 + V5))
    Estimate     SE     h2
       0.455  0.145     _A
>pin(fm2, h2_B ~ 4 * V3/(V3 + V7))
    Estimate     SE     h2
       0.316  0.125     _B
>pin(fm2, gCORR ~ V2/sqrt(V1* V3), signif = T)
       Estimate       SE  sig.level
```

```
gCORR        0.442    0.257           *
---------------
Sig. level: 0'* * * ' 0.001 '* * ' 0.01 '* ' 0.05 'Not signif' 1
>pin(fm2, pCORR ~ (V2 +V6)/sqrt((V1 +V5)* (V3 +V7)), T)
          Estimate       SE  sig. level
pCORR     -0.0763   0.0449           *
---------------
Sig. level: 0'* * * ' 0.001 '* * ' 0.01 '* ' 0.05 'Not signif' 1
```

从运行的结果得知，A 性状 dj 的遗传力为 0.455 ± 0.145，B 性状 h5 的遗传力为 0.316 ± 0.125，遗传相关为 0.442 ± 0.257，表型相关为 -0.076 ± 0.045。AAfun 包的 pin()还可直接输出相关的显著性，通过参数 signif = T 来输出。本例中，dj 和 h5 之间的遗传相关在 0.05 的水平上显著正相关，而两者的表型相关在 0.05 的水平上显著负相关。

此外，还可通过 LRT 方法来验证相关的显著性，需将模型中的 us(trait)替换为 diag(trait)，通过 χ^2 检验计算模型变化的 p 值，即可知道相关的显著水平。diag 矩阵是对角矩阵，diag(trait)即表示仅保留各性状的遗传方差，没有协方差。比较方法详见下文。

与单性状分析类似，对于多性状也需要进行选择和遗传增益估算。一般采用选择指数方法，对不同性状赋予相应的权重，然后求和成为单一指数，根据指数数值排序结果进行选择。

假定上述两性状的权重相等，均设为 0.5，演示过程的代码如下：

```
## dj BV
dj.bv =as.data.frame(coef(fm2)$random[1:55,])
names(dj.bv) ="dj.bv"
## h5 BV
h5.bv =as.data.frame(coef(fm2)$random[-1:-55,])
names(h5.bv) ="h5.bv"
## genetic gain and SI
Tg =dj.bv
Tg$h5.bv =h5.bv$h5.bv
rownames(Tg) =gsub("trait_ dj:","", rownames(dj.bv))
df1 =subset(df, Spacing = =3)
w1 =w2 =.5
Tg$dj.G =100* Tg$dj.bv/mean(df1$dj, na.rm =T)
Tg$h5.G =100* Tg$h5.bv/mean(df1$h5, na.rm =T)
Tg$gIS =w1* Tg$dj.G +w2* Tg$h5.G
(Tg =round(Tg[order( -Tg$gIS),], 3))
round(colMeans(head(Tg, 5)), 3)
```

运行结果如下：

```
>(Tg =round(Tg[order( -Tg$gIS),], 3))
```

```
              dj.bv    h5.bv    dj.G     h5.G    gIS
Fam_70019    16.300   31.944    4.572    5.416   4.994
Fam_70055     6.153   40.564    1.726    6.877   4.302
Fam_70043    10.608   18.144    2.976    3.076   3.026
Fam_70027     8.831   13.618    2.477    2.309   2.393
Fam_70056     7.540   12.802    2.115    2.170   2.143
Fam_70048     5.164   16.666    1.448    2.826   2.137
Fam_70025     5.546   14.069    1.556    2.385   1.970
Fam_70051     5.935   12.848    1.665    2.178   1.922
Fam_70060     0.319   20.445    0.089    3.466   1.778
Fam_70011     3.355   15.418    0.941    2.614   1.777
Fam_70035    -0.144   20.596   -0.040    3.492   1.726
Fam_70021    12.733   -0.990    3.572   -0.168   1.702
Fam_70053     2.793   15.203    0.783    2.577   1.680
……
```

```
>round(colMeans(head(Tg, 5)), 3)
   dj.bv    h5.bv    dj.G    h5.G     gIS
   9.886   23.414   2.773   3.970   3.372
```

从结果得知，选择指数不高，均值为3.37%，估计跟具体的数据集有关，在此只是简单演示选择指数的计算方法，不讨论数据集及权重对选择指数的影响。

10.4.2.3 模型比较

模型比较的分析代码如下：

```
fm2a<-asreml(cbind(dj, h5)~trait+trait:Rep,
random=~us(trait):Fam,
rcov=~units:us(trait),
subset=Spacing=='3', data=df, maxit=20)

fm2b<-asreml(cbind(dj, h5)~trait+trait:Rep,
      random=~diag(trait):Fam,
      rcov=~units:us(trait),
      subset=Spacing=='3', data=df, maxit=20)
model.comp(m1=fm2a, m2=fm2b, LRT=T, rdDF=T)
```

运行结果如下：

```
>model.comp(m1=fm2a, m2=fm2b, LRT=T, rdDF=T)
Attension:
Fixed factors should be the same!

  Model  LogL   Npm  AIC AIC.State
1  fm2b  -868     6  1749
```

```
2    fm2a  -867      7  1748    better
---------------------------
Lower AIC is better model.

Attension: Please check every asreml results' length is 43;
if the length < 43, put the object at the end ofNml.
In the present, just allow one object's length < 43.
= = = = = = = = = = = = = = = = = = = = = = = = = = = =
Likelihood ratio test (LRT) results:

Model compared between   fm2a -- fm2b :
  ModelLogL Npm  AIC Pr ( > F) Sig. level
1  fm2b -868   6 1749
2  fm2a -867   7 1748  0.038         *
---------------
Sig. level: 0'* * * '0.001 '* * '0.01 '* '0.05 'Not signif' 1
= = = = = = = = = = = = = = = = = = = = = = = = = = = = =
Attension: Ddf = Ddf - 0.5.
When for corr model, against  + / -1.
```

AAfun 包中的函数 model. comp( )可用于不同模型的比较，需注意的情况，在进行模型比较时，固定效应必须保持一致。model. comp( )的用法为 model. comp(m1 = , m2 = , LRT = , rdDF =)，其中 m1 为模型 1；m2 为模型 2；LRT 为是否进行 LRT 检验；rdDF 为模型 1、2 的 df 之差是否减去 0. 5。此外，model. comp( )还可用于 2 个以上的模型比较，具体可查看帮助文件。

从结果可知，简单的模型 AIC 判定，fm2a 优于 fm2b，进一步的 LRT 检验证实，模型 fm2a 与 fm2b 在 0. 05 水平上存在显著差异，与上文的遗传相关显著水平一致。

10. 4. 2. 4　阈性状分析

阈性状(threshold trait)：性状数值达到某一特定值时表现为正常，达不到则为不正常，如血压，血糖含量、生物的抗逆力等，在数据方面以 0、1 表示，属于二元数据分布。ASReml-R 也可以轻松应付阈性状，通过 family 参数选择 binomial 函数来分析。在前文的性状分析中，性状属于正态型的数量性状，ASReml-R 采用默认的 family 参数 gaussian，即正态分布。

现以耐低温性为目标性状，进行阈性状的分析，分析代码如下：

```
########代码清单 10.4.2.4 ############
df <-asreml. read. table (file = 'fm2. csv', header = T, sep = ',')
# str (df)
ped <-df [,1:3] # 子代个体对应的谱系
pedinv <-asreml. Ainverse (ped) $ginv
```

```
#亲本模型
bm.asr <-asreml (lt ~1, random = ~Mum, maxit =40,
                 family =asreml.binomial(),
                 subset =Spacing = =3, data =df)
summary(bm.asr) $varcomp
pin(bm.asr, h2 ~4* V1/(V1 +V2* 3.28987))# 3.28987 =π* π/3
plot(bm.asr)
#个体模型
bm1.asr <-asreml (lt ~1, random = ~ped(TreeID), maxit =40,
                  family =asreml.binomial(), subset =Spacing = =3,
                  ginverse =list(TreeID =pedinv), data =df)
summary(bm1.asr) $varcomp
pin(bm1.asr, h2 ~V1/(V1 +V2* 3.28987))
plot(bm1.asr)
```

运行结果如下：

```
> summary(bm.asr) $varcomp
                 gamma  component  std.error   z.ratio  constraint
Mum! Mum.var  0.1383896 0.1383896  0.1016846  1.360969    Positive
R! variance   1.0000000 1.0000000         NA        NA       Fixed
> pin(bm.asr, h2 ~4* V1/(V1 +V2* 3.28987))
   Estimate    SE
h2    0.161 0.114
> summary(bm1.asr) $varcomp
                  gamma  component  std.error  z.ratio  constraint
ped(TreeID)! ped  0.211      0.211      0.206     1.02    Positive
R! variance       1.000      1.000         NA       NA       Fixed
> pin(bm1.asr, h2 ~V1/(V1 +V2* 3.28987))
    Estimate       SE
h2    0.0602   0.0554
```

通过比较上述结果得知，阈性状的分析结果与一般正态分布的结果区别较大，首先残差 R 被固定为 1，其次，个体模型的遗传方差分量并非为亲本模型的遗传方差分量的 4 倍。此外，所计算的单株遗传力差异也较大，亲本模型的为 0.161 ±0.114，而个体模型的为 0.060 ±0.055。对于阈性状计算遗传力时，残差值为 3.28987，但在模型中被固定为 1，因此需要补回残差值。

此外，如图 10-7 和图 10-8 所示，如图残差图也与正态分布的差异较大，阈性状能明显看出典型的二元分布特征。虽然亲本模型和个体模型的残差图有些许差别，但总体趋势保持一致。

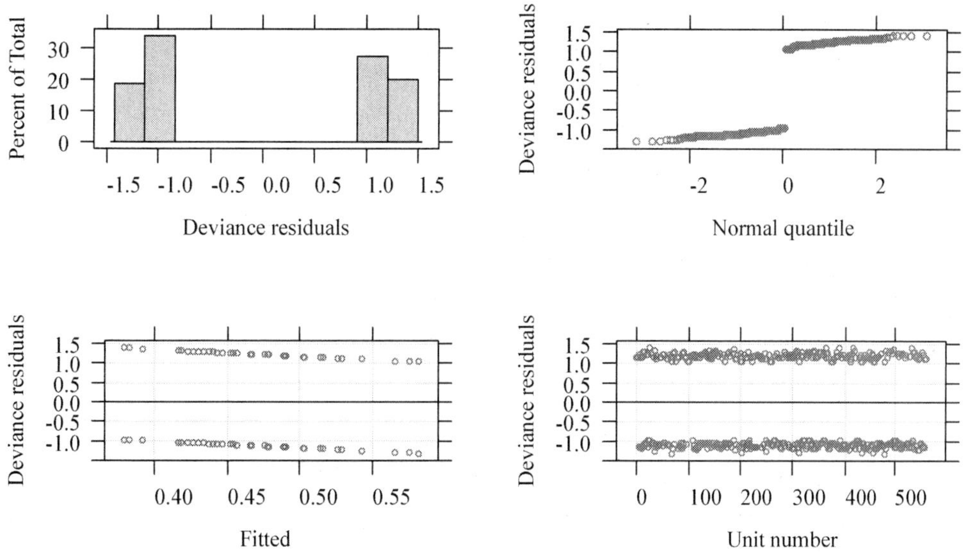

图 10-7　阈性状的残差图(亲本模型)

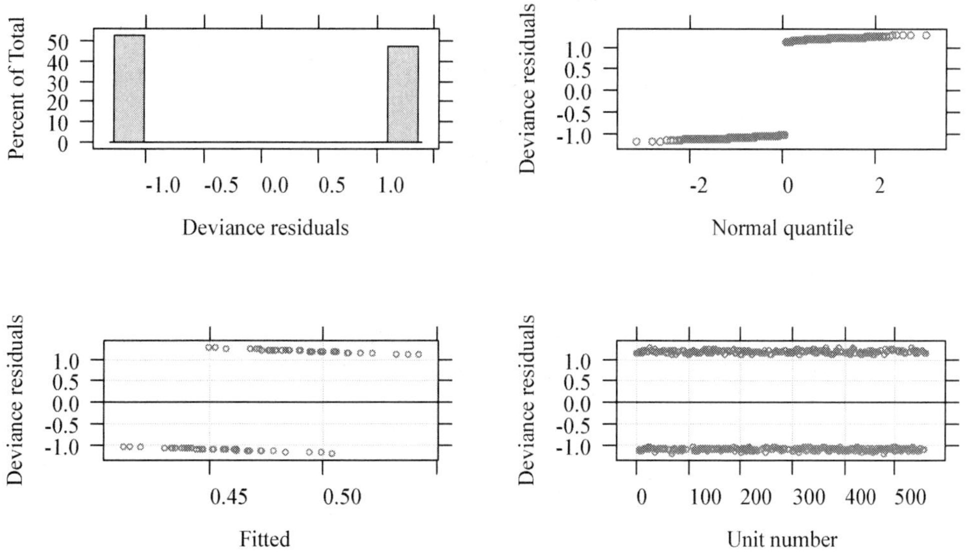

图 10-8　阈性状的残差图(个体模型)

10.4.2.5　泊松分布型性状分析

有时，当测定的性状既不符合正态分布，也不属于二元数据，那么可以尝试泊松回归。ASReml-R 也可以实现泊松回归，即 ASReml-R 也可以分析泊松分布型的性状。

以干型 str 为目标性状，进行泊松型性状的分析。分析代码如下：

```
#######代码清单 10.4.2.5 ########
df <-asreml.read.table(file ='fm2.csv', header =T, sep =',')
# str(df)
```

```
ped <-df[,1:3]# 子代个体对应的谱系
pedinv <-asreml.Ainverse(ped)$ginv
#亲本模型
pm.asr <-asreml(str ~1, random = ~Mum, maxit =40,
                family =asreml.poisson(),
                subset =Spacing = =3, data =df)
summary(pm.asr)$varcomp
plot(pm.asr)
#个体模型
pm1.asr <-asreml(str ~1, random = ~ped(TreeID), maxit =40,
                family =asreml.poisson(), subset =Spacing = =3,
ginverse =list(TreeID =pedinv), data =df)
summary(pm1.asr)$varcomp
plot(pm1.asr)
```

运行结果如下：

```
>summary(pm.asr)$varcomp
                    gamma  component  std.error  z.ratio constraint
Mum!Mum.var  0.01318554 0.01318554  0.0103294 1.276505 Positive
R!variance   1.00000000 1.00000000         NA       NA    Fixed
>pin(pm.asr, h2 ~4* V1/(V1 +V2))
   Estimate     SE
h2   0.0521 0.0402
>summary(pm1.asr)$varcomp
                       gamma  component  std.error  z.ratio  constraint
ped(TreeID)!ped 0.05804272 0.05804272 0.02603589 2.229335    Positive
R!variance      1.00000000 1.00000000         NA       NA       Fixed
>pin(pm1.asr, H2 ~V1/(V1 +V2))
    Estimate      SE
H2    0.0549  0.0233
```

通过上述的结果得知，泊松分布型性状的分析结果与一般正态分布的结果区别不大，个体模型的遗传方差分量也大概是亲本模型的遗传方差分量的 4 倍，但是残差 R 被固定为 1。此外，所计算的单株遗传力差异不大，亲本模型的为 0.052 ±0.040，而个体模型的为 0.055 ±0.023。

此外，残差图与正态分布的差异也不太大。但从残差的 Q－Q 图得知，泊松型性状明显不是一条直线。亲本模型和个体模型的残差图总体趋势是一致的(图 10-9，图 10-10)。

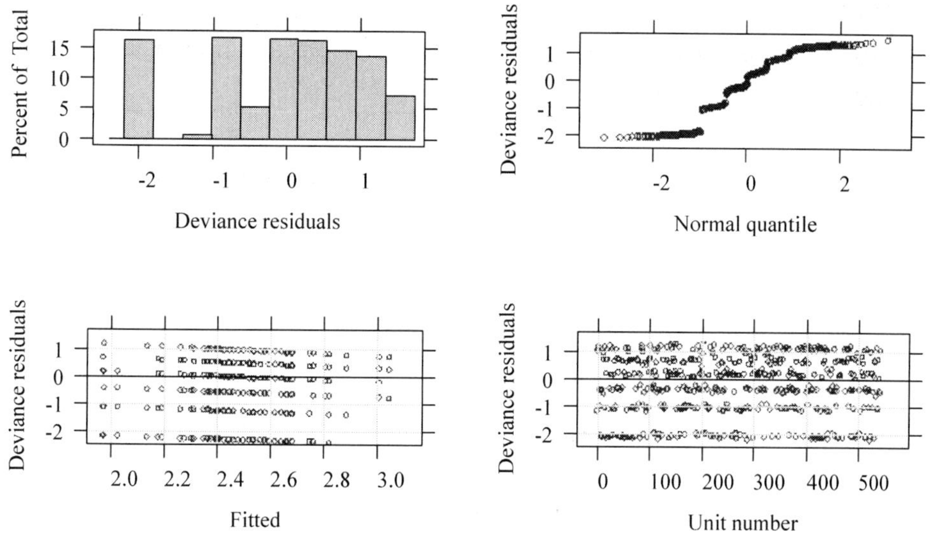

图 10-9　泊松分布型性状的残差图(亲本模型)

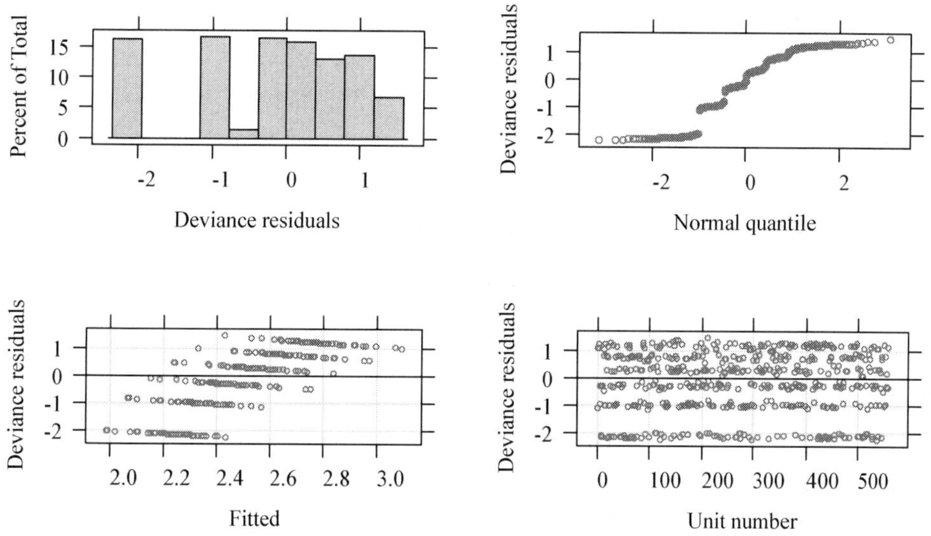

图 10-10　泊松分布型性状的残差图(个体模型)

10.4.2.6　协变量分析

与协方差分析类似，当协变量对因变量有影响时，得将协变量对因变量的影响分离出去，可进一步提高实验精确度和统计检验灵敏度。对于林业实际情况来说，林分树龄经常不同，要把不同树龄林分综合分析，可考虑协变量模型。

以例 10-1 的数据集为例，假定树高 h1 为初始苗高，且设为协变量，树高 h5 为目标性状，协变量模型的分析代码如下：

```
##########代码清单 10.4.2.6 #############
df <-asreml.read.table(file ='fm.csv', header =T, sep =',')
```

```
## h1 as co-variable
cvm0 <-asreml(h5 ~ Rep, random = ~ Fam, data = df)#orgM
summary(cvm0)$varcomp

cvm1 <-asreml(h5 ~ h1 + Rep, random = ~ Fam, data = df)#covM
summary(cvm1)$varcomp
wald(cvm1)#, denDF = "default")

 ## bv compare
 bv0 = coef(cvm0)$random
 bv1 = coef(cvm1)$random
 bv = cbind(bv0, bv1)
 colnames(bv)[1:2] = c("orgM","CovM")
 round(bv, 3)
```

运行结果如下：

```
> summary(cvm0)$varcomp#orgM
                  gamma   component  std.error    z.ratio  constraint
Fam!Fam.var  0.03215338     254.674   154.8360   1.644798    Positive
R!variance   1.00000000    7920.599   404.8292  19.565285    Positive
> summary(cvm1)$varcomp#covM
                  gamma   component  std.error    z.ratio  constraint
Fam!Fam.var  0.03859464    258.4139   140.2609    1.84238    Positive
R!variance   1.00000000   6695.5907   342.5313   19.54738    Positive
> wald(cvm1)
Wald tests for fixed effects

Response: h5

Terms added sequentially; adjusted for those above

               Df   Sum of Sq  Wald statistic  Pr(Chisq)
(Intercept)     1   197359893         29476.1  <2.2e-16 ***
h1              1     1424577           212.8  <2.2e-16 ***
Rep             4      263752            39.4   5.781e-08 ***
residual(MS)             6696
---
Signif. codes:  0 '***' 0.001 '**' 0.01 '*' 0.05 '.' 0.1 ' ' 1
> round(bv, 3)
```

	orgM	CovM
Fam_ 70001	-10.060	-9.722
Fam_ 70002	2.197	0.911
Fam_ 70003	5.086	10.562
Fam_ 70004	-1.543	-13.278
Fam_ 70005	-10.556	-3.810
Fam_ 70006	1.557	13.515
Fam_ 70007	1.512	8.815
Fam_ 70008	1.533	4.145
Fam_ 70009	-13.895	-13.023
Fam_ 70010	-5.170	-3.185
Fam_ 70011	7.480	10.105
Fam_ 70012	4.520	-0.420
Fam_ 70015	-1.689	-7.011
Fam_ 70016	-5.813	-1.864
Fam_ 70017	5.235	9.304
Fam_ 70018	-7.175	-2.883
Fam_ 70019	16.011	15.374
Fam_ 70020	0.509	-4.778
Fam_ 70021	-3.214	-8.422
Fam_ 70022	-4.779	-3.435
Fam_ 70023	-11.167	-16.867
Fam_ 70024	-15.708	-13.051
Fam_ 70025	6.506	7.245
Fam_ 70027	5.601	-9.468
Fam_ 70028	3.775	-12.301
Fam_ 70029	-5.829	-8.824
Fam_ 70030	-3.692	-4.608
Fam_ 70031	-4.025	-4.730
Fam_ 70032	0.191	6.074
Fam_ 70033	-18.376	-15.168
Fam_ 70034	-7.247	-5.110
Fam_ 70035	11.913	8.786
Fam_ 70036	2.287	-4.568
Fam_ 70037	-16.534	-9.363
Fam_ 70038	1.163	13.078
Fam_ 70039	-0.451	-1.308
Fam_ 70040	-1.873	-1.538
Fam_ 70041	-6.530	-2.077
Fam_ 70043	0.703	0.936
Fam_ 70044	0.032	9.330
Fam_ 70045	1.623	1.093

```
Fam_ 70046          -2.929       0.654
Fam_ 70047          -6.517      -0.035
Fam_ 70048           4.805       8.663
Fam_ 70050          15.739      17.859
Fam_ 70051           8.574      12.603
Fam_ 70052          10.190       9.346
Fam_ 70053          12.529       9.332
Fam_ 70054          -1.424      -6.260
Fam_ 70055          21.650       5.899
Fam_ 70056          -0.022       9.772
Fam_ 70057           6.301       1.470
Fam_ 70059          10.710       6.079
Fam_ 70060          17.767      14.445
Fam_ 70061         -21.480     -28.289
```

从上述的结果得知，本例中，树高 h1 作为协变量，其对树高 h5 的效应是显著的($p < 0.001$)；协变量模型的残差降低幅度较大，加性方差变化较小，但家系的育种值变化较大。对于家系育种值，有的变大，有的变小，有的变化不大。从上述的分析可知，是否有显著的协变量存在，对于模型的结果影响比较大。因此，在具体的实际遗传评估中，要关注协变量对因变量的影响，当存在显著影响时，就得考虑协变量模型，否则会极大影响分析结果的可靠性。

10.4.2.7　性状批量分析

现今，随着育种目标的多元化，往往测定很多性状，有时会达到数十个，并且当这些性状的模型比较一致时，就有批量分析的需求。但是 ASReml-R 目前没有批量分析的功能，为此，我们专门在 AAfun 包中增加了 asreml. batch( )，用于批量输出方差分量和遗传力、遗传相关等参数。asreml. batch( )可用于非谱系和谱系的数据，也可用于多性状分析，计算遗传参数可达 5 个。具体用法如下：

```
asreml.batch(data, factorN, traitN,
FMod = NULL, RMod = NULL, EMod = NULL,
             mulT = NULL, mulN = NULL, mulR = NULL,
             corM = NULL, corMout = FALSE,
             pformula = NULL, pformula1 = NULL, pformula2 = NULL,
             pformula3 = NULL, pformula4 = NULL, maxit = NULL,
             ped = NULL, pedinv = NULL, ginverse = NULL)
```

其中，data 为数据集，factorN 为因子所在的列组成的向量，traitN 为性状所在的列组成的向量，FMod 为固定效应，RMod 为随机效应(G 结构)，EMod 为残差效应(R 结构)，mulT 为逻辑值 T(多性状)或 F(单性状，默认)，mulN 为多性状模型的性状数量(默认为 2)，mulR 为逻辑值 T(计算方差/协方差/相关矩阵，仅适用于两性状模型)或 F(不计算，默认)，corM 为为逻辑值 T(相关模型)或 F(非相关模型，默认)，corMout 为逻辑值 T(输出方差/协方差/相关矩阵)或 F(不输出结果，默认)，pformula ~ pformula4 为计算遗传参数的公式，maxit 为迭代次数(默认 20)，ped 为逻辑值 T(谱系)或 F(非谱系，默认)，pedinv 为谱系逆矩阵，ginverse 为关联谱系逆矩阵的参数。

下面简单示范 asreml. batch( )的使用方法。

1)批量单性状分析

(1)不带谱系的单性状

分析代码如下：

```
df <-asreml.read.table(file ='fm2.csv', header =T, sep =',')
df1 =subset(df, Spacing = =3)
asreml.batch (data =df1, factorN =1:6, traitN =c(7: 14),
                 FMod =y ~1 +Rep, RMod = ~Mum,
                 pformula =h2 ~4*  V1/(V1 +V2))
```

运行结果如下：

```
>asreml.batch(data =df1, factorN =1:6, traitN =c(7: 14),
+FMod =y ~1 +Rep, RMod = ~Mum,
+pformula =h2 ~4 * V1/(V1 +V2))


ASReml-R batch analysis results:
Fixed Factors -- Rep
Randomed Factors -- Mum R
Index formula -- h2 ~4 * V1/(V1  + V2)


Variance order: Mum, R
  Trait        V1        V2    V1.se     V2.se    h2  h2.se Converge Maxit
1    dj    0.0001  5.00e-04   0.0000    0.0000 0.447  0.144     TRUE     6
2    dm    0.0001  2.00e-03   0.0001    0.0001 0.266  0.122     TRUE     6
3    wd    0.0001  6.00e-04   0.0000    0.0000 0.475  0.151     TRUE     6
4    h1   12.0487  4.31e+01   3.1499    2.7194 0.875  0.187     TRUE     7
5    h2   54.2123  6.21e+02  22.4845   39.1922 0.321  0.127     TRUE     6
6    h3  132.5869  1.59e+03  56.4592  100.2910 0.308  0.125     TRUE     6
7    h4  241.3909  3.60e+03 115.5059  227.5395 0.251  0.116     TRUE     6
8    h5  441.9941  5.33e+03 187.1784  337.2136 0.306  0.124     TRUE     6
```

程序代码说明，统一假定固定效应为 Rep，随机效应为家系 Mum，同时计算遗传力。

上述结果中，输出方差分量 V1(家系方差)、V2(残差)及其误差 V1. se、V2. se，而后是遗传力 h2 及其误差 h2. se，之后再是收敛结果和迭代次数。需要注意的情况，固定效应 Fmod 一律以 y ~ 1 + fixed. factor 形式表示，不论什么目标性状都以 y 表示。

(2)带谱系的单性状

分析代码如下：

```
ped <-df[,1:3]# 子代个体对应的谱系
pedinv <-asreml.Ainverse(ped) $ginv
```

```

asreml.batch (data = df1, factorN = 1:6, traitN = c(7:14),
              FMod = y ~ 1 + Rep, RMod = ~ ped(TreeID),
              ped = T, pedinv = pedinv, ginverse = list(TreeID = pedinv),
              pformula = h2 ~  V1 / (V1 + V2))
```

运行结果如下：

```
> asreml.batch(data = df1, factorN = 1:6, traitN = c(7:14),
+ FMod = y ~ 1 + Rep, RMod = ~ ped(TreeID),
+ ped = T, pedinv = pedinv, ginverse = list(TreeID = pedinv),
+ pformula = h2 ~ V1 / (V1 + V2))

ASReml-R batch analysis results:

Fixed Factors -- Rep
Randomed Factors -- ped(TreeID)R
Index formula -- h2 ~ V1 / (V1  + V2)

Variance order: ped(TreeID), R
  Trait        V1        V2       V1.se      V2.se     h2   h2.se Converge Maxit
1    dj  3.00e-04  3.00e-04      0.0001     0.0001  0.447   0.144     TRUE     8
2    dm  6.00e-04  1.50e-03      0.0003     0.0003  0.266   0.122     TRUE     7
3    wd  3.00e-04  3.00e-04      0.0001     0.0001  0.475   0.151     TRUE     8
4    h1  4.82e+01  6.92e+00     12.5994    10.0426  0.875   0.187     TRUE    10
5    h2  2.17e+02  4.58e+02     89.9379    83.4044  0.321   0.127     TRUE     7
6    h3  5.30e+02  1.19e+03    225.8366   210.9102  0.308   0.125     TRUE     7
7    h4  9.66e+02  2.87e+03    462.0276   447.6016  0.251   0.116     TRUE     7
8    h5  1.77e+03  4.01e+03    748.7157   701.0161  0.306   0.124     TRUE     7
```

程序说明，带谱系的数据分析，其实与一般数据分析类似，只是要先构建谱系的逆矩阵，然后通过参数 ped、pedinv 和 ginverse 带入函数。运行的结果与上文类似。

2) 批量多性状分析

(1) 不带谱系的双性状

分析代码如下：

```
asreml.batch (data = df1, factorN = 1:6, traitN = c(10: 14),
              FMod = cbind(y1, y2) ~ trait + trait: Rep,
              RMod = ~ us(trait): Mum,
              EMod = ~ units: us(trait), maxit = 40,
              mulT = TRUE, mulN = 2, mulR = TRUE, corMout = F,
              pformula = r.g ~ V2/sqrt(V1* V3),
              pformula1 = h2.A ~ 4* V1 / (V1 + V5),
```

```
                    pformula2 = h2.B ~ 4* V3/(V3 + V7))
```

程序代码说明，对于双性状的批量分析，与单独双性状分析类似，FMod = cbind(y1, y2) ~ trait + trait: Rep，其中 y1、y2 分别代表性状 1、性状 2，而 G 结构、R 结构的表示方法一样。本代码中最后计算了两性状之间的遗传相关及其单株遗传力。

运行结果如下：

```
> asreml.batch(data = df1, factorN = 1:6, traitN = c(10: 14),
+           FMod = cbind(y1, y2) ~ trait + trait: Rep,
+           RMod = ~ us(trait): Mum,
+           EMod = ~ units: us(trait), maxit = 40,
+           mulT = TRUE, mulN = 2, mulR = TRUE, corMout = F,
+           pformula = r.g ~ V2/sqrt(V1* V3),
+           pformula1 = h2.A ~ 4* V1/(V1 + V5),
+           pformula2 = h2.B ~ 4* V3/(V3 + V7))

ASReml-R batch analysis results:

Fixed Factors -- Rep
Randomed Factors -- Mum R
Index formula -- r.g ~ V2/sqrt(V1 * V3)
Index formula1 -- h2.A ~ 4 * V1/(V1  + V5)
Index formula2 -- h2.B ~ 4 * V3/(V3  + V7)

Variance order: Mum.y1:y1, Mum.y2:y1, Mum.y2:y2, R.y1:y1, R.y2:y1, R.y2:y2

$Varcomp
```

	Trait	V1	V2	V3	V4	V5	V6	V1.se	V2.se	V3.se	V4.se	V5.se
1	h1 - h2	12.0	16.8	53.5	43.1	90.5	621	3.14	6.87	22.3	2.72	8.35
2	h1 - h3	12.0	20.0	131.4	43.1	117.3	1589	3.14	10.31	56.2	2.72	12.80
3	h1 - h4	12.1	17.3	240.7	43.1	176.8	3598	3.15	14.23	115.3	2.72	19.28
4	h1 - h5	12.1	18.8	439.9	43.0	190.7	5332	3.16	17.86	186.7	2.72	23.04
5	h2 - h3	54.2	78.1	132.1	621.0	801.2	1589	22.48	33.20	56.4	39.19	56.96
6	h2 - h4	54.6	78.9	241.4	620.9	1127.1	3590	22.55	44.44	115.2	39.17	83.46
7	h2 - h5	53.6	119.9	438.4	621.4	1102.7	5326	22.37	55.23	186.1	39.22	94.95
8	h3 - h4	132.4	168.8	243.4	1589.1	1964.1	3596	56.42	75.85	115.7	100.30	138.08
9	h3 - h5	131.9	190.1	440.1	1589.3	2006.0	5333	56.33	89.88	186.6	100.32	157.86
10	h4 - h5	238.0	303.2	442.0	3601.0	3659.1	5333	114.92	137.77	187.2	227.72	255.25

```
    V6.se     r.g  r.g.se   h2.A  h2.A.se      h2.B   h2.B.se Converge Maxit
```

```
1     39.2  0.664  0.143  0.872  0.187  0.317  0.126  TRUE   8
2    100.3  0.503  0.182  0.873  0.187  0.305  0.125  TRUE   9
3    227.4  0.321  0.221  0.876  0.187  0.251  0.116  TRUE   9
4    337.1  0.257  0.217  0.877  0.187  0.305  0.124  TRUE   9
5    100.3  0.923  0.064  0.321  0.127  0.307  0.125  TRUE  10
6    226.6  0.688  0.159  0.323  0.127  0.252  0.116  TRUE   9
7    336.5  0.782  0.143  0.318  0.126  0.304  0.123  TRUE  10
8    227.0  0.940  0.061  0.308  0.125  0.254  0.117  TRUE  10
9    336.9  0.789  0.128  0.307  0.125  0.305  0.124  TRUE   9
10   337.2  0.935  0.062  0.248  0.116  0.306  0.124  TRUE  10

$Corr.erro.matrix
      h1     h2     h3     h4     h5
h1  1.000  0.664  0.503  0.321  0.257
h2  0.143  1.000  0.923  0.688  0.782
h3  0.182  0.064  1.000  0.940  0.789
h4  0.221  0.159  0.061  1.000  0.935
h5  0.217  0.143  0.128  0.062  1.000

$Corr.sig.matrix
      h1     h2     h3     h4     h5
h1      1  0.664  0.503  0.321  0.257
h2  * * *      1  0.923  0.688  0.782
h3    * *  * * *      1   0.94  0.789
h4      *  * * *  * * *      1  0.935
h5         * * *  * * *  * * *      1
===================
upper is corr and lower is error(orsig.level)for corr matrix.
Sig.level: 0'* * *'0.001 '* *'0.01 '*'0.05 'Not signif'1
```

从运行的结果得知，首先，输出方差分量以及计算的遗传参数值。之后，输出性状两两之间的相关值矩阵以及相关显著性。需要注意的情况，方差分量的输出排序与原始结果有些许区别，如本例中，批量分析结果 V4 为 R. y1:y1，代表性状 1 的误差分量，而原始结果应该为 v5，这点需要注意。

(2)带谱系的双性状

分析代码如下：

```
ped <-df[,1:3]# 子代个体对应的谱系
pedinv <-asreml.Ainverse(ped) $ginv
df1 =subset(df, Spacing = =3)
asreml.batch (data=df1, factorN=1:6, traitN=c(10: 14),
              FMod=cbind(y1, y2) ~trait+trait: Rep,
```

```
               RMod = ~us(trait): ped(TreeID),
               EMod = ~units: us(trait), maxit =40,
               mulT =TRUE, mulN =2, mulR =TRUE, corMout =F,
               ped =T, pedinv =pedinv, ginverse =list(TreeID =pedinv),
               pformula =r.g ~V2/sqrt(V1* V3),
               pformula1 =h2.A ~V1/(V1 +V5),
               pformula2 =h2.B ~V3/(V3 +V7))
```

运行结果如下：

```
>asreml.batch(data =df1, factorN =1:6, traitN =c(10: 14),
+FMod =cbind(y1, y2) ~trait +trait: Rep,
+RMod = ~us(trait): ped(TreeID),
+EMod = ~units: us(trait), maxit =40,
+mulT =TRUE, mulN =2, mulR =TRUE, corMout =F,
+ped =T, pedinv =pedinv, ginverse =list(TreeID =pedinv),
+pformula =r.g ~V2/sqrt(V1* V3),
+pformula1 =h2.A ~V1/(V1 +V5),
+pformula2 =h2.B ~V3/(V3 +V7))
ASReml-R batch analysis results:

Fixed Factors -- Rep
Randomed Factors -- ped(TreeID)R
Index formula -- r.g ~V2/sqrt(V1 * V3)
Index formula1 -- h2.A ~V1/(V1  + V5)
Index formula2 -- h2.B ~V3/(V3  + V7)

Variance order: ped(TreeID).y1:y1, ped(TreeID).y2: y1, ped(TreeID)
.y2: y2, R.y1:y1, R.y2: y1, R.y2: y2

$Varcomp
```

	Trait	V1	V2	V3	V4	V5	V6	V1.se	V2.se	V3.se	V4.se	V5.se	V6.se
1	h1 - h2	48.0	67.3	214	7.04	40.1	461	12.6	27.5	89.3	10.0	23.1	83.1
2	h1 - h3	48.1	80.0	525	6.98	57.3	1195	12.6	41.2	224.9	10.0	34.8	210.4
3	h1 - h4	48.3	69.2	963	6.85	124.9	2875	12.6	56.9	461.4	10.0	49.0	447.2
4	h1 - h5	48.4	75.1	1760	6.76	134.4	4012	12.6	71.5	746.8	10.1	60.8	699.8
5	h2 - h3	216.9	312.4	528	458.37	566.9	1193	89.9	132.8	225.4	83.4	122.5	210.7
6	h2 - h4	218.2	315.7	965	457.20	890.3	2866	90.2	177.7	460.9	83.5	169.1	446.2
7	h2 - h5	214.5	479.4	1754	460.53	743.1	4011	89.5	220.9	744.3	83.2	203.6	697.7
8	h3 - h4	529.7	675.2	974	1191.79	1457.7	2866	225.7	303.4	462.8	210.8	285.5	447.5
9	h3 - h5	527.7	760.4	1761	1193.59	1435.7	4013	225.3	359.5	746.3	210.6	334.0	699.3

```
10 h4 -h5 952.01212.8 1768 2887.02  2749.5  4007  459.7  551.1  748.7  446.5  521.3  701.0
          r.g     r.g.se     h2.A   h2.A.se     h2.B   h2.B.se Converge  Maxit
1       0.664     0.143     0.872    0.187     0.317    0.126     TRUE     10
2       0.503     0.182     0.873    0.187     0.305    0.125     TRUE     10
3       0.321     0.221     0.876    0.187     0.251    0.116     TRUE     10
4       0.257     0.217     0.877    0.187     0.305    0.124     TRUE     11
5       0.923     0.064     0.321    0.127     0.307    0.125     TRUE     10
6       0.688     0.159     0.323    0.127     0.252    0.116     TRUE     13
7       0.782     0.143     0.318    0.126     0.304    0.123     TRUE     10
8       0.940     0.061     0.308    0.125     0.254    0.117     TRUE     10
9       0.789     0.128     0.307    0.125     0.305    0.124     TRUE      9
10      0.935     0.062     0.248    0.116     0.306    0.124     TRUE     10

$Corr.erro.matrix
       h1      h2      h3      h4      h5
h1  1.000   0.664   0.503   0.321   0.257
h2  0.143   1.000   0.923   0.688   0.782
h3  0.182   0.064   1.000   0.940   0.789
h4  0.221   0.159   0.061   1.000   0.935
h5  0.217   0.143   0.128   0.062   1.000

$Corr.sig.matrix
       h1      h2      h3      h4      h5
h1      1   0.664   0.503   0.321   0.257
h2  * * *       1   0.923   0.688   0.782
h3    * *   * * *       1    0.94   0.789
h4      *   * * *   * * *       1   0.935
h5          * * *   * * *   * * *       1
= = = = = = = = = = = = = = = = = = =
upper is corr and lower is error(orsig.level)for corr matrix.
Sig.level: 0'* * * '0.001 '* * '0.01 '* '0.05 'Not signif' 1
```

此外，还可以进行两个以上的多性状分析，只需修改 cbind(y1, y2, y3, …)，其他的与双性状的类似，不过无法输出相关矩阵及显著性(目前仅限于双性状模型)。

10.4.3 遗传参数估算

对于农林业育种研究者来说，经常需要了解育种材料的遗传参数(如遗传力、配合力、育种值、遗传相关等)，因此，需要通过一定的交配设计，产生具有亲缘关系的子代，对子代按照一定的试验设计进行田间对比试验及其性状测定，然后利用相关统计软件(如 SAS、SPSS 等)进行遗传参数的估算，并解释遗传因素和环境因素的作用。这个过程称为遗传测定(genetic test)。对于林业来说，遗传测定分为子代测定和无性系测定。通过遗传测定，可获得各种遗传参数，一方面可确定树种的育种方法，另一方面可进行优良家系、单株和无性系的选择，以及优良亲本的选择，并为种子园的建园或改造提供依据。本章节将介绍通过 ASReml-R 来估算子代(半同胞子代和全同胞子代)测定林和无性系测定林的遗传参数，之后再介绍空间分析、多点试验分析(G×E 分析)、多年份数据、多交配设计、多世代数据和遗传相关估算。

10.4.3.1　半同胞子代测定

对于林业研究，通过半同胞子代测定，可迅速获得母本性状的遗传信息，在初级种子园的改造、优良家系选择以及选配优良亲本进行控制授粉等方面，都具有重要作用(钟伟华，2008)。遗传参数估算的一般过程为：对观测性状的数据进行方差分析，列出期望均方表达式，得到相应的方差或协方差分量，进而估算遗传参数。

【例 10-2】华北落叶松 4 株优树的半同胞子代分别种植在 3 个地点，每个地点有 2 个区组，每区组随机测量 2 株树高，测定结果见表 10-3，试计算该落叶松树高的遗传力。

表 10-3　华北落叶松半同胞子代树高　m

家系	地点 1				地点 2				地点 3			
	区组 1		区组 2		区组 1		区组 2		区组 1		区组 2	
1	9	7	5	8	4	3	2	5	5	4	7	5
2	6	5	5	3	6	5	4	8	3	2	4	3
3	6	9	8	9	4	2	5	4	4	3	3	2
4	8	6	6	5	7	8	8	9	6	8	8	7

分析代码如下：

```
##############代码清单 10.4.3.1.1 ###################
df <-asreml.read.table (file ='d10.4.3.1.1.csv', header =T,
                             sep =',')
df.asr <-asreml (height ~1 +Site, random = ~Fam + Site: Fam, data =df)
df2.asr <-asreml (height ~1 +Site,
random = ~Fam +Site: Fam + (Site/Blk): Fam, data =df)
summary(df.asr) $varcomp
pin(df.asr, h2.i ~V1 /(V1 +V2 + V3))
pin(df.asr, h2.f ~V1 /(V1 +V2/3 + V3/12))
```

运行结果如下：

```
>summary(df.asr) $varcomp

                        gamma   component   std.error    z.ratio  constraint
Fam! Fam.var            0.202       0.316       1.285      0.246    Positive
Site: Fam! Site.var     1.796       2.806       1.848      1.518    Positive
R! variance             1.000       1.563       0.368      4.243    Positive
```

```
>pin(df.asr, h2.i ~V1 /(V1 +V2 + V3))# 单株遗传力
    Estimate      SE
h2.i 0.0675     0.27
>pin(df.asr, h2.f ~V1 /(V1 +V2/3 + V3/12))# 家系遗传力
```

```
     Estimate      SE
h2.f  0.229    0.771
```

程序代码说明，模型 2 中，包含所有试验因子，但 Site/Blk 和(Site/Blk)：Fam 作用不显著，故从模型中除去。

从运行结果得知，该试验中，树高的单株遗传力为 0.27，家系遗传力为 0.23，两者的误差都较大。误差大的原因是测量数据过少。

从上述的代码得知，家系遗传力的计算公式要比单株遗传力的复杂，另外，考虑到单株遗传力比家系遗传力更具有实际应用价值，故在下文中只计算单株遗传力。

【例 10-3】某松树半同胞子代测定林，有 44 个家系，采用随机完全区组设计，设 5 个区组，5 株行式小区，目标性状为 10 年生的树高。试计算该松树树高的单株遗传力和母本一般配合力。

本例采用的线性模型如下(依次为亲本模型和个体模型)：

$$y_{ijk} = \mu + B_i + M_j + BM_{ij} + BP_{(i)k} + e_{ijk}$$

$$y_{ijk} = \mu + B_i + T_{ijk} + BP_{ik} + e_{ijk}$$

式中，y_{ijk}是树高观测值，μ 是树高总体平均值，B_i是区组效应，M_j是母本效应，BM_{ij}是区组与母本的交互效应，$BP_{(i)k}$是区组内的小区效应，T_{ijk}是加性遗传效应，e_{ijk}是随机误差。此外，μ、B_i作为固定效应，其余都作为随机效应。

分析代码如下：

```
##############代码清单 10.4.3.1.2 ###################
hs <-asreml.read.table(file ='op.csv', header =T, sep =',')
hs.ped <-hs[,1:3]# 子代个体对应的谱系
hs.pedinv <-asreml.Ainverse(hs.ped) $ginv  # 子代个体对应谱系的逆矩阵
#亲本模型
hs.asr <-asreml(dbh10 ~1 + Rep, random = ~Mum + Rep: Mum +
Rep: Plot, data =hs)

#个体模型
hs2.asr <-asreml(dbh10 ~1 + Rep, random = ~ped(TreeID) +
Rep: Plot, data =hs,
ginverse = list(TreeID =hs.pedinv))
summary(hs.asr) $varcomp
#亲本模型的单株遗传力
summary(hs.asr) $varcomp[,1:3]
pin(hs.asr, h2.i ~4*  V1 /(V1  + V2  + V4))
#个体模型的单株遗传力
summary(hs2.asr) $varcomp[,1:3]
pin(hs2.asr, h2.it ~V1 /(V1  + V3))
```

运行结果如下：

```
>summary(hs.asr)$varcomp[,1:3]
                          gamma      component     std.error
Rep:Plot!Rep.var     0.01906388     0.09341329    0.06945742
Mum!Mum.var          0.25890703     1.26864847    0.32869273
Rep:Mum!Rep.var      0.03093154     0.15156504    0.14469570
R!variance           1.00000000     4.90001553    0.25033244
>pin(hs.asr, h2.i ~4 * V1 /(V1 + V2 + V4))
     Estimate    SE
h2.i   0.0597 0.0441

>summary(hs2.asr)$varcomp[,1:3]
                          gamma   component    std.error
Rep:Plot!Rep.var         0.0816      0.0914       0.0697
ped(TreeID)!ped          4.6482      5.2056       1.3162
R!variance               1.0000      1.1199       1.0213
>pin(hs2.asr, h2.it ~V1 /(V1 + V3))
      Estimate    SE
h2.it   0.0755 0.084
```

程序代码说明，本例中的亲本模型，虽然 Rep：Mum 和 Rep：Plot 的 z. ratio 没有超过 1.5，但根据实际研究的需要予以保留，可以降低误差的值。此外，对于亲本模型，通过 coef(hs. asr) $ random 命令，输出母本育种值，即母本的一般配合力。而在个体模型中，不但输出母本育种值(或母本的一般配合力)，还输出子代个体的育种值。在传统的分析方法中，这是做不到的。

遗传力计算结果显示，无论是亲本模型，还是个体模型，单株遗传力均较高，表明该松树的树高性状遗传主要是受遗传控制。不过，亲本模型所得的单株遗传力要高于个体模型的，其原因是由于亲本模型中所得的表型方差分量要比个体模型的小。与上一例子相比，可知本例所得遗传力的误差值较小，说明观测数据的多少也会影响遗传力计算结果的准确性。

此外，输出的母本一般配合力结果(表 10-4)显示，亲本模型得到的是母本一般配合力，个体模型得到的是母本育种值，所以亲本模型值约为个体模型值的一半。而且各母本配合力值的相对排名情况基本一致，除了母本 214、209 和 156、222 以外，这两组母本的配合力排名也只是前后交错差异 1 名。实际应用当中，也是根据育种值的排名来筛选亲本或优良家系、单株和无性系，因此，无论采用哪个模型，所得的母本一般配合力或育种值结果都是可行的。对于半同胞家系来说，母本的一般配合力和家系的育种值结果是一样的。因此，优良家系的选择可以直接通过母本配合力的相对排名来进行筛选。

表 10-4 母本一般配合力的相对排名

排名	Fam(亲本模型)	GCA	Fam(个体模型)	BV
1	Mum_ M_ 148	2. 494	ped(TreeID)_ M_ 148	5. 098
2	Mum_ M_ 134	1. 553	ped(TreeID)_ M_ 134	3. 176
3	Mum_ M_ 151	1. 330	ped(TreeID)_ M_ 151	2. 703
4	Mum_ M_ 214	1. 244	ped(TreeID)_ M_ 209	2. 560
5	Mum_ M_ 209	1. 240	ped(TreeID)_ M_ 214	2. 535
6	Mum_ M_ 144	1. 225	ped(TreeID)_ M_ 144	2. 498
7	Mum_ M_ 149	1. 187	ped(TreeID)_ M_ 149	2. 422
8	Mum_ M_ 154	1. 079	ped(TreeID)_ M_ 154	2. 208
9	Mum_ M_ 153	0. 879	ped(TreeID)_ M_ 153	1. 795
10	Mum_ M_ 135	0. 736	ped(TreeID)_ M_ 135	1. 515
11	Mum_ M_ 156	0. 631	ped(TreeID)_ M_ 222	1. 341
12	Mum_ M_ 222	0. 628	ped(TreeID)_ M_ 156	1. 286
13	Mum_ M_ 140	0. 568	ped(TreeID)_ M_ 140	1. 161
14	Mum_ M_ 136	0. 503	ped(TreeID)_ M_ 136	1. 028
15	Mum_ M_ 143	0. 495	ped(TreeID)_ M_ 143	1. 015
16	Mum_ M_ 157	0. 455	ped(TreeID)_ M_ 157	0. 933
17	Mum_ M_ 212	0. 406	ped(TreeID)_ M_ 212	0. 828
18	Mum_ M_ 211	0. 384	ped(TreeID)_ M_ 211	0. 776
19	Mum_ M_ 226	0. 376	ped(TreeID)_ M_ 226	0. 751

ASReml 软件的优点之一，在于个体模型中输入了子代对应的谱系，因此通过 MME 方程的求解，即可同时获得子代个体和母本的育种值。通过子代个体育种值的排名情况，可以直接筛选优良单株。本例中，输出了育种值排名前 29 名的子代个体及其对应家系，比较表 10-4(可视为家系育种值的排名)和表 10-5 得知，在 1100 棵子代个体中，育种值排名最高的子代个体 3297 所对应的家系是 M149，而不是家系育种值排名最前的 M148。在子代育种值排名前 29 名中，排 15 名的子代个体 3312 对应的家系是 M138，其并未出现在家系育种值排名前 19 名中。不过，在表 10-4 中，家系育种值排名最前 2 名的 M148 和 M134，其子代约占了 50%。由此可见，对于半同胞家系而言，子代个体育种值和家系育种值(或母本配合力)的排名情况会有所差异，但整体上而言，家系育种值排名靠前的，其子代的育种值排名也会相对靠前。当然，一个家系育种值排名靠后的，也不等于其所有个体都表现不好。换句话说，母本表现好的，一般其子代(即家系)也表现不错，但是一个家系整体表现不好的，也会有个体表现较好。

表 10-5 半同胞家系子代个体育种值的相对排名

排名	子代个体	育种值	家系
1	ped(TreeID)_ 3297	4. 847	M149
2	ped(TreeID)_ 4111	4. 688	M148
3	ped(TreeID)_ 4001	4. 372	M144
4	ped(TreeID)_ 3479	4. 369	M148
5	ped(TreeID)_ 3278	4. 205	M148
6	ped(TreeID)_ 3478	4. 194	M148

（续）

排名	子代个体	育种值	家系
7	ped(TreeID)_ 4200	4.172	M134
8	ped(TreeID)_ 3481	3.983	M148
9	ped(TreeID)_ 3876	3.949	M154
10	ped(TreeID)_ 3674	3.813	M148
11	ped(TreeID)_ 3964	3.661	M148
12	ped(TreeID)_ 4109	3.630	M148
13	ped(TreeID)_ 3676	3.611	M148
14	ped(TreeID)_ 3692	3.519	M214
15	ped(TreeID)_ 3312	3.487	M138
16	ped(TreeID)_ 3324	3.486	M144
17	ped(TreeID)_ 3204	3.472	M153
18	ped(TreeID)_ 3675	3.276	M148
19	ped(TreeID)_ 3545	3.222	M214
20	ped(TreeID)_ 3857	3.187	M156
21	ped(TreeID)_ 3873	3.173	M154
22	ped(TreeID)_ 3883	3.120	M222
23	ped(TreeID)_ 3230	3.117	M134
24	ped(TreeID)_ 3237	3.023	M135
25	ped(TreeID)_ 4199	3.011	M134
26	ped(TreeID)_ 4110	2.978	M148
27	ped(TreeID)_ 3229	2.975	M134
28	ped(TreeID)_ 3852	2.970	M214
29	ped(TreeID)_ 3445	2.969	M209
……	……	……	……

10.4.3.2　全同胞子代测定

在林业上，某树种改良之初，一般均经过较大量的半同胞子代测定，获得亲本的一般配合力，而后设计合适的交配方案开展全同胞子代测定，以了解更多关于双亲、子代的遗传信息，并获得更丰富的育种资源，这对于促进多性状联合育种以及高世代育种是非常必要的(钟伟华，2008)。

1)非完全双列杂交的全同胞试验

【例 10-4】某松树全同胞子代测定林，有 46 个家系，采用随机完全区组设计，设 7 个区组，5 株行式小区，目标性状为 10 年生的树高。试计算该松树树高的单株遗传力、亲本一般配合力和特殊配合力。

本例子采用的线性模型如下(依次为亲本模型和个体模型)：

$$y_{ijk} = \mu + B_i + M_j + D_k + MD_{jk} + e_{ijk}$$

$$y_{ijk} = \mu + B_i + T_{ijk} + MD_{jk} + e_{ijk}$$

式中，y_{ijk}是树高观测值，μ 是树高总体平均值，B_i是区组效应，M_j是母本效应，D_k是父本效应，MD_{jk}是显性效应，T_{ijk}是加性遗传效应，e_{ijk}是随机误差。此外，μ、B_i作为固定效应，其余都作为随机效应。

分析代码如下：

```
############## 10.4.3.2.1 non-dial mate #################
fs <-asreml.read.table(file='cp.csv', header=T, sep=',')
fs.ped<-fs[,1:3]
fs.pedinv<-asreml.Ainverse(fs.ped)$ginv
fs.asr<-asreml(dbh10 ~1, random= ~Rep+Mum+Dad+Fam2, data= fs)# Mum: Dad
# fs.asr<-asreml(dbh10 ~1, random= ~Rep+Mum+Dad, data=fs)
fs2.asr<-asreml(dbh10 ~1, random= ~Rep+ped(TreeID)+Fam2,
data=fs, ginverse=list(TreeID=fs.pedinv))
summary(fs2.asr)$varcomp
 wald(fs.asr)
 #fs.bv<-coef(fs.asr)$random
 #write.csv(fs.bv, file='fs3.bv.csv')
 summary(fs.asr)$varcomp[,1:3]
 pin(fs.asr, h2.mi ~4* V2/(V2+V4+V5))
 pin(fs.asr, h2.di ~4* V3/(V3+V4+V5))
 pin(fs.asr, h2.fi ~2* (V2+V3)/(V2+V3+V4+V5))
 summary(fs2.asr)$varcomp[,1:3]
 pin(fs2.asr, h2.ti ~V2/(V2+V3+V4))
```

分析代码说明，对于亲本模型，Fam2 实际上就是 Mum：Dad 交互作用，代表显性效应，属于非加性效应。为了演示典型的亲本模型，模型中保留了 Mum、Dad 和 Fam2，事实上的运行结果显示，Fam2 的存在，Dad 的方差分量不显著，如果去除 Fam2，Dad 的方差分量就变为显著。对于个体模型，Fam2 的存在，同样使得 ped(TreeID)的方差分量不显著。因此，模型中的因素应根据研究的需要而有选择性地保留或去除。

运行结果如下：

```
> summary(fs.asr)$varcomp[,1:3]
                       gamma    component    std.error
Rep!Rep.var          0.05130       0.2205        0.140
Mum!Mum.var          0.10758       0.4624        0.313
Dad!Dad.var          0.00335       0.0144        0.205
Fam2!Fam2.var        0.10818       0.4649        0.349
R!variance           1.00000       4.2978        0.165
> pin(fs.asr, h2.mi ~4*V2/(V2+V4+V5))  # 母本单株遗传力
     Estimate      SE
h2.mi    0.354   0.234
> pin(fs.asr, h2.di ~4*V3/(V3+V4+V5))  # 父本单株遗传力
        Estimate      SE
```

```
h2.di        0.012     0.172
>pin(fs.asr, h2.fi ~2 * (V2 +V3)/(V2 +V3 +V4 +V5))# 全同胞单株遗传力
      Estimate        SE
h2.fi     0.182     0.144
>summary(fs2.asr) $varcomp[,1:3]
                                   gamma   component   std.error
Rep! Rep.var                      0.0546       0.219       0.139
Fam2! Fam2.var                    0.1696       0.682       0.424
ped(TreeID)! ped                  0.1351       0.544       0.839
R! variance                       1.0000       4.023       0.450
>pin(fs2.asr, h2.ti ~V2/(V2 +V3 +V4))  # 单株遗传力
      Estimate      SE
h2.ti      0.13 0.0795
```

本例中，父本单株遗传力偏低，其原因是由于显性效应 Mum：Dad 的显著性遮盖父本的遗传方差分量。与示例 10-3 一样，本例不计算家系遗传力，如需计算，可参考张志毅(2012)主编书中的期望均方表，只需列出各变异来源对应的系数，即按照类似单株遗传力的方法进行换算。

表 10-6 全同胞家系亲本配合力与子代个体育种值的相对排名

模型	rank	Mum	GCA_m	Dad	GCA_d	MD	SCA	rank	Tree	bv	Fam
亲本模型	1	M_ 250	1.035	D_ 245	0.046	M_ 136_ D_ 441	1.262	1	7191	0.974	M_ 250_ D_ 245
	2	M_ 213	0.968	D_ 441	0.040	M_ 213_ D_ 202	0.868	2	7858	0.972	~ ~ (同上)
	3	M_ 109	0.744	D_ 236	0.021	M_ 250_ D_ 245	0.813	3	8329	0.863	~ ~
	4	M_ 206	0.588	D_ 240	0.018	M_ 109_ D_ 236	0.674	4	8114	0.851	~ ~
	5	M_ 233	0.576	D_ 131	0.013	M_ 233_ D_ 240	0.579	5	7635	0.849	~ ~
	6	M_ 224	0.521	D_ 137	0.011	M_ 224_ D_ 213	0.523	6	8328	0.832	~ ~
	7	M_ 136	0.450	D_ 228	0.011	M_ 208_ D_ 245	0.435	7	7190	0.816	~ ~
	8	M_ 402	0.396	D_ 230	0.011	M_ 402_ D_ 131	0.398	8	7632	0.811	~ ~
	9	M_ 211	0.375	D_ 202	0.010	M_ 211_ D_ 234	0.376	9	7189	0.797	~ ~
	10	M_ 208	0.334	D_ 121	0.009	M_ 101_ D_ 137	0.357	10	8113	0.794	~ ~
	11	M_ 214	0.309	D_ 231	0.008	M_ 206_ D_ 228	0.346	11	7857	0.788	~ ~
	12	M_ 216	0.271	D_ 213	0.007	M_ 109_ D_ 230	0.344	12	7859	0.776	~ ~
	13	M_ 239	0.197	D_ 221	0.006	M_ 214_ D_ 224	0.310	13	8112	0.775	~ ~
	14	M_ 108	0.137	D_ 234	0.005	M_ 144_ D_ 121	0.295	14	8116	0.775	~ ~
	15	M_ 203	0.133	D_ 124	0.004	M_ 206_ D_ 231	0.245	15	8627	0.761	M_ 109_ D_ 236

（续）

模型	rank	Mum	GCA_m	Dad	GCA_d	MD	SCA	rank	Tree	bv	Fam
个体模型	1	M_ 250	0.736	D_ 245	0.661	M_ 136_ D_ 441	1.373	16	8514	0.747	~ ~
	2	M_ 213	0.716	D_ 441	0.547	M_ 213_ D_ 202	1.341	17	7391	0.736	~ ~
	3	M_ 109	0.523	D_ 236	0.376	M_ 250_ D_ 245	1.141	18	8232	0.730	M_ 213_ D_ 214
	4	M_ 206	0.404	D_ 240	0.318	M_ 109_ D_ 236	0.943	19	7147	0.728	M_ 213_ D_ 202
	5	M_ 233	0.318	D_ 230	0.249	M_ 233_ D_ 240	0.799	20	7193	0.727	~ ~
	6	M_ 224	0.312	D_ 228	0.221	M_ 224_ D_ 213	0.783	21	7192	0.715	~ ~
	7	M_ 136	0.264	D_ 131	0.214	M_ 250_ D_ 238	0.706	22	8654	0.709	M_ 213_ D_ 202
	8	M_ 214	0.237	D_ 231	0.183	M_ 109_ D_ 230	0.624	23	8617	0.709	M_ 213_ D_ 214
	9	M_ 211	0.221	D_ 214	0.181	M_ 214_ D_ 224	0.595	24	8513	0.703	~ ~
	10	M_ 402	0.214	D_ 137	0.176	M_ 206_ D_ 228	0.555	25	7312	0.698	M_ 136_ D_ 441
	11	M_ 208	0.170	D_ 202	0.141	M_ 211_ D_ 234	0.554	26	7388	0.698	~ ~
	12	M_ 216	0.109	D_ 221	0.099	M_ 402_ D_ 131	0.537	27	8619	0.696	M_ 213_ D_ 214
	13	M_ 239	0.099	D_ 121	0.093	M_ 206_ D_ 231	0.459	28	7969	0.685	M_ 206_ D_ 228
	14	M_ 108	0.063	D_ 213	0.088	M_ 213_ D_ 214	0.456	29	7292	0.681	M_ 208_ D_ 245
	15	M_ 203	0.061	D_ 124	0.063	M_ 101_ D_ 137	0.442	30	7861	0.681	~ ~

注：rank 代表排名，Mum、Dad 代表母本和父本，GCA_m、GCA_d代表母本和父本一般配合力，MD 代表父母本组合，SCA 代表特殊配合力，bv 代表育种值，Fam 代表家系。

最后，输出了双亲的一般配合力和特殊配合力以及个体育种值的相对排名情况见表 10-6。亲本模型和个体模型计算得到的双本一般配合力值和特殊配合力的大小有所不同。母本配合力值的相对排名情况基本一致，除了母本 M214、M402 以外，这两组母本的配合力排名也只是前后交错差异 2 名。而父本配合力排名前 15 名中，除了 D234（亲本模型中排第 14 名）、D214（个体模型中排第 9 名）以外，其余父本系号是一致的，但父本配合力排名变化比母本的大，不过假设从 38 个父本和母本中按 20% 的入选率选择亲本，则父母本的入选系号基本一致。特殊配合力的情况与父本配合力的情况相似，但不论哪个模型，特殊配合力排名前 6 名的父母本组合都是一样的。此外，特殊配合力排名前 2 名的杂交组合也不是父母本配合力排名前 2 名的组合。

与半同胞子代分析类似，通过个体模型，即可同时获得子代个体和亲本的育种值（或配合力）与特殊配合力。子代个体育种值的排名情况见表 10-6，列举了育种值排名前 30 名的子代个体。家系的代码与特殊配合力的代码是一样的，即家系育种值也是亲本的特殊配合力。本例中，家系 M_ 250_ D_ 245 虽然在家系育种值中排名第 3，但其优良个体占了个体育种值排名前 30 名的 70%，同时，家系育种值排名前 3 的优良个体占了 80%。由此可见，在本例的全同胞家系中，子代个体育种值和家系育种值（或母本配合力）的排名情况类似，整体上，家系育种值排名靠前的，其子代的个体育种值排名也会相对靠前。

通过与上一节的半同胞子代分析比较得知，全同胞子代分析，不但可以获得母本一般配合力，还可获得父本一般配合力以及亲本特殊配合力。在遗传力方面，可获得父本、母本单株遗传力和全同胞单株遗传力。因此，开展全同胞子代测定，不但了解更多关于双亲、子代的遗传信息，而且还获得更丰富的育种资源，同时，对于继续深入开展的树种遗传改良也是十分有必要的。

关于亲本模型需要补充说明一点，本例中采用 Fam2 来代表 Mum：Dad，而不是直接使用 Mum：Dad，虽然两者的模型运行结果一样，但在输出育种值时是有差异的。直接使用 Mum：Dad 的模型，将输出 Mum 和 Dad 之间的所有组合的育种值，大大超出本例中亲本的杂交组合，虽然多出的杂交组合，其育种值等于零，但是这会对后续亲本特殊配合力或家系育种值的排名造成不必要的麻烦，因此采用 Fam2 避免该问题。

此外，关于全同胞的父母本代码编码，需要注意的情况，如果不是完全双列杂交时，父母本代码必须不一样，即假如父本 1 编码为 001，母本 1 编码就不可为 001，否则生成谱系的逆矩阵时会出错。本例中父本 1 编码为 D001，母本 1 编码为 M001，此编码方式可供读者参考。另外，有研究指出，对于动物而言，是父系遗传为主，所以谱系的编排顺序为子代、父本和母本；而林木是母系遗传为主，故谱系的编排顺序为子代、母本和父本（ATISC，2010）。但笔者在分析试验数据时，发现父母本的编排顺序，并未影响分析结果，不论是哪种排列方法，所得的分析结果都是一样的。读者在分析自己的试验数据时，可以尝试父母本不同编排的方式，分析所得试验结果是否会有差异。

2） 完全双列杂交的全同胞试验

【例 10-5】某树种有 8 个亲本，进行双列杂交，采用随机完全区组设计，设 2 个区组，单株小区，目标性状为 10 年生的胸径。试计算该树种胸径的单株遗传力、亲本一般配合力和特殊配合力。

本例子采用的线性模型如下（依次为亲本模型和个体模型）：

$$y_{ijkl} = \mu + B_i + M_j + D_k + MD_{jk} + \mathrm{Fam}_l + e_{ijkl}$$

$$y_{ijkl} = \mu + B_i + T_{ijkl} + MD_{jk} + \mathrm{Fam}_l + e_{ijkl}$$

式中，y_{ijkl}是胸径观测值，μ 是树高总体平均值，B_i是区组效应，M_j是母本效应，D_k是父本效应，MD_{jk}是杂交组合效应，Fam_l是家系效应，T_{ijkl}是加性遗传效应，e_{ijkl}是随机误差。此外，μ、B_i作为固定效应，其余都作为随机效应。

分析代码如下：

```
########## 10.4.3.2.2 diallel mate design ##########
dm <-asreml.read.table(file ='dimate.csv', header =T, sep =',')
dm.ped <-dm[,1:3] # pedigree
dm.pedinv <-asreml.Ainverse(dm.ped) $ginv  # inverse of A matrix
# parent model
dm.asr <-asreml (dbh ~1, random = ~Block +Male +and(Female) +Fam +
                 Female +Recipro, maxit =30, data =dm)

# animal model
dm2.asr <-asreml (dbh ~1, random = ~Block +ped(Tree) +Fam +Recipro,
                  data =dm, maxit =30, ginverse =list(Tree =dm.pedinv))
summary(dm2.asr) $varcomp
#summary(dm.asr, all =T) $coef.random[1:10,]
```

```
#coef(dm.asr, list=T)$Male
coef(dm.asr, pattern='Male')#  male breeding value(BV)
coef(dm.asr, pattern='Female')#  female BV
coef(dm.asr, pattern='Recipro')#  SCA
coef(dm.asr, pattern='Fam')#  Family BV
#fitted(dm.asr, type=c("response"))#, "link"))

#variance components
summary(dm.asr)$varcomp[,1:3]
pin(dm.asr, h2.mi~4* V2/(V2+V3+V4+V5+V6))#
pin(dm.asr, h2.di~4* V4/(V2+V3+V4+V5+V6))#
pin(dm.asr, h2.fi~2* (V2+V4)/(V2+V3+V4+V5+V6))#

summary(dm2.asr)$varcomp[,1:3]
pin(dm2.asr, h2.ti~V2/(V2+V3+V4+V5))
```

运行结果如下:

```
>summary(dm.asr)$varcomp
                       gamma component std.error  z.ratio constraint
Block!Block.var      0.00592      0.02     0.103    0.193   Positive
Male!Male.var        2.01275      6.79     4.104    1.655   Positive
Female!Female.var    1.36716      4.61     3.253    1.418   Positive
Fam!Fam.var          0.62228      2.10     1.735    1.210   Positive
Recipro!Recipro.var  1.23917      4.18     1.817    2.301   Positive
R!variance           1.00000      3.37     0.601    5.612   Positive
>coef(dm.asr, pattern='Male')
            effect
Male_G1      2.842
Male_G2     -0.839
Male_G3      4.484
Male_G4     -1.346
Male_G5     -1.276
Male_G6      0.106
Male_G7     -2.964
Male_G8     -1.008
>coef(dm.asr, pattern='Female')
                 effect
Female_G1         0.157
Female_G2        -0.941
Female_G3        -2.407
```

```
Female_ G4          3.403
Female_ G5          1.138
Female_ G6          1.213
Female_ G7         -0.812
Female_ G8         -1.752
> coef(dm.asr, pattern='Recipro')
                    effect
Recipro_ G3G6      4.087852297
Recipro_ G1G3      3.17754153
Recipro_ G3G1      2.847264176
Recipro_ G2G2      2.111810412
Recipro_ G8G4      2.089605226
Recipro_ G3G2      1.988737186
Recipro_ G5G8      1.851784154
Recipro_ G6G1      1.816587913
Recipro_ G6G6      1.773415799
Recipro_ G2G7      1.648497555
Recipro_ G7G5      1.224561356
Recipro_ G8G5      1.21800148
Recipro_ G3G4      1.165955095
Recipro_ G8G8      1.087180106
Recipro_ G4G7      0.758712401
Recipro_ G1G7      0.670801053
Recipro_ G8G3      0.649662826
Recipro_ G2G4      0.631980616
……
> coef(dm.asr, pattern='Female')
                    effect
Fam_ F003          3.02542376
Fam_ F030          1.541527287
Fam_ F009          1.060469284
Fam_ F019          0.963962362
Fam_ F031          0.890540634
Fam_ F036          0.545939684
Fam_ F029          0.388941172
Fam_ F014          0.306497786
Fam_ F034          0.301786956
Fam_ F001          0.280379978
Fam_ F022          0.235320899
Fam_ F017          0.226409259
Fam_ F026          0.222070492
```

```
Fam_ F035          0.024408819
Fam_ F024          0.015126898
Fam_ F027          0.005186621
Fam_ F016         -0.041479228
Fam_ F028         -0.083589775
……
> summary(dm2.asr)$varcomp
                           gamma   component  std.error   z.ratioconstraint
Block! Block.var            4.96    0.01432      0.958    0.01495  Positive
Fam! Fam.var              140.61    0.40593     27.475    0.01477  Positive
Recipro! Recipro.var     3291.01    9.50084    634.077    0.01498  Positive
ped(Tree)! ped           2933.90    8.46989    562.256    0.01506  Positive
R! variance                 1.00    0.00289      1.974    0.00146  Positive
> coef(dm2.asr, pattern='Recipro')
                      effect
Recipro_ G3G6      7.449372178
Recipro_ G3G1      7.287907691
Recipro_ G1G3      5.570858756
Recipro_ G8G4      4.50000571
Recipro_ G3G4      4.445505405
Recipro_ G8G5      3.249100071
Recipro_ G3G2      3.07931321
Recipro_ G6G6      3.054435877
Recipro_ G2G2      2.833191133
Recipro_ G1G4      2.445937036
Recipro_ G2G4      2.412892771
Recipro_ G6G1      1.987038202
Recipro_ G6G4      1.915506335
Recipro_ G7G5      1.86041173
Recipro_ G1G1      1.788235269
Recipro_ G5G8      1.613815371
Recipro_ G2G7      1.464407976
Recipro_ G4G4      1.012129411
……
> coef(dm2.asr, pattern='Tree')
                       effect
ped(Tree)_ G1        4.686012
ped(Tree)_ G2       -2.136657
ped(Tree)_ G3        5.487253
ped(Tree)_ G4        0.368381
```

```
ped(Tree)_ G5          -1.145046
ped(Tree)_ G6           0.983299
ped(Tree)_ G7          -5.324148
ped(Tree)_ G8          -2.919094
ped(Tree)_ 1001         4.418931
ped(Tree)_ 1002         0.443451
ped(Tree)_ 1003         7.444153
ped(Tree)_ 1004         1.377445
ped(Tree)_ 1005        -0.585325
ped(Tree)_ 1006         1.712559
ped(Tree)_ 1007        -1.750003
ped(Tree)_ 1008        -0.292086
……
```

程序代码说明，Male 是父本，Female 是母本，Fam 是家系，Recipro 是父本与母本的杂交组合。

本例中，个体模型运行结果不佳，但这里也给出相关模型和命令，供读者参考。对于亲本模型，从方差分量的结果中得知，8 个亲本，分别做父本和母本时，其方差分量不同，而且所得的亲本育种值(或亲本一般配合力)也有所不同，具体表现为：G3、G1 作为父本时，一般配合力比较高；G4、G5 和 G6 作为母本时，一般配合力比较高。对于特殊配合力，最高的组合是 G3G6，即父本为 G3、母本为 G6；特殊配合力排名前 10 的杂交组合 G2G2，各自亲本一般配合力表现一般，但杂交组合却表现不错，这充分体现了杂种优势。此外，对于家系来说，育种值最高的是 F003，为杂交组合 G3G1 和 G1G3 的子代，虽然 G3G6 组合的特殊配合力最高，但 C6G3 组合的特殊配合力一般，导致其家系 F019 育种值排名下降至第 4。这个结果也说明双列杂交所得的家系分化程度比较大。其他结果可参考示例 10-4 的全同胞分析。

对于双列杂交的数据分析，ASReml-R 的模型设置问题简单，比较麻烦的是编排杂交组合 Recipro 和家系 Fam 的代码，为此，在 AAfun 包中设置函数 dial. comb( )，直接生成杂交组合 Recipro 和家系 Fam 的编码，之后通过 R 的内置函数 merge( )，整合入原始数据。

列举简单示例分析，程序代码如下：

```
## simulation for di -mate
AA =paste("G", 1:5, sep = "")
Rec =outer(AA, AA, paste, sep = "")
Rec =as. vector(Rec)
Rec =rep(Rec, 2)

ID =1000 +1:50
ID =as. character(ID)

Rep =rep(1:2, each =25, times =1)
```

```
dbh = rnorm(50, mean = 15, sd = 3.5)

df = data.frame(ID, Recipro = Rec, Rep, dbh)
str(df)

DC = dial.combn("G", 5) # AAfun 包
str(DC)

df2 = merge(DC, df, by = c("Recipro"))
str(df2)
```

运行生成的结果如下：

```
> str(df)
'data.frame': 50 obs. of  4 variables:
 $ ID      : Factor w/ 50 levels "1001","1002", ...: 1 2 3 4 5 6 7 8 9 10 ...
 $ Recipro: Factor w/ 25 levels "G1G1","G1G2", ...: 1 6 11 16 21 2 7 12 17...
 $ Rep     : int  1 1 1 1 1 1 1 1 1 1 ...
 $ dbh     : num  13.8 21 15.5 14.7 16.3 ...
> str(DC)
'data.frame': 25 obs. of  4 variables:
 $ Male    : Factor w/ 5 levels "G1","G2","G3", ...: 1 2 3 4 5 1 2 3 4 5 ...
 $ Female  : Factor w/ 5 levels "G1","G2","G3", ...: 1 1 1 1 1 2 2 2 2 2 ...
 $ Recipro: Factor w/ 25 levels "G1G1","G1G2", ...: 1 6 11 16 21 2 7 12 17...
 $ Fam     : Factor w/ 15 levels "F001","F002", ...: 1 2 3 4 5 2 6 7 8 9 ...
> str(df2)
'data.frame': 50 obs. of  7 variables:
 $ Recipro: Factor w/ 25 levels "G1G1","G1G2", ...: 1 1 2 2 3 3 4 4 5 5 ...
 $ Male    : Factor w/ 5 levels "G1","G2","G3", ...: 1 1 1 1 1 1 1 1 1 1 ...
 $ Female  : Factor w/ 5 levels "G1","G2","G3", ...: 1 1 2 2 3 3 4 4 5 5 ...
 $ Fam     : Factor w/ 15 levels "F001","F002", ...: 1 1 2 2 3 3 4 4 5 5 ...
 $ ID      : Factor w/ 50 levels "1001","1002", ...: 1 26 6 31 11 36 16 41 ...
 $ Rep     : int  1 2 1 2 1 2 1 2 1 2 ...
 $ dbh     : num  13.8 13.5 12.1 23.8 19.6 ...
```

在上述的简单例子中，采用 R 模拟一份含有杂交组合 Rec、重复 Rep 和胸径 dbh 的数据，然后通过 AAfun 包的 dial. comb( )生成含有父本 Male、母本 Female、杂交组合 Recipro 以及家系 Fam 的数据，再利用 R 内置 merge( )将数据整合在一起。在实际操作中，杂交组合 Recipro 编码比较容易，但要正确编码家系 Fam 比较麻烦，尤其当杂交亲本超过 10 个以上时。因此，通过编程的方式来处理是非常有必要的。

10.4.3.3 无性系测定

无性系育种(Clonal breeding)是相对于有性选育过程而言的。对于易无性繁殖的树种，

从普通林分、人工林分或杂种群体中选出的优良单株，用无性繁殖形成无性系，按育种目标和要求对各无性系进行比较鉴定，评选出最优无性系，最后推广应用于生产。自 20 世纪 70 年代以来，树木的无性繁殖应用在林木遗传改良上取得很大的进展，开辟了无性系林业的新阶段。据统计，目前已有几十个国家都开展了林木树种无性繁殖和无性系造林的研究。

对于林木育种研究者而言，在种源选择或优良表型选择的前提下，采用优良种源的实生苗，种子园中自由授粉或控制授粉的优良家系实生苗为基础材料，经过无性系测定，筛选出优良无性系，将成百上千的无性系混合后分为若干组，再进行多系混合造林，是当前常用的无性系育种与推广方法之一。

以往，林木育种研究者在进行无性系测定时，只能估算重复力，并将重复力作为广义遗传力的上限，其原因是基因型方差中仍含有永久性环境方差。重复力一般用于确定树木性状可靠估计时所需的测量次数，以及预测个体最可能的生产力等。而今，对来源于优良家系实生苗的无性系测定，可分析无性系对应的谱系，即可利用 ASReml 分别估算遗传力和重复力。

【例 10-6】某杉木无性系测定林，采用拉丁方田间设计，有 14 行、30 列，共 420 个格子，并测定了树高 h(m)、胸径 dbh(cm)、材积 v(m^3)、心材比例 $cpro$(%)、木材基本密度 wd(kg/m^3)、木材吸水率 $wpro$(%)、管胞长度 tl(μm)、管胞宽度 tw(μm)和管胞长宽比 lrt9 个性状，以管胞长度 tl 为目标性状，试估算其遗传力和重复力。

分析代码如下：

```
############# 10.4.3.3 clone analysis ###########
ca<-asreml.read.table(file='ca.csv', header=T, sep=',')
ca.ped<-asreml.read.table(file='ca.ped.csv', header=T, sep=',')
ca.pedinv<-asreml.Ainverse(ca.ped)$ginv
ca.asr<-asreml(tl~1, random=~ped(Tree)+ide(Tree)+units,
               rcov=~ar1(Row):Col, maxit=30,
               data=ca, ginverse=list(Tree=ca.pedinv))
summary(ca.asr)$varcomp[,1:3]
pin(ca.asr, h2~V1/(V1+V2+V3))
 pin(ca.asr, rep~(V1+V2)/(V1+V2+V3))
 pin(ca2.asr, rep1~V1/(V1+V2))
```

程序代码说明，本分析采用空间分析模型(详见下一节的内容)，由于列(Col)的自回归不显著，所以采用行(Row)的一维自回归。此外，模型中的 units 代表独立的测量误差或空间不相关的误差。ide(Tree)忽略谱系，并将个体 Tree 作为一个随机因子，其值代表永久性环境效应(permanent environment effects)。而 ped(Tree)则利用谱系，其值代表加性遗传效应(additive genetic effects)。此外，需要注意的情况，与半同胞、全同胞子代测定的谱系文件不同，在无性系测定中，来源于同一无性系的个体，其代码是一样的，但在谱系文件中，只保留单一无性系代码即可，否则生成谱系的逆矩阵会出错。而在半同胞、全同胞子代测定中，不存在这个问题，因为每个子代个体都是唯一的。

运行结果如下：

```
> summary(ca.asr) $varcomp
                       gamma   component   std.error z.ratio      constraint
ped(Tree)! ped         0.293   4.07e+03    9.56e+03   0.426         Positive
ide(Tree)! id          0.676   9.39e+03    1.07e+04   0.878         Positive
units! units.var       6.224   8.64e+04    1.14e+04   7.554         Positive
R! variance            1.000   1.39e+04    9.50e+03   1.463         Positive
R! Row.cor             0.768   7.68e-01    2.18e-01   3.523    Unconstrained
> pin(ca.asr, h2 ~  V1/(V1 + V2 + V3))
      Estimate         SE
h2       0.0408    0.0954
> pin(ca.asr, rep ~ (V1 + V2)/(V1 + V2 + V3))
      Estimate         SE
rep       0.135    0.0615
> pin(ca2.asr, rep1 ~ V1/(V1 + V2)) # 去除 ped(Tree)后
      Estimate         SE
rep1      0.136    0.0613
```

从运行结果得知，当模型中有 ped(Tree)和 ide(Tree)时，可分别计算遗传力和重复力，其值分别为0.041 和0.135。而当模型中仅有 ide(Tree)时，则只能计算重复力，其值为0.136。从数值上看，两者计算的重复力基本一致。以往无性系测定中，遗传力无法被估算，换言之，对于知道谱系的无性系试验林，利用 ASReml-R 可估算遗传力和重复力，而不仅限于以往的重复力。

10.4.3.4 空间分析

林木改良进程依赖于可重复的田间试验，以估算遗传参数和评价种源、家系和单株(个体)的表现。有时参试遗传材料比较多，种植地点又不同，要从环境因素中准确分离出遗传效应不太容易。地点的差异意味着环境因子的不同空间属性，如土壤特性(土壤肥力、湿度、质地、深度等)、物候、地形、风压等。此外，同一地点内往往还会显示微环境(microenvironment)、块状(patch)或梯度型(gradient)的环境差异。这些环境差异往往同时出现，虽然有时仅仅是某个因素占主导作用。

在林业上，常用的试验设计有随机完全区组(RCB)设计，裂区设计和随机不完全区组设计。当区组内的环境是一致的、区组间的差异代表环境差异时，随机完全区组设计是有效的。但是林业上所用的区组比较大，区组内的环境差异往往显著，这大大降低遗传方差与遗传参数估算的准确性。这时一般采用随机不完全区组(Randomized incompleted blocks, RIB)，避免 RCB 设计的缺陷。

然而，即便再精细的试验设计，也很难根据地点差异的实际模式来确定设计单元(区组)的界线。因为地点的差异可以是空间连续的，表现为土壤和小气候效应的相似模式；也可以是不连续的，表现为育林措施和测量方法的不同效应；还可以是随机的，表现为微环境的异质性。即使在同一块地点内，空间连续的差异还可以表现为块状或梯度型的空间

差异。

空间分析(spatial anlaysis)已被用于农作物品种的田间试验，试验结果表明，与 RCB 或 RIB 设计相比，空间分析可以减少试验误差并提高农作物品种评估的准确性。林业试验与农作物品种试验有些相似，都需要考虑地点的差异性。然而，林业试验又不同于农业的，因为林业试验材料一般来源于杂交，而且试验材料需要更多的家系和个体数量。试验数量大，试验地多为山地，且常常设在不同地点，还有多次重复测定，这使得林业试验的环境差异更大。此外，林木育种研究者通过测定个体以选择优树来做杂交，而不仅限于试验材料的比较。因此，林木个体间的竞争比小区间的竞争更为重要。近年来，空间分析也已被应用于林业试验，试验结果表明，空间分析可明显提高种源、家系、亲本和无性系遗传效应估算的准确性(Dutkowski，2005)。

空间分析的基本原理如下所示。

对于空间分析，将式(10-1)中的误差 e 进一步分解为 $e = \xi + \eta$。ξ 为空间相关的误差，η 为空间不相关的随机误差。η 反应了微环境差异、非加性遗传效应以及测量误差。

Authur 等(1997)将 ξ 设为行、列的自回归 AR1 × AR1，因此其方差协方差矩阵为：

$$\mathrm{Var}(\xi) = \sigma_{\xi}^{2}[\Sigma_c(\rho_c) \times \Sigma_r(\rho_r)]$$

式中，× 为矩阵的 Kronecker 乘法(kronecker product)；

$\Sigma_c(\rho_c)$、$\Sigma_r(\rho_r)$ 为列、行的回归矩阵；ρ_c、ρ_r 分别为自回归参数。

$\Sigma_c(\rho_c)$、$\Sigma_r(\rho_r)$ 回归矩阵具体如下：

$$\Sigma_c = \begin{pmatrix} 1 & & & & \\ \rho_c & 1 & & & \\ \rho_c^2 & \rho_c & 1 & & \\ \vdots & \vdots & \vdots & \ddots & \\ \rho_c^{c-1} & \rho_c^{c-2} & \rho_c^{c-3} & & 1 \end{pmatrix}$$

$$\Sigma_r = \begin{pmatrix} 1 & & & & \\ \rho_r & 1 & & & \\ \rho_r^2 & \rho_r & 1 & & \\ \vdots & \vdots & \vdots & \ddots & \\ \rho_r^{r-1} & \rho_r^{r-2} & \rho_r^{r-3} & & 1 \end{pmatrix}$$

假定 η 随机误差是独立的，则误差方差协方差矩阵为：

$$\mathrm{Var}(e) = \sigma_{\xi}^{2}[\Sigma_c(\rho_c) \times \Sigma_r(\rho_r)] + \sigma_{\eta}^{2} I$$

式中，σ_{ξ}^{2} 是空间相关的误差；

σ_{η}^{2} 是独立的误差；

I 是单位矩阵。

空间分析的最佳模型往往并非唯一，而是多个合理的模型。一个合理的空间模型应当包含内在和外在的总体的变异来源。

1) 规则空间分析

【例 10-7】以 asreml 包自带的数据集 barley 为例，进行空间分析。该数据集含有 26 个大麦品种，拉丁方田间设计，有 6 次重复，10 行、15 列，共 150 格子。

首先，利用 AAfun 的函数 spd. plot( )绘制大麦品种产量的颜色等高图。如图 10-11 所示，局部产量高的连成一片(圈 1)，局部产量低的连成一片(圈 2)，说明可能存在着微环境的空间效应，可为后续的空间分析提供一个直观的参考。

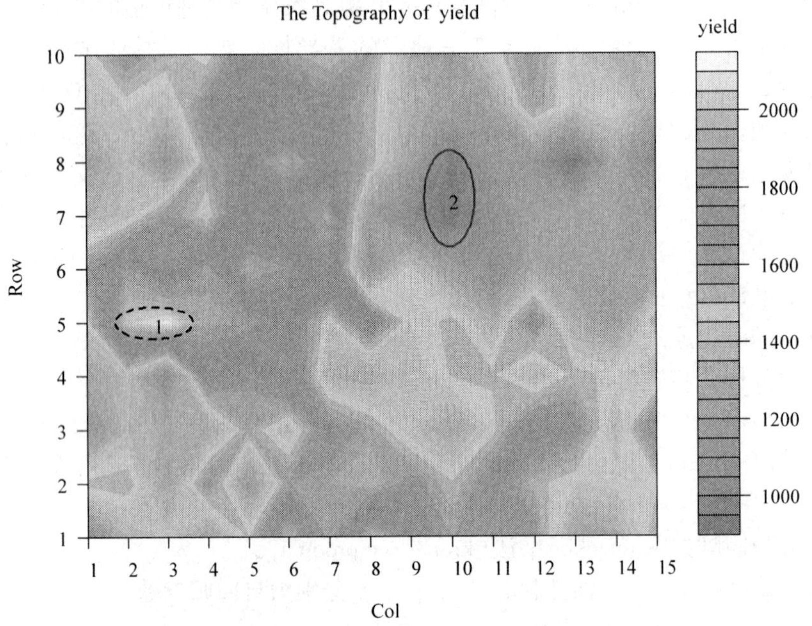

图 10-11 大麦品种产量的颜色等高图

分析代码如下：

```
############## 10.4.3.4 spatial analysis ###########
############ 10.4.3.4.1 ##########
data(barley)#str(barley)
### plot spatial data
aim.trait<-subset(barley, select=c(Row, Column, yield))
spd.plot(aim.trait)## AAfun

# AR1×AR1 二维空间分析 AR1×AR1
barley1.asr<-asreml(yield~Variety, rcov=~ar1(Row):ar1(Column), data=barley)
summary(barley1.asr)$loglik
summary(barley1.asr)$varcomp
aa1=variogram(barley1.asr)
spd.plot(aa1, type="variogram", color.p=topo.colors)

# AR1×AR1+units 二维空间分析 AR1×AR1+测量误差
barley2.asr<-asreml(yield~Variety, random=~units,
rcov=~ar1(Row):ar1(Column), data=barley)
```

```
summary(barley2.asr)$loglik
summary(barley2.asr)$varcomp
aa2 = variogram(barley1.asr)
spd.plot(aa2, type = "variogram", color.p = topo.colors)

# RCB 不完全区组设计
barley3.asr <-asreml(yield ~ Variety, random = ~ Rep + RowBlk + ColBlk,
data = barley)
summary(barley3.asr)$loglik
summary(barley3.asr)$varcomp
wald(barley3.asr)
barley$res = (barley3.asr)$residuals
res.data = subset(barley, select = c(Row, Column, res))
spd.plot(res.data, color.p = topo.colors)
```

模型 1 的运行结果如下：

```
> summary(barley1.asr)$loglik
[1] -700
> summary(barley1.asr)$varcomp
                      gamma   component   std.error z.ratio     constraint
R! variance           1.000   3.88e+04    7.75e+03    5.00        Positive
R! Row.cor            0.459   4.59e-01    8.26e-02    5.55   Unconstrained
R! Column.cor         0.684   6.84e-01    6.33e-02   10.80   Unconstrained
> wald(barley1.asr)
Wald tests for fixed effects
Response: yield

Terms added sequentially; adjusted for those above
              Df      Sum of Sq  Wald statistic    Pr(Chisq)
(Intercept)    1      32975158             851    <2e-16 ***
Variety       24      12130549             313    <2e-16 ***
residual(MS)              38754
---
Signif. codes:   0 '***' 0.001 '**' 0.01 '*' 0.05 '.' 0.1 ' ' 1
```

从运行结果得知，模型 1，REML logL 值 = －700.3225，column 和 row 回归系数值为 0.68378 和 0.45851。模型空间误差 = 38754.26，z.ratio = 4.998 > 1.5，说明空间误差极显著。*F* 统计表明，品种 Variety 效应 *F* 值 = 313.01，*p* 值 = 2.2e－16 < 0.001，呈极显著。从残差方差图(图 10-12)得知，图形不规整，除了边缘的少数极端点外，图形基本符合空

间分析的模型。

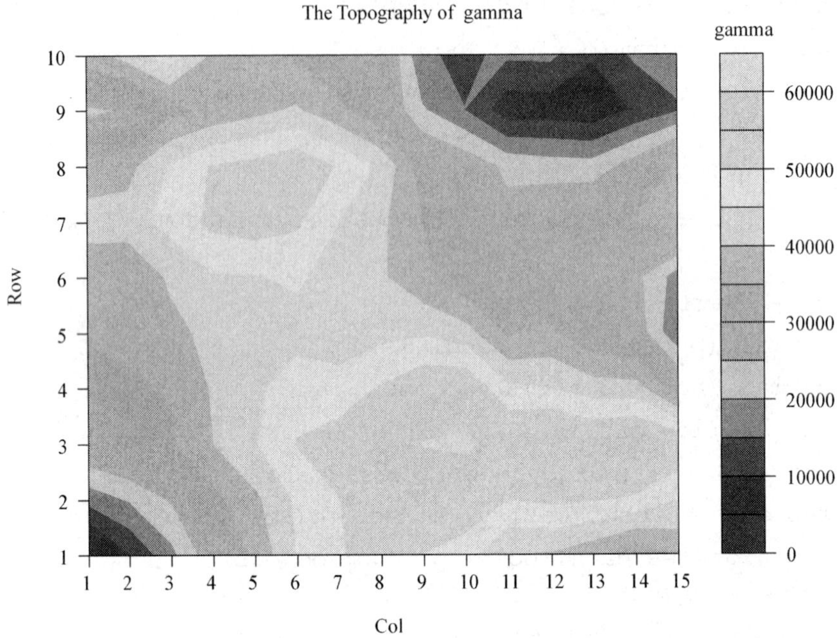

图 10-12 AR1 × AR1 的残差方差图

对于典型的空间模型，误差仅有空间相关的误差时，残差方差图则是比较平坦，除了在行列号较小的区域(Burgueno 等，2000)。如果行号的残差方差明显大于相同列号的残差方差时，说明列效应显著，则需要在模型的随机因子中加入额外的列效应，参见表 10-7。反之，则需加入额外的行效应。

模型 2 的运行结果如下：

```
>summary(barley2.asr)$loglik
[1] -697
>summary(barley2.asr)$varcomp
                    gamma  component  std.error z.ratio    constraint
units!units.var     0.106  4.86e+03   1.79e+03     2.72      Positive
R!variance          1.000  4.58e+04   1.67e+04     2.74      Positive
R!Row.cor           0.683  6.83e-01   1.02e-01     6.68 Unconstrained
R!Column.cor        0.844  8.44e-01   6.84e-02    12.33 Unconstrained
>wald(barley2.asr)
Wald tests for fixed effects
Response: yield

Terms added sequentially; adjusted for those above
              Df      Sum of Sq  Wald statistic    Pr(Chisq)
```

```
(Intercept)      1          11896164              260      <2e-16 * * *
Variety         24          11239656              245      <2e-16 * * *
residual(MS)                   45802
---
Signif. codes:   0 '* * * ' 0.001 '* * ' 0.01 '* ' 0.05 '.' 0.1 ' ' 1
```

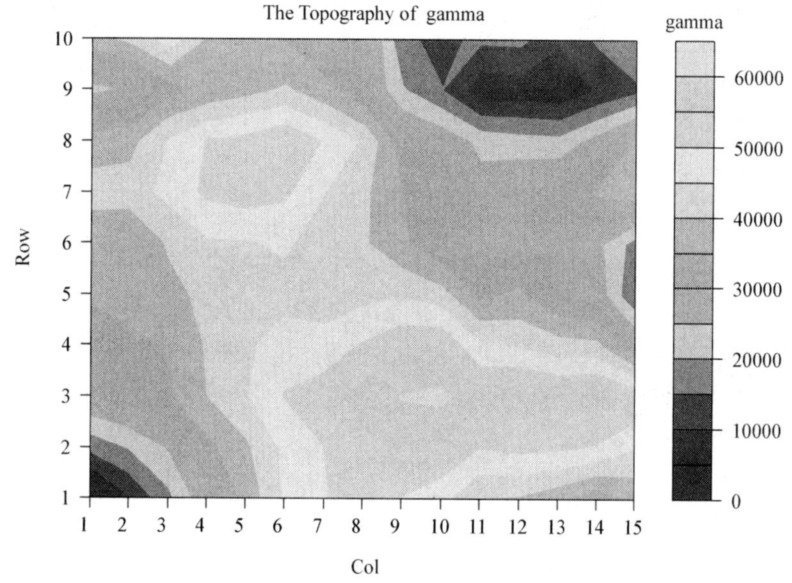

图 10-13　AR1 × AR1 + units 的残差方差图

误差结构为：

$$Var(e) = \sigma_{\xi}^2[\Sigma_c(\rho_c) \times \Sigma_r(\rho_r)] + \sigma_{\eta}^2 I_{150}$$

从运行结果得知，REML logL 值 = －696.8227，比模型 1 的大了 3.4998，column 和 row 回归系数值为 0.8628 和 0.6071。空间相关误差为 45795.8，且 z. ration = 2.743 > 1.5，随机误差为：4861.357，且 z. ration = 2.719 > 1.5，说明空间相关误差和随机误差均显著。从残差方差图(图 10-13)得知，与模型 1 的非常相似，只是模型 2 的局部块区颜色较淡些(由于随机误差的存在造成)。

随机区组模型(模型 3)的运行结果如下：

```
> summary(barley3.asr) $ loglik
[1] -708
> summary(barley3.asr) $ varcomp
                          gamma   component   std.error z.ratio  constraint
Rep! Rep.var              0.529        4262        6890   0.619    Positive
RowBlk! RowBlk.var        1.934       15595        5091   3.063    Positive
ColBlk! ColBlk.var        1.837       14812        4865   3.044    Positive
R! variance               1.000        8062        1340   6.014    Positive
> wald(barley3.asr)
```

```
Wald tests for fixed effects
Response: yield

Terms added sequentially; adjusted for those above
                Df      Sum of Sq  Wald statistic  Pr(Chisq)
(Intercept)      1        9805493            1216   <2e-16 ***
Variety         24        1711183             212   <2e-16 ***
residual(MS)                 8062
---
Signif. codes:  0 '***' 0.001 '**' 0.01 '*' 0.05 '.' 0.1 ' ' 1
```

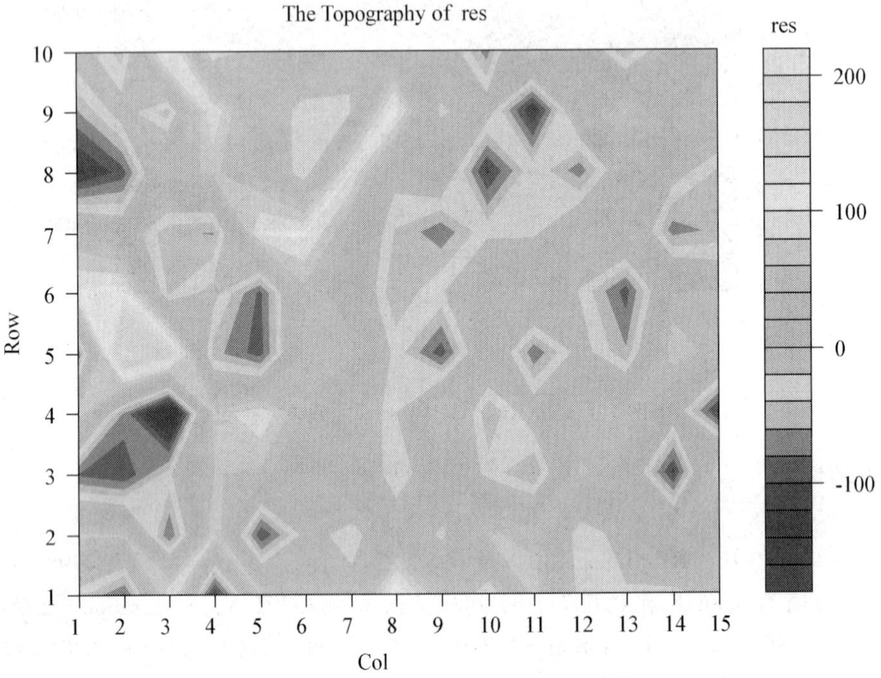

图 10-14 随机区组模型的残差方差图

从运行的结果得知，REML logL 值 = －707.7857，比模型 1、2 的分别少了 7.4632、10.963。品种 Variety 的 F 值也比模型 1、2 的少。此外，从残差方差图(图 10-14)得知，与原始数据的颜色等高图非常相似，而与模型 1、2 差异较大，表明空间分析的确要比随机区组设计分析更为合理。

由于模型 3 与模型 1、2 的随机因素差异大，无法直接进行模型之间的比较，这时可以计算 AIC 值，AIC 值越小的模型就越合适。AIC 值计算公式如下：

$$AIC = -2 \times (\log L - \rho)$$

式中，$\log L$ 是模型的 REML $\log L$ 值；

ρ 是模型中评估参数的数量。注意：AIC 值比较模型时，固定效应的参数需要一致。

表 10-7 模型之间的比较

模 型	LogL 值	模型参数	AIC	品种 F 值
AR1 × AR1	-700.3225	3	1406.645	313.01
AR1 × AR1 + units	-696.8227	4	1401.645	245.39
不完全区组	-707.7857	4	1423.571	212.26

如表 10-7 所示，不完全区组的 AIC 值最大，其次是 AR1 × AR1 模型，AIC 值最小的是 AR1 × AR1 + units 模型。对于 AR1 × AR1 + units 模型，不但 AIC 值最小，而且所有参数效应都显著，因此可认为比较合适的空间模型为 AR1 × AR1 + units 模型。

此外，空间分析还可对行 row、列 col 及其对应的函数转化加入模型的固定效应或随机效应，进行模型的修饰调整(表 10-8)。

表 10-8 空间模型的参数调整

方 法	固定效应 fixed effects	随机效应 random effects
1	lin(row) + lin(col)	spl(row) + spl(col) + row + col
2	pol(row, -2) + pol(col, -2)	row + col

上述两种 2 方法，结果基本一样。但需要注意的情况，如果行、列号的值比较小时，空间分析的模型应当简化，不宜过分调整(overfitting)，否则反而会加大试验误差。当然上述的各项参数的去留，对于固定效应，通过 *F* 统计量保留显著的因子；对于随机效应，根据 z. ration 大于 1.5 的原则保留显著的因子。

更多的空间分析资料，可查阅 Burgueño 等(2000)编写的《User's guide for spatial analysis of field variety trials using ASReml》和 Dutkowski(2005)的博士论文《Improved models for the prediction of breeding values in trees》。

【例 10-8】某松树全同胞子代测定林，有 46 个家系，采用随机完全区组(RCB)设计，设 7 个区组，5 株行式小区，整片试验林共 35 行、40 列，目标性状为 10 年生的胸径，试进行空间分析。

本例中，空间分析的线性模型见表 10-9。

表 10-9 空间分析模型的选择

模 型	线性混合模型
SM1: RCB	$y = \mu + rep + plot + tree + e$
SM2: AR1	$y = \mu + tree + \xi$
SM3: AR1η	$y = \mu + tree + \xi + \eta$
SM4: BaseAR1η	$y = \mu + rep + plot + tree + \xi + \eta$
SM5: AR1ηRep	$y = \mu + rep + tree + \xi + \eta$
SM6: PlotAR1η	$y = \mu + plot + tree + \xi + \eta$
SM7: AR1ηEx	$y = \mu + tree + \xi + \eta + pol(row, -2) + pol(col, -2)$

注：RCB 代表随机完全区组设计，AR1 代表空间自回归模型 *AR1* × *AR1*，AR1η 代表模型 *AR1* × *AR1* + *units*（随机误差 η），BaseAR1η 代表 AR1η 模型与试验设计因子组合的混合模型，模型 AR1ηRep、PlotAR1η 与 BaseAR1η 模型相似。AR1ηEx 模型代表最佳模型 AR1η 的修饰模型。

上述所有模型均采用个体模型，其中，μ 表示总体平均值，rep 表示区组效应，plot 表示小区效应，tree 表示加性遗传效应，η 表示随机误差(或空间不相关误差)，ξ 表示空间相关误差，e 表示残差。上述因子中，除了 μ、pol(row，-2)和 pol(col，-2)作为固定效应外，其余都作为随机效应。模型的比较通过 AIC 值，AIC 值越小模型模拟得越好。最后，在各模型中加入 Fam 随机效应以计算单株遗传力。

分析代码如下：

```
############## 10.4.3.4.2 ##############
sp <-asreml.read.table(file='sp.csv', header=T, sep=',')
sp.ped<-sp[,c(1:3)]
sp.pedinv<-asreml.Ainverse(sp.ped)$ginv
#plot spatial data
sp.data<-subset(sp, select=c(Row, Col, dbh10))
spd.plot(sp.data)

SM1.asr<-asreml(dbh10~1, random=~ped(Tree)+Rep+Plot, data=sp,
                ginverse=list(Tree=sp.pedinv))

SM2.asr<-asreml(dbh10~1, random=~ped(Tree),
                rcov=~ar1(Row):ar1(Col), maxit=30,
                data=sp, ginverse=list(Tree=sp.pedinv))

SM3.asr<-asreml(dbh10~1, random=~ped(Tree)+units,
                rcov=~ar1(Row):ar1(Col), maxit=30,
                data=sp, ginverse=list(Tree=sp.pedinv))

SM4.asr<-asreml(dbh10~1, random=~Rep+Plot+ped(Tree)+units,
rcov=~ar1(Row):ar1(Col), maxit=30,
data=sp, ginverse=list(Tree=sp.pedinv))

SM5.asr<-asreml(dbh10~1, random=~Rep+ped(Tree)+units,
                rcov=~ar1(Row):ar1(Col), maxit=30,
                data=sp, ginverse=list(Tree=sp.pedinv))

SM6.asr<-asreml(dbh10~1, random=~Rep+Plot+ped(Tree)+units,
                rcov=~ar1(Row):ar1(Col), maxit=30,
                data=sp, ginverse=list(Tree=sp.pedinv))

SM7.asr<-asreml(dbh10~1+pol(Row, -2)+pol(Col, -2),
                random=~ped(Tree)+units,
                rcov=~ar1(Row):ar1(Col), maxit=30,
                data=sp, ginverse=list(Tree=sp.pedinv))

summary(SM1.asr)$loglik
```

```
summary(SM1.asr)$varcomp
plot(variogram(SM3.asr), col = "blue", main = "SM3")
```

模型 SM1 的运行结果如下：

```
> summary(SM1.asr)$loglik
[1] -1606
> summary(SM1.asr)$varcomp

                  gamma     component  std.error  z.ratio  constraint
Plot!Plot.var     1.01e-07  3.00e-07   3.73e-08   8.03     Boundary
Rep!Rep.var       6.40e-02  1.89e-01   1.23e-01   1.54     Positive
ped(Tree)!ped     8.32e-01  2.46e+00   6.47e-01   3.81     Positive
R!variance        1.00e+00  2.96e+00   3.69e-01   8.03     Positive
```

其他模型具体运行的结果都略去，在此仅将上述模型的运行结果整理成表 10-10。

表 10-10　不同分析模型的 AIC 值和参数估计值

模　型	AIC	V_r	V_p	V_e	V_η	V_ξ	ρ_{row}	ρ_{col}	V_a	h_i^2
RCB	3218	$0.189^{1.5}$	ns	2.961^{8}					$2.464^{3.8}$	0.165
AR1	3164					$0.814^{1.2}$	0.975^{40}	0.980^{43}	7.620^{24}	—
AR1η	3148				2.792^{8}	$0.810^{1.3}$	0.975^{40}	0.979^{42}	$2.198^{3.8}$	0.440
BaseAR1η	3151	ns	ns		2.785^{8}	$0.818^{1.2}$	0.975^{41}	0.979^{42}	$2.201^{3.8}$	0.441
AR1ηEx	3144				$2.532^{6.8}$	0.303^{2}	$0.380^{1.5}$	$0.809^{5.7}$	$2.305^{3.8}$	0.477

注：V_r代表区组方差，V_p代表小区方差，V_e代表残差，V_η代表随机误差方差，V_ξ代表空间相关误差方差，ρ_{row}、ρ_{col}代表行、列自回归相关值，V_a代表加性遗传方差，h_i^2代表单株遗传力。ns 表示不显著。上标值代表 t 检验统计量。$h_i^2 = V_a/(V_a + V_f + V_E)$，$V_a$、$V_f$代表加性方差分量和家系方差分量，$V_E$代表 V_e或 V_η。

上表中不同模型的 AIC 值结果表明，随机区组设计(RCB)的模型模拟效果不佳。AR1 空间模型显著提高了线性拟合效果，而且，AR1η 模型拟合的效果比 AR1 模型更好。BaseAR1η 模型模拟效果不如 AR1η 模型，而其他的 AR1ηRep 和 PlotAR1η 模拟结果都没 BaseAR1η 模型得好，故在本文中均舍弃不考虑。由此可知，本试验空间分析的最佳拟合模型是 AR1η 模型。

上述结果还表明，对于 RCB 模型，Plot 效应不显著。对于加性遗传方差(V_a)，所有参试的模型中，V_a都是显著的($p < 0.05$)。与 RCB 模型相比，AR1 模型显著提高了 V_a的值，但后续的最佳模型 AR1η，其 V_a的值又下降了，这说明 AR1 模型不准确而导致 V_a异常增大，与 Dutkowski(2005)的研究结果相似。误差方差方面，AR1 模型中，空间相关误差方差 V_ξ明显低于 RCB 的误差方差 V_e(同样意味着 AR1 模型的不准确)，同时行、列自回归相关值的趋势类似且相关值接近 1。而最佳模型 AR1η 中，因 V_η和 V_ξ的比值为 3.4，可见误差方差主要是随机误差方差 V_η。遗传力方面，与 RCB 模型($h_i^2 = 0.165$)相比，空间分析模型的单株遗传力 h_i^2均显著提高了，大致增加了近 2 倍，除了 AR1 空间模型因没有误差无法估算。上述结果表明，合理的空间模型，会更精确地分离并估算环境误差，进而提高遗传参数估算的准确性。

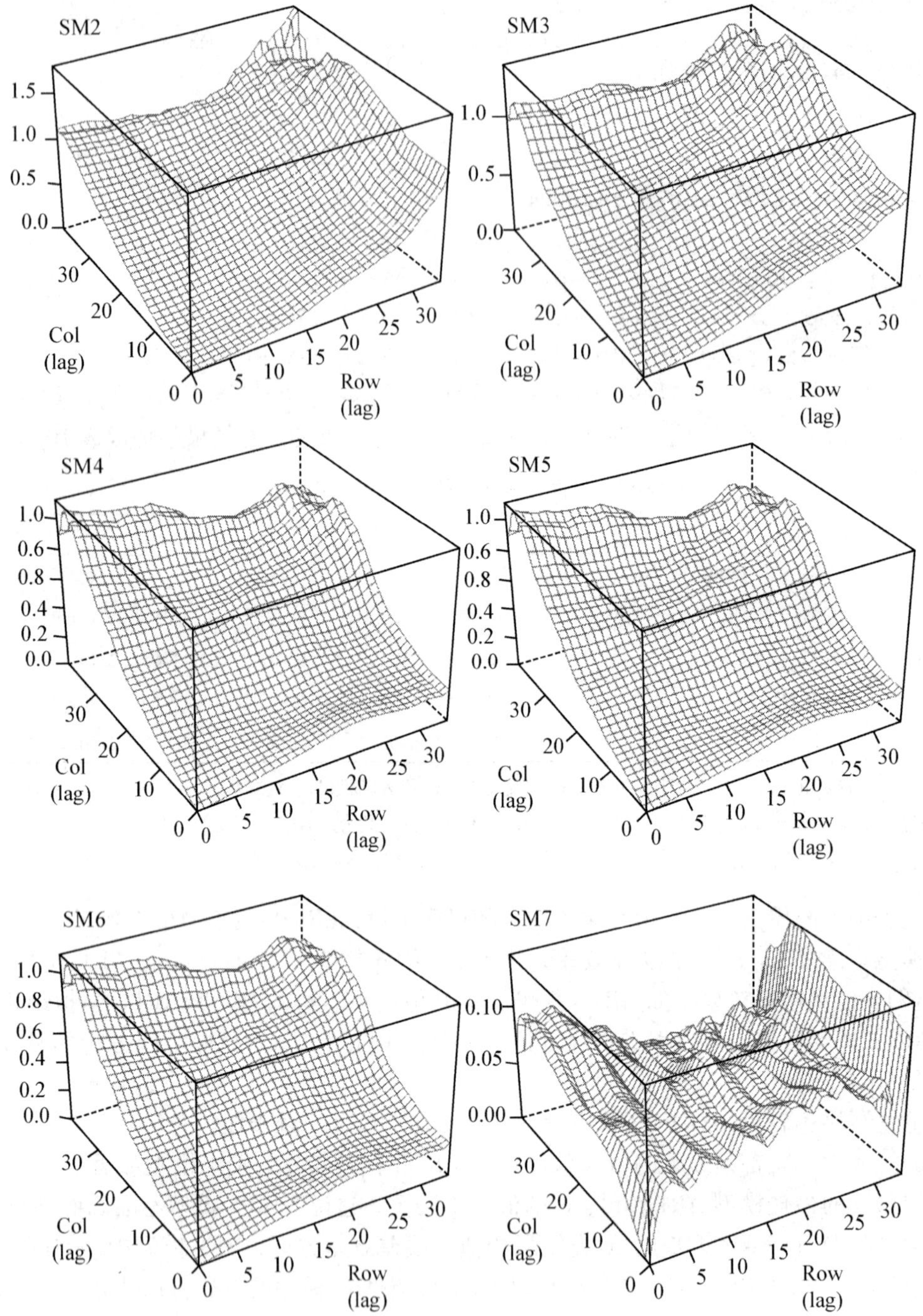

图 10-15 不同空间分析模型的残差方差图

残差方差图(图 10-15)结果显示，模型 SM4、SM5、SM6 的图形基本一致，且与最佳模型 SM3 的图形非常接近，相对而言，SM2 模型的图形表面比较平滑。由最佳模型 SM3 延伸的修饰模型 SM7，可以看出残差方差图变化较大。而且，由 AIC 值可知，模型 SM7

的空间拟合效果优于 SM3，模型 SM7 估算的单株遗传力 h_i^2 也比模型 SM3 的高些。需要注意的情况，在不同性状中，并非所有的最佳模型均可得到合适的延伸修饰模型。

最后，关于育种值和配合力的情况，可按全同胞子代测定的类似方法进行分析。

2) 不规则空间分析

上文中演示的空间分析模型仅适用于规则的空间模型，而在实际的试验中，往往会遇见不规则的情况，如试验中缺株，或者随机抽样，或者采用 GPS 定位数据等。在后者的条件下，就属于不规则的空间分析。

列举简单示例分析，分析代码如下：

```
############## 10.4.3.4.3 ##############
df1 <-asreml.read.table(file='zhao.sp.csv', header=T, sep=',')
df2 <-asreml.read.table(file='zhao.sp2.csv', header=T, sep=',')
ped=df1[,1:3]
pedinv=asreml.Ainverse(ped)$ginv
# regular sp model
sp1.asr <-asreml(dbh13~1, random=~ped(Tree)+units,
                 rcov=~ar1(Row):ar1(Col),
                 ginverse=list(Tree=pedinv), data=df1)
# irregular sp model
isp2.asr <-asreml(dbh13~1, random=~ped(Tree)+units,
                  rcov=~aexp(Row, Col), maxit=50,
                  ginverse=list(Tree=pedinv), data=df2)
summary(sp1.asr)$varcomp
plot(variogram(sp1.asr), col="blue", main="DBH13 for sp1")
```

运行结果如下：

```
>summary(sp1.asr)$varcomp
                       gamma  component  std.error   z.ratio    constraint
units!units.var    1.0588897  3.9555290 0.69793323  5.667489      Positive
ped(Tree)!ped      0.5024533  1.8769362 0.84897718  2.210821      Positive
R!variance         1.0000000  3.7355440 0.93162595  4.009704      Positive
R!Row.cor          0.8674030  0.8674030 0.04250819 20.405547 Unconstrained
R!Col.cor          0.9068619  0.9068619 0.02887151 31.410266 Unconstrained
>summary(isp2.asr)$varcomp
                       gamma  component  std.error   z.ratio    constraint
units!units.var    1.0590158  3.9568707 0.69796243  5.669174      Positive
ped(Tree)!ped      0.5024943  1.8775026 0.84902164  2.211372      Positive
R!variance         1.0000000  3.7363662 0.93219339  4.008145      Positive
R!Row.pow          0.8673575  0.8673575 0.04249087 20.412797 Unconstrained
R!Col.pow          0.9068575  0.9068575 0.02887214 31.409432 Unconstrained
```

从运行结果得知，两者的结果一样。原因是数据集的行列号缺失不严重，模型 1 是规则空间分析，即把原先不齐的行列号补齐；而模型 2 是直接使用非规则的空间分析。但是两模型的残差方差图差异较大，具体如图 10-16 和图 10-17 所示。

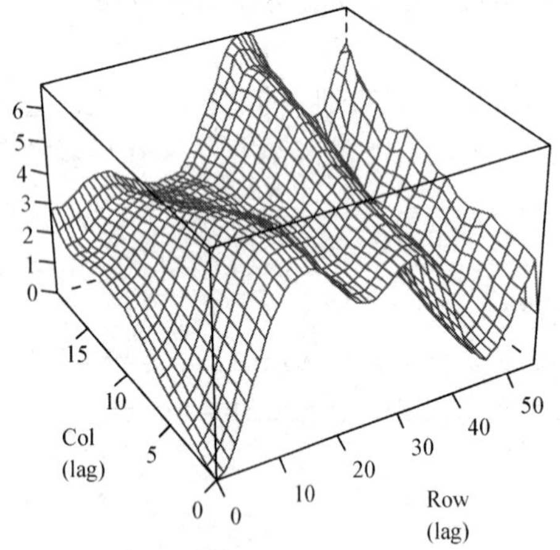

图 10-16　残差方差图(规则空间分析)

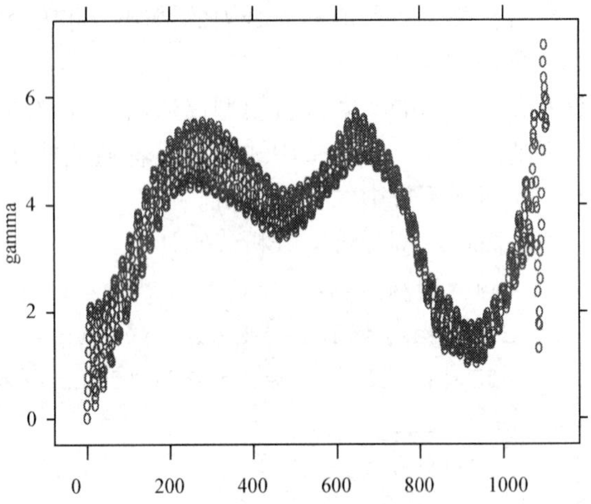

图 10-17　残差方差图(不规则空间分析)

虽然两个模型结果一致，但模型 2 的运行效率明显低于模型 1，因此，对于缺失少量的行列号，建议补齐行列号后用规则的空间分析，会大大提升分析效率。AAfun 包中的 ir2r. sp( ) 函数可以实现补齐行列数据的功能。示例如下：

```
data(ir.sp)
ir.sp2 <-ir.sp[,5:16]# order: Row, Col, h05, cw05, …
#ir.sp2 <-subset(ir.sp, select =c(Row, Col, h05, cw05))
sp1 <-ir2r.sp(ir.sp2, row.max =10)
sp2 <-ir2r.sp(ir.sp2, col.max =20)
sp3 <-ir2r.sp(ir.sp2, row.max =10, col.max =20)
```

ir2r. sp( )的用法：ir2r. sp(data, row. max = , col. max =)，其中 data 为待转换的数据(第一、二列必须为行号和列号)，row. max 为行号最大值，col. max 为列号最大值。当不设定 row. max 和 col. max 值时，函数会自动按照数据中的最大行列号进行行列数据的补齐。

10.4.3.5　多地点试验—G × E 分析

多地点试验(Mulit - Environment Trials, MET)，一般分为 3 个阶段：

①初试阶段　试验地点较少，试验重复也较少，但参试遗传材料较多；

②中试阶段　试验地点在10 ~ 15 个，重复在 3 ~ 4 次，参试遗传材料在 30 ~ 50 个；

③大规模试验阶段　试验区域更广、地点更多，而且多年份测定。

在 ASReml 软件中，使用因子分析法(Factor analysis)来进行多地点试验的分析，以寻找适合各地点的最佳遗传材料(“适地适材”)或所有试验地点的通用遗传材料(“通地通材”)。

【例 10-9】某植物有基因型 36 种，试验地点为 6 个，采用拉丁方田间设计，除了第 3 个地点为 9 行、12 列，其余地点均为 6 行、18 列，重复为 3 次，区组为 6 个，目标性状为产量 yield，试进行多地点试验的分析。

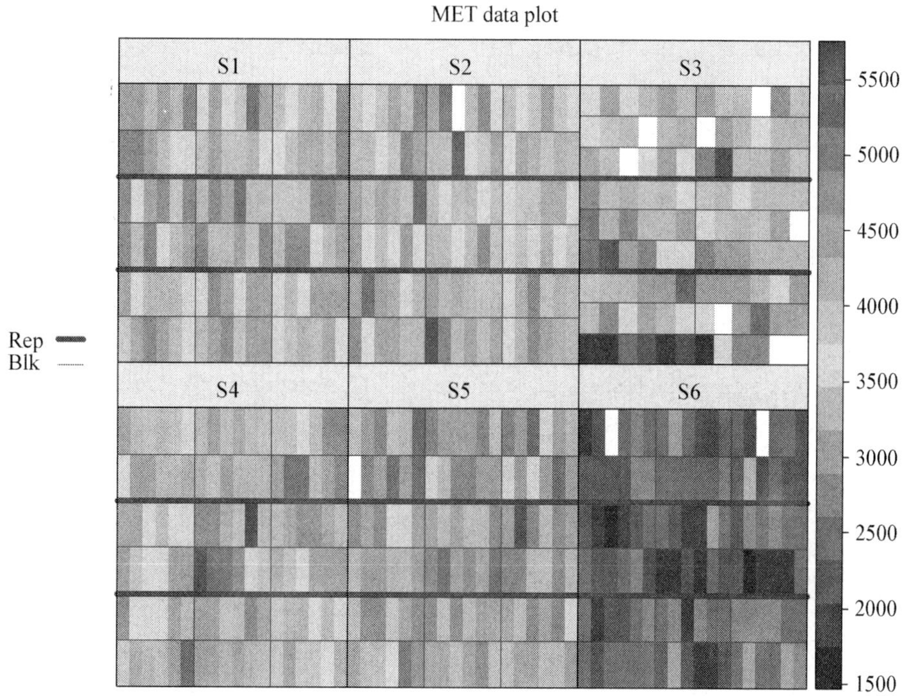

图 10-18　多地点试验的原始数据

本试验的通用线性模型为：

$$y_{ij} = \mu + S_i + SG_{i(j)} + \xi_i$$

式中，y_{ij}是第 i 个地点第 j 个基因型的观测值；

μ 是所有观测值的平均值；

S_i是地点效应；

$SG_{i(j)}$ 是地点和基因型互作效应；

ξ_i是第 i 个地点空间相关误差。其中，μ、S_i作为固定效应，其余都作为随机效应（图 10-18）。

分析代码如下：

```
############## 10.4.3.5 MET analysis ###########
MET <-asreml.read.table(file ='MET.csv', header =T, sep =',')
names(MET)
# ID, trait, site, row, col, +(rep, blk)
object <-subset(MET, select =c(1, 9, 2, 4:7))
met.plot(object,"MET data plot") # AAfun, 图 10-18
MET $ yield <-MET $ yield* 0.01
str(MET)

 m1 <-asreml(yield ~ Loc, random = ~ Genotype + Genotype: Loc,
              rcov = ~ at(Loc): ar1(Col): ar1(Row), data =MET)
```

```
m2 <-asreml (yield ~ Loc, random = ~ Genotype: corh (Loc),
             rcov = ~ at (Loc): ar1 (Col): ar1 (Row),
             data = MET, maxiter = 40)

m3 <-asreml (yield ~ Loc, random = ~ Genotype: fa (Loc, 1),
             rcov = ~ at (Loc): ar1 (Col): ar1 (Row),
             data = MET, maxiter = 40)

m4 <-asreml (yield ~ Loc, random = ~ Genotype: fa (Loc, 2),
             rcov = ~ at (Loc): ar1 (Col): ar1 (Row),
             data = MET, maxiter = 40)

m5 <-asreml (yield ~ Loc, random = ~ Genotype: us (Loc),
             rcov = ~ at (Loc): ar1 (Col): ar1 (Row),
             data = MET, maxiter = 40)

summary (m1) $ loglik
summary (m1) $ varcomp
plot (m1)

m2b <-update (m2, random = ~ Genotype: corh (Loc) + units, maxit =
40)
plot (variogram (m2), col = "blue", main = "Model 2")
##### countcov/var/corr matrix and plot cluster for met
met. corr (m4, MET $ Loc, 2) # asreml. result, site, group N.
```

运行结果如下：

```
> summary (m1) $ loglik
[1] -1192
> summary (m1) $ varcomp
```

	gamma	component	std. error	z. ratio	constraint
Genotype! Genotype. var	2.0061	2.0061	0.7044	2.8481	Positive
Genotype: Loc! Genotype. var	1.3275	1.3275	0.6142	2.1613	Positive
Loc_1! variance	12.4554	12.4554	1.9237	6.4746	Positive
Loc_1! Col. cor	0.0500	0.0500	0.1090	0.4585	Unconstrained
Loc_1! Row. cor	-0.0101	-0.0101	0.1207	-0.0838	Unconstrained
Loc_2! variance	20.3333	20.3333	3.2774	6.2041	Positive

```
Loc_2!Col.cor           0.1474    0.1474    0.1074    1.3726  Unconstrained
Loc_2!Row.cor           0.2660    0.2660    0.1245    2.1359  Unconstrained
Loc_3!variance         22.8493   22.8493    4.1948    5.4470       Positive
Loc_3!Col.cor           0.5345    0.5345    0.0808    6.6158  Unconstrained
Loc_3!Row.cor          -0.0353   -0.0353    0.1340   -0.2633  Unconstrained
Loc_4!variance         27.1850   27.1850    4.9749    5.4645       Positive
Loc_4!Col.cor           0.4743    0.4743    0.0987    4.8029  Unconstrained
Loc_4!Row.cor           0.1437    0.1437    0.1147    1.2524  Unconstrained
Loc_5!variance          8.5340    8.5340    1.3258    6.4368       Positive
Loc_5!Col.cor          -0.0705   -0.0705    0.1325   -0.5325  Unconstrained
Loc_5!Row.cor           0.0623    0.0623    0.1249    0.4987  Unconstrained
Loc_6!variance          8.2885    8.2885    1.3913    5.9573       Positive
Loc_6!Col.cor           0.2632    0.2632    0.1013    2.5973  Unconstrained
Loc_6!Row.cor           0.1358    0.1358    0.1299    1.0455  Unconstrained
>summary(m2)$loglik
[1] -1184
>summary(m2)$varcomp
                          gamma component std.error   z.ratio     constraint
Genotype:Loc!Loc.cor     0.9622    0.9622    0.1587    6.0635  Unconstrained
Genotype:Loc!Loc.1       5.4826    5.4826    2.3043    2.3793       Positive
Genotype:Loc!Loc.2       3.3697    3.3697    1.9773    1.7042       Positive
Genotype:Loc!Loc.3       4.8999    4.8999    2.2816    2.1475       Positive
Genotype:Loc!Loc.4       1.0891    1.0891    1.0713    1.0166       Positive
Genotype:Loc!Loc.5       3.4469    3.4469    1.5645    2.2031       Positive
Genotype:Loc!Loc.6       0.0121    0.0121    0.0692    0.1752       Positive
Loc_1!variance          12.1397   12.1397    1.9353    6.2727       Positive
Loc_1!Col.cor            0.1014    0.1014    0.1060    0.9566  Unconstrained
Loc_1!Row.cor            0.0454    0.0454    0.1176    0.3857  Unconstrained
Loc_2!variance          21.1502   21.1502    3.3652    6.2850       Positive
Loc_2!Col.cor            0.1262    0.1262    0.1038    1.2161  Unconstrained
Loc_2!Row.cor            0.2823    0.2823    0.1190    2.3714  Unconstrained
Loc_3!variance          22.6897   22.6897    4.1805    5.4275       Positive
Loc_3!Col.cor            0.5377    0.5377    0.0804    6.6868  Unconstrained
Loc_3!Row.cor            0.0110    0.0110    0.1328    0.0832  Unconstrained
Loc_4!variance          30.6088   30.6088    5.4152    5.6524       Positive
```

```
Loc_ 4! Col.cor          0.4634    0.4634   0.0951   4.8735 Unconstrained
Loc_ 4! Row.cor          0.1508    0.1508   0.1066   1.4155 Unconstrained
Loc_ 5! variance         8.5898    8.5898   1.3287   6.4650      Positive
Loc_ 5! Col.cor         -0.0589   -0.0589   0.1246  -0.4729 Unconstrained
Loc_ 5! Row.cor          0.0692    0.0692   0.1222   0.5661 Unconstrained
Loc_ 6! variance         9.5273    9.5273   1.4599   6.5262      Positive
Loc_ 6! Col.cor          0.3166    0.3166   0.0889   3.5624 Unconstrained
Loc_ 6! Row.cor          0.1033    0.1033   0.1109   0.9314 Unconstrained
>summary(m3)$loglik
[1] -1182
>summary(m3)$varcomp
                                   gamma component std.error  z.ratio    constraint
Genotype:fa(Loc,1)! Loc.1.var    0.00000   0.00000        NA       NA      Boundary
Genotype:fa(Loc,1)! Loc.2.var    1.26781   1.26781    2.1145   0.5996      Positive
Genotype:fa(Loc,1)! Loc.3.var    2.49448   2.49448    1.9863   1.2558      Positive
Genotype:fa(Loc,1)! Loc.4.var    2.84560   2.84560    2.3746   1.1983      Positive
Genotype:fa(Loc,1)! Loc.5.var    0.00000   0.00000        NA       NA      Boundary
Genotype:fa(Loc,1)! Loc.6.var    0.71578   0.71578    0.8292   0.8632      Positive
Genotype:fa(Loc,1)! Loc.1.fa1    2.34277   2.34277    0.4698   4.9864 Unconstrained
Genotype:fa(Loc,1)! Loc.2.fa1    1.73693   1.73693    0.5607   3.0977 Unconstrained
Genotype:fa(Loc,1)! Loc.3.fa1    1.91307   1.91307    0.5744   3.3308 Unconstrained
Genotype:fa(Loc,1)! Loc.4.fa1    1.17352   1.17352    0.5854   2.0047 Unconstrained
Genotype:fa(Loc,1)! Loc.5.fa1    1.85808   1.85808    0.4004   4.6401 Unconstrained
Genotype:fa(Loc,1)! Loc.6.fa1    0.18534   0.18534    0.3406   0.5441 Unconstrained
Loc_1! variance                 12.11476  12.11476    1.8638   6.5002      Positive
Loc_1! Col.cor                   0.10089   0.10089    0.1064   0.9479 Unconstrained
Loc_1! Row.cor                   0.03768   0.03768    0.1175   0.3206 Unconstrained
Loc_2! variance                 20.11860  20.11860    3.4997   5.7487      Positive
Loc_2! Col.cor                   0.12589   0.12589    0.1084   1.1613 Unconstrained
Loc_2! Row.cor                   0.28225   0.28225    0.1245   2.2677 Unconstrained
Loc_3! variance                 22.02631  22.02631    4.3387   5.0767      Positive
Loc_3! Col.cor                   0.59917   0.59917    0.0794   7.5450 Unconstrained
Loc_3! Row.cor                   0.00508   0.00508    0.1468   0.0346 Unconstrained
Loc_4! variance                 26.78604  26.78604    5.2118   5.1395      Positive
Loc_4! Col.cor                   0.48153   0.48153    0.1022   4.7115 Unconstrained
Loc_4! Row.cor                   0.15678   0.15678    0.1188   1.3193 Unconstrained
Loc_5! variance                  8.56851   8.56851    1.2906   6.6390      Positive
Loc_5! Col.cor                  -0.05198  -0.05198    0.1240  -0.4193 Unconstrained
Loc_5! Row.cor                   0.06263   0.06263    0.1224   0.5118 Unconstrained
```

Loc_6! variance	8.71176	8.71176	1.5323	5.6854	Positive
Loc_6! Col.cor	0.32523	0.32523	0.0939	3.4621	Unconstrained
Loc_6! Row.cor	0.12087	0.12087	0.1223	0.9886	Unconstrained

```
>summary(m4)$loglik
[1] -1175
>summary(m4)$varcomp
```

	gamma	component	std.error	z.ratio	constraint
Genotype:fa(Loc,2)! Loc.1.var	0.0000	0.0000	NA	NA	Boundary
Genotype:fa(Loc,2)! Loc.2.var	1.4025	1.4025	2.1046	0.666	Positive
Genotype:fa(Loc,2)! Loc.3.var	0.0000	0.0000	NA	NA	Boundary
Genotype:fa(Loc,2)! Loc.4.var	0.0000	0.0000	NA	NA	Boundary
Genotype:fa(Loc,2)! Loc.5.var	0.0000	0.0000	NA	NA	Boundary
Genotype:fa(Loc,2)! Loc.6.var	0.0000	0.0000	NA	NA	Boundary
Genotype:fa(Loc,2)! Loc.1.fa1	2.3198	2.3198	0.4643	4.996	Unconstrained
Genotype:fa(Loc,2)! Loc.2.fa1	1.6825	1.6825	0.5518	3.049	Unconstrained
Genotype:fa(Loc,2)! Loc.3.fa1	2.1422	2.1422	0.5422	3.951	Unconstrained
Genotype:fa(Loc,2)! Loc.4.fa1	1.2233	1.2233	0.6582	1.858	Unconstrained
Genotype:fa(Loc,2)! Loc.5.fa1	1.8575	1.8575	0.4046	4.591	Unconstrained
Genotype:fa(Loc,2)! Loc.6.fa1	0.1381	0.1381	0.3748	0.368	Unconstrained
Genotype:fa(Loc,2)! Loc.1.fa2	0.0000	0.0000	NA	NA	Fixed
Genotype:fa(Loc,2)! Loc.2.fa2	0.1146	0.1146	0.6586	0.174	Unconstrained
Genotype:fa(Loc,2)! Loc.3.fa2	-1.1830	-1.1830	0.5918	-1.999	Unconstrained
Genotype:fa(Loc,2)! Loc.4.fa2	2.0097	2.0097	0.6043	3.326	Unconstrained
Genotype:fa(Loc,2)! Loc.5.fa2	0.3841	0.3841	0.5091	0.754	Unconstrained
Genotype:fa(Loc,2)! Loc.6.fa2	1.0562	1.0562	0.3508	3.011	Unconstrained
Loc_1! variance	12.3501	12.3501	1.8844	6.554	Positive
Loc_1! Col.cor	0.1171	0.1171	0.1050	1.116	Unconstrained
Loc_1! Row.cor	0.0616	0.0616	0.1157	0.533	Unconstrained
Loc_2! variance	20.1816	20.1816	3.5198	5.734	Positive
Loc_2! Col.cor	0.1232	0.1232	0.1089	1.131	Unconstrained
Loc_2! Row.cor	0.2870	0.2870	0.1244	2.306	Unconstrained
Loc_3! variance	21.9548	21.9548	4.2475	5.169	Positive
Loc_3! Col.cor	0.5944	0.5944	0.0777	7.649	Unconstrained
Loc_3! Row.cor	0.0335	0.0335	0.1403	0.239	Unconstrained
Loc_4! variance	24.7963	24.7963	4.6018	5.388	Positive
Loc_4! Col.cor	0.4704	0.4704	0.1003	4.689	Unconstrained
Loc_4! Row.cor	0.1404	0.1404	0.1173	1.196	Unconstrained
Loc_5! variance	8.4737	8.4737	1.2682	6.682	Positive
Loc_5! Col.cor	-0.0655	-0.0655	0.1236	-0.530	Unconstrained
Loc_5! Row.cor	0.0700	0.0700	0.1215	0.577	Unconstrained
Loc_6! variance	8.3077	8.3077	1.3608	6.105	Positive

```
Loc_6! Col.cor                  0.3489     0.3489   0.0915     3.815  Unconstrained
Loc_6! Row.cor                  0.0798     0.0798   0.1208     0.660  Unconstrained
>summary(m5)$loglik
[1] -1175
>summary(m5)$varcomp
                              gamma  component std.error   z.ratio    constraint
Genotype:Loc! Loc.1:1       5.54082    5.54082    2.3941   2.31440             ?
Genotype:Loc! Loc.2:1       4.04340    4.04340    1.8345   2.20406             ?
Genotype:Loc! Loc.2:2       4.31582    4.31582    2.6182   1.64837             ?
Genotype:Loc! Loc.3:1       4.67749    4.67749    1.8367   2.54664             ?
Genotype:Loc! Loc.3:2       3.60495    3.60495    1.7992   2.00363             ?
Genotype:Loc! Loc.3:3       5.50267    5.50267    2.3786   2.31345             ?
Genotype:Loc! Loc.4:1       2.38812    2.38812    1.7477   1.36641             ?
Genotype:Loc! Loc.4:2       2.34745    2.34745    1.8153   1.29312             ?
Genotype:Loc! Loc.4:3      -0.00245   -0.00245    1.6992  -0.00144             ?
Genotype:Loc! Loc.4:4       5.13096    5.13096    2.7946   1.83600             ?
Genotype:Loc! Loc.5:1       4.34641    4.34641    1.5841   2.74384             ?
Genotype:Loc! Loc.5:2       3.36865    3.36865    1.5914   2.11678             ?
Genotype:Loc! Loc.5:3       3.50367    3.50367    1.5551   2.25303             ?
Genotype:Loc! Loc.5:4       2.83019    2.83019    1.5616   1.81232             ?
Genotype:Loc! Loc.5:5       3.90818    3.90818    1.7953   2.17686             ?
Genotype:Loc! Loc.6:1       0.40697    0.40697    1.0369   0.39248             ?
Genotype:Loc! Loc.6:2       0.26625    0.26625    1.0899   0.24430             ?
Genotype:Loc! Loc.6:3      -0.81572   -0.81572    1.0352  -0.78798             ?
Genotype:Loc! Loc.6:4       2.30726    2.30726    1.1648   1.98080             ?
Genotype:Loc! Loc.6:5       0.75419    0.75419    0.9016   0.83649             ?
Genotype:Loc! Loc.6:6       1.39709    1.39709    0.9968   1.40160             ?
Loc_1! variance            12.09672   12.09672    2.0198   5.98913      Positive
Loc_1! Col.cor              0.10837    0.10837    0.1067   1.01583 Unconstrained
Loc_1! Row.cor              0.04353    0.04353    0.1205   0.36121 Unconstrained
Loc_2! variance            20.30448   20.30448    3.5485   5.72196      Positive
Loc_2! Col.cor              0.11240    0.11240    0.1099   1.02274 Unconstrained
Loc_2! Row.cor              0.29240    0.29240    0.1241   2.35539 Unconstrained
Loc_3! variance            21.86216   21.86216    4.2408   5.15522      Positive
Loc_3! Col.cor              0.58426    0.58426    0.0810   7.21483 Unconstrained
Loc_3! Row.cor              0.02282    0.02282    0.1393   0.16381 Unconstrained
Loc_4! variance            24.99684   24.99684    4.7218   5.29394      Positive
Loc_4! Col.cor              0.47431    0.47431    0.1018   4.66097 Unconstrained
Loc_4! Row.cor              0.13909    0.13909    0.1173   1.18589 Unconstrained
Loc_5! variance             8.41559    8.41559    1.3503   6.23239      Positive
Loc_5! Col.cor             -0.07061   -0.07061    0.1279  -0.55218 Unconstrained
```

```
Loc_5! Row.cor        0.07082   0.07082   0.1238   0.57209 Unconstrained
Loc_6! variance       8.14847   8.14847   1.4014   5.81450      Positive
Loc_6! Col.cor        0.34796   0.34796   0.0938   3.70773 Unconstrained
Loc_6! Row.cor        0.07895   0.07895   0.1262   0.62582 Unconstrained
```

运行结果说明，除 m5 模型中 US 方差协方差矩阵因参数过多($6 \times (6+1)/2 = 21$ 个参数)而无法收敛外，其他模型都可以收敛。因此，m5 模型所得的结果也不可靠，故在下文中舍弃不予考虑。同时，上述各模型经 LRT 检验[1 - pchisq(2 * (loglik2 - loglik1), df)，loglik 是模型 logL 值，df 是两模型参数总数之间的差值]，比较结果显示，m4 是最佳模型，m3 与 m2 模型结果相似，m1 模型最一般。

以 m4 模型的结果进一步进行分析。

其中，fa(Loc, 2)表示使用 2 个公共因子，Genotype: fa(Loc, 2)! Loc. 1. var 是地点 1 的特殊方差(Special variances)，Genotype: fa(Loc, 2)! Loc. 1. fa1 是地点 1 在第一因子上的载荷(loadings)，Genotype: fa(Loc, 2)! Loc. 1. fa2 是地点 1 在第二因子上的载荷。

将 6 个地点的特殊方差、因子载荷分别组成下述的 ψ 对角矩阵(w2 = 0.0014)和 Γ 矩阵：

$$\psi = \left|\begin{array}{c|ccccc} \psi_1 & 0 & & & & \\ \psi_2 & & w2 & & & \\ & & 0 & & & \\ & & & 0 & & \\ & & & & 0 & \\ & & & & & 0 \end{array}\right|, \quad \Gamma = \left|\begin{array}{cc|c} 0.232 & 0.000 & \Gamma_1 \\ 0.168 & 0.011 & \Gamma_2 \\ 0.214 & -.118 & \\ 0.122 & 0.201 & \\ 0.186 & 0.038 & \\ 0.014 & 0.106 & \end{array}\right|$$

地点的方差 $V_1 = \Gamma_1 \times \Gamma_1' + \psi_1$，$V_2 = \Gamma_2 \times \Gamma_2' + \psi_2$，协方差 $Cov_{12} = \Gamma_1 \times \Gamma_2'$，相关值 $r_{12} = Cov_{12} / \sqrt{x}$，其余依此类推，本书中不具体计算。根据上述原理，读者可自行结合 AAfun 的 pin( ) 函数计算各方差、协方差和相关值的标准误。本书采用 AAfun 的函数 met. corr( )可直接得到下述结果：

```
>met.corr(m4, MET$Loc, 2)#asreml.result, site, group N.
Site cluster results:
S1  S2  S3  S4  S5  S6
1   1   1   2   1   2


Cov\Var\Corr matrix
       S1      S2      S3      S4      S5      S6
S1   5.38   0.816   0.875   0.520   0.979   0.130
S2   3.90   4.246   0.688   0.472   0.811   0.161
S3   4.97   3.469   5.988   0.042   0.759  -0.366
S4   2.84   2.288   0.243   5.535   0.682   0.914
S5   4.31   3.169   3.525   3.044   3.598   0.328
S6   0.32   0.353  -0.954   2.291   0.662   1.135
```

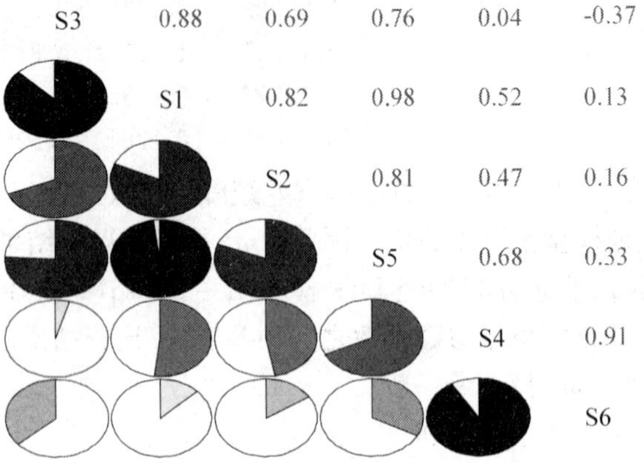

图 10-19 地点之间的遗传相关图

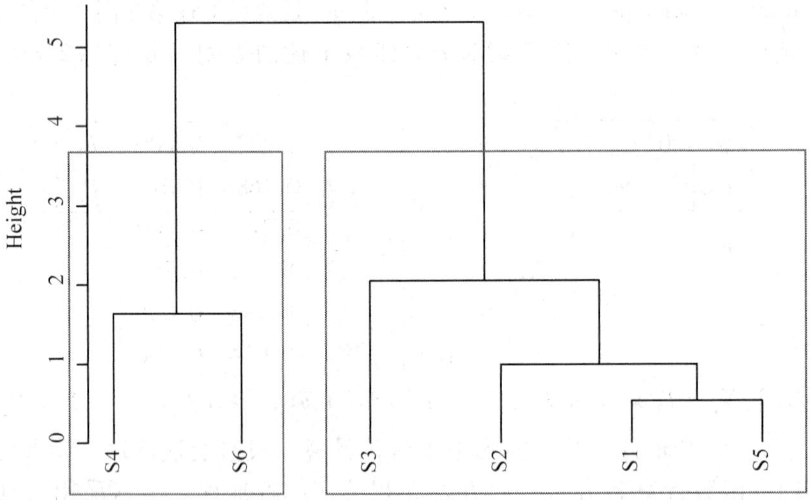

图 10-20 地点遗传相关值的聚类结果

从上述的方差、协方差和相关矩阵结果中得知，对角线为各地点的方差，左下三角矩阵为各地点之间的协方差，右上三角矩阵为各地点之间的相关(图 10-19)。利用此相关值，进行地点间的聚类分析，了解地点间的变异模式。另外，met. corr( )还采用变量聚类方法，进行地点相关值的聚类分析，结果显示，地点 4 和 6 比较相似、聚为一类，地点 1、2、3、5 比较相似并聚为另一类(图 10-20)。met. corr( )的用法格式为，met. corr(object = , Site = , N =)，其中 object 为 ASReml 运行结果，Site 为试验地点因子，N 为地点聚类组数。

此外，AAfun 包中的 met. biplot( )还可对各地点的因子载荷值与各基因型的效应值进行双标图绘制，以此来分析地点间的变异模式以及各基因型在各试验地点的表现，以筛选出“适地适树”和“通地通树”。示例如下所示。

```
met.biplot(m4, 6, 36, 2)# asreml.result, site N, Variety N, FA N.
```

可得到图形如图 10-21 和图 10-22 所示。

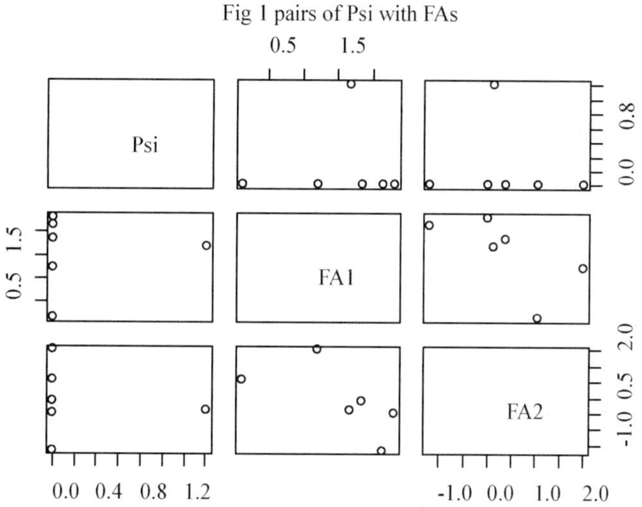

图 10-21　因子的载荷值

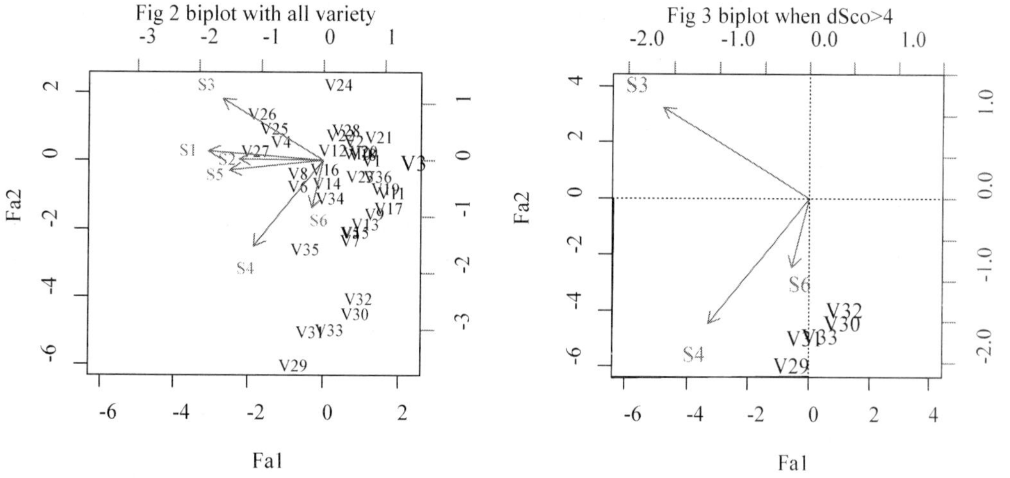

图 10-22　地点和品种效应值的双标图

10.4.3.6　多年份试验

对于林业而言，多年生是其显著特征，因此林木育种值可以积累多年份的数据，用于分析年年相关从而进行早期选择研究，对于生长周期长的林木来说，尤为重要。多年份的数据与多地点试验类似，也可以采用因子分析模型来获取年年遗传相关。以例 10.1 的数据集为例，进行多年份数据分析示范，代码如下：

```
#### 10.4.3.6 multi-year test ############
library(reshape)
df <-asreml.read.table(file ='fm.csv', header =T, sep =',')
df1 =df[, -6: -8]
df1 =melt(df1, id =c("TreeID","Spacing","Rep","Fam","Plot"))
```

```
names(df1)[6: 7]=c("age","h")

ym1=asreml(h~Rep, random=~Fam* age+Rep: Fam+Rep: age+Rep: Fam: age,
           maxit=40, data=df1)
ym2=asreml(h~Rep, random=~Fam+age+Rep: age+Rep: Fam,
           maxit=40, data=df1)
summary(ym2)$varcomp

ym3=asreml(h~age, random=~Fam: fa(age, 2), maxit=40, data=df1)
summary(ym3)$varcomp
met.corr(ym3, df1$age, 2)
```

运行结果如下：

```
>summary(ym2)$varcomp
                        gamma    component    std.error    z.ratio constraint
age!age.var      19.518641098  54351.68266  38455.68064  1.4133590   Positive
Rep:age!Rep.var   0.052935615    147.40472     58.06260  2.5387205   Positive
Fam!Fam.var       0.008343813     23.23421     43.54936  0.5335144   Positive
Rep:Fam!Rep.var   0.236445837    658.40798     86.01000  7.6550164   Positive
R!variance        1.000000000   2784.60382     63.55121 43.8166937   Positive

>summary(ym3)$varcomp
                                  gamma    component  std.error      z.ratio
Fam:fa(age,2)!age.h1.var   1.450119e-06 1.450119e-06         NA           NA
Fam:fa(age,2)!age.h2.var   1.440000e-06 1.440000e-06         NA           NA
Fam:fa(age,2)!age.h3.var   1.440000e-06 1.440000e-06         NA           NA
Fam:fa(age,2)!age.h4.var   1.296000e-06 1.296000e-06         NA           NA
Fam:fa(age,2)!age.h5.var   0.000000e+00 0.000000e+00         NA           NA
Fam:fa(age,2)!age.h1.fa1   2.557369e-02 2.557369e-02  203.24524 1.258268e-04
Fam:fa(age,2)!age.h2.fa1   1.082267e-01 1.082267e-01  271.94816 3.979682e-04
Fam:fa(age,2)!age.h3.fa1   1.836932e-01 1.836932e-01  344.42421 5.333342e-04
Fam:fa(age,2)!age.h4.fa1   2.633878e-01 2.633878e-01 1334.08274 1.974299e-04
Fam:fa(age,2)!age.h5.fa1   3.153512e-01 3.153512e-01  300.07451 1.050910e-03
Fam:fa(age,2)!age.h1.fa2   0.000000e+00 0.000000e+00         NA           NA
Fam:fa(age,2)!age.h2.fa2   4.858002e-02 4.858002e-02  400.76303 1.212188e-04
Fam:fa(age,2)!age.h3.fa2   5.221719e-02 5.221719e-02  486.50117 1.073321e-04
Fam:fa(age,2)!age.h4.fa2   1.488438e-01 1.488438e-01  840.94003 1.769969e-04
Fam:fa(age,2)!age.h5.fa2   2.495741e-01 2.495741e-01  666.24963 3.745955e-04
R!variance                 1.000000e+00 3.477180e+03   77.06605 4.511948e+01

                           constraint
Fam:fa(age,2)!age.h1.var     Boundary
Fam:fa(age,2)!age.h2.var     Boundary
```

```
Fam:fa(age,2)! age.h3.var               Boundary
Fam:fa(age,2)! age.h4.var               Boundary
Fam:fa(age,2)! age.h5.var               Boundary
Fam:fa(age,2)! age.h1.fa1          Unconstrained
Fam:fa(age,2)! age.h2.fa1          Unconstrained
Fam:fa(age,2)! age.h3.fa1          Unconstrained
Fam:fa(age,2)! age.h4.fa1          Unconstrained
Fam:fa(age,2)! age.h5.fa1          Unconstrained
Fam:fa(age,2)! age.h1.fa2                  Fixed
Fam:fa(age,2)! age.h2.fa2          Unconstrained
Fam:fa(age,2)! age.h3.fa2          Unconstrained
Fam:fa(age,2)! age.h4.fa2          Unconstrained
Fam:fa(age,2)! age.h5.fa2          Unconstrained
R! variance                             Positive
>met.corr(ym3, df1$age, 2)
Site cluster results:
 Sh1 Sh2 Sh3 Sh4 Sh5
   2   1   2   2   2


Cov\Var\Corr matrix


          Sh1      Sh2      Sh3      Sh4      Sh5
Sh1     0.001    0.911    0.961    0.870    0.783
Sh2     0.003    0.014    0.989    0.996    0.969
Sh3     0.005    0.022    0.036    0.972    0.924
Sh4     0.007    0.036    0.056    0.092    0.988
Sh5     0.008    0.046    0.071    0.120    0.162
```

从运行结果得知，常规的分析模型(ym1、ym2)中，树龄 age 效应显著，区组和树龄互作 Rep：age、区组和家系互作 Rep：Fam 效应也显著。在多年份数据分析研究中，育种工作者一般对于目标性状的年年相关更感兴趣，尤其林木周期长，获取年年相关对于早期选择非常重要。因此，模型 ym3 采用因子分析法，然后结合 met. corr( )函数得到年年相关矩阵。met. corr( )函数还会根据相关矩阵绘制聚类图，如图 10-23 所示，除了第一年，其他 4 年之间相关都比较大。

10.4.3.7　多交配设计

实际的育种工作中，经常会使用不同的交配设计产生不同遗传背景的子代。对于多种交配设计的数据，传统的分析方法是按不同交配方法单独分析，而 ASReml-R 通过个体模型(animalmodel)将不同交配设计的数据整合统一分析。

数据为上文的半同胞子代和全同胞子代为例，将两者数据整合，然后用个体模型分析。列举简单示例分析，分析代码如下：

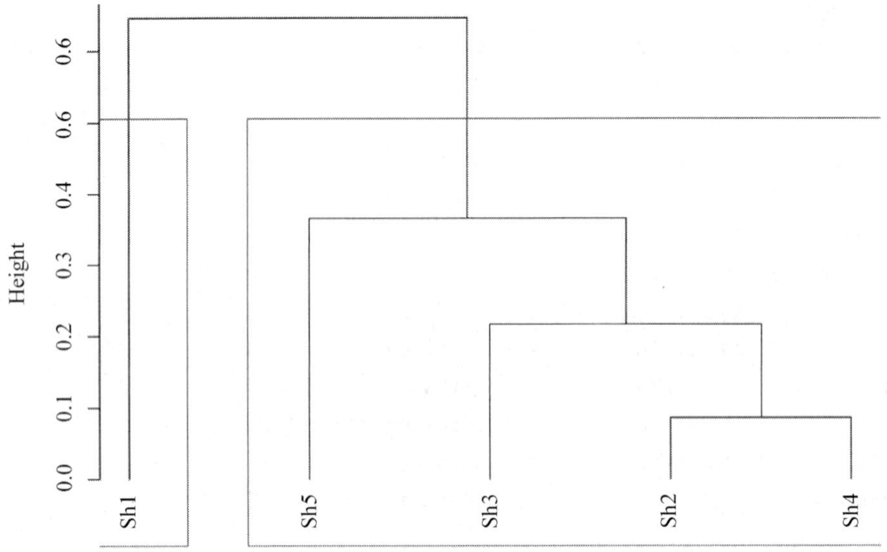

图 10-23 年年相关值的聚类分析

```
#### 10.4.3.7 multi -mating design ############
fs2 <-asreml.read.table(file ='cp.csv', header = T, sep =',')
hs2 <-read.csv(file ='op.csv', header = T)
fs2 $ Fam2 = NULL
#str(fs2); str(hs2)
hs2 $ TreeID =20000 +hs2 $ TreeID
levels(hs2 $ Mum) =paste("Mu", 1:44, sep ="")
for(i in1:6)hs2[,i] =as.factor(hs2[,i])
fhs =rbind(fs2, hs2)
#str(fhs)
ped =fhs[,1:3]
pedinv <-asreml.Ainverse(ped) $ ginv
fhs.asr <-asreml(dbh10 ~1, random = ~Rep +ped(TreeID) +Fam,
data =fhs, ginverse =list(TreeID =pedinv))
summary(fhs.asr) $ varcomp
pin(fhs.asr, h2 ~V3/(V2 +V3 +V4))
#coef(fhs.asr) $ random[1:10,]
summary(fhs.asr, all =T) $ coef.random[95: 110,]
```

运行结果如下：

```
> summary(fhs.asr) $ varcomp
                              gamma  component  std.error  z.ratio  constraint
Rep! Rep.var                 0.0842       0.24      0.148     1.62    Positive
```

```
Fam! Fam.var               0.1612     0.46     0.348     1.32    Positive
ped(TreeID)! ped           1.0458     2.98     0.953     3.13    Positive
R! variance                1.0000     2.85     0.575     4.96    Positive
 >pin(fhs.asr, h2 ~V3/(V2 +V3 +V4))
   Estimate    SE
h2     0.474 0.143
 >summary(fhs.asr, all =T) $coef.random[95: 110,]
                          solution   std error      z ratio
Fam_ F_ 222                0.09557       0.562       0.1700
Fam_ F_ 223               -0.32777       0.560      -0.5849
Fam_ F_ 226               -0.00861       0.560      -0.0154
Fam_ F_ 227               -0.66395       0.560      -1.1866
Fam_ F_ 228               -1.16428       0.564      -2.0627
Fam_ F_ 229               -0.50931       0.561      -0.9074
Fam_ F_ 230               -0.25649       0.562      -0.4562
ped(TreeID)_ M_ 139       -0.25751       1.327      -0.1941
ped(TreeID)_ M_ 136        1.01337       1.132       0.8955
ped(TreeID)_ M_ 347        0.33341       1.389       0.2401
ped(TreeID)_ M_ 109        2.01875       1.158       1.7439
ped(TreeID)_ M_ 216        0.87193       1.085       0.8039
ped(TreeID)_ M_ 128        0.07462       1.389       0.0537
ped(TreeID)_ M_ 330        0.14787       1.409       0.1049
ped(TreeID)_ M_ 113        0.09412       1.387       0.0679
ped(TreeID)_ M_ 213        2.81487       1.167       2.4128
```

程序代码说明，采用 read.csv( ) 来读取数据 hs2，是数据变化的需要。分析模型中的随机效应 Fam，在半同胞和全同胞之间的含义不同，对于半同胞数据 Fam 代表母体效应，而对于全同胞数据 Fam 代表家系效应。

从运行结果得知，与上文的半同胞和全同胞结果比较发现，整合数据的加性方差和单株遗传力小于半同胞的，但大于全同胞的；Fam 方差稍小于全同胞的；误差稍大于半同胞的，小于全同胞的。

10.4.3.8　多世代数据

经过数十年的育种工作积累，就有可能储存多个世代的数据。对于周期长的林木来说，可以通过多世代数据分析，对亲本进行多次反向选择，对于解决高世代育种进程遗传基础变窄的矛盾尤为重要。

以上文的半同胞和全同胞数据为例，经适当修改后，作为多世代案例。分析代码如下：

```
#### 10.4.3.8 multi-generation mate design ############
op =read.csv("op.csv", T)
cp =read.csv("cp.csv", T)
```

```

cp[,1]=20000+cp[,1]
set.seed(123); mum=sample(3112:3680, 38)
set.seed(456); dad=sample(3700:4200, 38)
levels(cp$Mum)=mum; levels(cp$Dad)=dad
cp$Fam2=NULL
 ocp=rbind(op, cp)

 for(i in1:6)ocp[,i]=as.factor(ocp[,i])

 ped=ocp[,1:3]
 pedinv=asreml.Ainverse(ped)$ginv

 # parent model
 p1.asr=asreml(dbh10~1, random=~Rep+Dad+Mum,
               na.method.X="include", data=ocp)

 p2.asr=asreml(dbh10~1, random=~Rep+Dad+Mum+Fam,
               na.method.X="include", data=ocp)
 summary(p2.asr)$varcomp
 pin(p2.asr, h2.pi~2*(V2+V3)/(V2+V3+V4+V5))
 coef(p2.asr, pattern="Fam")[c(1:10, 84:94),]
 coef(p2.asr, pattern="Mum")[c(1:10, 70:82),]

 # tree model
 t1.asr=asreml(dbh10~1, random=~Rep+ped(TreeID)+Fam,
               data=ocp, ginverse=list(TreeID=pedinv))

 t2.asr=asreml(dbh10~1, random=~Rep+ped(TreeID)+Fam+Mum,
               data=ocp, ginverse=list(TreeID=pedinv))
 summary(t2.asr)$varcomp
 pin(t2.asr, h2.ti~V4/(V2+V3+V4+V5))
 coef(t2.asr, pattern="Fam")[c(1:10, 84:94),]
 coef(t2.asr, pattern="Mum")[c(1:10, 70:82),]
 coef(t2.asr, pattern="TreeID")[c(1:10, 46:55, 1144:1155),]
```

运行结果如下：

```
>summary(p1.asr)$varcomp
                    gamma component std.error   z.ratio  constraint
```

```
Rep! Rep.var        0.0527     0.246     0.152      1.62   Positive
Dad! Dad.var        0.0624     0.291     0.200      1.46   Positive
Mum! Mum.var        0.2950     1.377     0.262      5.26   Positive
R! variance         1.0000     4.667     0.137     34.05   Positive
>summary(p2.asr)$varcomp
                   gamma component std.error   z.ratio constraint
Rep! Rep.var     0.05219    0.2433     0.150     1.620   Positive
Dad! Dad.var     0.00625    0.0291     0.216     0.135   Positive
Mum! Mum.var     0.23705    1.1051     0.352     3.138   Positive
Fam! Fam.var     0.07399    0.3449     0.325     1.061   Positive
R! variance      1.00000    4.6617     0.137    34.050   Positive
>pin(p2.asr, h2.pi~2* (V2+V3)/(V2+V3+V4+V5))
     Estimate    SE
h2.pi    0.369 0.144
>summary(t1.asr)$varcomp
                   gamma component std.error   z.ratio constraint
Rep! Rep.var      0.0569     0.236     0.146      1.62   Positive
Fam! Fam.var      0.3051     1.266     0.289      4.38   Positive
ped(TreeID)! ped  0.2006     0.833     0.585      1.42   Positive
R! variance       1.0000     4.150     0.375     11.06   Positive
>summary(t2.asr)$varcomp
                   gamma component std.error   z.ratio constraint
Rep! Rep.var      0.0583     0.241     0.149     1.621   Positive
Mum! Mum.var      0.2720     1.126     0.316     3.561   Positive
Fam! Fam.var      0.0332     0.137     0.205     0.669   Positive
ped(TreeID)! ped  0.2049     0.848     0.564     1.504   Positive
R! variance       1.0000     4.140     0.365    11.358   Positive
>pin(t2.asr, h2.ti~V4/(V2+V3+V4+V5))
             Estimate          SE
h2.ti           0.136       0.088
>coef(p2.asr, pattern="Fam")[c(1:10, 85:94),]
 Fam_F_134 Fam_F_135 Fam_F_136 Fam_F_137 Fam_F_138 Fam_F_139 Fam_F_140
  0.276291  0.070263  0.005054 -0.398600 -0.166032 -0.080501  0.026493
 Fam_F_141 Fam_F_142 Fam_F_143  Fam_F_65  Fam_F_66  Fam_F_67  Fam_F_68
 -0.225047 -0.317264  0.010058  0.205841  0.005485 -0.008460 -0.000278
  Fam_F_69  Fam_F_70  Fam_F_71  Fam_F_72  Fam_F_73  Fam_F_74
 -0.132798  0.138039  0.038593 -0.337765  0.042554  0.119390
>coef(p2.asr, pattern="Mum")[c(1:10, 73:82),]
 Mum_M_134 Mum_M_135 Mum_M_136 Mum_M_137 Mum_M_138 Mum_M_139 Mum_M_140
```

```
    0.8857      0.2252      0.0162     -1.2777     -0.5322     -0.2580      0.0849
 Mum_M_141   Mum_M_142   Mum_M_143    Mum_3268    Mum_3191    Mum_3631    Mum_3597
   -0.7214     -1.0170      0.0322      1.9402      0.3827      0.2711      0.0663
  Mum_3482    Mum_3538    Mum_3125    Mum_3671    Mum_3516    Mum_3227
   -0.7819     -0.3635     -0.3969      0.4425      0.2460      1.0687
>coef(t2.asr, pattern="Fam")[c(1:10, 85:94),]
Fam_F_134 Fam_F_135 Fam_F_136 Fam_F_137 Fam_F_138 Fam_F_139 Fam_F_140
  0.10199   0.03177  -0.01137  -0.15225  -0.07317  -0.02213   0.00708
Fam_F_141 Fam_F_142 Fam_F_143  Fam_F_65  Fam_F_66  Fam_F_67  Fam_F_68
 -0.08316  -0.11686  -0.03119   0.09201   0.03056   0.00617  -0.03563
 Fam_F_69  Fam_F_70  Fam_F_71  Fam_F_72  Fam_F_73  Fam_F_74
 -0.06286   0.05399  -0.02045  -0.10214   0.02950   0.06486
>coef(t2.asr, pattern="Mum")[c(1:10, 73:82),]
 Mum_M_134   Mum_M_135   Mum_M_136   Mum_M_137   Mum_M_138   Mum_M_139   Mum_M_140
    0.8361      0.2605     -0.0932     -1.2481     -0.5998     -0.1814      0.0580
 Mum_M_141   Mum_M_142   Mum_M_143    Mum_3268    Mum_3191    Mum_3631    Mum_3597
   -0.6817     -0.9580     -0.2557      1.6515      0.5317      0.2970      0.0729
  Mum_3482    Mum_3538    Mum_3125    Mum_3671    Mum_3516    Mum_3227
   -0.7267     -0.2485     -0.3334      0.4426      0.2262      0.9672
>coef(t2.asr, pattern="TreeID")[c(1:10, 46:55, 1144:1155),]
     ped(TreeID)_M_143     ped(TreeID)_M_152     ped(TreeID)_M_217
                0.7700                0.0703               -0.3089
     ped(TreeID)_M_226     ped(TreeID)_M_140     ped(TreeID)_M_139
               -0.0177                0.1986               -0.1654
     ped(TreeID)_M_155     ped(TreeID)_M_220     ped(TreeID)_M_145
               -0.2749               -0.1674               -0.0845
     ped(TreeID)_M_146      ped(TreeID)_3113      ped(TreeID)_3114
                0.5271                0.7492                0.5094
      ped(TreeID)_3115      ped(TreeID)_3116      ped(TreeID)_3117
                0.4695                0.6692                0.2593
      ped(TreeID)_3118      ped(TreeID)_3119      ped(TreeID)_3120
                0.3526                0.3659                0.0728
      ped(TreeID)_3121      ped(TreeID)_3122      ped(TreeID)_4211
               -0.3001                0.0746                0.0236
     ped(TreeID)_21001     ped(TreeID)_21002     ped(TreeID)_21003
                0.1328               -0.1739                0.1235
     ped(TreeID)_21004     ped(TreeID)_21005     ped(TreeID)_21006
               -0.1646               -0.1460               -0.3818
     ped(TreeID)_21007     ped(TreeID)_21008     ped(TreeID)_21009
               -0.2831               -0.3481               -0.3818
```

```
ped(TreeID)_21010          ped(TreeID)_21011
          -0.2738                    -0.5367
```

程序代码说明，与上文的多交配设计类似，个体模型中的随机效应 Mum 代表母体效应。

由输出的随机效应值得知，亲本模型和个体模型的母本效应值基本一致，但家系效应值有所区别，这种差异可能是由于个体模型中母体效应造成的，这点在个体模型中方差分量的变化得到佐证（Rep、TreeID 和 R 方差分量基本不变）。

虽然案例中的多世代数据是改造的，但从分析的结果得知，用多世代模型，可以将育种得到的遗传资源综合评估，对于林木育种者而言，可以突破世代的隔阂，反复评估、筛选亲本，对克服高世代育种基因基础变窄至关重要。

10.4.3.9　基因组选择

目前，随着越来越多物种基因组被测序，以及高通量基因型分型技术的完善，越来越容易得到高通量 SNP 标记，也就可通过整个基因组 SNP 的信息估算出每个 SNP 或不同染色体片段的效应值，继而对效应值累加即得到个体全基因组估计育种值（Genomic estimated breeding value，GEBV），再根据 GEBV 进行个体选择的过程，即称为基因组选择（Genomic Selection，GS）。因此对全基因组的高通量 SNP 进行育种值估计，可以捕获所有的遗传变异，并大大提高了育种估计的准确性；而且对于候选群体，无需表型信息即可进行遗传评估，极大地缩短了世代周期和育种成本。因此，基因组选择已成为动植物育种领域的研究热点。

基因组选择的策略之一，利用一个参考群体估计每个 SNP 的效应值（参考群体中的个体均需有表型性状和所有 SNP 基因型数据），然后利用 SNP 效应值计算候选群体的个体基因组育种值（候选群体中的个体均需有所有 SNP 基因型数据）。这种方法仅适用于具有 SNP 基因型的个体 GEBV 估计，对于很大的育种群体往往难以得到所有个体 SNP 基因型，而且随育种世代发展，群体遗传结构也会发生变化，需要重构参考群体进行标记效应值的校正，且难以利用累积的谱系记录。基因组选择的策略之二，通过已测定的基因型计算个体间的相关关系，利用已测定基因型的个体计算的 G 矩阵和根据谱系计算的 A 矩阵合并成一个矩阵，然后进行个体育种值 GEBV 的估计。第二种策略充分利用育种过程中累积的谱系资料。这种基于 G 矩阵来估计基因组育种值，即称为 GBLUP。

下面利用 AAfun 内置的数据，简单示范 GBLUP 过程，程序代码如下：

```
#### 10.4.3.8 genomicBlup
data(G.data)
data(G.pedigree)
data(G.marker)

## G inverse matrix
gpedinv=asreml.Ainverse(G.pedigree)$ginv
gpnames=attributes(gpedinv)$rowNames
Ginv1=Ginv(marker.file=G.marker, ped.file=G.pedigree,
```

```
aped.rowNames=gpnames, Goptions=1)

gblup<-asreml(t1~1+Site, random=~giv(ID),
ginverse=list(ID=Ginv1), data=G.data)
summary(gblup)$varcomp
coef(gblup)$random[1:14,]
```

运行结果如下：

```
>dim(Ginv1)
[1] 15931     3
>Ginv1[1:6,]
    row column  value
1     1      1   29.3
2     2      1   24.3
3     2      2   28.9
4     3      1   25.3
5     3      2   24.7
6     3      3   30.0
>summary(gblup)$varcomp
                   gamma  component  std.error  z.ratio constraint
ped(ID)! ped       0.541       98.3      13.03     7.55   Positive
R! variance        1.000      181.9       3.35    54.22   Positive
>coef(gblup)$random[1:14,]
ped(ID)_25 ped(ID)_1 ped(ID)_3 ped(ID)_4 ped(ID)_6 ped(ID)_8 ped(ID)_9
   -9.2228   -4.9884    5.1693    0.3280   -3.0152   -0.2338    4.6383
ped(ID)_10 ped(ID)_11 ped(ID)_12 ped(ID)_19 ped(ID)_20 ped(ID)_21 ped(ID)_26
  -14.4856    -0.4943    -0.0241    -2.9009    11.9753    -3.1999   -21.8256
```

程序代码说明，本例中采用 giv( )函数来关联 G 逆矩阵，其实 ped( )函数也可以，不过为了区别以往的传统谱系分析，这里采用 giv( )函数。

从运行结果得知，生成的 G 逆矩阵为 15931 ×3，含有行、列和数值。方差分量结果显示，ped(ID)和 R 均显著。最后展示前 14 个的个体 GEBV。

使用 ASReml-R 进行 GBLUP 分析时，一定得清楚各种数据的具体格式，否则程序无法运行。感兴趣者，可查看 AAfun 包中的示范数据 G. data、G. pedigree 和 G. marker。

10.4.4 遗传相关分析

遗传相关(genetic correlation)是指同一生物群体两个性状之间、同一性状不同年份或不同地点之间由于遗传因素造成的相关。表型方差可分为遗传方差与环境方差，同样的表型协方差也可分为遗传协方差与环境协方差，因此可以计算与此相应的表型相关、遗传相关以及环境相关。在林业上，开展林木相同性状早晚相关或不同性状间的遗传相关以及 B

型相关是遗传测定的重要内容之一，也是开展林木早期选择和间接选择的重要依据。

10.4.4.1　早晚相关

早晚相关(juvenile-mature correlation)是指同一性状在不同年份之间的遗传相关，也称年年相关(age-age correlation)，是早期选择的重要参数，记为 r_{aa}。一般来说，林木材性性状的早晚相关值高于生长性状的。当某性状的早晚相关值比较高时，可通过早期选择来缩短育种的周期，对于轮伐期长的林木尤为重要。

r_{aa}的计算公式如下：

$$r_{aa} = \frac{Cov_{a1,a2}}{\sqrt{V_{a1} \times V_{a2}}} \tag{10-5}$$

式中，$Cov_{a1,a2}$是性状不同年份的协方差；V_{a1}、V_{a2}是性状不同年份的遗传方差。

ASReml-R 软件中，有两种方法获得遗传相关：

①是设置 us 方差协方差矩阵，通过公式(10-5)计算相关值；

②是设置 corgh 相关矩阵，直接获得相关值。

以例 10-1 的数据集进行树高 h1 和 h5 的早晚相关计算，分析代码如下：

```
##########代码清单 10.4.4.1 age - age corr #############
df <-asreml.read.table(file ='fm.csv', header =T, sep =',')
# names(df)
####方法一 US 矩阵 ###
h.asr <-asreml (cbind(h1, h5) ~trait + trait: Rep,
                random = ~us(trait): Fam,
                rcov = ~units: diag(trait), maxit =40, data =df)
summary(h.asr) $varcomp
wald(h.asr)
summary(h.asr) $varcomp[,1:3]
pin(h.asr, r.aa ~V2/sqrt(V1 * V3), signif =T)
####方法二 corgh 矩阵 ###
h.asr2 <-asreml (cbind(h1, h5) ~trait + trait: Rep,
                random = ~corgh(trait): Fam,
                rcov = ~units: diag(trait), maxit =40, data =df)
summary(h.asr2) $varcomp
pin(h.asr, N =1)
```

运行结果如下：

```
>summary(h.asr) $varcomp[,1:3]

                                   gamma    component    std.error
trait: Fam! trait.h1:h1         12.14371     12.14371     3.034586
trait: Fam! trait.h5:h1         44.18483     44.18483    16.230974
trait: Fam! trait.h5:h5        250.35002    250.35002   153.291560
R! variance                      1.00000      1.00000           NA
```

```
R! trait.h1.var                     52.78211     52.78211     2.691898
R! trait.h5.var                   7920.05994   7920.05994   404.655626
>pin(h.asr, r.aa ~ V2/sqrt(V1* V3), signif = T)
           Estimate        SE sig.level
r.aa          0.801     0.239      * * *
---------------
Sig.level: 0'* * * '0.001 '* * '0.01 '* '0.05 'Not signif'1
>summary(h.asr2)$varcomp
                                      gamma  component std.error  z.ratio
trait:Fam!trait.h5:!trait.h1.cor      0.801      0.801     0.239     3.35
trait:Fam!trait.h1                   12.144     12.144     3.035     4.00
trait:Fam!trait.h5                  250.350    250.350   153.292     1.63
R!variance                            1.000      1.000        NA       NA
R!trait.h1.var                       52.782     52.782     2.692    19.61
R!trait.h5.var                     7920.060   7920.060   404.656    19.57
                                        constraint
trait:Fam!trait.h5:!trait.h1.cor     Unconstrained
trait:Fam!trait.h1                        Positive
trait:Fam!trait.h5                        Positive
R!variance                                   Fixed
R!trait.h1.var                            Positive
R!trait.h5.var                            Positive
>pin(h.asr2, corN = 1)
                                    Estimate          SE  sig.level
trait: Fam!trait.h5:!trait.h1.cor      0.801       0.239      * * *
---------------
Sig.level: 0'* * * '0.001 '* * '0.01 '* '0.05 'Not signif'1
```

运行结果说明，方法①直接给出相关值和误差，方法②中也给出了相关值和误差，为 trait：Fam！trait. h5：！trait. h1. cor 所对应的 component（相关值）、std. error（误差值），后者还可以根据 z. ratio 判断相关的显著性水平。

由上可知，该试验两种方法的计算结果一致，树高 h1 和 h5 的年年相关均为 0.801 ± 0.239，按表 6-1 的方法得知，树高 h1 和 h5 之间的年年相关为显著遗传相关。实际分析中，第一种方法更常使用，即使用 US 方差协方差矩阵；第二种方法较少使用，因为有时模型难以收敛，或者收敛时但相关值未能得到。

用上述的方法①，曾分析某松树半轮伐期前和近轮伐期的胸径早晚相关（Lin 等，2013），结果显示，早晚相关均随着树龄的增加而加大（图 10-24）。在半轮伐期前，该松树胸径的早晚相关一直较大（超过 0.6）；而对于近轮伐期，则胸径的早晚相关在幼年期时比较小，直到第 7 年，相关值才超过 0.6，之后早晚相关逐年增强。

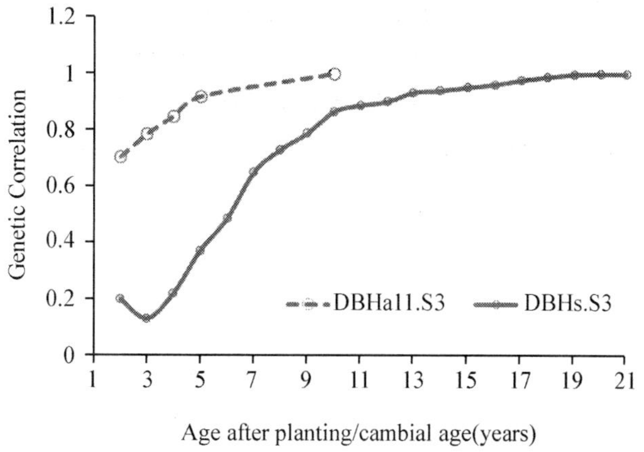

图 10-24 某松树胸径不同树龄的早晚遗传相关

10.4.4.2 性状相关

性状相关(trait-trait correlation)是指不同性状之间的遗传相关，是间接选择的重要参数，记为 r_{tt}。一般来说，林木生长性状之间呈正相关，而与材性性状之间呈负相关。当两个性状之间呈强烈的正相关，且亲本在第一个性状上的育种值较高时，则其在第二个性状上的育种值也较高，于是通过该亲本有可能同时改良这两个性状。

r_{tt}的计算公式如下：

$$r_{tt} = \frac{Cov_{t1,t2}}{\sqrt{V_{t1} \times V_{t2}}} \quad (10-6)$$

式中，$Cov_{t1,t2}$是两性状的协方差；

V_{t1}、V_{t2}是两性状的遗传方差。

现有某杉木种源试验的数据集 df，计算性状胸径 dbh 和密度 wd 之间的遗传相关。计算方法也有两种，与早晚相关类似。分析代码如下：

```
##########代码清单 10.4.4.2 trait - trait corr #############
df <-asreml.read.table (file ='d10.4.4.2.csv',
                            header =T, sep =',')
####方法一 US 矩阵 ###
r.asr <-asreml(cbind(dbh, wd) ~trait + trait: Row,
             random = ~us(trait): Prov,
             rcov = ~units: diag(trait),
             maxit =40, data =df)
summary(r.asr) $varcomp
wald(r.asr)
summary(r.asr) $varcomp[,1:3]
pin(r.asr, r.tt ~V2 /sqrt(V1 * V3), signif =T)
####方法二 corgh 矩阵 ###
r.asr2 <-asreml(cbind(dbh, wd) ~trait + trait: Row,
```

```
                    random = ~corgh(trait): Prov,
                    rcov = ~units: diag(trait),
                    maxit =40, data =df)
summary(r.asr2) $varcomp
pin(r.asr2, N =1)
```

运行结果如下：

```
>summary(r.asr) $varcomp[,1:3]
                                  gamma  component  std.error
trait: Prov! trait.dbh: dbh       0.949      0.949       1.18
trait: Prov! trait.wd: dbh       -4.959     -4.959       8.57
trait: Prov! trait.wd: wd       190.892    190.892     126.84
R! variance                       1.000      1.000         NA
R! trait.dbh.var                 24.033     24.033       1.79
R! trait.wd.var                1796.409   1796.409     133.33
>pin(r.asr, r.tt ~V2/sqrt(V1* V3), signif =T)
        Estimate        SE  sig.level
r.tt      -0.368     0.586  Notsignif
---------------
Sig.level: 0'* * * ' 0.001 '* * ' 0.01 '* ' 0.05 'Not signif' 1
>summary(r.asr2) $varcomp
                                        gamma  component std.error  z.ratio
trait: Prov! trait.wd:! trait.dbh.cor  -0.368     -0.368     0.586   -0.629
trait: Prov! trait.dbh                  0.949      0.949     1.181    0.804
trait: Prov! trait.wd                 190.892    190.892   126.839    1.505
R! variance                             1.000      1.000        NA       NA
R! trait.dbh.var                       24.033     24.033     1.789   13.433
R! trait.wd.var                      1796.409   1796.409   133.332   13.473
                                            constraint
trait:Prov! trait.wd:! trait.dbh.cor     Unconstrained
trait:Prov! trait.dbh                         Positive
trait:Prov! trait.wd                          Positive
R! variance                                      Fixed
R! trait.dbh.var                              Positive
R! trait.wd.var                               Positive
>pin(r.asr2,corN =1)
                                       Estimate        SE    sig.level
trait:Prov! trait.wd:! trait.dbh.cor     -0.368     0.586   Not signif
---------------
Sig.level: 0'* * * ' 0.001 '* * ' 0.01 '* ' 0.05 'Not signif' 1
```

由运行结果得知,该杉木种源试验中,胸径 dbh 和木材密度 wd 之间的遗传相关为 -0.368 ± 0.586,因为相关值小于误差值,所以本例中胸径 dbh 和木材密度 wd 之间并未呈显著负相关。

10.4.4.3　B 型相关

B 型相关(type B correlation)是指同一性状在任意两个或多个不同环境之间的遗传相关,记为 r_b。B 型相关常用于林木家系或无性系与地点之间的 G×E 效应分析。当 B 型相关值接近 1 时,表明基因型在不同环境的表现几乎一致,G×E 效应甚微。一般认为,当 B 型相关值小于 0.7 时,即存在显著的 G×E 效应。有研究证实,当一个性状的遗传力比较高时,则家系与环境之间的 G×E 效应就比较弱。材性性状比生长性状具有更高的遗传力,因此,相对而言,材性性状的 G×E 效应就会变小,甚至不存在。从 B 型相关的研究结果来看,可判断出:对于林木,材性性状主要是受遗传因素控制,而受环境因素的影响比较低。

r_b的计算公式如下:

$$r_b = \frac{V_g}{(V_g + V_{gs})} \tag{10-7}$$

式中,V_g是遗传方差;

V_{gs}是基因型与环境互作方差。

以例 10.4.3.5 的数据集为例,进行 B 型相关的计算。分析代码如下:

```
##############代码清单 10.4.4.3 Type B corr ###########
library(asreml)
MET <-asreml.read.table(file='MET.csv', header=T, sep=',')
MET $ yield <-MET $ yield* 0.01
m1.asr <-asreml (yield ~ Loc, random= ~Genotype +Genotype:Loc,
                 rcov= ~at(Loc):ar1(Col):ar1(Row), data=MET)
summary(m1.asr) $ varcomp[,1:3]
pin(m1.asr, r.b ~V1/(V1 + V2), signif=T)
```

运行结果如下:

```
> summary(m1.asr) $ varcomp[,1:3]
                                  gamma  component  std.error
Genotype! Genotype.var           2.0061     2.0061     0.7044
Genotype: Loc! Genotype.var      1.3275     1.3275     0.6142
Loc_ 1! variance                12.4554    12.4554     1.9237
Loc_ 1! Col.cor                  0.0500     0.0500     0.1090
Loc_ 1! Row.cor                 -0.0101    -0.0101     0.1207
Loc_ 2! variance                20.3333    20.3333     3.2774
Loc_ 2! Col.cor                  0.1474     0.1474     0.1074
Loc_ 2! Row.cor                  0.2660     0.2660     0.1245
Loc_ 3! variance                22.8493    22.8493     4.1948
Loc_ 3! Col.cor                  0.5345     0.5345     0.0808
```

```
Loc_ 3! Row.cor                       -0.0353    -0.0353     0.1340
Loc_ 4! variance                      27.1850    27.1850     4.9749
Loc_ 4! Col.cor                        0.4743     0.4743     0.0987
Loc_ 4! Row.cor                        0.1437     0.1437     0.1147
Loc_ 5! variance                       8.5340     8.5340     1.3258
Loc_ 5! Col.cor                       -0.0705    -0.0705     0.1325
Loc_ 5! Row.cor                        0.0623     0.0623     0.1249
Loc_ 6! variance                       8.2885     8.2885     1.3913
Loc_ 6! Col.cor                        0.2632     0.2632     0.1013
Loc_ 6! Row.cor                        0.1358     0.1358     0.1299
>pin(m1.asr, r.b~V1/(V1+V2), signif=T)
       Estimate      SE sig.level
r.b       0.602   0.146      ***
---------------
Sig.level: 0'***'0.001'**'0.01'*'0.05'Not signif'1
```

本例计算基因型在 6 个地点之间的 B 型相关，r_b 为 0.602 ± 0.146，r_b 值显著($p < 0.001$)，而且 $r_b < 0.7$，表明存在显著的基因型与环境互作效应。当然，也可以计算基因型在任意两个地点之间的 B 型相关，再用 B 型相关做聚类分析，进而分析地点之间的变异模式。

10.4.5 综合案例分析

为系统地演示 ASReml-R 软件在林业试验中的分析优势，以笔者在澳洲访学的辐射松种植密度试验为例(因涉及数据的知识产权问题，本章节的数据不对外提供)，做综合案例的分析。本分析结果已发表在 For Ecol Manage 期刊上(Lin 等，2013)。

为研究种植密度对辐射松生长性状的影响，以 55 个半同胞家系为试验材料，设置 3 种种植密度(S1：1×1m，S2：1×2m 和 S3：2×3m)，每种植密度下设置 5 个区组，4 株行式小区。试验设计为随机完全区组设计。在 28 年生的该试验林分，对所有存活树钻取 1.3m 处的木芯(15mm)，共 1456 个木芯。测量数据分两套：一套是早期生长性状(树高 h 和胸径 dbh)，另一套是存活树的生长性状(年轮宽度 rw 和胸径 dbh)。后者的胸径 dbh 数据是由年轮宽度 rw(从软件 WinDENDRO©分析获取)转换而来的。因本试验林初始种植密度较小，树木个体之间的竞争比较激烈，导致多数木芯中年轮的可分析数量不超过 21 个，因此，本试验的第二套数据仅分析从第 2 个年轮到第 21 个年轮之间的数据。

本试验的通用线性模型为：

$$Y_{ijkl} = \mu + S_i + R_{(i)j} + F_k + SF_{ik} + e_{(ijk)l}$$

式中，Y_{ijkl}是树木性状的观测值；

μ 是总体均值；

S_i是种植密度效应；

$R_{(i)j}$是内嵌于种植密度的区组效应；

F_k是家系效应；

SF_{ik}是家系与种植密度互作效应；

$e_{(ijk)l}$是残差。

其中，μ、S_i、$R_{(i)j}$为固定效应，其余为随机效应。

单株遗传力的计算公式如下：

$$h_i^2 = \frac{4 \times \sigma_f^2}{\sigma_f^2 + \sigma_e^2} \tag{10-8}$$

式中，σ_f^2是家系遗传方差；

σ_e^2是残差方差。

早晚相关的计算公式如下：

$$r = \frac{cov_{fEL}}{\sqrt{\sigma_{fE}^2 \times \sigma_{fL}^2}} \tag{10-9}$$

式中，σ_{fE}^2、σ_{fL}^2是家系不同年份的遗传方差；

cov_{fEL}是家系不同年份的协方差。

家系稳定系数的计算公式如下：

$$DBH_{ik} = a_k + b_k \times DBH_i \tag{10-10}$$

式中，DBH_{ik}是每个种植密度下的每个家系 dbh 均值；

DBH_i是每个种植密度下的所有家系 dbh 均值；

a_k是回归常数；

b_k是回归系数，即家系稳定系数。稳定系数 b 用于分析家系与种植密度互作效应。

第一，进行各家系年轮宽度 rw 的分析。示范代码如下：

```
#############代码清单 10.4.5a #############
library(asreml)
RW <-asreml.read.table(file='RW.csv', header=T, sep=',')
RW.asr <-asreml (rw ~ ca, random= ~diag(pol(ca)): Fam +spl(ca) +
                spl(ca): Fam , knots=12, data=RW,
                subset=Spacing= =2)

rw.pv <-predict(RW.asr, classify="spl(ca): Fam")
xyplot (predicted.value ~ ca, data=rw.pv$predictions$pvals,
        groups=Fam, type="l")
```

上述代码是用于预测 55 个家系在第 2 种植密度下的年轮宽度变化趋势。运行后生成的图形如图 10-25 所示。

第二，估算家系单株遗传力。分析代码如下：

```
#############代码清单 10.4.5b #############
library(asreml)
#读入第一套数据
H <-asreml.read.table (file='earlygrowth.csv',
```

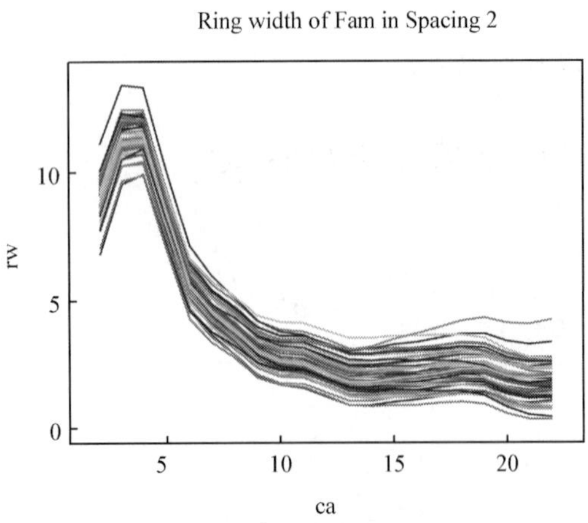

图 10-25　家系年轮宽度的无偏预测

```
                        header = T, sep = ',')
#读入第二套数据
H2 <-asreml.read.table (file ='lategrowth.csv',
                         header = T, sep = ',')
#树高模型
 H.asr <-asreml (h2 ~1 + Rep, random = ~Fam , data = H,
                  subset = Spacing = =2)
 #胸径模型
 H.asr2 <-asreml (dbh2 ~1 +Rep, random = ~Fam, data = H,
                   subset = Spacing = =2)

 summary(H.asr) $varcomp[,1:3]
 pin(H.asr, hsq ~4*  V1/(V1  + V2))# 计算树高或胸径单株遗传力
```

通过上述的程序代码，容易得到各年份树高的单株遗传力，并可绘制出辐射松在 3 种种植密度下，早期测定的树高单株遗传力的变化趋势图(图 10-26)。结果表明，树高早期单株遗传力都比较高，从第二年的 0.5 下降到第五年的 0.4，结合遗传力估算值的误差，可知这 3 种种植密度对树高遗传力没有显著的影响。

同理，可以分析早期和晚期辐射松胸径的单株遗传力随着树龄的变化趋势(图 10-27)。辐射松胸径早期和晚期的家系单株遗传力变化要比树高的复杂。早期测定时，由于 S1 和 S2 种植密度较大，树木之间的竞争导致遗传力下降。而在晚期测定时，S1 由于竞争过于激烈而致使多数的树木死亡，进而导致遗传力的估算出现严重偏差，而 S2 和 S3 估算的遗传力相对合理。各种植密度具体对家系遗传力的影响，感兴趣的读者请查看笔者的论文(Lin 等，2013)。

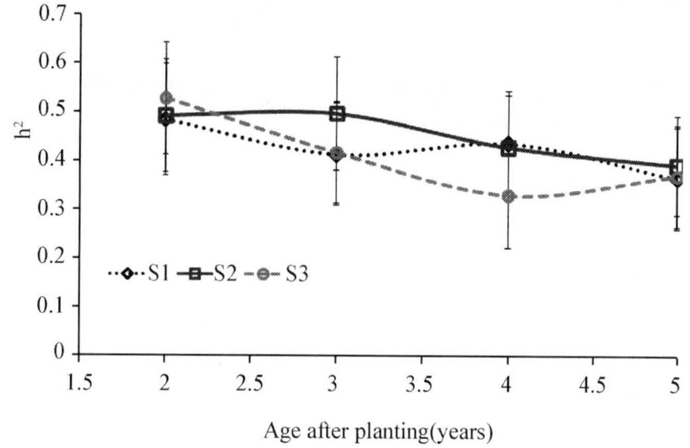

图 10-26 家系树高单株遗传力的变化

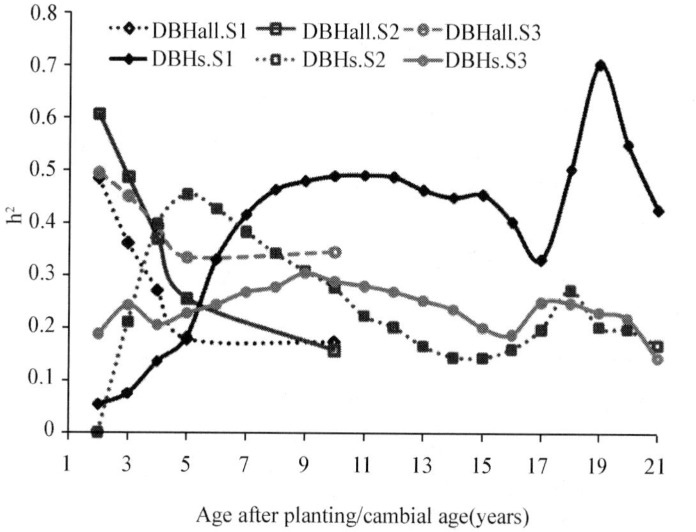

图 10-27 家系胸径单株遗传力的变化

第三，计算胸径的年年遗传相关（分析代码请参照 10.4.4.1 的程序代码）。

家系胸径早晚相关的结果（图 10-28）显示，早期测定时，不论哪种种植密度，与第 10 年生胸径的年年相关都比较高，而且随着树龄增加而加强，表明种植密度对早期胸径的年年相关没有影响。而在晚期测定中，除了 S3 胸径的年年相关变化曲线正常外，其余的 S1 和 S2 的胸径年年相关变化曲线均出现异常偏差，说明较激烈的树木竞争和较高的致死率会影响胸径年年相关的变化趋势。

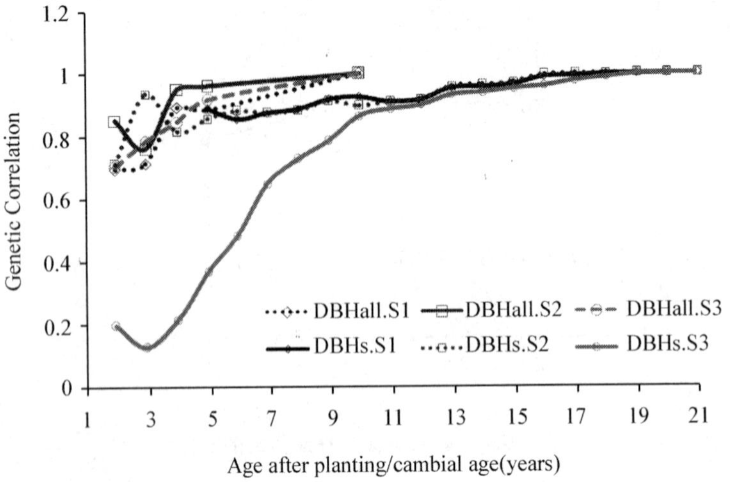

图 10-28 家系胸径早晚相关的变化

第四，分析家系与种植密度之间是否存在显著的 G × E 效应。综合 3 种种植密度，统一分析 $V_{f\times s}$以及 $V_{f\times s}/V_f$比值随着树龄的变化趋势，以判断是否存在 G × E 效应。

```
#############代码清单 10.4.5c #############
#读入第二套数据
H2 <-asreml.read.table(file ='lategrowth.csv', header =T, sep =',')
#胸径模型
H.asr3 <-asreml(dbh2 ~1 + Spa + Spa/Rep , random = ~ Fam + Spa: Fam, data =H2)
summary(H.asr3) $varcomp     # 获取随机效应各变量的方差分量
wald(H.asr3)# 获取固定效应的 F 统计检验量
```

对上述模型运行的结果，计算 $V_{f\times s}/V_f$比值，$V_{f\times s}/V_f$分别是家系与种植密度互作的方差、家系的方差分量。根据模型的运行结果，$V_{f\times s}$从第 5 年开始一直到第 14 年均显著，而家系效应一直不显著。在固定效应中，种植密度效应一直极其显著。现将 $V_{f\times s}/V_f$比值与树龄绘成图 10-29。如图所示，$V_{f\times s}/V_f$比值先随着树龄的增加而变大，在第 10 年比值达到峰值，而后随着树龄的增加而呈下降的趋势。$V_{f\times s}/V_f$比值在第 10 年最大，而且 $V_{f\times s}$效应显著，这表明家系与种植密度互作效应(F × S)在第 10 年最强烈。这点从图 10-30 中也可提供佐证。家系 dbh 均值在不同种植密度下的排名发生变化，表明是 G × E 中的秩次改变效应。

在本例中的 F × S 效应是否由少数家系引起的，还需计算家系的稳定系数 b。当 $b=1$ 时，表明该家系比较稳定，在各种植密度下表现属于平均水平；当 $b>1$ 时，表明该家系极不稳定，在相对好的环境当中表现优异；当 $b<1$ 时，表明该家系表现较差但比较稳定，适合于相对差的环境。关于稳定系数 b，采用普通的线性回归计算。具体的结果，感兴趣的读者请查阅笔者的论文(Lin 等，2013)。

第五，分析家系育种值随种植密度或树龄的变化，可以研究家系与树龄的 G × E 效应。通过 ASReml 软件输出家系的育种值，然后利用 R 的强大绘图功能绘制家系育种值随

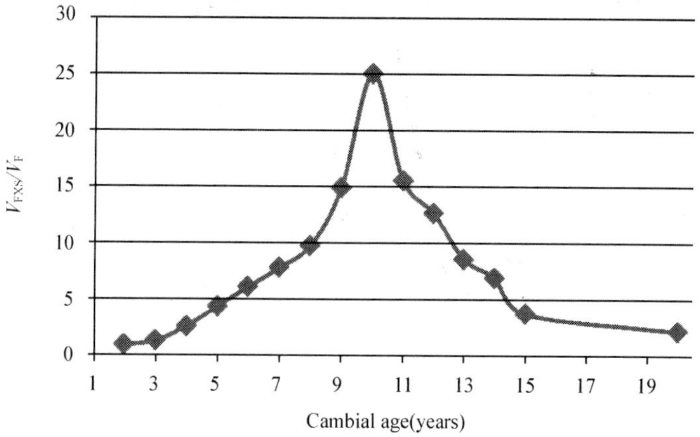

图 10-29　$V_{f\times s}/V_f$比值随树龄的变化趋势

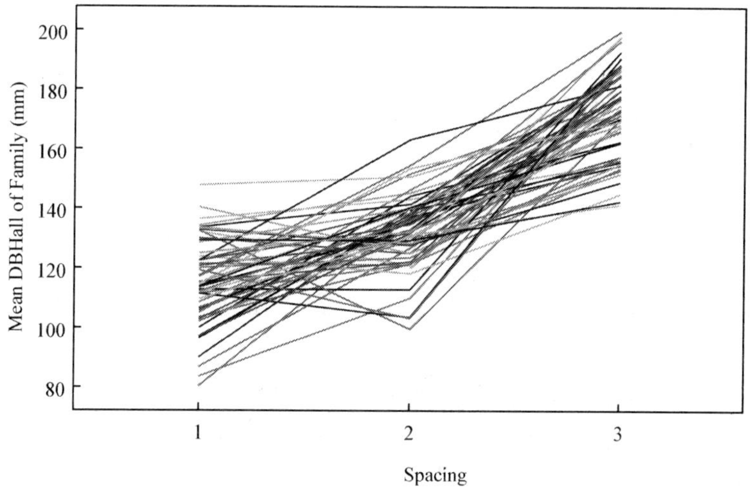

图 10-30　不同种植密度下 10 年生家系胸径的均值

种植密度或树龄的变化图，用于分析家系与树龄的 G×E 效应。绘图代码如下：

```
############代码清单 10.4.5d ##########
library(lattice); library(asreml)
pdata <-asreml.read.table(file ='lattice.pdata.csv', head =T, sep =',')
colors =c("red", "blue", "green")
points =c(15, 16, 17)
# xy 散点图
xyplot (rank ~ ca  | reorder(Fam, Spacing), data =pdata,
        type ="b", groups =Spacing, pch =points, col =colors,
        main ="Rank of dbh BV in Fam with ca",
        key =list(title ="Spacing", space ="right", cex =0.8,
        text =list(levels(plot.data $ Spacing)),
```

```
    points = list(pch = points, col = colors),
    border = T, lines = T)
)
#三维水平图
levelplot(rank ~ Spacing* Fam | reorder(ca, Spacing), data = pdata,
        xlab = "Spacing", subset = ca! =5,
        main = "dbh BV rank in Fam with Spacing of ca",
        col. regions = terrain. colors(100)
)
```

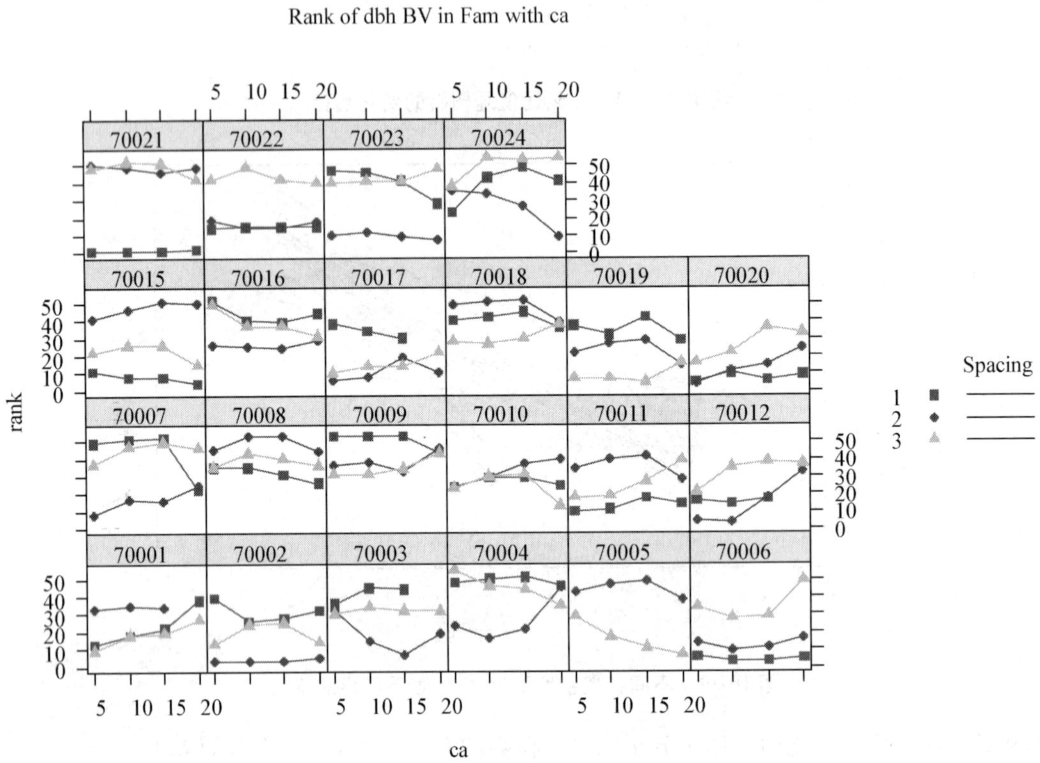

图 10-31 松树胸径育种值排名对树龄的 xy 散点图

生成的图形如图 10-32 所示。

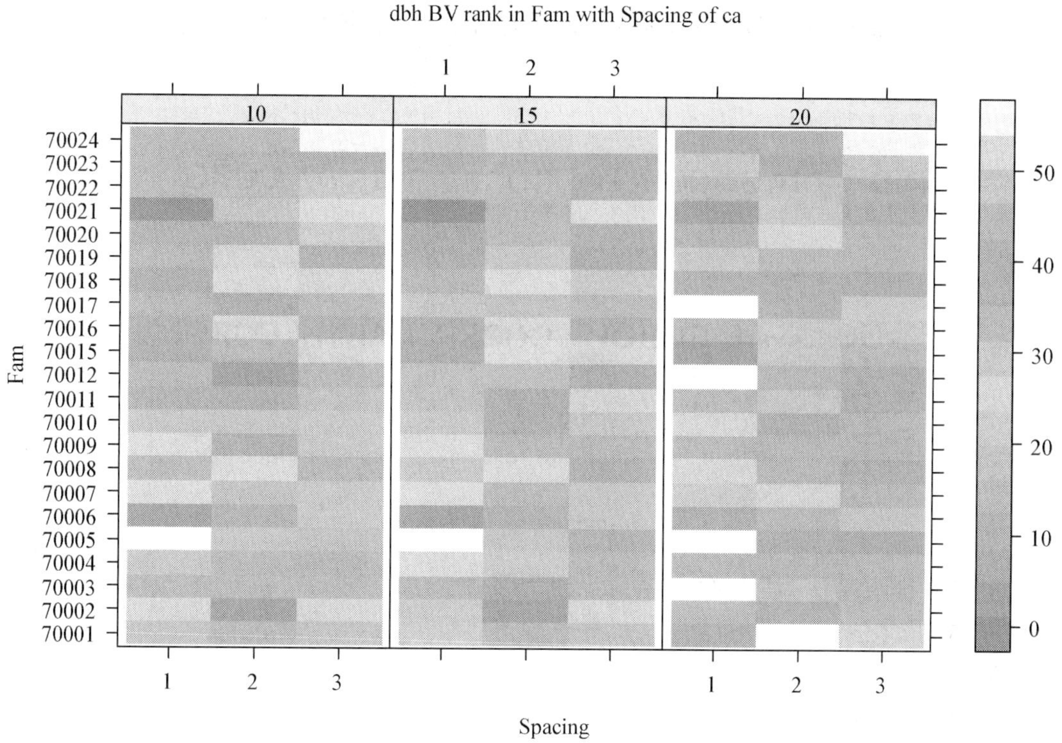

图 10-32 松树胸径育种值排名对树龄的三维水平图

上述两个图形分析表明，可以研究不同家系 Fam 在不同种植密度下，胸径育种值排名随着树龄所呈现的变化趋势。

10.4.6 常见方差结构

ASReml-R 之所以功能强大，在于它可以设置多样化的方差结构，不论是 G 结构还是 R 结构。因此，了解 ASReml-R 的一些常见方差结构，对于 ASReml-R 的深入使用非常必要。

如图 10-33 所示，大写字母 A－Z 代表方差值，小写字母 a－z 代表相关值。其中 idv()代表单位方差矩阵(方差都相等)，idh()或 diag()代表对角方差矩阵(方差不相等)，us()代表方差协方差矩阵；cor()代表相关矩阵，corv 代表带相关的单位矩阵，corh()代表带相关的对角矩阵，此外的 u 代表相关值都相等，b 代表斜对角相关值相等，h 代表相关值都不同；ar1()代表自相关矩阵，ar1v()代表带自相关的单位矩阵，ar1h()代表带自相关的对角矩阵。需要注意的情况图 10-33 中矩阵名为大写，但在 ASReml-R 中均是小写，而且 ASReml-R 相关模型的结果输出顺序是先相关值后方差值，这有别于图 10-33 中显示。

ASReml-R 对各种方差结构，都设置了初始值，相关值和比值的初始值为 0.1，方差的初始值为 0.1＊V，V 是目标变量简单方差的一半。此外，方差和比值的约束条件默认设置为 P(positive 正值)，相关值约束条件为 U(unconstrained，不限制，正负值均可)。约束条件还有 F(fixed，固定值)和 B(boundary，临界值，值很小或负值)。

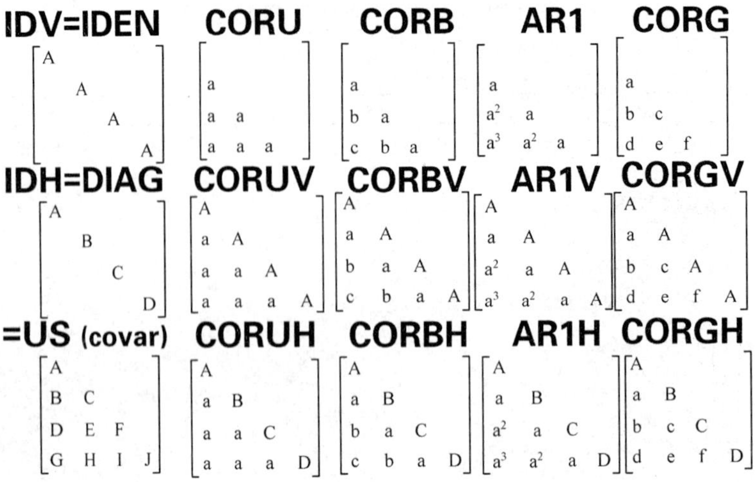

图 10-33 常见方差结构

还可自行设置方差结构的初始值，示例如下：

```
data(nin89, package="asreml")
nin89.sv<-asreml(yield~Variety, random=~Rep,
        na.method.X="include",
        data=nin89, start.values=TRUE)

(sv=nin89.sv$gammas.table)
sv[1, 2]=0.4; sv[1, 3]="U"    # 修改初始值

nin89.asr<-asreml(yield~Variety, random=~Rep,
 na.method.X="include", data=nin89, G.param=sv)

 summary(nin89.asr)$varcomp
```

运行结果如下：

```
> (sv=nin89.sv$gammas.table)
          Gamma  Value  Constraint
1 Rep! Rep.var     0.1           P
2   R! variance    1.0           P
>sv[1, 2]=0.4; sv[1, 3]="U"
>sv
          Gamma  Value  Constraint
1 Rep! Rep.var     0.4           U
2   R! variance    1.0           P
>summary(nin89.asr)$varcomp
```

```
                 gamma    component   std.error    z.ratio     constraint
Rep!Rep.var    0.1993231   9.882911    8.792829   1.123974  Unconstrained
R!variance     1.0000000  49.582368    5.458839   9.082951       Positive
```

从结果可知，对于区组 Rep，ASRem－R 原默认初始值为 0.1、约束条件为 P(正值)，把初始值改为 0.4、约束条件为 U(不限制)。最后模型的方差分量 Rep 对应的约束条件变为 unconstrained。

更多的方差结构，请查看 ASReml-R 手册的第 4 章节。

10.4.7 常用命令

(1)查看 ASReml-R 自带手册

通过命令 `asreml.man(browser="acroread")`，即可打开 ASReml-R 自带手册。

(2)asreml.read.table()

`asreml.read.table()`，自动将以大写英文字母为首的变量设置为因子。示例如下：`ca<-asreml.read.table(file='ca.csv', header=T, sep=',')`。

(3)summary()

ASReml-R 分析遗传数据时，一般将运行结果存给对象，通过函数 summary()即可获取对象的相应结果部分，主要包括方差分量 varcomp、最大似然值 loglik、固定效应 coef.fixed、随机效应 coef.random 等。

假定某模型运行的结果存为对象 fm.2，提取对应结果的常用命令如下：

```
summary(fm.2)$varcomp                 #方差分量
summary(fm.2)$loglik                  #最大似然值
summary(fm.2, all=T)$coef.fixed       #固定效应，summary(fm.2)
                                       $coef.fixed
summary(fm.2, all=T)$coef.random      #随机效应
```

(4)coef()

函数 coef()，可获取固定效应和随机效应的相应结果部分。示例如下：

```
coef(fm.2)$fixed                      #所有固定效应
coef(fm.2)$random                     #所有随机效应
coef(dm.asr, pattern='Male')          #父本育种值
coef(dm.asr, pattern='Female')        #母本育种值
```

(5)plot()

提供函数 plot()绘图查看因变量的数据结构。该函数只对单性状或空间分析模型有效。示例如下：

```
plot(df.asr)                          #单性状模型结果
plot(variogram(barley.asr))           #空间模型结果
```

(6)wald()

函数 `wald()`用于检测固定效应中的因子是否显著，当因子对应的 p 值小于 0.05，即其作用显著。示例如下：

```
wald(df.asr)
wald(df.asr, ssType = "conditional")
```

(7) asreml.Ainverse( )

函数 asreml.Ainverse( )用于生成谱系的逆矩阵或输出个体的近交系数。示例如下：

```
ped <-df[,1:3]        # 生成谱系
ped.inv <-asreml.Ainverse(ped)$ginv        # 生成谱系的逆矩阵
ped.bred.coef <-asreml.Ainverse(ped)$inbreeding        # 输出近交系数
```

(8) predict( )

函数 predict( )用于估计固定效应值或预测随机效应值。示例如下：

```
rw.pv <-predict(RW.asr, classify = "spl(ca): Fam")
oats.pv <-predict(oats.asr, classify = "Nitrogen")
```

(9) update( )

函数 update( )用于模型更新，如 G 或 R 结构的更新。示例如下：

```
m2 <-asreml(yield ~ Loc, random = ~ Genotype: corh(Loc),
rcov = ~ at(Loc): ar1(Col): ar1(Row),
            data = MET, maxit = 40)
m2b <-update(m2, random = ~ Genotype: corh(Loc) + units, maxit = 40)
```

10.4.8 常见问题

10.4.8.1 模型收敛问题

模型运行后，有时会无法收敛，尤其对于复杂的多性状分析。可以通过如下的方法解决。

①加大模型迭代次数，默认为 10 次　设置方法为增加参数 maxit，如 maxit = 50，这时模型最大的迭代次数为 50 次；

②设置初始值　ASReml-R 采用默认的初始值，有时对于模型的收敛会有影响，可自行设置 R 或 G 结构的初始值，如 random = ~ us(trait, init = c(0.5, 0.3, 1.2)): Fam，通过 init 参数来设置初始值。

③简化模型或修改模型　尤其模型比较复杂时，模型要收敛往往较困难，这时可简化模型或去除一些模型中的因子，使模型收敛。

10.4.8.2 缺失值处理问题

虽然 ASReml-R 可以直接处理缺失值，但缺失值的处理方式不恰当，会导致模型运行失败。对于 ASReml-R，0(零)或 NA，都可以表示缺失值。而 ASReml-R，缺失值可以表示为 NA，*，或 . 的任意一种。实践发现 ASReml-R 中，因子的缺失值如果表示为 NA，有时模型会运行失败，而以 0 替代，即可正常运行。

以 fm.csv 数据为例，将家系 Fam 的第 3，6，8，15 个值设为 NA，然后运行模型。

```
>df$Fam[c(3, 6, 8, 15)] <-NA
>fm <-asreml(h5 ~ 1 + Rep, random = ~ Fam, subset = Spacing == '3', data
= df)
```

```
Error inasreml.modelFrame(form, model.y, data = data, na.method.Y =
na.method.Y,    :
  Missing values in explanatory factor(Fam): na.method.X ='fail'
```

运行结果出错，原因是因子 Fam 的缺失值处理不当。此时采用增加参数 na. method. X = 'omit'或者 na. method. X = 'included'，前者模型分析时去除 Fam 的缺失值，后者包括 Fam 的缺失值。另一种方法是将因子中的缺失值统统表示为0(零)，模型即可正常运行，此时0也表示缺失，而且处理方式与 na. method. X = 'included'一样。因此当使用 ASReml-R 进行遗传分析时，最好将因子中的缺失值一律以0(零)表示，而目标性状则仍以 NA 表示。

10.4.8.3 空间模型出错问题

空间分析时，行列的排序问题，有时会影响模型的运行。

以 ASReml-R 自带的数据集 barley 为例，以下的空间模型就会出错。

```
>barley1.asr <-asreml (yield ~ Variety, rcov = ~ ar1 (Column): ar1
(Row), data =barley)
Error inasreml.chkOrd(Y, Var, dataFrame):
  Data frame order does not match that specified by the R model formu-
la.
```

出错的原因是数据的排序不符合 R 结构。对于空间模型，ASReml-R 并不能直接处理未经排序的行列号数据，因此，应先对行列号或列行号依次排序。ASReml-R 自带的数据集 barley，是先以行号排序再到列号排序，因此，其 R 结构应表示为 ar1(Row)：ar1(Column)，而不是 ar1(Column)：ar1(Row)。关于数据的具体排序方式，可以通过 View(barley)或 head(barley, 15)来确认。

需要注意的情况，采用 AR1 结构的空间模型，行列号不可以有缺失，否则 AR1 结构就不能正常运行，这时得采用不规则空间模型的分析方法。

10.4.8.4 谱系处理问题

谱系常用于遗传测定的分析，在林业上，涉及谱系的有半同胞、全同胞和无性系试验。半同胞的谱系比较简单，一般不会出错。

对于全同胞试验，如果不是完全双列杂交时，父母本代码必须不一致，即假如父本1编码为001，母本1不可编码为001，否则生成谱系的逆矩阵会出错。此外，如亲本有存在缺失，最好以0(零)来表示。

在知道亲本的无性系测定中，来源于同一无性系个体的代码是一样的，因此在谱系文件中，只保留单一无性系代码即可，否则生成谱系的逆矩阵会出错。

10.4.8.5 数据集问题

ASReml-R 在分析数据时，须将目标性状外的因素定义为因子，对于 ASReml-R，其内置函数 asreml. read. table( )，自动将以大写英文字母为首的变量设置为因子，因此，只需保留目标性状为小写英文字母命名，其余变量名开头为大写字母。此外，要注意缺失值的表示方式。

10.4.8.6 参数名有误问题

对于 ASReml-R 初学者，难免写错 asreml( )的参数名，只要有任何名称上的不一致，都会导致程序运行错误，即便是大小写之误。

例如，下述例子误将 random 写成 Random，rcov 写成 Rcov。一旦有此错误，ASReml-R 将忽略它们。对于随机效应，如写成 Random，将被作为没有 G 结构处理；对于残差，如写成 Rcov，将会按默认 rcov = units 处理。

```
>m1.asr <-asreml(yield ~ Loc, Random = ~Genotype + Genotype: Loc,
+ rcov = ~at(Loc): ar1(Col): ar1(Row), data = MET)
ASReml: Tue Jan 19 21:01:47 2016
     LogLik         S2      DF        wall      cpu
 -1327.3843     1.0000     630    21:01:48      0.0
 -1283.3476     1.0000     630    21:01:48      0.0
 -1240.4996     1.0000     630    21:01:48      0.0
 -1216.9154     1.0000     630    21:01:48      0.0
 -1214.4607     1.0000     630    21:01:48      0.0
 -1214.3782     1.0000     630    21:01:48      0.0
 -1214.3758     1.0000     630    21:01:48      0.0
 -1214.3757     1.0000     630    21:01:48      0.0
 -1214.3757     1.0000     630    21:01:48      0.0
Finished on: Tue Jan 19 21:01:48 2016
LogLikelihood Converged
>summary(m1.asr) $varcomp[,1:3]
                          gamma   component   std.error
Loc_ 1! variance        17.1799     17.1799      2.3500
Loc_ 1! Col.cor         -0.0281     -0.0281      0.1014
Loc_ 1! Row.cor          0.0110      0.0110      0.1114
Loc_ 2! variance        24.5641     24.5641      3.6438
Loc_ 2! Col.cor          0.1744      0.1744      0.0988
Loc_ 2! Row.cor          0.2340      0.2340      0.1107
Loc_ 3! variance        26.2598     26.2598      4.2444
Loc_ 3! Col.cor          0.4215      0.4215      0.0829
Loc_ 3! Row.cor         -0.0485     -0.0485      0.1173
Loc_ 4! variance        32.9483     32.9483      5.9589
Loc_ 4! Col.cor          0.4826      0.4826      0.0962
Loc_ 4! Row.cor          0.1397      0.1397      0.1052
Loc_ 5! variance        11.8314     11.8314      1.6312
Loc_ 5! Col.cor         -0.0627     -0.0627      0.1064
Loc_ 5! Row.cor         -0.0273     -0.0273      0.1086
Loc_ 6! variance         9.5860      9.5860      1.4734
Loc_ 6! Col.cor          0.3228      0.3228      0.0885
Loc_ 6! Row.cor          0.1052      0.1052      0.1113
>m1.asr <-asreml(yield ~ Loc, random = ~Genotype + Genotype: Loc,
```

```
+Rcov = ~at(Loc): ar1(Col): ar1(Row), data =MET)
ASReml: Tue Jan 19 21:00: 47 2016
    LogLik        S2      DF      wall      cpu
-1252.6223   16.4193     630   21:00:47     0.0
-1252.1214   16.4388     630   21:00:47     0.0
-1251.7278   16.4601     630   21:00:47     0.0
-1251.6035   16.4602     630   21:00:47     0.0
-1251.6026   16.4476     630   21:00:47     0.0
-1251.6026   16.4475     630   21:00:47     0.0
Finished on: Tue Jan 19 21:00: 47 2016
LogLikelihood Converged
>summary(m1.asr) $varcomp[,1:3]
                                  gamma   component   std.error
Genotype! Genotype.var           0.1624        2.67       0.915
Genotype: Loc! Genotype.var      0.0683        1.12       0.809
R! variance                      1.0000       16.45       1.132
```

10.4.8.7　工作空间不足问题

数据结构复杂，模型也比较复杂，会出现空间不足的告示，此时可以在 asreml( ) 主体函数中增加 workspace 和 pworkspace 来修改默认设置，例如，workspace = 160e + 06，pworkspace = 160e + 06(大约 1G)。

思考题

(1)名词解释

固定效应　随机效应　BLUE　BLUP　G 结构　R 结构　谱系

(2)遗传评估的目的是什么?

(3)试比较 MCMCglmm 和 ASReml-R 中谱系格式的异同之处。

(4)R 中可做遗传评估的免费程序包有哪些? 各自有什么特点?

(5)方差结构 idv( )、idh( ) 和 us( ) 的含义。

(6)调取 agridat 包中的 cornelius. maize 数据集，含有 9 个品种、20 个试验地和玉米产量等 3 个变量，以产量为目标性状，试分析试验地之间的变化模式。

(7)判断模型优劣的方法有哪些? 任选一组数据，建立几个模型，并进行模型优劣的比较。

第11章 程序包开发

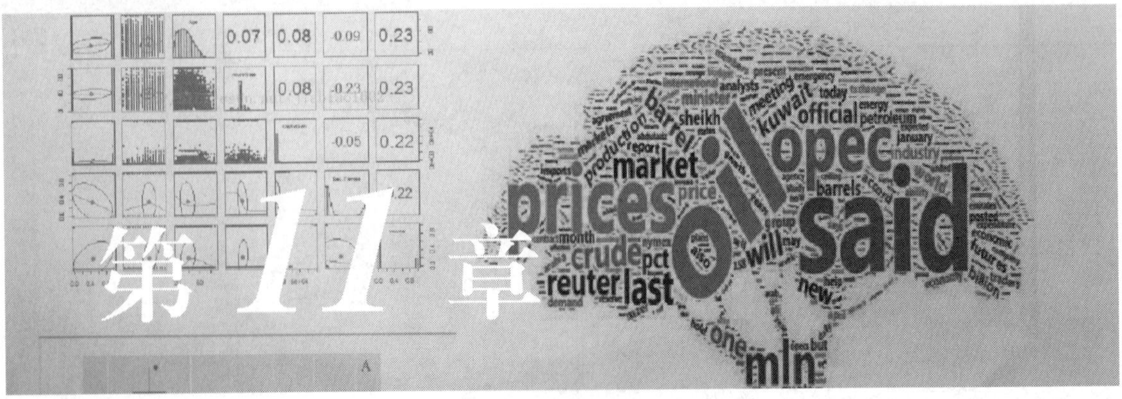

编写程序包主要目的有以下4点：

①简化某些函数代码的重复编写；

②为新手简化分析代码；

③为自己数据设置专门函数；

④开发并共享程序包以提高知名度。

11.1　创建自编程序包（windows系统）

11.1.1　所需工具

创建自编程序包所需的工具包括以下内容：

①R和RStudio软件：编写函数代码；

②Rtools：生成压缩的程序包，下载地址 http：//cran. cnr. berkeley. edu/bin/windows/Rtools/；

③CTEX：生成程序包使用手册pdf文件，下载地址 http：//www. ctex. org/CTeX-Download/。

11.1.2　系统环境变量设置

对于XP系统，在“桌面”右击“我的电脑”选择“属性”，在弹出的系统属性中选择“高级”菜单，点击“环境变量”按钮，选择“系统变量”下的“path”（图11-1），再点击“编辑”，将弹出的“变量值”复制到记事本中，对照图11-2，将没有的路径依次复制到记事本中，路径之间用“；”隔开，最后把修改后的“变量值”复制回“path”，然后确定退出。即可完成所需的系统环境变量设置。

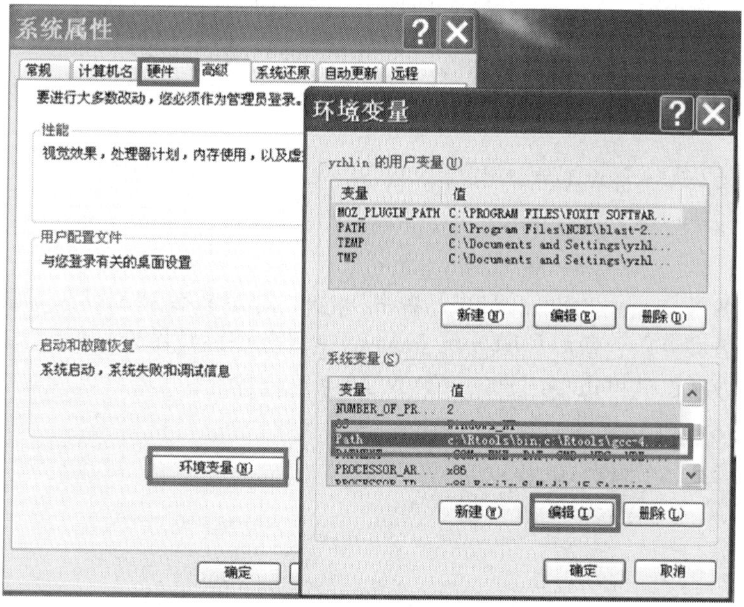

图 11-1　系统环境变量设置

对于 Win7 系统，在“桌面”右击“我的电脑”选择“属性”，在弹出的系统属性中选择“高级系统设置”菜单，点击“高级”菜单中“环境变量”按钮，选择“系统变量”下的“path”，再点击“编辑”，将弹出的“变量值”复制到记事本中，其他操作同 xp 的设置。

```
C:\Program Files\R\R-3.1.0;
C :\Rtools\bin; c:\Rtools\gcc-4.6.3\bin;

C:\CTEX\UserData\miktex\bin;
C:\CTEX\MiKTeX\miktex\bin;
C:\CTEX\CTeX\ctex\bin;
C:\CTEX\CTeX\cct\bin;C:\CTEX\CTeX\ty\bin;
C:\CTEX\Ghostscript\gs9.05\bin;
C:\CTEX\GSview\gsview; C:\CTEX\WinEdt;
```

图 11-2　path 所需添加路径

11.1.3　开发程序包的流程

11.1.3.1　编写自定义函数

自定义函数是自编程序包的核心。一个自编程序包的质量在很大程度上取决于其内在自定义函数的质量。自定义函数的质量通常由函数算法和函数参数决定。函数参数一般为通用型参数，这样自定义函数被使用的范围更广，就使得自编程序包应用范围也更广。因此，在开发程序包之前，最好能编写高质量的自定义函数。

通过简单示例说明，输出一组数据的个数、均值和方差，代码如下：

```
N.imfor <-function(x){
n = length(x)
m = mean(x)
v = var(x) # round(var(x), 2)
data.frame(N = n, Mean = m, Var = v) # 函数最终返回结果
}
```

上述代码通过 function( )定义自编函数 N. imfor，并定义参数 X 以代表数据，然后分别计算个数、均值和方差，最后利用 data. frame( )生成数据框并作为函数的返回值。

定义好函数后，就可以使用自编函数 N. imfor，示例如下：

```
N.imfor(1:10)
# but if x = c(1:10, NA)
x = na.omit(x)
N.imfor(x)
```

如果同时有两组数据，则可以

```
a = 1:10; b = c(1:5, 15:20)
c = list(a, b)
for(i in1:2)print(N.imfor(c[[i]]))
```

或者修改一下自编函数 N. imfor，具体如下：

```
N.imfor2 <-function(x){
n = length(x[,1])
m = mean(x[,1])
v = var(x[,1])
data.frame(N = n, Mean = m, Var = v)
}
```

再对向量 a 和 b 进行分析，代码如下：

```
a = 1:10; b = c(1:5, 15:20)
A = data.frame(V = a, Coder = "a")
B = data.frame(V = b, Coder = "b")
C = rbind(A, B)
> library(plyr)
> ddply(C, "Coder", N.imfor2)

  Coder  N     Mean       Var
1     a 10  5.50000  9.166667
2     b 11 10.90909 60.090909
```

现在尝试对自编函数 N. imfor 添加绘图(图 11-3)，代码也很简单，示例如下：

```
N.imfor <-function(x){
```

```
n = length(x)
m = mean(x)
v = var(x)
hist(x)# 输出直方图
list(N = n, Mean = m, Var = v)# 以列表输出结果
}
```

在1－100中随机取40个数(可重复取数)，用N. imfor进行分析，代码如下：

```
> set.seed(20141119)
> N.imfor(sample(1:100, 40, T))
$N
[1] 40
$Mean
[1] 48.75
$Var
[1] 716.4487
```

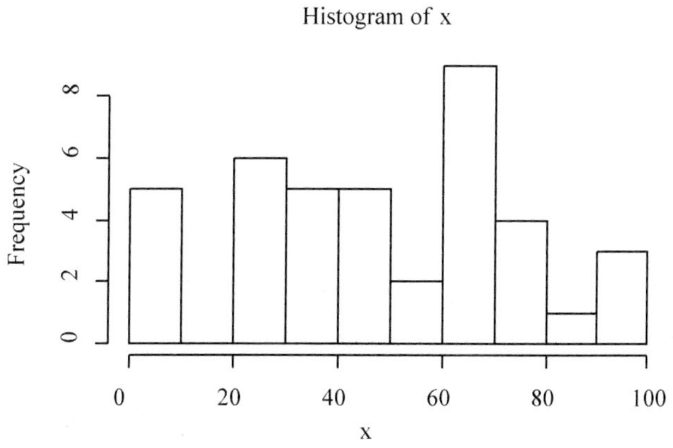

图11-3　自编函数N. imfor输出的直方图

上面从一个简单的自定义函数开始，只定义了一个参数，现在尝试2个参数。例如，编一个函数，利用勾股定理计算斜边长。函数代码如下：

```
C.cal <-function(x, y){
c <-NULL
for(i in1: length(x)){
c[i] = round(sqrt(x[i]^2 + y[i]^2), 2)}
data.frame(A = x, B = y, C = c)
}
```

一组直角边长为1:11，另一组直角边长为5：15，计算对应的斜边长，分析代码如下：

```
> a =1:11; b =5: 15
```

```
>C.cal(a, b)
    A  B     C
1   1  5  5.10
2   2  6  6.32
3   3  7  7.62
4   4  8  8.94
5   5  9 10.30
6   6 10 11.66
7   7 11 13.04
8   8 12 14.42
9   9 13 15.81
10 10 14 17.20
11 11 15 18.60
```

上述只是简单介绍了编写自定义函数的过程。事实上，在做实际的数据分析时，有可能会经常重复分析一些工作，所用程序代码基本一样，只是数据差异而已，而且程序代码比较长，这时就可以考虑把重复使用的代码编成自定义函数，这样就看简化分析代码。

假定要反复作线性回归并绘制回归图，同时输出回归方程，现在将下述代码编为函数以简化程序代码。

```
fit<-lm(weight~height, data=women)
summary(fit)
coef(fit)
k<-NULL
for(i in1:2)k[i]<-round(coef(fit)[[i]], 2)
plot(women$height, women$weight)
abline(fit)
text(66, 125, bquote(hat(y) ==.(k[1]) +.(k[2])* x))
```

首先，选中上述代码，然后点击菜单栏【Code】选择【Extract function】，输入函数名slm，即可得到下述代码：

```
slm<-function(weight, height, women, i, x, y){
fit<-lm(weight~height, data=women)
summary(fit)
coef(fit)
k<-NULL
for(i in1:2)k[i]<-round(coef(fit)[[i]], 2)
plot(women$height, women$weight)
abline(fit)
text(66, 125, bquote(hat(y) ==.(k[1]) +.(k[2])* x))
}
```

对上述的模板代码做适当调整，即可完成函数定义。

```
slm<-function(data, x, y, xv=NULL, yv=NULL){
attach(data)
if(is.null(xv))xv=mean(x)
if(is.null(yv))yv=mean(y)-0.5*(mean(y)-min(y))
fit<-lm(y~x, data=data)# lm(weight~height, data=women)
print(summary(fit))
coef(fit)
k<-NULL
for(i in1:2)k[i]<-round(coef(fit)[[i]], 2)
plot(x, y)# plot(women$height, women$weight)
abline(fit)
text(xv, yv, bquote(hat(y)==.(k[1])+.(k[2])*x))
#text(66, 125, bquote(hat(y)==.(k[1])+.(k[2])*x))
detach(data)
}
```

需要注意的情况，对自编函数 slm( )，在输出线性回归结果时额外使用了函数 print( )，因为函数默认返回最后一行，但绘图一般不受代码位置影响。

定义好函数 slm 后，就可以使用了。示例如下：

```
df<-read.csv("fm.csv", T)
names(df)
slm(df, dj, wd)
slm(df, dj, wd, xv=0.35, yv=0.3)
slm(df, y=dj, x=wd, xv=0.35, yv=0.3)
```

从上述的示例得知，读入数据集后，用 1 行代码 slm(df, dj, wd)，即可达到原先需要 10 来行程序代码一样的效果，所以自编函数以简化分析代码是完全可行的。

在编写自定义函数时，在函数代码内也可以使用其他程序包，如在自定义函数 gp( ) 中使用程序包 ggplot2 和 grid，示例如下。

```
gp<-function(data, x, y){
require(ggplot2)
library(grid)
x1=deparse(substitute(x))
y1=deparse(substitute(y))
grid.newpage()
pushViewport(viewport(layout=grid.layout(1, 2)))
vplayout<-function(m1, n1)viewport(layout.pos.row=m1,
layout.pos.col=n1)
a<-ggplot(data, aes_string(x=x1, y=y1))+geom_line()
b<-ggplot(data, aes_string(x1))+geom_histogram()
```

```
print(a, vp = vplayout(1, 1))
print(b, vp = vplayout(1, 2))
}
```

输入代码 gp(women, weight, height)，结果如图 11-4 所示。

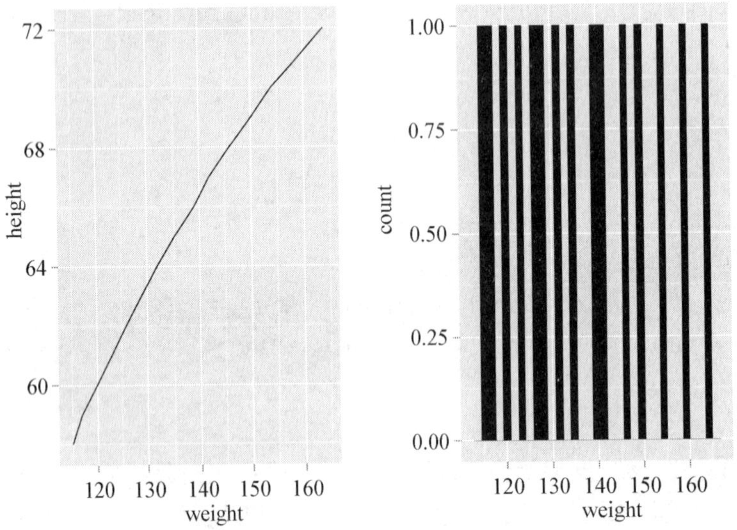

图 11-4 自编函数 gp 的输出图形

综上所述，在编写自定义函数时，最好用不同数据集反复验证无误后，再进行下述的流程。

11.1.3.2 创建程序包骨架

首先，把自定义函数读入 R 内存。需选中自定义函数的代码，然后运行。

其次设定自编程序包所在的路径以及程序包名称。代码如下：

```
setwd("C: \\Users \\yzhlin \\Desktop \\pp")
package.skeleton(list = c("slm"), name = "slm")
```

运行后，如图 11-5 所示结果表明骨架构建成功。

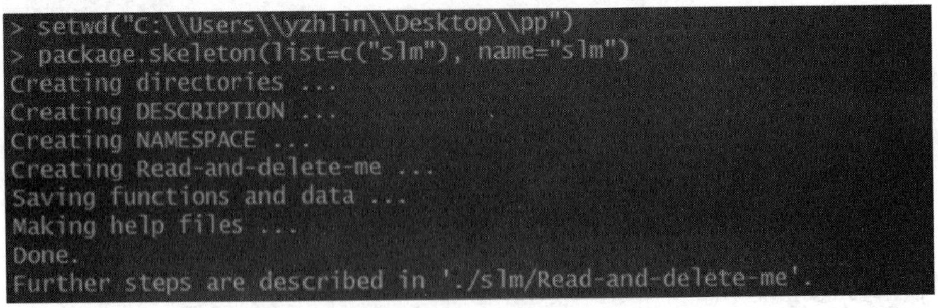

图 11-5 创建自编程序包 slm 的骨架

11.1.3.3 修改骨架文件

首先，编辑描述文件(Description)，主要是有关程序包标题(Title)、作者(Author)、维护人(Maintainer)、程序包概述(Description)和准许 license(图 11- 6)。

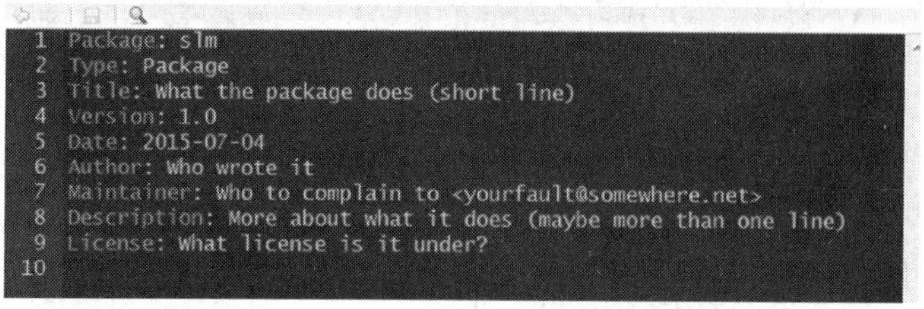

```
Package: slm
Type: Package
Title: What the package does (short line)
Version: 1.0
Date: 2015-07-04
Author: Who wrote it
Maintainer: Who to complain to <yourfault@somewhere.net>
Description: More about what it does (maybe more than one line)
License: What license is it under?
```

图 11- 6　自编程序包 slm 的描述文件

如图 11- 7 所示，简单修改后的描述文件。

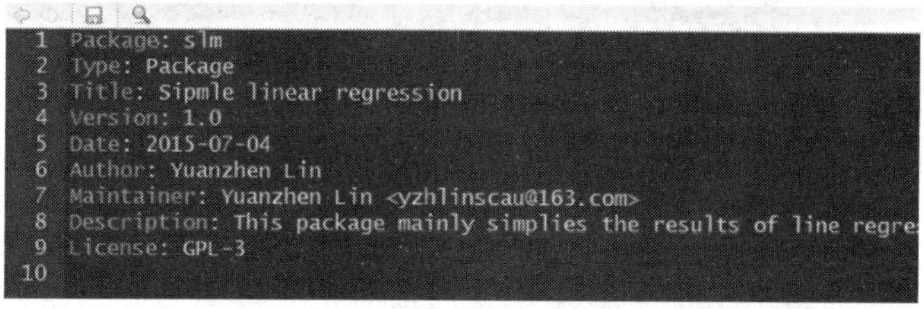

```
Package: slm
Type: Package
Title: Sipmle linear regression
Version: 1.0
Date: 2015-07-04
Author: Yuanzhen Lin
Maintainer: Yuanzhen Lin <yzhlinscau@163.com>
Description: This package mainly simplies the results of line regre
License: GPL-3
```

图 11- 7　自编程序包 slm 的描述文件(修改后)

其次，修改骨架下文件夹 man 下的 rd 文件(图 11- 8)。

图 11- 8　自编程序包 slm 的 man 文件夹

同上述修改描述文件类似，slm-package. Rd 的参考修改过程如图 11- 9 所示。

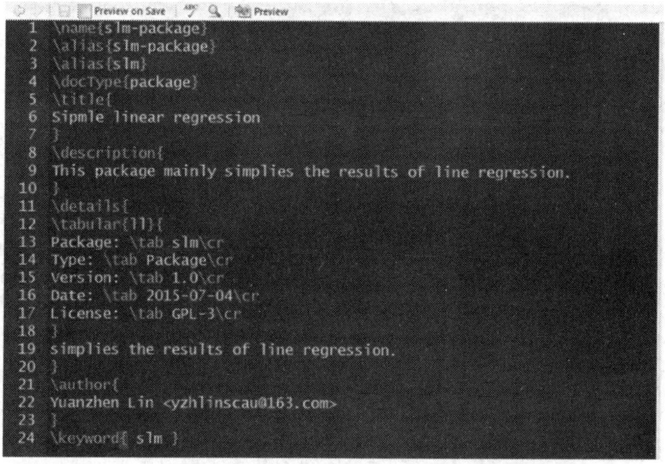

```
\name{slm-package}
\alias{slm-package}
\alias{slm}
\docType{package}
\title{
Sipmle linear regression
}
\description{
This package mainly simplies the results of line regression.
}
\details{
\tabular{ll}{
Package: \tab slm\cr
Type: \tab Package\cr
Version: \tab 1.0\cr
Date: \tab 2015-07-04\cr
License: \tab GPL-3\cr
}
simplies the results of line regression.
}
\author{
Yuanzhen Lin <yzhlinscau@163.com>
}
\keyword{ slm }
```

图 11- 9　自编程序包 slm 的 slm – package. Rd 文件

同样地，slm. Rd 的参考修改过程如图 11- 10 所示。

```
\name{slm}
\alias{slm}
%- Also NEED an '\alias' for EACH other topic documented here.
\title{
Sipmle linear regression
}
\description{
This package mainly simplies the results of line regression.
}
\usage{
slm(data, x, y, xv = NULL, yv = NULL)
}
%- maybe also 'usage' for other objects documented here.
\arguments{
  \item{data}{
aim dataset.
}
  \item{x}{
Independent variable X
}
  \item{y}{
Dependent variable y
}
  \item{xv}{
axis x label for regression equation
}
  \item{yv}{
axis x label for regression equation
}
}
\details{
simplies the results of line regression.
}
\value{
%% ...
}
\author{
Yuanzhen Lin <yzhlinscau@163.com>
}
\examples{
slm(women, y=weight, x=height)
slm(women, height, weight, xv=66, yv=125)
}
\keyword{ slm }
```

图 11-10　自编程序包 slm 的 slm. Rd 文件

按上述要求修改后保存文件。需要注意的情况，单个程序包内可以含有多个自编函数，每个函数都有对应的 Rd 文件，在编辑 Rd 文件时，一定要添加示例(examples)，以方便其他使用者参考。

11. 1. 3. 4　程序包生成

首先，在【运行】中输入“cmd”，打开 DOS 窗口，进入程序包所在的目录，然后输入代码“R CMD INSTALL--build slm”，单击回车运行。

得到下述图形(图 11-11)，最后一行结果出现 DONE，表明程序压缩包制作成功。

```
C:\Windows\system32\cmd.exe
Microsoft Windows [版本 6.1.7601]
版权所有 (c) 2009 Microsoft Corporation。保留所有权利。

C:\Users\yzhlin>cd pp
系统找不到指定的路径。

C:\Users\yzhlin>cd desktop\pp

C:\Users\yzhlin\Desktop\pp>R CMD INSTALL --build slm
* installing to library 'C:/Users/yzhlin/Documents/R/win-library/3.1'
* installing *source* package 'slm' ...
** R
** preparing package for lazy loading
** help
*** installing help indices
** building package indices
** testing if installed package can be loaded
*** arch - i386
*** arch - x64
* MD5 sums
packaged installation of 'slm' as slm_1.0.zip
* DONE (slm)

C:\Users\yzhlin\Desktop\pp>
```

图 11-11　自编程序包 slm 的生成过程

这时，即可在程序包骨架所在文件里生成自编程序包 slm。

图 11-12　生成自编程序包 slm

11.1.3.5　程序包自检

输入代码“R CMD check slm”，单击回车运行，R 对自编程序包自动进行检查，然后会生成检查报告 00check. log，详细描述检查过程。自编程序包一般检查后容易出现警告(warning)，但不会影响自编程序包正常使用，只是无法上传到 CRAN 网站。所有上传至 CRAN 网站的程序包不得有任何错误和警告信息(图 11-13)。

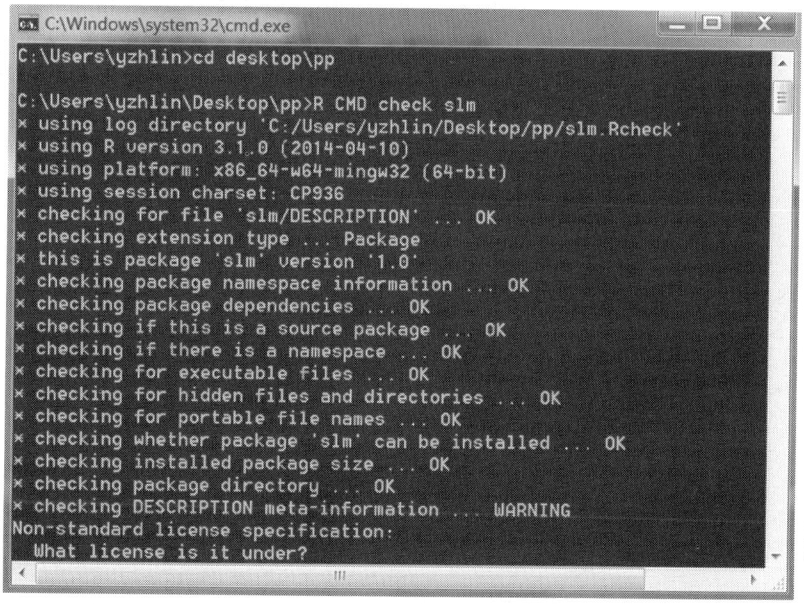

图 11-13　自编程序包 slm 的自检

输入“R CMD Rd2pdf slm”，即可生成 PDF 帮助文档。运行这步之前，必须先安装 CTEX 软件。

11.1.3.6　程序包验证

首先，通过本地安装程序包的方式，将自编程序包 slm 导入 R 中，然后运行示例和其他数据集，查看运行结果是否准确(图 11-14)。

图 11-14　自编程序包 slm 的本地安装

当出现“package ‘slm’ successfully unpacked and MD5 sums checked”时，说明自编程序

包 slm 已成功安装到 R 中，如图 11-15 所示，在 R 的程序包库中即可看到 slm。

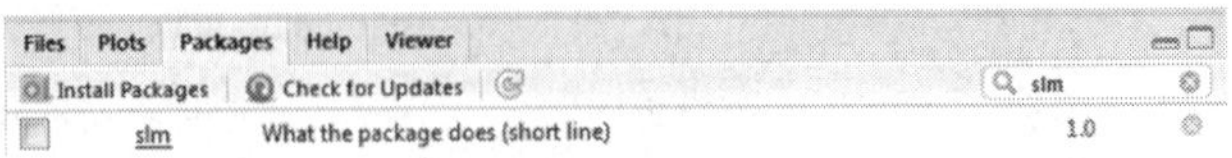

图 11-15 R 已安装程序包库中的 slm 程序包

如图 11-16 所示，点击自编程序包 slm 文件名，进入对应的程序包帮助文档界面。

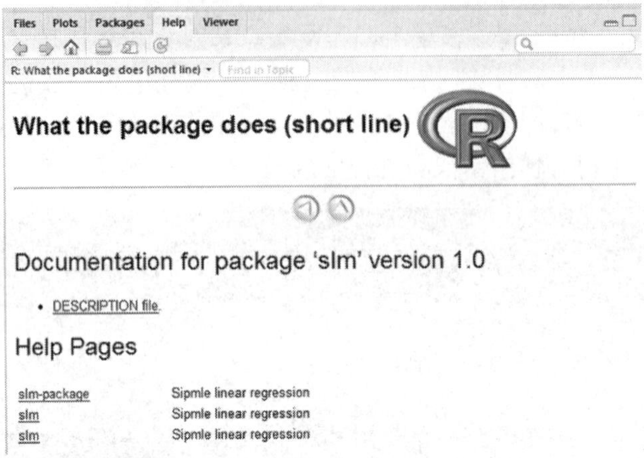

图 11-16 slm 程序包的内置帮助界面

如图 11-17 所示，点击 slm 即可进入对应的函数帮助界面。

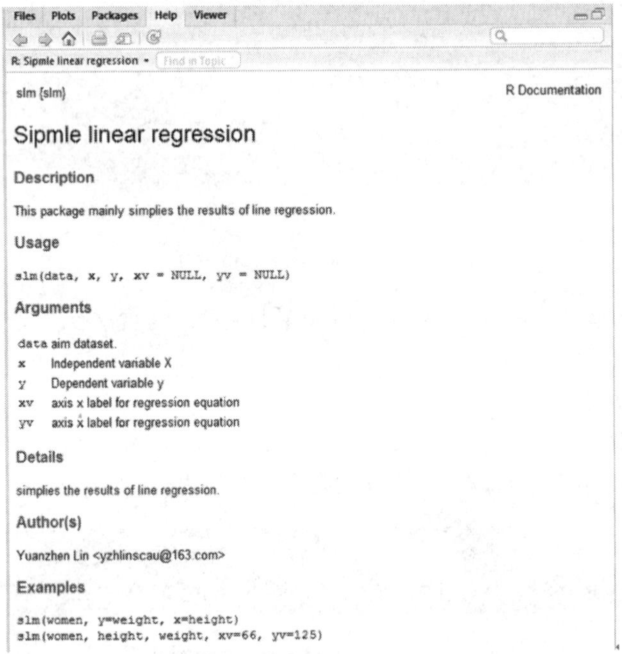

图 11-17 slm 程序包的 slm 函数帮助界面

之后在 R 中先输入 library(slm)载入自编 slm 程序包，随后输入程序代码 slm(women, y = weight, x = height)，得到的结果如力图 11-18 所示。

```
> slm(women, y=weight, x=height)

Call:
lm(formula = y ~ x, data = data)

Residuals:
    Min      1Q  Median      3Q     Max 
-1.7333 -1.1333 -0.3833  0.7417  3.1167 

Coefficients:
             Estimate Std. Error t value Pr(>|t|)    
(Intercept) -87.51667    5.93694  -14.74 1.71e-09 ***
x             3.45000    0.09114   37.85 1.09e-14 ***
---
Signif. codes:  0 ‘***’ 0.001 ‘**’ 0.01 ‘*’ 0.05 ‘.’ 0.1 ‘ ’ 1

Residual standard error: 1.525 on 13 degrees of freedom
Multiple R-squared:  0.991,	Adjusted R-squared:  0.9903 
F-statistic:  1433 on 1 and 13 DF,  p-value: 1.091e-14
```

图 11-18　slm 程序包的 slm 函数(示例结果 1)

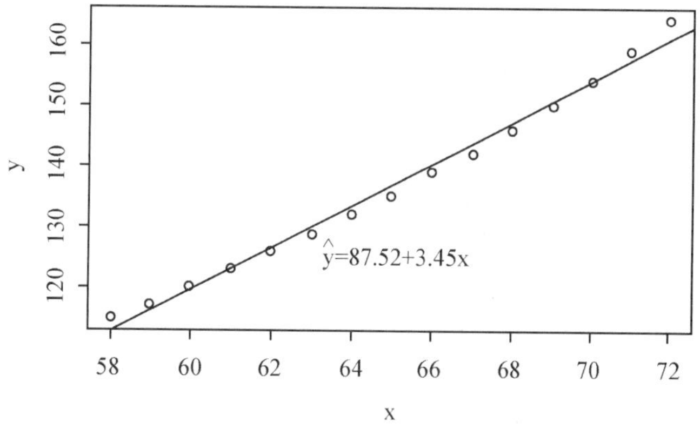

图 11-19　slm 程序包的 slm 函数(示例结果 2)

11.2　自编程序包 AAfun 的示范

在做林业遗传评估时，采用 ASReml-R 和 MCMCglmm 程序包，会遇见问题，或者需要多次反复运行的程序代码，由于自编程序包可以简化程序代码，所以笔者开发了自编程序包 AAfun，定名为 ASReml Added Function，本意主要是为 ASReml-R 包添加一些额外功能。AAfun 内置 9 个模块、11 个函数和 5 个数据集，分别实现一些特定的函数功能。

AAfun 包的在线安装过程如下所示。

```
#先安装 Bioconductor 网站的 2 个依赖包
source("http://bioconductor.org/biocLite.R")
biocLite(c("GeneticsPed","genetics"))
#通过 github 安装 AAfun 包
install.packages("devtools")
devtools::install_github("yzhlinscau/AAfun")
```

下文通过示例分析，分别讲解 AAfun 包中的函数。

11.2.1 ASReml.pin()示范

虽然 ASReml-R 包是一款十分优秀的遗传评估程序包，但目前在计算遗传参数时未能直接获得标准误差。

以 AAfun 内置的数据集 PrSpa 为例，示范 pin()函数在计算遗传参数及其标准误差的运行方法。

(1)计算遗传力及其标准误差

pin()用法：pin(object = , formula =)，其中 object 为 asreml 运行结果，formula 为遗传力公式，具体形式为"遗传力 ~ 计算公式"。计算公式中涉及的方差分量只能表示为 V1，V2，…。分析代码如下：

```
library(asreml)
library(AAfun)
fm<-asreml(h5 ~ 1 + Rep, random = ~ Fam,
 subset = Spacing == '3', data = PrSpa)
 summary(fm)$varcomp[,1:3]
 pin(fm, h2 ~ 4* V1/(V1 + V2))# 单株遗传力计算公式
```

运行结果如下：

```
>summary(fm)$varcomp[,1:3]
                  gamma  component  std.error
Fam!Fam.var       0.083        442        187     # V1
R!variance        1.000       5333        337     # V2
>pin(fm, h2 ~ 4* V1/(V1 + V2))
   Estimate      SE
h2    0.306   0.124
```

使用 pin()计算遗传力时，应首先明确遗传力的具体公式，不同类型遗传力公式不同，其次，需要明确方差分量的表示方法，例如，本例中 Fam 分量表示为 V1，残差 R 分量表示为 V2。

(2)计算遗传相关及其显著性

pin()用法：pin(object = , formula = , signif =)，其中 object 为 asreml 运行结果，formula 为遗传相关公式，具体形式为"遗传相关 ~ 计算公式"，signif 为逻辑值 T(进行显著性检验)或 F(默认值，不进行显著性检验)。分析代码如下：

```
fm2 <-asreml(cbind(dj, h5) ~trait + trait: Rep,
        random = ~us(trait): Fam, rcov = ~units: us(trait),
        subset = Spacing = ='3', data = df, maxit = 40)
summary(fm2) $varcomp[,1:3]
#计算遗传力
pin(fm2, h2_ A ~4* V1/(V1 +V5))# heritability for trait A
pin(fm2, h2_ B ~4* V3/(V3 +V7))# heritability for trait B
#计算遗传相关
pin(fm2, gCORR ~V2 /sqrt(V1* V3), signif =T)
pin(fm2, pCORR ~ (V2 +V6)/sqrt((V1 + V5)* (V3 + V7)), T)
```

运行结果如下：

```
>pin(fm2, h2_ A ~4 * V1/(V1 +V5))
          Estimate        SE
h2_ A        0.455     0.145
>pin(fm2, h2_ B ~4 * V3/(V3 +V7))
          Estimate        SE
h2_ B        0.316     0.125
>pin(fm2, gCORR ~V2/sqrt(V1* V3), signif =T)
        Estimate        SE sig. level
gCORR      0.442     0.257          *
---------------
Sig. level: 0'* * * ' 0.001 '* * ' 0.01 '* ' 0.05 'Not signif' 1
>pin(fm2, pCORR ~ (V2 +V6)/sqrt((V1 +V5)* (V3 +V7)), T)
        Estimate        SE sig. level
pCORR    -0.0763    0.0449          *
---------------
Sig. level: 0'* * * ' 0.001 '* * ' 0.01 '* ' 0.05 'Not signif' 1
```

对于相关模型进行运算时，ASReml-R 输出相关值和标准误差，但不能输出相关的显著水平，pin()函数针对相关模型可以直接输出相关值、标准误差和显著水平。

pin()用法：pin(object =，corN =)，其中 object 为 asreml 运行结果，corN 为遗传相关数量。示例如下：

```
fm3 <-asreml(cbind(dj, h3, h5) ~trait + trait: Rep,
        random = ~corgh(trait): Fam, rcov = ~units: us(trait),
        subset = Spacing = ='3', data = df, maxit = 40)
summary(fm3) $varcomp[,1:3]
pin(fm3, corN =3)
```

运行结果如下：

```
>pin(fm3, corN=3)
                                              Estimate      SE   sig.level
trait: Fam! trait.h3:! trait.dj.cor              0.751   0.233       * * *
trait: Fam! trait.h5:! trait.dj.cor              0.448   0.257           *
trait: Fam! trait.h5:! trait.h3.cor              0.798   0.123       * * *
---------------
Sig.level: 0'* * *'0.001 '* *'0.01 '*'0.05 'Not signif' 1
```

11.2.2 asreml.batch()示范

asreml.batch()主要用于 ASReml-R 的批量性状分析，目前涉及单性状或多性状模型，以及带有谱系的数据集，但不适用于具有复杂 R 结构的模型。具体用法如下：

```
asreml.batch(data, factorN, traitN, FMod=NULL, RMod=NULL, EMod=
NULL,
             mulT=NULL, mulN=NULL, mulR=NULL,
             corM=NULL, corMout=FALSE,
             pformula=NULL, pformula1=NULL, pformula2=NULL,
             pformula3=NULL, pformula4=NULL, maxit=NULL,
             ped=NULL, pedinv=NULL, ginverse=NULL)
```

其中，data 为数据集，factorN 为因子所在的列组成的向量，traitN 为性状所在的列组成的向量，FMod 为固定效应，RMod 为随机效应(G 结构)，EMod 为残差效应(R 结构)，mulT 为逻辑值 TRUE(多性状)或 FALSE(单性状，默认)，mulN 为多性状模型的性状数量(默认为 2)，mulR 为逻辑值 TRUE(计算方差/协方差/相关矩阵，仅适用于两性状模型)或 FALSE(不计算，默认)，corM 为为逻辑值 TRUE(相关模型)或 FALSE(非相关模型，默认)，corMout 为逻辑值 TRUE(输出方差/协方差/相关矩阵)或 FALSE(不输出结果，默认)，pformula ~ pformula4 为计算遗传参数的公式，maxit 为迭代次数(默认 20)，ped 为逻辑值 TRUE(谱系)或 FALSE(非谱系，默认)，pedinv 为谱系逆矩阵，ginverse 为关联谱系逆矩阵的参数。

仍以 12.2.1 的数据集为例，示范 asreml.batch()的用法。

(1)单性状的批量分析(非谱系)

示范代码如下：

```
df <-asreml.read.table(file='fm2.csv', header=T, sep=',')
df1=subset(PrSpa, Spacing==3)
asreml.batch(data=df1, factorN=1:5, traitN=c(6:13),
FMod=y~1+Rep, RMod=~Fam,
pformula=h2~4* V1/(V1+V2))
```

运行结果如下：

```
>asreml.batch(data=df1, factorN=1:5, traitN=c(6:13),
+FMod=y~1+Rep, RMod=~Fam,
```

```
+pformula=h2 ~4 *V1/(V1 +V2))

ASReml-R batch analysis results:
Fixed Factors--Rep
Randomed Factors--Fam R
Index formula--h2 ~4 *V1/(V1 + V2)

Variance order: Fam, R
  Trait       V1        V2       V1.se      V2.se     h2    h2.se Converge Maxit
1   dj    0.0001  5.00e-04    0.0000     0.0000  0.447  0.144     TRUE     6
2   dm    0.0001  2.00e-03    0.0001     0.0001  0.266  0.122     TRUE     6
3   wd    0.0001  6.00e-04    0.0000     0.0000  0.475  0.151     TRUE     6
4   h1   12.0487  4.31e+01    3.1499     2.7194  0.875  0.187     TRUE     7
5   h2   54.2123  6.21e+02   22.4845    39.1922  0.321  0.127     TRUE     6
6   h3  132.5869  1.59e+03   56.4592   100.2910  0.308  0.125     TRUE     6
7   h4  241.3909  3.60e+03  115.5059   227.5395  0.251  0.116     TRUE     6
8   h5  441.9941  5.33e+03  187.1784   337.2136  0.306  0.124     TRUE     6
```

运行结果说明，批量分析会先输出固定因子、随机因子以及遗传力公式，而后是ASReml运行的结果，先是方差分量次序，例如，本例中有Fam和R，分别对应V1和V2，V1.se和V2.se为对应的方差误差，h2、h2.se为遗传力及其误差，Converge为模型是否收敛，maxit为模型运行迭代次数。

对于单性状的批量分析无需设置R结构，ASReml-R会采用R结构的默认值，但如果有特殊的R结构，asreml.batch()目前无法处理。

(2)双性状的批量分析(非谱系)—US模型

对于双性状批量分析，需要增加参数Emod、mulT、mulN和mulR以及设置迭代次数maxit，示范代码如下：

```
asreml.batch (data=df1, factorN=1:5, traitN=c(10:13),
             FMod=cbind(y1, y2) ~trait+trait: Rep,
             RMod= ~us(trait): Fam,
             EMod= ~units: us(trait),
             mulT=TRUE, mulN=2, mulR=TRUE, maxit=30,
             pformula=r.g ~V2/sqrt(V1* V3),
             pformula1=h2.A ~4* V1/(V1+V5),
             pformula2=h2.B ~4* V3/(V3+V7))
```

运行结果如下：

```
>asreml.batch(data=df1, factorN=1:5, traitN=c(10:13),
+           FMod=cbind(y1, y2) ~trait+trait: Rep,
+           RMod= ~us(trait): Fam,
+           EMod= ~units: us(trait),
```

```
+            mulT = TRUE, mulN = 2, mulR = TRUE, maxit = 30,
+            pformula = gcorr ~ V2/sqrt(V1* V3),
+            pformula1 = h2_ A ~ 4 * V1/(V1 + V5),
+            pformula2 = h2_ B ~ 4 * V3/(V3 + V7))
ASReml-R batch analysis results:

Fixed Factors -- Rep
Randomed Factors -- Fam R
Index formula -- gcorr ~ V2/sqrt(V1 * V3)
Index formula1 -- h2_ A ~ 4 * V1/(V1 + V5)
Index formula2 -- h2_ B ~ 4 * V3/(V3 + V7)

Variance order: Fam.y1:y1, Fam.y2:y1, Fam.y2:y2, R.y1:y1, R.y2:y1,
R.y2:y2

$Varcomp
   Trait     V1    V2  V3   V4   V5   V6  V1.se V2.se V3.se V4.se V5.se
1  h2-h3   54.2  78.1 132  621  801 1589  22.5  33.2  56.4  39.2  57.0
2  h2-h4   54.6  78.9 241  621 1127 3590  22.5  44.4 115.2  39.2  83.5
3  h2-h5   53.6 119.9 438  621 1103 5326  22.4  55.2 186.1  39.2  94.9
4  h3-h4  132.4 168.8 243 1589 1964 3596  56.4  75.8 115.7 100.3 138.1
5  h3-h5  131.9 190.1 440 1589 2006 5333  56.3  89.9 186.6 100.3 157.9
6  h4-h5  238.0 303.2 442 3601 3659 5333 114.9 137.8 187.2 227.7 255.3
  V6.se  gcorrgcorr.se  h2_ A h2_ A.se  h2_ B h2_ B.se Converge Maxit
1   100  0.923  0.064  0.321   0.127  0.307   0.125    TRUE    10
2   227  0.688  0.159  0.323   0.127  0.252   0.116    TRUE     9
3   336  0.782  0.143  0.318   0.126  0.304   0.123    TRUE    10
4   227  0.940  0.061  0.308   0.125  0.254   0.117    TRUE    10
5   337  0.789  0.128  0.307   0.125  0.305   0.124    TRUE     9
6   337  0.935  0.062  0.248   0.116  0.306   0.124    TRUE    10

$Corr.erro.matrix
      h2    h3    h4    h5
h2 1.000 0.923 0.688 0.782
h3 0.064 1.000 0.940 0.789
h4 0.159 0.061 1.000 0.935
h5 0.143 0.128 0.062 1.000

$Corr.sig.matrix
```

```
         h2      h3      h4      h5
h2        1   0.923   0.688   0.782
h3      ***       1    0.94   0.789
h4      ***     ***       1   0.935
h5      ***     ***     ***       1
==================
upper is corr and lower is error(orsig. level)for corr matrix.
Sig. level: 0'***'0.001 '**'0.01 '*'0.05 'Not signif'1
```

对于双性状的 US 模型，批量分析除输出方差分量值、遗传相关、遗传力及其误差外，还会默认输出遗传相关、相关误差以及显著性的矩阵。

(3)双性状的批量分析(非谱系)—相关模型

此类模型与 US 相似，但需增加参数 corM 以告示采用相关模型。示范代码如下：

```
asreml.batch (data=df1, factorN=1:5, traitN=c(8: 13),
              FMod=cbind(y1, y2)~trait+trait: Rep,
              RMod=~corgh(trait): Fam,
              EMod=~units: us(trait), maxit=30,
              mulT=TRUE, mulN=2, mulR=F, corM=T,
              pformula=h2_ A~4* V2/(V2+V5),
              pformula1=h2_ B~4* V3/(V3+V7))
```

运行结果如下：

```
>asreml.batch(data=df1, factorN=1:5, traitN=c(8: 13),
+             FMod=cbind(y1, y2)~trait+trait: Rep,
+             RMod=~corgh(trait): Fam,
+             EMod=~units: us(trait), maxit=30,
+             mulT=TRUE, mulN=2, mulR=F, corM=T,
+             pformula=h2_ A~4*V2/(V2+V5),
+             pformula1=h2_ B~4*V3/(V3+V7))
ASReml-R batch analysis results:
Fixed Factors--Rep
Randomed Factors--Fam R
Index formula--h2_ A~4*V2/(V2 + V5)
Index formula1--h2_ B~4*V3/(V3 + V7)

Variance order: Fam.y2.y1.cor, Fam.y1, Fam.y2, R.y1:y1, R.y2:y1, R.y2:y2

     Trait    V1      V2    V3       V4       V5     V6  V1.se V2.se V3.se
1   wd-h1  0.236  0.0001  12.1 6.00e-04   0.0102   43.1 0.2030  0.00  3.15
2   wd-h2  0.636  0.0001  57.2 6.00e-04  -0.0084  619.6 0.2186  0.00 23.02
```

```
3  wd-h3 0.685   0.0001 139.4 6.00e-04   -0.0545 1585.8 0.2230   0.00  57.59
4  wd-h4 0.443   0.0001 247.8 6.00e-04    0.0022 3595.7 0.2651   0.00 116.70
5  wd-h5 0.403   0.0001 455.7 6.00e-04   -0.0553 5326.5 0.2513   0.00 189.86
6  h1-h2 0.663  12.0111  53.5 4.31e+01   90.5410  621.3 0.1428   3.14  22.33
7  h1-h3 0.503  12.0279 131.4 4.31e+01  117.3262 1589.5 0.1818   3.14  56.23
8  h1-h4 0.321  12.0673 240.7 4.31e+01  176.8225 3597.6 0.2213   3.15 115.35
9  h1-h5 0.257  12.0941 439.9 4.30e+01  190.6992 5332.3 0.2172   3.16 186.70
10 h2-h3 0.923  54.2228 132.1 6.21e+02  801.1607 1589.2 0.0643  22.48  56.35
11 h2-h4 0.688  54.5502 241.4 6.21e+02 1127.1223 3589.9 0.1588  22.55 115.22
12 h2-h5 0.782  53.6143 438.4 6.21e+02 1102.6926 5326.1 0.1428  22.37 186.07
13 h3-h4 0.940 132.4268 243.4 1.59e+03 1964.1480 3596.0 0.0612  56.42 115.70
14 h3-h5 0.789 131.9155 440.1 1.59e+03 2006.0293 5333.0 0.1281  56.33 186.58
15 h4-h5 0.935 237.9994 442.0 3.60e+03 3659.1290 5333.3 0.0620 114.92 187.18

   V4.se    V5.se  V6.se h2_A h2_A.se  h2_B h2_B.se Converge Maxit
1    0.00   0.0071   2.72 0.474  0.151  0.876  0.187     TRUE    16
2    0.00   0.0268  39.06 0.484  0.152  0.338  0.129     TRUE    17
3    0.00   0.0430  99.97 0.482  0.151  0.323  0.127     TRUE    17
4    0.00   0.0650 227.22 0.478  0.151  0.258  0.117     TRUE    18
5    0.00   0.0792 336.60 0.481  0.152  0.315  0.125     TRUE    18
6    2.72   8.3479  39.21 0.872  0.187  0.317  0.126     TRUE     9
7    2.72  12.8031 100.34 0.873  0.187  0.305  0.125     TRUE     9
8    2.72  19.2764 227.39 0.876  0.187  0.251  0.116     TRUE     9
9    2.72  23.0419 337.09 0.877  0.187  0.305  0.124     TRUE    10
10  39.19  56.9579 100.31 0.321  0.127  0.307  0.125     TRUE    11
11  39.17  83.4551 226.63 0.323  0.127  0.252  0.116     TRUE     9
12  39.22  94.9475 336.46 0.318  0.126  0.304  0.123     TRUE     9
13 100.30 138.0756 226.98 0.308  0.125  0.254  0.117     TRUE    11
14 100.32 157.8582 336.94 0.307  0.125  0.305  0.124     TRUE     9
15 227.72 255.2503 337.21 0.248  0.116  0.306  0.124     TRUE    11
```

对于双性状的相关模型，批量分析主要输出遗传相关、方差分量值、遗传力及其误差，还有收敛情况和迭代次数。

(4)单性状的批量分析(谱系)

带谱系的数据分析，其批量分析格式与一般数据分析类似，但需先构建谱系的逆矩阵，然后通过参数 ped、pedinv 和 ginverse 带入函数。示范代码如下：

```
ped<-df[,1:3]# 子代个体对应的谱系
pedinv<-asreml.Ainverse(ped)$ginv

asreml.batch(data=df1, factorN=1:6, traitN=c(7:14),
             FMod=y~1+Rep, RMod=~ped(TreeID),
             ped=T, pedinv=pedinv,
```

```
                 ginverse = list(TreeID = pedinv),
                 pformula = h2 ~ V1 / (V1 + V2))
```

运行结果如下：

```
> asreml.batch(data = df1, factorN = 1:6, traitN = c(7: 14),
+ FMod = y ~ 1 + Rep, RMod = ~ ped(TreeID),
+ ped = T, pedinv = pedinv, ginverse = list(TreeID = pedinv),
+ pformula = h2 ~ V1 / (V1 + V2))

ASReml-R batch analysis results:

Fixed Factors -- Rep
Randomed Factors -- ped(TreeID) R
Index formula -- h2 ~ V1 / (V1  + V2)

Variance order: ped(TreeID), R
  Trait       V1        V2        V1.se     V2.se     h2     h2.se  Converge Maxit
1    dj  3.00e-04  3.00e-04    0.0001    0.0001  0.447  0.144      TRUE     8
2    dm  6.00e-04  1.50e-03    0.0003    0.0003  0.266  0.122      TRUE     7
3    wd  3.00e-04  3.00e-04    0.0001    0.0001  0.475  0.151      TRUE     8
4    h1  4.82e+01  6.92e+00   12.5994   10.0426  0.875  0.187      TRUE    10
5    h2  2.17e+02  4.58e+02   89.9379   83.4044  0.321  0.127      TRUE     7
6    h3  5.30e+02  1.19e+03  225.8366  210.9102  0.308  0.125      TRUE     7
7    h4  9.66e+02  2.87e+03  462.0276  447.6016  0.251  0.116      TRUE     7
8    h5  1.77e+03  4.01e+03  748.7157  701.0161  0.306  0.124      TRUE     7
```

(5) 双性状的批量分析(谱系)

谱系的双性状批量分析与非谱系的模型类似，但是多了参数 ped、pedinv 和 ginverse。示范代码如下：

```
asreml.batch (data = df1, factorN = 1:6, traitN = c(10: 14),
              FMod = cbind(y1, y2) ~ trait + trait: Rep,
              RMod = ~ us(trait): ped(TreeID),
              EMod = ~ units: us(trait), maxit = 40,
              mulT = TRUE, mulN = 2, mulR = TRUE, corMout = F,
                 ped = T, pedinv = pedinv,
              ginverse = list(TreeID = pedinv),
              pformula = r.g ~ V2/sqrt(V1* V3),
              pformula1 = h2.A ~ V1 / (V1 + V5),
              pformula2 = h2.B ~ V3 / (V3 + V7))
```

运行结果如下：

```
> asreml.batch(data = df1, factorN = 1:6, traitN = c(10: 14),
```

```
+FMod=cbind(y1, y2)~trait+trait: Rep,
+RMod=~us(trait): ped(TreeID),
+EMod=~units: us(trait), maxit=40,
+mulT=TRUE, mulN=2, mulR=TRUE, corMout=F,
+ped=T, pedinv=pedinv, ginverse=list(TreeID=pedinv),
+pformula=r.g~V2/sqrt(V1* V3),
+pformula1=h2.A~V1/(V1+V5),
+pformula2=h2.B~V3/(V3+V7))
ASReml-R batch analysis results:
Fixed Factors -- Rep
Randomed Factors -- ped(TreeID)R
Index formula -- r.g~V2/sqrt(V1 * V3)
Index formula1 -- h2.A~V1/(V1 + V5)
Index formula2 -- h2.B~V3/(V3 + V7)
Variance order: ped(TreeID).y1:y1, ped(TreeID).y2:y1, ped(TreeID)
.y2:y2, R.y1:y1, R.y2:y1, R.y2:y2

$Varcomp
```

	Trait	V1	V2	V3	V4	V5	V6	V1.se	V2.se	V3.se	V4.se	V5.se	V6.se
1	h1-h2	48.0	67.3	214	7.04	40.1	461	12.6	27.5	89.3	10.0	23.1	83.1
2	h1-h3	48.1	80.0	525	6.98	57.3	1195	12.6	41.2	224.9	10.0	34.8	210.4
3	h1-h4	48.3	69.2	963	6.85	124.9	2875	12.6	56.9	461.4	10.0	49.0	447.2
4	h1-h5	48.4	75.1	1760	6.76	134.4	4012	12.6	71.5	746.8	10.1	60.8	699.8
5	h2-h3	216.9	312.4	528	458.37	566.9	1193	89.9	132.8	225.4	83.4	122.5	210.7
6	h2-h4	218.2	315.7	965	457.20	890.3	2866	90.2	177.7	460.9	83.5	169.1	446.2
7	h2-h5	214.5	479.4	1754	460.53	743.1	4011	89.5	220.9	744.3	83.2	203.6	697.7
8	h3-h4	529.7	675.2	974	1191.79	1457.7	2866	225.7	303.4	462.8	210.8	285.5	447.5
9	h3-h5	527.7	760.4	1761	1193.59	1435.7	4013	225.3	359.5	746.3	210.6	334.0	699.3
10	h4-h5	952.0	1212.8	1768	2887.02	2749.5	4007	459.7	551.1	748.7	446.5	521.3	701.0

	r.g	r.g.se	h2.A	h2.A.se	h2.B	h2.B.se	Converge	Maxit
1	0.664	0.143	0.872	0.187	0.317	0.126	TRUE	10
2	0.503	0.182	0.873	0.187	0.305	0.125	TRUE	10
3	0.321	0.221	0.876	0.187	0.251	0.116	TRUE	10
4	0.257	0.217	0.877	0.187	0.305	0.124	TRUE	11
5	0.923	0.064	0.321	0.127	0.307	0.125	TRUE	10
6	0.688	0.159	0.323	0.127	0.252	0.116	TRUE	13
7	0.782	0.143	0.318	0.126	0.304	0.123	TRUE	10
8	0.940	0.061	0.308	0.125	0.254	0.117	TRUE	10
9	0.789	0.128	0.307	0.125	0.305	0.124	TRUE	9

```
10      0.935    0.062    0.248    0.116    0.306    0.124    TRUE    10

$Corr.erro.matrix
       h1      h2      h3      h4      h5
h1  1.000   0.664   0.503   0.321   0.257
h2  0.143   1.000   0.923   0.688   0.782
h3  0.182   0.064   1.000   0.940   0.789
h4  0.221   0.159   0.061   1.000   0.935
h5  0.217   0.143   0.128   0.062   1.000

$Corr.sig.matrix
       h1      h2      h3      h4      h5
h1      1   0.664   0.503   0.321   0.257
h2  * * *       1   0.923   0.688   0.782
h3    * *   * * *       1    0.94   0.789
h4      *   * * *   * * *       1   0.935
h5          * * *   * * *   * * *       1
= = = = = = = = = = = = = = = = = =
upper is corr and lower is error(orsig.level)for corr matrix.
Sig.level: 0'* * * '0.001 '* * '0.01 '* '0.05 'Not signif' 1
```

除此之外，还可以进行两个以上的多性状分析，只需修改 cbind(y1，y2，y3，…)，其他的与双性状的类似，不过无法输出相关矩阵及显著性(目前仅限于双性状模型)。

11.2.3 model.comp()示范

model.comp()主要适用 ASReml-R 的不同模型比较，目前可用于两个模型或更多模型之间的比较，但只适用于具有相同固定效应的不同模型。具体用法如下：

```
model.comp(m1 =NULL, m2 =NULL, Nml =NULL, mulM =NULL,
LRT =NULL, rdDF =NULL)
```

其中 m1 为模型 1，m2 为模型 2，Nml 为 2 个以上模型对象组成的向量，mulM 为逻辑值 TRUE(多个模型)或 FALSE(非多模型，默认值)，LRT 为逻辑值 TRUE(LRT 检验)或 FALSE(不做 LRT 检验，默认值，rdDF 为逻辑值 TRUE(模型之间的 df 之差减去 0.5)或 FALSE(不做处理，默认值)。

(1)两个模型比较

示范代码如下：

```
df <-asreml.read.table(file ='fm.csv', header =T, sep =',')
fm1a <-asreml(cbind(dj, h5) ~trait +trait: Rep,
                    random = ~us(trait): Fam,
rcov = ~units: us(trait),
                    subset =Spacing = ='3', data =df, maxit =20)
```

```

Fm1b <-asreml (cbind(dj, h5) ~trait + trait: Rep,
                    random = ~diag(trait): Fam,
rcov = ~units: us(trait),
                    subset = Spacing = ='3', data = df, maxit = 20)
model. comp (m1 = fm1a, m2 = fm1b, LRT = T, rdDF = T)
```

运行结果如下:

```
>model. comp (m1 = fm2, m2 = fm2b, LRT = T, rdDF = T)
Attension:
Fixed factors should be the same!

   Model    LogL    Npm    AIC   AIC. State
1   fm1b    -868      6   1749
2   fm1a    -867      7   1748      better
---------------------------
Lower AIC is better model.

Attension: Please check every asreml results' length is 43;
if the length <43, put the object at the end ofNml.
In the present, just allow one object's length <43.
= = = = = = = = = = = = = = = = = = = = = = = = =
Likelihood ratio test (LRT) results:

Model compared between   fm2a -- fm2b :
   Model    LogL    Npm    AIC   Pr ( >F) Sig. level
1   fm1b    -868      6   1749
2   fm1a    -867      7   1748     0.038          *
---------------
Sig. level: 0'* * * ' 0.001 '* * ' 0.01 '* ' 0.05 'Not signif' 1
= = = = = = = = = = = = = = = = = = = = = = = = = = =
Attension: Ddf = Ddf - 0.5.
When for corr model, against  + / -1.
```

由运行的结果得知，模型 fm1a 的 AIC 值更小，而且 LRT 检验证实模型 fm1a 与 fm1b 之间差异显著，表明 fm1a 是更优模型。

(2) 多个模型比较

再增加一个模型 fm1c，然后进行 3 个模型的比较，此时就需采用参数 Nml 和 mulM。示范代码如下:

```
fm1c <-asreml (cbind(dj, h5) ~trait + trait: Rep,
```

```
        random = ~diag(trait): Fam, rcov = ~units: diag(trait),
        subset = Spacing = ='3', data = df, maxit = 40)
model.comp(Nml = c(fm1a, fm1b, fm1c), mulM = TRUE)
model.comp(Nml = c(fm1a, fm1b, fm1c), mulM = TRUE, LRT = T, rdDF =
T)
```

运行结果如下：

```
>model.comp(Nml = c(fm1a, fm1b, fm1c), mulM = TRUE, LRT = T, rdDF =
T)
Attension:
Fixed factors should be the same!
  Model      LogL  Npm      AIC       BIC  AIC.State
1    m3 -872.1288    5  1754.258  1744.258
2    m2 -868.4305    6  1748.861  1736.861
3    m1 -867.0246    7  1748.049  1734.049     better
---------------------------
Lower AIC and BIC is better model.
Attension: Please check every asreml results' length is 43;
if the length < 43, put the object at the end of Nml.
In the present, just allow one object's length < 43.
= = = = = = = = = = = = = = = = = = = = = = =
Likelihood ratio test (LRT) results:
Model compared between m2 -- m3 :
  Model       LogL  Npm       AIC   Pr(>F) Sig.level
1    m3  -872.1288    5  1754.258
2    m2  -868.4305    6  1748.861    0.002       * *
---------------
Sig.level: 0'* * *'0.001 '* *'0.01 '*'0.05 'Not signif' 1
Model compared between  m1 -- m3 :
  Model       LogL  Npm       AIC   Pr(>F) Sig.level
1    m3  -872.1288    5  1754.258
2    m1  -867.0246    7  1748.049    0.003       * *
---------------
Sig.level: 0'* * *'0.001 '* *'0.01 '*'0.05 'Not signif' 1
Model compared between  m1 -- m2 :
  Model       LogL  Npm      AIC  Pr(>F)Sig.level
1    m2  -868.4305    6 1748.861
2    m1  -867.0246    7 1748.049   0.038       *
---------------
```

```
Sig. level: 0'* * * '0.001 '* * '0.01 '* '0.05 'Not signif' 1
= = = = = = = = = = = = = = = = = = = = = = = = = = =
Attension: Ddf = Ddf - 0.5.
When for corr model, against +/-1.
```

由上结果得知，AIC 值和 LRT 检验均表明 fm1a 为最佳模型。

11.2.4 spd. plot( )示范

spd. plot( )用于具有行列数据或空间数据的颜色等高图绘制，具体用法如下：

```
spd.plot(object, type = "data", p.lbls = NULL, key.unit = NULL,
         x.unit = NULL, y.unit = NULL,
         na = NULL, color.p = NULL, ...)
```

其中，object 为目标数据(数据排列要求为行号，列号，目标性状等)，type 为原始数据 data 或半残差值 variogram(源自空间模型)，p. lbls 为图形标题，key. unit 为图例单位，x. unit、y. unit 为 x、y 轴的刻度，na 为数值 0(转换缺失值 NA 为 0)或 1(保留 NA 不变)，color. p 为图形颜色调色板(默认值为 terrain. colors)。

(1)没有缺失值的空间数据

此数据示范代码如下：

```
library(AAfun)
aim.trait <-subset(barley, select = c(Row, Column, yield))

spd.plot(aim.trait)#图 11-20
spd.plot(aim.trait, x.unit = 3, y.unit = 2)#图 11-21
```

运行结果如图 11-20 和图 11-21 所示。

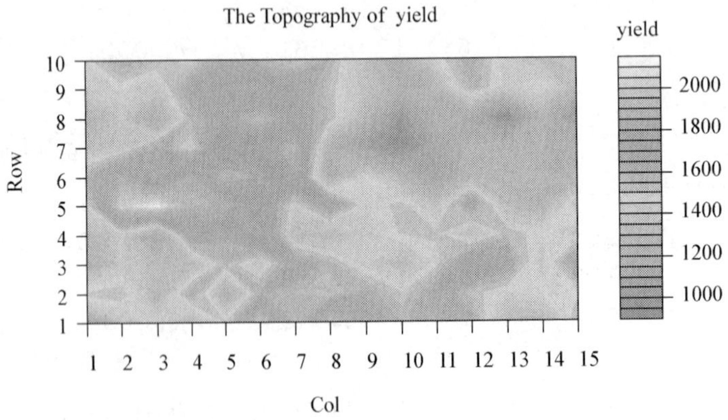

图 11-20 空间数据的颜色等高图(一)

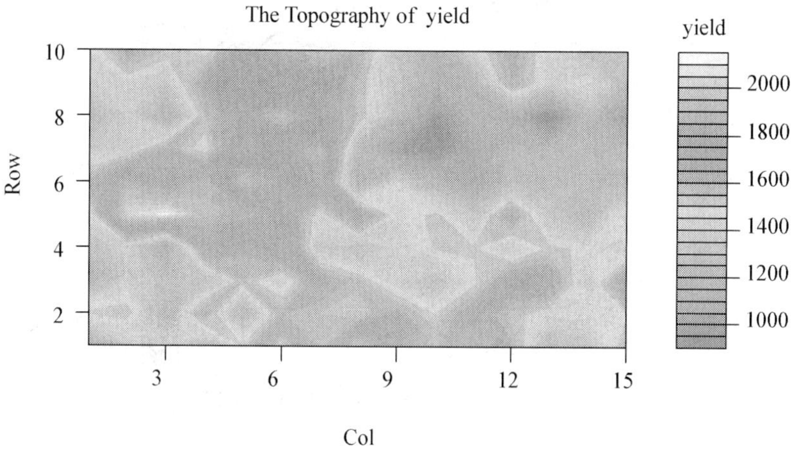

图 11-21　空间数据的颜色等高图(二)

(2)空间模型的半残差数据

此数据示范代码如下：

```
bsp <-asreml(yield ~ Variety, rcov = ~ ar1(Row): ar1(Column), data =barley)
summary(bsp) $varcomp
plot(variogram(bsp), main ="M1") # Plot 绘制

aa =variogram(bsp) # 半残差值
spd.plot(aa, type ="variogram", color.p =topo.colors)
```

运行结果如图 11-22 和图 11-23 所示。

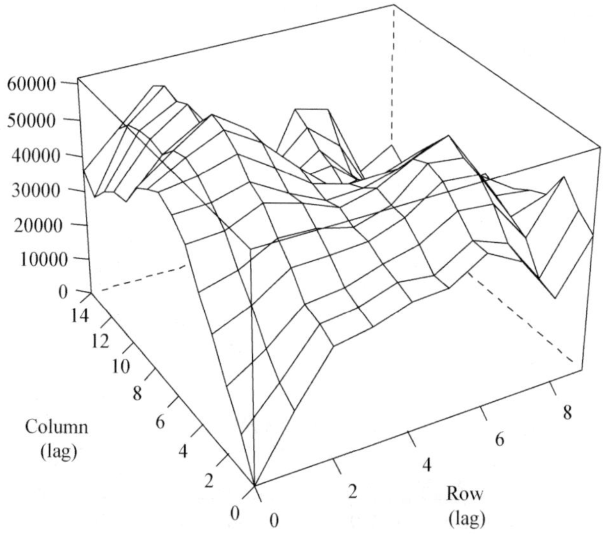

图 11-22　半残差值图

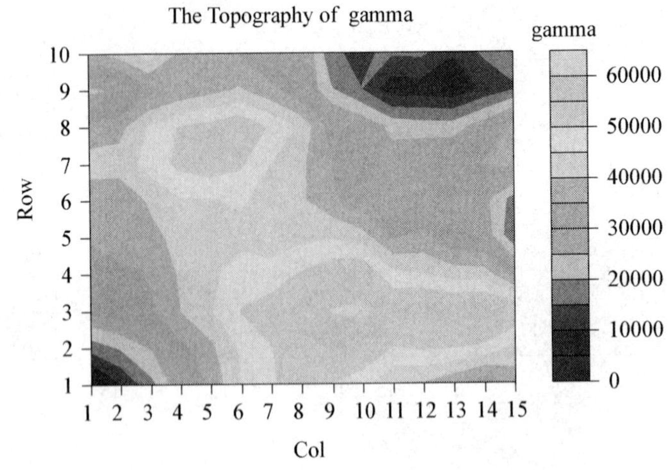

图 11-23　半残差值的颜色等高图

(3)有缺失值的空间数据

此时所谓的缺失值，即行列号不全，需要先做数据转换，然后再用 spd. plot( ) 函数。示范代码如下：

```
data(ir.sp)
ir.sp2 <-ir.sp[,5: 16]# order: Row, Col, h05, cw05, …
#ir.sp2 <-subset(ir.sp, select =c(Row, Col, h05, cw05))
sp1 <-ir2r.sp(ir.sp2, row.max =10, col.max =20)#补全缺失的行列号
aim.trait =subset(sp1, select =c(Row, Col, d10))
spd.plot(aim.trait, key.unit ="cm")
spd.plot(aim.trait, color.p =topo.colors, na =0)# NA 转为零 0
spd.plot(aim.trait, na =0, x.unit =3)
```

运行结果如图 11-24 和图 11-25 所示。

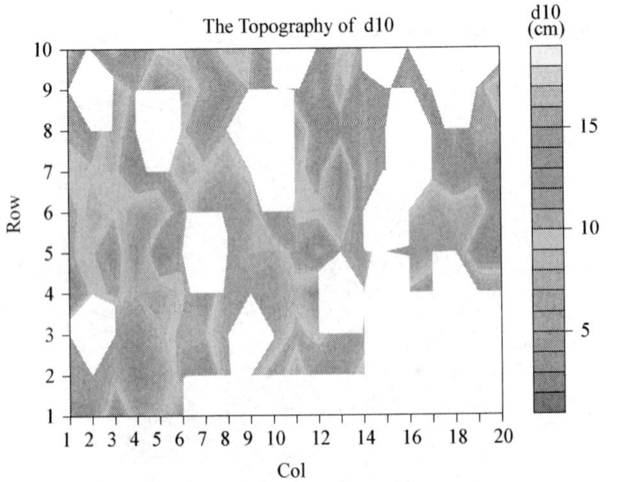

图 11-24　缺失空间数据的颜色等高图

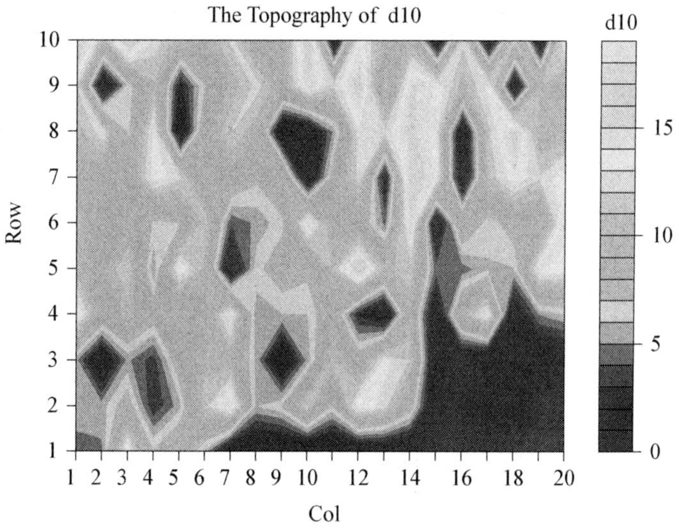

图 11-25　空间数据转换后的颜色等高图

11.2.5　mc.se()示范

MCMCglmm 包是 R 中分析遗传评估的免费程序包，用于复杂 G 和 R 结构的数据分析，但其输出结果不够简洁，因此 mc.se()主要用于对 MCMCglmm 输出结果的格式变换，经变换后与 ASReml-R 的输出结果类似。其用法如下：

```
mc.se(object = NULL, Nmc = NULL, confinterval = NULL, lv = NULL,
          uv = NULL, n = NULL, conf.level = NULL, sigf = NULL)
```

其中，object 为 MCMCglmm 模型结果，Nmc 为逻辑值 TRUE(保留 MCMCglmm 结果格式，默认值)或 FALSE(不保留)，confinterval 为遗传力或相关值的置性区，lv、uv 为置性区的下限值和上限值，n 为某目标性状观测值总数，conf.level 为显著水平，sigf 为逻辑值 TRUE(输出显著性水平)或 FALSE(不输出，默认值)。

为尽可能地展示 mc.se()的功能，以 MCMCglmm 双性状的模型为例，示例如下：

```
library(MCMCglmm)

df <-subset(PrSpa, Spacing = ='3')
df $dj <-100* df $dj
phen.var <-matrix(c(var(df $dj, na.rm = TRUE), 0, 0,
                    var(df $h5, na.rm = TRUE)), 2, 2)

prior <-list(G = list(G1 = list(V = phen.var/2, n = 2)),
             R = list(V = phen.var/2, n = 2))

set.seed(1234)
```

```
m2.glmm<-MCMCglmm(cbind(dj, h5) ~trait-1+trait: Rep,
random=~us(trait): Fam,
rcov=~us(trait): units, data=df,
family=c("gaussian", "gaussian"),
nitt=130000, thin=100, burnin=30000,
prior=prior, verbose=F, pr=T)
```

下文将按方差分量、固定(随机)效应值、遗传力和相关值等来展示 mc.se()的功能。

(1)方差分量值变换

程序代码如下:

```
#### count se for variance components
posterior.mode(m2.glmm$VCV)#原有格式
HPDinterval(m2.glmm$VCV)
mc.se(m2.glmm$VCV)#mc.se 变换后
```

运行结果如下:

```
>posterior.mode(m2.glmm$VCV)
h5:dj.units   dj:dj.Fam  h5:dj.Fam  dj:h5.Fam  h5:h5.Famdj:dj.units
 -174.97388   87.54507   53.94443   53.94443  797.22405   492.68915
dj:h5.unitsh5:h5.units
 -174.97388 5434.88374

>HPDinterval(m2.glmm$VCV)
                   lower       upper
dj:dj.Fam       48.37645   143.91885
h5:dj.Fam      -40.88260   172.04341
dj:h5.Fam      -40.88260   172.04341
h5:h5.Fam      413.96353  1271.22194
dj:dj.units    445.87774   560.86565
h5:dj.units   -350.88403   -52.64122
dj:h5.units   -350.88403   -52.64122
h5:h5.units   4634.19584  5980.99820
attr(,"Probability")
[1] 0.95

>mc.se(m2.glmm$VCV)
                 var        se   z.ratio
dj:dj.Fam     87.545    24.344     3.596
h5:dj.Fam     53.944    54.253     0.994
dj:h5.Fam     53.944    54.253     0.994
h5:h5.Fam    797.224   218.427     3.650
dj:dj.units  492.689    29.299    16.816
h5:dj.units -174.974    75.992    -2.303
```

```
dj:h5.units      -174.974     75.992     -2.303
h5:h5.units      5434.884    343.162     15.838
```

由上述输出结果得知，MCMCglmm 原有格式只输出方差分量值及其置性区，而没有输出误差，经 mc.se()变换后会输出差分量值 var、误差 se 以及两者的比值 z.ratio，在格式上更接近于 ASReml-R 的输出结果。

(2)固定效应和随机效应变换

程序代码如下：

```
#### count se for fixed andrandomed effects
posterior.mode(m2.glmm$Sol)[c(1:5, 40:45, 80:85)]
mc.se(m2.glmm$Sol)[c(1:5, 40:45, 80:85),]
```

运行结果如下：

```
>posterior.mode(m2.glmm$Sol)[c(1:5, 40:45, 80:85)]
          traitdj           traith5       traitdj:Rep2       traith5:Rep2
      348.9894649       548.3630060          0.9991726         -0.6429702
     traitdj: Rep3  Fam.dj.Fam.70033   Fam.dj.Fam.70034   Fam.dj.Fam.70035
        1.9960281        -5.1667149          2.6048454         -1.5874450
  Fam.dj.Fam.70036  Fam.dj.Fam.70037   Fam.dj.Fam.70038   Fam.h5.Fam.70017
      -14.5968117        -8.9855031         -9.9585615          8.1407140
  Fam.h5.Fam.70018  Fam.h5.Fam.70019   Fam.h5.Fam.70020   Fam.h5.Fam.70021
       -7.8613875        32.5143201        -33.0734925        -11.8440723
  Fam.h5.Fam.70022
      -18.1459851

>mc.se(m2.glmm$Sol)[c(1:5, 40:45, 80:85),]

                       var         se    z.ratio
traitdj            348.989      2.638    132.293
traith5            548.363      8.481     64.658
traitdj:Rep2         0.999      3.264      0.306
traith5:Rep2        -0.643     10.653     -0.060
traitdj:Rep3         1.996      3.105      0.643
Fam.dj.Fam.70033    -5.167      5.228     -0.988
Fam.dj.Fam.70034     2.605      5.534      0.471
Fam.dj.Fam.70035    -1.587      4.990     -0.318
Fam.dj.Fam.70036   -14.597      5.310     -2.749
Fam.dj.Fam.70037    -8.986      7.239     -1.241
Fam.dj.Fam.70038    -9.959      5.411     -1.841
Fam.h5.Fam.70017     8.141     17.114      0.476
Fam.h5.Fam.70018    -7.861     15.990     -0.492
Fam.h5.Fam.70019    32.514     17.735      1.833
Fam.h5.Fam.70020   -33.073     18.173     -1.820
Fam.h5.Fam.70021   -11.844     16.243     -0.729
```

```
Fam.h5.Fam.70022     -18.146     17.156     -1.058
```

经过 mc. se( )变换后，结果更接近于 ASRem－R 的输出结果。

(3)遗传力变换

程序代码如下：

```
#### count se for heritability
A.h2.glmm <-4* m2.glmm $VCV[,'dj: dj.Fam']/(m2.glmm $VCV[,'dj: dj.Fam'] +
m2.glmm $VCV[,'dj: dj.units'])

posterior.mode(A.h2.glmm)
mc.se(A.h2.glmm)
```

运行结果如下：

```
>posterior.mode(A.h2.glmm)
   var1
0.5958204
>mc.se(A.h2.glmm)
                 var        se    z.ratio
A.h2.glmm       0.596     0.149         4
```

与上文的结果相似，不再详述。

(4)相关值变换

程序代码如下：

```
#### count se for corr
gCorr.glmm <-m2.glmm $VCV[,'h5: dj.Fam']/sqrt(m2.glmm $VCV[,'dj: dj.Fam']*
m2.glmm $VCV[,'h5: h5.Fam'])

posterior.mode(gCorr.glmm)
mc.se(gCorr.glmm, sigf =TRUE)
```

运行结果如下：

```
>posterior.mode(gCorr.glmm)
   var1
0.2014732
>mc.se(gCorr.glmm, sigf =TRUE)
                 var        se    z.ratio    sig.level
gCorr.glmm      0.201     0.169       1.19   Not signif
---------------
Sig.level: 0'***' 0.001 '**' 0.01 '*' 0.05 'Not signif' 1
```

实现的效果与上文的相似。

AAfun 包除了上述的函数和功能外，还有 Ginv( )、dial. combn( )、group. plot( )、corrgram2( )、mc. ped( )、met. plot( )、met. corr( )和 met. biplot( )，具体的分析请查看 AAfun

包的内置帮助文档。

通过本文 AAfun 包的展示，期望有编程功底或喜欢编程的研究者更多地加入到开发 R 程序包的队伍中来，能为国内外科研和教学工作者提供更多优秀的程序包。

思考题

(1)试述开发程序包的基本流程。

(2)以 R 自带数据集 women 为例，试修改自编函数 slm，通过 slm(women，weight，height)得到如下图示结果：

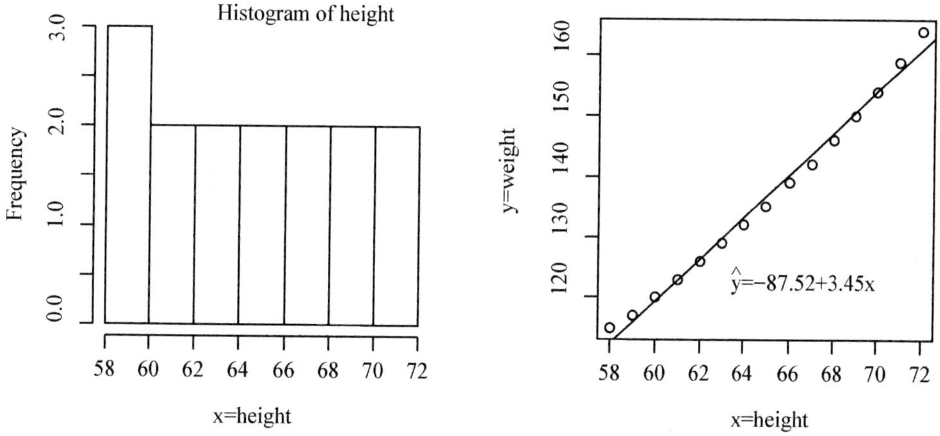

参考文献

Adler Joseph. 2014. R 语言核心技术手册[M]. 刘思喆，李舰，陈钢，等译. 北京：电子工业出版社.

Alberta Tree Improvement and Seed Centre(ATISC). 2010. Genetic test analysis report for region E White spruce tree improvement 15 year results [R]. Tech. Rpt ATISC 10 - 28. Canada: ATISC.

Burgueno J, Cadena A, Crossa J, Banziger M, Gilmour A R, Culiis B. 2000. User's guide for spatial analysis of field variety trials using ASReml. Mexico: CIMMYT.

Butler D G, Cullis B R, Gilmour A R, Gogel B J. 2009. ASReml-R reference manual version 3. 0. VSN International Ltd., Hemel Hempstead, UK.

Dutkowski G W. 2005. Improved models for the prediction of breeding values in trees [D]. Australia: University of Adelaide.

Chang Winston. 2014. R 数据可视化手册[M]. 肖楠，邓一硕，魏太云，译. 北京：人民邮电出版社.

Gilmour A R, Gogel B J, Cullis B R, Thompson R. 2009. ASReml User Guide. Release 3. 0. VSN International Ltd., Hemel Hempstead, UK.

Hadfield J. 2012. MCMCglmm Course Notes. http://cran. r-project. org/web/packages/MCMCglmm/

Kabacoff R I. 2015. R in Action: data analysis and graphics with R[M]. 2nd edition USA: Manning Publication.

Kabacoff R I. 2013. R 语言实战[M]. 高涛，肖楠，陈钢，译. 北京：人民邮电出版社.

Lin Y Z, Yang H X, Ivkovik M, Gapare W J, Matheson A C, Wu H X 2013. Effect of genotype by spacing interaction on radiata pine genetic parameters for height and diameter growth [J]. For Ecol Manage, 304: 204 - 211.

Oakey H. 2008. Incorporating pedigree information into the analysis of agricultural genetic trials [D]. Australia: University of Tasmania.

Sarkar D. 2008. Lattice: Multivariate Data Visualization with R[M]. USA: Springer Publication.

Teetor P. 2013. R 语言经典实例[M]. 李洪成，朱文佳，沈毅诚，译. 北京：机械工业出版社.

White T L, Adams W T, Neale D B. 2007. Forest Genetics [M]. USA: CAB Publication.

Wickham H. 2009. ggplot2: Elegant Graphics for Data Analysis[M]. USA: Springer Publication.

陈晓阳，沈熙环. 2005. 林木育种学[M]. 北京：高等教育出版社.

林元震，陈晓阳. 2014. R 与 ASReml-R 统计分析教程[M]. 北京：中国林业出版社.

张志毅. 2012. 林木遗传学基础[M]. 2 版，北京：中国林业出版社.

钟伟华. 2008. 林木遗传育种实践与探索[M]. 广州：广东科技出版社.

索引

网络资源

本书介绍了 R 的常用模块，包括 R 的基础语法、数据创建、数据管理、初高级统计和初高级图形绘制以及遗传评估。但 R 是一个庞大且不断完善的统计平台和编程语言，不断涌现新的程序包，了解和掌握频繁更新的程序是 R 用户关注的内容。下文将罗列一些活跃的网站，包括有经常发布程序包更新、新程序包及其用法等内容。

(1)R 的网络资源

• R Project(http：//www. r-project. org/)

R 的官方网站，网站含有丰富的文档，包括 An introduction to R、R language definition 和 R data import/export 等。

• R Journal(http：//journal. r-project. org/)

包含 R 的免费期刊，内容涉及 R 及其程序包。

• RBloggers(http：//www. r-bloggers. com/)

R 博客社区，网站聚集有很多 R 资深用户。

• Quick-R(http：//www. statmethods. net/)

关于 R 的简要优秀的教程网站，基本涉及 R 的各个方面。对 R 初学者有很好指导作用。

• R-Help Main R Mailing List(https：//stat. ethz. ch/mailman/listinfo/r-help/)

R 求助的电子邮件列表，每天更新，是 R 求助的最佳场所。用户可以免费订阅每天的 R 求助的帖子和答案。

• R Graph Gallery(http：//research. stowers-institute. org/efg/R/)

网站收集有各种新颖的图形及其绘图源代码。

• R Graphics Manual(http：//rgm3. lab. nig. ac. jp/)

收集有几万张 R 绘制的图形，按图形主题、程序包名称和函数名的方式编排。

• R Cookbook(http：//wiki. stdout. org/rcookbook/)

不错的 R 学习的入门网站。

• R document(http：//www. rdocumentation. org/)R 文档的在线检索。

• GitHub(https：//github. com/)开源的 R 包发布库。

• 统计之都(http：//cos. name/cn/)国内比较优秀且活跃的 R 社区。

(2)ASReml 的网络资源

• ASReml forum(http：//www. vsni. co. uk/forum/)ASReml 官方论坛。

• ASReml-R cookbook(http：//apiolaza. net/ASReml-R/)Luis 撰写的 cookbook。

• Luis blogger(http：//www. quantumforest. com/category/asreml/)Luis 博客。

• WAMWiki(http：//www. wildanimalmodels. org/tiki-index. php/)

• 本书网盘(http：//yzhlin-asreml. ys168. com/)

• 笔者博客(http：//blog. sciencenet. cn/u/yzhlinscau/)